绿色赋能高质量发展
中国环境与发展国际合作委员会年度政策报告
2023

编辑委员会

赵英民　刘世锦　魏仲加（Scott VAUGHAN）
周国梅　李永红　科纳特（Knut ALFSEN）
龙迪（Dimitri DE BOER）　克鲁克（Robyn KRUK）

编辑委员会技术团队

张慧勇　刘　侃
穆　泉　唐华清　王　冉　赵海珊　陈新颖　郝小然　高凌云
Qi ZHENG　Samantha ZHANG　Meizhen WANG　Brice LI

中国环境与发展国际合作委员会
年度政策报告

绿色赋能高质量发展

中国环境与发展国际合作委员会秘书处　编著

中国环境出版集团 · 北京

图书在版编目（CIP）数据

绿色赋能高质量发展：中国环境与发展国际合作委员会年度政策报告 . 2023 / 中国环境与发展国际合作委员会秘书处编著 . -- 北京：中国环境出版集团，2024.9

ISBN 978-7-5111-5780-5

Ⅰ．①绿… Ⅱ．①中… Ⅲ．①环境保护—研究报告—中国—2023 Ⅳ．① X-12

中国国家版本馆 CIP 数据核字（2024）第 011122 号

责任编辑 黄　颖
文字编辑 梅　霞
装帧设计 宋　瑞

出版发行　中国环境出版集团
　　　　　　（100062　北京市东城区广渠门内大街 16 号）
　　　　　　网　　　址：http://www.cesp.com.cn
　　　　　　电子邮箱：bjgl@cesp.com.cn
　　　　　　联系电话：010-67112765（编辑管理部）
　　　　　　　　　　　010-67147349（第四分社）
　　　　　　发行热线：010-67125803，010-67113405（传真）
印　　刷　北京鑫益晖印刷有限公司
经　　销　各地新华书店
版　　次　2024 年 9 月第 1 版
印　　次　2024 年 9 月第 1 次印刷
开　　本　787×1092　1/16
印　　张　37.5
字　　数　730 千字
定　　价　168.00 元

中国环境出版集团郑重承诺：
中国环境出版集团合作的印刷单位、材料单位均具有中国环境标志产品认证。

出版说明

当今世界面临多重风险挑战，地缘政治环境、技术和全球市场形势、自然环境变化正在加速演进。2023年是中国推动落实中共二十大精神的开局之年，也是实施"十四五"规划承前启后的关键一年。同时，距离2030年实现可持续发展议程的时间框架已经过半，人类社会需要凝聚智慧共同迎接未来的挑战。

作为致力于推动可持续发展的高级别、国际性咨询机构和双向交流平台，中国环境与发展国际合作委员会（简称国合会）坚持以构建全球包容、开放合作、互惠发展的新型环境与发展国际合作平台为目标，按照主席团批准的工作计划，紧扣"绿色赋能高质量发展"的年度主题，按照开放包容、互惠发展的原则，围绕中国践行新发展理念、助推高质量发展的具体路径，以及后疫情时代全球经济绿色复苏、共建地球生命共同体，开展政策研究，为推进中国环境与发展事业建言献策，为建设清洁美丽世界贡献智慧和力量。

为了更好地凝聚绿色发展的共识，催生绿色转型和变革的行动，国合会秘书处每年将中外团队研究成果、关注问题报告、中国环境与发展重要政策进展与国合会政策影响以及国合会给中国政府的政策建议等汇编成册，形成系列出版物——"中国环境与发展国际合作委员会年度政策报告"，与国内外各级决策者、专家学者、公众，分享国合会中外委员、特邀顾问及研究人员对环境与发展热点问题的观察和思考，建睿智之言，献务实之策。

2023年"中国环境与发展国际合作委员会年度政策报告"涵盖了国合会2023年给中国政府的政策建议《保持'双碳'战略定力，探索多目标协同创新路径，加快推进绿色低碳高质量发展》以及中外首席顾问编写的2023年关注问题报告《绿色创新——2023年关注问题报告》，《碳中和实现路径及全球气候治理的中国贡献》《蓝色经济助力碳中和目标的路径与政策》《减污降碳扩绿增长协同机制》《流域高质量发展与气候适应》《数字化与绿色技术促进可持续发展》《贸易与可持续供应链》《环境与气候可持续投资创新机制》《"一带一路"助推可持续发展进程创新机制》8个专题政策研究报告和《温室气体排放和碳封存监测创新技术》《综合土地利用 重塑土地利用方式》2个前期研究报告内容，以及《中国环境与发展重要政策进展和国合会政策建议影响报告（2022—2023年）》《2022—2023年度专题政策研究性别主流化报告》。

推动全球环境与发展合作
共谋人与自然和谐共生的现代化 *

（代序）

黄润秋

人与自然是生命共同体，坚持人与自然和谐共生是实现可持续发展的内在要求。2022 年 10 月召开的中共二十大，概括提出并深入阐述中国式现代化理论，明确中国式现代化 5 个方面的中国特色，人与自然和谐共生的现代化是其中之一。上个月 17 日至 18 日，中国政府时隔五年再次在北京召开全国生态环境保护大会，习近平主席出席会议并发表重要讲话，就全面推进美丽中国建设、加快推进人与自然和谐共生的现代化作出战略部署，为进一步加强生态环境保护、推进生态文明建设提供了方向指引和根本遵循。

中共十八大以来，中国把生态文明建设摆在治国理政的突出位置，生态环境保护从理论到实践都发生了历史性、转折性、全局性变化，美丽中国建设迈出重大步伐。

我们用生态文明理念指导发展。将生态文明理念和生态文明建设写入《中华人民共和国宪法》，纳入中国特色社会主义总体布局。以习近平生态文明思想为指导，贯彻新发展理念，把绿色发展要求落实到经济社会发展全过程，推动形成节约资源和保护环境的空间格局、产业结构、生产方式、生活方式，坚定不移走生产发展、生活富裕、生态良好的文明发展道路。坚持"绿水青山就是金山银山"的理念，坚持山水林田湖草沙一体化保护和系统治理，全方位、全地域、全过程加强生态环境保护。

* 本文为生态环境部部长黄润秋 2023 年 8 月 28 日在中国环境与发展国际合作委员会 2023 年年会开幕式上讲话的摘编。

我们实施有力举措行动。以前所未有的决心和力度，集中力量打好蓝天、碧水、净土保卫战，坚决查处破坏生态环境的重大典型案件，解决一批人民群众反映强烈的突出生态环境问题。2013—2022年，中国在国内生产总值（GDP）翻了一番的情况下，细颗粒物（$PM_{2.5}$）平均浓度下降了57%，生态环境质量显著改善。加强生物多样性保护，创新实施生态保护红线制度，构建以国家公园为主体的自然保护地体系，山水林田湖草沙一体化保护和修复工程累计完成治理面积8 000多万亩[1]，大规模国土绿化行动累计造林10.2亿亩，人工林面积稳居世界第一。将碳达峰碳中和纳入生态文明建设整体布局，形成碳达峰碳中和"1+N"政策体系，加快推进能源绿色低碳转型，大力发展可再生能源。可再生能源发电总装机已经突破了13亿kW，装机总量超过了煤电。新能源汽车保有量达1 620万辆，全球一半以上的新能源汽车行驶在中国。

我们积极参与全球环境治理。秉持人类命运共同体理念，坚定践行多边主义，努力推动构建公平合理、合作共赢的全球环境治理体系。推动《巴黎协定》的达成、签署、生效和实施，宣布"30·60"碳达峰碳中和的目标，宣布不再新建境外煤电项目，启动和稳定运行全球最大的碳市场。作为主席国，推动联合国《生物多样性公约》缔约方大会第十五次会议（COP15）取得圆满成功，通过了历史性的"昆明—蒙特利尔全球生物多样性框架"，开启了全球生物多样性治理新篇章。深入推进绿色"一带一路"建设，成立"一带一路"绿色发展国际联盟，已有43个国家的150多个合作伙伴。开展应对气候变化南南合作，与39个发展中国家签署46份合作文件，通过合作建设低碳示范区、实施物资援助项目等方式，帮助相关国家提高应对气候变化能力。

在看到成绩的同时，我们也清醒认识到，作为人口规模巨大的发展中国家，中国生态环境保护工作具有独特的艰巨性和复杂性。当前，中国生态环境保护结构性、根源性、趋势性压力尚未根本缓解，生态文明建设仍处于压力叠加、负重前行的关键期。

我们将以习近平生态文明思想为指导，站在人与自然和谐共生的高度谋划发展，统筹产业结构调整、污染治理、生态保护，应对气候变化，协同推进降碳、减污、扩绿、增长，以高品质生态环境支撑高质量发展，在绿色低碳转型中推动发展实现质的有效提升和量的合理增长。一是坚持以实现减污降碳协同增效为总抓手，加快推动经济社会发展绿色化、低碳化。二是坚持精准治污、科学治污、依法治污，持续深入打好污染防治攻坚战。三是坚持山水林田湖草沙一体化保护和系统治理，着力提升生态系统多样性、稳定性、持续性。四是坚持底线思维，强化环境风险预警防控和突发事件应

---

[1] 1亩＝$1/15$ hm^2。

急处置，筑牢生态安全屏障。五是坚持改革创新，着力构建现代环境治理体系。六是坚持合作共赢，深度参与全球环境与气候治理，持续为全球可持续发展贡献中国智慧、中国方案和中国力量。

过去一年是第七届国合会的启航之年。一年来，国合会克服疫情和国际地缘政治的不利影响，围绕碳达峰碳中和、协同推进降碳减污扩绿增长、绿色"一带一路"建设等议题，开展中外联合研究，形成专题报告30余份，向中国国务院提交以"保持战略定力，稳定转型预期，开启高质量发展的绿色新篇章"为题的年度政策建议，组织召开线上及线下重要会议和活动30余场，与合作伙伴开展双边座谈共36场，有力服务中国环境与发展事业，为全球可持续发展贡献中国方案。

展望未来，国合会要立足中国新时代生态文明建设和联合国2030年可持续发展议程的需要，以高水平中外联合研究为抓手，服务好中国加快推进人与自然和谐共生的现代化，服务好全球绿色、包容、高质量发展。在此，我愿就国合会工作，提出三点建议。

一要在推动美丽中国建设上有新作为。围绕积极稳妥推进"双碳"工作、加快发展方式转型、深入推进生态环境治理等重大课题，开展基础性、前瞻性、创新性研究，为中国协同推进高质量发展和高水平保护、加快经济社会全面绿色转型、推动生态环境质量持续改善提供决策参考和智力支持。

二要在推动全球环境治理上有新成果。发挥国合会联通中外的独特优势，围绕气候变化、生物多样性丧失、海洋酸化、塑料污染等全球性环境危机，深入开展对话研讨，促进中外之间政策交流与务实合作，携手共建清洁美丽世界。

三要在推动2030年可持续发展议程上有新进步。站在人类文明发展的高度，围绕发展失衡、地缘冲突、公正转型、逆全球化等当前全球可持续发展面临的严峻挑战，研究提出综合解决方案和实现路径，推动各方加强对话、增信释疑、弥合分歧，共同努力实现可持续发展目标。

作为中国历史最长、层次最高、成果最多、影响最大的环境与发展中外高层对话合作机制，国合会在中国生态文明建设和可持续发展进程中发挥了独特而重要的作用。希望大家在本次年会上一如既往畅所欲言、相互交流，为推进中国环境与发展事业建言献策，为共建清洁美丽世界作出更大贡献！

目　录

第一篇

全球环境治理创新

第一章　碳中和实现路径及
全球气候治理的中国贡献

一、引言

自碳达峰碳中和目标（简称"双碳"目标）提出以来，中国稳步推进"双碳"工作，将应对气候变化作为国家战略，纳入生态文明建设整体布局和经济社会发展全局。中共二十大报告提出，要"统筹产业结构调整、污染治理、生态保护、应对气候变化，协同推进降碳、减污、扩绿、增长，推进生态优先、节约集约、绿色低碳发展""积极稳妥推进碳达峰碳中和""积极参与应对气候变化全球治理"。各地区各部门、各行业各企业围绕碳达峰碳中和目标，落实政策措施，强化务实行动，有力、有序、有效推进各项重点工作。同时，中国积极参与国际气候变化领域的工作，坚定不移走生态优先、绿色发展之路，是全球生态文明建设的重要参与者、贡献者、引领者。

然而，碳中和是一项系统工程，是一系列目标、技术、资金、政策等综合驱动的系统行动路线图。当前中国绿色低碳转型仍面临一系列挑战。一方面，国际形势存在不确定性，全球气候治理赤字明显，能源危机仍然是短期内各国关注的重点，产业链、供应链的本土化、区域化趋势明显，全球应对气候变化的征程依然道阻且长；另一方面，国内绿色低碳转型面临压力，短中期结构转型在公正转型、技术创新、政策机制等方面仍面临一系列挑战。应对气候变化不仅需要积极分析国内形势变化，识别气候治理及相关落实低碳目标的行动所面临的关键挑战和机遇，积极稳妥推进碳中和；也需要世界各国通力合作，开展国际层面的协商合作，在满足和平衡各方核心利益和共同利益诉求的基础上，共同积极应对气候变化。因此，如何进一步完善中国"双碳"政策体系，科学应对国内外形势变化，深化政策行动，发挥中国在气候领域的关键作用，推动国际气候变化合作是当前着重需要研究的问题。

在此背景下，本章首先分析了当前绿色低碳转型的国内外形势，总结美国、欧洲等主要经济体应对气候变化和低碳发展政策的国际经验与最佳实践，梳理当前开展气候合作的必要性以及新形势下中国能源转型、低碳发展的现状。同时，进一步分析碳达峰碳中和"1+N"政策体系进展，在分析国内绿色低碳转型进展的基础上，提出中国"双碳"行动有待完善的方向。最后，基于上述分析，本章从降碳目标引领、绿色投资、国土空间结构、"双碳"管理体制机制等九个方面提出政策深化方向。

本章共分为六个部分。第一部分为引言；第二部分就国内外绿色低碳转型趋势进行分析，提出当前开展国际气候合作的紧迫性；第三部分梳理了中国"双碳"政策行动在能源清洁高效利用、产业结构调整、降碳减污协同增效、生态系统碳汇能力提升、绿色低碳生活五个方面的进展，以及碳达峰碳中和"1+N"政策体系，并提出中国当前在"双碳"政策行动中需要完善的方面；第四部分基于前文分析，进一步提出中国绿色低碳转型政策的深化方向；第五部分明确要重视女性在气候领域的影响和潜力，提出性别主流化在气候领域发挥作用的四个重要方面；第六部分提出了推动中国落实碳达峰碳中和愿景目标、积极推动国际气候治理与合作的政策建议。

二、绿色低碳转型的国内外形势研判

（一）国际形势研判

1. 当前全球局势存在高度不确定性，全球气候治理赤字更加凸显

近年来，国际安全形势发生深刻复杂变化，大国竞争和地缘政治博弈趋于升温，多方预测全球经济将呈负增长，气候治理赤字凸显。首先，国家之间的科技竞争、不同产业之间的国际竞争更加激烈，多国政治社会矛盾持续累积，国家之间的战略信任极大受损，国际多边合作面临重大挑战。这种态势将阻碍各方共同应对粮食安全、能源危机、核扩散等全球性危机。其次，全球经济增速下行并步入中低速增长轨道，世界银行将 2023 年世界经济增长率预估值由 3.0% 大幅下调至 1.7%（图 1-1），联合国发布的《2023 年世界经济形势与展望》将 2023 年世界经济增速预测值下调至 1.9%，较 2022 年中的预测值下调了 1.1 个百分点，通胀、利率、汇率、债务、能源等风险挑战因素仍需引起重视。世界主要发达经济体宏观政策也正面临"维持经济增长"和"抑制通胀"两难局面[1]。

同时，全球气候治理的不稳定因素依旧存在，气候变化对人类的短期和长期影响正在加速凸显，国际社会围绕气候变化治理的博弈也日益加剧，全球气候变化当前处于强力领导缺失的局面。在气候融资方面，其他国家也未能像德国一样承诺加强气候资金供给，气候融资不足，气候变化投入减少，治理赤字凸显。新冠疫情在全球范围

内尤其是发展中国家造成的持续严重冲击和影响还在继续，各国当前面临的更为紧迫的问题是如何促进经济社会复苏。

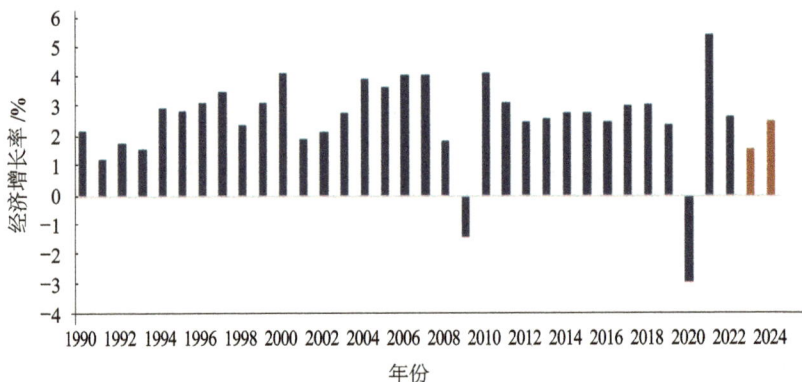

图1-1 世界经济增长趋势

资料来源：世界银行。

2. 全球能源转型长期趋势明确，短期能源危机不容忽视

当前全球能源低碳转型长期趋势明确，各国陆续提出碳中和愿景目标。截至2023年7月，已有130余个国家和地区正在准备或已经提出碳中和目标（图1-2）。总体来看，各国坚持实现碳中和的目标明确。可以预见，随着技术进步和成本进一步降低，可再生能源的开发利用将更加广泛，并将持续推动能源低碳转型。尽管俄乌冲突发生后，德国、奥地利、希腊、荷兰等国重新启用了煤电，但从长远来看，各国仍然朝着碳中和的目标在努力。

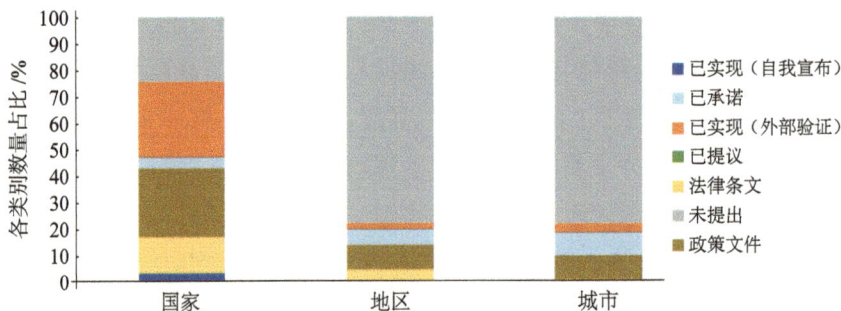

图1-2 正在准备或已经提出碳中和目标的国家、地区、城市公布的零碳目标占比

资料来源：零碳追踪（Net-Zero Tracker）。

短期内，能源危机仍为各国关注重点。欧洲将保障能源安全提升至战略地位。短期内可再生能源产能不足，能源需求上升，仍对化石能源有一定程度的依赖 [2]，二者之间的矛盾易引发转型过程中的能源供需短期失衡问题。同时，诸如疫情、垄断、地缘政治冲突等外部负面因素也会对全球能源供应稳定性造成一定影响，进一步引发短期能源供需失衡。中国也正面临着另一种形式的能源危机，四川、云南等水电大省过去两年已经多次出现限电限产事件。巴基斯坦和孟加拉国也提出减少工作时间来节约能源，应对能源价格飙升。日本、韩国等国家想方设法节电的同时，考虑重启核电。印度煤炭进口数量一度创历史新高。不少能源依靠进口的新兴经济体、欠发达经济体不得不与发达经济体高价竞购能源。这种状况也会引发全球能源市场激烈重构，美国能源出口商利润暴增，北非等天然气储量较高地区也在试图增加出口。

3. 应对气候变化推动的全球绿色产业革命，将可能重塑全球贸易、技术、金融等领域的竞合体系

截至 2023 年 7 月，全球新一轮技术革命和能源革命正在加速进行，主要大国加速可再生能源部署作为绿色增长新动能。到 2022 年底，全球可再生能源发电装机容量达到 3 372 GW，可再生能源存量创纪录地增长了 9.6%（295 GW）[3]。风能和太阳能的装机容量在"快速转型情景"和"净零情景"里增长了约 15 倍，在"新动力情景"里增长了 9 倍 [4]（图 1-3）。另外，一些低排放技术（如太阳能、风能和锂离子电池）的单位成本自 2010 年以来持续下降。联合国政府间气候变化专门委员会（IPCC）最新评估报告显示，太阳能光伏及陆上风电的发电成本已远低于化石燃料发电成本（图 1-4）。未来，新能源成本将进一步降低，并将逐渐取代化石能源成为能源系统的主力，将在经济增长中发挥重要作用。

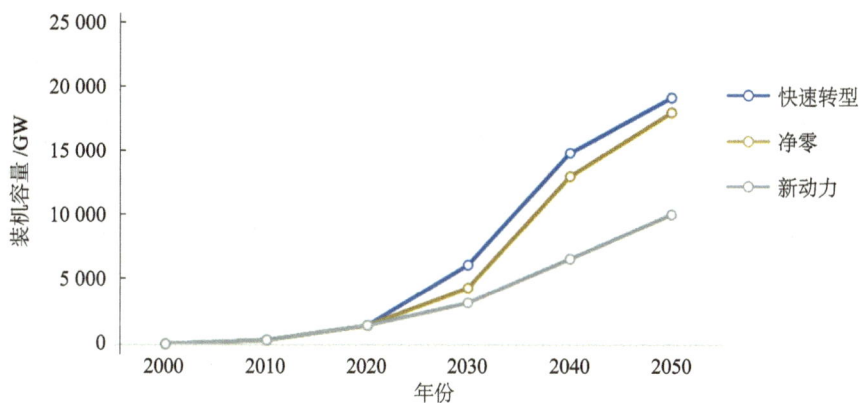

图 1-3 全球风能和太阳能装机容量

资料来源：英国石油公司（BP）。

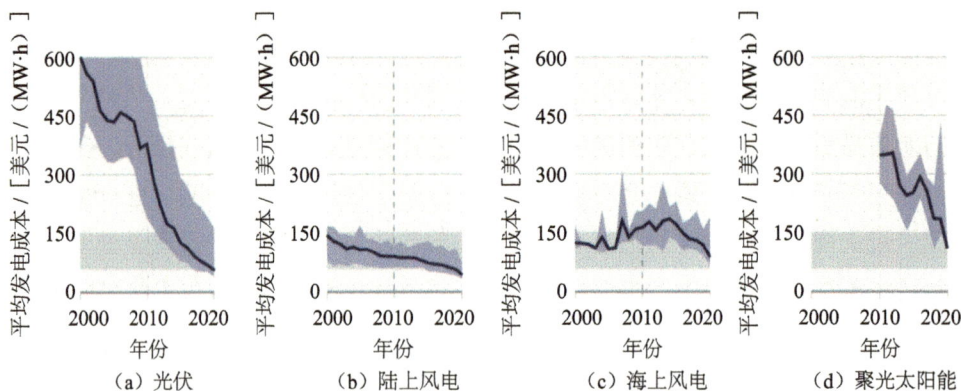

图 1-4　全球可再生能源成本下降趋势

资料来源：联合国政府间气候变化专门委员会第六次评估报告（IPCC AR6）。

　　然而，在全球经济艰难复苏和深度调整的大背景下，许多经济体推出各种贸易限制和投资保护措施，产业链、供应链的本土化、区域化趋势明显，能源和大宗商品供给等矛盾和问题越发突出，严重威胁全球经济复苏与可持续增长[5]。2022 年 8 月 16 日，美国总统拜登签署了国会两院通过的《通胀削减法案》（Inflation Reduction Act，IRA），对部分供应链进行了限制。例如，车辆必须在北美组装，否则无法获取补贴；关键矿物必须有一定比例在北美自由贸易协定国家开采或加工或需要在北美回收；电池组件需要有一定比例在北美制造，这一法案使许多制造业公司建厂投资的目光转向了美国。欧盟确立"碳边境调节机制"（CBAM），并提出到 2035 年完全取消欧盟境内相关行业的免费碳排放配额；欧盟委员会提出《欧洲绿色新政工业计划》。这些政策和行动的本质都是对本国或本地区产业的保护措施，通过大量的补贴优惠和激励政策加速自身绿色产业体系的构建，这是一场围绕清洁能源产业和绿色技术的竞赛。但需要认识到，良性的竞争将促进新能源产业和技术的加速部署，过多的贸易壁垒将使新能源产品价格提升，不利于清洁能源转型推进。

4. 全球南方国家和新兴经济体积极加速能源转型，但当前仍面临一系列风险和挑战

　　随着可再生能源技术的不断创新和普及，以及成本的不断下降，全球南方国家和一些新兴经济体已经逐步开始重视可再生能源发展的部署和规划（附表 1-1）。各国积极采取行动，通过制定有关退煤减煤、可再生能源发展的目标加速全球能源绿色低碳转型进程。2020 年，中国提出 2030 年前碳达峰、2060 年前碳中和目标愿景，并基本形成了"双碳""1+N"政策体系，动员多主体力量广泛参与。印度设定到 2020 年温室气体排放强度较 2005 年水平降低 50% 以及非化石能源在电力部门中的份额提高到 45% 的目标。巴西提出到 2025 年温室气体排放水平相较于 2005 年水平减少 37%，到 2030 年减少 43% 的目标。东盟在《2016—2025 年东盟合作行动计划（APAEC）第一阶段：2016—2020 年》中，设定了到 2025 年可再生能源在一次能源结构中占比达到 23% 的总体区域目标，其成员国则据此目标分别设定了国家目标。

然而，这些国家在加速能源转型方面还存在一定的风险和挑战。首先，由于全球疫后经济绿色复苏乏力，产业链、供应链在新冠疫情期间所出现的断档尚未完全恢复，而且发达国家的气候出资意愿减弱，气候资金存在较大的缺口。例如，越南规划和批准了多项可再生能源项目，但由于资金不足，转化率非常低。其次，部分国家对煤电的依存度较高，煤电加速转型将进一步加大这些国家能源供需之间的不匹配，从而引发能源安全危机。此外，化石能源的退出所带来的资本搁浅成本较高，容易造成资产价格崩溃，从而引发巨额债务违约，还可能对传统企业和从业人员造成冲击，甚至引发社会动乱。再次，在技术层面，广大全球南方国家在可再生能源技术创新方面能力不足，制约了可再生能源的发展。当前，全球南方国家和新兴经济体电网基础设施薄弱，各国电力互通互联有限，给可再生能源消纳并网带来了不小的困难。如果不能有序平稳推动绿色低碳转型，可能会引发能源安全风险。

5. 多重危机交织叠加的新形势下，国际气候合作的紧迫性进一步增强

当前世界政治经济格局充满不确定性，面临地缘政治冲突、产业链供应链安全、通胀压力、能源危机等多重挑战，在此背景下，气候治理成为国际社会开展合作的重要领域之一。联合国环境规划署相关研究显示，根据目前全球的气候政策，到 2100 年地球可能将升温 2.8℃，人类应对气候变化的紧迫性正在日益提升。要实现《巴黎协定》目标，发达国家必须率先加大减排力度，并采取切实行动加以落实。发展中国家在应对气候变化中做出了许多努力，但受限于技术、资金能力等，其行动始终无法获得较大进展，需要发达国家的资金以及技术支持。应对气候危机是一项集体行动，需要各国积极落实相应措施。加强团结合作是应对气候变化挑战的唯一出路，但要继续坚持共同但有区别责任的原则，这关乎国际公平正义。偏离这一原则将严重损害国际社会应对气候变化的团结合作。

加强全球气候治理，需要国际社会凝聚合力。应进一步突出气候议题在国际议程中的核心地位，持续推动双、多边气候对话与合作，重塑各方互信关系，采取切实行动应对气候变化，促进全面绿色转型及全球碳中和合作。同时，大国行动至关重要，主要大国应从全人类共同利益出发，寻求更多合作共识，把气候议题放在国际合作的优先位置，积极落实在双、多边框架下达成的共识与承诺，为国际气候合作奠定良好基础[6]。

（二）国内形势分析

1. 经济下行趋势下绿色低碳转型压力大，稳中求进推动发展方式绿色转型

经济下行压力大。从国内影响因素来看，虽然近两年中国国内新冠疫情形势趋于稳定，但中国经济仍处于疫情冲击后的恢复阶段，国内各行各业的有效需求不足，消费端难以充分拉动供给端以维持充足的经济发展动力。2022 年，中国社会消费品零售总额为 439 733 亿元，比 2021 年下降 0.2%；全国居民人均消费支出为 245 38 元，扣除价格因素，实际下降 0.2%；纺织业（下降 2.7%）、通用设备制造业（下降 1.2%）等工业领域，以及交通运输、仓储和邮政业（整体下降 0.8%）等服务业领域的增加值也呈现负增长 [7]。从国外影响因素来看，全球新冠疫情所引发的供应链脱钩脱节、高通胀等方面的负面影响还在持续，俄乌冲突对全球经济稳定与复苏的负面冲击持续扩大，全球经济和贸易增长动能减弱且不确定性显著增强，因此也对中国的经济发展造成了较强的下行压力。国际货币基金组织相关研究显示，2022 年，全球经济增长率为 3.4%，比 2021 年降低 2.6 个百分点，并且预计 2023 年会继续下降到 2.8%；世界贸易额增速预计将从 2022 年的 5.1% 下降到 2023 年的 2.4%[8]。

坚持稳中求进，推进经济结构向绿色低碳智慧型转变，引导更多投资流入大数据、可再生能源等战略性新兴产业、绿色低碳产业，引导绿色消费。中国在 2023 年的《政府工作报告》中指出，2023 年 GDP 增长目标仍为 5% 左右，经济发展仍以"稳"字当头。同时，《政府工作报告》和中共二十大报告中都明确强调，要加快发展方式的绿色转型，大力发展绿色低碳产业，积极培育战略性新兴产业，推动形成绿色低碳的生产和生活方式。近年来，中国以产业结构作为经济结构优化升级的主攻方向，大力推进大数据、人工智能、可再生能源等战略性新兴产业、绿色低碳产业的发展，引导更多的投资和消费流入这些产业领域。2021 年，中国战略性新兴产业增加值占 GDP 比重持续上升，达到 13.4%，比 2020 年提高 1.7 个百分点，比 2014 年累计提高 5.8 个百分点 [9]。此外，中国在可再生能源领域的投资也连续多年居世界首位。2022 年上半年，中国在可再生能源领域的投资达到了 980 亿美元，全球占比达到 43%，是全球可再生能源投资领域的"领头羊"。其中，中国在大型太阳能项目上的投资为 410 亿美元，比 2021 年增长了 173%。在新建风电项目上的投资额为 578 亿美元，同比增长 107%[10]。

继续推进绿色低碳、高效规范、公平有序、开放统一的大市场环境的建设和完善，支撑高水平、高质量对外开放。中共十八大以来，中国高度重视营商市场环境的建设，通过深化"放管服"改革，降低市场准入门槛和简化审批流程，创新市场监管方式，并优化市场服务理念、机制与流程，以营造高效且公平的市场环境。《中共中央 国务院关于加快建设全国统一大市场的意见》明确指出要加快建设高效规范、公平竞争、充分开放的全国统一大市场，再次阐述了放宽政府管制、提升政府监管效能以及优化市场服务体系等方面的内容，并强调了市场基础制度规则，能源、数据等要素和资源市场，以及质量、标准、服务等体系在全国范围的统一与联通，促进商品要素资源在更大范围内畅通流动以增强市场的规模、效能和竞争力[11]。以全国统一大市场为重要支撑，中国继续推进更大范围、更宽领域、更深层次的对外开放，不断创新服务贸易发展机制，并积极构建面向全球的高标准自由贸易区网络，加快推进自由贸易试验区、海南自由贸易港以及"一带一路"贸易合作平台的建设，切实提高了贸易投资合作的质量与水平，也推进了要素资源在全球范围内的高效配置与利用[12]。

2. 中国的发展目标转为应对气候变化、经济增长、能源安全、生态环境保护等多重目标协同推进

气候变化与经济增长、能源安全、生态环境保护等方面的协同作用已被科学证实。例如，大气污染物与温室气体存在同根同源性，实现温室气体和大气污染物的协同治理不仅有利于降低大气污染防治和温室气体减排的总成本，还有利于避免高碳锁定效应[13]。当前，中国大气污染治理手段已从末端治理向源头治理转变，与低碳转型目标高度协同。生态环境保护和气候变化也具有明显的协同效应，森林、草原、湿地等生态系统是吸碳固碳的主要来源，提高森林、草原、湿地等生态系统的面积和质量也是提高固碳量的重要手段[14]。此外，应对气候变化也会实现经济的长期收益。经济合作与发展组织（OECD）的研究表明，与延续现有政策相比，实施与气候兼容的"一揽子"政策能在 2050 年将二十国集团（G20）的中长期 GDP 水平平均提高 2.8%。如果考虑应对气候变化带来的积极影响，2050 年对二十国集团的发达经济体和发展中经济体的GDP 产生的净效应将上升近 5%[15]。

气候变化、经济增长、能源安全、生态环境保护等多方面协同推进是中国绿色高质量发展的必然选择。早在 2015 年中共十八届五中全会上，习近平主席就提出了"创新、协调、绿色、开放、共享"的新发展理念，强调要解决经济社会发展的平衡、公正、人与自然和谐等方面问题，不再以单一的经济高速增长为核心指标。在中国"双碳"目标提出后不久，中共中央就把碳达峰碳中和纳入生态文明建设的整体布局，并做出"生态文明建设进入了以降碳为重点战略方向、推动减污降碳协同增效、促进经济社会发展全面绿色转型、实现生态环境质量改善由量变到质变的关键时期"的重大论断。随后，为扎实推进"双碳"战略目标，中国逐渐构建起"双碳""1+N"政策体系，从中央到地方政府再到企业自上而下地系统谋划了能源、工业、交通、建筑、生态碳汇等多领域的"双碳"工作，贯穿经济社会发展全过程，为多领域协同推进"双碳"工作奠定了坚实基础。中共二十大报告中进一步强调，要"统筹产业结构调整、污染治理、生态保护、应对气候变化，协同推进降碳、减污、扩绿、增长"，这为推进多领域的协同工作再一次作出了明确的政治引领。

在当前新一轮技术产业革命中，传统的技术与技术、产业与产业之间的界限正在被逐渐打破，与瞬息万变的世界相适应，以人工智能、物联网、量子计算等为代表的新一代信息技术与以新型工业和城镇、可再生能源、绿色建筑和交通为代表的低碳技术交融形成新产业、新业态[16]。因此，中国将愈加注重融合型技术的创新与发展，为越来越复杂多变的涉及气候变化、公共卫生、污染治理等多方面的系统性挑战贡献有效的解决方案，最终实现经济、能源、环境等领域的多目标平衡和全方位、系统性发展。

3. 中国具有绿色低碳转型发展的动机，具备将气候行动转化为经济社会高质量发展的客观条件

产业转型是中国绿色低碳发展的客观需求。中国传统以高排放、高污染、低附加值为特征的产业结构已经难以满足高质量发展的要求，不仅较低的要素利用效率难以维持经济中高速增长，相关的气候灾害、环境污染等方面的问题也越发凸显，并且这些问题所造成的潜在隐性成本越来越高，会反过来阻碍中国经济社会的发展。据估计，到 21 世纪末，由于气候变化引起的海平面上升，上海和广州都市圈可能面临巨大的经济风险。[17]。与此同时，以人口老龄化为核心的人口结构性矛盾日益突出，而老年人对于生态环境、空气质量等方面的要求更高。研究发现，2002—2017 年，中国人口总量增长和老龄化程度加剧合计使得 $PM_{2.5}$ 相关死亡风险增加 109 万人[18]。而且，随着绿色低碳教育的普及，当前人民群众尤其是青少年群体逐渐掌握气候变化的相关知识，绿色低碳的理念逐步增强，更加崇尚绿色环保的生活方式，这也为中国的绿色低碳发展提供了强大的动力。

中国的制造业能力和绿色金融体系为绿色低碳转型提供了坚实保障。一方面，中国在可再生能源、电动汽车等领域优势明显，并具备完备的制造业配套体系，具备向绿色低碳高质量转型的产业基础和实力。中国的风电、光伏产业及相关的设备零部件制造业在全球也具有举足轻重的领先地位。2021 年，在多晶硅料、硅片、电池片以及光伏组件四大光伏供应链环节中，中国的产能在全球占比均超过 70%（图 1-5）。此外，中国的可再生能源发电技术也在蓬勃发展，风电、光伏的成本大幅下降（图 1-6），装机容量占比和发电量占比逐年提高。截至 2022 年底，中国可再生能源发电装机容量超过煤电装机，占全国发电总装机容量的 47.3%，年发电量占全社会用电量的 31.6%，相当于欧盟 2021 年全年用电量（图 1-7）。另一方面，中国绿色金融体系逐渐完善，绿色贷款、绿色债券等金融工具和产品也在蓬勃发展并不断创新，更多的金融资源投向绿色低碳产业及领域，绿色金融市场逐渐壮大。截至 2022 年 6 月末，中国本外币绿色贷款余额达 19.55 万亿元，同比增长 40.4%；绿色债券存量规模达 1.2 万亿元，居全球第二位[19]。

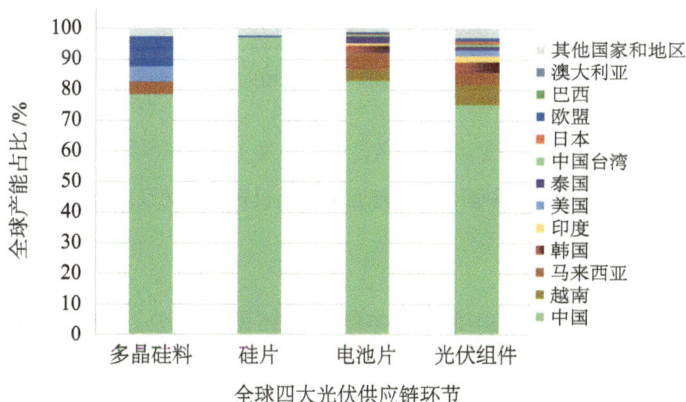

图 1-5　2021 年主要国家和地区在多晶硅料、硅片、电池片以及光伏组件四大光伏供应链环节中的产能占比

资料来源：中国光伏行业协会、美国国家可再生能源实验室（NREL）、美国能源信息署（EIA）、欧洲光伏产业协会（SolarPower Europe）、国际能源署（IEA）、彭博新能源财经（BNEF）。

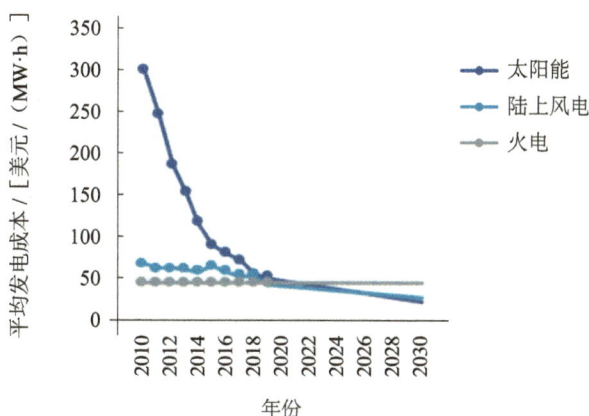

图 1-6　2010—2030 年中国太阳能、陆上风电、火电三种发电技术平均发电成本的变化趋势[1]

资料来源：世界银行。

---

1 "太阳能"指公用事业规模光伏发电。数据是中国新建发电厂的装机容量加权平均平准化电力成本，以 2019 年不变的人民币和美元／（MW·h）计算。平准化电力成本是指建设和运行成本与预期发电量成本的总和。

图 1-7 2015—2022 年中国可再生能源发电装机容量占比及发电量占比情况

资料来源：国家能源局。

4. 长期碳中和愿景和目标明确，短中期结构转型会在公正转型、技术创新、政策机制等方面面临问题和挑战

即使面临时间窗口紧、减排幅度大、转型任务重等挑战，中国仍坚定"双碳"目标不动摇。从碳达峰到碳中和，中国只有 30 年左右的时间，而发达国家有 60～70 年的过渡期。这意味着，与发达国家相比，中国实现碳中和目标需付出更多努力，其温室气体减排的难度和力度都远超发达国家。实际上，无论是发达国家还是发展中国家，不同部门的减排路线大致相同，但中国的实现周期更短，在减排进程中对经济结构转型、技术创新、资金投入等方面的要求也更高。

在推动结构转型过程中，中国将面临成本提升、公正转型等方面的问题。一方面，基于中国以煤为主的基本国情，能源、产业结构的转型势必会造成煤炭、煤电及相关企业的转型与淘汰，相关搁浅资产风险的处理以及结构性失业等问题将会越发严峻且棘手[20]。另一方面，中国区域间经济社会发展不平衡，宁夏、新疆、山西、内蒙古等北部和西部省份经济欠发达，且更依赖煤炭和重工业，其转型进程所涉及的成本和风险更高，并且会面临更大的有关产业结构、地方财政和就业结构等方面的调整压力，若处理不当可能会加剧区域之间的转型差距，进一步扩大收入和福利的空间不平衡[21, 22]。

技术创新、市场机制等方面也会在中国推进结构转型过程中形成相关挑战。一方面，中国当前在部分领域的关键技术还尚未成熟，仅处于原型或示范阶段，需要进一步的技术创新才能实现大规模推广与应用，而这些关键技术对中国的能源转型进程至关重要，尤其是对于重工业和远距离运输等难以脱碳的部门，如电气化技术，碳捕集、利用与封存（CCUS）技术，氢能技术，生物能源技术等，这些关键技术所面临的创新压力较大[23]。另一方面，当前中国能源和碳排放相关的市场型政策不够完善，难以提供能源系统转型中所需要的机制灵活性。中国能源和低碳转型进程中的政策机制大多以命令控制型为主，与以高比例可再生能源为特征的新型电力系统所需的灵活性难以匹配。此外，命令控制型政策较少关注减排成本，导致企业为减排所付出的有关技术研发等方面的隐性成本被忽视，一定程度上会降低企业的竞争力[24]。

5. 中国持续推进高水平对外开放，积极开展国际合作以推动全球绿色复苏与低碳转型

近年来，中国积极寻求与发达国家和发展中国家在气候、能源领域开展合作，为全球绿色复苏与低碳转型作出贡献。

中国借助南南合作、"一带一路"等重要平台积极与发展中国家开展气候合作，以合作共建的方式充分支持并推动其绿色低碳转型进程。2016年起，中国在发展中国家启动10个低碳示范区、100个减缓和适应气候变化项目、1 000个应对气候变化培训名额的合作项目，实施了200多个应对气候变化的援外项目。并且，中国截至2023年7月已经与31个共建国家共同发起"一带一路"绿色发展伙伴关系倡议，与32个共建国家共同建立"一带一路"能源合作伙伴关系[25]。

中国与欧美等国家（地区）在气候变化领域也在逐步凝聚共识，签订了相关的气候协议文件和联合声明，如《中美关于在21世纪20年代强化气候行动的格拉斯哥联合宣言》《中美应对气候危机联合声明》《中华人民共和国和法兰西共和国联合声明》《中法生物多样性保护和气候变化北京倡议》《中欧领导人气候变化和清洁能源联合声明》《关于落实中欧能源合作联合声明》等，为中美欧之间在能源、交通、建筑等领域开展合作奠定了坚实基础。未来，中国仍将继续积极寻求与欧美等国家（地区）开展气候合作的机会，发掘各自在关键技术、设备制造、商业模式、金融等领域的比较优势，分享最佳实践，开展第三方合作，在推进各自气候治理进程的同时，也为发展中国家乃至全球的绿色低碳转型进程贡献力量。

中国在能源领域的海外投资逐渐清洁化，可再生能源投资占比逐步提高。2021年9月，习近平主席在第七十六届联合国大会一般性辩论上宣布中国不再新建境外煤电项目。据统计，中国2021年在"一带一路"国家的煤电投资几乎为零，并且风电、光伏以及水电的直接投资额和建设项目合同额分别从2021年的13亿美元、14亿美元增加到2022年的23亿美元、35亿美元（图1-8）。

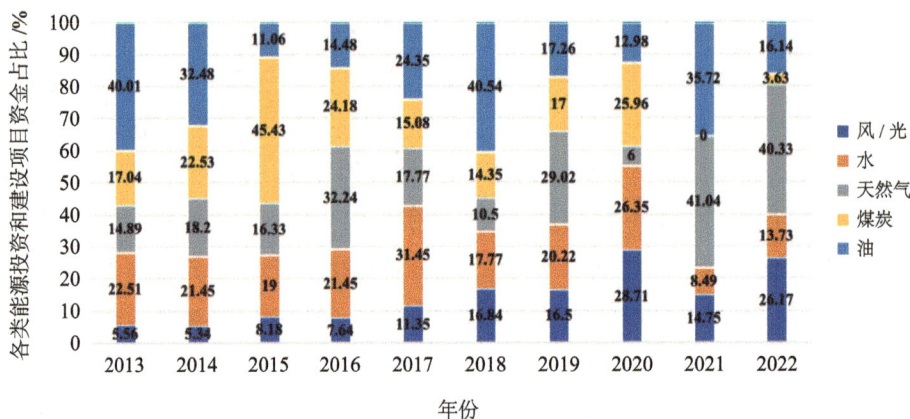

图 1-8　2013—2022 年中国在"一带一路"国家能源领域的投资和建设项目总额结构变化趋势

资料来源：《中国"一带一路"倡议投资报告 2022》[1]。

作为全球最大的消费和贸易市场，中国能够充分为全球的绿色贸易、绿色投资注入充足的动力，切实带动全球绿色复苏。2021 年，中国绿色贸易额达到 11 610.9 亿美元，中国超过欧盟成为全球第一大绿色贸易经济体，全球占比达到 14.6%，比 2020 年提升 1.5 个百分点[26]。

尽管当前国际气候合作面临诸多阻碍，但应对气候变化问题离不开各国的携手应对，仍需通过积极的对话合作、经验分享等方式共同寻找解决方案。中国仍将以开放包容、合作共赢为原则，坚持高水平的对外开放，继续推进与其他国家的气候合作，更好地支持全球尤其是发展中国家的绿色低碳转型进程。

三、中国"双碳"政策行动的进展分析

（一）中国低碳转型的进展分析

近年来，中国将气候变化摆在国家治理与发展的突出位置。《中华人民共和国国民经济和社会发展第十四个五年规划和 2035 年远景目标纲要》围绕碳达峰碳中和设定了 4 项定量目标，包括单位 GDP 能源消耗降低 13.5%（约束性）、单位 GDP 二氧化碳排放降低 18%（约束性）、森林覆盖率达到 24.1%（约束性），以及非化石能源占能源消费总量比重达到 20% 左右（预期性）。截至 2022 年，中国单位 GDP 能源消耗比 2020 年降低 2.8%，单位 GDP 二氧化碳排放比 2020 年下降 4.6%，非化石能源占能源

---

1 https://greenfdc.org/china-belt-and-road-initiative-bri-investment-report-2022/.

消费总量比重达到 17.5%，森林覆盖率为 24.02%。总体来看，《中华人民共和国国民经济和社会发展第十四个五年规划和 2035 年远景目标纲要》中的上述 4 项定量目标正在稳步推进。

在"双碳"目标指引下，中国在能源清洁高效利用、产业结构调整、降碳减污协同增效、生态系统碳汇能力提升、绿色低碳生活等方面取得了亮眼的成绩。

1. 能源系统向清洁化、高效化发展

能源消费结构加速向清洁低碳化转型，非化石能源高速发展。中国在能源系统的清洁低碳转型过程中，坚持先立后破，在大力发展非化石能源的基础上，逐步实现对化石能源的有序替代。2013—2022 年，中国非化石能源消费占比由 10.2% 增长到 17.5%，与此同时，煤炭消费占比由 67.4% 降低到 56.2%（图 1-9）。

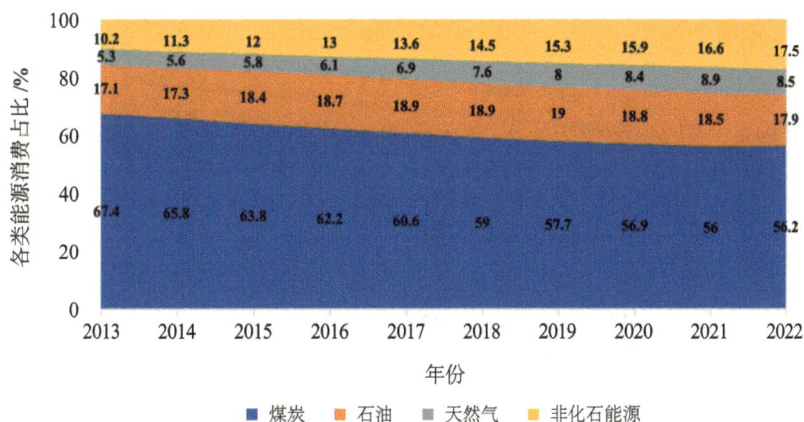

图 1-9　2013—2022 年中国整体能源消费结构的变化情况

资料来源：国家统计局、国家发展和改革委员会。

中国可再生能源领域的发展举世瞩目，大型风电光伏、水电等可再生能源基地建设在有序推进，可再生能源装机容量和发电量保持高速增长并且总量连续多年稳居全球第一。中国已在沙漠、戈壁、荒漠地区规划建设 4.5 亿 kW 大型风电光伏基地，1 亿 kW 项目已开工建设[27]。截至 2022 年底，中国可再生能源装机容量达到 12.13 亿 kW，占全国发电总装机容量的 47.3%（图 1-10），超过煤电装机容量。其中风电、太阳能发电、常规水电装机容量分别达到 3.65 亿 kW、3.93 亿 kW、3.68 亿 kW。2022 年，中国可再生能源发电量为 2.7 万亿 kW·h，占全社会用电量的 31.6%（图 1-11）。从全球占比来看，2021 年中国可再生能源装机容量和发电量分别占全球的 32.8% 和 30.9%，超过美国和欧盟的总和（图 1-12）。

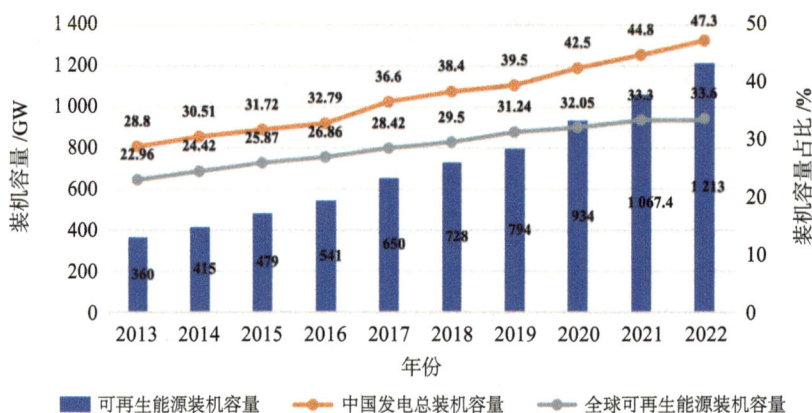

图 1-10　2013—2022 年中国可再生能源装机容量变化情况

资料来源：国家能源局、中国电力企业联合会、国际可再生能源署（IRENA）、国际能源署（IEA）。

图 1-11　2013—2022 年中国可再生能源发电量的变化情况

资料来源：国家能源局、中国电力企业联合会、国际可再生能源署（IRENA）、国际能源署（IEA）。

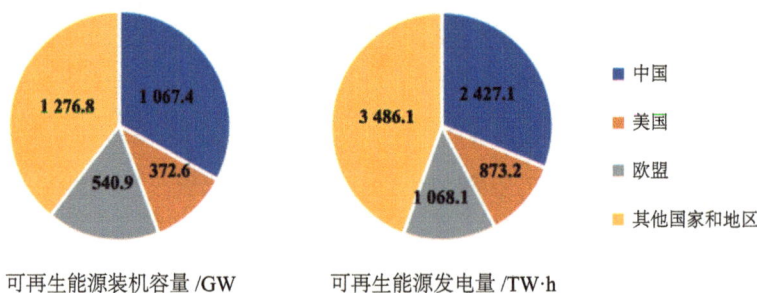

图 1-12　2021 年中国、美国、欧盟、其他国家和地区可再生能源装机容量和发电量情况

资料来源：国际能源署（IEA）。

化石能源清洁高效利用水平显著提高。中国立足于以煤炭为主的基本国情，持续推进煤炭利用向清洁化、高效化转型。截至 2021 年底，中国年产 120 万 t 以上的大型煤矿产量占 85% 左右[28]；散煤消费量削减约 4.4 亿 t，较 2015 年的 7.5 亿 t 下降了58.7%[29]。与此同时，中国积极淘汰煤电落后产能，同时大力推进煤电机组在节能降碳改造、灵活性改造以及供热改造三个方面的"三改联动"，在保证煤电行业发挥兜底保障作用的同时，不断提升清洁高效发展水平。截至 2021 年底，中国已累计淘汰关停落后煤电产能超 1 亿 kW[30]；煤电机组累计实施节能降碳改造近 9 亿 kW，灵活性改造超过 1 亿 kW，10.3 亿 kW 实现超低排放改造，占煤电总装机容量的 93%，建成世界最大的清洁煤电体系[27]。

能耗强度显著下降。中国 2021 年单位 GDP 能耗比 2012 年累计降低 26.4%，年均下降 3.3%，相当于节约和少用能源约 14.0 亿 t 标准煤[31]。这得益于中国在工业、建筑、交通等重要领域推行新的能效标准，制订对应的能效水平提升计划，通过技术推广、工艺创新、设备改进等方式积极推进各产业领域升级改造。2021 年，中国火电平均供电煤耗降至 302.5 g 标准煤 /（kW·h），比 2012 年下降了 6.9%[32]；粗钢、电解铝、乙烯单位产品综合能耗分别比十年前下降 9.0%、4.7% 和 4.9%；建筑领域累计建设超低、近零能耗建筑面积超过 1 390 万 m²；铁路电气化率达到 73.3%，国家铁路单位运输工作量综合能耗比上年下降 3.9%[27]。同时，中国也在积极发展氢能炼钢、绿氢等源头替煤的新型清洁工艺改造，促使各产业领域的终端能源消费逐渐向绿色低碳转型。

2. 产业结构向绿色化、智能化转型

近年来，中国的产业结构持续升级优化，第三产业增加值在 GDP 中的占比逐渐提升。2022 年，中国第三产业增加值为 638 698 亿元，同比增长 2.3%，占全国 GDP 总量的 52.8%，比 2013 年提高了 5.9 个百分点（图 1-13）。

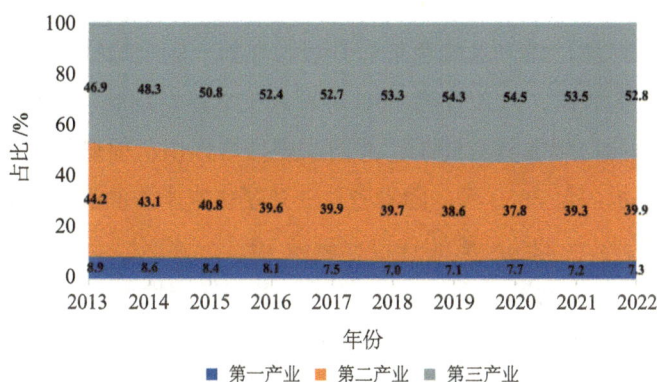

图 1-13　2013—2022 年中国三大产业增加值占 GDP 比重的变化情况

资料来源：国家统计局。

　　绿色低碳产业蓬勃发展。近年来，中国的新能源产业发展十分迅速。中国的可再生能源制造体系日趋完善，其技术水平和制造规模均居世界前列。其中，风电、光伏等清洁能源设备生产规模居世界第一位。2021 年，中国在光伏产业链的各环节，包括多晶硅料、硅片、电池片和光伏组件等的全球产量占比均超过 70%，中国已连续 8 年成为全球最大新增光伏市场[33]。中国新能源汽车的产销也已连续 8 年全球第一，其中电动汽车销量占全球的一半，电动公交车和电动卡车的销量更是占到全球 90% 以上[34]。2022 年，中国新能源汽车呈现爆发式增长，产销分别完成 705.8 万辆和 688.7 万辆（图 1-14）。近十年来，中国节能环保、生态环保产业的规模也逐渐壮大。2021 年，中国节能环保产业的产值达到 8 万亿元，年均增速 10% 以上[35]。生态环保产业 2021 年全国营业收入达到约 2.18 万亿元，比 2020 年增长 11.8%，对国民经济的直接贡献率为1.8%[36]。

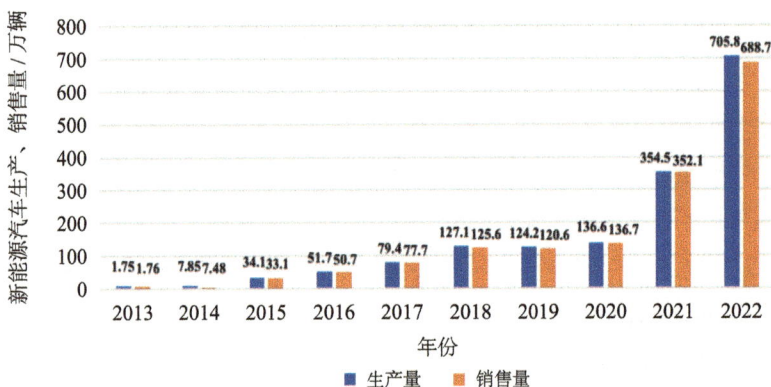

图 1-14　2013—2022 年中国新能源汽车产销量的变化情况

资料来源：国家统计局，中国汽车工业协会。

　　数字信息技术赋能传统产业绿色低碳升级。在新一轮全球技术和产业革命的催化下，中国互联网、大数据、人工智能、5G 等新兴技术蓬勃发展，并与制造业、服务业等传统产业深度融合，释放其对传统产业的赋能倍增作用，促进传统产业高端化、智能化升级。研究显示，至 2030 年，随着各行业数字化水平不断提升，数字技术将赋能中国全社会减碳 12% ～ 22%，赋能各行业减碳 10% ～ 40%[37]。2012—2021 年，中国数字经济规模由 11 万亿元跃升至 45.5 万亿元，多年稳居世界第二位[38]，数字经济核心产业——信息传输、软件和信息技术服务业增加值占 GDP 的比重也提高了 2.3 个百分点[39]，并且软件和信息技术服务业的软件业务收入在 2022 年首次跃上 10 万亿元的台阶，比 2014 年的营业收入几乎翻了三番[40]。2022 年，中国高技术制造业和装备制造业分别同比增长 7.4% 和 5.6%，占规模以上工业增加值的比重从 2012 年的 9.4% 和 28% 分别提高到 2022 年的 15.5% 和 31.8%[7, 41]。

传统产业加快绿色低碳化提质改造。在工业领域，中国持续提升工业领域整体清洁生产水平，开展绿色制造体系建设，从绿色工厂、绿色园区的构建，到绿色产品的设计以及绿色环保设备的使用，加快构建绿色供应链。截至 2020 年，中国单位工业增加值二氧化碳排放量比 2015 年下降约 22%[42]。截至 2022 年底，中国累计建成了 2 783 家绿色工厂、223 个绿色工业园区、296 家绿色供应链企业，并发布了 20 000 余种绿色设计产品[43]。在建筑领域，中国发布了《“十四五”建筑节能与绿色建筑发展规划》，并逐渐完善和提高建筑节能和可再生能源利用标准，绿色节能建筑呈跨越式增长。截至 2021 年底，城镇新建绿色建筑占当年新建建筑比例高达 84%，节能建筑面积占城镇民用建筑面积比例超过 63.7%，累计建成绿色建筑面积超过 85 亿 m^2，累计建成节能建筑近 277 亿 m^2[27, 44]。在交通领域，中国不断完善综合运输网络体系，推进大宗货物运输“公转水”“公转铁”，并且积极构建城市低碳交通系统，加快绿色交通基础设施的建设。2021 年，中国铁路和水路货运量分别为 47.74 亿 t 和 82.40 亿 t，同比上涨 4.9% 和 8.2%，占全社会货运量的比重分别由 2017 年的 7.8%、14.1% 上涨至 9.2%、15.8%[45, 46]。截至 2022 年，中国已累计建成充电桩 521 万个、换电站 1 973 座，其中 2022 年新增的充电桩 259.3 万个，几乎是之前建造量的总和[47]。

优化和淘汰过剩及落后产能，严控“两高一低”（高耗能、高排放、低水平）项目发展。中国在保证产业链供应链安全的同时，对于钢铁、水泥等高耗能、高排放的行业实施产能等量或减量置换政策，淘汰和化解落后、过剩产能，保证产能的高效和高质量。“十三五”期间（2016—2020 年），累计退出钢铁过剩产能 1.5 亿 t 以上、水泥过剩产能 3 亿 t，地条钢全部出清，电解铝、水泥等行业的落后产能基本出清[25]。中国对“两高一低”的项目实行清单管理、分类处置和动态监控，严控此类项目的环境准入，修订并提升其环评审批程序和环境准入条件。2021 年中国全年相关行业建设项目环评审批数量同比下降超 30%，压减拟上马的“两高一低”项目 350 多个，减少新增用能需求 2.7 亿 t 标准煤[32]。

3. 降碳与经济发展、污染防治之间协同增效

在保证经济持续快速发展的同时，在降碳减排方面取得显著成效。2013—2021 年，中国的经济年均增长 6.6%，远高于同期世界平均增速（2.6%），对世界经济增长的平均贡献率达到 38.6%，超过 G7 国家的总和，是推动世界经济增长的第一动力[48]。

在保持经济中高速增长的前提下，中国实现了碳排放强度的持续下降。2020年，中国碳排放强度比2005年下降48.4%，已经超额完成了向国际社会承诺的到2020年下降40%～45%的目标，累计少排放二氧化碳约58亿t，基本扭转了二氧化碳排放快速增长的局面[49]。2021—2022年，中国碳排放强度进一步下降0.8%，降碳减排进程稳步向前推进[50]。

积极推进降碳减污协同治理，充分发挥二者之间的协同效益。中国一直注重降碳减排与污染治理之间的协同作用，2022年出台了《减污降碳协同增效实施方案》，探索建立"源头—过程—末端"全过程减污降碳协同增效体系，在16个地市组织开展"三线一单"减污降碳协同管控试点，推动污染物和碳排放在数据收集、技术方法以及管理路径上的协同管控，充分借助二者之间的协同效益提升环境质量，实现气候、环境效益的双赢。中国在实施《打赢蓝天保卫战三年行动计划》三年期间，不仅全国二氧化硫、氮氧化物、一次$PM_{2.5}$排放量分别约下降367万t、210万t和125万t，同时累计减少二氧化碳排放5.1亿t，充分体现了大气污染治理与降碳减排之间的协同效益[27]。此外，相关研究表明，中国的"双碳"目标可以充分驱动其能源体系、交通结构、产业结构等加速向绿色低碳化转型，从而带来显著的污染物减排效果。在没有"双碳"目标的驱动下，中国全国$PM_{2.5}$的平均浓度最多只能在2020—2060年从33 $\mu g/m^3$下降到25 $\mu g/m^3$左右；倘若在2030年实现碳达峰，2060年全国$PM_{2.5}$的平均浓度会降到20 $\mu g/m^3$，同时，氮氧化物的平均浓度也会大幅下降，臭氧在2035年后的平均浓度会降到130 $\mu g/m^3$左右，2060年后会稳定地低于100 $\mu g/m^3$[51]。

4. 森林、草原等生态系统碳汇能力显著增强

近年来，中国坚持多措并举，积极开展大规模国土绿化行动，实施防护林建设、天然林保护修复、退耕还林还草等具有重要生态影响的生态系统保护和修复工程，推动森林、草原、湿地、土壤等重要生态系统面积持续增加。2000—2017年，全球绿地面积增加了5%，而中国的贡献率约为25%[52]，生态系统碳汇能力显著增强。

在森林碳汇方面，中国森林保护和修复工作有序进行并取得了瞩目成就，森林生态系统逐步从碳源转为碳汇，且碳汇强度逐渐增加[53]。2022年，中国森林面积达2.31亿hm^2，森林覆盖率达24.02%，森林蓄积量达194.93亿m^3。中国不仅森林覆盖率和森林蓄积量连续30多年保持"双增长"，而且是全球森林资源增长最快的国家（图1-15和表1-1）。中共十八大以来，中国累计完成造林9.6亿亩，并且森林植被总碳储量净增13.75亿t，达到92亿t[54]。

在草原碳汇方面，中国通过草原生态补助奖励政策的激励作用，推进草原管理从生产为主向生态为主转变，并积极开展退牧还草、改良退化草原等一系列草原生态修复治理工程，草原固碳能力显著增强。近十年来，中国累计完成种草改良 6 亿亩，38 亿亩草原由于开展草原禁牧、草畜平衡等措施而休养生息[55]。当前，中国草原每年的固碳能力可达 1 亿 t[56]。

在湿地碳汇方面，中国不断完善湿地保护体系，推进退耕退渔还湿、湿地补水、湿地有害生物防治等湿地保护和修复工作，湿地面积已从减少趋势转变为恢复态势，湿地的碳汇功能也得到显著提升。近十年来，中国累计实施湿地保护项目 3 400 多个，新增和修复湿地 80 余万 hm² [57]。2015—2020 年，中国湿地面积净增 903 km²，总面积在 2020 年约为 41.2 万 km²，位居亚洲第一。截至 2023 年 7 月，中国草本沼泽植被地上总固碳量约为 2 220 万 t，沼泽湿地土壤有机碳总储量为 99 亿 t[58]。

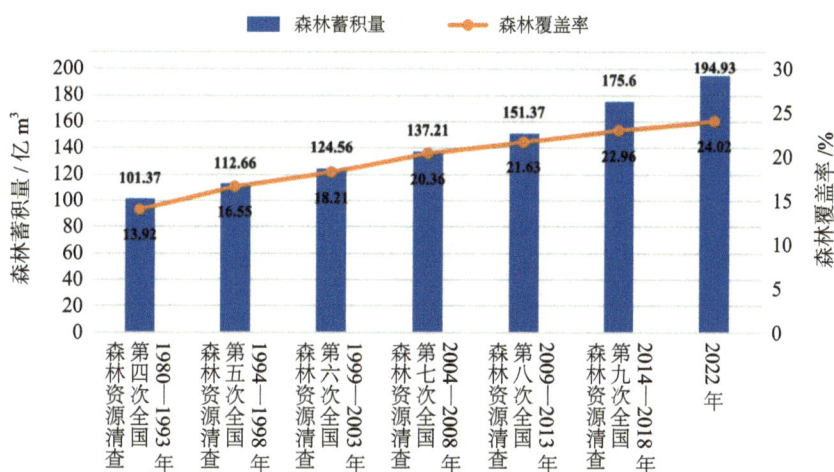

图 1-15　中国 30 多年来森林蓄积量及森林覆盖率的变化情况

资料来源：国家林业和草原局。

表 1-1　2010—2020 年全球森林面积年均净增加前十名的国家

排名	国家	年净变化	
		1 000 hm²/a	变化率/%
1	中国	1 937	0.93
2	澳大利亚	446	0.34
3	印度	266	0.38

排名	国家	年净变化	
		1 000 hm²/a	变化率 /%
4	智利	149	0.85
5	越南	126	0.90
6	土耳其	114	0.53
7	美国	108	0.03
8	法国	83	0.50
9	意大利	54	0.58
10	罗马尼亚	41	0.62

注：变化率（%）计算为复合年变化率。
资料来源：《2020 年全球森林资源评估》，https://www.fao.org/forest-resources-assessment/past-assessments/fra-2020/zh/。

5. 绿色低碳生活渐成风尚

持续推进生态文明教育。中国一直高度注重生态文明的宣传教育，以强化公民勤俭节约、绿色环保的生态文明意识，并形成相应的生活理念和习惯。在"双碳"目标的指引下，中国长期持续开展"全国节能宣传周""全国低碳日""世界地球日"等主题宣传活动，积极向公民普及气候变化知识，强化绿色低碳意识。同时，中国也出台了《绿色低碳发展国民教育体系建设实施方案》，明确提出要引导青少年牢固树立绿色低碳发展理念，构建特色鲜明、上下衔接、内容丰富的绿色低碳发展国民教育体系。此外，中国还发布了《公民生态环境行为规范十条》，旨在引导公民自觉履行和践行绿色低碳环保的生态文明理念与意识，在社会建立起绿色低碳环保的良好氛围。

广泛推行绿色低碳生活方式。在注重生态文明教育的同时，中国也一直高度聚焦将绿色低碳理念落实到社会和群众衣食住行的各个方面，以在整个社会层面创建绿色低碳环保的生活方式，绿色城市、绿色社区、绿色学校等绿色创建活动如火如荼地开展。截至 2023 年 1 月，全国 70% 的县级及以上党政机关建成节约型机关，近百所高校实现了水电能耗智能监管，109 个城市高质量参与绿色出行创建行动。"光盘行动"、垃圾分类、节水节电节能、环保装修等各种绿色低碳行动已经在全社会蔚然成风，简约适度、绿色低碳、文明健康的生活方式逐渐成为社会新风尚。

（二）中国碳达峰碳中和"1+N"政策体系

1. 中国已经基本建成目标明确、分工合理、措施有力、衔接有序的碳达峰碳中和"1+N"政策体系

2021 年 10 月，中国先后发布了《中共中央　国务院关于完整准确全面贯彻新发展理念做好碳达峰碳中和工作的意见》（以下简称《意见》）和《2030 年前碳达峰行动方案》（以下简称《方案》）。这两份文件作为碳达峰碳中和"1+N"政策体系的总体纲领性文件，构成了其中的"1"。"N"则代表重点领域、重点行业实施方案及相关支撑保障方案，具体包括能源、工业、交通运输、降碳减污、城乡建设、农业农村、循环经济等重点领域实施方案，煤炭、石油、天然气、建材、电力、钢铁、有色金属、石化化工等重点行业实施方案，以及科技支撑、财政支持、能源保障、统计核算、考核监督等支撑保障方案（图 1-16）。

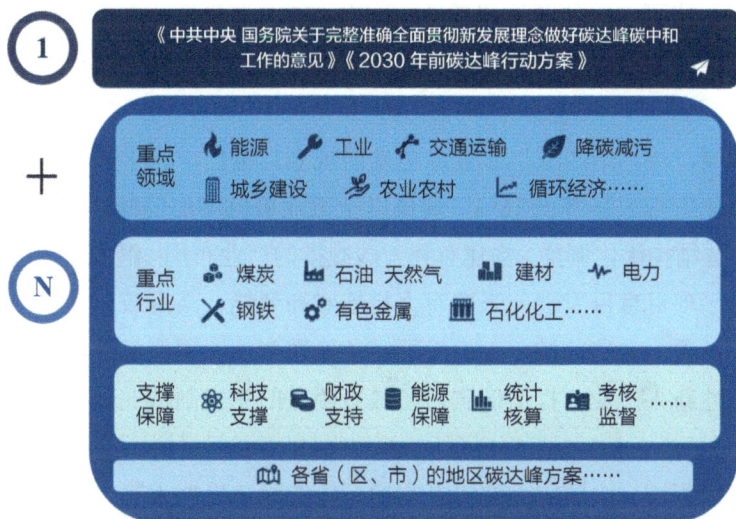

图 1-16　碳达峰碳中和"1+N"政策体系

碳达峰碳中和"1+N"政策体系将为实现"双碳"目标提供源源不断的工作动能，为中国的"双碳"工作提供全方位、多层次的指导。具体来说：首先，政策设计覆盖脱碳相关的所有关键领域和重点部门，包括能源、节能减排、循环经济、工业、城乡建设、交通运输、农业农村、绿色消费、降碳减污等领域和钢铁、有色金属、石化化工、建材、油气、氢能、新型基础设施等重点行业的行动方案；其次，注重通过科技创新、财政支持、价格改革、科技支撑、人才培养等支持措施为"双碳"工作提供切实保障；再次，体现了全社会广泛参与，是国家治理体系和治理能力现代化的生动体现，参与主体涉及国务院各部门、地方政府、行业、园区、企业及个人等；最后，"1+N"政策体系还力图促进更广泛的合作，包括"一带一路"能源绿色发展以及各行业、各部门中的国际合作政策设计。同时，我们也必须注意到"双碳"工作的长期性和艰巨性，其路径和政策需要根据国内外形势变化不断动态调整。

2. 碳达峰碳中和"1+N"政策体系通过多领域的务实行动落实碳达峰碳中和中远期目标

碳达峰碳中和"1+N"政策体系明确了 2030 年前碳达峰和 2060 年前碳中和目标，为全社会提供清晰愿景和转型信号，并通过多领域的行动落实（附表 1-2）。

在能源领域，中国将加快规划建设新型能源体系。《方案》指出，"十四五"期间将严格控制煤炭消费增长，"十五五"（2026—2030 年）时期逐步减少煤炭消费。推动煤炭的清洁高效利用，推动煤电进行节能降碳改造、灵活性改造、供热改造。2021—2025 年，中国一次能源消费增量中可再生能源消费增量占比将超过 50%，新建输电通道中可再生能源电量输送比例不低于 50%。同时，中国还将积极有序发展先进核能系统，到 2025 年，核电运行装机容量达到 7 000 万 kW [59]。

在工业领域，《"十四五"工业绿色发展规划》指出，"十四五"期间，单位工业增加值二氧化碳排放量降低 18%，规模以上工业单位增加值能耗降低 13.5%。中国将继续推进产业结构优化调整，构建有利于碳减排的产业布局；继续坚决遏制高耗能、高排放、低水平项目盲目发展，采取有力措施对高耗能、高排放、低水平项目实行清单管理、分类处置、动态监控。大力发展绿色低碳产业，围绕新能源、新材料、新能源汽车等战略性新兴产业，打造低碳转型效果明显的先进制造业集群，带动工业绿色转型。

在交通运输领域，中国将大幅提升交通运输的绿色发展水平，降低二氧化碳排放强度、削减主要污染物排放总量，加快形成绿色低碳运输方式。积极扩大电力、氢能、天然气、先进生物液体燃料等新能源、清洁能源的应用，计划到 2030 年新增新能源、清洁能源动力交通工具达 40% 左右，并大力推广电动火车和氢燃料电池车辆应用。此外，中国还将加快推进港口集疏运铁路、物流园区及大型工矿企业铁路专用线建设，推动大宗货物及中长距离货物运输"公转铁""公转水"，推进铁水、公铁、公水、空陆等多式联运发展。

在建筑领域，中国将提高建筑绿色低碳发展质量，降低能耗，推动城市集约式组团发展，控制新增建设用地过快增长；提升建筑效能水平，到 2025 年，城镇新建居住建筑能效、公共建筑能效将分别提升 30%、20%[60]；积极推动建筑用能结构改善，到 2030 年建筑用电占能耗百分比提升至 65%，推动超过 20% 建筑实现全面电气化[61]；进一步提升农房绿色低碳设计建造水平，制定和完善农房建设相关标准，并因地制宜推广太阳能暖房，高能效照明、灶具等清洁技术。大力推进北方农房实现清洁取暖，开展节能改造。

在农林业与生态碳汇领域，研究表明，2000—2017 年，全球绿化面积增加 5%，其中 25% 来自中国[52]。中国植被变绿的过程中，森林和农用地分别贡献了 42% 和 32%。中国将加快推进应对气候变化与生态环境保护的协同工作，提升生态系统碳汇能力；进一步推进农业农村减排固碳，实施国家黑土地保护工程，提升土壤有机碳储量，加强农作物秸秆综合利用和畜禽粪污资源化利用；提升农村可再生能源利用能力，推进农光互补、"光伏 + 设施农业"、"海上风电 + 海洋牧场"等低碳农业模式。采取优化国土空间开发、实施生态保护修复重大工程、建立生态系统碳汇监测核算体系等措施，巩固提升碳汇能力，提升碳汇增量。

在循环经济领域，中国将进一步推进资源节约集约利用，构建资源循环型产业体系和废旧物资循环利用体系；以推进产业园区循环化发展、加强大宗固体废物综合利用、健全资源循环利用体系、推进生活垃圾减量化资源化为重点，发挥资源能源节约和减污降碳协同的关键作用。到 2025 年，大宗固体废物综合利用率达到 60%[62]，建筑垃圾综合利用率达到 60%，废纸利用量达到 6 000 万 t，废钢利用量达到 3.2 亿 t，再生有色金属产量达到 2 000 万 t，生活垃圾资源化利用比例提升至 60% 左右，资源循环利用产业产值达到 5 万亿元[63]。到 2030 年，大宗固体废物年利用量将达到 45 亿 t 左右，城市生活垃圾资源化利用比例将提升至 65%[64]。

3. 碳达峰碳中和"1+N"政策体系通过系统的制度构建和能力建设为低碳转型提供坚实保障

增强碳排放核算相关能力建设，加快建立统一规范的碳排放核算体系。中国出台了《关于加快建立统一规范的碳排放统计核算体系实施方案》，明确要不断加强有关碳排放统计基础、核算方法、技术手段、数据质量等方面的能力建设，推动形成包含全国、地方、行业、企业、重点产品五个层面衔接有序、规范一致的碳排放统计核算体系，为碳达峰碳中和工作提供全面、可靠、科学的数据支持。

明确"双碳"科技创新专攻方向，科学部署全行业技术攻关行动，推动关键核心技术成果产出及示范。《科技支撑碳达峰碳中和实施方案（2022—2030 年）》在科学判断中国重点行业和领域的减排需求、技术缺口等前提下，提出中国绿色低碳科技创新的方向，并部署低碳、零碳、负碳相关的基础研究、基地建设、人才培养、国际合作等多方面的具体措施和行动，旨在有效推动低碳、零碳、负碳的技术攻关、成果产出以及应用示范，为实现"双碳"目标提供科技支撑。

推进市场化机制的建设与改革，加强全国统一碳市场及电力市场的建设以及不同市场之间的统筹衔接，切实激发各市场主体的转型动力。在碳市场建设方面，《碳排放权交易管理办法（试行）》指出，要明确全国统一碳市场的准入门槛，逐步丰富现有碳市场试点中的交易品种和交易方式，推动地方试点碳市场逐步向全国碳市场过渡，最终形成全国统一碳市场制度体系。在电力市场建设方面，《关于加快建设全国统一电力市场体系的指导意见》指出，要健全多层次、跨区域的电力市场体系，明确电力现货市场、中长期市场和辅助服务市场等不同市场模块的功能与价值，切实实现统一后的电力市场能够适应并推动以高比例可再生能源为特征的新型电力系统的建设。

建立和完善"双碳"指标考核制度以及相关的法律法规标准。一方面，随着"双碳"工作的逐渐深化，中国将逐步推动能源消费总量和强度双控制度向碳排放总量和强度双控制度的转变。另一方面，《意见》指出要全面清理现行法律法规中与碳达峰碳中和工作不相适应的内容，研究制定碳中和专项法律，抓紧修订节约能源法、电力法、煤炭法、可再生能源法、循环经济促进法等，增强相关法律法规的针对性和有效性；完善碳达峰碳中和标准计量体系，健全电力、钢铁等行业领域能耗监测和计量体系。

加快建成国际一流水平的"双碳"人才体系。充足的人才保障和智力支持是"双碳"目标实现的必要条件。《加强碳达峰碳中和高等教育人才培养体系建设工作方案》指出，要加强有关"双碳"重点产业的人才需求预测，推进能源、交通、管理等"双碳"相关专业的升级改造，先行建设一批绿色低碳领域的新学科、新专业以及高水平的科研平台和核心技术攻关平台，探索有效的人才合作交流路径，最终建成兼顾中国特色和世界一流水平的碳达峰碳中和人才培养体系，为中国迈向碳达峰碳中和的进程中提供坚实可靠的人才力量。

4. 碳达峰碳中和"1+N"政策体系发挥多领域多主体作用，形成全社会合力减排的良好格局

在中央层面，党中央、国务院发挥总揽全局、协调各方的核心关键作用。党中央高度重视"双碳"任务，将"双碳"工作纳入经济社会发展全局和生态文明建设整体布局，对碳达峰碳中和主要目标、重点任务、重点行动进行系统部署，切实促进了上下联动、各方协同工作体系的形成，为确保后续碳达峰碳中和工作的有效落实，建立目标明确、分工合理、措施有力、衔接有序的"1+N"政策体系奠定坚实基础。

各地方政府因地制宜制定碳达峰碳中和行动规划和实施方案，有效促进碳达峰碳中和目标和任务在地区层面的分解落实。为了积极响应党中央对于碳达峰碳中和工作的统筹规划和总体部署，各地方政府积极制定符合本地区实际和主体功能定位的碳达峰碳中和行动规划和实施方案，形成同向但不同步的地方"双碳"行动体系。当前，中国大部分省份已经出台了碳达峰碳中和行动规划以及实施方案（附表1-3）。

在企业层面，中央企业"一企一策"制定碳达峰行动方案，发挥引领带头作用。2021年12月，国资委发布《关于推进中央企业高质量发展做好碳达峰碳中和工作的指导意见》，对中央企业制定实施碳达峰行动方案作出部署。随后发布《中央企业碳达峰行动方案编制指南（征求意见稿）》，并要求各中央企业于2022年底前完成自身碳达峰行动方案编制。截至2023年7月，国家电网、三峡集团、中国宝武等中央企业纷纷发布碳达峰碳中和行动方案。在中央企业的引领带动下，腾讯、阿里巴巴等民营企业也积极响应号召，发布各自的碳中和行动报告，为中国碳达峰碳中和行动贡献力量。

在社会公众层面，社会公众自觉参加绿色低碳活动，强化绿色低碳教育，有效推动绿色低碳生活成为社会新风尚。2022年10月26日，教育部印发《绿色低碳发展国民教育体系建设实施方案》，明确提出要构建特色鲜明、上下衔接、内容丰富的绿色低碳发展国民教育体系，引导青少年牢固树立绿色低碳发展理念，为实现碳达峰碳中和目标奠定坚实思想和行动基础。中国还探索开展创新性自愿减排机制——碳普惠，部分省（区、市）出台碳普惠管理办法，打造碳普惠应用，激励全社会参与碳减排。截至2023年7月，中国以公交、地铁为主的城市公共交通日出行量超过2亿人次，骑行、步行等城市慢行系统建设稳步推进，绿色、低碳出行理念深入人心，简约适度、绿色低碳、文明健康的生活方式逐渐成为社会新风尚。

5.碳达峰碳中和"1+N"政策体系表明中国将继续坚守负责任大国的形象，秉持开放包容的心态，持续推进构建多方共赢的气候合作新格局

中国将为广大发展中国家应对气候变化提供力所能及的帮助与支持。中国将秉持共商共建共享的原则，以"一带一路"应对气候变化南南合作计划、能源合作伙伴关系、绿色发展国际联盟等为重要媒介，不断推进与发展中国家建立绿色气候合作伙伴关系。《关于推进共建"一带一路"绿色发展的意见》中明确指出，要以高标准、可持续、惠民生为目标，统筹推进与"一带一路"国家在绿色基建、绿色能源、绿色科技等9个重点领域的合作，以合作共建的方式为"一带一路"国家提供有关基础设施、技术、人才、资金等方面的支持与帮助，切实推进"一带一路"国家有关能源、产业应用等多方面的低碳转型进程。

中国将继续寻求与发达国家在经贸、标准、技术、金融等多领域的合作，为全球的应对气候变化行动提供更多的公共产品。中国将继续积极寻求同欧美发达国家（地区）在更大范围、更宽领域、更深层次合作的机会。通过合作不断优化贸易结构，向全世界输送高质量、高附加值的绿色贸易产品；不断优化绿色标准体系的制定，推动全球有关绿色标准的评定体系和互认机制的形成；不断推进绿色科技攻关，为全球低碳、零碳、负碳技术突破贡献力量；不断完善绿色金融体系，不断夯实绿色信贷、绿色债券等绿色金融工具对全球绿色低碳转型进程的支持作用。

（三）小结

1. 中国在"双碳"领域已取得一定成就

力争 2030 年前实现碳达峰、2060 年前实现碳中和，是党中央经过深思熟虑作出的重大战略决策，中央层面已将其纳入经济建设和生态文明建设的整体布局中，各地方各部门均积极响应，并提出相应的时间表和路线图[65]。2022 年，中国单位 GDP 能耗比 2005 年累计降低 44.1%。能源低碳转型持续深入，清洁能源生产较快增长，非化石能源消费占比不断提升。2022 年，非化石能源消费量占能源消费总量的比重为17.5%，同比提高 0.8 个百分点，光伏、风电装机容量和发电量均居世界首位。此外，中国已经基本建成了碳达峰碳中和"1+N"政策体系，为建立健全各领域多方面的政策保障体系，为各主体全方面参与"双碳"行动奠定了扎实的政策基础。未来，中国将在中共二十大精神的指引下进一步稳妥推进"双碳"工作，立足自身能源资源禀赋，坚持先立后破，有计划、分步骤实施碳达峰碳中和行动。

2. 中国"双碳"政策行动还需进一步深化与完善

中国的"双碳"目标实现进程时间紧、任务重，需要在不到 30 年的时间内实现从全球第一排放国向碳中和目标的转变，中国需要以比欧美等发达国家（地区）更快的速度与力度进行减排，实现经济社会发展方式的全面绿色低碳转型。这需要中国进一步深化和完善"双碳"政策与行动。

中国"双碳"管理体制机制仍需进一步完善，"双碳"政策间的协同效益尚需进一步强化。中国当前已经构建起了碳达峰碳中和"1+N"政策体系，统筹协调了各主体、各领域的"双碳"工作。但"双碳"工作是一项系统工程，涉及多领域、多部门，不同部门、不同制度间的协调难度大，"双碳"政策在实施过程中存在一些片面曲解或政策冲突的问题，导致制度政策的实施效果不及预期。

中国能源低碳转型的短中期路线图还需进一步明晰。截至 2023 年 7 月，中国已经确立了能源低碳转型的长期目标和方向，确立了到 2060 年非化石能源消费占比达到 80% 及以上的量化目标，推动可再生能源逐步取代化石能源的主体地位，但短中期中国能源低碳转型路线图尚不明晰。针对未来建立以高比例可再生能源为特征的电力系统，煤电、气电、储能等分别在不同时间发挥什么样的作用，产业发展如何与能源供给在区位空间上匹配，电力市场如何发挥调节作用等，目前这些问题尚无定论。

中国需进一步发挥市场在"双碳"工作中的作用。当前，中国的"双碳"政策以控制命令型为主，市场型政策机制未发挥资源配置的作用。碳排放权交易、绿色金融等市场机制在引导各类资源、要素向绿色低碳产业聚集方面还有较大潜力，从而激发各类市场主体进行绿色低碳转型的内生动力与创新活力。中国应该推动改善当前"行政大，市场小"的"双碳"实现模式，更好发挥市场主体的积极性，推动政府和市场协同发力，从而发挥更大的效能以助力"双碳"目标的实现。

中国需重视转型进程中区域发展的公平公正。坚持全国统筹、全国一盘棋是中国"双碳"工作的主要原则之一。中国幅员辽阔，各地的产业结构、经济发展水平以及排放强度之间存在明显的差异。一些省份的经济基础弱、化石能源依赖度高，在转型过程将面临来自财政、税收、就业等方面更严峻的挑战和压力。因此，中国应重视转型过程中区域间的公平公正问题，出台相关政策，对部分省份和地区给予相应的激励与支持，如补贴、税收减免和就业支持等，确保低碳转型进程平稳有序。

四、中国绿色低碳转型政策的深化方向

（一）以降碳为引领，推动经济社会全面绿色低碳转型

"双碳"目标是高质量发展的内在要求，是大国担当的体现，是以降碳为重点战略方向的生态文明建设的系统性抓手。实现中长期深度减排，不仅有助于减缓气候变化，更能带来经济、社会、环境等多重收益。碳达峰碳中和是生态文明建设的系统延伸和深化，为中国提供了一个中长期愿景、综合性目标和系统的实施框架[66]。

面向未来，发展仍是解决中国所有问题的关键，发展方式转型的必要性和紧迫性更加凸显。要加快产业结构的调整优化。深度脱碳将催生新产业革命，新的竞争优势将围绕以去碳化为核心的产业升级而形成；要注重提质增效，淘汰落后产能，推动产业转型升级，提高绿色低碳制造业的比重；要考虑新能源成本的降低、工艺流程再造技术的突破以及碳定价机制的逐步完善，渐进完成对高载能行业的绿色低碳改造、结构升

级以及重新布局，如科学制定钢铁产业的脱碳路线图、石化产业的去燃料化路径等。

发展碳减排导向的循环经济。通过绿色设计、产品全生命周期及供应链的绿色低碳化，发挥降碳减污扩绿增长的协同效应。通过再生资源目标和激励机制，进一步完善联系企业、政府、消费者的生产者责任延伸制度，促进循环经济的发展。创新二氧化碳等温室气体的资源化利用技术与模式，重视转型过程中产生的新兴产业废弃物等问题，如退役新能源设施、电动车电池的处理处置等，做好基础设施、产品等的全生命周期评估。深化"无废城市"的试点工作，扩展到区域城市群。

（二）推动绿色投资、低碳消费和低碳产品贸易，为经济增长注入新动能

碳中和相关的投资将在"十四五"期间与今后三四十年为经济增长提供可观的投资推动力，可以将经济增长与碳中和转型有机地结合起来。到 2050 年，面向碳中和的直接投资可达至少 140 万亿元。如果考虑关联的投资，实际投资潜力要远大于这个规模。根据能源基金会的分析，"十四五"期间，在数字经济及传统产业的数字化升级和绿色改造领域、绿色低碳城镇化和现代化城市建设领域、绿色低碳消费领域，以及可再生能源友好的能源和电力系统建设等领域，总投资潜力可达 44.6 万亿元，平均每年约为 9 万亿元，相当于中国 2021 年度总投资额的 1/6[67]（表 1-2）。分行业来看，电力、交通运输、建筑的绿色投资需求量最大。

表 1-2　绿色刺激措施和《中华人民共和国国民经济和社会发展第十四个五年规划和 2035 年远景目标纲要》的重点

类别	优先领域	投资规模（2021—2025 年）	资金来源、途径
信息基础设施	5G 基站	2.5 万亿元	基于公共 + 市场债务与贷款
	人工智能和大数据中心	2 万亿元	基于市场债务、贷款和股票
	工业互联网	8 000 亿元	
可再生能源友好的能源 / 电力系统	集中式 / 分布式可再生能源、电力系统灵活性和智能电网等	4.7 万亿元	基于公共 + 市场债务与贷款
绿色低碳城镇化和现代城市建设	城市群高速铁路及城际交通、电动汽车充电桩、清洁供热制冷、低碳建筑、公共服务设施等	7.8 万亿元	基于市场债务、贷款和股票
传统产业的数字化升级和绿色改造	特定场景的数字化应用，特定部门和过程的电气化；针对特定地区、城市群的中小企业的集成供应链重组；环境质量改善和生态修复（考虑碳排放）	16.5 万亿元	基于市场债务、贷款和股票

类别	优先领域	投资规模 （2021—2025年）	资金来源、途径
扩大和重塑绿色消费	绿色低碳产品消费：高能效电器和电动汽车； 智慧城市的低碳生活方式：医疗、养老、运动、教育/培训、娱乐	5.5万亿元	基于公共+市场债务、补贴与贷款
创新基础设施	重大科技基础设施、科教基础设施、产业技术创新基础设施	3 000亿元	基于公共+市场债务与贷款

资料来源：能源基金会，《从绿色刺激措施和"十四五"规划到中国现代化：围绕自然资本谱写新的增长故事》。

从消费需求角度看，按照国家统计局的数据，虽然中国现在仅有不到30%的人口步入中等收入群体行列，但这个比例将日益提高，这部分人口的消费是中国消费市场的主力增长点。中等收入群体的一个重要消费诉求就是生命的健康安全和清洁环境的舒适享受，在建筑、交通、旅行及度假、电器等方面的消费需求会增加。这些需求在一定制度安排下完全可以形成市场上有支付意愿和支付能力的有效需求，成为经济增长的新驱动因素。相关部门可以通过政策引导更多的低碳消费者购买低碳产品，在促进经济进一步增长的同时提升能源安全和减少温室气体排放。

在低碳贸易方面，中国也有着巨大潜力，具有比较优势的主要包括可再生能源设备零件、高铁、特高压直流输电、电动汽车及低碳电器、高能效制冷等设备。中国在绿色低碳装备制造方面具有比较优势，可为全球市场提供具有价格竞争力的产品，在全球范围内降低能源转型成本。例如，在全球排名前十的风电和光伏组件厂商中，分别有6家和8家来自中国，2021年中国光伏组件的产量共182 GW，超一半向海外出口。欧美等国家（地区）具有核心技术、应用技术、商业模式、市场拓展等方面的优势，与中国在技术、标准、产业等方面具有很强的互补性。双方可通过健康公平的市场竞争与合作，推动全球技术发展和效率提升；也可在WTO框架下建立工作组机制，就关税和知识产权管理等政策，以及设备标准的协调等方面开展对话与合作。

（三）优化国土空间结构，构建满足"双碳"需求的新空间格局

统筹考虑区域差异、综合资源禀赋、新能源发展及成本、产业转型战略的碳中和产业布局及区域低碳转型伙伴关系三大空间、用途管制与"双碳"目标的融合，制定有利于大规模高比例发展可再生能源的混合用地政策，促进生物质能的保护、开发与利用，降碳、增汇、适应与保护生物多样性协同增效。重塑集约、智能、低碳、韧性、可持续的城乡基础设施建设，提升城市的可持续发展能力，推进城市运行保障绿色转型，实现城市低碳高质量发展。

形成国土空间开发保护新格局和自然保护地体系。建立以国家公园为主体的自然保护地体系，稳定现有森林、草原、湿地、海洋、土壤、冻土、岩溶等的固碳作用[64]。提高生态系统的碳汇和适应能力，完善自然碳汇的统计核算及监测、报告、核查（MRV）体系，强化国土空间范围内的各特定地域"山水林田湖草沙冰"和"洋海湾岛礁岸"的整体治理；提供基于自然的解决方案，发展自然受益经济，降低成本和提高可持续性，完善生态系统综合管理；鼓励包括社会公益保护地在内的各类保护地发展，支持社会资本参与生态保护修复项目投资、设计、修复、管护等全过程。

（四）完善"双碳"管理体制机制，注重地方"双碳"能力建设

完善各部门多领域的管理协调机制，促进各个利益相关方的参与。要发挥好国家应对气候变化及节能减排工作领导小组的作用，加强统筹，进一步完善相关部门的职责和工作程序，形成更广泛的共识和常态化协调机制，在制度、人力、执法等方面加强各地应对气候变化和低碳转型的能力建设，促进部门之间的沟通和协调。

打通"双碳"基础制度的部门堵点，加强碳排放权交易、用能权交易、电力交易的统筹衔接。建立能源消费与温室气体排放统计数据协同与共享机制，提高数据的一致性与时效性；明确部门分工和权责分配，压实各方责任，加强部门之间的配合，确保各级政府部门、地方、企业有序落实"双碳"目标。

要加强地方"双碳"意识和能力建设。从意识上提升地方政府对于"双碳"目标的认知和理解，激发地方政府施政的积极性和主动性，制定差异化的区域低碳发展路径。提升地方"双碳"建设的能力和水平，培养相关技术和管理人才，弥补科技型人才缺失的短板，提升企业创新能力和资源型企业的发展潜力，推动地方产业转型升级。

（五）推动关键制度的过渡与转变，加速能耗双控向碳双控过渡

进一步完善能耗双控制度。增强能源消费总量弹性，完善统计和考核制度，使新增可再生能源和原料用能不纳入能源消费总量控制精准落到实处。建立重点项目与可再生能源协同发展机制，鼓励地方通过多种方式，破解重点项目能耗指标制约和可再生能源发展"瓶颈"。明确新增核电消费量在能源消费总量和强度控制中的考核导向，完善相应考核指标体系。完善清洁能源跨省配置政策体系，兼顾公平和效率原则建立送端、受端省份清洁电力交易 - 降碳协同工作机制。

建立健全相关法律法规，积极推动《碳排放权交易管理暂行条例》发布；理顺"双碳"工作管理体制机制，强化碳达峰碳中和工作领导小组综合协调职能，并建立常态

化协调机制。同时，明确制度转换的短中长期路线图，分阶段平稳实现制度过渡。在碳排放配额分配方面，依托全国碳市场和省级行政主体建立碳总量控制目标分解的双轨机制，合理划分央地责权。

推动可再生能源支撑性制度的更新、完善和发展。通过风光水煤多能互补、电网互联、储能、电力市场改革等，促进可再生能源本地消纳和扩区传输，优化土地用途规划，合理划定可再生能源项目用地的区域和范围，充分考虑可再生能源资源的分布情况、环境敏感性和社会影响等因素，科学规划用地，确保可再生能源项目与其他土地利用的协调与共存。简化流程和环节，优化审批流程，建立电子审批系统，实现在线申请和审批，减少纸质文件的使用和传递。确立可再生能源项目接入碳交易市场的机制，包括注册和认可流程、报告和验证要求等，将可再生能源纳入碳交易市场。

（六）加快中国碳定价、碳市场机制建设

夯实碳市场建设的政治、法律、政策和管理机制基础。作为对实现国家"双碳"目标在资源配置机制上的支撑，需确立碳容量资源的生产要素地位，将碳市场作为生产要素市场的组成部分予以建设、培育和改革。建立并完善碳市场的法律基础，既包括与现有的生产要素市场管理法规相衔接，也包括专门立法。

建立碳市场纳管企业的碳排放总量约束机制，并根据纳管行业特点，设定每年的碳排放总量上升或下降比例。适时扩大碳市场覆盖的行业范围，优先将可再生能源尽早引入目前以电力行业为主的全国碳排放权交易体系，并逐步纳入钢铁、电解铝、水泥、化工和石油化工等其他重点排放行业。将排放集中度较高的企业纳入碳交易体系，排放集中度较低的企业纳入碳税体系。如果碳定价体系发展比较缓慢，就需要考虑使用其他"价值转移"的方式，如为减碳投资者提供特许经营激励和横向混合经营许可（如能源企业经营金融、房地产、水业等盈利业务），形成足够的投资回报激励。

推进碳市场与其他市场以及政策之间的衔接与协调。加强碳市场与电力市场改革、可再生能源配额机制、用能权交易机制等市场化改革以及相关政策机制的兼容和协调，评估不同政策以及市场化改革手段对碳市场的配额、定价等方面的影响，防止其相互之间存在冲突抵触的风险，充分挖掘并发挥其相互之间的协同作用 [68]。

（七）注重实现行业和区域层面的公正转型

应针对煤炭及相关企业制定一系列有关资金援助等方面的政策措施。一方面，政府可以通过既有的公共资金，以补贴、减免税收或成立专项扶持基金等方式直接对受

冲击的煤炭及相关企业施以援助；另一方面，政府也可以通过给予煤炭及相关企业在转型金融方面的融资优惠政策等方式以减少其损失，如帮助其以较低的利率获得资本、为其提供更简单便捷的资金申请流程等。

应针对煤炭及相关行业的失业劳动力制定"一揽子"有关补偿、就业安置与再培训的政策措施。一方面，对于转型过程中的煤炭及相关行业的失业人员，应通过社会保障体系向其提供足额的补偿；另一方面，通过教育系统改革对失业群体进行差异化的就业安置与再培训，以适应就业市场的结构性变化。同时，协调政府机构、高校、职业技能培训机构和企业之间的合作，保障劳动力的大规模供给和持续支持。

应制定相关政策措施以促进煤炭密集型及欠发达地区的经济多元化发展，增强其"造血功能"。一方面，应制定专项财政支持和经济多元化政策，为煤炭密集型及欠发达地区提供资金援助和产业扶持，包括基本公共服务和社会保障资金援助，以及绿色转型资金支持绿色基建、城市绿化等业务；另一方面，要引导煤炭密集型及欠发达地区识别价值转移及再利用的机会，如利用原始煤炭资产发展物流仓储等业务，实现产业结构转型和经济发展多元化。

（八）推动气候投融资政策完善以促进向碳中和过渡

建立能够充分反映自然资源稀缺性的自然资本核算体系，以及相应的财政激励措施和监管模式，针对气候环境相关的财政公共预算和补贴建立专门的财政绩效评估机制，增加绿色领域的公共资金投入，动员和激励更多社会资本投入高科技、高效益和低排放产业，同时更有效地抑制高投入、高排放、不可持续的投资。鼓励金融机构拓宽融资渠道，丰富绿色金融、碳金融的相关产品和服务，给予符合标准与条件的气候友好型企业更多通过资本市场进行融资以及再融资的机会。

完善气候投融资项目分类标准，并逐步推进其与欧美等发达经济体的标准协同。当前，中国有关气候投融资项目分类标准的建设工作尚处于初始阶段，与欧美等发达经济体的标准还存在一定差距。中国应结合自身气候投融资领域的发展状况，逐渐完善有关气候投融资项目分类的法律基础、原则、标准以及指标设立等方面的工作，渐进推进与欧美等发达经济体的标准对接与协同，促进其实现跨境气候投融资活动，并为气候投融资标准寻求全球趋同路径作出贡献。

加强金融行业的环境及气候风险评估，尤其是煤炭、重工业、火电等高耗能行业的气候风险，对于存在较高搁浅资产风险、金融风险的项目要有效过滤。对通过审批的项目要进行全过程的风险监测，尤其是要严防企业利用投融资从事非绿色低碳环保项目以产生"漂绿"风险。推进金融机构气候相关信息的强制披露，建立海外投融资绿色标准和金融机构的合规问责机制。

（九）引领全球绿色发展新范式，继续深化气候变化国际合作

作为影响全球经济社会发展及绿色低碳转型的主要经济体，中国始终以构建人类命运共同体的理念履行着大国责任，始终坚信气候变化问题是关乎全球健康发展、符合各国共同利益的综合性问题。因此，在未来，中国也将继续秉持开放包容的原则，继续深化和拓展与发展中国家、发达国家在政策、技术等方面的气候合作，推动构建合作共赢的全球气候合作新格局。

利用好多边合作机制，重聚共识。一方面，继续以《联合国气候变化框架公约》（UNFCCC）和《巴黎协定》的治理结构为主渠道进行对话合作，增信释疑。例如，基于全球盘点的结果，主要排放国可就各自气候变化行动，利用闭门会谈坦诚交换意见，并对各自国家自主贡献（NDC）的更新提出更实际的目标。另一方面，探索 UNFCCC 以外的多边气候合作。例如，利用二十国集团讨论促进绿色低碳复苏的绿色财政和绿色金融政策，探索低碳基础设施投资合作。在 WTO 框架下建立工作组机制，就低碳产品的关税政策和知识产权管理等政策，以及设备的标准协调互认等方面开展对话并探索政策机制的创新。加大多边金融机构对应对气候变化领域工作的支持力度。

积极与发展中国家分享转型过程中的最佳实践与经验，不断丰富和拓宽合作共建的形式和层次以支持其绿色低碳转型进程。一方面，聚焦重点领域并锚定自身优势，继续深化与发展中国家的绿色合作项目。针对发展中国家在绿色低碳转型进程中对于低碳能源基础设施、绿色前沿技术等方面的迫切需求，发挥自身在可再生能源、电动汽车等新能源产业方面的制造生产优势，积极建立与发展中国家的能源转型合作伙伴关系，持续拓展发展中国家能源转型的巨大市场。另一方面，积极拓展和扩大与发展中国家的合作形式和规模。继续通过"一带一路"倡议等多边合作机制支持发展中国家的绿色低碳转型，提升在全球气候治理格局中的领导力。积极丰富对话交流机制的种类，创新开展部长级、省市级等多元化层面的对话形式，丰富对话的层次。

推动中美欧绿色产业和科技的务实合作。积极寻找与欧美在技术、人才、政策等领域多方面合作的机会。中国在新能源等领域上所具有的制造优势，可以与其在核心技术、商业模式等方面所存在的优势互补，就关税政策、绿色标准协调等方面开展积极妥善的对话与磋商，通过健康公平的市场环境与规则，开展公平合理、互动双赢的有效合作。此外，中国和欧美等国家（地区）作为全球气候治理进程的主导力量，应

加强第三方市场合作，通过资金援助、技术分享、人才培养等方式发挥各自的比较优势，共同推进发展中国家的能源低碳转型进程。

五、性别主流化分析

妇女和女童占世界人口的一半。性别平等是一项基本人权，也是充分发挥人类潜力、推动可持续发展并最终实现和平社会的重要前提。增强妇女权能对生产力提高和经济增长也具有促进作用。面对气候变化的影响，女性比男性更加脆弱。同时，由于承担了更多维持家庭生计的工作，女性对本地气候和环境条件有更多的认识和理解，可以为适应和减缓气候变化提供更加切实可行的方案。在气候变化工作中，也应充分考虑女性的参与和贡献，确保女性的视角得到表达和体现，实现气候行动和性别平等可持续发展目标的协同。

在中国，性别平等是促进国家和社会发展的一项基本国策。《中国妇女发展纲要（2021—2030年）》将"妇女与环境"确定为八大主题之一。然而，在环境和气候领域中，中国表现出的性别意识尚有欠缺，与国际社会也存在差距。当前，中国的经济已由高速增长阶段转向高质量发展阶段，要使发展成果更好惠及全体人民，不断实现人民对美好生活的向往，需要实现经济增长、气候应对、能源安全、生态治理、乡村振兴、公正转型、性别平等等多重目标的协同推进。在"双碳"工作中采取性别主流化分析，在政策制定和实施过程中充分考虑对不同性别群体的影响，确保男性和女性平等受益，既能终止或减少不平等的现象，又可以充分发挥女性的能力和潜力，进一步促进可持续发展目标的实现，为保障可持续发展提供倍增效应，同时将极大地提升中国在国际社会中的形象。本部分，我们提出将性别主流化分析应用于中国气候行动的四个主要且可行的具体工作领域。

（一）充分发挥女性在气候变化事务中的领导力，提升女性在气候决策中的参与度和代表性

妇女和女童受到气候变化的影响更大，在减缓和应对气候变化决策过程中充分考虑女性的视角，才能确保气候政策的制定和实施更加有针对性、更有效。截至2023年7月，女性在气候工作中的参与程度与其受到气候变化的影响并不成正比。2020年，全球各国环境部门负责人中仅有15%是女性[69]，而女性雇员的平均比例也仅为1/3[70]。

在中国，生态环境部的七位部领导中仅有一位女性[1]。应推动更多妇女参与到减缓和应对气候变化决策中，同时需要对现有领导者的社会性别意识进行着重培养，明确性别主流化对决策的重要意义。在农村，留守女性占劳动力人口的 2/3 左右[71]，对本地气候与环境条件有更多的认识和理解，更能因地制宜地提出适应和减缓气候变化的切实可行的方案。因此，在微观尺度上加强女性在社区中的领导力，可以在充分释放农村发展潜能的同时促进性别平等，实现协同增益。

在《联合国气候变化框架公约》框架下，一项推动女性在气候工作中领导力的切实有效的举措是推举中国的国家性别和气候变化联络人[2]。UNFCCC 鼓励缔约方任命并支持性别和气候变化联络人，负责气候谈判、实施和监测工作。截至 2023 年 8 月，已有 107 个国家和地区指定了其性别和气候变化联络人，比 2022 年增加了 13 个国家和地区，而中国尚未行动。2022 年，在沙姆沙伊赫举行的《联合国气候变化框架公约》第二十七次缔约方大会（COP27）提到，性别和气候变化联络人的工作和作用具有不断演变和由缔约方主导的性质，同时鼓励缔约方将提名的国家性别和气候变化联络人的工作纳入相关的国家政策制定和决策结构[72]。各国的性别和气候变化联络人主要来自环境、气候、外交等政府部门。中国政府如果在生态环境部内指定性别和气候变化联络人，由其负责协调性别相关工作、参与国际讨论、推动能力建设等，是增进"双碳"工作中性别考量的简单易行而又有效的一大步。

（二）积极推动公正转型，通过气候转型的机遇促进女性平等就业

公正转型是指在绿色转型过程中，尽可能公平、包容地考虑涉及的每个人，创造体面的工作机会，不让任何一个人掉队[73]。截至 2023 年 7 月，在中国，对于公正转型的讨论主要聚焦于失业工人安置、消费者能源可获得性等议题，而对减少性别不平等风险的讨论较为有限。实际上，女性作为脆弱的群体，在转型过程中可能遭受更大损失，如更容易失去经济保障和获取能源的途径，特别是当她们无法充分、及时地参与到转型后的经济和社会体系中时。

根据国际劳工组织的研究，如果没有公正转型政策，即便是在新兴的绿色产业中，也将延续现有的性别就业刻板印象[74]。实现"双碳"目标需要经济结构的系统性转型，并将从根本上改变就业市场，如果未能关注在转型中受到影响的女性群体，有可能进

---

1 参考生态环境部组织机构，https://www.mee.gov.cn/zjhb/。
2 National Gender & Climate Change Focal Points. https://unfccc.int/topics/gender/resources/list-of-gender-focal-points-under-the-unfccc.

一步限制其参与到转型后的新就业市场中的可能性，有加剧性别不平等的风险。但是如果通过公正转型政策措施的影响，则有望带来促进性别平等的机遇，从而挖掘出尚未充分发挥的女性人力资本潜力，为转型带来更多驱动力。

根据国际劳工组织提供的数据，如果能源部门采取行动，到 21 世纪末全球升温将控制在 2℃以内，并且可以创造约 2 400 万个就业机会[75]。低碳转型新兴行业中大部分新增就业机会将集中在目前由男性主导的行业，如可再生能源行业、制造业和建筑业等。相关部门需要有针对性地采取以下措施，缩小这些行业中的性别差距，确保女性同样可以参与和作出贡献。

一是在宏观经济和产业发展政策中纳入性别考量，确保转型的公正和包容，同时在就业政策方面，完善新兴行业中对女性企业家的支持、女性职工技能发展和工作安全健康以及就业歧视等方面的考量，确保女性获得同等的培训和就业机会。

二是在国家自主贡献中纳入公正转型目标或性别考量。截至 2021 年，只有 14%的缔约方提交的国家自主贡献中未提及性别[74]，表明大多数国家对于处理气候工作中的性别平等问题具有更强的认知和意愿。其余国家在提交更新的国家自主贡献时，应结合高质量发展的理念，将转型的公正与包容纳入目标。

三是充分发挥气候投融资的作用，引导资金投向公正转型项目，确保女性在项目设计、决策和实施过程中的直接参与和获利，并考虑女性面临的社会规训及其他转型过程中的挑战。

（三）提高女性适应气候变化的能力，实现适应气候变化、改善低收入人群福利和促进性别平等的多赢局面

适应气候变化是指"通过加强自然生态系统和经济社会系统的风险识别与管理，采取相关调整措施，充分利用有利因素、防范不利因素，以减轻气候变化产生的不利影响和潜在风险"[76]。女性由于其自身特点和社会中性别不平等的原因，具有更高的气候脆弱性，在适应气候变化方面面临着更大的困难和风险。例如，由于本身体能、当地基础设施和社会规训的原因，女性与男性相比，在气候变化导致的自然灾害中缺乏自救和恢复能力[77]。由于社会文化规范原因，女性往往承担更多照顾家庭的责任，气候变化可能使女性在维持家庭卫生、健康方面付出更多代价，加剧女性在资源获得方面的不平等。尤其是对贫困女性群体而言，贫困增加了她们适应气候变化的风险和成本，而气候脆弱性也可能进一步加剧性别不平等和贫困。在叠加了新冠疫情造成的经济影响后，这一现象可能更为突出。

因此，女性的特殊需要应当被纳入制定适应气候变化政策的决策机制中。如果在应对措施中考虑两性的不同需求，加强女性在应对气候变化和自然灾害不利影响方面的恢复力和适应力[78]，提升女性在适应气候变化中的权能等，就能够推动获得应对气候变化挑战、提升女性贫困人群及其家庭福祉和促进两性平等的三重效应。

一是在制定气候适应相关政策时引入性别视角，充分考虑女性的需求和作用，将女性适应气候变化的经验作为决策参考，推动女性参与气候变化适应的决策过程。生态环境部等17部门联合发布的《国家适应气候变化战略2035》未提及女性在适应气候变化中的状况和应对措施。同样地，应在性别相关政策中明确气候变化相关内容，以性别平等的视角考虑女性应对气候变化的挑战。《中国妇女发展纲要（2021—2030年）》中提到了妇女与环境相关内容，但缺乏女性与气候变化的专门内容。

二是保证女性在灾前备灾、灾后救灾以及长期恢复和重建过程中，能够可持续地利用自然资源[79]，适应气候变化带来的自然资源的变化，增强女性的经济权能。一方面，这意味着基础设施建设要将女性群体适应气候变化的需求纳入考量，尽量减少其在适应气候变化过程中的风险，并提升女性群体的经济收益[1]。后疫情时代的经济复苏为这种基础设施建设提供了更多机会，应鼓励在当地新的基础设施建设投资决策中纳入性别平等的视角。另一方面，这意味着需要建立针对女性的适应气候变化能力建设项目，特别是基于社区的能力建设机制，帮助女性群体掌握适应气候变化的知识、技术和能力。

三是在地方上为女性（特别是贫困女性）提供适应气候变化融资机制，或者通过性别平等专门资金支持女性群体提升气候变化适应能力，帮助低收入女性减贫、脱贫，避免其因为气候变化进一步陷入贫困，加剧性别不平等的局面。

（四）加强海外绿色投资和援助中的社会影响考量，推动性别平等，发挥中国在全球气候治理中的引领作用

海外投资和援助对东道国不仅产生经济影响，同时会产生显著的社会和环境影响。当前，中国的海外投资和援助项目（尤其是绿色海外投资和援助项目）对环境影响已有较充分的考虑和认识，而对于社会影响的识别和管理仍在起步阶段。海外投资和援助项目的建设过程应考虑当地女性群体的脆弱性，注重保障女性劳动者的基本权益，减少性别间收入差异和社会地位差异，避免因投资和援助项目造成或强化当地性别不平等现象。在海外绿色投资和援助中考虑性别因素、推动性别平等，可以避免项目的

---

1 如建造适应当地气候变化的温室大棚，可供当地妇女为家庭获取营养更均衡的食物并拿到市场上售卖，提高经济收益。类似设施还包括农业、用水、能源使用方面的。

社会影响风险，促进东道国的社会发展，有助于获得当地社会认可，提高中国作为负责任大国的国际声誉。

一是要完善海外投资与援助的相关标准与指导意见，将性别平等纳入考量范围。在环境保护方面，生态环境部、商务部于 2022 年联合印发《对外投资合作建设项目生态环境保护指南》[80]，为中国企业境外投资、开展环境影响评估与环境管理提供指导和规范。未来，可以考虑出台有关海外投资社会影响的指导意见，推动中资在进行海外绿色投资和援助时，对项目的社会影响进行全面评估，包括开展性别主流化分析。

二是考虑以境外投资自律公约的方式，将性别问题纳入海外投资项目信息披露维度中。中国企业在进行海外投资和援助时，应注意向当地社区、政府、公众和其他利益相关者公开有关项目的信息，包括项目的目标、计划，以及可能造成的性别、社会影响，并提升项目的可持续性和社会影响力。可以考虑由企业联合会推出"中国企业境外投资自律公约"，参与企业自愿遵守公约，按照公约履行社会责任和被监督义务，并将性别问题纳入自律公约的行为准则和原则中，提升中国企业的形象和竞争力。

三是要结合当地产业、文化特色，为女性提供培训和技术支持。在项目计划阶段，应适当结合当地历史文化特色，开发能够提高女性收入的相关地理标志产品，推动女性与男性共同平等地参与进程和享受成果。在向当地提供培训和技术支持时，要确保女性的参与比例。将性别平等与项目可持续性及本地化相结合，推动海外投资项目释放长期的社会效应。

四是要加强国际合作，促进知识分享和性别议题主流化，带动更多利益相关方参与性别平等议题。2018 年，在全球气候行动峰会期间成立了全球绿色债券伙伴关系[81]，旨在促进绿色债券的发行和投资，支持企业可持续发展。未来，中国可以考虑建立类似的伙伴关系机制，就性别议题与当地政府、国际组织、非政府组织和其他利益相关者建立类似的合作伙伴关系，确保项目的社会影响和可持续性得到充分考虑，为女性和弱势群体提供更好的支持。

六、政策建议

（一）加速推动经济绿色复苏、能源安全和应对气候变化协同发展

绿色低碳投资是跨周期与逆周期衔接的落脚点，可将增长与碳中和转型有机地结合起来。至 2060 年实现"碳中和"目标，大约需 140 万亿元的绿色投资。分行业来看，电力、交通、建筑的绿色投资需求量最大。2020—2022 年，中国每年新增可再生能源

装机容量超过 1.2 亿 kW。依托扎实的制造业和市场，可再生能源表现出的爆发力和潜力可期。新能源汽车市场也进入了快行道。2022 年底中国新能源汽车保有量达 1 310 万辆，2023 年仅增量就有望达千万辆。即使在当前国际形势下面临较大的出口压力，新能源汽车的发展势头依然强劲。全球热泵产能的 90% 在中国，太阳能组件、高效制冷设备、特高压直流输变电设备的出口，已经成为当前贸易出口新亮点、新支柱。中国在出口结构和全球的市场占有率方面越发与其经济地位相匹配。随着经济增长的恢复，能源安全、应对气候变化、提升空气质量等目标的重合度将越来越高，可加速推进"双碳"目标与中国式现代化的紧密结合。

（二）立足中国国情，综合考虑能源安全、经济成本等因素，渐进式推进煤电转型，加快推进以可再生能源为主体的新能源体系

习近平主席强调，"十四五"时期严控煤炭消费增长、"十五五"时期逐步减少。从全球来看，退煤成为大势所趋。一是不能把应急电力安全和长期保供画等号，要认识到以可再生能源为主的新型电力系统是中国能源电力安全的长期基石。二是综合比较不同煤电转型路径的安全性、经济性和可持续性，制定更优的系统性转型方案。三是明确煤电转型的总体时间框架，基于煤电机组寿命，面向新型能源系统的技术迭代和固定资产投资[1] 三个周期管理煤电转型和退出的机会窗口，解决煤电转型过程中存在的就业及其他社会公正问题。 四是加速可再生能源发展，加大力度推进储能、电网跨区域互联互通、长途输电等领域的投资，加速研发车网互动（V2G）的政策体系和技术储备，融合电动车发展和新型电力体系建设。

（三）建立支撑低碳转型和创新的绿色金融体系

一是利用综合的"定价"手段，包括税收、价格、补偿、采购及其他激励手段，塑造多元化绿色气候投融资机制。二是完善气候投融资项目分类标准，并逐步推进其与欧美等发达经济体的标准协同。三是加强金融行业的环境及气候风险评估，对于存在较高搁浅资产风险、金融风险的项目要有效过滤，防范"漂绿"风险。四是推进金

---

1 第一个周期是煤电机组寿命周期，全国煤电机组的平均服役年龄预期在 20 年左右，装机容量在 12 亿 kW 左右的机组将于 2040 年前后陆续退役，届时以煤炭为代表的化石能源增量应严控，并以非化石能源作为替代。第二个周期是面向新型能源系统的技术周期。基于可再生能源、储能、输电、智慧电网、需求侧管理等一系列技术，未来 20 年将建立起以高比例可再生能源为特征的现代能源体系。过去 10 年见证了可再生能源发电成本的大幅下降（降幅达 90%）。随着技术周期下的技术迭代、市场开发，必将推动更可观的规模经济形成。第三个周期是经济环境下的投资景气周期。在抗下行、抵御衰退的大趋势下，中国相对宽松的财政、货币政策，以及多样灵活的债券和商贷，将合力营造出明朗的投资环境。接下来的 20 年，中国将逐步严控化石能源增量，大力发展可再生能源，到"十五五"期间，新的电力需求将有望完全由新增的可再生能源支撑。

融机构气候相关信息的强制披露，建立海外投融资绿色标准和金融机构的合规问责机制。五是提高海外绿色投资标准，建立合规问责机制。

（四）加速能耗双控向碳双控过渡，推动关键制度的过渡与转变

一是建立健全碳达峰碳中和法律法规体系，尽快研究制定框架性的应对气候变化法或者碳中和促进法。二是坚持制度建设上的"先立后破"，明确制度转换的短中长期路线图。"十四五"中后期，尽快选取部分省（区、市）、重点排放部门及行业开展碳排放"双控"试点，并与能耗"双控"制度并行，开展跟踪研究。"十五五"前期，在全国试行碳排放"双控"制度，碳强度作为约束性指标，碳总量作为预期性指标。2030 年以后，完善以碳总量控制制度为主的碳减排制度体系，碳强度指标和能耗强度指标主要体现在行业和产品的排放对标上。三是进一步完善碳市场建设，确立碳资产产权，将钢铁等其他高排放工业部门纳入碳市场范围，将研究和应对欧盟碳边境调节机制（CBAM）与国内碳市场发展协同起来。

（五）继续深化气候变化国际合作，推动包括保障可持续供应链在内的全球气候治理体系，实现合作共赢

一是在落实《联合国气候变化框架公约》和《巴黎协定》框架下促进全球绿色转型与碳中和进程，同时探索如 G20、WTO 贸易机制改革等主渠道外的多边气候合作，推动多边金融机构加大对应对气候变化的支持力度。二是支持全球金融架构改革，帮助面临多重危机的发展中国家，增加对气候行动、债务重组等方面的支持。三是积极建立与发展中国家的能源转型合作伙伴关系，并且不断扩大合作领域、形式和规模。非洲很多国家在可再生能源发电和低碳排放制造业等方面拥有巨大潜力，中国可以在中非战略伙伴关系的基础上,推动这些国家向全球价值链上游迈进以实现可持续发展。四是积极寻找与欧美等发达经济体在技术转移、人才、政策等领域多方面合作的机会，开展公平、合理、有效、双赢的合作。五是优化全球供应链布局，加速发展塑造新型跨国公司的战略和政策。积极建立伙伴关系并共同探索解决方案，以应对关键矿物、材料和组件等全球新能源供应链及产业链的竞争。增加可再生资源丰富地区大宗软性商品的产能，同时在双边和区域伙伴合作中加强绿色标准、认证与全链条可追溯性方面的工作，努力降低供应链的碳强度、实现供应链安全。

参考文献

[1] 中国发展网 . 在希望的春天里——"2023 年世界经济怎么看"专家座谈会侧记 [EB/OL]. (2023-02-15) [2023-04-10]. https://baijiahao.baidu.com/s?id=1757869289742659148&wfr=spider&for=pc.

[2] 人民论坛 . 欧洲能源危机的可能影响及启示 [EB/OL]. (2022-12-16)[2023-04-14]. http://www.rmlt.com.cn/2022/1216/662687.shtml.

[3] International Renewable Energy Agency. Renewable Capacity Statistics 2023[R]. Abu Dhabi, 2023.

[4] BP. Energy outlook[R]. 2023.

[5] 中国青年网 . 维护全球产业链供应链稳定 [EB/OL]. (2022-09-20)[2023-04-10]. https://baijiahao.baidu.com/s?id=1744465088297889045&wfr=spider&for=pc.

[6] 人民网 . 应对气候危机,国际社会需凝聚合力 [EB/OL]. (2023-06-05)[2023-06-10]. http://v.people.cn/n1/2023/0605/c177969-40006809.html.

[7] 国家统计局 . 中华人民共和国 2022 年国民经济统和社会发展统计公报 [EB/OL]. (2023-02-28)[2023-04-15].http://www.stats.gov.cn/sj/zxfb/202302/t20230228_1919011.html.

[8] 国际货币基金组织 . 世界经济展望:坎坷的复苏 [R]. 华盛顿特区 , 2023.

[9] 中国政府网 . 国家统计局解读 2021 年我国经济发展新动能指数 [EB/OL]. (2022-08-31)[2023-06-10]. https://www.gov.cn/xinwen/2022-08/31/content_5707546.htm.

[10] Bloomberg New Energy Finance. Renewable Energy Investment Tracker 2H 2022[R]. New York, 2022.

[11] 中共中央 , 国务院 . 中共中央 国务院关于加快建设全国统一大市场的意见 [EB/OL].(2022-03-25)[2023-02-28]. http://www.gov.cn/zhengce/2022/04/10/content_5684385.htm.

[12] 新华社 . 习近平:高举中国特色社会主义伟大旗帜 为全面建设社会主义现代化国家而团结奋斗——在中国共产党第二十次全国代表大会上的报告 [EB/OL].(2022-10-25)[2023-03-08]. http://www.gov.cn/xinwen/2022-10/25/content_5721685.htm.

[13] 王灿,邓红梅,郭凯迪,等 . 温室气体和空气污染物协同治理研究展望 [J/OL]. 中国环境管理,2020, 12(4): 5-12. DOI:10.16868/j.cnki.1674-6252.2020.04.005.

[14] 董战峰,周佳,毕粉粉,等 . 应对气候变化与生态环境保护协同政策研究 [J/OL]. 中国环境管理 , 2021, 13(1): 25-34. DOI:10.16868/j.cnki.1674-6252.2021.01.025.

[15] OECD. Investing in climate, Investing in Growth[R]. Paris. 2017.

[16] 能源基金会 . 从绿色刺激措施和"十四五"规划到中国现代化:围绕自然资本谱写新的增长故事 [EB/OL]. (2020-07-03)[2023-02-27]. https://www.efchina.org/News-zh/EF-China-News-zh/news-efchina-20200703-zh.

[17] Bernard S, C Shepherd. China's sea-level rise raises threat to economic hubs to extreme[EB/OL]. (2021-06-12)[2023-03-12] https://www.ft.com/content/4dd9860b-664e-4ca0-86a4-5a935d2a22f1.

[18] Geng G, Zheng Y, Zhang Q, et al. Drivers of $PM_{2.5}$ air pollution deaths in China 2002-2017[J].

Nature Geoscience, 2021, 14(9): 645-650.

[19] 中国人民银行 . 央行：完善绿色金融体系　助力绿色低碳高质量发展 [EB/OL]. (2022-09-29) [2023-03-09]. http://gdjr.gd.gov.cn/gdjr/jrzx/jryw/content/post_4021789.html.

[20] 中国环境与发展国际合作委员会 . 碳达峰、碳中和政策措施与实施路径 [R]. 北京 , 2022.

[21] 世界银行 . 中国国别气候与发展报告 [R]. 华盛顿 , 2022.

[22] 张莹 . 我国煤炭转型面临的挑战与对策 [J/OL]. 环境保护 , 2018, 46(2): 24-29. DOI:10.14026/ j.cnki.0253-9705.2018.02.005.

[23] IEA. An energy sector roadmap to carbon neutrality in China[R]. Paris, 2021.

[24] 朱彤 . 对"减碳"国际规则与国内机制的思考 [J]. 风能 , 2023(3): 8-11.

[25] 国务院新闻办公室 . 新时代的中国绿色发展 [R]. 北京 , 2023.

[26] 商务部国际贸易经济合作研究院 . 中国绿色贸易发展报告（2022）[R]. 北京 , 2023.

[27] 生态环境部 . 中国应对气候变化的政策与行动 2022 年度报告 [R]. 北京 , 2022.

[28] 国家统计局 . 能源转型持续推进节能降耗成效显著——党的十八大以来经济社会发展 成就系列报告之十四 [R]. 北京 , 2022. http://www.stats.gov.cn/xxgk/jd/sjjd2020/202210/ t20221008_1888971.html.

[29] 自然资源保护协会 . 中国散煤综合治理调研报告（2022）[R]. 北京 , 2022.

[30] 国家能源局 . 关于政协第十三届全国委员会第五次会议第 02486 号提案的答复复文摘要 [EB/ OL]. (2022-08-09)[2023-03-07]. http://zfxxgk.nea.gov.cn/2022-08/09/c_1310668930.htm.

[31] 中国政府网 . 国家统计局：10 年来我国单位 GDP 能耗年均下降 3.3%[EB/OL]. (2022-10-08) [2023-03-08]. https://www.gov.cn/xinwen/2022-10/08/content_5716737.htm.

[32] 生态环境部 . 中国落实国家自主贡献目标进展报告（2022）[R]. 北京 , 2022.

[33] 中国经济周刊 . 光伏成产业经济发展"新名片"[EB/OL]. (2022-12-30)[2023-04-08]. https:// paper.people.com.cn/zgjjzk/html/2022-12/30/nw.zgjjzk_20221230_5-03.htm.

[34] The International Council on Clean Transportation. Driving a green future: A retrospective review of China's electric vehicle development and outlook for the future[R]. Washington, 2021.

[35] 中国政府网 . 中国节能环保产业产值达到 8 万亿元 [EB/OL]. (2022-07-05)[2023-04-26]. https:// www.gov.cn/xinwen/2022-07/05/content_5699273.htm.

[36] 中国政府网 . 中国生态环保产业规模持续扩大 [EB/OL]. (2022-08-24)[2023-04-26]. http://www. gov.cn/xinwen/2022-08/24/content_5706583.htm.

[37] 中国信息通信研究院 . 数字碳中和白皮书 [R]. 北京 , 2021.

[38] 中国金融信息网 . 数字经济持续推动经济高质量发展 2022 年 GDP 占比有望升至 41%[EB/ OL]. (2023-03-12)[2023-04-26]. https://www.cnfin.com/hg-lb/detail/20230312/3821292_1.html.

[39] 中国政府网 . 报告显示：近十年我国服务业增加值年均增长 7.4%[EB/OL]. (2022-09-20)[2023- 04-26]. https://www.gov.cn/xinwen/2022-09/20/content_5710807.htm.

[40] 中国政府网 . 2022 年软件和信息技术服务业统计公报 [EB/OL]. (2023-02-02)[2023-04-26]. http://www.gov.cn/xinwen/2023-02/02/content_5739630.htm.

[41] 中国政府网 . 规模实力进一步壮大！我国制造业增加值占全球比重提高至近 30%[EB/OL].
(2022-06-14)[2023-04-26]. https://www.gov.cn/xinwen/2022/06/14/content_5695609.htm.

[42] 国务院新闻办公室 . 中国应对气候变化的政策与行动 [R]. 北京 , 2021.

[43] 国研网 . 绿色制造体系迈向高质量发展新征程 [EB/OL]. (2023-02-16)[2023-04-26]. https://
h5.drcnet.com.cn/docview.aspx?version=emerging&docid=6755168&leafid=28071&chnid=5553.

[44] 新浪财经 . 住建部：加大建筑节能、绿色建筑和绿色建造推广力度 [EB/OL]. (2022-
09-15)[2023-04-26]. https://finance.sina.com.cn/esg/2022-09-16/doc-imqmmtha7455132.
shtml?cre=tianyi&mod=pcpager_news&loc=16&r=0&rfunc=2&tj=cxvertical_pc_pager_
news&tr=174&wm=#!/index/1#250579937.

[45] 交通运输部 . 2021 年交通运输行业发展统计公报 [R]. 北京 , 2022. https://xxgk.mot.gov.
cn/2020/jigou/zhghs/202205/t20220524_3656659.html.

[46] 中国政府网 . 国家发展改革委新闻发布会介绍《"十四五"现代物流发展规划》有关情况 [EB/
OL]. (2023-12-30)[2023-04-26]. https://www.gov.cn/xinwen/2022/12/30/content_5734915.htm.

[47] 中国政府网 . 我国新能源汽车产销连续 8 年全球第一 [EB/OL]. (2023-01-24)[2023-04-26].
https://www.gov.cn/xinwen/2023-01/24/content_5738622.htm.

[48] 中国政府网 . 2013-2021 年，对世界经济增长平均贡献率达 38.6%——我国成为世界经济
增 长 第 一 动 力 [EB/OL]. (2022-10-02)[2023-04-27]. https://www.gov.cn/xinwen/2022-10/02/
content_5715614.htm.

[49] 中国政府网 . 白皮书：中国基本扭转了二氧化碳排放快速增长的局面 [EB/OL]. (2021-10-27)
[2023-04-27]. http://www.gov.cn/xinwen/2021-10/27/content_5646822.htm.

[50] 中国政府网 . 2022 年我国万元 GDP 能耗比上年下降 0.1%[EB/OL]. (2023-02-28)[2023-04-27].
http://www.gov.cn/xinwen/2023-02/28/content_5743710.htm.

[51] 贺克斌 . 贺克斌院士：中国实现碳中和与清洁空气的协同路径 [J]. 高科技与产业化 , 2023,
29(2): 54-57.

[52] Chen C, Park T, Wang X, et al. China and India lead in greening of the world through land-use
management[J]. Nature Sustainability, 2019, 2(2): 122-129.

[53] 杨元合 , 石岳 , 孙文娟 , 等 . 中国及全球陆地生态系统碳源汇特征及其对碳中和的贡献 [J].
中国科学 : 生命科学 , 2022, 52(4): 534-574.

[54] 国家林业和草原局 . 让森林"碳汇"储量持续增加 [EB/OL]. (2022-05-07)[2023-04-27]. http://
www.forestry.gov.cn/main/586/20220507/083059960668959.html.

[55] 中国政府网 . 保护与修复：我国草原建设管理进入新阶段 [EB/OL]. (2022-10-14)[2023-04-27].
http://www.gov.cn/xinwen/2022-10/14/content_5718270.htm.

[56] 国家林业和草原局 . 草原具有碳库重要功能——国家林业和草原局管理司有关负责人阐释
草原"四库"功能 [EB/OL]. (2022-06-14)[2023-04-27]. http://www.forestry.gov.cn/main/586/20
220614/083858613965364.html.

[57] 自然资源部 . 珍爱湿地凝共识　促进合作迎未来——写在《湿地公约》第十四届缔约方大
会举办之际 [EB/OL]. (2022-11-07)[2023-04-26]. https://m.mnr.gov.cn/dt/pl/202211/t20221107_2
763886.html.

[58] 中国科学院东北地理与农业生态研究所. 中国湿地研究报告 [R]. 长春, 2022.

[59] 国家发展和改革委员会, 国家能源局. "十四五"现代能源体系规划 [R]. 北京, 2022.

[60] 住房和城乡建设部. "十四五"建筑节能与绿色建筑发展规划 [R]. 北京, 2022.

[61] 住房和城乡建设部, 国家发展和改革委员会. 城乡建设领域碳达峰实施方案 [R]. 北京, 2022.

[62] 国家发展和改革委员会. 关于"十四五"大宗固体废弃物综合利用的指导意见 [R]. 北京, 2021.

[63] 国家发展和改革委员会. "十四五"循环经济发展规划和通知 [R]. 北京, 2021.

[64] 中华人民共和国国务院. 2030 年前碳达峰行动方案 [EB/OL]. (2021-10-24)[2023-04-26]. https://www.gov.cn/zhengce/content/2021/10/26/content_5644984.htm.

[65] 中华人民共和国中央人民政府. 力争 2030 年前实现碳达峰, 2060 年前实现碳中和——打赢低碳转型硬仗 [EB/OL]. (2021-04-02)[2023-04-15]. https://www.gov.cn/xinwen/2021/04/02/content_5597403.htm.

[66] 国家发展和改革委员会. 将碳达峰碳中和纳入经济社会发展和生态文明建设整体布局 [EB/OL]. (2021-10-29)[2023-04-20]. https://www.ndrc.gov.cn/xxgk/jd/jd/202110/t20211029_1302188_ext.html.

[67] 能源基金会. 聚焦稳增长专家畅谈绿色投资支撑绿色复苏 [EB/OL]. (2022-05-27)[2023-04-26]. https://www.efchina.org/News-zh/Program-Updates-zh/programupdate-comms-20220527-zh.

[68] 范英, 莫建雷. 中国碳市场顶层设计重大问题及建议 [J]. 中国科学院院刊, 2015, 30(4):492-502. DOI:10.16418/j.issn.1000-3045.2015.04.008.

[69] UN. Gender equality today for a sustainable tomorrow: Why women are key in the race against climate change[EB/OL]. (2022-03-08)[2023-04-26]. https://china.un.org/en/174134-gender-equality-today-sustainable-tomorrow-why-women-are-key-race-against-climate-change.

[70] UNDP. Gender equality in public administration[R]. New York, 2021.

[71] 中国妇女报. 碳达峰、碳中和实践中的妇女参与和性别主流化 [EB/OL]. (2021-06-22)[2023-04-26]. https://www.women.org.cn/art/2021/6/22/art_25_166547.html.

[72] 《联合国气候变化公约》第二十七次缔约方大会. 性别与气候变化主席的提案 - 决定草案 -/CP.27- 性别行动计划执行情况中期审评 [R]. 沙姆沙伊赫, 2022. https://unfccc.int/sites/default/files/resource/cp2022_L15C.pdf.

[73] International Labour Organization. Frequently asked questions on just transition[EB/OL]. (2021-10-22)[2023-04-26]. https://www.ilo.org/global/topics/green-jobs/WCMS_824102/lang--en/index.htm.

[74] UNFCCC. Just transition: An essential pathway to achieving gender equality and social justice[R]. Bonn, 2022.

[75] International Labour Office. World employment and social outlook 2018: Greening with jobs[R]. Geneva, 2018.

[76] 生态环境部. 国家适应气候变化战略 2035[R]. 北京, 2022. https://www.mee.gov.cn/xxgk2018/xxgk/xxgk03/202206/W020220613636562919192.pdf.

[77] 朱蕾，推动气候变化行动的"她力量"[EB/OL]. [2023-04-26]. https://fisf.fudan.edu.cn/ffr/content/375.

[78] 联合国妇女署. 关于第四次妇女问题世界会议二十五周年的政治宣言 [R]. 2020. https://www.unwomen.org/sites/default/files/Headquarters/Attachments/Sections/CSW/64/CSW64-Declaration-CH-Fin-WEB.pdf.

[79] 刘伯红，王晓蓓. 社会性别和气候变化 [J]. 山东女子学院学报，2011(6): 1-9.

[80] 生态环境部办公厅，商务部办公厅. 关于印发《对外投资合作环境保护指南》的通知 [R]. 北京，2022. https://www.mee.gov.cn/xxgk2018/xxgk/xxgk05/202201/t20220110_966571.html.

[81] The World Bank. Launch of the global green bond partnership[EB/OL]. (2018-09-13)[2023-04-26]. https://www.worldbank.org/en/news/press-release/2018/09/13/launch-of-the-global-green-bond-partnership.

附　录

附表 1-1　部分国家的可再生能源发展目标或规划

国家	政策	可再生能源发展目标 / 规划
中国	《中共中央　国务院关于完整准确全面贯彻新发展理念做好碳达峰碳中和工作的意见》《2030 年前碳达峰行动方案》	到 2025 年，非化石能源消费比重达到 20% 左右；到 2030 年，非化石能源消费比重达到 25% 左右；到 2060 年，非化石能源消费比重达到 80% 以上
	《2022 年能源工作指导意见》	非化石能源占能源消费总量比重提高到 17.3% 左右，风电、光伏发电量占全社会用电量的比重达到 12.2% 左右
	《"十四五"现代能源体系规划》	到 2025 年，非化石能源消费比重提高到 20% 左右，非化石能源发电量比重达到 39% 左右，常规水电装机容量达到 3.8 亿 kW 左右
韩国	《第 9 次电力供需基本规划 2020—2034》〔9th Basic Plan for Power Supply and Demand（BPLE）（2020—2034）〕	计划到 2034 年，可再生能源发电装机容量占比达到 40%
印度尼西亚	《电力供应计划（2021—2030）》（PLN's 2021—2030 Electricity Supply Business Plan）（RUPTL）	到 2030 年新增 40.6 GW 的发电装机容量，其中可再生能源项目新增 20.9 GW，占比达到 51.6%。可再生能源 2025 年和 2050 年在全行业总体能源结构中占比分别为至少 23% 和 31%，2025 年和 2050 年在电力能源结构中占比分别为至少 23% 和 28%
	《关于国家能源政策的政府条例》（No.79/2014）	2025 年，新能源和可再生能源在一次能源供应中占比至少 23%，2050 年至少为 31%
马来西亚	《马来西亚半岛电力发展计划（2020—2030）》〔Peninsular Malaysia Generation Development Plan 2019（2020—2030）〕	可再生能源发电占比到 2025 年达 20%
菲律宾	《菲律宾能源规划（2020—2040）》〔Philippine Energy Plan（2020—2040）〕	到 2030 年，可再生能源在总发电组合中至少占 35.0% 的份额，并进一步展望到 2040 年实现超过 50% 的份额
	《2011—2018 年国家气候变化行动计划》〔National Climate Change Action Plan（NCCAP）2011—2028〕	将水力发电能力从 2010 年的 3 478 MW 增加到 2030 年的 7 534 MW，将风力发电能力从 2010 年的 33 MW 增加到 2030 年的 1 018 MW，将太阳能发电能力从 2010 年的 6.74 MW 增加到 2030 年的 85 MW，将生物质能发电能力从 2010 年的 75.5 MW 增加到 2030 年的 93.9 MW
泰国	《泰国电力发展规划 2018—2037》〔Power Development Plan2018—2037（PDP 2018）〕	2037 年前将可再生能源发电的占比提升至 30%，这将需要新增 56 431 MW 的可再生能源发电装机容量

国家	政策	可再生能源发展目标／规划
泰国	《替代能源发展计划（2018—2037）》（Alternative Energy Development Plan 2018—2037，AEDP 2018—2037）	到 2037 年，将可再生能源和替代能源的比例（以电力、热能和生物燃料的形式）提高 30%
越南	《第 8 个国家电力发展规划》（Power Development Plan 8，PDP 8）	2030 年，可再生能源在发电结构中占比达 32%，2040 年达 40.3%，2050 年达 43%
越南	《第 55 号〈关于至 2030 年面向 2045 年越南国家能源发展战略定向〉的决议》（Resolution of the Politburo No. 55NQ/TW of 2020 on the Orientation of the National Energy Development Strategy of Vietnam to 2030, with a Vision to 2045）	到 2030 年，初级能源供应总量达到 1.75 亿～ 1.95 亿 t 油当量，到 2045 年达到 3.2 亿～ 3.5 亿 t 油当量
		到 2030 年，可再生能源在能源结构中占比为 15%～ 20%，到 2045 年达 25%～ 30%
意大利	《国家能源和气候综合计划》（Italy's Integrated National Energy and Climate Plan）	到 2030 年，可再生能源占最终能源总消耗的 30%。其中，可再生能源在电力部门占比为 55%，在供暖部门（供暖和制冷）占比为 33.9%，在交通部门占比为 22%
波兰	《波兰 2040 年能源政策》（Energy Policy of Poland until 2040，EPP2040）	2030 年，可再生能源在终端能源消费中占比至少达到 23%，其中电力行业至少为 32%
葡萄牙	《国家能源和气候综合计划》（Integrated National Energy and Climate Plan）	可再生能源在整体能源消费中占比 47%，换算约 80% 的电力来自可再生能源，其中交通部门能源消费的 20% 来自可再生能源
希腊	《国家能源与气候综合计划》（Integrated National Energy and Climate Plan）	到 2030 年，可再生能源在终端能源消费中占比至少为 35%。其中，在终端电力消费中占比至少为 60%
巴拿马	《巴拿马第一份国家自主贡献》（更新提交）［Panama First NDC（Updated submission）］	到 2050 年实现 30% 的电力由风能和太阳能等可再生能源生产
古巴	《古巴第一份国家自主贡献》（更新提交）［Cuba Panama First NDC（Updated submission）］	到 2030 年，古巴电力矩阵中基于可再生能源（RES）的发电量将达到 24%
摩洛哥	《摩洛哥第一份国家自主贡献》（更新提交）［Morocco First NDC（Updated submission）］	到 2030 年，发电装机容量的 52% 来自可再生能源，其中 20% 来自太阳能，20% 来自风能，12% 来自水力
津巴布韦	《电力系统发展计划 2017》（System Development Plan 2017）	到 2025 年，太阳能发电规模将扩建到 300 MW
智利	《能源契约》（Energy Compact）	到 2030 年，可再生能源在国家发电中的参与率为 40%，且致力在 2030 年成为世界上最大的绿色氢气出口国之一，拥有最便宜的绿色氢气

国家	政策	可再生能源发展目标/规划
乌拉圭	《乌拉圭第一份国家自主贡献》（更新提交）[Uruguay First NDC）（Updated submission）]	无条件情况下，到 2025 年，风能、太阳能和生物质能发电装机容量分别达 1 450 MW、220 MW 和 160 MW，分别占国家电网系统装机容量的 32%、5% 和 4%。有条件情况下，引进蓄电技术，包括蓄电和泵送系统，到 2025 年装机容量为 300 MW，同时推广发电水源技术（小型水力发电厂），到 2025 年装机容量为 10 MW
巴西	《巴西国家自主贡献》（2020）（BRAZIL Nationally Determined Contribution）	巴西的全经济 NDC 包括二氧化碳、甲烷、氧化亚氮、六氟化硫、全氟碳化合物和氢氟碳化合物。这是一个以 2005 年为参照年的绝对目标。巴西提出的目标是到 2025 年相对于 2005 年的水平减少 37%，到 2030 年减少 43%
土耳其	《土耳其国家自主贡献》（Republic of Türkiye Nationally Determined Contribution）	土耳其的 NDC 设定了到 2030 年在 BAU 情景下减少 21% 温室气体排放的目标
埃及	《中期可持续发展规划（2018/2019—2021/2022）》[The Medium-Term Sustainable Development Plan (2018/2019—2021/2022)]	到 2022 年可再生能源占比达 23%，具体包括：安装 2.550 MW 的聚光太阳能发电设备；安装 500 MW 光伏阵列；安装 120 万 m² 太阳能热水器
柬埔寨	《2021—2040 年电力发展总体规划》（Power Development Masterplan 2021—2040）	到 2030 年太阳能发电装机量增加至 1 000 MW，到 2040 年进一步增加至 3 155 MW

附表 1-2　中国各行业、各领域"双碳"子目标（主要量化目标）汇总

领域	子领域/行业	政策目标	政策文件
能源	能源生产	2025 年，能源年综合生产能力达到 46 亿 t 标准煤以上	《"十四五"现代能源体系规划》
	电力装机	2025 年，发电装机总容量达到约 30 亿 kW	《"十四五"现代能源体系规划》
	用能结构	2025 年，电能占终端用能比重达到 30% 左右	《"十四五"现代能源体系规划》
	发电结构	2025 年，非化石能源发电量比重达到 39% 左右	《"十四五"现代能源体系规划》
	电力需求	2025 年，人均年生活用电量达到 1 000 kW·h 左右	《"十四五"现代能源体系规划》
		2025 年，电力需求侧响应能力达到最大用电负荷的 3%～5%	《"十四五"现代能源体系规划》
		2025 年，灵活调节电源占比达到 24% 左右	《"十四五"现代能源体系规划》
	可再生能源整体	2025 年及"十四五"期间（2021—2025 年），可再生能源消费总量达到 10 亿 t 标准煤左右。"十四五"期间，可再生能源在一次能源消费增量中占比超过 50%	《"十四五"可再生能源发展规划》

领域	子领域 / 行业	政策目标	政策文件
能源	可再生能源整体	2025 年及"十四五"期间（2021—2025 年），可再生能源年发电量达到 3.3 万亿 kW·h 左右。"十四五"期间，可再生能源发电量增量在全社会用电量增量中的占比超过 50%，风电和太阳能发电量实现翻倍	《"十四五"可再生能源发展规划》
		2025 年，地热能供暖、生物质供热、生物质燃料、太阳能热利用等非电利用规模达到 6 000 万 t 标准煤以上	《"十四五"可再生能源发展规划》
		2025 年，全国可再生能源电力总量消纳责任权重达到 33% 左右，可再生能源电力非水电消纳责任权重达到 18% 左右，可再生能源利用率保持在合理水平	《"十四五"可再生能源发展规划》
	风能、光伏	2030 年，风电、太阳能发电总装机容量达到 12 亿 kW 以上	《"十四五"可再生能源发展规划》
	水能	2025 年，常规水电装机容量达到 3.8 亿 kW 左右	《"十四五"现代能源体系规划》
	核能	2025 年，核电运行装机容量达到 7 000 万 kW 左右	《"十四五"现代能源体系规划》
	氢能	2025 年，可再生能源制氢量达到 10 万～ 20 万 t/a，成为新增氢能消费的重要组成部分，实现二氧化碳减排 100 万～ 200 万 t/a	《氢能产业发展中长期规划（2021—2035 年）》
	煤炭	"十四五"时期（2021—2025 年），严格合理控制煤炭消费增长；"十五五"时期（2026—2030 年）逐步减少	《2030 年前碳达峰行动方案》
		有序淘汰煤电落后产能，"十四五"期间（2021—2025 年），淘汰（含到期退役机组）3 000 万 kW	《"十四五"现代能源体系规划》
		2025 年，大气污染防治重点区域散煤基本清零，基本淘汰 35 蒸吨 /h 以下燃煤锅炉	《"十四五"现代能源体系规划》
		大力推动煤电节能降碳改造、灵活性改造、供热改造"三改联动"，"十四五"期间（2021—2025 年），节能改造规模不低于 3.5 亿 kW	《"十四五"现代能源体系规划》
		力争到 2025 年，煤电机组灵活性改造规模累计超过 2 亿 kW	《"十四五"现代能源体系规划》
	储能	到 2025 年，新型储能装机规模达 3 000 万 kW 以上	《国家发展改革委 国家能源局关于加快推动新型储能发展的指导意见》
		到 2025 年，抽水蓄能投产总规模 6 200 万 kW 以上	《抽水蓄能中长期发展规划（2021—2035 年）》
		到 2030 年，抽水蓄能投产总规模 1.2 亿 kW 左右	《抽水蓄能中长期发展规划（2021—2035 年）》
		到 2025 年，电化学储能技术性能进一步提升，系统成本降低 30% 以上	《"十四五"新型储能发展实施方案》
工业	整体	2030 年，工业领域二氧化碳排放达峰	《工业领域碳达峰实施方案》

领域	子领域/行业	政策目标	政策文件
工业	整体	2025 年，单位工业增加值二氧化碳排放降低 18%	《"十四五"工业绿色发展规划》
		2025 年，单位工业增加值二氧化碳排放下降幅度大于全社会下降幅度	《工业领域碳达峰实施方案》
		2025 年，规模以上工业单位增加值能耗较 2010 年降低 13.5%	《工业领域碳达峰实施方案》
	用能结构	到 2025 年，电能占工业终端能源消费比重达到 30% 左右	《工业能效提升行动计划》
	钢铁	2030 年前碳达峰	《关于促进钢铁工业高质量发展的指导意见》
		力争到 2025 年，吨钢综合能耗降低 2% 以上	《关于促进钢铁工业高质量发展的指导意见》
		2025 年，80% 以上钢铁产能完成超低排放改造	《关于促进钢铁工业高质量发展的指导意见》
		到 2025 年，完成 5.3 亿 t 钢铁完成超低排放改造	《"十四五"工业绿色发展规划》
	建材	2025 年，建材行业碳达峰	《建材工业"十四五"发展实施意见》
		2023 年，水泥行业碳达峰	《建材工业"十四五"发展实施意见》
		2025 年，水泥产品单位熟料能耗水平降低 3.7%	《"十四五"原材料工业发展规划》
		2025 年，水泥产能只减不增	《"十四五"原材料工业发展规划》
	有色金属	"十四五"期间，有色金属产业结构、用能结构明显优化，低碳工艺研发应用取得重要进展，重点品种单位产品能耗、碳排放强度进一步降低，再生金属供应占比达到 24% 以上。"十五五"期间，有色金属行业用能结构大幅改善，电解铝使用可再生能源比例达到 30% 以上，绿色低碳、循环发展的产业体系基本建立。确保 2030 年前有色金属行业实现碳达峰	《有色金属行业碳达峰实施方案》
		2025 年，电解铝碳排放下降 5%	《"十四五"原材料工业发展规划》
		2030 年，电解铝使用可再生能源比例提至 30% 以上	《工业领域碳达峰实施方案》
交通	新能源汽车	到 2025 年，新能源汽车新车销量占比达到 20% 左右	《"十四五"现代能源体系规划》
		2025 年，全国城市公交、出租汽车（含网约车）、城市物流配送领域新能源汽车占比 72%、35%、20%	《绿色交通"十四五"发展规划》
		到 2030 年，当年新增新能源、清洁能源动力的交通工具比例达到 40% 左右	《工业领域碳达峰实施方案》

领域	子领域/ 行业	政策目标	政策文件
交通	减排	2025 年，营运车辆单位运输周转量二氧化碳排放较 2020 年下降 5%	《绿色交通"十四五"发展规划》
		2030 年，乘用车和商用车新车二氧化碳排放强度分别比 2020 年下降 25% 和 20% 以上	《工业领域碳达峰实施方案》
		2025 年，营运船舶单位运输周转量二氧化碳排放较 2020 年下降 3.5%	《绿色交通"十四五"发展规划》
	运输结构	2025 年，集装箱铁水联运量年均增长率达 15%	《绿色交通"十四五"发展规划》
建筑	绿色建筑	2025 年，建筑运行一次、二次能源消费总量 11.5 亿 t 标准煤	《"十四五"建筑节能与绿色建筑发展规划》
		2025 年，建设超低能耗、近零能耗建筑面积 0.5 亿 m² 以上	《"十四五"建筑节能与绿色建筑发展规划》
		2025 年，完成既有建筑节能改造面积 3.5 亿 m² 以上	《"十四五"建筑节能与绿色建筑发展规划》
		2025 年，城镇新建建筑全面达到绿色建筑标准	《"十四五"全国清洁生产推行方案》
	用能结构	2025 年，建筑能耗中电力消费比例超过 55%	《"十四五"建筑节能与绿色建筑发展规划》
		2025 年，城镇建筑可再生能源替代率达到 8%	《"十四五"建筑节能与绿色建筑发展规划》
	建筑能效	2025 年，城镇新建居住建筑能效水平提升 30%	《"十四五"建筑节能与绿色建筑发展规划》
		2025 年，城镇新建公共建筑能效水平提升 20%	《"十四五"建筑节能与绿色建筑发展规划》
		2025 年，长江经济带公共建筑实施能效提升改造后实现整体能效提升率不小于 15%	《"十四五"推动长江经济带发展城乡建设行动方案》
	屋顶光伏	2025 年，全国新增建筑太阳能光伏装机容量 0.5 亿 kW 以上	《"十四五"建筑节能与绿色建筑发展规划》
	公共机构	2025 年，公共机构碳排放总量控制在 4 亿 t 以内	《"十四五"公共机构节约能源资源工作规划》
	建筑业	2025 年，装配式建筑占新建建筑的比例达到 30% 以上	《"十四五"建筑业发展规划》

附表 1-3　中国部分省份已出台碳达峰碳中和行动规划和实施方案文件汇总

省份	日期	碳达峰碳中和行动规划和实施方案文件
北京	2022 年 10 月 11 日	《北京市碳达峰实施方案》
福建	2022 年 8 月 21 日	《中共福建省委　福建省人民政府印发〈关于完整准确全面贯彻新发展理念做好碳达峰碳中和工作的实施意见〉》

省份	日期	碳达峰碳中和行动规划和实施方案文件
海南	2022 年 8 月 9 日	《海南省碳达峰实施方案》
吉林	2021 年 11 月 30 日	《中共吉林省委　吉林省人民政府关于完整准确全面贯彻新发展理念做好碳达峰碳中和工作的实施意见》
	2022 年 7 月 22 日	《吉林省碳达峰实施方案》
辽宁	2022 年 9 月 12 日	《辽宁省碳达峰实施方案》
上海	2022 年 7 月 6 日	《中共上海市委　上海市人民政府关于完整准确全面贯彻新发展理念做好碳达峰碳中和工作的实施意见》
	2022 年 7 月 8 日	《上海市碳达峰实施方案》
广东	2022 年 7 月 25 日	《中共广东省委　广东省人民政府关于完整准确全面贯彻新发展理念推进碳达峰碳中和工作的实施意见》
	2022 年 6 月 23 日	《广东省碳达峰实施方案》
江西	2022 年 4 月 6 日	《中共江西省委　江西省人民政府关于完整准确全面贯彻新发展理念做好碳达峰碳中和工作的实施意见》
	2022 年 7 月 8 日	《江西省碳达峰实施方案》
内蒙古	2022 年 7 月 11 日	《内蒙古自治区党委　自治区人民政府印发〈关于完整准确全面贯彻新发展理念做好碳达峰碳中和工作的实施意见〉》
	2022 年 11 月 18 日	《内蒙古自治区碳达峰实施方案》
浙江	2021 年 12 月 23 日	《中共浙江省委　浙江省人民政府关于完整准确全面贯彻新发展理念做好碳达峰碳中和工作的实施意见》
广西	2022 年 4 月 28 日	《中共广西壮族自治区委员会　广西壮族自治区人民政府关于完整准确全面贯彻新发展理念做好碳达峰碳中和工作的实施意见》
	2022 年 12 月 29 日	《广西壮族自治区碳达峰实施方案》
四川	2022 年 3 月 14 日	《中共四川省委　四川省人民政府关于完整准确全面贯彻新发展理念做好碳达峰碳中和工作的实施意见》
	2022 年 12 月 31 日	《四川省碳达峰实施方案》
湖南	2022 年 3 月 13 日	《中共湖南省委　湖南省人民政府关于完整准确全面贯彻新发展理念做好碳达峰碳中和工作的实施意见》
	2022 年 10 月 28 日	《湖南省碳达峰实施方案》
河北	2022 年 1 月 5 日	《中共河北省委　河北省人民政府印发〈关于完整准确全面贯彻新发展理念认真做好碳达峰碳中和工作的实施意见〉》
	2022 年 6 月 19 日	《河北省碳达峰实施方案》
黑龙江	2022 年 9 月 5 日	《黑龙江省碳达峰实施方案》
江苏	2022 年 1 月 15 日	《中共江苏省印发〈关于推动高质量发展做好碳达峰碳中和工作实施意见〉》
	2022 年 10 月 2 日	《江苏省碳达峰实施方案》
甘肃	2022 年 6 月 9 日	《甘肃省碳达峰实施方案》

省份	日期	碳达峰碳中和行动规划和实施方案文件
陕西	2022 年 8 月 13 日	《中共陕西省委　陕西省人民政府关于完整准确全面贯彻新发展理念做好碳达峰碳中和工作的实施意见》
	2022 年 7 月 22 日	《陕西省碳达峰实施方案》
青海	2022 年 3 月 13 日	《中共青海省委　青海省人民政府贯彻落实〈关于完整准确全面贯彻新发展理念做好碳达峰碳中和工作的意见〉的实施意见》
	2022 年 12 月 18 日	《青海省碳达峰实施方案》
宁夏	2022 年 1 月 10 日	《宁夏回族自治区党委　人民政府关于完整准确全面贯彻新发展理念做好碳达峰碳中和工作的实施意见》
	2022 年 9 月 30 日	《宁夏回族自治区碳达峰实施方案》
天津	2022 年 8 月 25 日	《天津市碳达峰实施方案》
重庆	2022 年 7 月 29 日	《中共重庆市委　重庆市人民政府关于完整准确全面贯彻新发展理念做好碳达峰碳中和工作的实施意见》
贵州	2022 年 11 月 4 日	《贵州省碳达峰实施方案》
安徽	2022 年 12 月 7 日	《中共安徽省委　安徽省人民政府关于完整准确全面贯彻新发展理念做好碳达峰碳中和工作的实施意见》
	2022 年 9 月 23 日	《安徽省碳达峰实施方案》
山西	2023 年 1 月 16 日	《中共山西省委　山西省人民政府关于完整准确全面贯彻新发展理念切实做好碳达峰碳中和工作的实施意见》
	2023 年 1 月 5 日	《山西省碳达峰实施方案》
山东	2022 年 12 月 18 日	《山东省碳达峰实施方案》
河南	2023 年 2 月 6 日	《河南省碳达峰实施方案》
云南	2022 年 12 月 7 日	《中共云南省委　云南省人民政府关于完整准确全面贯彻新发展理念做好碳达峰碳中和工作的实施意见》

第二章　蓝色经济助力碳中和目标的路径与政策

一、引言

尽管海洋经济在航运、渔业和碳氢化合物开采等传统领域之外的新领域已经取得突破性进展，但海洋经济的短期增长不应以牺牲海洋的长期繁荣为代价。2022 年 12 月，《联合国生物多样性公约》缔约方达成协议，设定一个全球目标，以有效保护和管理全球至少 30% 的土地、内陆水域、滨海湿地和海洋，重点保护对生物多样性和生态系统功能和服务特别重要的区域。2023 年 3 月，联合国就确保国家管辖范围以外地区海洋生物多样性（BBNJ）的保护和可持续利用的文本达成一致。2023 年 6 月，联合国也进行了第二轮关于终结塑料污染条约的正式磋商，这是一个重要进展，有望促成该条约于 2024 年正式签署。

健康的海洋环境是发展海洋经济的先决条件，我们建议采取海洋综合管理（IOM）方案，在环境、经济和社会目标之间，以及在基于海洋生态系统服务的短期经济收益和长期繁荣之间取得平衡。过去一段时间，海洋综合管理一直是国合会海洋专题政策研究的主导理念 [1]。本章是海洋专题政策研究项目对第七届国合会的第一份贡献，其后续关于海洋治理的工作将继续遵循全面和可持续的路径，努力应对气候变化，促进海洋经济增长和环境保护之间的平衡。

海洋经济是指与海洋和海岸带相关的经济活动，它涵盖了各种各样相互关联的现存行业和新兴产业。目前全球海洋经济的估值为每年 2.5 万亿美元 [2]，相当于 2021 年世界第七大经济体的规模；根据《海洋经济统计公报》2021 年和 2022 年的数据，中国海洋生产总值分别为 3.8 万亿元和 3.9 万亿元（约为 0.5 万亿美元），占中国国内生产总值的 3%。根据 OECD 的预测，到 2030 年，蓝色经济在增加值和就业方面都有可能超过全球经济的整体增长。海洋经济为创新、就业和经济增长提供了长期潜力，未来可期。

海洋为实现碳中和目标提供了一系列基于海洋的潜在气候缓解方案。这些方案包括但不限于培育高效碳汇生态系统（"蓝碳"或"蓝林"），开发海洋固有的能源潜力，最大限度减少航运等海洋活动的碳足迹，保护并潜在增强海洋沉积物的碳储存能力（如碳捕获与封存），以及通过重新调整粮食政策和渔业管理，凸显渔业和水产养殖作为低碳蛋白和微量营养素重要来源的关键价值。

本章分为四个部分。第一部分阐述了相关研究背景。第二部分讨论了有助于实现碳中和的海洋解决方案，并介绍了与海洋解决方案短期、中期和长期潜力相关的一些关键问题；辨析了这些解决方案应用过程中的障碍，以及碳中和与可持续蓝色经济之间的协同作用，包括海洋经济统计制度，并在此基础上提出了政策建议。第三部分探讨了减少海洋环境中的塑料如何能够而且应该成为蓝色经济的组成部分。通过梳理塑料入海及其导致的环境问题，探究了有关塑料垃圾全生命周期的相关科学认知、政策和法律框架方面的差距，进而探索将海洋塑料回收纳入蓝色经济和碳中和框架的政策和国际合作方案。第四部分研究了如何通过渔业治理和管理的变革，助力可持续的蓝色经济；探讨了非法、不报告和不管制（IUU）渔业的现状和有害的渔具渔法，并探究了水产养殖在碳固存方面的作用；此外，还调研了现有的国家和国际海洋生物多样性保护政策框架（如世贸组织《渔业补贴协定》），并探讨了将渔业治理纳入海洋综合治理框架的潜力和挑战。

值得注意的是，本章涉及的海洋经济与碳中和协同的一系列政策领域和议题，与其他一些国合会专题政策研究的内容有一定相关性。因此，在从这些议程中提炼综合性政策建议时，需要我们具有一体化的视角和思路。

二、碳中和作为向可持续蓝色经济转型的机遇

（一）介绍

"海洋经济"或"蓝色经济"涵盖了广泛的相互关联的既有和新兴行业，如海洋能源、海产食品生产、滨海旅游和海洋生物技术，其与海洋、海域和海岸有直接或间接的联系。它们通常被分为两个支柱，即基于海洋的产业经济活动的总和，以及由海洋生态系统提供的资产、商品和服务。

近年来，蓝色经济在政治话语中的激增引起了世界的广泛关注，然而，"蓝色经济"一词仍然没有标准化的定义[3]。世界银行对蓝色经济的定义是"可持续利用海洋资源促进经济增长、改善生计和就业以及海洋生态系统健康"[4]。但这样的定义并没有为如何确保和实施包括经济发展的可持续性、性别和社会公平以及环境保护在内的多重

底线目标提供原则或指导。蓝色经济的核心是指通过与海洋有关的行业和活动使社会经济的发展与环境和生态系统的退化脱钩[5]。"蓝色经济"的概念对海洋经济的可持续发展提出了新的要求。为了强调蓝色经济的可持续性，并区别于海洋经济中那些不可持续的部分（如海上油气产业），本章采用了"可持续蓝色经济"一词，借此强调在开展蓝色经济活动时必须坚持可持续发展。

海洋极大地调节了地球的气候[6]。它吸收了过去一个世纪排放增加所产生的大部分热量和大约1/4的二氧化碳排放量[7]。这些都极大地影响了海洋，导致海水温度升高、海洋酸化加剧、海洋环流变化、海洋中的氧气水平降低以及对海洋生态系统的影响[8]。

碳中和是一种二氧化碳净零排放的状态，在这种状态下，碳排放量与从大气中去除的量相等[9]。这可以通过在自然系统中减少碳排放和增加碳封存来实现。鉴于海洋在全球碳循环中已经发挥了巨大的作用，与海洋有关的减排和碳移除解决方案必须成为实现碳中和战略的一部分。这些与海洋有关的碳中和目标一旦实现，将会与可持续发展的愿景相一致，并可有力地推动海洋经济向可持续蓝色经济转型。

本章旨在探讨当前海洋经济在碳中和方面的主要问题，以明确向可持续蓝色经济转型的契机和路径。我们将研究当前的海洋经济框架，确定与碳中和目标相关的需求和工具，以及海洋产业之间的共存和协同作用如何促进蓝色经济和碳中和。最重要的是，我们将展示可持续的蓝色经济如何在促进经济增长的同时，为实现联合国2030年可持续发展目标（SDGs）作出贡献。

（二）现状

1. 碳中和与基于海洋的解决方案

自工业革命以来，人为的大气二氧化碳排放导致了前所未有的气候危机[10-12]。为应对这场危机，《巴黎协定》[13]确定了理想情境下的全球升温1.5℃目标，要求各国立即采取减排行动并在21世纪中叶实现碳中和。130多个国家签署了《巴黎协定》，并提出了实现碳中和的减排路线图。中国承诺力争2030年前实现碳达峰，2060年实现碳中和，这彰显了中国加强可持续发展国家战略的强烈意愿，以及中国作为全球力量的一部分应对当前气候危机的雄心。

在国际和国家层面上，海洋对于实现碳中和目标都至关重要，因为海洋是唯一持续的碳汇。1850—2019年，海洋吸收了约37%的化石燃料二氧化碳排放，或约25%的化石燃料燃烧和由于土地利用变化而产生的排放[14]。基于海洋的气候解决方案大致包括海洋经济中的二氧化碳移除（CDR）和减排（低碳转化）。前者既可以是基于自然的（如恢复生态系统或管理海洋物种的碳封存作用），也可以是基于地球工程的（如海洋碱化、植树造林）。有一系列的 CDR 方案正在计划中，有些已经开始实施。因此，这些活动将创造更多的就业机会，培育若干新的海洋产业，并在推动海洋经济增长和改善海洋环境的同时，助力碳中和目标的实现。Hoegh-Guldberg 等在 2019 年进一步预测[15]，基于海洋的减缓气候变化方案可在全球升温 1.5℃情景模式下减少约 21% 的"排放差距"，在全球升温 2.0℃情景模式下则可减少约 25% 的"排放差距"。

2. 海洋经济

全球海洋经济的价值估计为每年 2.5 万亿美元，相当于世界第七大经济体的规模。根据经济合作与发展组织的预测，到 2030 年，这一"蓝色经济"在增加值和就业两个方面都将超过全球经济的整体增长。中国是全球海产品生产、消费和贸易的重要参与者。2022 年，中国海洋产业生产总值达到 38 亿元，约占国内生产总值的 3%，与 2021 年持平。中国是全球领先的水产养殖和船舶生产国，2020 年中国海产品产量约占全球的 58%，2022 年中国船舶总产量（总吨位）约占全球的 45%[16, 17]。然而，中国和世界海洋经济的现有模式如何向可持续蓝色经济转变，仍是一个巨大挑战。我们认为，碳中和目标正在被确立为一项国家发展战略，为当前的海洋经济向可持续蓝色经济转型提供了宝贵的机遇。

本部分简要概述了海洋经济重要的五个子行业，包括海洋矿产资源和海上油气业、海运、海洋可再生能源（ORE）、食物生产和其他供应链问题，以及离岸 CCUS，这些行业可能为海洋经济向可持续蓝色经济转型提供重要机遇。

海洋矿产资源和海上油气业

40 年来，中国海洋矿产资源和海上油气业开发为中国经济发展提供了重要的能源和原材料。

海底采矿是中国未来海洋经济的一个重要的潜在组成部分。中国目前的活动主要集中在对沙子和砾石等海洋砂石材料的提取，这些材料被从海床中提取出来，用于建筑工业、海滩养护和海防。对这类资源的需求可能会增加，但应当指出，由于对生境的影响和对海岸线侵蚀的影响，从沿海地区采砂的能力将来可能会受到更大的限制。海洋矿产资源行业发展了对蓝色经济具有重要价值的技术、基础设施和操作技能。

石油和天然气行业是一个高度资本化的行业。中国目前的石油和天然气生产有很大一部分发生在近海，主要在渤海和南海北部，在东海也有一小部分。海上石油和天然气项目预计在未来几十年将继续成为碳氢化合物资源的主要来源。海上制氢以及海上油气开采具有许多优势。氢气的运输和储存都可以大规模地以相对较低的成本完成。

此外，海上石油和天然气平台可被再利用于可再生氢气的生产，这为其上游的石油公司提供了有利机会。在油气行业，公司越来越多地投资于数字化和环保解决方案。能源和环境的重点是海上风力和氢气基础设施，以及用于海洋解决方案的燃料电池。石油和天然气行业的供应商在这一转变中发挥了重要作用。值得注意的是，油气行业是一个高风险领域，可能会造成灾难性的环境后果。

矿产资源业和油气业都有很大机会在向可持续蓝色经济转型过程中发挥关键作用，一方面是加强开发低碳技术所需关键材料的供应，另一方面是尽量减少对海洋环境的影响，并通过采用气候中和、循环、负责任和资源节能型的方法助力于减缓气候变化。这在很大程度上得益于优先发展可再生能源和脱碳转型的趋势。

海运

近几十年来，由于经济全球化和国际贸易的快速增长，海上运输已成为全球经济的重要引擎，并日益成为海洋经济的重要组成部分[18]。迄今为止，海运是覆盖长距离和大运量的最具成本效益的货物运输方式[19]。尽管新冠疫情影响海上运输，并给整个行业的从业人员带来了前所未有的挑战，但90%以上的跨境贸易依然是通过海运进行的。但海运对环境产生的重大影响也备受关注。据报道，与航运业相关的温室气体排放量从2012年的977亿t增加到2018年的1 076亿t，到2050年可能增加约130%[20]。除对全球变暖的影响外，海运业的排放也对全球的空气污染有很大影响[21]。全球约15%的人为NO_x和5%～8%的SO_x排放是由远洋船舶造成的[22]。随着海上运输需求的增加，港口开发和造船业日益成为海上运输的重要组成部分，也是污染物排放的重要来源。港口开发在促进港口城市经济发展和就业水平的同时，对环境产生了负面影响。同样，造船业也是造成环境影响的行业之一，它具有化学和有害物质的暴露性，被称为高能源消耗、高材料消耗和高污染行业[23]。

与大多数其他行业一样，航运业具有巨大的潜力，可以通过一系列旨在使运营更环保、更便宜、更高效的技术创新来实现转型。鉴于海上运输本质上是国际性的，因此法规、政策和激励措施的实施应涉及在相互作用的利益相关者网络内的众多合作政府。促进合作的关键动力之一可能是增强有利于环境和气候活动的经济和财政利益，即减税、赠款和资金支持，如一旦证明排放量显著减少就可获得这些利益。

海洋可再生能源

海洋可再生能源是国际关注的海洋新兴产业之一。对于许多沿海和岛屿国家来说，开发利用海上风能、潮汐能、波浪能、太阳能和氢能是显著提高可再生能源能力的可行机会。例如，在过去十年中，由于容量的增长、场地可用性的扩大和成本的显著降低，在风力涡轮机可靠性等重要技术进步的支持下，海上风能技术得到了强劲的增长。通过吸取陆上风电行业的经验教训和开展竞争性招标，海上风电有望取得进一步发展。2021 年，中国海上风电新增并网容量 1 690 万 kW，是 2020 年的 5.5 倍，累计装机容量跃居世界第一位 [24]。促进和可持续部署海洋可再生能源可为能源系统的脱碳作出重大贡献，这对实现中国的碳中和目标至关重要。

然而，大规模开发海洋可再生能源仍存在潜在的生态和社会风险。我们已观察到，由于空间规划不足和电力传输网络部署滞后，陆上风电场和太阳能发电站的建设对宝贵的自然保护区产生了不利影响，并与农业用地和城市区域产生了冲突。在部署海洋可再生能源时，应吸取这一教训，同时认识到潜在的风险并准备相应的解决方案。除加速核心技术的研发外，还需要填补知识空白，并需要以科学为基础的政策变革来驱动这一进程。需要解决的一些关键问题包括但不限于：

（1）如何确保海洋可再生能源项目能够有效地避开具有高保护价值的区域，包括海洋哺乳动物、鱼类和鸟类的迁徙走廊，并考虑到未来的气候变化？

（2）如何加强能源规划、生态环境保护和海洋资源管理等部门之间的跨部门合作，将海洋健康影响纳入项目审批和管理？

（3）如何加快研究和实施有效的生态恢复和补偿机制，并更充分地了解对生态系统和社会的负面影响（如公平性的问题）？

（4）如何在兼顾当地社区福祉、性别平等和社会公平的前提下，推动能源项目与其他行业的创新整合？

3. 食物生产和其他供应链问题

本章第四部分将更详细地讨论海洋捕捞渔业和海水养殖行业在碳中和战略中的作用。因此，我们仅在此提供一些背景资料，说明这些行业是如何导致气候问题的，并简要概述促进这些行业向可持续和低碳转型的一些关键机会。

Parker 等 [25] 估计，全球海洋捕捞渔业每年产生约 1.79 亿 t 二氧化碳当量（CO_2e）的温室气体，其中燃料燃烧占 70% 以上。捕捞技术的进步刺激渔船发动机性能的提升，增加了对化石燃料的需求，据估计，燃料成本可占捕捞总成本的 60%[26]。此外，特定渔具如底拖网的使用，通过渔船直接碳排放和间接扰动海底具有储碳功能的沉积物，增加了温室气体的大量排放。

减少捕捞量或提高拖网渔船发动机的燃料效率可有助于减少碳足迹。联合国粮农组织估计，尤其是对使用灯光诱捕的渔业而言，通过使用更有效的发动机、更大的螺旋桨和更好的船形，采取船体改造、降低速度和使用高效的 LED 灯等措施，可减少

10% ～ 30% 的船舶排放量。使用需要较少燃料的渔具捕捞传统物种，如围网、刺网和延绳，可大幅减少温室气体排放。对于拖网渔具，减少排放的措施则包括采用多重装备、高效的水獭板、离底捕捞、高强度材料，以及大网眼和小直径的绳索。

在许多国家和地区，水产养殖正在成为日益重要的食物来源，水产养殖业的扩张意味着它将贡献越来越多的温室气体排放，从而导致全球变暖和气候变化[27]。对全球和中国（作为主要生产国）的定量研究结果一致表明，饲料生产是水产养殖温室气体排放的主要来源[28, 29]。水产养殖行业的主要改进措施包括减少能源密集型饲料的使用，改善饲料管理，并在适当情况下考虑发展再生水产养殖做法，这可能有助于减轻气候影响并提供实质性的共同利益（如生物多样性和栖息地的改善、生计的改善）。

在制定水产养殖和渔业管理战略及其他有关管理控制措施时，燃料使用和温室气体排放应是一个重要考虑因素。应使海洋牧场、船队和供应链向绿色能源（如水电、地热、波浪能、核电）或更绿色的来源（如天然气、生物气）转型，从而减少碳排放。某些渔业管理措施可能对温室气体排放产生重大影响，既有积极影响，也有消极影响。一般而言，减少捕捞强度（特别是对于燃料密集型渔具而言）、增加鱼类种群的渔业管理，可能是减少燃料使用和温室气体排放的最有效方法之一[30, 31]。

此外，对强有力的渔业管理予以激励将是重要的，这类强有力的渔业管理措施可通过直接对气候影响作出反应的适应性管理干预[32]和间接的税收、补贴，驱动更可持续的生产和消费。渔业发展补贴应转向对设施升级的支持，以实现更安全的生产和减少收获后的损失，并支持强有力的可持续管理措施和关键渔业资源的保护。人类健康和食品相关的非强制性政策文件，如考虑环境影响和营养需求的饮食建议[33]，也有助于实现更可持续的生产和消费模式。小型渔业和水产养殖实体可能对渔业资源耗竭和温室气体排放产生相当大的影响，而这类实体的基本信息及其有效管理往往缺失，因此应加强对这类实体的调查和管理。最后，与行业协会和研究机构合作，开发和推广海产品透明度、可追溯性和可持续性标准和认证，并将采用这些标准的配套政策工具与金融风险管理指导文件相结合，这有助于推动金融服务向激励可持续海产品生产和供应链实践的转变。

4. 离岸碳捕集、利用与封存

离岸 CCUS 可能会对减排作出重大贡献，特别是对没有替代方案或替代方案极为有限的难以减排的行业来说。中国已在南海北部建设了第一个离岸 CCUS 项目，即恩平项目。如果该项目能够证明离岸 CCUS 是安全可行的，那么它将促进后续项目借鉴经验，进而有可能降低成本。同时，中国正在规划更加全面的离岸 CCUS 项目群，将整合个体二氧化碳供应商的完整供应链、灵活的运输解决方案以及开放的存储基础设施，为中国各地的公司提供安全和海底永久封存二氧化碳的机会。

预计接下来的这些项目将包括从工业来源（废物转化为能源和钢铁）捕获二氧化碳，并将液体二氧化碳从这些工业捕获点运输到中国东部和东南沿海的陆上终端。从那里，液化的二氧化碳将通过管道运输到中国东海或南海海床下的海上储存地点，用于永久储存，应注意确保高效和安全的管道运输，还需要克服一些挑战。这些项目的第一阶段（如广东大亚湾项目）很可能在 2030 年前启动。运输和储存运营商（中海油、壳牌和埃克森美孚）已经表明了他们对第一阶段的雄心，即每年至少储存 10 万 t 二氧化碳。

亚洲开发银行和中国科学院估计，在中国近海沉积盆地的地质结构中，理论上有 5 000 亿～ 8 000 亿 t 的二氧化碳储存潜力。中国将奉行积极的产业政策，促进在其领海内的离岸 CCUS 取得社会经济效益。由于离岸 CCUS 的调查是针对 30 年的时间跨度进行的，因此要在实施之前确保促进稳定的商业框架来鼓励低碳投资的政策到位。

（三）挑战和机遇

在通过与碳中和目标的协同作用提高海洋经济可持续性的努力中，需要应对许多挑战和机遇。在下文中，我们将讨论其中的一些问题。

1. 科学与技术

目前，对于大多数基于海洋的二氧化碳移除（CDR）技术是否能够显著减少二氧化碳及其对温室气体总通量的影响，在认知上还存在重大缺口。虽然在陆地系统中也存在这些问题，但在海洋中更为特殊，因为在水下进行海洋观测很困难，而且测量表层海的海 - 气交换具有内在的复杂性。了解基于海洋的二氧化碳移除对自然生态系统和人类的影响，确保消除二氧化碳带来的好处不会被人类和自然生态系统的健康、生计、食品安全和环境正义的风险所抵消，是最引人注目的问题。任何对基于海洋的二氧化碳移除的部署，都需评估其在分配方面的公平性等社会影响，并开展全领土 / 领海范围内的空间研究、探索碳中和潜力，以推动国家行动。

碳监测、报告、核查（MRV）机制

所有基于海洋的二氧化碳移除方法都面临的一个重大挑战，就是监测、报告、核查海洋储碳量及储存方式的持久性，特别是考虑到气候变化和人类发展模式的不可预测性对此带来的影响。此外，来自红树林和盐沼的其他温室气体（包括甲烷）的排放

也有很大的不确定性；在某些情况下，此类排放会严重限制这些生态系统的气候减缓潜力，即储碳能力 [34]。鱼类和海洋哺乳动物可帮助从大气中封存碳的数量尚未被精确量化，因此最不适合作为基于自然的二氧化碳移除方式。然而，有充分的科学证据表明，保护现有的鱼类和大型海洋动物种群可以产生多种协同效益，并可帮助我们避免海洋中大量新的二氧化碳排放。

总之，基于海洋的二氧化碳移除是一个新兴领域，正在获得大量的关注。然而，二氧化碳移除不能替代快速和有效地削减温室气体排放。该技术的开发和潜在应用，只应作为全面和公平的气候战略的一部分。

2. 政策

蓝色金融

世界银行的国际复兴开发银行（IBRD）已经发行了两套对海洋和海岸带生态保护予以高度关注的"可持续发展债券"——世界银行与瑞士信贷的可持续发展债券，以及世界银行与摩根大通的可持续发展债券。此外，一些沿海国家和地区也发行了蓝色债券，如"塞舌尔蓝色债券""北欧—波罗的海蓝色债券""大自然保护协会蓝色债券""斐济蓝色债券"。虽然这些蓝色债券可被认为是蓝色金融的一部分，但仍需有框架或资源来详细阐明如何更好地利用这些工具促进海洋经济的转型和重要海洋生态系统的保护。

评估海洋生态系统服务

关于评估海洋生态系统服务特别是海洋储碳潜力的国际政策，主要来自 1992 年的《联合国气候变化框架公约》，该公约要求缔约方促进对海洋以及其他沿海和海洋生态系统中所有温室气体的汇和库的可持续管理。在此基础上，2015 年《巴黎协定》在"序言"部分重申"酌情保护和加强《联合国气候变化框架公约》中提到的温室气体的汇和库的重要性"，并在第 5 条第 1 款中指出，"缔约方应采取行动，酌情保护和加强《联合国气候变化框架公约》第 4 条第 1 款（d）项中提到的温室气体的汇和库"。澳大利亚和美国已开始将蓝碳纳入其数字减排目标，并根据《2006 年 IPCC 国家温室气体清单指南》中与 2013 年湿地相关的内容，对蓝碳进行了补充计算。日本已经为海草床实施了几个蓝色碳抵消信贷项目，并正在为天然和人工养殖的大型藻类试行碳信用项目。

旨在评估和保护除碳汇以外的多种海洋生态系统服务的国际政策和计划，围绕"恢复海洋生态系统以实现健康和富饶的海洋"这一联合国可持续发展目标（SDGs）中的目标 14 展开。其他的全球性文书主要包括《拉姆萨尔公约》（1971 年）、《保护世界文化和自然遗产公约》（1972 年）、《生物多样性公约》（1992 年）、《2015—2030 年仙台减少灾害风险框架》（2015 年）、联合国《2030 年可持续发展议程》（2015 年）、"联合国海洋科学促进可持续发展国际十年（2021—2030 年）"（2017 年）、"联合国生态系统恢复十年"（2019 年）。欧洲、北美和澳大利亚已根据各自的法律或许可框架实施了海洋生态系统保护项目，例如，美国佛罗里达州的"有管理的海岸调整综合沼泽地恢复计划"，该计划基于"环境资源许可（ERP）项目—环境保护部门（DEP）/ 水资源管理区的联合申请程序"，而澳大利亚的 Tomago 湿地恢复项目则是基于"新南威尔士州初级产业部门第 37 节之渔业许可 P07/13"。

在实施具体干预措施 / 解决方案时评估效益的影响

在实施具体干预措施 / 解决方案时评估效益影响的政策源自联合国清洁发展机制（CDM）的技术标准。一些非政府组织还制定了基于这些标准的评估政策，即国际核证减排标准（VCS）。相较而言，VCS 更为详细。具体而言，CDM 中用于衡量蓝碳效益的政策主要包括：① CDM 机制中的中、大型规模造林和再造林项目——"退化红树林栖息地的造林和再造林活动"（AR-AM0014）；② CDM 中的小规模造林和再造林项目——"在湿地上实施的造林和再造林活动"（AR-AMS0003）。VCS 在相关项目中用于衡量蓝碳效益的政策主要是：①"潮间带湿地恢复和保护项目活动中基线碳储量变化及温室气体排放的估算"（VMD0050），以及"REDD+ 方法学框架"下的子方法（VM0007）；②"潮间带湿地恢复和保护项目活动中碳储量变化、温室气体排放和清除的监测方法"（VMD0051）；③"海岸带湿地创建方法学"（VM0024）；④"潮间带湿地和海草修复方法学"（VM0033）。

在国家自主贡献（NDC）中纳入蓝碳的相关政策

蓝碳生态系统（具有固碳功能的海岸带生态系统）因其在缓解和适应气候变化方面的显著作用而受到重视。各国已开始在其国家自主贡献清单、国家温室气体清单、国家适应计划和其他高级别的气候相关政策中适当地将蓝碳生态系统纳入考虑。

鉴于许多拥有丰富蓝碳资源且对气候变化影响不大的国家，其人均收入水平和GDP 相对较低，因此，将蓝碳纳入国家自主贡献或其他承诺可以使此类发展中国家实现其减缓气候变化的目标，同时腾出资源投资于所需的可持续经济发展。

3. 法律框架

随着《生物多样性公约》第十五次缔约方大会和《联合国气候变化框架公约》第二十六次、第二十七次缔约方大会的召开，海洋议题已成为气候治理中不可回避的问题，这将显著影响基于海洋的碳中和法律和政策的走向。然而，截至目前中国还没有将基于海洋的行动纳入其国家自主贡献（NDC），这可能会阻碍海洋经济向可持续蓝色经济的转型。

海运的法律框架

在国际法层面，《国际防止船舶造成污染公约》（MARPOL）是预防和控制船舶污染物排放造成环境损害的主要国际法律文书。国际海事组织（IMO）还通过修订MARPOL相关内容的方式，出台了船舶碳减排的约束性法规和政策。

在国内法层面，中华人民共和国海事局于 2022 年 11 月发布了《船舶能耗数据和碳强度管理办法》，规定了中国船舶能耗数据和碳强度管理的要求，适用于 400 t 以上的中国籍船舶和进出中国港口的外国船舶。

海洋可再生能源的法律框架

在国际法层面，中国缔结或加入的条约中尚无与此直接相关的。在国内法层面，《中华人民共和国可再生能源法》可作为基本法律文件。该法从资源调查与发展规划、产业指导与技术支持、推广与应用、价格管理与费用补偿、经济激励与监督措施、法律责任等方面对可再生能源的开发利用进行了规定。该法于 2005 年通过，后又于 2009 年修订。那时，碳中和尚未成为一项国家战略，并且可再生能源的发展远不如今天这般。因此，该法对碳中和战略背景下海洋可再生能源的开发利用缺乏有益的指导。

渔业管理的法律框架

在国际法层面，《联合国海洋法公约》和《生物多样性公约》，世界贸易组织《渔业补贴协定》和《〈联合国海洋法公约〉下国家管辖范围以外区域海洋生物多样性的养护和可持续利用协定》可适用于中国。尤其是世界贸易组织于 2022 年 6 月通过的《渔业补贴协定》，禁止了有害的渔业补贴这一导致世界鱼类资源普遍枯竭的关键因素，标志着海洋渔业的可持续性向前迈出了重要一步。在国内法层面，《中华人民共和国渔业法》应被适用。但是目前，该法没有在渔业管理中将基于生态系统的海洋综合管理作为一种一般方法。这可能影响渔业资源与海洋生态系统的协同和整体性管理。

离岸碳捕集、利用与封存的法律框架

在国际法层面，《联合国海洋法公约》、《生物多样性公约》、《防止倾倒废物及其他物质污染海洋的公约》及其 1996 年议定书，以及《控制危险废物越境转移及其处置巴塞尔公约》可适用于规范离岸 CCUS 项目的实施。在国内法层面，在考虑离岸CCUS 项目的环境影响方面，《中华人民共和国海洋环境保护法》应可适用。然而，在具体的法律适用中可能会遇到障碍和问题，因为只有当离岸 CCUS 项目被认定为海洋工程建设项目时，才能按照该法第六章"防治海洋工程建设项目对海洋环境的

污染损害"的规定来适用该法。此外，在国内法中没有关于离岸 CCUS 全生命周期的系统性法律框架，此类法律框架对于支持离岸 CCUS 的技术进步和产业发展非常重要。

（四）具体建议

高级别建议：

- 将可持续的蓝色经济设定为国家的战略发展目标，将其作为碳达峰和碳中和目标的一部分，并将其纳入国际合作框架。
- 评估全球海洋技术，特别是数字技术的使用情况，以支持可持续增长和促进蓝色经济中的碳中和。采取税收优惠、产业配套、创业支持、人才引育等政策措施，鼓励和支持海洋科技的发展，特别是蓝色经济和碳中和方面的数字技术（如数字孪生海洋）。更重要的是，大力推动这些新兴技术的产业化、规模化应用。
- 完善管理体系，兼顾生态和社会经济目标。从社会—经济—自然复合生态系统的角度，建立覆盖从中央到地方的多层次海洋综合管理体系。
- 制定框架和指标以全面核算可持续性和社会经济成果，并加强对可持续蓝色经济的财政支持。评估现有的国家《绿色产业指导目录》和绿色金融政策，研究建立蓝色金融新框架的必要性。支持金融机构开发多样化的金融产品以支持海洋经济的低碳转型。完善政府引导基金在促进海洋经济蓝色转型中的作用。
- 寻求在科学和经济研究方面进行国际合作的机会。通过双边和多边平台和机制，如 "一带一路"倡议、博鳌亚洲论坛（BFA）、世界经济论坛（WEF）等，促进海洋与碳中和科学、技术、教育、投资、贸易等方面的全方位国际合作。
- 加强与可持续蓝色经济相关的研究和教育，特别是与可持续蓝色经济相关的跨学科研究和教育。
- 准确、全面地核算海洋产业的二氧化碳排放量。

具体建议：

- 为海洋 CDR 制定行为准则，确立科学诚信的基本原则（如透明度和结果传播）、公平公正（如公众咨询），以及负责任的研究（如尽量减少潜在危害和明确责任分配）。政府资助的研究应严格遵循上述准则，同时应制定激励措施，鼓励私营部门资助的科学研究也遵守这一准则。此外，应及时将这些原则转化为国内法，以加强对海洋碳移除的监管。
- 应加速推进海洋产业向低碳实践的转型。

三、海洋塑料垃圾和蓝色循环

（一）背景

自 20 世纪 50 年代以来，全球塑料生产和消费呈指数增长，如果不采取有利措施，到 2060 年将增长 2 倍[35]。由于大多数废弃的塑料制品最终进入海洋，因此塑料污染被认为是世界各地沿海和海洋生态系统中严重的人为造成的环境问题。此外，塑料相关产品全生命周期的不同阶段都涉及温室气体排放[36]。研究表明，塑料及相关化学品和塑料污染对人类健康和环境的影响日益明显[37]。大量研究已经证实了海洋塑料的来源、归趋和环境影响，主要集中在：①塑料入海量的估算；②海洋垃圾和塑料污染的主要来源；③塑料在海洋环境中的输运路径和归趋；④海洋垃圾和塑料污染（包括微塑料和化学浸出液）对海洋生物、生态系统功能和生态过程的影响；⑤微塑料对人类健康的风险。2018 年，海洋塑料污染对全球海洋航运、旅游业、渔业和水产养殖业造成的经济成本，加之沿海清理费用，估计至少为 60 亿美元，甚至可能达到 190 亿美元或更多[38]。目前，最紧迫的问题是如何减少塑料垃圾流入海洋和促进蓝色经济的健康发展。

本章在现有研究文献的基础上，综述了中国海洋塑料的污染现状和来源，并就塑料垃圾对海洋生态系统的影响进行了评估；分析了塑料废弃物的社会和经济影响，特别是对蓝色经济的影响；指出了海洋塑料污染在科学研究、政策体系和法律框架等方面存在的不足。在介绍现有影响认识和法律法规空白的基础上，提出了解决这一紧迫环境问题的对策和行动，包括环境技术和商业解决方案。

（二）中国海洋塑料废弃物的规模和来源分析

1. 环境中塑料垃圾的规模估算

根据中国住房和城乡建设部发布的《中国城乡建设统计年鉴 2017》，中国城乡固体废物处理情况显示，中国县级以上城市的未经合理处理垃圾率分别为 1.00% 和 3.89%，接近发达国家水平。最近一项研究表明，2011—2018 年，城市生活垃圾无害化处理率达到 99.7%，以卫生填埋和无害化焚烧处理为主[39]。此外，注意到由于拾荒者的介入，他们收集了大部分容易回收的塑料，如塑料瓶，因此，中国的未经合理处置的塑料垃圾的构成非常不同。这些活动的贡献在年度统计中没有被考虑在内，这将进一步降低塑料垃圾的未经合理管控的比例。因此，在不考虑中国沿海经济较为发达、固体废物管理能力较高的情况下，中国城市和农村地区未经合理管控的塑料垃圾平均水平将低于 Borrelle 等[40] 估计的 23.25%。根据全国城乡人口比例，合理估计全国城乡未经合理处置的塑料垃圾率在 3%～8%。根据 2019 年中国年度统计数据中沿海地区城市人口与农村人口的比例，估计中国沿海地区管理不善的塑料垃圾比例约为 1.3%。因此，沿海地区管理不善的塑料垃圾数量约为 5.5 万 t，其中约 1/3 的塑料垃圾可能泄漏到海洋中。

在另一个案例中，按照 Borrelle 等[40] 的方法，我们估计 2016 年管理不善的塑料垃圾比例约为 7%，那么中国排入水环境（江、河、湖、海）的塑料垃圾总量为 37.83 万～46.9 万 t，平均为 42.43 万 t。扣除江河湖泊的滞留量后，进入海洋的不到 1/3，即不到 15 万 t。

除了这种建模方法，另一项研究使用物质流模型和实际观测数据来估计中国管理不善的塑料垃圾年产量。他们估算 2011 年进入环境中的塑料垃圾数量不到 56 万 t。该研究还表明，2011—2019 年，中国入海的塑料垃圾数量整体上呈现快速下降趋势[41]。

2. 主要来源

（1）河流输入

河流一直被认为是塑料垃圾输入海洋的最大来源，但在中国，随着全国性的生态环境治理河长制实施、垃圾无害化处置和分类管理水平提高，最新的监测调查研究表明，中国最大的入海河流长江的塑料垃圾年入海量仅为 Lebreton 等[42] 估值的 10%～20%[43-45]，而中国所有其他河流入海塑料垃圾量的总和也只有长江的 50%～60%。

（2）沿海地区生活垃圾的泄漏

中国沿海地区泄漏进海洋的塑料垃圾主要是来自人们生活、旅游休闲等活动的丢弃物（各类泡沫塑料块、塑料饮料瓶、食品包装袋、塑料袋、水瓶等生活用品）。这些塑料垃圾主要漂浮和聚集在海岸潮间带和近岸海域，以及港口和码头等区域，但目前对其沉入海底的量尚未有深入了解。

（3）海上经济活动的泄漏

尽管大部分海洋塑料垃圾来自陆地，但海洋来源的贡献也不容忽视。不同地区的情况有所不同，海源塑料垃圾可占海洋垃圾总量的 32%～60%[46]。海上经济活动是产生塑料垃圾最多的海上活动。但是，这些活动产生的塑料垃圾数量尚未得到准确量化。

海上经济活动产生的塑料垃圾排入海洋是世界各国最为关注的，也是最难以管理和控制的，是海洋塑料垃圾产生的重灾区，中国也是如此。泄漏的塑料垃圾主要来自海上捕捞作业渔船、运输船舶、水产养殖，如泡沫塑料、渔网、渔具、塑料瓶、食品包装袋，以及各类塑料生活用品。调查结果显示，这些塑料垃圾少部分漂浮聚集到海岸，聚集在水动力条件较弱的区域，但大部分沉入海底或随海流输运到其他区域。因此，海上经济活动产生的塑料垃圾泄漏应是中国未来海洋塑料垃圾治理的重点。

（4）跨洋转移

泄漏到海洋里的塑料垃圾会随着海流和风向其他海域扩散和输运，既包括在近岸和潮间带的漂浮转移，也包括我们看不见的在海底的输移。目前我们还不太清楚在海底输移的塑料垃圾量，但其数量肯定较大，应该给予极大关注。另外，令我们更加关注的是塑料垃圾的跨国海洋转移。海洋塑料垃圾输运模型模拟结果表明，海洋漂浮塑料垃圾可以随洋流进行远距离输移。采用拉格朗日粒子跟踪方法对我国渤海、黄海和东海近岸的微塑料输移路径进行水动力模拟[47]，研究发现只有不到 18% 的陆域微塑料从近岸最终迁移到了太平洋，而其余的微塑料则由于复杂的水动力过程而主要滞留在近岸海域[47]。这些研究结果进一步突出和强调了海洋塑料垃圾是一种需要加以高度关注的跨界污染。

（三）机遇与挑战

1. 海洋塑料垃圾对于海洋生态系统的影响

塑料污染几乎进入了海洋的每一个部分，从海面到深海海底，从极地到最偏远岛屿的海岸线，影响着不同类型的生态系统。塑料污染可造成直接的有害物理影响，以及通过渗入或吸附物质产生间接的化学影响[48]。塑料垃圾和化学品的影响性质取决于物种的形状、体型、移动方式、进食模式和栖息地，以及塑料物品和碎片的类型、形状、大小和密度[49]，影响的情况和严重程度取决于暴露水平[50]。

海洋塑料的物理影响包括缠绕、塑料摄入、海洋生物生长于塑料物品上以及塑料接触或覆盖生物（如窒息），可能会造成行动受限、受伤、窒息、死亡、生物的漂流扩散和病原体传播等各种影响。化学影响指塑料污染产生的有害化学物质作用，这些物质是通过摄入或接触受污染的水、空气、沉积物或食物而被生物体直接吸收的。由于微塑料颗粒有比较高的能力运输和转移危险污染物，因此受到特别关注。与塑料相关的主要有害物质包括双酚 A（BPA）、邻苯二甲酸酯、阻燃剂、金属、石油烃、多环芳烃（PAHs）、多氯联苯（PCBs）和有机氯农药，这些物质可以从肠道进入血液或器官，并对生长、生理变化、繁殖和毒理方面等产生影响[51]。化学物质通过不同的机制从塑料转移到生物体[52]。它们可以直接从生物摄入的塑料中渗入体内，或从塑料进入环境后通过生物的皮肤或鳃吸收，或者生物通过食用受污染的猎物而被吸收。

（1）塑料污染对物种的影响

塑料污染对包括濒危物种在内的各个主要海洋物种类别的影响：

- 一项针对海鸟的空间风险分析[53]利用塑料垃圾的全球分布和塑料摄入的实际速率得出结论，1962—2012 年，59% 的海鸟物种和 29% 的海鸟个体摄入了塑料。

- 一项针对海龟的全球分析估计，52%（34 万只）的海龟已经摄入了塑料[54]。在每年搁浅的数千只海龟中，有 6% 被发现被海洋垃圾缠绕，其中 91% 已经死亡[55]。

- 对 1990 年至 2015 年在爱尔兰海岸搁浅的鲸鱼进行的尸检显示，9% 的鲸鱼摄食过塑料垃圾[56]。

- 浮游植物在光合作用过程中捕获碳。浮游动物和其他海洋生物摄入浮游植物，它们粪便中会包含捕获的碳。粪便随后被排泄并沉入海底，存留数百至数千年。然而，浮游动物摄入微塑料会使粪便更具浮力[57]，并降低浮游动物的摄入率[58]、生长和繁殖[59]，从而影响海洋的碳汇功能。

- 研究发现，采自中国长江口、东海和南海的 21 种海洋经济鱼类均摄入了微塑料或中型塑料，其中塑料纤维是在其胃肠中发现的最常见形态[60]。

（2）塑料污染对海洋栖息地的影响

塑料污染还影响各类主要的海洋栖息地，损害生态系统功能，包括它们通过初级生产封存二氧化碳的能力：

- 在亚洲及环太平洋地区调查的 159 个珊瑚礁中，有 1/3 受大型塑料垃圾污染[61]。大型塑料垃圾容易被困在珊瑚礁中，导致珊瑚群落窒息并引发珊瑚疾病[61, 62]。微塑料会抑制共生藻类（*Cladocopium goreaui*）的营养吸收、光合作用，并增加了细胞死亡率，降低藻类细胞的密度和大小[63]。

- 由于在海草栖息地和生活在其中的无脊椎动物体内都发现了微塑料，任何以它们为食的草食动物或捕食者也可能摄入微塑料，与海藻的情况类似[64]。实验室研究表明，与环境相关的 BPA 浓度会影响海草（*Cymodocea nodos*）的光合作用，从而影响其生长[65-67]。

- 由于 54% 的红树林栖息地位于河口 20 km 以内，它们特别容易受陆源塑料污染影响[68]。在爪哇红树林中，随着塑料污染覆盖林底的比例接近 100%，红树林的叶片会严重损失，并且死亡率增加[69]。

- 中国南海的珊瑚礁、红树林、海草床和大型藻类生态系统的微塑料研究发现，珊瑚礁表层水体中微塑料的丰度高达 45 200 个 /m³，红树林沉积物中的微塑料丰度高达 5 738.3 个 /kg，海草床沉积物中的微塑料丰度高达 927.3 个 /kg。红树林生态系统的污染负荷指数（PLI）为 3～31，海草床生态系统的污染负荷指数为 5.7～11.9，珊瑚礁生态系统的污染负荷指数为 6.1～10.2[70]。

2. 海洋塑料垃圾对蓝色经济的影响

海洋塑料垃圾在海洋垃圾的三种分类（海面漂浮垃圾、海滩垃圾、海底垃圾）中均是最主要的组成部分，是海洋生态环境污染的一大典型问题，也对蓝色经济可持续发展带来了显著挑战。其对蓝色经济的影响途径通常包括造成视觉污染影响滨海旅游业发展、堵塞船舶动力系统损害海洋航运业安全、危害生物健康并影响人类对海洋渔业资源的开发利用[71]。以下将从这三个方面简述其影响效应，并提出相应的治理建议。

（1）对滨海旅游业的影响

海洋塑料垃圾在以娱乐活动为主要功能的海岸线和沙滩集中堆积，破坏了这些海岸线和沙滩原有的自然风光景色，给游客造成了不良的观感和体验[72]。对于大部分针对旅游海滩的垃圾调查研究来说，通常涵盖所有类型的海洋垃圾，而在调查结果中，海洋塑料垃圾已经成为最重要的贡献者[73]。例如，在一项针对孟加拉国最受欢迎的旅游景点考克斯巴扎尔海岸的海滩垃圾研究中，聚乙烯塑料袋是数量最多的海滩垃圾类型[74]。巴西最重要的国际旅游地点之一——圣卡塔琳娜岛旅游海滩的风景质量也深受垃圾污染的影响，塑料垃圾是其中最多的组成成分[75]。国内方面，根据 2021 年《中国海洋生态环境状况公报》及相关监测数据，全国多个知名沿海旅游景点，包括唐山碧海浴场、胶州湾、舟山朱家尖、厦门鼓浪屿、汕头青澳湾、惠州大亚湾、三亚三亚湾等地，均面临海滩垃圾数量较多的问题，这些地点的海滩垃圾数量可能较高，对海洋生态环境造成了一定影响。在青岛主要旅游海滩第一海水浴场的海滩垃圾调查中，塑料垃圾的数量也最为突出[76-78]。

尽管对滨海旅游景点的海滩及海面漂浮垃圾进行了大量的量化研究，但这些垃圾因破坏景观而对旅游业造成的隐性经济损失却很难准确估计。相比之下，当发生大型垃圾堆积事件时，旅游景点所遭受的经济损失则更容易被量化和估算[79]。例如，包括海洋塑料垃圾在内的海洋垃圾的堆积事件曾在 2011 年给韩国济州岛造成了 2 900 万～3 700 万美元的旅游收入损失[79]。海洋塑料垃圾对滨海旅游业造成的隐性经济损失可以从游客的选择中体现。海滩的清洁度是游客在选择海滩时最重要的考虑因素[80, 81]。对我国滨海旅游景点游客的调查显示，海滩垃圾数量的多少显著影响游客的支付意愿[82, 83]。一项对巴西巴拉那州海岸的研究指出，搁浅垃圾对游客选择性的影响可能会使当地旅游收入减少 39.1%，每年损失高达 850 万美元[84]。

基于海洋塑料垃圾污染对滨海旅游业造成的影响现状，建议如下。

- 开展垃圾监测工作。对重要旅游景点的海岸建立基线研究，对同一采样点进行一定时间间隔的海洋垃圾调查，可以为当地的限塑政策和战略提供数据支撑[74]。我国将每年开展的海洋垃圾监测结果公布在《中国海洋生态环境公报》上，提供了重要的监测数据，为我国海洋垃圾治理体系优化提供了科学支撑。
- 协调利益相关者。对海岸沿线企业实施激励措施，协助其提供纸制品、有机材料制品等替代品代替塑料垃圾包装，减少人类活动造成的大量塑料垃圾丢弃[74]。
- 优化评估体系。将控制塑料垃圾污染纳入可持续海滩管理的评估指标体系或激励体系中[85]。
- 因地制宜，确立管理主体。在我国，可以开展以社区为基础的管理体系，建立社区责任制度[77]。
- 严格实施相关政策与律法。颁布限塑政策和法律，保证限塑禁令的落地执行。尽管一些国家已经颁布了限塑禁令，但由于执法不力，塑料购物袋仍在流通，导致了旅游海滩塑料垃圾的产生[73]。
- 完善基础设施和垃圾收集处理系统。缺乏良好的基础设施、垃圾桶以及保洁作业的力度不足是旅游海滩存在大量海滩塑料垃圾的原因之一[86]。分类垃圾箱等基础设施的设置是必要的[77]。在废物管理基础设施不发达的新兴旅游小岛上，塑料垃圾的产生与旅游淡旺季紧密相连，再生市场小，内循环发展困难，同时回收非法处置的做法持续存在，亟须完善基础设施和垃圾收集处理系统[73]。
- 提高公众意识。多项研究认为，海滩上的娱乐和旅游活动加剧了塑料垃圾的积累[72-74]。因此，有必要对海滩游客进行科普宣传，减少游客随意丢弃塑料垃圾的行为[76]。加强当地公众对治理工作的参与度也有助于减少海滩的塑料污染[77]。

（2）对海洋渔业的影响

海洋塑料对捕捞渔业和水产养殖的发展已经产生了不容乐观的影响[87, 88]。在对中国沿海21种海洋经济鱼类的调查中发现，这些物种体内含有不同程度的塑料成分[60]，而对全球各区域研究整合的结果表明，有记录的494种被检测的鱼类中共计323种含有塑料，且391种经济鱼类中也有超过262种检测出了塑料成分[89]。

海洋环境中的微塑料能通过水生生物的摄食进入其体内（图2-1），并对其各种生理过程产生一系列负面影响，包括对其生长发育的抑制，繁殖、捕食等行为的改变，免疫系统的破坏，等等。例如，在对鱼类生长进行的对比试验中发现，暴露在塑料环境中的幼鱼生长和存活概率均低于对照组[90]；而根据无塑料区域和有塑料区域鱼类捕食视频的对比分析，也证实塑料的存在确实减少了部分鱼类的捕食行为[91]；在繁殖方面，塑料可以造成牡蛎卵母细胞数量下降 38%，使精子速度下降 23%[92]；免疫研究则发现塑料颗粒可能引发鱼类免疫系统的应激反应，并干扰鱼类种群的抗病能力[93]。

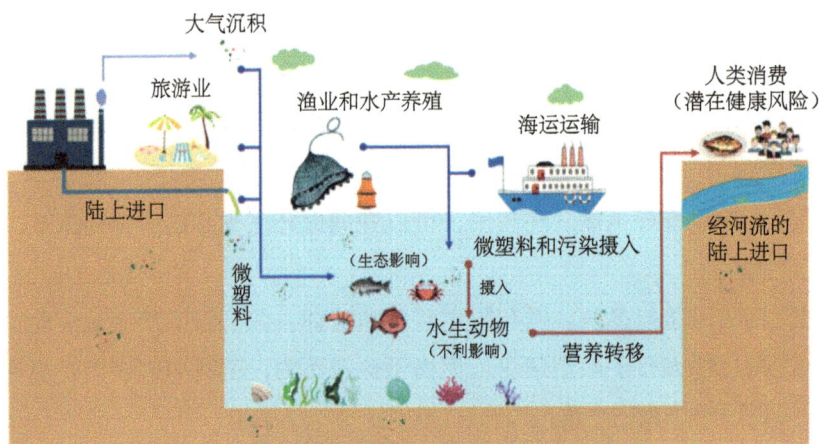

图 2-1　水产养殖系统中的海洋塑料路径[87]

此外，微塑料能够作为一种稳定的附着基质，承载并传输水体中的病原体及其他有毒有害物质[94, 95]，进一步加剧这些物质对水生生物的危害。例如，研究人员在挪威西海岸的海洋塑料中检测到了 37 个细菌分离株，并通过全基因组测序的方式证实了其中病原体对鱼类的潜在致病性[96]。

食物也是造成鱼类塑料含量上升的因素之一，这里的食物既包括在养殖过程中的人工饵料，也包括野生鱼类的自然捕食对象。塑料已经普遍存在于海洋生态系统中，所以鱼类在捕食时难以避免会摄入其中的塑料[89]。饵料鱼同时又是鱼粉的主要原料，因此这从源头上就给鱼粉引入了塑料成分；此外鱼粉的加工，尤其是研磨过程也会进一步造成塑料的进入[97, 98]。相关调查研究显示，鱼粉中的微塑料含量范围在 0 ～ 526.7个 /kg，其中中国鱼粉的微塑料含量相对较高，平均值为 337.5 个 /kg，标准差为 34.5个 /kg[99]。从具体的养殖生物来看，以大西洋鲑为例，其在生长活动中所摄入的来自水产养殖饲料的人造颗粒数（包括塑料在内）可达 1 788 ～ 3 013 个[98]。另外，为了降低鱼病的危害，养殖过程中常常会使用药物，而由于这些鱼药（如抗生素等）长期暴露在塑料颗粒环境中，也可能会因此吸附塑料颗粒[95]。

一方面，海洋塑料对渔业发展的危害是显而易见的；另一方面，渔业活动本身也是海洋塑料的重要源头之一。以一项对中国广西茅尾海浮筏养殖系统的研究为例，如果不加以限制，预估在 2025—2028 年内就将有大约 3 840 t 塑料废物排入大海[100]。很多养殖设施中含有塑料成分，如离岸网箱中使用的 PVC 管、养殖浮筏中的塑料浮子等，而在长期的使用过程中，这些养殖装备可能受到自然的磨损、极端天气的破坏或者人为丢弃等因素的影响，造成其塑料成分脱落并进入水体[101]。同样地，捕捞活动中长期使用的渔具，随着其磨损与丢弃，也有可能造成塑料成分的脱离。而据调查统计，在 2018 年使用的 210 万 t 塑料渔具中，其损耗量估计可达 4.84 万 t[102]。

如上文指出，养殖设施、渔具的损耗是海洋微塑料的主要来源之一，因而对这些塑料装置进行更好的维护，提高其循环利用率，或者从原材料上进行调整都是减少渔业系统微塑料排放的重要方式[101]。以澳大利亚为例，塑料渔具的损耗部位主要是绳索（47%）、网箱组件（30.7%）和浮子（22.3%），因而可以针对这些部件进行重点维护[103]。而就鱼粉、鱼药而言，一方面可以通过改善制造工艺、替换原材料等方式在生产过程中减少其单位塑料含量，另一方面可以通过提高投饲效率、调整饲料配比、严格控制鱼药用量或使用相关替代物等方式来减少其绝对用量[104-106]。

（3）对海洋航运的影响

根据海洋塑料垃圾的分布位置，对航运造成影响的主要因素是海面漂浮垃圾。漂浮的塑料垃圾（如塑料瓶、海上浮标、废弃渔具等）可能会造成螺旋桨和船舵缠绕、进水口和冷却系统堵塞，进而使船只的稳定性和机动性降低，乃至船只毁坏和碰撞，因此会给航运带来高昂成本和航行风险[107-109]。其中废弃、遗失和丢弃的渔具被认为是一种重要的海基海洋垃圾，尤其是 20 世纪以来塑料等合成材料渔具被更广泛地使用，全球的捕捞努力量也持续增加[108, 110]。全球每年约有 5.7% 的渔网、8.6% 的笼壶类渔具和 29% 的渔具相关绳索故意或意外地进入海洋[111]。有研究量化了韩国海域废弃渔具对军舰的影响，强调了其威胁一直存在，且在恶劣天气下造成的危害将会更大[108]。

既有研究中存在因为漂浮垃圾缠绕螺旋桨导致船只损失和大量人员伤亡的记录[112]，但因维修和维护成本导致的经济损失更常见[108]。例如，中国香港虽然在港口拥有有效的海洋垃圾清理系统，但是因海洋垃圾导致的船只损坏和误工，对高速渡轮服务运营商造成的损失可达每艘船只每年约 19 000 美元[113]。据统计，海洋塑料垃圾 2008 年对 21 个环太平洋经济体的航运业造成的损失约 2.79 亿美元，占海洋产业经济损失的 22.14%，低于渔业的 3.64 亿美元（28.89%）和海洋旅游业的 6.22 亿美元（49.37%）[114]。另一项统计显示，2012 年欧盟航运业中海洋塑料导致的救援费用达 83 万～ 218.9 万欧元[115]。

案例：浙江"蓝色循环"项目

浙江省以高质量发展为导向，构建了"海上污染物收集—陆地高值利用—国际碳交易增值"的海洋塑料治理体系，达成了减污降碳、资源再生、群众增收的目标，形成了"政府引领，企业主体，产业协同，公众联动"的治理机制，创造了具有内驱力、可持续的"蓝色循环"模式。

一是政府引领。政府设定治理目标，开放船舶、边滩、入海闸口、海上环卫等公共数据，建设数字化管理平台，授权企业使用数据，并对企业行为监督指导。

二是企业主体。企业负责市场化运营，通过数据平台将边滩群众与收集、运输、再生、制造等产业企业结为共同体，缩减中间环节、重塑业务流程，创新海洋塑料"从海到货架"的数字化追溯体系，畅通可信国际高值交易通道。

三是产业协同。将海塑再生利用与国际头部企业的减碳需求有机结合，建立海塑减碳认证体系，对海塑产业各环节进行碳资产核查、确权、交易，形成产业链碳交易增值。

四是公众联动。政企共建"蓝色联盟"公益组织，依据区块链合约提取产业碳增值收益，形成可持续增收的分配体系，对源头收集人员二次收益分配，调动沿海群众参与治理。

虽然海洋塑料垃圾对航运的潜在威胁的严重性得到了很好的认可，但是航行风险相关问题是迄今为止关于海洋垃圾的研究中成果最少的问题之一，证据仍然比较有限[108, 116]。

未来海洋塑料垃圾的治理需要依赖国际合作，以及国家内部多方利益相关者共同努力[40, 117]，促进塑料使用向可持续的循环经济的转变[118]，改善固体废物的回收和管理[117]，对塑料制品征税[118]，加强对废弃渔具的管理和环保渔具的支持[108]，加大宣传力度，提高公众参与度等[119]。国内方面，建议我国完善海洋塑料垃圾治理体系，从源头减少塑料垃圾进入海洋，加强政府、生产企业和消费者三方共治，加强废旧渔网渔具无害化处置与回收再利用，鼓励民众参与海洋垃圾治理，为全球治理进程贡献中国智慧[71, 120]。

3. 塑料全周期治理的差距

海洋塑料污染的产生原因与广泛的人类活动密切相关。由于塑料的生产和消费与社会经济体系紧密结合，全球各国迫切需要更全面的治理方案，超越仅对海洋生态系统中塑料垃圾污染的狭隘层面的关注。治理海洋塑料污染和垃圾需要一种"超越常规"的思维，关注塑料产品及相关服务的全生命周期。通过考虑这些活动引起的社会、环境、健康和经济影响，塑料的全生命周期方法确保了在塑料生产、消费、处理和回收链中识别关键污染节点。从原材料提取、二次材料加工到产品制造、分销、维护和使用，再到终端管理等各个阶段的问题和解决方案都予以充分关注 [38]。因此，这种全生命周期的理解也需要对塑料危机的多个方面进行综合政策干预。在全生命周期塑料治理的研究中，有两个普遍趋势。一类研究试图构建一个塑料循环经济，而另一类研究关注建立全球或地区性的塑料污染公约或条约 [121]。

随着塑料治理的焦点转向整个生产和使用系统，目前的研究和政策方向也从塑料袋或杯子等具体物品转向针对更复杂生产系统的解决方案，如食品加工、纺织品和轮胎制造等行业。随着越来越多的塑料制品和行业被纳入学术分析，一个逐渐清晰的结论是不同的行业在全生命周期视角下，不同的塑料产品和服务具有截然不同的物质特性和流动性。这种多样性反映了塑料危机的复杂性，为研究人员和政策制定者带来了挑战，但与此同时为不同观点的碰撞和创新型解决方案的出现提供了机会。政策制定者、研究人员和利益相关方可以更全面和互补的方式参与特定塑料问题的研究和政策制定活动。各国的塑料战略和政策逐渐纳入全生命周期管理理念，并充分考量各种塑料产品的多元特性，以期制定具有最大影响力的政策 [121]。然而，以下差距与挑战亟须得到进一步的研究支持。

（1）在生产方面，如何将投资引导到迫切需要的创新领域至关重要，比如生物降解塑料产品，其产量仅占塑料总产量的不到1%。目前，大多数生产方面的规定都基于"生产者责任延伸"（EPR）理论。各国采取的政策工具通常涉及货币义务或一定程度的经济处罚。生产者责任延伸政策确实降低了塑料废物管理的成本（尤其是通过节约公共支出），降低了污染水平。然而，实证证据表明这些政策在推动塑料生产商投资于创新和可持续解决方案等方面效力不足 [122]。由此引发的一个问题即单纯的负面激励是否足以促进创新解决方案，是否能够创造足够积极的政策激励空间。

（2）在消费方面，目前的研究和政策主要关注客户的意识和行为变化。对于这些努力在多大程度上能够最终改变特定塑料产品或服务的消费模式，存在不同的观点。

（3）对于塑料废弃物管理而言，提高塑料的回收率尤其具有挑战性，原因有两点。首先，有效运作的废弃物管理系统包括一系列高度复杂的任务，涉及从废弃物减量、收集、分类到基础设施建设和监测系统等各种活动 [123]。其次，各国在适当处理这些任务方面的能力存在显著差异，特别是在撬动充足的投资和教育公民以培养适当的回收行为方面[124]。一些发展中国家还面临着进口塑料废弃物的额外管理挑战，这可能会进一步加剧海洋污染[87, 125]。

（4）塑料污染通常指的是塑料从生产、消费到管理和处置的生命周期中产生的有害影响和排放，通常由于治理不当使未收集的塑料废物泄漏到自然环境中。对于塑料污染的研究和政策目前集中关注污染的来源、规模和影响。就污染来源而言，差距在于确定特定环境中最严重的污染物以及泄漏地点。至于塑料垃圾的污染规模，在海洋系统中的分布和流动，特别是海底或某些偏远地区的污染水平，也需要进一步调查。关于在不同社会和国家背景下塑料污染的影响，特别是对于生态系统（如气候变化和海洋生物多样性）和人类社会（如健康和水产部门）的影响，我们需要更具体的证据来了解它们的程度和表现形式。

（5）最后一个问题涉及在国际层面和特定国家背景下，如何将治理塑料危机的义务和成本在不同国家和社会群体之间予以合理分配。各国迫切需要制定一个公正转型方案以应对塑料污染[126]。发展中国家应通过包括正在进行的全球塑料公约谈判在内的国际合作机制，确保发达国家在资金和技术方面的支持，并在科学的基础上制定合理的目标和方法来应对塑料危机。鼓励绿色或蓝色金融、技术转移和能力建设方面的南北合作和南南合作，应成为任何国际塑料治理条约的核心要素。与此同时，国家应通过专门的研究识别那些最易受塑料污染和减缓政策影响的脆弱社区和群体，特别是妇女因性别不平等导致的脆弱性，并予以充分支持。

（四）建议

在国家或区域层面，海洋解决方案尚没有明确的路径和科学依据。全球塑料国际文书等新的国际公约正在启动，这将给蓝色经济和碳中和带来新的挑战和机遇。为应对未来中国在该领域的潜在挑战和机遇，政策建议如下。

（1）积极参与正在进行的全球塑料国际文书多边谈判。支持国际谈判并达成一项基于科学认知的条约，建议在塑料生命周期的最适当阶段采取有效措施，制定具体、可执行和高效的全球规则，并密切关注性别平等，以解决跨境海洋塑料污染问题。除全球性的行动外，中国还可考虑在区域发挥带头作用，如在现有湄公河合作机制下与东盟国家合作，建立跨境塑料治理机构的区域合作平台。

（2）在塑料生产系统建立行之有效的政策和制度。如将塑料全部成本内化和激励减少废弃物的生产者责任延伸制度，实施再利用模式，生产和使用再生塑料而非新塑料，以及开发对环境影响较小的塑料替代品。要求初级塑料生产商和相关服务提供商制定有效和透明的塑料回收和废弃物管理计划。同时，应引入积极的政策激励措施，奖励私营部门的创新产品设计、材料和商业模式。

（3）加强渔业活动的塑料污染管控。按照行业标准建立塑料渔具生产许可证制度，加强高耐磨环保塑料渔具的推广，实施生态环保渔具更换补贴制度和渔具以旧换新政策，加速生态环保渔具更替进程；建议提供财政补贴，建立废弃渔具的收集回收机制，鼓励渔民从海上打捞"幽灵渔具"，更好地推动塑料渔具回收再生价值链产业化。

（4）加强政府与产业和民间社会团体的交流合作。将塑料生产、消费、废弃物管理和回收利用作为一个统一和连贯的系统来处理，防止塑料泄漏到水环境。创新绿色金融计划，包括政府和社会资本合作模式（PPP），或国内和国际绿色债券和蓝色债券市场，以扩大塑料废弃物管理设施建设的公共和私人融资。

（5）提升公众对塑料污染规模和影响的认知。制订有效的废弃物分类和收集的公众宣传计划，且针对不同的社会群体（包括来自不同背景的女性和男性）制订分类宣传计划，提高公众对塑料污染规模和影响的认知，特别是针对污染效应最为明显的一次性塑料制品，加大对其污染程度和环境影响的宣传力度。

（6）积极推动建立全球尺度的海洋塑料污染动态监测与核查技术体系。结合卫星遥感、无人机遥感与现场监测系统，动态监测塑料泄漏情况，构建标准可信的海洋塑料漂浮带识别算法，编制统一规范的无人机海洋垃圾调查国际标准，以进一步明确海洋塑料和微塑料污染现状和生态风险，识别跨界问题，开展有针对性的治理工作。

（7）支持采用新技术开展塑料污染关键节点研究。加强识别污染严重的塑料产品类别和产业部门、及其泄漏热点和流入的目标生态系统的研究，鼓励采用新技术（如数字化、人工智能和基于卫星的模型）开展多学科合作研究。通过国内或国际合作研究，在国家或全球层面全面评估塑料价值链的碳排放，并支持通过深入研究认识塑料污染对海洋碳汇功能的全面影响。

四、以渔业治理促进蓝碳扩增并减少碳足迹

（一）研究背景

海洋渔业由海洋捕捞和海水养殖构成，为人类社会带来了丰富的食物与营养供给，也为广大沿海人口提供了基本生计，由此成为蓝色经济不可或缺的一大支柱。随着全球气候变化的加剧，海洋正面临着升温、酸化、海平面上升、极端天气增多等影响，这将不可避免地改变海洋渔业的生产格局，使全球捕捞和养殖潜力发生再分配 [127, 128]。

与此同时，海洋渔业自身排放的温室气体也占到食物生产中显著的一部分。在这种互馈关系的背景下，为使海洋渔业发展成为真正意义上的可持续蓝色经济，并由此加强全球庞大人口的粮食安全和生计保障，亟须通过对渔业部门的有效治理来减少碳足迹并增强气候韧性，以及贡献更多的蓝色碳汇。

对捕捞渔业而言，船用燃料排放是其碳足迹的最大来源，根据新近的研究测算，全球海洋捕捞每年造成 1.79 亿 t 二氧化碳当量的排放，燃油消耗贡献了 70% 以上，其中以捕捞甲壳类的排放密度最高，捕捞小型中上层鱼类最低[25]。全球海水养殖的碳足迹尚未得到全面测算，近年来有研究表明全球海水和淡水养殖每年一共造成 2.63 亿 t 二氧化碳当量的排放，其中饲料使用是碳足迹的最大来源，甲壳类养殖则由于高昂的能源消耗而排放密度最高[28]。值得注意的是，渔业生产过程也可以促进水生生物吸收或使用水体中的温室气体，进而将转化为生物产品的碳移出水体或沉降于水底，称为渔业碳汇[129]。大型藻类和滤食性贝类的养殖均可发挥碳汇功能，渔业捕捞过程在特定的情况下也可以改变其所在生态系统的碳通量格局，因而通过适宜的渔业治理手段，既可以通过生产方式的转变减少燃料消耗、饲料生产等过程排放的温室气体，提高渔业的可持续性和气候韧性，还可发展碳汇渔业以减缓气候变化。

根据现有数据和文献，本节梳理了渔业部门在气候变化背景下的发展现状，并阐明其在发展蓝色碳汇方面的作用；评估了主要挑战，包括减少碳足迹、管控有害生产行为，以及在气候变化背景下增进性别平等和权利公平。本部分还对国家管辖以外区域海洋生物多样性、世贸组织渔业补贴、区域渔业管理组织等涉及海洋生物多样性保护的代表性政策框架进行了综述，以探究渔业治理改革的可行性。此外，本部分还分析了将渔业治理、生物多样性保护和气候变化应对纳入海洋综合管理的趋势。最终目标是围绕中国的渔业治理背景，顺应蓝色经济可持续发展和有效应对气候变化的战略目标，提出切实可行且具有前瞻性的政策建议。

（二）气候韧性渔业和碳汇渔业的发展现状及其面临的挑战

1. 捕捞渔业和水产养殖的碳足迹

海洋中的捕捞渔业和水产养殖是全球食物安全和营养安全不可或缺的支柱，这些活动也排放了大量的温室气体。但是相比陆地动物蛋白来源，海洋水产品的温室气体单位排放强度往往更低[130]。对海洋捕捞渔业而言，渔船的燃料消耗构成了碳足迹最大的部分。当前，全球海洋捕捞每年大约消耗 400 亿 L 的燃料，直接产生 1.32 亿 t 二氧化碳当量的排放；而将渔船建造与维护、渔具制造、冷链运输等环节纳入后，每年的总排放是 1.79 亿 t 二氧化碳当量，约占全球人为碳排放的 0.5%[25]。此外，碳在海洋中埋藏的位置与大陆架上商业捕捞的位置具有很大的重叠，因而海洋碳库容易受到渔业活动的干扰[131]。

海水养殖的碳足迹构成更为复杂，包括养殖场内、上游（以饲料生产为代表）、下游（以加工和运输为代表）三个部分，其中上游和下游的排放往往比养殖过程本身更多[132]。若要更系统地看待海水养殖的碳足迹，还应考虑养殖行为对红树林、盐沼等典型海岸带蓝碳生态系统的侵占造成的碳汇损失。一项核算研究表明，全球水产养殖（包括海水和淡水）的碳足迹是每年 2.63 亿 t 二氧化碳当量，与捕捞渔业的碳足迹在同一数量级，但仅统计了鱼类、贝类和虾类的养殖，且没有纳入产业下游的排放[28]。可以明确的是，饲料生产对整个海水养殖业而言是其碳足迹已知的最大来源，甲壳类养殖则由于高耗能的循环水养殖系统的广泛应用，从而有着最高的排放强度。此外，海水藻类、贝类养殖所具备的碳汇功能也不容忽视，这使海水养殖成为"海洋负排放"行动中的重要组成[133]。

综观当今主要的食物生产方式，一些特定类别的海洋水产品（捕捞和养殖产出的兼有）具有动物蛋白来源当中最高水平的气候效率[130]，将饮食结构从陆地转向海洋的呼吁越来越强烈。在此背景下，减少海洋水产品生产的碳足迹已经成为可持续发展的热点议题，也是构建一个气候友好型的全球食物生产体系的关键。对捕捞渔业而言，降低燃料消耗带来的碳排放是最主要的行动方向。考虑到新型能源尚未在渔船上得到大范围推广，现阶段应当依靠逐步取消对环境有害的渔船燃料补贴和燃料税减免，配合其他形式的经济激励措施，促使底拖网、耙刺网等燃料密集型作业方式向刺网、延绳钓等碳足迹更低的方式转变。这在当前中国渔业的发展背景下尤为重要。中国长期以来的渔业管理方式催生了捕捞产能的竞争，渔民不断地增加发动机功率或者船只的大小来获得竞争优势，但野生渔业资源已被过度开发，单位捕捞努力量渔获量（catch per unit effort, CPUE）下降，单位渔获物的燃料消耗随之上升。以减少竞争为导向的良性渔业管理则可以大幅提升能源使用的效率，进而优化碳足迹[134]。除了通过渔船赎买等手段削减渔船数量和过剩的捕捞产能，还可设定科学的捕捞限额与配额制度、合理发放捕捞许可，支持船队提升捕捞效率。当前，越来越多的国家都将减少碳排放、加强可持续性与提高船队盈利或市场竞争力作为协同发展目标。

在海水养殖领域，当前最大的机遇在于强化藻类、贝类养殖的碳汇潜力研究，并加快实施渔业碳汇交易等激励性政策，从而进一步推广具有固碳和生态系统修复功能的养殖实践。除此之外，促进替代性饲料研发和应用以降低投饲性养殖的上游碳足迹，在养殖业集聚区建设配套的加工和销售网络以降低整个产业的下游碳足迹，均是操作性较强的减碳举措。

案例：中国的"渔光互补"[135]

"渔光互补"是光伏与水域养殖的结合，其模式为在水产养殖池塘上方设立光伏发电系统，在光伏系统下方水中饲养鱼类或者其他养殖品种（图 2-2）。

图 2-2　南通市开展的"渔光互补"光伏发电项目

图片来源：https://www.gov.cn/xinwen/2023-02/17/content_5741939.htm#1。

渔光互补的优势有：

- 一地两用，提高单位土地经济价值，提高土地利用率，缓解用地压力；
- 为鱼塘提供荫蔽，降低水体表面温度，减少水体蒸发；
- 抑制部分浮游植物光合作用，减少藻类与细菌的繁殖，提升水质；
- 光伏发电本身产生的经济价值。

光伏＋渔业模式的优势明显，未来将向生产规模化、技术专业化、管理智能化方向发展。通过对水上水下的集中、科学管理，有效解决养殖系统养殖污水的处理问题，同时借助光伏电站建设养殖系统智能监控系统，方便管理；另外，光伏发电并网的收益可用于鱼塘的日常维护，推动鱼塘养殖规模化、专业化、智能化发展。

2. 捕捞渔业和水产养殖的固碳作用

水产养殖

中国海水养殖长期以非投饵型的贝、藻养殖为主，由此，唐启升院士创新性地提出了渔业碳汇的理念[136]。渔业碳汇是指通过水生藻类养殖、滤食性贝类和鱼类等养殖、渔业生物群体捕捞和增殖等渔业生产活动促进水生生物"移出和储存"二氧化碳等温室气体的过程和机制；渔业碳汇也可称为"可移出的碳汇"和"可产业化的蓝碳"[129]。

大型海藻的碳汇效应已得到充分肯定，研究认为大型海藻在延缓气候变化方面有多重作用，其生长过程中会产生大量的碎屑、颗粒与溶解有机碳，少部分能在海藻自身生长的岩石基层环境堆积，大部分则在海流作用下输送到深远海及其沉积物中，从而被长久封存起来[137-139]。中国大型海藻以人工养殖为主。关于大型藻类的碳汇功能，最初主要关注于其生物量，即作为"可移出的碳汇"的藻类养殖产量[136]。后续研究则进一步表明海带（Laminaria japonica）养殖区域水一气界面是大气二氧化碳的汇区[140-142]。此外，藻类的碳汇功能还应包括养殖活动中产生和增加的微型生物、海洋溶解碳库（含惰性溶解有机碳，即 recalcitrant dissolved organic carbon, RDOC）、颗粒碳库以及沉积碳库等[143-146]。藻类养殖的固碳机理已经较为明确，然而放眼与其关联的各个行业，养殖藻类的应用前景仍需进一步开拓。

与大型藻类相比，滤食性贝类在生态系统中的源汇效应更为复杂。首先，从滤食性贝类的碳收支模型：$C=F+R+G$ 来看，C 为摄食碳，F 为生物沉积碳，R 为呼吸代谢碳，G 为生长碳。贝类会由于其滤食作用促进沉积—浮游系统的耦合，在底质中累积有机碳[147]。滤食性贝类作为次级生产者，其在生态系统中的源汇效应还与养殖密度、季节及养殖方式有密切关系[148]。其次，滤食性贝类的源汇效应不仅涉及有机碳的摄食代谢过程，还涉及钙化过程对无机碳体系的利用和影响[149]。另外，对于滤食性贝类，不仅要考虑钙化和呼吸释放的二氧化碳等温室气体，而且埋栖型贝类的摄食、呼吸和排泄等生理活动会扰动沉积物，从而增加沉积物释放温室气体的可能性[148, 150, 151]。唐启升等[129]系统论述了水产养殖使用碳、移出碳、储存碳和释放碳 4 个碳库的特征及其数量关系，进而证实贝类养殖提升了水域生态系统碳汇能力，是碳汇而不是碳源。

渔业碳汇目前已受到广泛关注，但迄今为止尚无有关渔业碳汇监测和计量的国际标准和国家标准，无法全面系统评估其碳汇能力和可交易量。未来亟须加强相关工作，尤其是需要针对海水养殖产品全生命周期的碳源汇、贝类钙化过程和机理、养殖过程中形成的有机碎屑埋藏和 RDOC 等潜在碳汇过程及其监测技术开展研究，以充实和完善水产养殖的碳汇理论及其计量方法学。同样值得注意的是，海水养殖的碳汇潜力并不局限在水体环境中，还在于一些具有更少碳足迹或具备固碳能力的衍生产品（如将贝类的壳体用作新型建筑材料、将藻类用作反刍动物的饲料添加剂等），这些产品的应用场景有待大力拓展。

捕捞渔业

鱼类和大型海洋哺乳动物主要通过五个途径对全球碳循环作出贡献：①通过储存在它们的生物质中，作为碳的短寿命库；②通过垂直或水平迁移，将碳和营养物质重新分配到整个海洋（特别是深海）；③通过水的混合或沉积物的再悬浮（生物扰动）；④通过死亡生物体沉入海底，直接将碳从表层海洋输出到深海；⑤一些鱼类能在肠道中沉积碳酸钙，再通过粪便将大量的颗粒无机碳输出到深海。海洋鱼类生物量中的碳元素估计为 1.2 亿～ 19 亿 t [152-156]。虽然现存鱼类生物量中的碳总量仍有很大的不确定性，但毫无疑问，长期以来人类的商业捕鱼减少了鱼类资源存量。当今科学研究还未很好地解析捕鱼对鱼类封存碳的能力的影响，这是未来一个重要的研究方向。

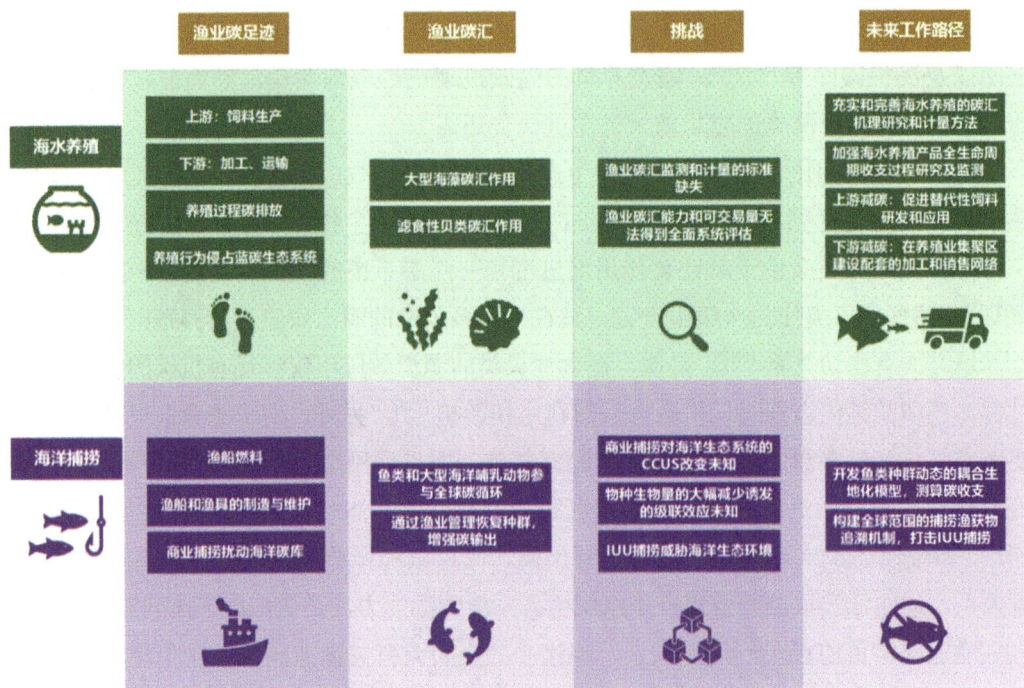

图 2-3　捕捞渔业和水产养殖的发展现状、挑战与未来工作路径

渔业管理通常是为了维持或重建枯竭的种群，使其回到渔业管理中经常使用的目标水平，如最大可持续产量（maximum sustainable yield, MSY）或最大经济产量（maximum economic yield, MEY）。MSY 通常与丰度和产卵生物量水平相关，与原始种群规模相比明显减少，通常在原始生物量水平的基础上耗损 30%～ 50%。即使是 MEY，通常

是一个较高的生物量目标，仍然比未捕捞水平低得多。在经济利益的驱使下，全球每年 8 000 多万 t 的捕捞渔获量使海洋生态系统的结构和功能（包括碳处理和封存）发生了不为人知的、系统规模的改变。这些改变可能对碳过程有直接影响（如当死亡的生物体下沉时，碳从表层输出到深层）和间接影响（如对鱼类觅食的影响，以及对整体碳沉降动态的影响）。此外，目标物种总数量的大幅减少可能会诱发生态级联，而这一点通常都不为人所知。

目前，鉴于对上述五个过程的认知存在较大不确定性，试图设定渔业目标以协助更高效的碳减排是不成熟的。然而，重要的是在制定渔业目标的初始时期，更全面地认识鱼类在碳封存过程中的功能，并评估渔业生产对碳循环的改变。未来研究将需要改进数据收集和对种群和物理海洋过程的观察，以及开发将鱼类种群动态与物理和化学海洋学相结合的耦合生物地球化学模型。

3. 气候韧性渔业面临的挑战和发展原则

气候变化放大了渔业管理成效的不确定性，给全世界的渔业管理者和从业者带来了巨大的直接挑战。种群评估、总可捕量、渔获量构成、物种迁移模式、繁殖周期等，所有这些特性和手段都需要在更加多变和可能更加极端的气候下进行重新审查和评估。因此，应加拿大政府在联合国粮农组织（Food and Agriculture Organization, FAO）渔业委员会（Committee on Fisheries, COFI）第 33 届会议期间的要求，FAO 在美国环保协会（Environmental Defense Fund, EDF）的支持下，编写了一份名为《应对气候变化的渔业适应性管理》的报告，其中概述了渔业管理者为应对气候变化带来的挑战而采取的实际解决方案。具体包括：①建立有效的渔业治理体系；②设置多方参与的渔业管理制度；③加强预警以管理不确定性和风险；④采用适应性的渔业管理系统。此外，FAO 还发布了关于如何在各国的国家适应性规划中管理渔业和水产养殖的指导意见。2022 年，在 COFI 第 35 届会议期间，成员国及组织敦促 FAO 继续保持这种将工作重点放在气候变化上的趋势，在 FAO 2022—2030 年气候战略下继续开展渔业和水产养殖行动计划的工作，并增加关于气候变化对渔业和水产养殖影响的知识和认识。

近年来，中国一直在努力提高其渔业的可持续性和韧性，2016 年施行的"十三五"规划为中国海洋生态系统对渔业的保护和恢复提供了一个强有力的政策平台[157]。最新进展的一个显著例子是在浙江、山东、福建、广东和其他沿海省（区、市）启动了若干总可捕量（Total Allowable Catch, TAC）试点。作为致力于可持续渔业管理的环保组织，自然资源保护协会（Natural Resources Defense Council, NRDC）、EDF 和青岛市海洋生态研究会自 TAC 试点项目开始以来，就与中国的国家和地方渔业主管部门及科研机构合作，帮助交流和分享国际经验，提供技术支持，促进对 TAC 系统和试点的理解，并参与了浙江和福建两省的工作。一份题为《中国 TAC 系统的进展：浙江和福建试点的评估》的报告已于 2021 年完成，为在中国进一步实施健全的 TAC 提出了 29 项具体的政策建议。具体而言，需求包括：①建立监测渔获量的日志系统；②核实渔获量；③增加海上观察员的使用；④有效的执法和守法激励措施。总体来说，为了加强中国生态系统和渔业的气候韧性，有必要实施基于科学的前瞻性渔业管理，确立小型渔业的正式地位，保障小型渔业渔民的捕捞权，确保各（区、市）的政策的一致性、公正性和公平性，围绕气候变化的影响和种群状况评估为渔业管理人员建立教育计划，并增加公众对科学数据和信息的获取[157]。

4. 非法、未报告和不受管制捕捞以及其他有害的渔业行为

非法、未报告和不受管制（illegal, unreported and unregulated, IUU）捕捞是全球渔业治理工作所面临的最大挑战之一。这一术语涉及的三种行为是互有交集而非相互孤立的。全球 IUU 捕捞的年渔获量为 1 100 万～2 600 万 t，年产值为 10 亿～235 亿美元[158]。换言之，在全球海洋中平均每捕捞五条鱼，就有一条可能是 IUU 捕捞所得；在个别区域的渔获中，这个比例可能高达 1/2[159]。由于缺乏制度的约束，IUU 捕捞经常使用对海洋生态环境危害较大的作业方式（这些方式往往已经被法规所禁止），典型的例子是炸鱼和毒鱼，在珊瑚礁渔业中采用这些方式会对珊瑚产生致命损害[160]。有害的作业实践还包括电鱼、使用禁用渔具、违反禁渔期或禁渔区规定、针对性捕捞产卵种群、在脆弱生境中密集捕捞、超过生态系统承载力的过度捕捞等，以及更频繁的兼捕。由于 IUU 捕捞难以追溯，又常采用有害的作业方式，其存在必然会导致基于生态系统的渔业管理无法达到预期的管理成效，从而加大海洋渔业的碳足迹。已有研究模拟了南大洋 IUU 捕捞对碳通量的影响，发现在磷虾和犬牙鱼捕捞不受控制时，南大洋生态系统的固碳功能均受到了显著的减损[161]。而在近岸水域，由于受保护的禁渔区域内渔业资源较为丰富，又常涉及红树林、海草床、盐沼等滨海蓝碳生态系统，在这些区域内发生的 IUU 捕捞同样容易产生较高碳足迹。

经济上的高回报、治理机制缺失、执法不力被认为是 IUU 捕捞得以持续存在的主要原因，因此，当前的治理途径应主要着眼于加强监督、控制和检查（monitoring, control and surveillance, MCS）体系、渔获物溯源、推进 FAO 港口国措施协定（Port State Measures Agreement, PSMA）、加强区域性合作[159]。例如，作为全球最大的海产品进口地区，欧盟非常重视打击 IUU。在《共同渔业政策》框架下，欧盟先后于 2008 年和 2009 年出台了《非法、未报告和不受管制渔业管理条例》（主要针对进口渔获）和

2009 年《渔业控制条例》（主要针对欧盟渔民）两项主要的法规工具，成为全球少数要求对进口和本地区生产的渔获物进行溯源的区域之一。对于其水域内上岸的渔获物，欧盟建立了从渔船到消费者的全链条可追溯体系，并在各个节点进行基于风险的执法检查。对于进口渔获物，欧盟实行渔获物合法证书制度，要求必须提供经过船旗国验证的渔获物合法证书，并且该制度无论是在覆盖的鱼种、要求的信息还是核验和控制上都是目前全世界最为完备的。目前，标准化的渔民捕捞日志和检查执法数据在欧盟成员国之间通过电子方式实现信息共享，大幅提升了溯源的效果和效率，减少了人为因素对信息质量的干扰，但渔获物合法证书仍然是纸质的。2014—2020 年，欧洲海洋与渔业基金（European Maritime and Fisheries Fund, EMFF）为加强 MCS 提供了 5.8 亿欧元的经费，而后续的欧洲海洋、渔业和水产养殖基金（European Maritime, Fisheries and Aquaculture Fund, EMFAF）在 2021—2027 年将至少提供约 8 亿欧元，这还不包括欧盟各国的国家配套资金。由于海产品可通过各个环节进入全球供应链，因此全球无论是船旗国、沿海国、港口国还是市场国必须合作构建全球范围的捕捞渔获物追溯机制，这是打击 IUU 捕捞的核心手段。

综上，中国应倡导并参与高度透明的全球渔业，且将信息技术广泛应用于渔业管理，以有效追踪渔船的位置和渔获物的数量与规格 [162]。通过将渔获物合规证明责任直接归于渔民个体，能够显著提升 IUU 捕捞的违法成本。而在国际合作框架方面，新近达成的世界贸易组织（World Trade Organization, WTO）《渔业补贴协定》禁止了对 IUU 捕捞的补贴。此外，PSMA 的全球化实施以及区域渔业管理组织的全球化合作都将为打击 IUU 捕捞提供有力的制度性保障。

5. 渔业中的权利公平：小型渔业和女性渔业从业者的角色与贡献

小型渔业的贡献及其治理

在气候变化背景下，小型渔业因其作业区域和方式相对固定，渔获水平和渔民生计更易受到冲击。保护沿海地区从事小型渔业的脆弱群体以及他们所依赖的海洋生态环境，是气候韧性渔业发展的重要议题。小型渔业（手工渔业）的海产品产量占世界海产品产量的 40% 左右，即每年约 3 700 万 t。然而，当我们强调世界渔业生产的关键方面时，这一贡献的规模就会大大增加。根据 FAO 领先发布的《照亮隐藏的收获》小型渔业研究报告，在 2016 年，全世界有超过 6 000 万人受雇于小型渔业，这个数字占捕捞渔业总就业数的 90%。

在中国，小型渔业作为水生食物和其他产品的来源，对提升人民福祉、维护粮食安全与营养安全、保护生态系统健康、保障生计、减少贫困和维护社会稳定有重要贡献，是蓝色经济中不可或缺的一部分。尽管有以上贡献，但小型渔业并未得到中国政府和社会的强烈关注[163]，原因可能是很少有针对小型渔业的研究[164]。Xiong 等[163] 研究了浙江省嵊泗县的小型渔业，并指出可以通过几种方式改善小型渔业的治理和管理，特别是：①更明确地定义小型渔业，并利用这些特征设定管理目标；②开发针对小型渔业的多学科数据收集和监测系统；③努力发展合作社；④努力加强各级政府部门之间的协调和合作机制。

小型渔业中的女性

气候变化会对不同社会经济地位的群体造成不同影响，且对女性造成的负面影响要多于男性[17]。气候灾害可能使小型渔业社区中的居民面临生命丧失或者严重残疾、生计减少、财产损失和疾病增多等问题，其中男性在灾后恢复建设中承担更多劳动，而女性与儿童会受到更多的伤害，如女性更容易在气候灾害中丧失生命或残疾、失去经济来源、承担更多照顾工作、遭受性别暴力以及更难被分配到救济物资，儿童则难以快速回归校园生活，并且可能会经历虐童事件[165]。考虑气候变化对不同群体造成的差异性损害，应开展对不同群体有针对性的帮扶措施。当前在各级决策层中，女性代表的声音少之又少。然而，在同等情况下，女性作出的决定往往比男性更加符合可持续目标，且女性代表更能采取严格的二氧化碳减排的政策[17]，为应对气候变化作出贡献。为增强小型渔业渔民应对气候变化的韧性，采取性别包容的研究以及治理办法至关重要。

约 50% 的小型渔业从业者为女性[166]，在海产品加工相关的产业中约有 90% 从业者为女性[167]。小型渔业中，出海捕捞活动大部分由男性来承担，女性则负责赶海、出海前的准备工作（如修补渔具、准备鱼饵与食物）、收获后的工作（整理、处理渔获物）以及渔获物销售。除此之外，女性通常还在渔业家庭中承担更多的家务劳动，如做饭、清洁、洗衣以及照顾老人、小孩和病人。小型渔业中的女性通常从事低收入、低技术、低稳定性的工作，如季节性或兼职性工作。此外，小型渔业中的女性往往还承担无收入的渔业劳动（如捕捞鱼类或收集贝类供家庭内部食用），与男性承担的有收入的出海捕捞活动相比，前者被认为是家庭内部工作的延伸，却与渔业经济无关。因此，女性在小型渔业中的贡献在官方统计数据中常被忽视。

虽然女性渔业从业者人数众多，且可以开发利用不同于男性的渔业资源（如赶海和收获海藻），但她们通常被排除在针对这些资源分配的决策过程之外。一方面，是因为渔业传统上被视作"男性主导行业"，由此产生的男性中心的管理模式将女性排除出制度和决策制定过程；另一方面，是因为性别权力关系和社会规范导致女性受限于家务劳动（照顾者角色），而无法远距离或者长时间离家，从而进一步限制了她们参与决策制定的可能性[168]。若不改革以男性为中心的组织结构内现有的管理体制，提高女性在决策过程中的参与度只能在数据上改善决策层的性别比例，而女性真正有意义的参与权、话语权和领导权将继续遭到制约，导致女性无法发挥有效作用、关于性别的刻板印象将持续深化。

为此我们提出以下政策建议：①增加有性别区分的数据收集，将女性在收获前、收获后和为家庭食用而开展的渔业活动包含在渔业数据内，进一步了解不同性别的渔民在小型渔业中的贡献，从而有针对性地制定政策。②开展有性别针对性的培训以提升女性渔业从业者的生产技能和知识水平，增强女性应对自然灾害和其他变化的能力。③开展性别包容导向的治理改革，提升女性在渔业管理决策及研究中的参与度，充分吸纳女性经验与智慧，促进资源使用与管理权的公平分配，确保同工同酬，通过法律法规和政策保障女性权益。④提高女性对资源管理的主动意识，为女性创造更多非男性中心的交流场合与机会，尤其是在小型渔业当中。

（三）涉及海洋生物多样性保护的现有国内和国际政策框架

海洋生物多样性的良好治理是气候韧性渔业和碳汇渔业在国家及全球尺度下可持续发展的基础。这方面的国际合作和协定对于促进政策框架和发展模式的转变至关重要。

1. 国家管辖范围外海洋生物多样性养护与可持续利用

国家管辖范围以外海域（Marine Areas Beyond National Jurisdiction, ABNJ）包括公海以及国际海底区域，公海占全球海洋面积的 64%。国际社会如何开发、养护、可持续和公平地利用国家管辖范围以外区域海洋生物多样性资源、保护海洋生态系统和生物多样性，已成为全球海洋治理的一个关键议题。随着这一议题的重要性日益凸显，当前已经根据《联合国海洋法公约》（the United Nations Convention on the Law of the Sea, UNCLOS）拟定了一份具有法律拘束力的国际文书《〈联合国海洋法公约〉下国家管辖范围以外海域生物多样性养护与可持续利用协定》（BBNJ），背景资料见下文。

BBNJ：联合国第一份有法律约束力的公海保护条约

2023 年 6 月 19 日，联合国正式通过了一份旨在保护公海生命的历史性条约（关于养护和可持续利用国家管辖范围以外区域海洋生物多样性的协定文本），该协议首次将环境保护范围扩大到国家管辖范围以外的海洋。该协定在多个方面填补了当前海洋治理体系的不足，包括建立公海设立海洋保护区的法律机制、加强在公海中人类活动的评估和管理、商定了确保公平获取和分享与海洋遗传资源有关的惠益的规则，以及加强发展中国家能力建设和海洋技术转让的相关条款。

BBNJ 的通过是世界海洋治理的重要里程碑，是保护生物多样性的重要一步，也是在以公平公正的方式分享利用海洋资源带来的利益方面迈出的重大一步。

BBNJ 历史进程：

2004 年联大通过 59/24 号决议，设立负责研究与 BBNJ 有关问题的非正式特设工作组。2011 年，工作组第 4 次会议通过一系列建议，以启动 BBNJ 法律框架进程，确定了需要整体解决的"一揽子"核心议题：海洋遗传资源包括惠益分享问题、海洋保护区的划分管理工具、环境影响评价以及能力建设和海洋技术转让，为 BBNJ 协定谈判迈出了关键的第一步。2015 年联大通过 69/292 号决议，设立一个筹备委员会负责讨论 BBNJ 协定草案要点。历经 4 届会议，2017 年 7 月，筹委会通过了向联大建议的协定谈判要点，并建议联大尽快就召开政府间会议（Intergovernmental Conference，IGC）作出决定。2018—2019 年，第一届至第三届 BBNJ 谈判 IGC 如期在联合国总部进行。因谈判各方对各议题均存在重大分歧，四届 IGC 未能就协定草案达成一致。第 76 届联大决定于 2022 年 8 月召开第五届 IGC。2023 年 3 月 4 日，在 IGC5 第一次续会上初步达成协定草案文本，并于 6 月正式通过。该协定将在 60 个国家批准、核准、接受、加入书提交之日起 120 天后生效。

BBNJ 谈判的主要议题有：

- 海洋遗传资源（marine genetic resources, MGR），包括惠益共享问题：MGR 的收集 / 获取、异地获取和遗传序列数字信息获取、跨界问题、传统知识、MGR 利用监测，以及惠益分享义务的性质、惠益类型和范围、分享机制、用途等。协定草案规定，缔约方应遵循《公约》规定的人类共同继承财产原则，海洋科学研究自由以及其他公海自由、公平原则和公平公正分享惠益。

- 海洋保护区（marine protected area, MPA）的划区管理工具（area-based management tools, ABMT），包括识别需保护的区域、国际合作与协调、提案程序、决策、执行、监测与审查等。协定规定缔约方大会（Conference of the Parties, COP）有权就建立 MPA 或 ABMT 和采取相关养护管理措施，以及与其他相关国际法律文书、框架和机构（instruments, frameworks and bodies, IFB）采取的措施相兼容的措施作出决定，可在拟议措施属于其他 IFB 职权范围时向协定缔约方和此类 IFB 建议促进其根据各自职权采取相关措施，应促进 BBNJ 协定与其他 IFB 及其他 IFB 之间的合作与协调。COP 在作出决定时，应尊重其他 IFB 职权并不对其造成损害。

- 环境影响评价（environmental impact assessment, EIA），包括环评启动门槛和标准、决策与实施、国际化、监测与审查、与其他 IFB 环评之间的关系。协定确认了国家决策、国家主导环评的基本原则，规定当活动所产生的不仅是轻微或短暂环境影响或影响未知或知之甚少时，应筛选并将结果公开；若经筛选认为会造成严重污染或引起海洋环境重大有害变化则应进行环评。有关国家应监测所授权活动并定期报告、公开监测结果，协定下的可持续技术机构可审议和评估监测报告，制定环评标准或准则。

- 能力建设和海洋技术转让，包括目标、国际合作、类型、模式、清单、监测和审查等。协定规定缔约方在现有基础上、在能力范围内确保为发展中国家开展能力建设和提供技术转让，建立一个能力建设和海洋技术转让委员会，处理能力建设和技术转让及其监测和审查等问题。

BBNJ 协定生效后，海洋遗传资源、公海保护区建设将在协定设立的 MGR 获取和惠益分享委员会、科学与技术机构中开展工作，由 COP 作出决策；科学技术机构在环评中也将发挥重要作用。建议中国积极主动参与协定所设科学技术机构和委员会，加大投入力度，争取更多的话语权和影响力。

2.WTO《渔业补贴协定》

历时 21 年谈判，WTO 在 2022 年 6 月第 12 届部长级会议上达成了《渔业补贴协定》（以下简称《协定》）。这是 WTO 过去 9 年达成的首份多边协定，是 WTO 第一个关注环境的、第一个关于海洋可持续性的多边协定，也是 WTO 成立以来达成的第二个协定，为实现联合国 2030 年可持续发展议程作出了重要贡献。

《协定》主要包括三项补贴规则和七种通报要求，适用于专门针对海洋捕捞和海上与捕捞有关活动的补贴，不适用于非专向性补贴、内陆水域捕捞和水产养殖，以及通过入渔协定的政府间支付。此外，《协定》不阻止成员提供限定条件下的救灾补贴。《协定》的补贴规则广泛而全面，旨在遏制对渔业有害的补贴，且包含了完善的通报机制，以提高透明度。

相对于 WTO 渔业补贴谈判目标，目前没有就助长过剩产能和过度捕捞的渔业补贴达成规则，也未能就发展中国家（特别是最不发达国家）的特殊与差别待遇（special and differential treatment, SDT）达成全面一致，尚需后续谈判，以达成一项关于渔业补贴的全面协定。《协定》第十二条规定，若《协定》生效后 4 年内未能通过渔业补贴全面规则，《协定》将立即终止，除非总理事会另有决定。

《协定》的主要补贴规则有：

- 禁止性补贴；
- 发展中国家的特殊和差别待遇；
- 通报和透明度；
- 对发展中国家的技术援助和能力建设。

《协定》的有效实施将有利于减少 IUU 捕捞，减轻对渔业资源的过度捕捞，促进渔业管理秩序得到更好的维护和渔业资源得到更好的养护，促进渔业补贴转向有益的方向。同时，《协定》也将促进保护发展中国家特别是最不发达国家的渔业发展权益，为产业发展留下空间，有利于当地社区经济和社会稳定，促进渔业更多造福社会，增进人民福祉。

若中国核准《协定》，将促进中国渔业向更加绿色、环保、高效、有序的方向发展，与中国生态文明建设基本方针和渔业高质量发展目标相契合，将进一步优化中国渔业发展补助资金的使用结构和方向，有利于促进中国渔业的产业结构优化和转型升级，有利于促进中国进一步加强对渔业资源的监测评估和渔业统计及相关管理，推进中国海洋捕捞业管理更快地走向精细化。

预计 WTO《渔业补贴协定》将在 2～3 年内生效，建议抓住协定生效窗口期，加快推进中国渔业补贴政策的优化调整，消除有害补贴，强化履约工作研究和机制保障支撑，紧密跟踪后续谈判，使协定成为推动中国渔业管理改革和渔业高质量发展的驱动力。

3. 区域渔业管理组织或安排

区域渔业管理组织或安排（regional fisheries management organizations or arrangements, RFMO/A）主要是管辖特定区域、特定渔业资源的分区域或区域组织或安排，通常也包括管辖单一鱼类种群的全球性组织或安排，所管辖的渔业资源通常是既分布在国家管辖水域内又分布在相邻的公海，或分布在多个国家管辖水域的共享种群，特别是跨界鱼类种群和高度洄游性鱼类种群，也包括公海独立种群、溯河产卵种群等。

20 世纪 90 年代以来，RFMO/A 得到快速发展，新的组织不断成立，早期成立的组织功能和作用得到加强。目前，全球范围内已经建立了具有公海渔业管理功能的 15 个 RFMO、2 个单一物种管理组织、3 个 RFMA，除西南大西洋外，几乎覆盖了全球海洋的全部区域。

RFMO/A 的职能主要包括：议定和遵守养护和管理措施；酌情议定可捕量的分配或捕捞努力量水平等捕捞权；制定和适用关于负责任捕捞的最低国际标准；审查种群状况，评估捕捞作业对非目标种和相关或从属种的影响；收集和传送准确而完整的统计数据；促进和进行关于种群的科学评估和有关研究；为有效的监测、管制、监督和执法建立合作机制；等等。

RFMO/A 的渔业管理基本都遵循以下原则：以科学为基础的渔业管理，要求渔业管理以可获得的最佳科学证据或信息为依据；适用预防性做法；基于生态系统考量的渔业管理；养护与管理措施互不抵触（或相互兼容）；研发和使用有选择性的渔具。

RFMO/A 已建立的渔业管理制度和措施主要有：强制性要求成员或参与方提供渔业统计数据和报告，实行捕捞日志、渔船报告管理；实行捕捞总量控制和配额管理，包括渔获量配额和捕捞投入（渔船数、船舱容积等）配额；要求船旗国对公海捕捞渔船实行捕捞许可管理，并为渔船建立档案，实行合法渔船名单制度；渔船和渔具标识管理；渔获物产品合法证书制度；渔船船位监控；技术管理措施，例如禁渔期和禁渔区、最小捕捞规格限制、禁止使用某些捕鱼辅助设备设施等；加强对混捕、误捕、兼捕物种的保护管理；观察员制度；公海登临检查的国际措施；贸易措施；捕捞渔船和作业的环境保护要求；等等。

在管理规则上，国际渔业资源分配是 RFMO/A 的核心功能。一些 RFMO/A 通过了"捕捞机会分配标准"，将遵守有关养护和管理措施的情况、在资源研究方面的贡献等作为配额分配的重要指标。

在监管措施上，不断提高执行性，包括提高向渔船派驻观察员的比例、实施公海登临检查制度、严格监管公海上渔获物转运等，并由海上向港口、市场监管拓展，港口国、消费国的执法地位将进一步提高。

在管理理念上，基于生态系统的渔业管理在资源评价、捕捞作业、管理措施等方面都将逐步加强，强化对误捕、混捕、兼捕种类的监管是一大趋势。

在管理参与者结构上，非政府组织的参与面越来越广，参与度不断深入，将进一步影响 RFMO/A 的管理决策。

RFMO/A 的发展使公海渔业处于国际合作管理之下，改变了传统上只有船旗国实施公海渔业管辖的局面。尽管各个 RFMO/A 之间的管理实践有所不同，它们为公海渔业管理以及公海捕鱼国和毗邻公海的沿海国之间、不同沿海国之间的共享鱼类种群的养护与管理合作提供了基础性平台，传统的公海捕鱼自由不复存在。跨越国家管辖范围边界的鱼类种群引发的公海捕鱼国与沿海国之间，以及不同沿海国之间的矛盾和冲突得到缓和。国家管辖范围内、外的资源养护和管理合作得以加强，参与 RFMO/A 工作成为获取其所管辖鱼类种群利用机会的前提条件。

科学是海洋生物多样性养护和渔业管理的重要基础支撑，国际社会越来越重视和强调基于科学的管理，不断推进科学与管理决策的联结。要在国际海洋生物资源养护和渔业治理中发挥更重要的作用，实现从参与到主导的角色转变，必须切实加大投入，提高相关科学研究能力和技术水平，并加强相关法律、政策研究，为推行中国主张和方案提供强有力的支撑和后盾。

RFMO/A 成为实际意义上国际渔业尤其是公海渔业管理的实施主体，在国际渔业治理中的作用将越来越重要。目前中国已经加入 8 个 RFMO，且是 2 个 RFMA 的成员方。建议中国加大加深在 RFMO/A 中的参与度，使 RFMO/A 成为中国参与国际海洋治理的基础性平台，加强国际合作，努力推动不同 RFMO/A 之间的合作与协调，为全球海洋渔业资源的养护和可持续利用担负起大国责任。

（四）以减少碳足迹和保护海洋生物多样性为导向将渔业治理纳入海洋综合管理

为了尽可能实现可持续蓝色渔业经济与碳中和之间的协同作用，海洋渔业治理应有效纳入海洋综合管理（Integrated Ocean Management, IOM）体系。海洋综合管理能够同时考虑目标生态系统的多种用途、价值和面临的压力，有助于以可持续性为目标导向对各个利益相关方进行协调。

1. 当前进展和潜在挑战

利用海洋中的渔业资源是人类对海洋最古老也是最广泛的开发形式，而海洋渔业发展的可持续性早已成为全球关注的焦点。无论是捕捞渔业还是水产养殖都是温室气体排放的重要来源。与此同时，前者主要通过改变种群状态，后者主要通过营养盐排放和栖息地改变，最终都对海洋生态系统产生了巨大压力[130]。

海洋综合管理是以实现海洋可持续发展为目标，通过基于生态系统的渔业管理（Ecosystem-Based Fishery Management, EBFM）[169]统筹协调各类海洋开发活动，平衡海洋资源的保护和开发利用，在维持海洋生态系统的健康和韧性的同时，支撑民生及就业[170]。相较于分部门而治的传统管理模式，海洋综合管理的目标主要是协调各个涉海部门之间的潜在冲突，并弥补传统管理主体的职能未能覆盖的盲区。而将渔业治理纳入海洋综合管理的内涵，既在于充分考虑渔业对海洋生态系统的复合影响效应，也在于将渔业长效稳定发展作为海洋综合管理的重要目标。

国际上，IOM 已有值得中国参考的先进案例。在印度尼西亚、马来西亚、巴布亚新几内亚、菲律宾、所罗门群岛和东帝汶六个国家构成的珊瑚大三角区，有着在海洋综合管理中纳入渔业管理的先进实践[170]。其纲领性文件《珊瑚礁、渔业和粮食安全的珊瑚大三角区倡议》（Coral Triangle Initiative on Coral Reefs, Fisheries and Food Security, CTI-CFF）由各个成员国同步执行，充分调动了作为主要利益相关者的小型渔业社区参与决策过程，使在建立广泛海洋保护区网络、实现生物多样性保护和气候变化适应等目标的同时，充分注重渔业资源的共享和可持续利用，致力于解决渔业人口的收入、生计和粮食安全问题[171]。但需要注意的是，海洋综合管理始终需要因地制宜的策略，珊瑚大三角区的实践框架离不开小岛屿国家相对扁平化、侧重社区制度的管理特征。

在中国，海洋综合管理的落地尚有很大推进空间。自 2018 年国务院机构改革以来，原国家海洋局的职能不再独立保留，海洋资源开发纳入自然资源部管理，海洋生态保护纳入生态环境部管理，海洋渔业事务依然由农业农村部管理。这种改革趋势事实上改变了中国长久以来陆海分割的两段式治理，有利于打破海洋部门和其他部门间的壁垒、消除海陆交互带的监管真空，转而形成陆海一体化治理的新格局[172]。中国作为一个传统的陆权国家，这种一体化的管理模式也提升了海洋管理的能级，一定程度上有助于缓解陆源人类活动对海洋的压力。这项里程碑式的改革是在海洋中延续了陆域的职能管理（行业管理）模式，与海洋综合管理的理念存在差异[173]。

无论是在海洋捕捞还是海水养殖领域，中国都是世界渔业第一大国，且包含了从手工渔业和养殖到远洋渔业和深远海养殖的各种规模的生产形式，不同类型渔业的环境足迹和利益诉求皆有差异，本底情况已然极为复杂。由于渔业事务在农业农村部归口管理，其管理目标受限于自身的部门职能，容易聚焦在渔业资源本身，而不着眼于更广泛的海洋生态系统。而在海洋资源开发管理的视角下，根据《2021 年中国海洋经济统计公报》，海洋渔业虽然牵动着庞大人口的生计，产值却仅占全国海洋生产总值的 5%，在与其他涉海产业发生冲突时诉求更易被忽略。这些制度性、结构性特征均为中国实行海洋综合管理，特别是在海洋综合管理中纳入渔业管理提出了重大挑战。

2. 未来趋势和工作路径

综观全球海洋管理领域，海洋综合管理的理念已得到比较广泛的认可并在多个国家推行，除上述的珊瑚大三角区之外，挪威也有着典型的实践经验。在过去十余年间，挪威议会不仅通过了针对周边各个海域的综合管理规划，并对此进行了若干次修订，而且在规划决策的过程中，一个由多个涉海部门组成的跨部门工作组——挪威海域管理咨询委员会，发挥了决定性的协调作用。渔业作为挪威的海洋支柱产业，自然也参与其中，其他涉及的部门还包括石油、环境、航运、矿业等。对工业较发达、海域面积较广阔的国家而言，该工作机制有着较好的借鉴意义。

中国刚刚经历了一轮中央政府组成部门的机构改革，短期内以部门职能重组的形式推动海洋综合管理的可能性不大。2018 年的机构改革尽管未体现海洋综合管理的理念，但确实以陆海统筹的原则推进了若干更紧迫的海洋管理议题，如自然保护地体系改革、"多规合一"的国土空间规划等。值得注意的是，中国也在部分区域试行海洋综合管理模式，如厦门自 20 世纪 90 年代起就成立了市长牵头、涉海官员和专家共同组成的海岸带综合管理领导小组，协调涉海部门的用海需求[174]。随着海洋管理相关制度的日渐健全和成熟，海洋综合管理在中国将会有广阔的推广前景。为了更好地以减少碳足迹和保护生物多样性为导向、将渔业管理纳入其中，可以归纳出以下建议。

- 在中央政府层面，借鉴中国常见的"领导小组"工作模式，建立由国务院副总理牵头、多涉海部门（国家发展改革委、自然资源部、生态环境部、农业农村部、科技部）组成的协调工作组，打通各个海洋管理条线之间的界限，综合解决海洋领域的管理问题。同时，在顶层设计中明确以生态系统为核心、充分适应和应对全球气候变化的战略原则，明确渔业在涉海活动中保障群众生计、维护粮食安全的支柱作用。

- 在地方层面，借鉴以厦门为代表的实践经验，搭建因地制宜的海洋综合管理执行框架，坚持科学性和对利益相关者的包容性。构建地方性规章制度，促使不同规模和类型的捕捞渔业和水产养殖业的从业者参与海洋事务的管理进程。

- 加强海警、海事、渔政等执法机构的协同，持续优化海洋渔业的 MCS 工作，加大对 IUU 捕捞的打击力度；同时在海洋渔业中逐步引入碳交易和排污权交易制度，以经济手段淘汰高污染、高碳足迹的生产方式。在基层积极开展对渔民的技能培训，促使其向生态修复性水产养殖、海洋保护地巡护等所需技能相近且能够贡献生态服务价值的工作转产转业。

- 针对 WTO《渔业补贴协定》、FAO《港口国措施协定》等对中国渔业治理体系存在深远影响的国际合作事务，进一步融合相关职能条线的管理力量，形成专业化、多领域、跨部门的工作队伍。以完善的科学知识和机制保障提升国际履约能力，推动在国际渔业治理进程中纳入中国经验和智慧。

（五）建议

综观本节所做的述评和分析，应当充分认识到减少碳足迹和提升气候韧性不但是海洋渔业自身可持续发展的应有之义，也是高效利用海洋实现碳中和目标的不可或缺的构成元素。这需要以中国为代表的海产品生产大国的高层决策者在国内层面汇集不同利益相关群体的关切和诉求，领导各级政府部门实行有力的政策治理，在国际层面秉承人类命运共同体的理念，积极倡导并引领多边合作。决策者需要贯彻的主要原则包括：①减少渔船碳排放、激励碳汇渔业的发展；②进一步管控非法、未报告和不受管制捕捞等有害的、往往产生较高碳足迹的生产实践；③关注弱势群体在生产和决策中的平等权利，在渔业治理中充分纳入他 / 她们的经验和智慧；④将渔业治理纳入海洋综合管理的战略框架。在这些原则的基础上，本研究确立了若干优先行动，以实现海洋渔业高质量发展与碳中和的协同共赢。具体建议如下：

- 避免催生产能竞争的渔业管理方式，逐步取消有害的渔船燃料补贴，削减过剩的捕捞产能，促进燃料密集型海洋渔具渔法向碳足迹更低的作业方式转变；
- 促进渔业碳汇的过程机理研究，推广大型藻类、滤食性贝类等具有固碳功能的"负排放海水养殖"；
- 加强渔业监督执法，应用大数据技术构建海洋渔获物合规性追溯机制，结合相关国际协作框架，打击 IUU 捕捞及其他有害的捕捞生产实践；
- 基于现有最佳科学认知，提升海洋渔业及其所依托的海洋生态系统的气候韧性，确保小型渔业的捕捞机会；
- 开展性别包容的渔业治理改革，促进资源使用与管理权对不同性别渔民的公平分配，充分维护女性渔业从业者权益；
- 加大在海洋生物资源养护和渔业治理相关的国际协定及进程中的参与投入，助力构建均衡的话语权格局，打造高效的全球协作治理体系；
- 打通各个海洋管理条线之间的职能界限，充分纳入不同领域的利益相关群体，推进科学技术与管理决策的联结，搭建因地制宜的海洋综合管理框架。

参考文献

[1] 中国环境与发展国际合作委员会海洋专题政策研究组.基于生态系统的综合海洋管理 [EB/OL]. http://www.cciced.net/zcyj/yjbg/zcyjbg/2020/202008/P020200916727021019353.pdf.

[2] UNCTAD. Advancing the potential of sustainable ocean-based economies: trade trends, market drivers and market access[EB/OL]. https://webaplicacion.apn.gob.pe/proyecto/wp-content/uploads/2021/10/Advancing-the-potencial-of-sustainable-ocean-based.pdf.

[3] Wuwung L, Croft F, Benzaken D, et al. Global blue economy governance—a methodological approach to investigating blue economy implementation[J]. Frontiers in Marine Science, 2022, 9.

[4] What is the Blue Economy?[EB/OL]. [2017-06-06]. https://www.worldbank.org/en/news/infographic/2017/ 06/06/blue-economy.

[5] The Potential of the Blue Economy: Increasing long-term benefits of the sustainable use of marine resources for small island developing states and coastal least developed countries[EB/OL]. https://openknowledge.worldbank.org/server/api/core/bitstreams/cee24b6c-2e2f-5579-b1a4-457011419425/content.

[6] Gattuso J P, A Magnan, R Bille, et al. Contrasting futures for ocean and society from different anthropogenic CO_2 emissions scenarios[J]. Science, 2015, 349(6243): aac4722.

[7] Doney S, L Bopp, M. Long, Historical and future trends in ocean climate and biogeochemistry[J]. Oceanography, 2014, 27(1): 108-119.

[8] Doney S C, M Ruckelshaus, J E Duffy, et al. Climate change impacts on marine ecosystems[J]. Annual Review of Marine Science, 2012, 4(1): 11-37.

[9] Rogelj J, O Geden, A Cowie, et al. Net-zero emissions targets are vague: three ways to fix[J]. Nature 2021, 591(7850): 365-368.

[10] Gruber N, D Clement, B R Carter, et al. The oceanic sink for anthropogenic CO_2 from 1994 to 2007[J]. Science, 2019, 363(6432): 1193-1199.

[11] Intergovernmental Panel on Climate Change. Climate change 2022: The physical science basis[R]. Cambridge University Press. 2021.

[12] Intergovernmental Panel on Climate Change. Climate change 2022: Mitigation of climate change[R]. 2023.

[13] The Paris Agreements[EB/OL]. Available from: https://unfccc.int/process-and-meetings/the-paris-agreement.

[14] Friedlingstein P, M O' Sullivan, M W Jones, et al. Global carbon budget 2020[J]. Earth System Science Data, 2020, 12(4): 3269-3340.

[15] Hoegh-Guldberg O, et al. The ocean as a solution to climate change: Five opportunities for action[R/OL]. World Resources Institute. 2019. http://www.oceanpanel.org/climate.

[16] FAO. Fisheries and aquaculture: Global production by production source quantity (1950—2020) [EB/OL]. https://www.fao.org/fishery/statistics-query/en/home.

[17] UNFCCC. Dimensions and examples of the gender-differentiated impacts of climate change, the role of women as agents of change and opportunities for women[EB/OL]. https://unfccc.int/documents/494455.

[18] Du Y, Q Chen, J S L Lam, et al. Modeling the impacts of tides and the virtual arrival policy in berth allocation[J]. Transportation Science, 2015, 49(4): 939-956.

[19] Barberi S, M Sambito, L Neduzha, et al. Pollutant emissions in ports: A comprehensive review[J]. Infrastructures, 2021, 6(8): 114.

[20] IMO. IMO Fourth greenhouse gas study 2020. https://www.cdn.imo.org/localresources/en/OurWork/Environment/Documents/Fourth%20IMO%20GHG%20Study%202020%20-%20Full%20report%20and%20annexes.pdf.

[21] Wang C, J J Corbett, J Firestone. Improving spatial representation of global ship emissions inventories[J]. Environmental Science&Technology, 2008, 42(1): 193-199.

[22] Corbett J J, J J Winebrake, E H Green, et al. Mortality from ship emissions: A global assessment[J]. Environmental Science&Technology, 2007, 41: 8512-8.

[23] Rahman A, M M Karim. Green shipbuilding and recycling: Issues and challenges[J]. International Journal of Environmental Science and Development, 2015, 6(11): 838-842.

[24] 自然资源部海洋战略规划与经济司 . 2021 年中国海洋经济统计公报 [R/OL]. https://www.gov.cn/xinwen/2022-06/07/5694511/files/2d4b62a1ea944c6490c0ae53ea6e54a6.pdf.

[25] Parker R W R, J L Blanchard, C Gardner, et al. Fuel use and greenhouse gas emissions of world fisheries[J]. Nature Climate Change, 2018, 8(4): 333-337.

[26] Greer K, D Zeller, J Woroniak, et al. Global trends in carbon dioxide (CO_2) emissions from fuel combustion in marine fisheries from 1950 to 2016[J]. Marine Policy, 2019, 107: 103382.

[27] Poore J, T Nemecek. Reducing food's environmental impacts through producers and consumers[J]. Science, 2018, 360(6392): 987-992.

[28] MacLeod M J, M R Hasan, D H F Robb, et al. Quantifying greenhouse gas emissions from global aquaculture[J]. Scientific Reports, 2020, 10(1): 11679.

[29] Xu C, G Su, K Zhao, et al. Current status of greenhouse gas emissions from aquaculture in China[J]. Water Biology and Security, 2022, 1(3): 100041.

[30] Waldo S, H Ellefsen, O Flaaten, et al. Reducing climate impact from fisheries: A study of fisheries management and fuel tax concessions in the Nordic countries[R]. Nordic Council of Ministers, 2014, 166.

[31] Ziegler F, S Hornborg. Stock size matters more than vessel size: The fuel efficiency of Swedish demersal trawl fisheries 2002—2010[J]. Marine Policy, 2014, 44: 72-81.

[32] Gaines S D, C Costello, B Owashi, et al. Improved fisheries management could offset many negative effects of climate change[J]. Science Advances, 2018, 4(8): eaao1378.

[33] Golden C D, E H Allison, W W Cheung, et al. Nutrition: Fall in fish catch threatens human health[J]. Nature, 2016, 534(7607): 317-320.

[34] Rosentreter J A, A N Al-Haj, R W Fulweiler, et al. Methane and nitrous oxide emissions complicate coastal blue carbon assessments[J]. Global Biogeochemical Cycles, 2021, 35(2).

[35] OECD. Global Plastics Outlook: Economic drivers, environmental impacts and policy options[R]. 2022.

[36] Sharma S, V Sharma, S Chatterjee. Contribution of plastic and microplastic to global climate change and their conjoining impacts on the environment-a review[J]. Science of the Total Environment, 2023, 875: 162627.

[37] UNEP. 1st session of the intergovernmental negotiating committee to develop an international legally binding instrument on plastic pollution, including in the marine environment (INC-1)[R/OL]. 2022. https://enb.iisd.org/sites/default/files/2022-12/enb3607e.pdf.

[38] UNEP. Addressing single-use plastic products pollution using a life cycle approach[R/OL]. 2021. https://www.unep.org/resources/publication/addressing-single-use-plastic-products-pollution-using-life-cycle-approach.

[39] 黄林, 杨磊. 我国城市生活垃圾处理现状与展望[J]. 可持续发展, 2022, 12(5): 1347-1354.

[40] Borrelle S, C Rochman, M Liboiron, et al. Why we need an international agreement on marine plastic pollution[J]. Proceedings of the National Academy of Sciences of the United States of America, 2017, 114(38): 9994-9997.

[41] Bai M, Zhu L, An L, et al. Estimation and prediction of plastic waste annual input into the sea from China[J]. Acta Oceanologica Sinica, 2018, 37(11): 26-39.

[42] Lebreton, L C M, J van der Zwet, J-W Damsteeg, et al. River plastic emissions to the world's oceans[J]. Nature Communications, 2017, 8(1): 15611.

[43] Zhao S, T Wang, L Zhu, et al. Analysis of suspended microplastics in the Changjiang estuary: Implications for riverine plastic load to the ocean[J]. Water Research, 2019, 161: 560-569.

[44] Mai L, X Sun, L Xia, et al. Global riverine plastic outflows[J]. Environmental Science & Technology, 2020, 54(16): 10049-10056.

[45] Meijer L, T van Emmerik, R van der Ent, et al. More than 1000 rivers account for 80% of global riverine plastic emissions into the ocean[J]. Science Advances, 2021, 7(18).

[46] GESAMP. Sea-based sources of marine litter[R]. 2021.

[47] Zhang Z, H Wu, G Peng, et al. Coastal ocean dynamics reduce the export of microplastics to the open ocean[J]. Science of the Total Environment, 2020, 713.

[48] Silva A L P, J C Prata, A C Duarte, et al. Microplastics in landfill leachates: The need for reconnaissance studies and remediation technologies[J]. Case Studies in Chemical and Environmental Engineering, 2021, 3.

[49] Bucci K, M Tulio, C M Rochman. What is known and unknown about the effects of plastic pollution: A meta-analysis and systematic review[J]. Ecological Applications, 2020, 30(2): e02044.

[50] Besseling E, P Redondo-Hasselerharm, E Foekema, et al. Quantifying ecological risks of aquatic micro- and nanoplastic[J]. Critical Reviews in Environmental Science and Technology, 2019, 49(1): 32-80.

[51] Tekman M B, Walther B A, Peter C, et al. Impacts of plastic pollution in the oceans on marine species, biodiversity and ecosystems[R]. WWF, 2022.

[52] Koelmans A, A Bakir, G Burton, et al. Microplastic as a vector for chemicals in the aquatic environment: Critical review and model-supported reinterpretation of empirical studies[J]. Environmental Science & Technology, 2016, 50(7): 3315-3326.

[53] Wilcox C, G Heathcote, J Goldberg, et al. Understanding the sources and effects of abandoned, lost, and discarded fishing gear on marine turtles in northern Australia[J]. Conservation Biology, 2015, 29(1): 198-206.

[54] Schuyler Q, C Wilcox, K Townsend, et al. Risk analysis reveals global hotspots for marine debris ingestion by sea turtles[J]. Global Change Biology, 2016, 22(2): 567-576.

[55] Duncan E, Z Botterell, A Broderick, et al. A global review of marine turtle entanglement in anthropogenic debris: A baseline for further action[J]. Endangered Species Research, 2017, 34: 431-448.

[56] Lusher A, G Hernandez-Milian, S Berrow, et al. Incidence of marine debris in cetaceans stranded and bycaught in ireland: Recent findings and a review of historical knowledge[J]. Environmental Pollution, 2018, 232: 467-476.

[57] Wieczorek A, P Croot, F Lombard, et al. Microplastic ingestion by gelatinous zooplankton may lower efficiency of the biological pump[J]. Environmental Science & Technology, 2019, 53(9): 5387-5395.

[58] Cole M, P Lindeque, E Fileman, et al. The impact of polystyrene microplastics on feeding, Function and fecundity in the marine copepod calanus helgolandicus[J]. Environmental Science & Technology, 2015, 49(2): 1130-1137.

[59] Cole M, P Lindeque, E Fileman, et al. Microplastic ingestion by zooplankton[J]. Environmental Science & Technology, 2013, 47(12): 6646-6655.

[60] Jabeen K, L Su, J Li, et al. Microplastics and mesoplastics in fish from coastal and fresh waters of China[J]. Environmental Pollution, 2017, 221: 141-149.

[61] Lamb J, B Willis, E Fiorenza, et al. Plastic waste associated with disease on coral reefs[J]. Science, 2018, 359(6374): 460-462.

[62] Lartaud F, Meistertzheim A-L, Reichert J, et al. Plastics: An additional threat for coral ecosystems// Perspectives on the marine animal forests of the world[M]. 2020.

[63] Su Y, K Zhang Z. Zhou, et al. Microplastic exposure represses the growth of endosymbiotic dinoflagellate *Cladocopium goreaui* in culture through affecting its apoptosis and metabolism[J]. Chemosphere, 2020, 244.

[64] Gutow L, A Eckerlebe, L Giménez, et al. Experimental evaluation of seaweeds as a vector for microplastics into marine food webs[J]. Environmental Science & Technology, 2016, 50(2): 915-923.

[65] Adamakis I, P Malea, E Panteris. The effects of bisphenol A on the seagrass *Cymodocea nodosa*: Leaf elongation impairment and cytoskeleton disturbance[J]. Ecotoxicology and Environmental Safety, 2018, 157: 431-440.

[66] Adamakis I, P Malea, I Sperdouli, et al. Evaluation of the spatiotemporal effects of bisphenol A on the leaves of the seagrass *Cymodocea nodosa*[J]. Journal of Hazardous Materials, 2021, 404.

[67] Malea P, D Kokkinidi, A Kevrekidou, et al. Environmentally relevant bisphenol A concentrations effects on the seagrass *Cymodocea nodosa* different parts elongation: Perceptive assessors of toxicity[J]. Environmental Science and Pollution Research, 2020, 27(7): 7267-7279.

[68] Harris P, L Westerveld, B Nyberg, et al. Exposure of coastal environments to river-sourced plastic pollution[J]. Science of the Total Environment, 2021, 769.

[69] van Bijsterveldt, C E J, B K van Wesenbeeck, et al. Does plastic waste kill mangroves? A field experiment to assess the impact of macro plastics on mangrove growth, stress response and survival[J]. Science of The Total Environment, 2021(756): 143826.

[70] Zheng X, R Sun, Z Dai, et al. Distribution and risk assessment of microplastics in typical ecosystems in the South China Sea[J]. Science of the Total Environment, 2023: 883.

[71] AN L, H LI, F WANG, et al. International governance progress in marine plastic litter pollution and policy recommendations[J]. Research of Environmental Sciences, 2022, 35(6): 1334-1340.

[72] Jayasiri H, C Purushothaman, A Vennila. Plastic litter accumulation on high-water strandline of urban beaches in Mumbai, India[J]. Environmental Monitoring and Assessment, 2013, 185(9): 7709-7719.

[73] Maione C. Quantifying plastics waste accumulations on coastal tourism sites in Zanzibar, Tanzania[J]. Marine Pollution Bulletin, 2021(168): 112418.

[74] Rakib M, A Ertas, T Walker, et al. Macro marine litter survey of sandy beaches along the cox's bazar coast of bay of Bengal, Bangladesh: Land-based sources of solid litter pollution[J]. Marine Pollution Bulletin, 2022(174): 113246.

[75] Corraini N, A de Lima, J Bonetti, et al. Troubles in the paradise: Litter and its scenic impact on the north Santa Catarina Island beaches, Brazil[J]. Marine Pollution Bulletin, 2018, 131: 572-579.

[76] Pervez R, Z Lai. Spatio-temporal variations of litter on Qingdao tourist beaches in China[J]. Environmental Pollution, 2022(303): 119060.

[77] Pervez R, Y Wang, Z Jattak, et al. The distribution and composition of litter on the Aoshan Beach Qingdao, China[J]. Journal of Coastal Conservation, 2021, 25, 43.

[78] Pervez R, Y Wang, Q Mahmood, et al. Abundance, type, and origin of litter on No.1 bathing beach of Qingdao, China[J]. Journal of Coastal Conservation, 2020, 24(34).

[79] Jang Y, S Hong, J Lee, et al. Estimation of lost tourism revenue in Geoje Island from the 2011 marine debris pollution event in South Korea[J]. Marine Pollution Bulletin, 2014, 81(1): 49-54.

[80] Ballance A, P Ryan, J Turpie. How much is a clean beach worth? The impact of litter on beach users in the Cape Peninsula, South Africa[J]. South African Journal of Science, 2000, 96: 210-213.

[81] Tudor D T, A T Williams. A rationale for beach selection by the public on the coast of wales, UK[J]. Area, 2006, 38: 153-164.

[82] Jianhua W. Value and heterogeneity: Using a choice experiment to evaluate the coastal recreational environment[J]. Journal of Resources and Ecology, 2021, 12(1): 80-90.

[83] Liu J, Li J, An K. Evaluation of the environmental carrying capacity of seawater bathing tourism based on the choice experiment method[J]. Transactions of Oceanology and Limnology, 2022, 44: 111-120.

[84] Krelling A P, A T Williams, A Turra. Differences in perception and reaction of tourist groups to beach marine debris that can influence a loss of tourism revenue in coastal areas[J]. Marine Policy, 2017(85): 87-99.

[85] Kutralam-Muniasamy G, F Pérez-Guevara, V Shruti. (Micro)plastics: A possible criterion for beach certification with a focus on the blue flag award[J]. Science of the Total Environment, 2022(803): 150051.

[86] Lima A, A Silva, L Pereira, et al. Anthropogenic litter on the macrotidal sandy beaches of the Amazon region[J]. Marine Pollution Bulletin, 2022(184): 114124.

[87] Chen G, Y Li, J Wang. Occurrence and ecological impact of microplastics in aquaculture ecosystems[J]. Chemosphere, 2021(274): 129989.

[88] Zhou A, Y Zhang, S Xie, et al. Microplastics and their potential effects on the aquaculture systems: a critical review[J]. Reviews in Aquaculture, 2021, 13(1): 719-733.

[89] Markic A, J Gaertner, N Gaertner-Mazouni, et al. Plastic ingestion by marine fish in the wild[J]. Critical Reviews in Environmental Science and Technology, 2020, 50(7): 657-697.

[90] Naidoo T, D Glassom. Decreased growth and survival in small juvenile fish, after chronic exposure to environmentally relevant concentrations of microplastic[J]. Marine Pollution Bulletin, 2019, 145: 254-259.

[91] Menezes M, J Dias, G Longo. Plastic debris decrease fish feeding pressure on tropical reefs[J]. Marine Pollution Bulletin, 2022(185): 114330.

[92] Sussarellu R, M Suquet, Y Thomas, et al. Oyster reproduction is affected by exposure to polystyrene microplastics[J]. Proceedings of the National Academy of Sciences of the United States of America, 2016, 113(9): 2430-2435.

[93] Greven A, T Merk, F Karagöz, et al. Polycarbonate and polystyrene nanoplastic particles act as stressors to the innate immune system of fathead minnow(*Pimephales promelas*)[J]. Environmental Toxicology and Chemistry, 2016, 35(12): 3093-3100.

[94] Stenger K, O Wikmark, C Bezuidenhout, et al. Microplastics pollution in the ocean: Potential carrier of resistant bacteria and resistance genes[J]. Environmental Pollution, 2021(291): 118130.

[95] Yu X, H Du, Y Huang, et al. Selective adsorption of antibiotics on aged microplastics originating from mariculture benefits the colonization of opportunistic pathogenic bacteria[J]. Environmental Pollution, 2022(313): 120157.

[96] Radisic V, P Nimje, A Bienfait, et al. Marine plastics from norwegian west coast carry potentially virulent fish pathogens and opportunistic human pathogens harboring new variants of antibiotic resistance genes[J]. Microorganisms, 2020, 8(8): 1200.

[97] Mahamud A, M Anu, A Baroi, et al. Microplastics in fishmeal: A threatening issue for sustainable aquaculture and human health[J]. Aquaculture Reports, 2022(25): 101205.

[98] Walkinshaw C, T Tolhurst, P Lindeque, et al. Detection and characterisation of microplastics and microfibres in fishmeal and soybean meal[J]. Marine Pollution Bulletin, 2022(185): 114189.

[99] Gündogdu S, O Eroldogan, E Evliyaoglu, et al. Fish out, plastic in: Global pattern of plastics in commercial fishmeal[J]. Aquaculture, 2021(534): 736316.

[100] Tian Y, Z Yang, X Yu, et al. Can we quantify the aquatic environmental plastic load from aquaculture?[J]. Water Research, 2022(219): 118551.

[101] Skirtun M, M Sandra, W Strietman, et al. Plastic pollution pathways from marine aquaculture practices and potential solutions for the North-East Atlantic region[J]. Marine Pollution Bulletin, 2022(174): 113178.

[102] Kuczenski B, C Poulsen, E Gilman, et al. Plastic gear loss estimates from remote observation of industrial fishing activity[J]. Fish and Fisheries, 2022, 23(1): 22-33.

[103] Bornt K, J How, S de Lestang, et al. Plastic gear loss estimates from a major Australian pot fishery[J]. Ices Journal of Marine Science, 2023, 80(1): 158-172.

[104] Bae J, A Hamidoghli, M S Djaballah, et al. Effects of three different dietary plant protein sources as fishmeal replacers in juvenile whiteleg shrimp, *Litopenaeus vannamei*[J]. Fisheries and Aquatic Sciences, 2020, 23(1): 2.

[105] Quinton C, A Kause, J Koskela, et al. Breeding salmonids for feed efficiency in current fishmeal and future plant-based diet environments[J]. Genetics Selection Evolution, 2007, 39(4): 431-446.

[106] Reverter M, N Bontemps, D Lecchini, et al. Use of plant extracts in fish aquaculture as an alternative to chemotherapy: Current status and future perspectives[J]. Aquaculture, 2014(433): 50-61.

[107] Hall K. Impacts of marine debris and oil: economic and social costs to coastal communities[R/OL]. 1999. https://docslib.org/doc/4070387/impacts-of-marine-debris-and-oil-economic-and-social-costs-to-coastal-communities.

[108] Hong S, J Lee, S Lim. Navigational threats by derelict fishing gear to navy ships in the Korean seas[J]. Marine Pollution Bulletin, 2017, 119(2): 100-105.

[109] IMarEST. Steering towards an industry level response to marine plastic pollution[R/OL]. 2019. https://www.imarest.org/reports/1039-marine-plastics/file.

[110] Gilman E, M Musyl, P Suuronen, et al. Highest risk abandoned, lost and discarded fishing gear[J]. Scientific Reports, 2021(11): 7195.

[111] Richardson K, B Hardesty, C Wilcox. Estimates of fishing gear loss rates at a global scale: A literature review and meta-analysis[J]. Fish and Fisheries, 2019, 20(6): 1218-1231.

[112] Cho D. Challenges to marine debris management in Korea[J]. Coastal Management, 2005, 33(4): 389-409.

[113] McIlgorm A, Campbell H F, Rule M. Understanding the economic benefits and costs of controlling marine debris in the APEC region (MRC 02/2007): A report to the Asia-Pacific Economic Cooperation Marine Resource Conservation Working Group by the National Marine Science Centre (University of New England and Southern Cross University)[R]. 2009.

[114] McIlgorm A, H Campbell, M Rule. The economic cost and control of marine debris damage in the Asia-Pacific region[J]. Ocean & Coastal Management, 2011, 54(9): 643-651.

[115] Welden N A. Chapter 8 - The environmental impacts of plastic pollution[M]//L TM. Plastic Waste and Recycling. Academic Press, 2020: 195-222.

[116] Zhao L, Pan T, Wang Y, et al. Current status and hotspot analysis of marine litter research based on bibliometric approach[J]. Transactions of Oceanology and Limnology, 2022, 44: 149-156.

[117] Wu H-H. A study on transnational regulatory governance for marine plastic debris: Trends, challenges, and prospect[J]. Marine Policy, 2022(136): 103988.

[118] Napper I, R Thompson. Plastic debris in the marine environment: history and future challenges[J]. Global Challenges, 2020, 4(6): 1900081.

[119] Sebille E, C Spathi, A Gilbert. The ocean plastic pollution challenge: towards solutions in the UK[R]. Imperial College London, Grantham Institute, 2016.

[120] Li X, Li P. Progress of EU's involvement in the global marine plastic pollution governance and its enlightenment to China[J]. Pacific Journal, 2022: 63-76.

[121] Nielsen T, J Hasselbalch, K Holmberg, et al. Politics and the plastic crisis: A review throughout the plastic life cycle[J]. Wiley Interdisciplinary Reviews-Energy and Environment, 2020, 9(1): 18.

[122] E Watkins, S Glonfra, J-P Schweitzer, et al. EPR in the EU plastics strategy and the circular economy: A focus on plastic packaging[R/OL]. 2017. https://zerowasteeurope.eu/wp-content/uploads/2019/11/zero_waste_europe_IEEP_EEB_report_epr_and_plastics.pdf.

[123] Hopewell J, R Dvorak, E Kosior. Plastics recycling: challenges and opportunities[J]. Philosophical Transactions of the Royal Society B-Biological Sciences, 2009, 364(1526): 2115-2126.

[124] Thomas C, V Sharp. Understanding the normalisation of recycling behaviour and its implications for other pro-environmental behaviours: A review of social norms and recycling[J]. Resources Conservation and Recycling, 2013, 79: 11-20.

[125] Chau M, A Hoang, T Truong, et al. Endless story about the alarming reality of plastic waste in Vietnam[J]. Energy Sources, Part A: Recovery, Utilization and Environmental Effects, 2020, 46(1): 1-9.

[126] Schröder P. Promoting a just transition to an inclusive circular economy[R]. Chatham House, 2020.

[127] Cheung W, V Lam, J Sarmiento, et al. Projecting global marine biodiversity impacts under climate change scenarios[J]. Fish and Fisheries, 2009, 10(3): 235-251.

[128] Froehlich H, R Gentry, B Halpern. Global change in marine aquaculture production potential under climate change[J]. Nature Ecology & Evolution, 2018, 2(11): 1745-1750.

[129] 唐启升, 蒋增杰, 毛玉泽. 渔业碳汇与碳汇渔业定义及其相关问题的辨析[J]. 渔业科学进展, 2022(5): 43.

[130] Gephart J, P Henriksson, R Parker, et al. Environmental performance of blue foods[J]. Nature,

2021, 597(7876): 360-366.

[131] Pusceddu A, S Bianchelli, J Martín, et al. Chronic and intensive bottom trawling impairs deep-sea biodiversity and ecosystem functioning[J]. Proceedings of the National Academy of Sciences of the United States of America, 2014, 111(24): 8861-8866.

[132] Jones A, H Alleway, D McAfee, et al. Climate-friendly seafood: The potential for emissions reduction and carbon capture in marine aquaculture[J]. Bioscience, 2022, 72(2): 123-143.

[133] 张继红, 刘纪化, 张永雨, 等. 海水养殖践行"海洋负排放"的途径[J]. 中国科学院院刊, 2021, 36(3): 7.

[134] Bastardie F, S Hornborg, F Ziegler, et al. Reducing the fuel use intensity of fisheries: Through efficient fishing techniques and recovered fish stocks[J]. Frontiers in Marine Science, 2022(9): 8173351.

[135] 汤俊超, 吴宜文, 张姚, 等. 浅谈"光伏 + 农业"产业的发展模式[J]. 中国农学通报, 2022(11): 144-152.

[136] Tang Q, J Zhang, J Fang. Shellfish and seaweed mariculture increase atmospheric CO_2 absorption by coastal ecosystems[J]. Marine Ecology Progress Series, 2011(424): 97-105.

[137] Hill R, A Bellgrove, P Macreadie, et al. Can macroalgae contribute to blue carbon? An Australian perspective[J]. Limnology and Oceanography, 2015(60): 1689-1706.

[138] Chung I, C Sondak, J Beardall. The future of seaweed aquaculture in a rapidly changing world[J]. European Journal of Phycology, 2017, 52(4): 495-505.

[139] Duarte C, J Wu, X Xiao, et al. Can seaweed farming play a role in climate change mitigation and adaptation?[J]. Frontiers in Marine Science, 2017(4).

[140] 刘毅, 张继红, 房景辉, 等. 桑沟湾春季海 – 气界面 CO_2 交换通量及其与养殖活动的关系分析[J]. 渔业科学进展, 2017, 38(6): 1-8.

[141] Li H, Y. Zhang Y Liang, et al. Impacts of maricultural activities on characteristics of dissolved organic carbon and nutrients in a typical raft-culture area of the Yellow Sea, North China[J]. Marine Pollution Bulletin, 2018(137): 456-464.

[142] Han T, R Shi, Z Qi, et al. Impacts of large-scale aquaculture activities on the seawater carbonate system and air-sea CO_2 flux in a subtropical mariculture bay, southern China[J]. Aquaculture Environment Interactions, 2021(13): 199-210.

[143] 张永雨, 张继红, 梁彦韬, 等. 中国近海养殖环境碳汇形成过程与机制[J]. 中国科学：地球科学, 2017, 47(12): 11.

[144] Chen J, H Li, Z Zhang, et al. DOC dynamics and bacterial community succession during long-term degradation of *Ulva prolifera* and their implications for the legacy effect of green tides on refractory DOC pool in seawater[J]. Water Research, 2020(185): 116268.

[145] Zhang J, J Fang, W Wang, et al. Growth and loss of mariculture kelp *saccharina japonica* in Sungo Bay, China[J]. Journal of Applied Phycology, 2012, 24(5): 1209-1216.

[146] Xia B, Y Cui, B Chen, et al. Carbon and nitrogen isotopes analysis and sources of organic matter

in surface sediments from the Sanggou Bay and its adjacent areas, China[J]. Acta Oceanologica Sinica, 2014, 33(12): 48-57.

[147] Frankignoulle M, Canon C. Marine calcification as a source of carbon-dioxide-positive feedback of increasing atmospheric CO_2[J]. Limnology and Oceanography, 1994, 39(2): 458-462.

[148] Bonaglia S, Brüchert V, Callac N, et al. Methane fluxes from coastal sediments are enhanced by macrofauna[J]. Scientific Reports, 2017(7).

[149] 蒋增杰, 方建光, 毛玉泽, 等. 滤食性贝类养殖碳汇功能研究进展及未来值得关注的科学问题 [J]. 渔业科学进展, 2022(5): 43.

[150] Stief P, Schramm A. Regulation of nitrous oxide emission associated with benthic invertebrates[J]. Freshwater Biology, 2010, 55(8): 1647-1657.

[151] Heisterkamp I M, Schramm A, De Beer D, et al. Nitrous oxide production associated with coastal marine invertebrates[J]. Marine Ecology Progress Series, 2010(415): 1-9.

[152] Anderson T, Martin A, Lampitt R, et al. Quantifying carbon fluxes from primary production to mesopelagic fish using a simple food web model[J]. Ices Journal of Marine Science, 2019, 76(3): 690-701.

[153] Bar-On Y, Phillips R, Milo R. The biomass distribution on Earth[J]. Proceedings of the National Academy of Sciences of the United States of America, 2018, 115(25): 6506-6511.

[154] Bianchi D, Carozza D, Galbraith E, et al. Estimating global biomass and biogeochemical cycling of marine fish with and without fishing[J]. Science Advances, 2021, 7(41).

[155] Proud R, Handegard N, Kloser R, et al. From siphonophores to deep scattering layers: uncertainty ranges for the estimation of global mesopelagic fish biomass[J]. Ices Journal of Marine Science, 2019, 76(3): 718-733.

[156] Wilson R, Millero F, Taylor J, et al. Contribution of fish to the marine inorganic carbon cycle[J]. Science, 2009, 323(5912): 359-362.

[157] Cao L, Chen Y, Dong S, et al. Opportunity for marine fisheries reform in China[J]. Proceedings of the National Academy of Sciences of the United States of America, 2017, 114(3): 435-442.

[158] Agnew D, Pearce J, Pramod G, et al. Estimating the worldwide extent of illegal fishing[J]. PLOS ONE, 2009, 4(2).

[159] Widjaja S, Long T, Wirajuda H, et al. Illegal, unreported and unregulated fishing and associated drivers[R]. World Resources Institute, 2020.

[160] Petrossian G. Preventing illegal, unreported and unregulated (IUU) fishing: A situational approach[J]. Biological Conservation, 2015(189): 39-48.

[161] Trebilco R, Melbourne-Thomas J, Constable A. The policy relevance of southern ocean food web structure: Implications of food web change for fisheries, conservation and carbon sequestration[J]. Marine Policy, 2020(115): 103832.

[162] Long T, Widjaja S, Wirajuda H, et al. Approaches to combatting illegal, unreported and unregulated fishing[J]. Nature Food, 2020, 1(7): 389-391.

[163] Xiong M, Wu Z, Tang Y, et al. Characteristics of small-scale coastal fisheries in China and suggested improvements in management strategies: a case study from Shengsi County in Zhejiang Province[J]. Frontiers in Marine Science, 2022(9): 8113821.

[164] Zhao X, Jia P. Towards sustainable small-scale fisheries in China: A case study of Hainan[J]. Marine Policy, 2020(121): 103935.

[165] Nilanjana Biswas. Towards gender-equitable small-scale fisheries governance and development- a handbook[M], FAO, 2017.

[166] FAO. The state of world fisheries and aquaculture 2016 (SOFIA)[R/OL]. 2016. http://www.fao.org/3/a-i5555e.pdf.

[167] FAO. The state of world fisheries and aquaculture 2012 (SOFIA)[R/OL]. 2012. https://www.fao.org/3/i2727e/i2727e00.htm.

[168] Galappaththi M, Armitage D, Collins A, Women's experiences in influencing and shaping small-scale fisheries governance[J]. Fish and Fisheries, 2022(23): 1099-1120.

[169] Pikitch E, Santora C, Babcock E, et al. Ecosystem-based fishery management[J]. Science, 2004, 305(5682): 346-347.

[170] Winther J-G, Dai M, Douvere F, et al. Integrated ocean management[Z]. World Resources Institute, 2020.

[171] Green A, Fernandes L, Almany G, et al. Designing marine reserves for fisheries management, Biodiversity conservation, and climate change adaptation[J]. Coastal Management, 2014, 42(2): 143-159.

[172] 陈琦, 胡求光. 中国海洋生态保护制度的演进逻辑、互补需求及改革路径 [J]. 中国人口·资源与环境, 2021(2): 174-182.

[173] 王刚, 宋锴业. 海洋综合管理推进何以重塑?——基于海洋执法机构整合阻滞的组织学分析 [J]. 中国行政管理, 2021(8): 40-48.

[174] Xue X, Hong H, Charles A. Cumulative environmental impacts and integrated coastal management: the case of Xiamen, China[J]. Journal of Environmental Management, 2004, 71(3): 271-283.

第三章　温室气体排放和碳封存监测创新技术

一、引言

中共二十大指出了完善碳排放统计核算制度的重要性，国家绿色转型和应对气候变化同样强调需要完善地方、行业、企业、产品的碳排放核查、核算和报告标准，建立统一规范的碳核算体系。

近年来，为了在温室气体监测和报告工作中做到有据可依，对于不同类型的高质量气候数据的需求呈急剧上升的态势，从各部门的强制性温室气体报告数据，到合规性和自愿碳封存数据，再到衡量二氧化碳移除（CDR）的数据。气候数据的使用也已成为近期绿色金融领域气候风险披露以及环境、社会和公司治理（ESG）标准的重要特征。

与这种需求的增长相呼应的是提供气候信息的方式方法的推陈出新。例如，针对二氧化碳、甲烷和其他温室气体的连续排放监测系统（CEMS）正在快速发展，对源自IPCC 的排放因子、现场测量和自我报告等成熟温室气体监测手段形成有效补充，新兴的人工智能（AI）应用则为这些自下而上和自上而下的监测手段提供了更多的可能。

温室气体的监测和报告已有一套完善的国际标准，特别是 UNFCCC 之下的标准。预计 UNFCCC 即将推出的《强化透明度框架》和全球盘点将会提升对于高质量温室气体 MRV 体系的关注度。

本章研究探讨了四方面内容：基于中国的部门报告标准，用于强制性碳市场的温室气体数据监测和报告；与碳封存测量相关的方法和实践；金融部门当前和新兴气候风险披露的测量和衡量标准；创新的新监测方式。

鉴于国内外气候数据 MRV 体系的变化日新月异，强制性和自愿性交易体系也在不断变化，国合会应定期回顾不断变化的温室气体监测和报告的最佳实践和标准。

本研究注意到，气候数据的产生方式正在发生重大的变化和创新。其发展一日千里，应得到大力提倡。但与此同时，过快地从熟悉的既定实践转向新的体系，也存在一定风险。例如，新的二氧化碳连续监测手段和自上而下平台的使用仍处于相对早期的阶段，尚需要若干年才能确定其可靠性和准确性水平，并对照基准质量保障（QA）标准给出测量值的不确定性范围。

因此，本研究建议制订一项过渡计划，其间仍然保留当前自下而上的自我报告体系，与连续监测系统和其他自上而下的系统互为补充，并建议使用混合监控体系来起到承上启下的作用。在最近电力、钢铁、水泥、化工和石化五部门 CEMS 试点的基础上，应启动一个结合自下而上和自上而下体系的多部门试点计划，并测试 1～2 年。该多部门试点的目标是提高数据的分析效率和准确性，支持国家级碳市场的良好运作。

同时，其他高排放的经济部门应尽快纳入全国碳市场，并依照现有方法进行数据监测和报告。

本研究指出了目前在甲烷排放领域，衔接自下而上和自上而下监测的最佳实践，并建议甲烷气体监测中获得的经验应为其他温室气体的排放监测方法提供参考，包括其他非二氧化碳温室气体。

本研究探讨了一些正在不断进化中的碳封存监测报告体系。目前，中国的碳排放交易体系允许通过碳抵消来补偿最高 5% 的年度温室气体排放量。鉴于碳封存评估中固有的复杂性，建议根据 IPCC 和相关方法以及其他国际标准和实践来定期更新碳抵消方法，如可参考正在实施中的《巴黎协定》第 6 条下的规则；记录和更新国内外可信的碳抵消项目一级监测报告的案例，通过实例描述不同自然生态 CDR 系统（如森林、湿地、草原等）的碳封存特征，以及新兴的 CCUS 人为设计的实践；中国的碳抵消测量和衡量标准与国际最佳实践保持一致，实现互操作性。

在绿色金融领域，本研究建议，国内不断发展中的气候风险披露和报告标准应与其他国家和地区推荐的可比气候数据测量和衡量标准保持一致，也要与国际可持续准则理事会（ISSB）的标准相接轨。

二、数据质量

准确、及时、权威的数据对于气候变化政策的实施至关重要。在各国朝着 2030 年、2050 年或 2060 年温室气体减排目标迈进的过程中，气候数据将扮演至关重要的角色，用于跟踪政策实施进展情况，并将减排成果与具体措施相关联，以确定是否使用了正确的工具。

官方的国家级气候数据的标准基准仍然是国家清单报告（NIR），其目标是跟踪国家温室气体排放状况，并通过 UNFCCC 进行报告。标准的 NIR 方法仍然是 IPCC 采用的方法，所以大多数国家一级的脱碳计划也都源自 IPCC 的方法，特别是在监测整体经济层面的排放以及能源、交通、工业和建筑等经济部门的排放方面。几乎所有净零排放框架都是围绕部门监测而构建的，而越来越多的脱碳计划在扩大部门覆盖范围方面已做更新，如将土地利用、土地利用变化和林业（LULUCF）纳入其中。

国家级温室气体监测报告体系的共同特点是它们均以提供高质量数据为目标。例如，中国生态环境部通过各类意见和指南，指出了"准确、权威"的气候数据的重要性。高质量数据最常见的定义来自国家统计机构，这些机构提供每周、每月、季度和年度经济统计数据，也越来越多地开始发布气候数据。联合国将高质量数据定义为：①与用户的需求相关；②及时；③准确可靠；④方便获取；⑤透明易懂；⑥连贯可比[1]。

这六个属性的核心是准确性。准确数据的定义是如实反映实际情况的测量、衡量或估算的信息，在气候政策领域，这个实际情况指的就是温室气体排放[2]。由于统计数据很少能始终做到 100% 准确，因此数据提供者会披露其数据准确性的置信水平。对于国家统计而言，95% 的置信水平是衡量准确性的通常标准，而有些统计数据的准确率甚至能达到 99%。机构会定期审查其标准误差，包括变异系数（CV）。

虽然准确性是数据系统最重要的特征，但六大数据原则应作为一个整体看待。例如，准确但无法获取、不相关或不及时的数据均达不到数据质量的最低要求。《巴黎协定》下有许多国家目标重点关注的是中期目标和 2030 年目标，在此背景下，数据的及时性就变得更加重要。

好的数据成本几何？价值又几何？

优质数据的生产成本很高，对于政府而言如此，对需要披露数据的公司而言亦是如此，越来越多的公司开始体会到这一点。在本研究中专家指出，将准确度从 95% 提高到 99%，可能会使数据成本急剧上升。

与此同时，对高质量气候数据的投资也能带来丰厚的回报。实时、准确的数据可以指出哪些部门或措施表现不佳，需要加强、调整或更换。高质量数据对于实现具有成本效益的气候措施（如中国的碳排放交易体系）尤为重要。只有依靠准确的数据才能让市场高效配置市场化举措，进而通过竞争激发创新。

几十年来，公共气候数据的主要来源一直是国家环境机构，如瑞典环境保护局和加拿大环境与气候变化部，每个机构都有自己的质量保证标准以确保数据质量。欧洲

---

1 摘自 2019 年《联合国官方统计报告质量保证框架手册》。联合国统计委员会在通过《联合国官方统计报告质量保证框架手册》后，开发了用于质量保证和质量控制（QA/QC）的在线工具，包括在线学习工具，以帮助各机构确定合规、部分合规、不合规或未经测试的数据。
2 在描述高质量数据的术语中，与准确性相关的有"可信度、真实性或一致性"的定义，以及在估算数据中披露可接受的误差幅度和不确定性。

环境署（EEA）报告称，其质量保证理念是提高排放量的"真实值与用以表示这些值的数据之间的一致程度"[1]。

近年来，一些国家统计机构开始发布自己的气候统计数据，其频次通常比国家清单报告更高，这是值得欢迎的。例如，芬兰统计局、欧盟统计局以及土耳其、荷兰、挪威和其他国家的统计局都在更加频繁地发布定期的温室气体排放数据。此外，英国（包括苏格兰）、法国、欧盟、瑞典等在各自的脱碳计划中还报告了一套全新的净零实施指标。英国于2022年3月推出的首个气候政策仪表板就是气候指标创新的一个实例。

中国采取了重要步骤，以创建一套连贯、准确的国家碳统计数据。2022年4月，国家统计局会同生态环境部、国家发展改革委印发了《关于加快建立统一规范的碳排放统计核算体系实施方案》，明确了四项重点任务和五项保障措施，支持中国实现"3060"目标。

重点任务：

1. 建立国家和地方碳排放统计核算制度；

2. 完善现行部门和企业层面的碳排放核算机制；

3. 建立健全重点产品碳排放核算方法；

4. 完善国家温室气体清单编制机制。

保障措施：

1. 打好统计基础；

2. 建立排放因子数据库；

3. 应用先进技术；

4. 开展方法论研究；

5. 完善配套政策。

国家发展改革委应结合《关于加快建立统一规范的碳排放统计核算体系实施方案》的实施情况和不断出现的国际实例，考虑发布季度气候数据报告。这种定期报告有助于公众更广泛地了解温室气体排放趋势，使其就像国内生产总值、就业或贸易差额的统计数据一样得到公众的广泛接受。

部门排放数据：中国国家气候数据系统经过多年发展，逐步完善了对经济部门温室气体排放的监测能力，其覆盖范围逐步扩大到发电、电网、钢铁、化工、石化、铝、镁、玻璃、水泥、造纸及纸浆、民航等行业。近期发布的报告还涵盖了采矿、公共建筑、食品饮料业、道路运输等行业。

---

1 欧洲监测和评估计划（EMEP）；《欧洲环境署指导手册》，2016年。

中国的气候数据体系依赖于企业在公司和设施层面的自我报告，与其他的国家监测系统一样。生态环境部在发布关于环境数据质量保障的技术规范或指南、检查数据误报或欺诈、开展现场检查、提供培训模块等步骤中发挥着关键作用。公司和设施层面的报告是通过省级生态环境主管部门进行的。数据上报至全国排污许可证管理信息平台，其中除大气污染物和其他污染物排放数据外，还包括温室气体排放数据。美国环保协会（EDF）中国代表处发布的 *EDF's comprehensive analysis of China's national carbon market and its evolution* 有助于了解中国的气候数据分部门报告系统的演变，并提供了其他国家地区的例子，如美国联邦一级的环境保护局和以加利福尼亚州为代表的次联邦一级体系。

与其他基于污染物排放和转移登记（PRTR）方法、自下而上的自我报告体系一样，数据准确性的差异或异常应由企业直接报告，或通过企业聘请的第三方咨询公司计算后报告。准确可靠的数据是碳排放交易市场有效规范运行的生命线，生态环境部曾于2022年3月14日通报了少报、虚报的情况并将采取进一步措施（严厉打击发电行业企业碳排放数据造假行为）。

2021年，生态环境部成立了31个工作组，开展专项督导协助，提高气候数据报告质量。工作内容包括审计、对第三方核查咨询企业少报情况提出警告、抽查、额外的数据质量保障措施、能力建设和技术培训等。

2023年，温室气体的部门监测和报告工作进入了一个全新阶段，可能会带来根本性的变化。2021年，生态环境部启动了一项新的试点，测试温室气体连续监测系统的有效性，涉及五个行业（火电、钢铁、石油天然气、煤炭开采和废弃物处理），通过连续排放监测系统（CEMS）监测二氧化碳排放量，并监测颗粒物、氮氧化物和二氧化硫等标准大气污染物。

顾名思义，CEMS 的主要特点是提供实时（通常是每小时）大气污染排放信息。这些测量是在设施和烟囱层面进行的。在将经验数据与排放因子和其他信息结合使用时，CEMS 似乎提高了排放因子估算值的时空分辨率[1]。

生态环境部的 CEMS 试点测试近乎连续的二氧化碳设施级温室气体监测系统，该项目第一阶段试点按计划于2023年结束。根据其结果，转向新的、烟囱层面的连续监测系统之后，有可能提高许多关键行业主要工业点源的温室气体排放数据的质量。提

---

[1] CEMS 已在中国、美国等国家使用了多年。例如，美国国家环保局（EPA）使用监测酸雨和更广泛标准的空气污染物的系统来重点监测燃煤发电厂等大型排放源，且该系统已更新以纳入二氧化碳监测。这是在早期二氧化碳监测基础上的升级，早期此类监测用于根据排放因子或历史趋势来验证特定设施的氮氧化物和硫氧化物排放值是否准确。（这种使用二氧化碳排放来帮助确定氮氧化物和硫氧化物排放质量的做法早于 EPA 对大型排放源的温室气体清单自我报告要求；较小的燃烧源则继续依赖于能源和燃料使用等平均排放因子。）

供准确和及时的气候数据将会是一项重大的改进。

CEMS 试点旨在监测二氧化碳排放，在此基础之上，也应加强对其他非二氧化碳温室气体排放的关注。甲烷是一种具有极高温室效应的温室气体，也是许多创新监测和报告举措的重点，下文会简要介绍这些举措。

化石燃料甲烷的排放：国际能源署（IEA）指出，甲烷（CH_4）是一种强温室气体，迄今为止 30% 的全球变暖应归因于甲烷。由于甲烷是一种存在时间相对短暂的温室气体，因此其减排对于短期内减缓变暖至关重要。在全球范围内，石油和天然气行业在甲烷排放中占比最大；而在中国，煤炭开采占比较大。

准确测量甲烷是中国实现"双碳"目标的关键。

自下而上的清单是监测油气行业甲烷排放的主要工具。在最基本的层面（IPCC 层级[1]），见专栏 3-1（引自附件）。计算时将行业平均排放因子乘设施或活动数量（如气动阀的数量），以估算一个或多个设施的排放量，一直汇总到全国范围。清洁空气工作组（Clean Air Task Force）开发的国家甲烷减排工具（CoMAT）等多种工具允许政府根据多个参数（包括钻井数、压气站数、管道长度及其他基础设施和运营信息）建立清单并估算甲烷排放量[1]。自下而上的清单提供了潜在排放源的重要信息，对于规划减排方法至关重要。但这种方法也存在一个较大的问题，就是这种自下而上的方法所依赖的排放因子是基于正常运行的设备和组件制定的。经过与大气测量值相比对，发现这些基于清单的方法系统性地低估了排放量。

专栏 3-1　清单方法（以 IPCC 层级为例）

《2006 年 IPCC 国家温室气体清单指南》采用了分层级的方法来估算温室气体排放量。

层级 1　将活动数据乘默认的单位活动排放量的排放因子。

层级 2　通常将特定国家的排放因子应用于国家或地区活动数据。

层级 3　将涉及的活动数据进一步细化（如设施层面数据），并使用直接测量或其他等效的国别方法。

《2006 年 IPCC 国家温室气体清单指南 2019 年修订版》给出了默认排放因子，并提供了补充方法的指导。

---

1 清洁空气工作组，国家甲烷减排工具（末次访问时间 2023 年 6 月 16 日）。

大气监测方法将大气浓度（大气中甲烷的摩尔分数）的测量与传输和扩散模型相结合，后者使用来自气象的数据输入将检测到的浓度转换为排放量。这些模型依赖于对排放源的初始输入假设（先验假设），在有详细的设施和活动数据的情况下，能提供最准确的结果。

甲烷排放技术评估中心（METEC）和道达尔异常检测倡议（TADI）等专门测试机构正在推动泄漏检测和甲烷排放量化的国际标准的制定[1]，这些是测试和验证测量技术和方法的重要资源。

以遥感、卫星监测平台引导的新一代自上而下监测系统的出现，给自下而上监测系统提供了有力补充。例如，联合国环境规划署（UNEP）的国际甲烷排放观测站（IMEO）举措标志着重要的一步，不仅有助于提高甲烷监测和报告的准确性，而且能提高各国报告的互操作性。此外，美国环保协会（EDF）的 MethaneSat 等卫星平台提供开放的甲烷数据。

中国 2022—2023 年温室气体监测试点包括改进油气行业甲烷监测的方法，特别是结合地面和遥感监测来评估逸散性排放（泄漏、火炬燃烧和异常操作）。鉴于甲烷排放监测带来的独有挑战，该试点的结果和建议将非常重要。

建议：持续跟踪二氧化碳的手段有机会以创新方式改变当前的监测、报告和核查（Monitoring、Reporting、Verification，MRV）体系。与此同时，需要数年时间才能确定新系统的准确度、整体优势以及缺点和局限性。因此，应持续实施过渡计划，逐渐确定角色、职责和明确的程序。过渡期也是设计系统冗余的好时机，同时有利于质量保证。建议开展试点项目，在当前自我报告系统的基础上，结合使用新的 CEMS 及自上而下监测系统，测试各体系之间的相互作用。

生态环境部甲烷监测系统的试点成果将为自下而上和自上而下监测的更广泛应用提供宝贵的经验教训。中国还应考虑深化与联合国环境规划署的 IMEO 项目以及气候与清洁空气联盟（CCAC）之间的合作伙伴关系，以便更有效地应对其他具有显著影响的短期气候污染物。

三、碳封存

科学家早已注意到碳封存市场对于实现脱碳和"双控"目标的重大贡献。近年来，随着越来越多的国家和公司制订净零计划，人们对碳抵消的兴趣急剧增加。例

---

1 资料来源：2023 年 4 月 4 日，美国能源部第 10 届美国—欧盟能源理事会后联合声明。

如，2020—2022 年，自愿碳市场规模增长了约 60%，达到 20 亿美元。彭博社估计，到 2037 年，碳抵消市场规模可能达到 1 万亿美元[1]。

碳封存通常分为两类：来自森林、湿地、草原和海洋的生态系统性或自然性封存，以及"技术性"或经人工设计的解决方案，如碳移除技术（碳捕集、利用与封存技术虽然不移除碳，但旨在避免可能会发生的温室气体排放）。

绝大多数公共和私营碳封存项目都涉及基于自然的气候解决方案。牛津大学 2023 年的一份报告得出的结论是，"几乎所有"CDR（99.9%）都采用以植树造林和再造林为主导的自然方法。

如上所述，市场和政府正在增加对碳封存的投资。需求增加的部分原因是大规模造林这类大项目对碳封存的效果存在夸大宣传。例如，2019 年《科学》杂志上一篇被广泛引用的文章声称，植树造林是当前应对气候变化最有效的措施，随后"万亿树木计划"就获得了关注和投资。

随后在科学研究和实施层面的工作中，发现从碳封存项目中获取可替代的碳信用额时，存在重大挑战。最主要的问题就是监测和报告。IPCC 发布了许多更详细的方法来测量碳封存，数以千计的公司随之相继成立，为政府和企业提供服务。

人们早就注意到，监测和报告 LULUCF 的方法相当复杂。在估算碳封存时，要将多种生态系统的封存率随时间推移与平均基线进行比较，测量是个难题；不同生态系统和地区的碳储量和封存率存在差异；估算地上碳储量需要有现有森林和其他生态系统的涵盖范围和健康状况的数据，以及其他因素（如死亡和腐烂的有机物）涵盖范围的数据；估算地下碳储量更为复杂，需要进行成本高昂且具有侵入性的现场测试。

其他挑战还有估算由土地利用变化、野火、洪水和其他影响而造成的碳抵消重大变化的持续时间或持久性（如近期对加拿大国家公园系统碳储量进行的国家评估中，一项重要工作就是追踪了由野火、入侵物种和其他事件造成的碳汇平均下降情况）。

IPCC 指出，制定 CDR 政策需要考虑特定方法的二氧化碳封存时间尺度，以及 MRV 和核算方面的挑战、潜在的协同效益、不良的副作用、与适应的相互作用以及与可持续发展目标（SDG）的权衡。国合会在一项基于自然的解决方案价值评估专题政策研究中，探讨了确保碳封存工作协同效益的重要性。

考虑这些问题和其他复杂性，也就能理解为什么长期以来，对碳封存项目中获得的碳信用额一直存在批评的声音。例如，2016 年一份关于联合国清洁发展机制所发放

---

1 欧洲监测和评估计划（EMEP）；《欧洲环境署指导手册》，2016 年。

信用额的报告得出的结论是，有 85% 的信用额真正实现抵消的"可能性很低"。[1]

已有一些措施旨在提高碳抵消项目和市场的效力。

在多边层面，已有积极的步骤来定义和对标高质量碳封存项目，并特别关注其与基于自然的解决方案的相关性。2022 年 5 月，联合国环境大会（UNEA）上各国政府首次通过了基于自然的解决方案的通用定义和标准［基于世界自然保护联盟（IUCN）的黄金标准］。《联合国气候变化框架公约》第二十七次缔约方大会（COP27）的最终文本首次提及基于自然的解决方案，强调了气候与自然的联系，而"昆明—蒙特利尔全球生物多样性框架"则通过基于自然的解决方案和 / 或基于生态系统的办法将气候与自然联系起来（目标 8）。

在操作层面，COP26 最终确定的第 6 条规则，制定了碳信用额国际贸易的框架。虽然这些新规则的落地还需要做很多工作，但预计会把碳封存的测量、交易和核算方式明确化。虽然第 6 条重点关注的是管理政府处理碳信用额的规则，但预计规则最终也将有助于制定私人市场的标准。各国政府围绕第 6 条已启动了多个试点，世界银行还启动了"气候行动数据信托"，以数字化方式助力碳封存登记。

在市场层面，已经有一些项目来尝试制定涵盖自愿碳市场的标准。由于多起碳封存交易出现了严重缺陷，自愿碳市场诚信倡议组织（VCMI）正在制定保障措施和标准，以确保碳信用额的完整性。

在最近的强制性和自愿性气候风险披露标准中，开始出现与碳抵消信用额相关的标准和规则，其中包括有关如何申请碳抵消的建议。例如，国际财务报告准则基金会（IFRS Foundation）的气候风险标准征求意见稿（国际可持续准则理事会于 2022 年 7 月发布）提出了详细的会计规则来计算公司已购买的碳封存信用额[2]。同样，美国证券交易委员会 2022 年气候风险披露法规草案中包括公司处理碳抵消的拟议规则，特别针对碳抵消的市场价值可能因森林火灾而突然大幅下降，公司需要注销该抵消额并购买替代品规避这类风险。

建议：碳封存结果的估算仍存在相当大的不确定性。中国负责监督碳抵消标准的机构应注意在所有类别的封存活动中与国际自愿碳市场的最新科技和方法保持同步。

---

1 加拿大环境与可持续发展专员近期一项审计得出结论：政府旨在提高碳储量的"20 亿棵树木"计划实施过程中，由于启动场地准备和植树活动，到 2031 年之前该计划仍将是净温室气体排放源。
2 更近一些，英国《卫报》于 2023 年 1 月得出结论，Verra（世界上最大的 REDD+ 碳抵消信用额认证机构）发放的碳信用额中 94% 基本上一文不值。

四、气候风险披露数据

随着绿色金融的不断发展，测量和衡量的规则和标准也相应更新，细化了用于气候风险披露的数据类型。

最近的规则和标准都是基于气候相关财务信息披露工作组（TCFD）不断更新的建议所制定的，如其 2021 年 10 月的《指标、目标和转型计划指南》。根据 TCFD 在其测量和衡量指标的章节部分建议公司应使用的气候数据类型，大多数国家的气候披露规则和征求意见稿也都遵循了 TCFD 的建议。

《温室气体议定书》（以下简称《议定书》）是国合会的两个合作伙伴——世界资源研究所（WRI）和世界可持续发展工商理事会（WBCSD）的联合倡议，于 1998 年首次推出。类似于国际标准化组织相对于世界贸易组织的作用，该《议定书》已成为全球金融行业的数据质量标准，并扩展到同时涵盖了私营和公共部门实体的披露指标。它总共发布了七项标准，最早是 2001 年发布的企业会计和报告标准，随后的标准涵盖了范围 1 和 范围 2 排放、企业价值链范围 3 排放、项目级生命周期排放报告标准等。《议定书》正在制定一项关于土地部门和清除的新标准，预计将于 2023 年形成草案。

碳足迹：TCFD 进一步建议公司计算其碳足迹，由每 100 万美元收入的运营和一级供应的范围 1 和范围 2 排放碳足迹汇总得出，以"吨二氧化碳当量 / 百万美元"表示。估算企业足迹的数据通常从能源消耗开始，需要有关发电来源（如煤炭、天然气、水力发电、可再生技术等）、商务旅行以及其他范围 1 和范围 2 排放的数据。通常这些估算值会再与 IPCC 为该部门制定的排放因子估算值叠加使用。

标准趋同：虽然 TCFD 一直是气候数据的基础，但对于这些标准的解释却是五花八门。一项估计认为，在不同类别的气候融资中，使用了 70 多套不同的指标。

因此，近来许多国家和地区开始制定基于 TCFD 的新规则，这是非常重要的举措。例如，英国、加拿大、新西兰等都出台了新的市场法规，其中最重要的三项是欧盟的规则 [特别是欧洲财务报告咨询组（EFRAG）的气候变化征求意见稿和无杂散动态范围（SFDR）规则]、美国证券交易委员会拟议的 2022 年规则、国际财务报告准则基金会可持续发展标准委员会新的 ESG 和气候风险报告规则。

当然，最近的法规之间存在一些差异，特别是有关范围 3 排放和欧盟启用的"双重实质性"原则（double-materiality）。与此同时，围绕可使用的气候数据出现了显著的趋同趋势，尤其是它们均参考《议定书》和碳足迹作为气候数据指标的基础[1]。在 2022 年 G20 可持续金融工作组发出的呼吁中，这种趋同正是提高各绿色金融市场的可比性和互操作性方面的一个重要建议。

近十年来，绿色金融一直处于中国发展议程的最前沿，其中的一个重点就是气候风险披露。中国人民银行 2021 年发布的《金融机构环境信息披露指南》就是重要的一步，帮助确定银行等金融服务参与者应报告的气候风险类型。预计到 2025 年，现行制度将转为强制性气候风险报告。

建议：中国的绿色金融标准和公司实践应与新兴国际规范和标准保持一致，包括新的 ISSB ESG 和气候风险披露标准。

五、连续温室气体监测系统

创新式的气候数据系统的部署数量增长势头迅猛，有望提供近乎连续的、高精细度的、有空间参照的碳源和碳汇数据。

Climate Trace 结合卫星观测、地面观测和人工智能技术绘制出国家级地图，标明主要温室气体排放源的所有主要设施及来源，特别是石油和天然气（全球最大的部门级温室气体排放源）、发电站、水泥厂或机场等。该平台在 COP27 上受到了相当多的关注，但也受到一些批评，因其汇总了可能不具有可比性的不同类型气候数据。

克劳瑟实验室（Crowther Lab）采用机器学习技术和卫星图像来帮助估计森林、土壤和真菌的源和汇。该平台还测量微小物种（尤其是线虫类）的影响，以更好地了解地球广泛的碳循环。克劳瑟实验室与哥斯达黎加的 Restor 平台建立了合作伙伴关系，测量 288 个地点的各种碳、生物多样性和社会特征。哥斯达黎加在林业领域有一个世界级的生态服务付费项目，已经运行数十年，该合作伙伴关系将有助于对该项目的衡量。

北亚利桑那大学的 Vulcan 项目以 1 km×1 km 的精度，提供美国本土每小时近乎连续的气候数据。

用于支持《巴黎协定》中第 6 条规则的气候数据也有显著增加。除前述世界银行的新门户外，最近启动的气候仓库（Climate Warehouse）也有类似的目标，即提高气

---

1 这些拟议规则要求公司报告目标在多大程度上依赖于碳抵消的使用；抵消是否将接受第三方抵消验证或认证计划（经认证的碳抵消），如果是的话，又是通过哪个或哪些计划；碳抵消的类型，包括抵消是基于自然还是基于技术碳移除，以及目标量是打算通过碳移除还是避免排放来实现；用户要了解该实体想使用的抵消方式的可信度和完整性所需的任何其他重要因素（例如，有关碳抵消的永久性的假设）。

候数据的质量和透明度，以支持若干发展中国家的第 6 条领域的工作[1]。

　　针对估算地上和地下净碳储量的挑战，出现了一些优秀的新测量技术，包括快速发展中的、近乎连续的空间测量技术。最后，与其他领域一样，通过持续的研究和企业的应用，人工智能正在发挥日益显著的作用，让自上而下的、连续的温室气体数据系统如虎添翼。这些新的混合系统可借助智能手机和其他平台生成和访问气候数据，有望带来数据的革命。

　　建议：鉴于数字化和科技创新在中国的高质量发展和"十四五"规划中发挥的核心作用，生态环境部有机会成为全球新型混合气候数据系统的领导者。前文提到了一个结合自下而上、自上而下和混合系统的综合性体系，中国应就此启动相应的试点，提高中国高质量气候数据的可用性，进而加强各级气候治理和决策工作。

---

1 虽然近期已制定了强制性法规，但相关工作仍在继续深入，研究最适合特定细分市场的气候数据类型的更多细节。例如，碳核算金融合作伙伴关系（PCAF）推出了全球温室气体核算和报告标准，以定义与抵押贷款、商业车辆贷款和房地产相关的信息。2022 年 10 月，英国金融行为监管局（FCA）在 TCFD 和 ISSB 的基础上推出了新的可持续披露要求（SDR），理由是即使在新的报告标准下，"洗绿"风险仍然很大。其提案中包括一系列可持续投资标签，帮助消费者了解不同的金融产品。

第二篇

国家绿色治理体系

第四章 减污降碳扩绿增长协同机制

一、引言

中共二十大报告就推动绿色发展、促进人与自然和谐共生作出重大战略部署，强调要推进美丽中国建设，协同推进降碳、减污、扩绿、增长，推进生态优先、节约集约、绿色低碳发展。

推进减污降碳协同增效，是贯彻新发展理念促进经济社会发展全面绿色转型的有力抓手，也是实现美丽中国建设和"双碳"目标的必然选择。基于大气污染物和碳排放高度同根同源同过程的特征，两者在管控思路、管理手段、任务措施等方面高度一致，推进大气污染防治与温室气体协同控制是实现减污降碳协同增效的关键领域。

常规大气污染物（NO_x、SO_x、$PM_{2.5}$ 等）和温室气体（CO_2、CH_4、N_2O 等）具有高度的同源性，协同控制可以有效整合资源、提高效率、降低成本、改善公众健康，同时可以促进新技术的应用，引导投资朝着更好的方向进行选择，为经济增长提供新的机遇和动力。

本章梳理了国际经验和国内挑战，重点分析温室气体和传统大气污染物的协同管理，同时保持健康的经济增长和有效的系统监管。本项目重点关注电力和交通两个部门，特别探究了电力和交通部门减污降碳的关键措施、挑战和减排潜力。具体而言，在电力领域，研究了国际加快煤电退役的经验，以及中国在电网去碳化方面的进展和挑战，同时力求实现安全、可靠和灵活的电力供应。在交通领域，研究团队分析了促进重型货车向零排放车辆过渡的政策选择，评估了技术和经济可行性以及减排效益。此外，团队还借鉴美国加利福尼亚州的经验，探讨了改进管理机制和更有效地执行政策的方案。

第二部分首先分析了"双碳"目标与经济增长之间的关系，然后，就如何促进经济可持续增长和高质量发展提出政策建议。

第三部分的重点是减污和降碳的协同管理，构建了两个方面的监测指标体系，并分析了中国协同管理的进展和障碍。研究跟踪各项指标的进展情况，并提出解决方案。

第四部分和第五部分选择了减污降碳的两个关键领域，即电力和交通，来分析探索协同控制的有效措施。研究分析了两个领域的关键问题，评估了现状、详细阐述了国际经验分析，并深入分析了在污染减排和温室气体减排方面所面临的挑战和建议。研究团队参考国际最佳实践和经验，分析了煤电减退和重型车电气化转型等关键举措的协同效益和路径规划。

第六部分分析了协同控制污染减排和温室气体减排的监管和执行机制。在梳理和总结国际经验的基础上，完善了有效制定和实施多污染物协同控制措施和行动计划的基本原则，还提出了完善环境治理和环境公益诉讼的相关政策建议。

第七部分探讨了减污降碳工作中，尤其是电力和交通具体领域中的性别议题。

第八部分对前面每一部分提出的促进低碳转型、实现污染减排与温室气体减排协同效应的措施，以及促进经济绿色转型的政策建议进行了总结。

二、扩绿增长：如何通过减排促进经济增长

中共二十大报告强调，要协同推进"降碳、减污、扩绿、增长"。从本质上看，就是要在新发展理念下，以"降碳"为战略抓手，形成"双碳"目标与经济增长之间的相互促进关系。

"双碳"目标和经济增长之间的关系，本质上是环境与发展之间的关系问题。但是，长期以来，减排被视为经济增长的负担。目前讨论"双碳"目标和经济增长之间的关系时，更多的是强调二者之间如何平衡。但越来越多的证据表明，经济脱碳是促进中国经济高质量发展的重大机遇和驱动力。

认识并抓住这一机遇的关键在于能否"完整、准确、全面"地理解和贯彻新发展理念。区分新旧发展理念的一个简单标准就是，究竟是将"环境与发展"当作相互促进的关系，还是当作对立关系。在推进"双碳"目标和削减常规污染物的同时，我们必须摒弃脱碳是经济的净成本这种传统落后观念。本文通过列举相关证据与成功案例，论证了在有适当政策支持的前提下，经济发展、减少常规污染与实现"双碳"目标是可以并行不悖、相互促进的。

（一）为什么碳中和是中国的重大机遇

1. 碳中和是中国可持续发展范式的机遇

"双碳"问题不只是能源问题，更是发展范式转变问题；碳中和不只是中国的行动，

而是全球范围的共识与行动。迄今为止，已有 150 多个国家（地区）承诺"碳中和"。这些国家（地区）的碳排放和经济体量占全球 90% 左右 [1]。为什么这么多国家承诺碳中和？首要原因在于气候危机的日益严峻，若不及时加以控制，中国乃至全球将承受难以估量的人道主义重负。然而，更为关键的是，专家与决策者愈发意识到，减排行动背后蕴藏着巨大的发展潜力与机遇。过去 10 年，新能源成本和电动汽车（EVs）成本大幅下降。在过去的 10～15 年里，太阳能光伏的价格下降了 90% 以上，陆上风电也是如此，而现在海上风电的价格也下降了约一半。电池、照明、热泵和其他关键技术的成本正在变得比它们的效率低下的"前辈们"要便宜。

这正在形成一个国际趋势。承诺碳中和的 150 多个国家（地区）中，约 70% 是发展中国家 [1]。在过去，难以想象发展中国家会承诺"碳中和"，因为按照传统观念，碳排放要先到达一个高峰然后才能下降，整体呈倒"U"形曲线。但如今，这么多的发展中国家承诺通过低碳发展模式实现碳中和和经济繁荣，这是对传统发展模式的颠覆性改变。全球范围的碳中和共识与行动，标志着传统的发展范式正在逐渐成为过去，新的绿色发展范式正在崭露头角。

中国在全球绿色发展竞争中具有独特优势。一是新发展理念。由于经历过传统发展模式的弊端，且有五千年"人与自然和谐共生"的文化底蕴，中国对绿色发展和生态保护有着深厚的历史根基。二是强大的政府协调能力。绿色转型可以节省资金和加速发展，但它需要一套稳定且明智的政策来摆脱旧的方式。这种系统性的发展范式转变需要政府进行推动和协调，而这一点中国具有独特优势。三是市场优势。中国的人口规模超过欧美总和，拥有世界上最大的单一市场，这是绿色技术孕育、孵化、成长的最大保证。四是技术优势。目前，中国在新能源和新能源汽车（NEVs）等领域具有全产业链的研发和制造能力，可以形成强大的自主创新能力和很强的经济韧性。总体来说，工业革命是以牺牲环境为代价实现繁荣的。绿色发展范式将环境与发展之间的权衡转变为协同，并将决定未来的发展方向。

2. 碳中和是中国产业"换道超车"的重大机遇

碳中和是工业革命以来最全面而深刻的发展范式转变，意味着工业时代形成的很多产业将被改造甚至会推倒重来。这个转型过程固然是巨大挑战，但更多的也会带来大量新的机遇。比如，如果继续走传统燃油车和传统能源路径，那么中国要赶超一个世纪技术积淀的发达国家十分困难，但碳中和为中国相关产业赶超发达国家提供了一个罕见的历史机遇，促进绿色产业发展。

中国已经在许多领域形成竞争优势，转变发展模式。中国光伏产业为全球市场供

---

1 参见 https://eciu.net/netzerotracker。

应了60%以上的硅料、90%以上的硅片、89%左右的电池片、70%以上的组件。同时，中国也是世界上最大的风机制造国，产量占全球一半。全球市场份额最大的前15家大风机厂商中，中国占10家。2021年中国对全球的可再生能源的投资贡献率为35%，约占全球前10大投资国投资总和的一半。

在新能源汽车方面，中国同样有较大优势。2020年和2021年，中国新能源汽车销量分别占全球销量的41%和53%。在全球20大新能源汽车厂家中，中国占12家，德国占3家，美国占2家。2021年中国新能源汽车出口达到31万辆，同比增长304.6%。

根据《全球电动汽车展望2023》，2022年全球电动汽车销售量超过1 000万辆，预计2023年销售量将再增长35%，达到1 400万辆。这种爆炸性的增长意味着电动汽车在整个汽车市场的份额已从2020年的约4%增长到2022年的14%，并预计2023年将进一步增长到18%。中国是领跑者，2022年全球市场60%的电动汽车销量在中国。如今，全球路上行驶的一半以上的电动汽车都在中国。根据中国汽车工业协会的数据，2023年第一季度，中国汽车出口量为106.9万辆，超过日本的104.7万辆。2023年中国全年出口491万辆汽车，超过日本，跃升为最大的汽车出口国。

（二）　"双碳"目标如何促进经济增长

1. "双碳"目标是经济增长的阻力还是动力

"双碳"目标既可以成为经济增长的阻力，也可以成为经济增长的动力。究竟是成为阻力还是动力，取决于经济增长的模式。如果经济增长是工业革命后建立的高排放、高资源消耗的传统增长模式，即"挖煤、开矿、办工厂"，那"双碳"无疑就会阻碍经济增长；如果是在绿色转型模式下，采用现代的发展理念和内容，"双碳"目标和增长之间就会是相互促进的关系。

实际上，中国对环境保护与经济增长之间的关系有了越来越深入的理解。在早期的工业化阶段，中国的确将"减排"当作经济增长的负担。因为生产需要投入能源，对中国来说，这尤其意味着大量的化石能源。针对这种情况提供了两种碳减排路径：一是减少产量，也就是影响经济增长；二是增加生产成本。这两种路径，"双碳"都会成为经济增长的负担。因此，在这个模式下，每个国家都将碳排放视为所谓的发展权，希望他国多减，自己少减。

中共十八大以后，中国在环境和发展之间关系的认识与行动上有了根本转变，从过去"要我减"到"我要减"。"双碳"目标是"我们自己要做"，而不是"别人要我们做"。背后的原因是，过去的传统发展方式已经不可持续，中国经济必须实行绿色转型。这标志着一个新时代的开启——即通过绿色发展路径，尤其是清洁能源的转型，来创造新的经济机遇。发展的根本目的是提高人民的福祉。传统发展模式不仅带来不可持续的环境危机，还使发展目的与手段本末倒置。新发展理念、美好生活概念的提出，以及以人民福祉为中心的发展战略，实质是回归发展的根本目的。

一旦这种绿色转型发生，环境和发展之间就有可能相互促进。例如，在传统的以煤炭发电厂为基础的经济结构下，削减排放就意味着削减电力使用。在新的以风能和太阳能等可再生能源为基础的结构下，削减排放就是加速使用清洁能源技术的过程，带来了众多的新经济机会。这样，减排就成为一个"创造性毁灭"的过程，有可能驱动经济从一个旧的结构跃升到更有竞争力的新结构，带来整个发展范式的变化。

如果坚持传统的发展理论和思维，往往难以察觉到"双碳"背后发展范式的深刻转变，以及转变带来的巨大增长机遇。就像用传统农业时代的思维无法理解工业时代的经济现象一样，用传统工业时代的思维，也无法理解绿色发展时代正在发生的经济现象及其机遇。

2. 脱离传统发展范式中的旧增长来源

旧发展路径中的第一个旧增长来源就是基于消费主义和过度消费，激励人们浪费性地消费更多物质产品。比如，由于过度摄入食物而导致的超重成人比例，这与慢性疾病密切相关，中国从 1975 年的 9.9% 迅速上升到 2016 年的 32.3%[1]。中国的比例正向发达国家趋同。这导致大量所谓的"富贵病"（diseases of affluence）出现。疾病治疗成为经济增长重要但悲惨的来源。医疗产业的这种"先生病、后治疗"的扭曲模式，同"先污染、后治理"的传统经济发展逻辑惊人的一致。

第二个旧增长来源是通过各种推销、创新来激发人们的欲望，以创造新的市场需求。其中的大部分欲望，的确可以提高人民的福祉，但相当一部分欲望，对提高人民的福祉其实并无帮助，甚至可能还有副作用。正如亚当·斯密 [1] 所指出的，市场经济的高生产力，乃是由一个幻觉所驱动，即人们以为物质财富会带来幸福。中国社会科学院生态文明研究所课题组的一项调查显示 [2]，约 75% 的调查者认为，适当减少物质方面的消费并不会影响生活品质。关于物质与幸福之间关系的研究，已有大量文献进行了讨论 [3-6]。这意味着增长的来源不应该仅限于和 / 或依赖于大规模的物质商品的生产和消费。

---

1 https://ourworldindata.org/grapher/share-of-adults-who-are-overweight?tab=chart&country=~IND.

3. 发展范式转型：回到经济发展的初心

遗憾的是，所谓现代经济增长，在很大程度上依赖于两种旧的增长来源。我们可以看到，相当一部分所谓的现代经济活动，本质上都是凯恩斯意义上的"挖沟填沟"活动。绿色转型是指第三个途径。这种转型需要从发展理念、发展内容上进行全面转型，不只是像20世纪80年代就开始关注的"微笑曲线"、技术进步或产业升级那种。实际上，"微笑曲线"可能是一个企业或国家经济发展的常规路径，但我们现在需要的是全球经济的绿色转型。因此，绿色转型更具根本性。

新的发展路径是满足人的全面发展需求，即在基本物质需求满足后，将物质之外的精神文化等服务需求转化为经济增长的驱动力。这意味着，生产和消费的内容发生转变。经济增长更多地依赖于知识、技术、环境、文化、体验等无形资源，而不是像过去那样过于依赖物质资源的投入。这一途径需要发展理念、发展内容、商业模式、体制机制等方面的系统性转变，是工业革命后最为全面而深刻的发展范式转变。

推动发展范式转型，我们要回答一个非常根本的问题，即增长的目的是什么？GDP只衡量直接的金融交易。这种传统的发展模式并不能充分衡量人们生活的质量，因为它既没有计算各种外部成本、隐性成本、长期成本和机会成本的代价，也没有计算其益处。这种唯GDP导向的增长，只是把人作为工具化的产物来看待。现在，中国的发展战略正在发生巨大的变化，从过去GDP导向的发展转向福祉导向的发展，即"以人民为中心"的发展。

4. 减排对经济增长影响的分析[1]

（1）通过提高传统部门的经济效率，同时促进经济增长和减排，包括通过技术创新、组织创新、管理创新，降低碳排放强度等。

图4-1和图4-2展示了中国提高效率的潜力。图4-1是电力的碳强度。从图中可以看出，与美国、欧盟和世界平均水平相比，中国还有很大的提升空间，包括降低其从化石燃料发电的比例。图4-2是关于每小时工作产出——在绝对水平上，中国的产出远低于美国，但正在迅速迎头赶上。

（2）尽可能地将外部成本内部化，以使绿色发展更具成本效益。如果考虑其外部社会成本，看似高效率的传统发展模式，实际上成本更高。反之，绿色发展可能更具成本效益。

我们以大气污染为例，展示中国降低传统增长模式的外部成本的潜力。图4-3显示，尽管1990—2019年由大气污染引起的死亡人数的比例一直在下降，但仍然高于世界平均水平。

---

1 需要进一步的定量研究。

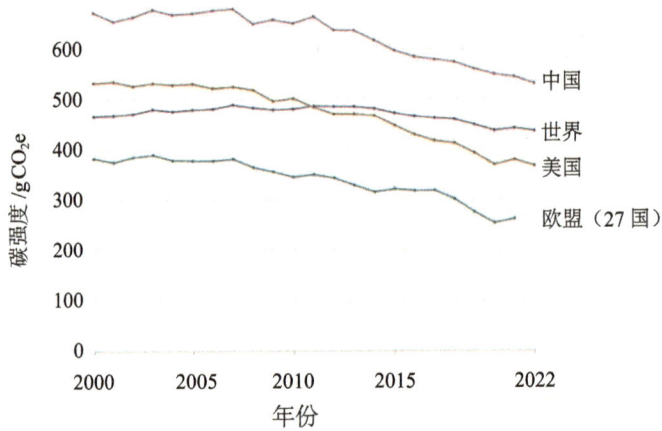

图 4-1 **电力的碳强度** [1]

资料来源：Ember 的年度电力数据；Ember 的《欧洲电力评论》；能源研究所世界能源统计评论。

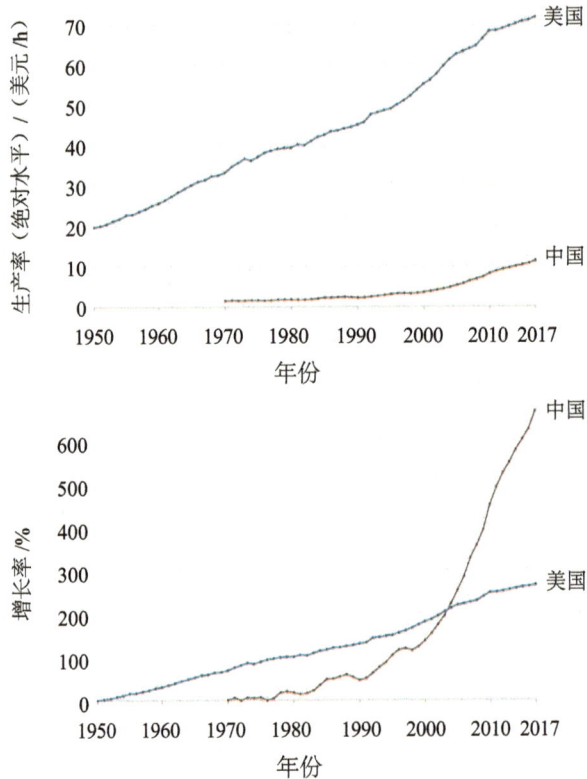

图 4-2 **生产率（绝对水平）和增长率** [2]

注：此数据以 2017 年每小时价格的国际美元表示。
资料来源：Feenstra 等（2015 年），宾夕法尼亚大学世界表（2021 年）。

1 https://ourworldindata.org/grapher/carbon-intensity-electricity?tab=chart&country=OWID_WRL~CHN~USA~OWID_EU27.
2 https://ourworldindata.org/working-hours.

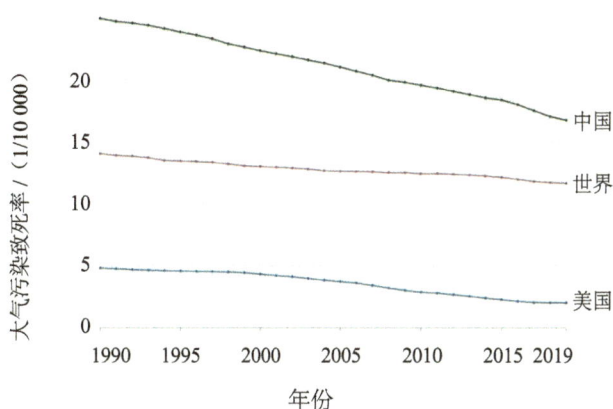

图 4-3 旧增长模式的社会成本 [1]

资料来源：IHME，《全球疾病负担》（2019 年）。

（3）减排如何推动经济跃升到更可持续的新结构，这就是所谓的创造性毁灭。例如，从"化石能源—燃油车"结构跃升到"新能源—电动车"结构。我们可以从新能源价格的急剧下降和新能源发电量的增加中观察到（图 4-4 和图 4-5），经济正在经历向新的、更具竞争力的结构跃升的过程。

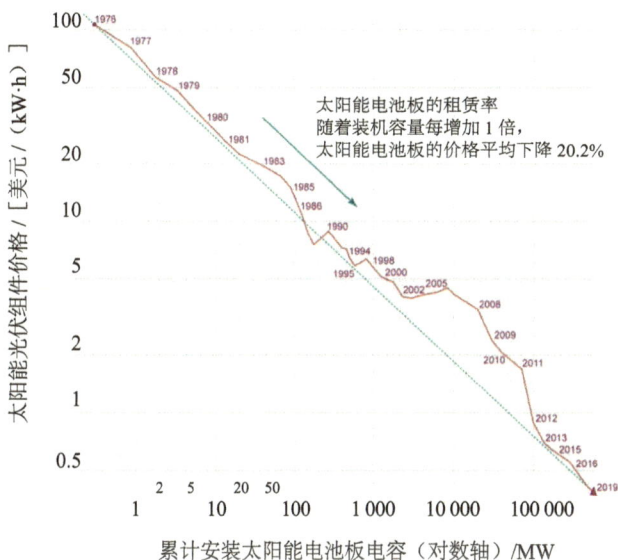

图 4-4 由快速技术进步驱动的创造性毁灭 [2]

1 https://ourworldindata.org/air-pollution.
2 https://ourworldindata.org/learning-curve.

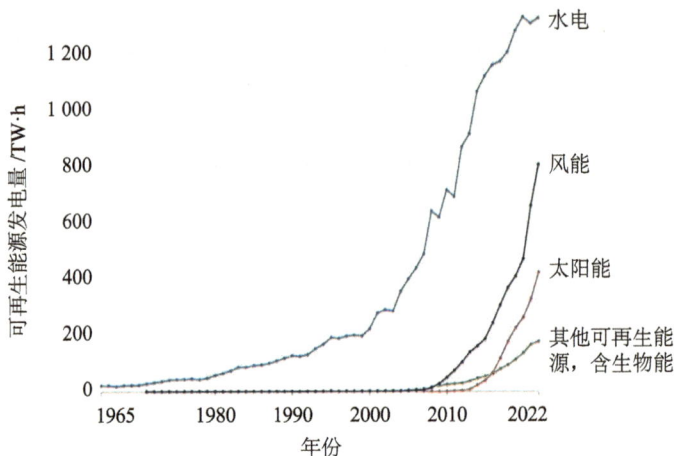

图 4-5　**中国现代可再生能源发电** [1]

资料来源：Ember 的年度电力数据；Ember 的《欧洲电力评论》；能源研究所世界统计评论。

（4）经济内容如何更加去物质化，使增长更加依赖非物质资源的投入。比如，技术、知识、文化、生态环境、创意……以实现更高生产力、更可持续、更高福祉。

我们以"使用互联网的人数"作为代理指标，来展示中国在数字时代实现绿色经济的潜力（图 4-6）。中国的数字几乎是欧洲和北美的总和。正如斯密 [7] 所指出的，劳动分工是经济增长的源泉，劳动分工的限度取决于市场的范围。这个大的数字是中国在数字时代发展绿色经济的独特优势。

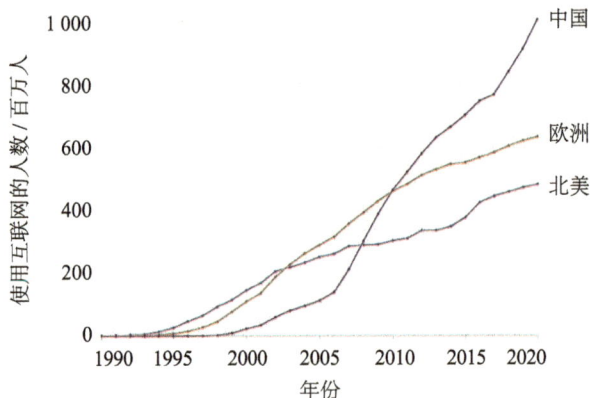

图 4-6　**潜在的大市场范围** [2]

资料来源：基于国际电信联盟（通过世界银行）和联合国的 OWID（2022 年）。

1 https://ourworldindata.org/renewable-energy.

2 https://ourworldindata.org/internet.

（三）"双碳"正成为中国经济增长新动能

1. "双碳"催生新的增长动能

实际上，"双碳"并未影响中国经济增长。中共十八大以后，中国在环境和发展之间关系的认识上有了根本转变，在环境保护上采取了前所未有的力度，但经济增长并没有因此而受影响。2012—2022年，中国能源消费的增量有2/3来自清洁能源；全国单位GDP二氧化碳排放量下降了34.4%，煤炭在一次能源消费中的占比从68.5%下降到了56%[8]。在此期间，中国经济实力实现历史性跃升，国内生产总值从54万亿元增长到114万亿元。

从同"双碳"最直接相关的新能源与新能源汽车产业看，"双碳"是在促进而不是阻碍经济增长。"双碳"目标宣布后，这些行业呈现井喷式增长。

2021年，中国新能源增长速度是全国发电装机容量增速的2～3倍。其中，并网光伏发电装机容量为3.06亿kW，同比增长20.9%；发电量为3 259亿kW·h，同比增长24.8%。并网风电装机容量为3.28亿kW，同比增长16.6%；发电量为6 526亿kW·h，同比增长39.9%。并网生物质发电装机容量为3 798万kW，同比增长28.7%；发电量为1 637亿kW·h，同比增长23.5%。

尤其要指出的是，新能源汽车为认识"双碳"目标与经济增长之间的关系提供了一个形象例子。正是因为新能源车出现井喷式增长，2022年中国汽车产销双双超过2 700万辆，结束了自2018年以来连续3年产销下降的局面。如果按照传统的路径走下去，燃油汽车行业的增长潜力就已耗尽，而走绿色转型道路，这些产业就又焕发出了强大活力。汽车业产销增长的例子，同样出现在5G、机器人、人工智能、互联网经济等新兴领域。

与此同时，化石能源逐渐退出对经济的影响可控。"双碳"目标对经济增长的冲击，最直接的是传统化石能源及其相关部门。根据国家规划，2030年和2060年，化石能源在中国能源消费中的比重分别降至75%以内和20%以内。一些人担心，化石能源行业从此会沦为夕阳行业，会对融资、就业、地方财政、社会保障、金融安全等带来很大冲击，引发一系列经济和社会风险。但是，化石能源有序退出，并不意味着化石能源行业会立即陷入低迷状态。在"3060"路线图下，由于一方面中国的能源需求将继续增加，另一方面化石燃料价格相对较高是培育新能源和减少化石燃料需求的条件，化石能源价格有可能会继续维持在一个相对高水平。

三、碳中和与清洁空气协同机制与路径

气候变化已成为事关人类生存和永续发展的重大问题，高温热浪、极端降水、自然灾害等风险日益凸显，迫切需要世界各国团结协作以在全球范围内实现碳减排。中国提出二氧化碳排放力争于2030年前达到峰值，努力争取2060年前实现碳中和的国家重大战略决策。此外，中国空气污染相对来说尚处于高位，污染长期、短期暴露对人体健康产生诸多不利影响，空气质量改善任务依然艰巨。化石燃料燃烧产生的大气污染物与温室气体具有"同根同源同过程"的特性，因此，碳中和与清洁空气目标具有内在一致性。"双碳"目标的提出不仅为社会经济高质量发展指明了方向，也为统筹大气污染防治与温室气体减排提供了基本遵循。

（一）研究背景

"十四五"时期，中国生态文明建设进入了以降碳为重点战略方向、推动减污降碳协同增效、促进经济社会发展全面绿色转型、实现生态环境质量改善由量变到质变的关键时期。坚持"降碳、减污、扩绿、增长"协同推进，是中国落实新发展理念的关键点。然而，已有的针对中国"降碳、减污、扩绿、增长"协同机制的研究，往往侧重于单一方面，如能源结构、空气质量、排放变化等，缺乏系统性、全面性、综合性的评估视角。

基于上述背景，本章在空气污染与气候变化、治理体系与实践、结构转型与治理技术、大气成分源汇及减排路径、健康影响与协同效益五个方面设计了20项指标，建立了空气污染与气候变化协同治理监测指标体系（图4-7）。通过追踪各项指标的进展，分析中国碳中和与清洁空气协同治理进程中的成就与阻碍。下文从结构转型、碳污协同、空气质量、健康效益、地方实践五个方面的关键指标（每个方面涵盖多个指标，如结构转型涵盖指标"7.能源结构转型"、"8.产业结构转型"、"10.交通结构转型"），通过回溯指标变化，识别政策改进的关键点，提出相应的政策建议。

空气污染与气候变化

1. 空气质量变化
2. 不利气象条件
3. 气候变化

治理体系与实践

4. 体系建设
5. 经济政策
6. 地方实践

结构转型与治理技术

7. 能源结构转型
8. 产业结构转型
9. 新型电力系统
10. 交通结构转型
11. 建筑能效提升
12. 碳捕集、利用与封存
13. 污染治理进程

大气成分源汇及减排路径

14. 人为源碳排放
15. 土地利用与碳汇
16. 污染物排放
17. 协同减排路径

健康影响与协同效益

18. 空气污染与健康影响
19. 气候变化与健康影响
20. 协同治理的健康收益

图 4-7　空气污染与气候变化协同治理监测指标体系

（二）中国碳中和与清洁空气协同治理进展评估

1. 结构转型

能源、产业、交通运输结构的低碳转型，以及新一代能源和减排技术的应用是实现温室气体和大气污染物排放量不断削减，产生空气质量改善和碳减排协同效益的根本（图 4-8）。

从能源结构来看，推动能源绿色低碳发展，构建新能源占比逐渐提高的新型电力系统，是协同推动生态环境高质量保护和经济高质量发展的重要支撑。从产业结构来看，坚决遏制高耗能高排放项目盲目发展、大力发展绿色低碳产业等举措有效推动了减污降碳协同增效。从交通结构来看，持续提升交通行业能效、推进清洁能源替代、逐步优化运输结构，对于推动社会经济整体的减污降碳具有重要意义。

2. 碳污协同

在碳达峰碳中和的大背景下，中国持续加强温室气体和大气污染物排放协同控制、加强细颗粒物和臭氧协同控制。在污染治理方面，传统工业行业和污染排放部门的末端治理减排潜力已基本挖掘殆尽，非电行业深度治理、挥发性有机物治理、移动源排放管控以及农村清洁取暖等措施有望继续发挥较为重要的作用，尤其是对于挥发性有机物和氨气等排放量尚未进入明显下降区间的污染物应进一步采取有效减排治理措施，推进相关领域减污降碳协同增效。

大气污染治理政策的实施，具有减污降碳协同效益。从全国尺度来看（图 4-9），2015—2020 年，中国工业部门 CO_2 减排与 $PM_{2.5}$ 污染改善呈现正协同效应，表明"十三五"期间工业部门的能源结构、产业结构调整措施成效显著。相反，电力供热部门碳减排与 $PM_{2.5}$ 改善呈显著负效应，这是由于"十三五"期间煤电规模持续增长，推动电力行业碳排放不断增加，而电力行业污染物超低排放改造则推动了 $PM_{2.5}$ 浓度下

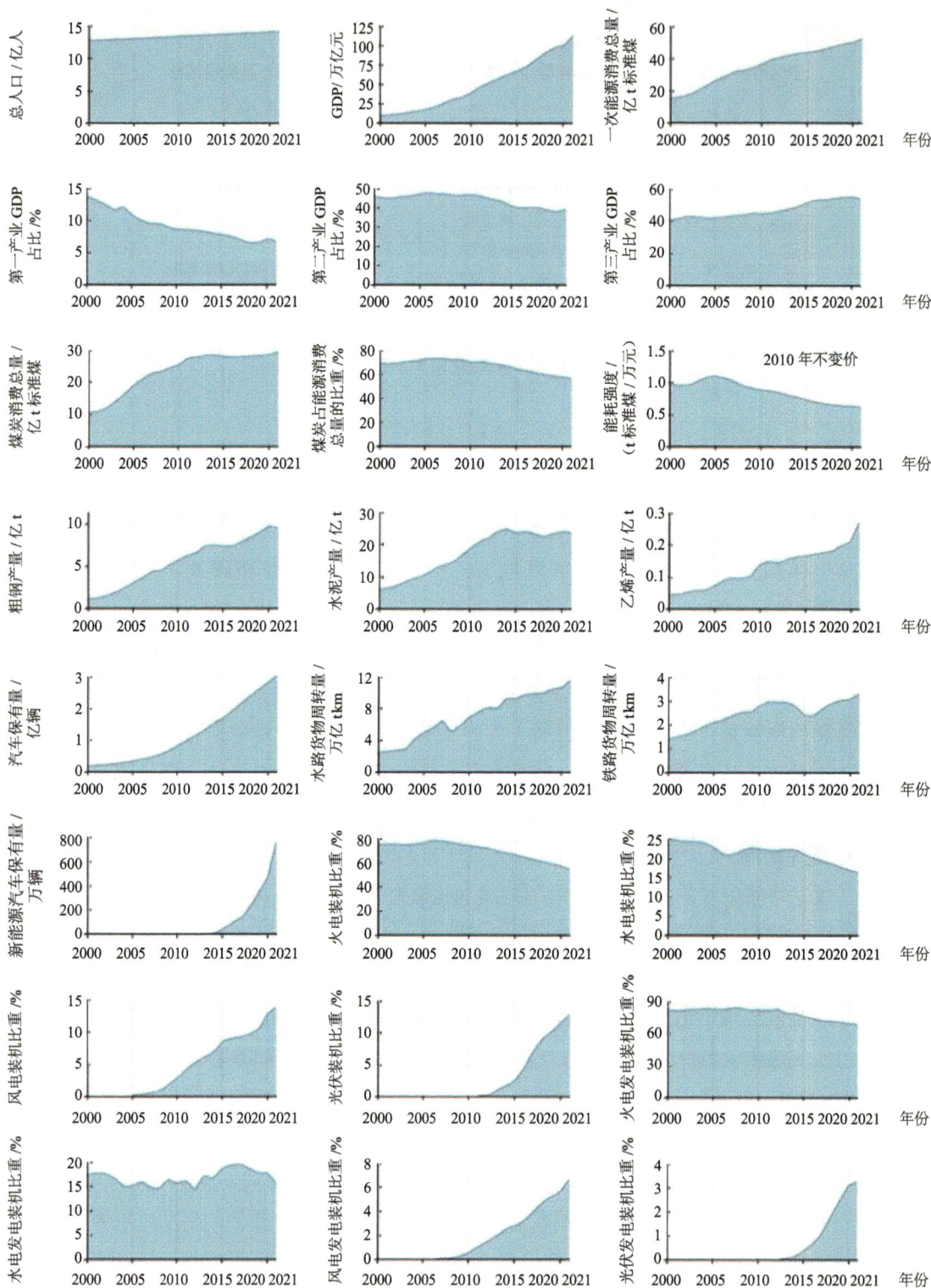

图 4-8 **2000—2021 年中国结构转型进展**

降。随着电力行业污染末端控制的深度推进，未来碳与污染物协同减排潜力相对有限，而供热部门污染治理仍有较大空间，结构调整的协同减排潜力有待大幅释放。

对交通、民用部门而言，虽然"十三五"期间所采取的结构调整、散煤治理等转型措施初见成效，但 CO_2 排放总体仍呈增长态势，小幅增长 8%；除结构调整措施外，机动车排放标准升级、"车油路一体化"等末端治理措施的实施，使同期 $PM_{2.5}$ 浓度降低 22% ~ 23%。交通、民用部门下阶段的结构转型仍有较大的协同减排潜力。

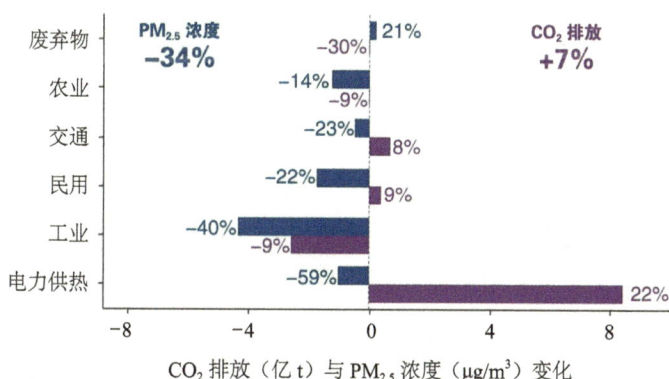

图 4-9　2015—2020 年中国 CO_2 排放与 $PM_{2.5}$ 污染协同控制情况

3. 空气质量

中国减污降碳的成效充分体现在了空气质量改善过程中（图 4-10）。2021 年，全国 339 个地级及以上城市和京津冀及周边、汾渭平原、长三角地区、成渝地区、珠三角地区五个重点区域的污染物浓度相比 2020 年均有所下降，其中 SO_2 和 NO_2 的区域年平均值全面低于国家一级标准（年均浓度：$SO_2 \leq 20\,\mu g/m^3$；$NO_2 \leq 40\,\mu g/m^3$）。除汾渭平原外，O_3 区域年平均值也低于国家二级标准（O_3 日 8 小时滑动平均最大值第 90 百分位数 $\leq 160\,\mu g/m^3$）。但是，$PM_{2.5}$ 在较多地区还未达标（年均浓度：$PM_{2.5} > 35\,\mu g/m^3$）。

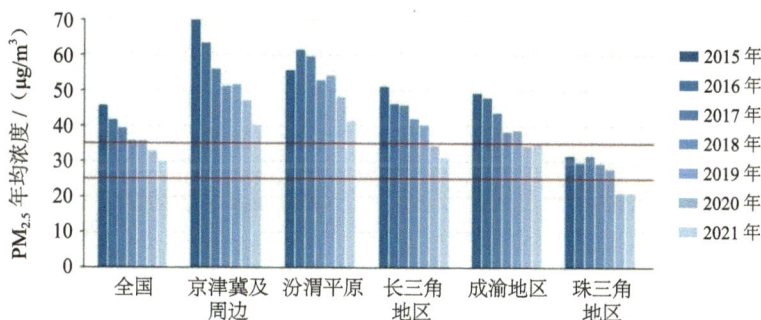

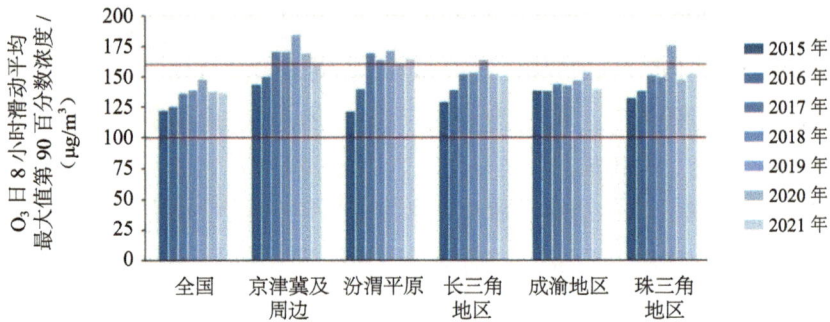

图 4-10　2015—2021 年中国及其重点区域 PM$_{2.5}$、O$_3$ 浓度变化

4. 健康效益

碳中和目标将给能源结构和技术更迭带来深刻变革，进而显著改善空气质量，提高健康水平。得益于空气质量的改善，中国 PM$_{2.5}$ 长期和短期暴露水平持续下降，相关的成人过早死亡人数显著降低（图 4-11）。2021 年中国 PM$_{2.5}$ 长期和短期暴露相关的成人过早死亡人数分别为 121 万人和 6 万人，2017—2021 年下降幅度分别为 23.9% 和 26.2%，均大于 2013—2017 年的下降幅度（长期 9.1%；短期 25.2%），尤其是 PM$_{2.5}$ 长期暴露相关过早死亡人数的下降增速明显，除了暴露水平持续提高，还可能的原因包括：① PM$_{2.5}$ 长期暴露反应关系在低浓度段更为陡峭，相较于高浓度水平，在中低浓度水平基础上的同等暴露改善的边际效益更大；② 人口老龄化增加了整体人群对于 PM$_{2.5}$ 的易感性，一定程度上放大了 PM$_{2.5}$ 对健康的影响。

部分研究表明 O$_3$ 暴露的健康危害独立于 PM$_{2.5}$ 暴露的健康危害，由于 O$_3$ 暴露水平的增加，导致其成为危害中国公共健康的主要大气污染物之一。2021 年 O$_3$ 长期和短期暴露相关的成人过早死亡人数分别为 13 万人和 8 万人；相较于 2019—2021 年 O$_3$ 长期、短期暴露相关死亡人数均呈现下降趋势。比较发现，O$_3$ 短期暴露相关的过早死亡人数较 PM$_{2.5}$ 更高，即使考虑不确定性，也与 PM$_{2.5}$ 处于同等水平。

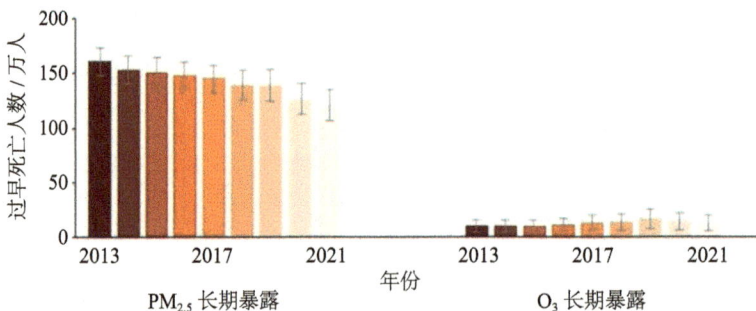

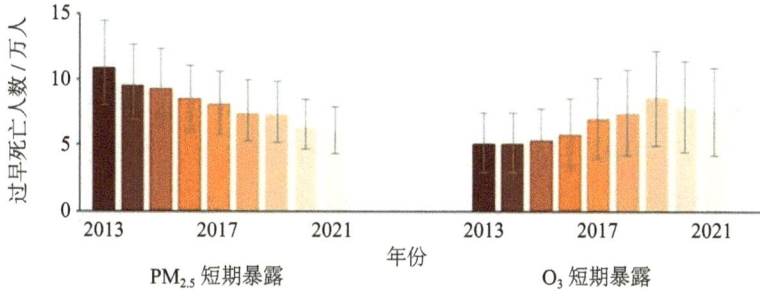

图 4-11　2013—2021 年中国归因于 $PM_{2.5}$ 和 O_3 暴露的成人过早死亡人数 [1]

5. 地方实践

　　尽管中国减污降碳工作取得了一定成效，但仍存在较大的提升空间。基于环境空气质量监测数据和 CO_2 排放清单数据，分析了中国 335 个地级及以上城市 2015—2020 年 $PM_{2.5}$ 浓度和 CO_2 排放量的协同变化趋势（图 4-12）。结果显示，2015—2020 年仅有 105 个城市实现了 $PM_{2.5}$ 年均浓度和 CO_2 排放量协同下降，占城市总数的 31.3%。这些城市的 $PM_{2.5}$ 年均浓度平均下降了 29%，CO_2 排放量平均减少了 23%，二者降幅相对 2015—2019 年的变化均有所增加。相反地，共有 17 个城市的 $PM_{2.5}$ 年均浓度和 CO_2 排放量同步升高，占城市总数的 5.1%。研究发现，2015—2020 年大部分城市 $PM_{2.5}$ 浓度和 CO_2 排放量未能实现协同下降，减污降碳协同增效工作亟须在城市层面进一步推进。

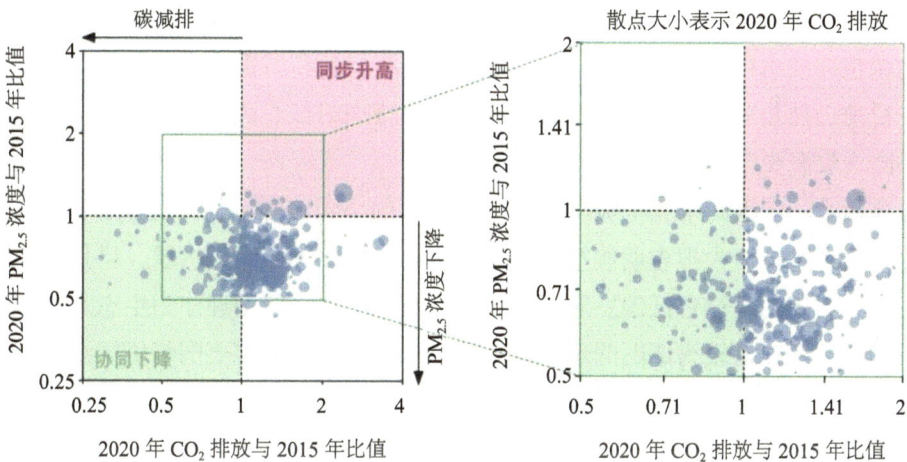

图 4-12　城市尺度 $PM_{2.5}$ 年均浓度和 CO_2 排放量变化情况比较

---

1 https://pubs.acs.org/doi/10.1021/acs.est.1c04548.

（三）政策建议

实现减污降碳协同增效正在成为促进经济社会发展全面绿色转型的总抓手。进入"十四五"时期之后，在新发展理念的指引下，生态环境保护领域的战略规划和具体政策都逐渐将大气污染防治与温室气体减排工作进行协调统筹。

在国家层面，2021年出台的"十四五"规划以及中共中央关于碳达峰碳中和和打赢污染防治攻坚战的意见，均体现出减污和降碳相互交融、相互协同的新要求，为如何以降碳为引领推动经济社会发展全面绿色转型、强化多污染物与温室气体协同控制，如何以减污为重要手段促进降碳目标实现提供了方向和指引。在此基础上，生态环境部门围绕减污降碳协同，在环评、监测、监管、统计等领域采取行动，完善既有的管理制度，推动将碳排放管理需求融入生态环境管理制度中，协同治理体系逐步构建完善。

在市场机制方面，碳排放权交易市场取得突破性进展。2021年，全国碳排放权交易市场第一个履约周期顺利收官；温室气体自愿减排交易进一步推动；上海、北京、深圳、湖北、广东等地结合地方碳市场试点积极开展碳金融产品创新探索，气候投融资试点工作正式启动。结合国家目标和自身基础，以青岛、成都等为代表的城市在颁布实施温室气体减排和大气污染治理协同相关行动计划、推动大气污染物排放清单和温室气体排放清单融合等方面开展了创新性的工作，取得新的进展和成效。

综上所述，在社会管理层面，中国已经开始主动构建减污降碳相互促进、协同增效的管理制度和政策体系；在技术应用层面，有利于能源、产业、交通等结构向低碳化、绿色化调整的技术得到加速应用。然而，快速经济增长和城镇化带来的能源消费增长需求在目前仍然是驱动中国二氧化碳排放量持续增加的核心因素，也是中国实现减污降碳协同增效需要应对的最大挑战。

总体而言，中国尚未完全实现污染物与CO_2的协同减排，亟待实施更多富有针对性的政策。中共二十大报告明确指出，"协同推进降碳、减污、扩绿、增长，推进生态优先、节约集约、绿色低碳发展"。然而，减污降碳协同治理作为生态文明建设领域的新理念，还缺乏较为成熟的理论体系和技术方法，迫切需要围绕协同治理开展科学与技术研究，加快探索协同增效内在机制、实施路径、治理技术和政策创新。未来中国碳中和与清洁空气协同的机制，应持续调整优化能源、产业、交通、用地四大结构，加快推动末端治理转向源头治理，通过应对气候变化降低碳排放，进而从根本上解决环境污染问题。具体而言，应注重以下四个方面。

（1）继续调整能源结构。控制化石能源消费总量，推动煤炭清洁高效利用，推进燃煤机组升级改造，推广大型燃煤电厂热电联产改造。积极发展非化石能源，大力发展风能、光伏和太阳能等可再生能源发电。继续实施散煤双代改造，严控农村散煤复燃。

（2）深化调整产业结构。遏制"两高"项目盲目发展，淘汰落后产能，化解过剩产能，确保"散乱污"企业的动态清零。加快实施电力、钢铁和水泥等重点行业的节能改造升级和污染物深度治理。开展 VOCs 综合治理，实施原辅材料和产品源头替代工程。

（3）积极调整交通结构。更新机动车车队构成，淘汰高排放老旧车辆，推广新能源或清洁能源车辆。构建高效集约的物流体系，加快大宗货物和中长途货物运输"公转铁"和"公转水"，大力发展多式联运。加强非道路移动源管控，淘汰老旧工程机械。

（4）稳步调整用地结构。优化肥料和饲料使用，推进农药化肥减量增效，推动规模养殖场污染治理和畜禽粪污资源化利用。提升秸秆综合利用水平，强化秸秆焚烧整治。引导重点行业向环境容量充足和扩散条件较好的区域布局，实施重点企业退城搬迁。

四、煤电减退：减污降碳协同增效必由之路

燃煤发电是全球（包括中国在内）的电力行业的主要空气污染和温室气体排放源。在减少空气污染方面有成熟的技术选择，其中许多技术今天已经在较新的燃煤电厂中得到应用：针对二氧化硫的烟气脱硫，针对氮氧化物的选择性催化还原（SCR），针对细颗粒物和汞控制的袋式除尘装置。新的技术正在开发中，以捕获和永久封存化石燃料发电厂的碳排放。根据全球碳捕获与封存（CCS）研究所的数据，截至 2021 年，全世界大约有 21 个大规模的 CCS 设施在运行[9]，包括在中国的 4 个项目。

污染标准要求新电厂采用先进的减污技术和效率标准，这是一种最佳做法，在中国、美国和欧洲已经取得了显著的污染减排效果。总的来说，自 2005 年以来，中国对新的和现有的燃煤电厂的污染控制标准使电力部门的 NO_x 减少了 81%，SO_2 减少了 77%，$PM_{2.5}$ 减少了 80%，尽管同期的煤炭发电量增加了 117%[10]。美国在 1990—2021 年取得了类似的进展，发电厂的 SO_2 年排放量下降了 94%，NO_x 年排放量下降了 88%[11]。

中美都显示了电厂污染控制在改善公众健康和空气质量方面的有效性，但美国在减少温室气体排放方面取得了更大的进展，这是因为三个因素：来自清洁资源的经济竞争、州温室气体和清洁能源标准以及煤炭污染标准。这些因素结合在一起，极大地

减少了煤炭在美国电力部门的占比，并带来了巨大的减污降碳的共同利益。自 2011 年以来，美国的煤电已经下降了 50% 以上。

今天，对中国和美国来说，限制传统污染和温室气体排放的第一条和最具成本效益的途径是用无碳的可再生能源和储能来迅速取代煤炭。目前，美国的煤炭发电量占地不到 20%，而且还在快速下降，到 21 世纪末，煤炭发电量将可能接近零。中国有机会学习美国和其他国家的经验，同时继续关注电力部门的改革，促进调度最有效、最清洁的资源，并加强系统的能源安全。

（一）中国煤电现状及淘汰风险概述

1. 中国的煤电现状

中国的电力系统仍然高度依赖煤炭。在"十三五"和"十四五"期间，中国的煤炭消费总量从快速增长阶段逐步过渡到平稳阶段[12]。通过淘汰落后产能和实施超低排放标准等手段，煤电在节能减排方面取得了可喜的进展。中国拥有世界上最大的燃煤发电基础设施，总装机容量超过其他国家的总和（2021 年为 1 110 GW）[13]。截至 2020 年，中国的电力部门消耗了 21 亿 t 煤，占全国煤炭消费总量的 50%。在此背景下，中国的燃煤发电行业并没有停止其新建的步伐。尽管 2020 年中国淘汰 8.6 GW 的煤电，但新增的煤电装机容量达到了 29.8 GW[14]。煤电基础设施的快速发展导致中国现有燃煤发电厂的平均投运时间较短，其中超过 75% 的燃煤发电厂在 2020 年的运行时间不到 15 年[15]。煤电的扩张带来了更高的资产搁浅风险，阻碍了中国为实现碳中和目标而建设现代电力系统的进程。

煤电的清洁发展不能掩盖燃煤发电对气候目标的威胁。煤电是中国主要的人为排放源之一，自清洁空气行动实施以来，煤电的污染物排放得到了有效控制。图 4-13 展示了在 2005—2020 年，中国煤电行业在煤炭使用量增加的背景下，通过严格的污染物控制标准实现了大幅减排。至 2020 年，中国的煤电贡献了 120 万 tSO_2、300 万 tNO_x 和 20 万 $tPM_{2.5}$，远低于 2015 年的排放水平[16]。但与此同时，中国的煤电仍排放二氧化碳 35.1 亿 t，占全国人为源碳排放的 35%[17]，仍在威胁着中国兑现气候目标的承诺。随着末端治理的深入，中国电力行业末端治理减排潜力正在逐步缩小，必须寻求新的路径以促进温室气体和污染物的协同减排。在当前气候目标和公众健康的共同挑战下，扭转电力系统对煤炭的依赖是中国缓解温室气体排放和进一步改善当地空气质量的必然选择。

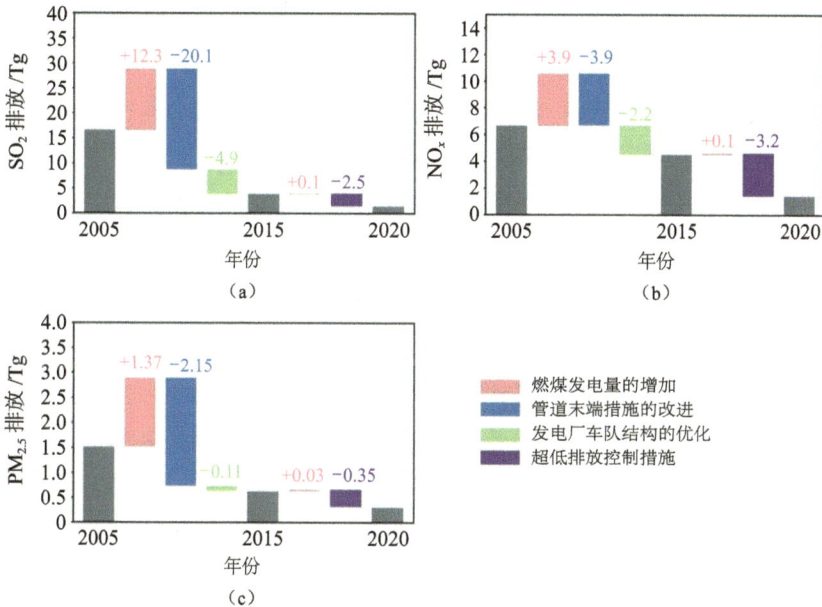

图 4-13 电厂相关法规大幅度减少了电厂排放 [10]

2. 煤电淘汰的必要性和风险

现有燃煤电厂碳排放锁定效应阻碍了中国 2030 年前碳达峰和 2060 年前碳中和目标的实现 [18-19]。据估计,全球现有和拟建电厂(包括煤电厂)碳排放锁定效应高达 846 Gt,这一数字超过了《巴黎协定》1.5℃预算的限额(420 ～ 580 $GtCO_2$),并且约占 2℃目标下限(1 170 ～ 1 500 $GtCO_2$)的 70% [20]。虽然新兴的负排放技术(如碳捕集与封存、直接空气捕集、植树造林、风化和直接海洋捕集与碳封存)可能具有巨大的碳减排潜力 [21],但由于未来技术成本变化的巨大不确定性,上述技术能在多大程度上抵消燃煤电厂的碳排放仍不清楚 [22-23]。相关文献预测,2050 年全球生物质能 + 碳封存技术的负排放潜力可达生物质能结合碳捕获与封存(BECCS)0.5 ～ 5 $GtCO_2$,直接空气捕捉 + 碳封存技术的负排放潜力为每年直接空气捕捉 + 碳封存(DACCS)0.5 ～ 5 $GtCO_2$,植树造林的负排放潜力可达每年 0.5 ～ 3.6 $GtCO_2$,生物炭固碳潜力为每年 0.5 ～ 2 $GtCO_2$ [22]。如果风能和太阳能等清洁的可再生能源无法取代燃煤和其他化石燃料,以燃煤发电为主的能源结构维持不变,仅依靠负排放技术,预计将无法实现《巴黎协定》气候目标 [22]。

除了二氧化碳排放,燃煤发电厂的大气污染物排放预计将造成大量的过早死亡,并阻碍联合国可持续发展目标的良好健康和福祉的实现,尽管未来将广泛部署末端控制技术，燃煤发电厂的健康负担仍将很难消除[24-25]。据估计，2010 年全球与 $PM_{2.5}$ 暴露有关的过早死亡人数大约有 730 万人，其中约 12%（861 300 人）是由使用煤炭、天然气、石油和生物质的火力发电厂的排放造成的[25]。如果燃煤发电厂按照历史路径逐步减退，电厂的末端控制较为薄弱，在代表性浓度路径（RCP）1.9 和 RCP 6.0 的气候缓解情景下，每年与 $PM_{2.5}$ 暴露有关的死亡人数均将高达 100 万人[20]。就中国而言，2018 年燃煤发电排放相关的过早死亡人数达到 159 200 人，占全球火电 $PM_{2.5}$ 污染相关过早死亡人数的 10% 以上[25]。因此，应对这些挑战的最可行和最具成本竞争力的战略是迅速淘汰目前的燃煤发电厂，并提高清洁可再生能源的渗透率，尽管在失业、能源安全和搁浅资产方面存在潜在风险[26-27]。

此外，燃煤发电厂的减退会影响能源安全。2020 年中国的总用电量高达 7 779.1 TW·h，其中 63.2% 由燃煤发电贡献（4 917.7 TW·h）[28]。虽然在 2℃ 和 1.5℃ 的气候目标下，中国总发电量预计到 2050 年将分别达到 12 500 TW·h 和 14 500 TW·h，但燃煤发电的比例将逐渐减少，甚至将低于 800 TW·h[26]。由于可再生能源的稳定性和可靠性受到日常和季节性周期的影响较大，在燃煤发电的淘汰过程中，若不能妥善处理能源衔接问题，将对能源系统的安全构成潜在风险[29]。此外，由于运营时间相对较短（平均运营时间不到 15 年），燃煤淘汰将导致中国大量搁浅的资产损失。以往研究[30]表明，为了实现《巴黎协定》2℃ 气候目标，预计到 2035 年，全世界化石燃料的累积搁浅资产将达到 1 万亿～ 4 万亿美元（相当于 2016 年全球 GDP 的 10% 左右）折现财富损失。与发达国家的燃煤电厂通常已运行 30 年以上相比[19]，由于中国的电厂机组比较年轻，煤电淘汰的常备资产和宏观经济影响会大得多。

（二）美国退煤经验：迅速减少燃煤发电量与改善负担得起的、可靠的电网齐头并进

1. 美国监管燃煤电厂空气污染的经验

2005 年，燃煤发电占美国发电量的一半。2022 年，这一比例下降到 19%，被天然气、可再生能源和更高的能源生产力所取代（图 4-14）。自 2005 年以来，这种煤电递减的趋势一直是美国温室气体减排的主要原因，它是三个主要因素的结果：燃煤电厂严格的污染标准、州清洁能源政策，以及燃料转向更便宜的天然气、风能和太阳能。

美国国家环保局（EPA）是燃煤发电厂大气污染和温室气体排放的主要监管者。EPA 制定基于健康的空气质量标准，然后制定技术强制标准以帮助达到这些空气质量标准。EPA 还颁布标准，以减少燃煤发电厂的水污染，包括与煤灰和洗涤器废弃物处

置有关的污染。除 EPA 为发电厂制定国家标准外，各州也被授权确保在本州范围内达到空气和水质量标准。在要求发电厂达到特定的性能标准之前，EPA 必须进行成本效益分析。

图 4-14　相对于 2005 年，由于电力发电燃料组合变化带来的 CO_2 减排

资料来源：2022 年 10 月美国能源信息管理局（EIA）发布的《月度能源审查》中的表 7.2a［发电净额：总量（所有部分）］及表 7.3c（选定可燃燃料发电的消耗量：商业部门和工业部门）。

在过去的 20 年里，EPA 一直在提高对新的和现有的燃煤发电厂的污染标准的严格程度。这些标准已经将污染成本内部化，并导致数百家煤电厂退役或宣布在 10 年内退役。自从 EPA 在 2015 年对需要 CCS 的新燃煤发电厂采用温室气体标准以来，没有新的燃煤发电厂破土动工，所有的电厂投资都在风能、太阳能、储能和天然气方面。2023 年 5 月，美国宣布了新的二氧化碳污染标准，要求所有在 2035 年之后继续运行的现有燃煤发电厂必须安装捕获率高达 90% 的碳捕获与封存（CCS）系统。对于类似的基载天然气发电厂，标准则要求必须实现 90% 的碳捕获与封存，或者掺入氢气比例达到 96%。

在过去 10 年中，一些燃煤发电厂已经采取了主要的新污染控制措施，而另一些煤电厂则选择了退役，以更清洁的发电方式取代。图 4-15 显示了 2005—2019 年燃煤发电厂安装的针对 SO_x、NO_x、PM 和汞的污染控制设施及退役产能情况。因此，自 2005 年以来，受管制燃煤发电厂的平均账面价值翻了一番，这意味着与 15 年前相比，现在有更高的资本资产价值需要支付。这些控制措施可以在比过去更短的时间内摊销，从而为在未来 10 年内退役的电厂保留了大门。鉴于美国的政策是在 2035 年之前停止使用持续增长的煤炭，对消费者来说，更好的结果几乎都是退役而不是改造这些电厂。

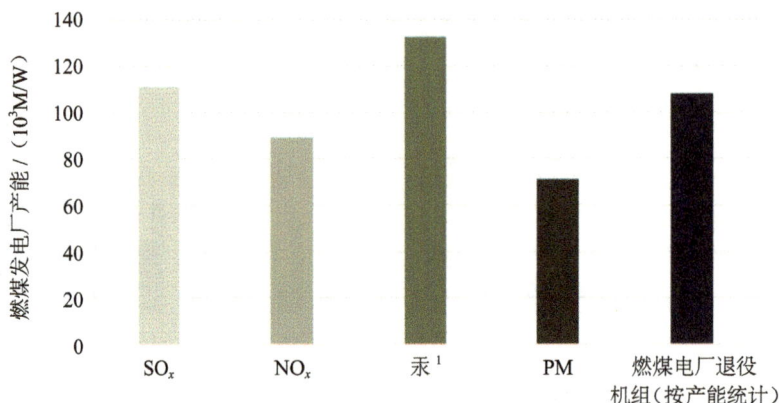

图 4-15 2005—2019 年美国燃煤发电厂安装的污染控制设施及退役产能情况

注：1. 安装了除汞设施的燃煤电厂机组（按产能统计）。
资料来源：EPA 国家电力能源数据系统数据库。

归根结底，对于温室气体排放和污染来说，重要的是每单位电力的污染率和燃烧的化石燃料总量。美国学术机构和能源创新公司的建模研究认为，到 2030 年消除煤炭是实现美国 2030 年国家自主贡献（NDC）的一个具有成本效益的途径。为了实现这一目标，美国正在依靠三个主要行动：①EPA 的新一轮额外污染标准，包括现有天然气和煤炭的碳标准；②联邦对清洁能源和储能的新激励措施，使清洁能源在大多数情况下比煤炭和天然气更便宜；③州清洁能源政策。

综上所述，我们从美国的经验中提出四点启示。

（1）当市场施加经济压力，要求减少发电量、改用清洁燃料或使电厂退役时，对现有燃煤发电厂的污染进行监管可以产生巨大的温室气体共同效益。监管温室气体排放也可以带来巨大的污染减排共同利益，但在美国这样做的经验有限。

（2）减少化石电厂污染的最低成本解决情况绝大多数是转向零碳电厂、电池储能、需求侧管理和输电投资的组合。

（3）美国在 10 年的时间里将煤炭在发电中的份额从 50% 降至不到 20%，同时保持了可靠的、可负担的电力系统。

（4）电厂可以通过制定长期的电力部门碳目标来管理资产搁浅的风险，并确保对现有电厂的所有新投资——用于污染控制或其他方面——在符合碳减排目标的时期内摊销，包括拜登承诺的到 2035 年实现 100% 清洁电力。

2. 挑战和政策选择

在中国和美国，零碳发电和煤电之间的电厂成本动态是相似的——根据国际可再生能源机构的数据，中国最近的风能、太阳能和储能成本下降意味着新的风能和太阳能发电比现有的平均燃煤发电厂更便宜。然而，中国的市场体系与美国截然不同。经济调度仍在不断发展，因此对污染的监管不一定会像美国那样具有减少温室气体的共同效益，在美国，较高的成本使效率较低的燃煤发电厂更难竞争，并迫使一些老的燃煤发电厂退役。在中国，改善经济调度可以成为一项减少温室气体的政策，因为更高效、更清洁的电厂将更多地运行，而带来更多污染的燃煤发电厂将减少运行。同样，将经济调度的地理范围从省级扩大到区域，可以降低成本，减少可再生能源的弃电，解决仍在增长的电力部门的排放问题将有助于在 2030 年前达到碳峰值。

由于严格的污染标准和严格的效率要求已经到位，中国电力部门未来的温室气体减排必须来自燃料转换、CCS 改造或两者兼而有之。借鉴美国对特定污染物监管的脱节做法，中国有机会颁布整个行业的温室气体排放标准，允许各级地方政府灵活选择最优化的其他公共政策和可靠性目标的技术。例如，美国对现有燃煤发电厂提出的二氧化碳标准允许各州在退役、CCS 或燃气共烧之间进行选择。对现有燃气电厂的类似要求将允许大型基荷燃气电厂的业主在 CCS 改造、氢气混合或较低的容量系数之间做出选择，以符合要求。中国化石燃料发电厂的类似标准可以与省级和国家级清洁能源产能目标并存。

现在制定与中国碳目标相一致的标准，也有助于为中国燃煤发电厂的持续扩张划定一些界限，从而有助于避免资产搁浅或未来产生更高成本。增加一个燃煤发电厂可能意味着增加发电量——一旦建成，它至少可以持续 20～30 年。中国明智的做法是避免发生类似美国不经济的煤炭机组和天然气发电及基础设施所面临的迫在眉睫的资产搁浅问题。电力部门的温室气体排放标准可以帮助促进现在的燃料转换，并促进对清洁能源资源的考察，提供与新燃煤发电厂类似的可靠性价值。在绝对必要的情况下，燃煤发电厂的产能可以增加，但温室气体标准将对未减产的煤的利用施加限制，并促使低效的工厂减少运行。

可靠性是关键——煤炭仍然具有很高的可靠性和能源安全价值。但随着可负担的电网规模的电池储能的出现，清洁能源资源现已能够提供重要的可靠性服务。劳伦斯伯克利国家实验室最近的一项研究表明,不需要新的煤炭来维持一个可靠的电力系统,即使在研究的主要场景中，中国的清洁电力达到 80%，负荷增长 60%[31]，可再生能源和核能提供绝大部分的基荷电源，现有的 1 100 GW 煤电机组和数百吉瓦的电池储能与抽水蓄能共同作为调节性电源（图 4-16）。

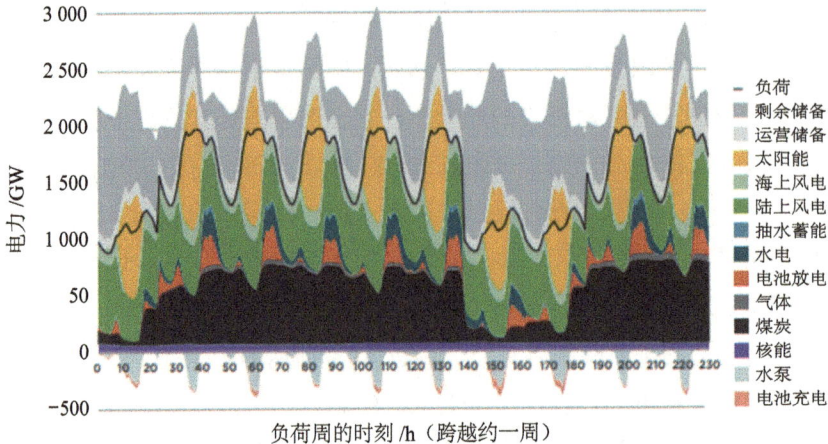

图 4-16　在 2035 年 80% 的清洁电力系统中，夏季最高净负荷周的国家系统调度，10% 的电力需求尖峰 [31]

中国可以通过专注于向无碳来源的燃料转换，而不是通过更多的化石投资来推迟转型，从而跨越美国的步伐。针对整个电力系统的温室气体排放标准能够最大限度地提高灵活性和成本效益。由于竞争性市场仍在发展中，限制了效率对煤炭和可再生能源调度的影响，因此，保持对温室气体标准的额外关注将对实现污染和温室气体减排的共同效益至关重要。

总的来说，政策将是电力部门减污降碳的关键。一个关键的政策将是建立燃煤发电厂或整个行业的温室气体排放标准，允许电厂经营者和各级地方政府灵活地使用哪些技术来减少排放。由于中国可再生能源的经济性非常有利，而且有了新的更清洁的选择来提高可靠性，有可能会迅速减少燃煤发电，增加对可再生能源的投资，并更快地实现温室气体和污染减排的目标。

一些补充政策也将是实现这些目标的关键，同时保持可靠性并提高可负担的电力。

• 在全国范围内实施经济调度，以奖励更高的电厂效率，减少可再生能源的弃电，并促进经济的可再生能源和储能项目与现有的煤炭发电项目竞争。

• 进一步扩大电力系统的可靠性义务，从省级规模到区域规模，建立试点项目并积累经验。这将提高可再生能源的可靠性价值，改善输电规划，并为提高效率和加快可再生能源部署创造更多机会。

- 制定更新、更有雄心的清洁能源部署标准，包括电池储能部署目标，以帮助中国继续占据不断增长的清洁能源份额。
- 改变市场结构，向燃煤发电厂支付可靠性服务的费用，同时要求他们进行经济的调度。考虑开发可靠性储能产品，作为支持可变可再生能源的可靠性措施，直到对可靠系统运行的信心增强。
- 继续加强对高可再生能源系统可靠性的研究。与其他国家的主要电网运营商合作，实施最佳实践建模，以更好地比较所有类型资源的可靠性贡献。
- 投资研究可调度的清洁能源资源，如先进的地热、先进的核电、氢能、长时储能和需求管理，以取代煤炭机组的产能价值。

（三）煤电退役协同效益及靶向退役路径设计

1. 将健康协同效益纳入煤电退役的决策中

中国煤电的提前退出路径具有高度的不确定性，需要谨慎规划。由于现有煤电基础设施规模巨大和较短的投运时间，煤电机组的提前退出将面临巨大的风险。目前，煤电淘汰政策主要针对小容量、不达标的发电机组和自备电厂，沿用当前煤电淘汰策略很有可能错过了碳减排协同效益最大化的机会窗口，政策制定者在设计战略时应考虑更多因素。

煤电退出的首要目的是减缓气候变化，同时也会削减大气污染物的排放，显著改善空气质量并带来可观的健康协同效益，有必要将煤电提前退出的健康协同效益纳入气候政策的决策中。从历史来看，中国煤电机组结构优化使 2005—2015 年人口加权平均 $PM_{2.5}$ 浓度降低了 2.1 μg/m³[10]。未来，随着人口老龄化的加剧，中国煤电污染物排放对健康造成的负担将进一步加重[32]。因此，保护公众健康应作为煤电提前退出的出发点，以协同治理气候变化和空气污染。针对中国电力系统脱碳路径的相关分析指出，煤电退役带来的区域健康协同效益极有可能会抵消甚至超过气候变化减缓政策的执行成本[32-33]。在实现自主贡献目标的路径中，中国电力行业的碳减排措施可以在 2050 年避免超过 36 万例的过早死亡，其健康协同效益将高达减排政策实施成本的 3 ～ 9 倍[34]。

值得注意的是，煤炭退出的健康协同效益在设备间有很大的差异[35]。在设计煤炭退出途径时，应考虑设施层面协同效益的异质性。针对高污染机组的靶向退役战略可以大大减轻对健康造成的负担[25]。因此，将设施层面的健康协同效益评估纳入煤电退出的政策设计中，在保护中国的公众健康、减缓提前退役的风险和实现效益最大化等方面具有重要参考意义。

除健康协同效益外，煤电提前退出对缓解水资源短缺、生态保护等方面也有积极影响[36-37]。在1.5℃温控目标和更严格的碳减排目标约束下，煤电的退役将会大大缓解中国大部分流域的水资源压力[38]。此外，煤电淘汰将减少冷却废水中的热量排放，减少对河流、湖泊等水生生物栖息地的热污染[39]。

2. 燃煤电厂靶向退役路径设计

设施层面的煤电退出评估分析符合中国当前的精细化治理原则。为了探索煤电退出的最佳路径，有必要从设施层面量化协同效益潜力，靶向淘汰高污染电厂，为中国煤电退出时实现成本最小化和效益最大化提供科学支持。现有研究已经基于各类评估模型，如多目标优化、化学运输模型和成本效益分析，对煤电未来退役路径进行了探索[26,29,38]。

从技术、经济和环境影响三个维度出发构建综合指标以制定各电厂的退役优先级，被识别为优先淘汰的煤电机组占中国煤电装机容量的20%[26]。这些优先淘汰的机组主要集中分布在中国中部和东部人口密集的高污染地区，具有规模小、寿命长、设备陈旧等特点。为了实现1.5℃温控目标，当务之急是停止煤电基础设施建设，并迅速淘汰这些表现较差的电厂。对于其他现有的燃煤发电厂，其平均寿命应进一步缩短到20年，或者将煤电年均运行小时数从2020年的4 350小时逐步减少到2030年的3 750小时。

煤电退役路径的健康协同效益高度依赖于策略的选择。相同碳减排量所带来的污染物减排量和健康协同效益因电厂机组的位置分布和技术属性而有很大的不同[19]。例如，2010年0.8%煤电装机容量（333台）产生了中国煤电全部$PM_{2.5}$排放量的16%。同样，碳排放量占比为5%的燃煤发电机组可以不成比例地造成40%以上的健康负担[35]。在相同的气候—能源和清洁空气途径下，针对高污染机组的提前退役策略可以在中国避免数百万人的过早死亡，从而大幅减少对健康造成的负担[25]。在中国有雄心的气候目标下，实施靶向退役和污染控制策略，能够在2030年避免近8万人因电厂污染物排放而过早死亡。

为了减缓煤电退出带来的风险并深化脱碳进程，另一项研究在设备级电厂数据库和资源空间信息的基础上，探索了基于生物质掺烧及碳捕获与封存技术的中国煤电改造路径[40]。在生物质资源充足、混燃技术取得重大突破的路径下，基于生物质掺烧及碳捕获与封存技术的煤电改造方案有望帮助中国的电力行业在短时间内实现净零排放甚至负排放的目标，至2060年累计负碳量将高达10.32 Gt。

尽管上述煤电退役路径分析存在不确定性，但以上分析为中国电力系统摆脱对煤炭的依赖提供了创新思路和宝贵参考。然而，设计煤电淘汰路径仍然是一项复杂的工作，当前关于煤电退役的系统性分析仍相对薄弱。仍需解析当前和未来煤电需求增长的驱动力，探索扭转煤电发展趋势的可能性和关键因素；并从资产搁浅、资源禀赋、环境影响、社会公平和能源安全等多个角度构建煤电退役综合评估框架，为政策决策者提供多视角的定量分析方案。

此外，煤电退役并非电力行业减污降碳协同增效的唯一手段，仍需从源头控制、过程控制、末端治理等角度统筹耦合其他火电行业减污降碳措施。积极发展风光、生物质、绿氨等新能源发电技术，塑造低碳清洁安全新型电力系统。全面完成燃煤机组的超低排放改造，大力推进"三改联动"，实施存量煤电节能改造、供热改造、灵活性改造，平稳过渡到以降碳带动减污的火电发展新阶段。

（四）煤电淘汰的政策建议

实现中国能源系统的深化脱碳和稳定转型，需加强顶层设计，将能源安全、资产搁浅和社会公平纳入煤电淘汰政策。保障能源系统的安全需要保证煤电的有序退役，使剩余的电厂有能力满足高峰负荷的需求，防止出现大面积停电的事故。事实证明，过于激进的燃煤发电逐步淘汰可能导致潜在的电力供应短缺，特别是在风能和太阳能发电量急剧下降的极端天气期间[41]。如果可调度的能源发电机和储能不能提供足够的灵活电力，就会引发大面积停电事件，造成巨大的经济损失和社会问题[41]。

此外，中国大部分燃煤发电厂的运行年限不超过 15 年，这些燃煤发电厂比欧盟、澳大利亚和美国等发达国家（地区）的燃煤发电厂年轻得多[20]。因此，不考虑搁浅资产的快速退役政策将造成巨大资本损失[42]。此外，燃煤发电厂的潜在经济和社会损失可能会在不同的利益相关者、群体和地区之间存在巨大的差异，对于经济发展和就业严重依赖燃煤发电相关产业的地区可能会造成更为严峻的挑战[30, 43]。因此，未来的燃煤发电厂淘汰战略需要考虑社会公平，特别是对利益相关者的生计，尽管燃煤发电厂的退役对气候减缓有全球性的影响[44]。

此外，建议加快现有燃煤发电厂的灵活性改造，增强为不稳定的风能和太阳能出力的调峰装机容量。预计 2035 年后，太阳能和风能等可再生能源将在电力系统中占主导地位，届时一半以上的电力需求将由太阳能、风能和水力发电来满足，从而提高电力系统的脱碳程度[26]。随着中国低碳能源转型的推进，燃煤发电的角色将从支撑性电源转变为调节性的备用电源，以适应在不断变化的气候背景下来自风能和太阳能的间歇性电力供应的调峰需求[45]。然而，为波动的可再生能源电力供应充当峰值负荷调节器的燃煤发电厂将导致运营成本、温室气体和空气污染物排放的增加[46]。对于充当峰值负荷调节器角色的燃煤发电厂而言，长期低负荷的运行将导致单位发电量污染物和温室气体排放增加。因此，未进行灵活性改造的传统燃煤机组通常不能满足整合高份额太阳能和风能的灵活性要求[47]。因此，未来需要加紧对燃煤发电厂进行灵活性改造，以满足风能、太阳能巨大的调峰需求，并控制调峰期间的污染物排放水平。

此外，燃煤发电厂可以改造为生物质能发电厂。大力推广生物质液体燃料在火电中的应用能够提高农林废弃物利用的产业化水平，并带来一系列收益。一方面，这一举措将减少现有火力发电厂的退役装机，从而降低资产搁浅和发生相关社会问题的风险，如失业和经济停滞[49]。另一方面，生物质能发电厂能够提供清洁和可再生的电力供应，这将加快净零排放电力系统的构建速度，促进未来气候目标的实现[22-23]。此外，与燃煤发电厂相比，生物质能发电厂有望提供更加灵活的电力供给，以满足具有高度波动性的风能和太阳能带来的电力调峰需求，保障电力系统安全。另外，生物能源可以考虑与碳捕获和储存技术（BECCS）结合——长期以来被认为是最有前途的负排放技术之一，以期去除大气中的温室气体，尽管 BECCS 技术目前的成本较为昂贵，并且会造成一定的污染物排放[22]。

五、交通部门：重点问题与减污降碳挑战

（一）引言

作为本地和全球污染物的主要来源，重型货车（HDTs）应成为排放协调控制的重点。重型货车通常消耗柴油，用于高强度作业，年行驶距离大于 75 000 km，重量超过 12 t，与主要以汽油为燃料的乘用车相比，传统重型货车中的柴油燃烧会产生更高水平的本地和全球空气污染物排放。2021 年，HDT 在中国的机动车（不包括摩托车）中占 3.08%，但它们排放的污染物中，有很大一部分对公众健康造成严重损害，占机动车排放的颗粒物（PM）的 51.5% 和氮氧化物（NO_x）的 76.1%。同行评议的研究显示清洁空气的改善[50-51]，加速部署新能源汽车（NEVs），包括纯电动车、氢燃料电池车辆和插电式混合动力电动车，挽救了成千上万的生命[52]。

在温室气体排放方面，HDT 在中国交通部门的二氧化碳排放中占 30% 左右[53]，与零排放的电力一起，电动汽车创造了一条实现净零排放的途径。与全球趋势一致，中国的电力正变得越来越清洁，随着太阳能和风能技术成本的下降和快速采用，这一趋势将继续下去。自 2020 年以来，可再生能源技术已经占据了全球新发电能力投资的一半以上，中国的可再生能源部署比其他任何地方都多[54]。

除了减少污染，加快新能源汽车部署的建议将带来两个经济上的收益：第一，通过增加对创新的激励，将推动国内技术进步；第二，通过加快技术进步，使中国企业在规模和经验上积累早期优势，提高中国新能源重型货车制造商的竞争力。2010 年，"十二五"规划将新能源汽车生产确定为国家战略产业。由于这一举措和相关行动，中国已经成为全球新能源乘用车和新能源客车出口的领导者。过去的成功显示了中国有可能在不断增长的国际零排放重型货车市场上获得同样的先发优势 [55]。

2010—2021 年电池成本下降 89%，主要由中国政策和企业推动，所有类型的新能源汽车的销售正在全球范围内起飞，并得到日益积极的经济效益的支持。由于未来的学习曲线效应，这种性能提高和成本降低的趋势将继续下去。创新将来自越来越多样化的商业化电池化学的进步，以及随着生产增加而不断学习的过程。由于规模经济的好处，人们对未来成本的降低也很有信心。根据目前的计划，到 2030 年，全球电池产能将至少扩大 5 倍，即至少增加 500% [56]。

提高能源安全是中国加快向零排放重型货车转型的另一个原因，它有三个优势。首先，新能源汽车建立在中国电池制造业的强大地位之上。相比之下，传统汽车已经使中国成为世界上最大的石油进口国，中国在电池生产所需的原材料矿物加工方面具有主导地位 [57]。由于矿物精炼是关键矿物供应链中技术上最复杂的环节，也是最重要的环节，而且由于大多数矿物在全球范围内分布均衡，加快新能源汽车转型将增强中国的能源安全 [58]。其次，对进口石油燃料的依赖本身就比对重要电池矿物的依赖风险更大。石油价格飙升会立即影响到所有燃油车辆，无论其新旧。另外，人们对加油的需求也是持续的。相比之下，矿物价格的波动可能对大多数消费者没有显著影响，因为这些矿物通常被嵌入到不频繁的资本购买中，如汽车或电子设备。最后，石油燃料的使用不仅伴随着能量的浪费，还会导致空气污染，而电池在寿命结束时则可以进行回收和再利用，从而回收其中的矿物资源。

（二）中国重型车电动化发展经验与挑战

1. 中国电动重型车推广现状

中国是目前世界上拥有电动重型货车数量最多的国家，2021 年中国电动重型车保有量占全球总保有量的 90% 以上。过去几年，中国新能源重型货车的销量与新能源乘用车市场的早期腾飞有相似之处。2018 年，中国成为第一个电动车销量超过 100 万辆的全国市场，此后一直是最大的电动车市场。在商用车购置激励措施的推动下，零排放重型货车销量占比在 2018 年短暂达到了 1.7% 的峰值 [57]；几年后，新能源汽车销售开始重新"起飞"，在 2022 年增长到重型货车销售的 3.5%。中国电动汽车百人会副会长欧阳明高曾预测，2023 年新能源重型货车的销量至少增长 90%，这是我们在图 4-17 中对 2023 年 6.6% 的销量估计的基础。截至 2023 年 7 月，纯电动占据了 90% 以上的新能源重型货车销量，尽管氢燃料电池车辆也符合条件，且它们在新能源汽车中的份额一直在增加 [59]。

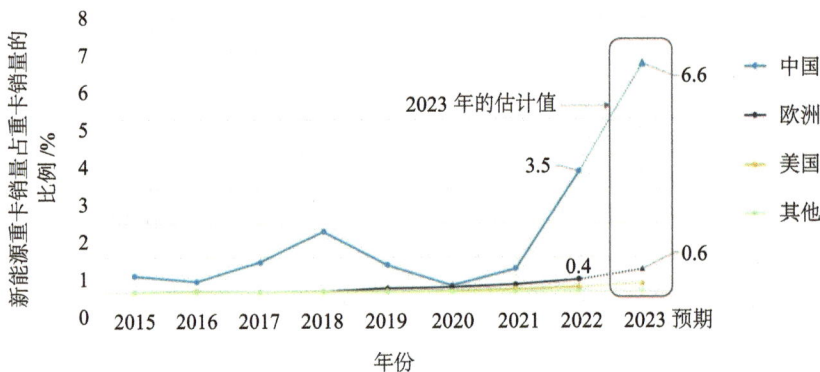

图 4-17　新能源汽车在全球重型卡车销售中的份额 [60-62]

在推广电动重型货车的过程中，中国一直非常重视公共车队的示范效应，大力推动出租、公交、环卫、城市货运等车辆的电动化，全国公交车电动化比例已从 2015 年的 20% 提升至 2020 年的 60%。北京、深圳等多个城市明确了公共领域新能源汽车的推广比例要求和全面电动化时间，例如，深圳早在 2018 年即实现了全部出租和公交车队的电动化；北京除明确对新能源公交车和出租车的要求外，对新增的环卫车、机动车铁路作业车辆也提出了不低于 50% 的电动化比例要求；上海和天津提出 2020 年城区公交车全部更新为新能源车。如图 4-18 所示，2018—2020 年全国新增新能源大客车和货车共计 47 万辆，以公交车和轻型货车（总质量 4.5 t 以下，主要为环卫、邮政、城市物流）为主（占比 90% 以上）。在先行城市示范的基础上，2020 年国家发布的《新能源汽车产业发展规划》明确提出，从 2021 年起，重点区域新增或更新公交、出租、物流配送等公共领域车辆，新能源汽车比例不低于 80%。

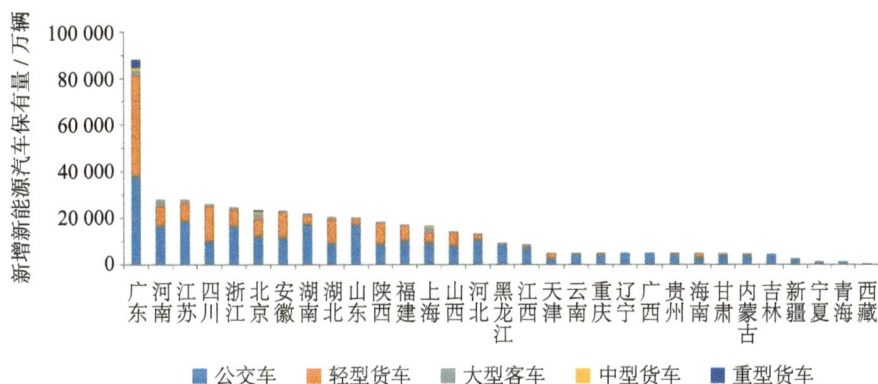

图 4-18 **2018—2020 年全国 31 省（区、市）货车和大型客车中新能源车新增量**

注：不含香港、澳门、台湾相关数据。

2. 中国电动重型车推广相关政策

在消费环节，中国政府除为电动重型车购车者提供补贴和贷款政策优惠外，同时对符合条件的电动重型车免征车辆购置税；在使用环节，政府对电动重型车实行较大力度的路桥通行费优惠，并且大力推动物流园区、公路服务区等场所的充电站建设。同时，部分城市对传统柴油重型车设置了较为严格的准入政策，电动重型车不受此类限行措施限制。中国对电动重型车的支持政策覆盖了新能源车生命周期的多个环节，极大推动了电动重型车的推广。

除国家补贴外，各地也出台了新能源重型车的地方推广政策。如深圳通过进一步优化新能源汽车的商业运营模式，形成了"政府扶持监管、企业融资运营、技术创新规范"的特色，既发挥政府的方向引导作用，又引入金融机构实行租赁制，激发市场活力。此外，还鼓励引入电力部门和社会各方的参与，基本实现经济效益的突破。

政府支持换电车的举措在中国新能源重型车的成功推广中发挥了重要作用。换电技术包括将电池电动车开进换电站将耗尽的电池取出，换上充满电的电池组[63]。目前使用的最新设施，能够实现全程自动化，可以在几分钟内完成换电[64]。节省时间对于全天运行的商业车辆，或在远离固定充电设施的远距离行驶的司机来说尤其重要[65]。

3. 典型城市电动重型车经验

深圳是中国电动车推广的先行城市。2016 年至今，深圳持续完善新能源汽车产业的标准体系建设，建立了运营车辆及动力电池使用阶段的检测认证体系、动力电池的信息管理体系、动力电池梯级利用和再生利用产业体系，为新能源汽车的良性发展提供了持续而坚实的保障。此外，在配套设施建设方面，深圳严格要求新建建筑按照 30% 的比例配建充电桩，既有住宅区和社会公共停车场按照 10% 的比例配建充电桩，引导更多社会资本参与充电设施建设，为深圳电动车的快速发展打下了坚实的基础。

为进一步改善道路通行环境，解决轻型柴油货车污染问题，深圳于 2018 年在全国率先创新试点，在全市范围内设立"绿色物流区"，示范使用新能源物流车。自 2018 年 7 月起，"绿色物流区"全天禁止轻型柴油货车驶入，仅允许电动货车通行。"绿色物流区"的设置给新能源物流车提供了路权优惠，解决了早期新能源物流车没有通行优势、运营积极性不高的问题，对深圳新能源物流车的推广和使用起到了积极推动作用。截至 2020 年底，深圳轻型新能源货车已积累推广 8.6 万辆，相比 2017 年保有量增加了 91%，轻货车队的新能源比例达到 22%。

经过十余年的积累，深圳电动重型车推广在公交、出租、物流等多个领域均取得令人瞩目的进展：2017 年在全球率先实现公交车全面电动化；2018 年底实现出租车全面电动化，成为全球推广应用纯电动出租车规模最大的城市；截至 2020 年底，推广纯电动泥头车 4 275 辆，规模位居全球第一。

4. 中国电动重型车推广面临的挑战

目前，中国电动重型车推广仍面临行驶里程短、充电基础设施有限的现实挑战。以城市电动物流车为例，目前电动物流车平均日行驶里程为 109 km、平均日出行天数为 233 天，远低于柴油物流车日行驶里程均值（252 km）和日出行天数（320 天）。低活动水平抑制了电动重型车在燃料周期减排潜力的发挥，并直接导致其总拥有成本（total cost of ownership，TCO）高于柴油货车，失去经济竞争力。此外，目前公共充电基础设施较为有限，这对推广高负载、高电耗、充电频繁的电动牵引车带来了挑战。

（三）重型车电动化的加利福尼亚州经验

1. 国际政策背景

《联合国气候变化框架公约》第二十七次缔约方大会上，全球商用车零排放倡议正式启动，2023 年年初，有 27 个国家成为该倡议的支持者。这些领先的国家承诺共同努力，到 2040 年实现 100% 的新零排放卡车和公共汽车的销售，过渡目标是到 2030 年实现 30% 的零排放车辆销售，这一努力旨在促进到 2050 年实现净零碳排放。在 2021 年的《联合国气候变化框架公约》第二十六次缔约方大会上，为商用车部署了高目标的新能源车指标。2021 年 12 月，14 个国家和几个国家以下的政府、制造商和承运公司签署了《零排放中、重型车辆的全球谅解备忘录》。

在美国，重型商用车的销量中新能源车占比预计将在 2030 年达到 39% ～ 48%[66]。该预测没有考虑 2023 年 4 月 12 日 EPA 的一项提案，该提案预计将使电动汽车在专用车辆（如公共汽车和垃圾车）中占 50%，在新的短途货运牵引车中占 35%，在 2032 年长途货运牵引车中占 25%[67]。在另一项重大发展中，欧盟在 2023 年年初发布了一项计划，通过有雄心的卡车新标准加速新能源商用车的采用，要求其尾气碳排放在 2030 年下降 45%，2035 年下降 65%，2040 年下降 90%[68]。

2. 加利福尼亚州政策案例研究

2021 年，加利福尼亚州的先进清洁卡车政策使该州处于专门针对新能源货车发展的前沿，要求 2035 年在加利福尼亚州销售的新重型货车和巴士中，约有 60% 是新能源车[69]。图 4-19 显示了先进清洁卡车政策对不同车辆重量级别的新能源车销量要求，以及基于预测的未来销量的加权平均值。

图 4-19 加利福尼亚州先进清洁卡车和先进清洁车队政策下的新能源车销售情况 [70-71]

注：卡车按车辆总重等级（GVWR）划分为 8 个级别：车重范围 0 ～ 2 722 kg 为等级 1；车重范围 2 723 ～ 3 856 为等级 2a，3 857 ～ 4 536 kg 为等级 2b；车重范围 4 537 ～ 6 350 kg 为等级 3；车重范围 6 351 ～ 7 257 kg 为等级 4；车重范围 7 258 ～ 8 845 kg 为等级 5；车重范围 8 846 ～ 11 793 kg 为等级 6；车重范围 11 794 ～ 14 969 kg 为等级 7；车重超过 14 969 kg 为等级 8。3 级和以下都算作轻型卡车，4 ～ 6 级属于中型卡车，6 级以上属重型卡车。

加利福尼亚州 2020 年首次制定先进清洁卡车政策。在过去的两年中，可获得和计划获得的 HDT 车型激增，特斯拉已经开始交付大规模生产的牵引卡车，一次充电可行驶 800 km。由于这些原因，以及其在 2045 年之前实现交通和经济领域碳中和的承诺，加利福尼亚州最近加快了完成向新能源商用车过渡的预定时间表。

2023 年 4 月 28 日，加利福尼亚州空气资源委员会批准了先进清洁车队规则，开启了商业车辆监管的新篇章，在 2036 年之前将该州 3.86 t 以上的所有商业车辆的新能源车卡车销售要求提升到 100%，先进清洁车队规则的另一个值得注意的特点是政策创新，即减少对政府资助的消费者激励措施的依赖，逐步提高商业车辆车队新能源车的购买要求。这种支持市场向新能源过渡的需求方的新颖方式，释放了政府收入用于其他投资 [72]。

加利福尼亚州采用新能源车销售标准来推动商业部署，是基于该州对乘用车（如轻型乘用车）采取类似政策的成功经验。2022 年，新能源车销售量达到加利福尼亚州乘用车销售量的 20%[73]，该州针对乘用车的新能源车销售标准一直是该结果的重要推动力，包括直接促进了特斯拉销售的成功 [74]。自 2009 年以来，加利福尼亚州新能源信贷为特斯拉带来了约 25 亿美元的货币收益，是所有州项目中最多的，在早期的关键时刻提供了现金流，使特斯拉在某些方面进入了盈利状态 [75]。加利福尼亚大学戴维斯分校交通研究所的创始主任丹尼尔·斯珀林指出，如果没有加利福尼亚州的新能源车扶持政策，特斯拉将破产并消失 [75]。

（四）中国重型车电动化的减污降碳效益评估

1. 协同可持续电力系统的新能源车生命周期减污降碳潜力分析

新能源车的污染物、二氧化碳减排潜力需要采用生命周期评价方法开展系统评估。生命周期评价（Life Cycle Assessment，LCA）是系统评价一类产品从资源开采、生产、输运配送、使用到报废回收阶段等整个生命周期内环境影响的方法。美国阿岗实验室（Argonne National Laboratory，ANL）开发的 GREET 模型（Greenhouse Gases，Regulated Emissions, and Energy Use in Transportation）是交通领域广泛使用的 LCA 模型，包含对车辆燃料周期（Well to Wheel，WTW）、材料周期（Vehicle Cycle）两个方面的评价，其中前者关注能源生产与行驶阶段的应用，后者则关注汽车材料 / 零部件从原材料开采到最终报废回收的整个过程。

然而，考虑对燃煤发电的高度依赖，公众对纯电动汽车减少二氧化碳排放的实际影响仍有争议。早期阶段的 LCA 研究集中在 WTW 的研究上，因为当时燃料循环被认为是整个生命周期中二氧化碳排放的主要部分。之前的研究认为，2010 年前后，在煤电丰富的地区（如华北地区），纯电动汽车相对于汽油车在减少 WTW 二氧化碳排放方面的优势非常有限，而在华南地区，鉴于其相对清洁的电力结构，纯电动汽车可以有效减少 WTW 二氧化碳排放。因此，在分析纯电动汽车的 WTW 排放时，电力结构的空间或时间差异成为一些后续研究的重点。在过去的 10 年中，更清洁的电力结构推动了中国纯电动汽车的 WTW 二氧化碳排放量的快速下降，即使在华北地区，纯电动汽车也可以很容易地提供 WTW 二氧化碳减排。最近的研究试图将一些基本车辆循环部件的局部概况引入全生命周期的边界水平，发现并提出车辆循环包括电池及其原材料的生产贡献了相当大的份额（如大于 25%）。

GREET 模型的分析结果显示，由于区域电网的电力结构不同，各区域电动汽车的全生命周期二氧化碳排放强度存在差异。考虑 2020 年全国平均电力结构（煤电比例为 60.2%），配备镍钴锰（NCM）电池、磷酸铁锂（LFP）电池的电动车和传统燃油车的全生命周期二氧化碳排放量分别为 165 g/km、153 g/km 和 280 g/km。据此可以计算得到，电动车相比于传统燃油车可实现至少 40% 的二氧化碳削减效益。不同地区的煤电比例和可再生能源比例将对这一数值产生较大的影响，如华北电网拥有最高的煤电比例（78.8%），该区域电动车的二氧化碳减排效益仍可达到 30%；西南电网拥有最高的水电比例（68.3%），该区域电动车二氧化碳排放的削减效益甚至超过 60%。总的来看，中国电动车相对于传统燃油车具备至少 30% 的二氧化碳减排优势。

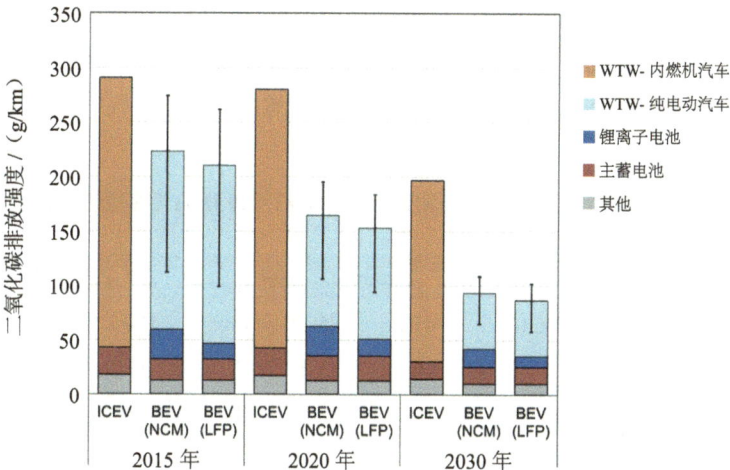

图 4-20　中国电动汽车的全生命周期二氧化碳排放强度及未来预测

未来随着电力的进一步清洁化、电池技术进步、车辆能源效率的提高等一系列电动汽车应用条件的改善，中国电动汽车的全生命周期二氧化碳排放强度还将大幅降低，如图 4-20 所示。预计到 2030 年，配备镍钴锰三元锂电池电动车的排放强度将降至 93 g/km，降幅高达 53%。各区域之间的差异也进一步缩小，如华北电网的电动车排放强度为 109 g/km，西南电网的电动车排放强度为 65 g/km。

在有序充电的情景下，当电动车最大化利用可再生能源电力时，电动车与可持续电力可协同实现二氧化碳深度减排。研究发现，在有序充电调节下，可实现电动车燃料周期二氧化碳减排 20%，充电成本减少 50%，同时节省了 95% 的新建电力机组需求。利用电动车充电设施的灵活性，可以在电力和交通系统之间实现协同效益，实现更高的电网稳定性、更低的燃料成本和深度减排。

2. 建模评估加速重型车辆电动化不同进程方案

为定量评估新能源重型货车部署的减排潜力，我们使用了中国能源政策模拟模型（China EPS），该模型是由美国能源创新政策与技术有限公司和中国绿色创新发展项目开发的一个开源的、经同行评议的模型 [53]，通过比较不同政策情景下的能源使用、排放、成本和其他模型输出，确定最有效的政策组合。作为一个覆盖整个经济领域的系统动力学模型，中国能源政策模拟模型官网既能计算出增加零排放重型货车部署对交通的直接影响，也能计算出包括整个经济在内的更广泛的能源系统效应。

如表 4-1 所示，我们利用中国能源政策模拟模型分析了两种加速的新能源汽车部署情景。在建议情景中，与本章建议的部署目标一致，零排放重型货车销量在 2030 年达到 45%，2040 年达到 100%。在中情景中，新能源汽车的销售在 2030 年达到 30%，在 2045 年达到 100%。建议情景和中情景的影响都是与 "十四五" 规划情景（中国能源政策模拟模型的预设情景之一）进行比较计算的。

表 4-1　所分析的中国能源政策模拟模型情景（NEV 占所有 HDT 新销量的百分比）[53]

单位：%

情景	2025 年	2030 年	2035 年	2040 年	2045 年	2050 年	2055 年	2060 年
建议情景	13	45	75	100	100	100	100	100
中情景	9	30	55	75	90	100	100	100
"十四五" 规划情景	6	19	36	44	45	46	47	47

接下来的结果将从两个时间角度提出，分别延伸到 2040 年和 2060 年。第一个时间框架为早期影响提供了更好的分辨率，第二个时间框架与中国的碳中和承诺相一致。第一组结果使用四个类别对整个经济的影响进行分解：交通、电力、系统平衡和净减排量（图 4-21）。

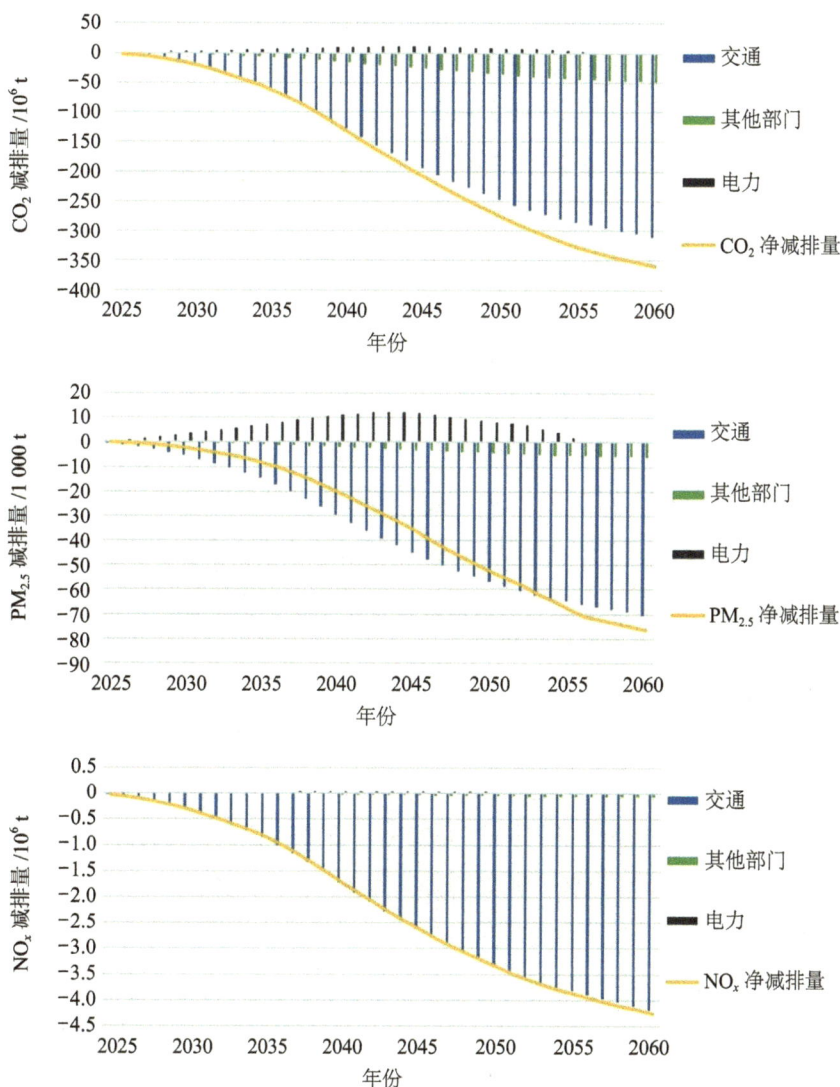

图 4-21　建议情景中整个经济体的 CO_2、$PM_{2.5}$ 和 NO_x 的减排量

（1）交通。交通部门的影响反映了污染物排放的变化，但只关注车辆本身的排放，即狭义上的车辆尾气排放，这不包括与生产汽油和柴油交通燃料的石油炼制有关的排放，以及新能源汽车的排放。中国能源政策模拟模型在工业排放项下单独跟踪与发电、石油提炼和制氢相关的排放。

（2）电力。电力部门的影响是指由于增加使用电力作为交通燃料而增加的排放。下面结果中与电力有关的额外排放是基于"十四五"规划情景下计算的污染物排放强度，其中清洁能源（包括可再生、水电和核技术）的比例在 2030 年达到 40%，2040 年达到 52%。任何年份、任何情景下的清洁电力来源份额都可以从网络应用程序的数据可视化标签中获得，标签为"发电量、容量和需求——清洁来源的发电份额"。

（3）系统平衡。系统平衡效应综合了交通和电力以外的其余效应。与石油提炼相关的工业排放的额外减少是最重要的单一贡献者。

（4）净减排量。净效应计算的是前述影响的总和。

上述结果表明，新能源汽车部署的净效益取决于发电的污染物排放强度，特别是 $PM_{2.5}$。只有在 2026 年，与交通相关的 $PM_{2.5}$ 排放的减少才开始超过由于额外的零排放重型货车带来的更大的发电需求而增加的 $PM_{2.5}$ 排放。随着更多的清洁能源进入电力系统，交通相关的 $PM_{2.5}$ 排放优势迅速增长，到 2030 年，将带来 50% 以上的效益，即以 1.5 个单位的交通减排量对 1 个单位的电力减排量的比率来实现减排。在 2035 年，交通与电力的效益比例已经增长到超过 2∶1 的优势。在以后的几年里，随着"十四五"规划情景中清洁电力的使用继续增长，由于零排放重型货车增加的电力使用而导致的 $PM_{2.5}$ 排放继续下降，达到了很低的水平。

公共健康的影响主要取决于人们在污染物排放初期对空气污染物的暴露程度，即污染物浓度最高的时候。机动车尾气在人口稠密的城市地区更频繁地释放，导致更高的暴露和摄入率。在中国，交通在与暴露和环境空气污染有关的损害中所占的比例在上升。归因于交通的健康危害的比例从 2005 年的 8% 上升到 2015 年的 14%，而电力引起的比例从 13% 下降到 6%。在美国加利福尼亚州，据估计，居民癌症发病率的 70% 可归因于柴油发动机的排放造成的有害空气污染物。加利福尼亚州空气资源委员会的结论是，颗粒物排放的危险因其位置而加剧；它们经常在人们身边排放，所以会出现高暴露度。此外，柴油机尾气中还含有 40 多种致癌物质，其中大部分很容易被吸附在烟尘颗粒上，这也放大了柴油机尾气的危害。

图 4-22 提供了建议情景与中情景的净减排量的比较。

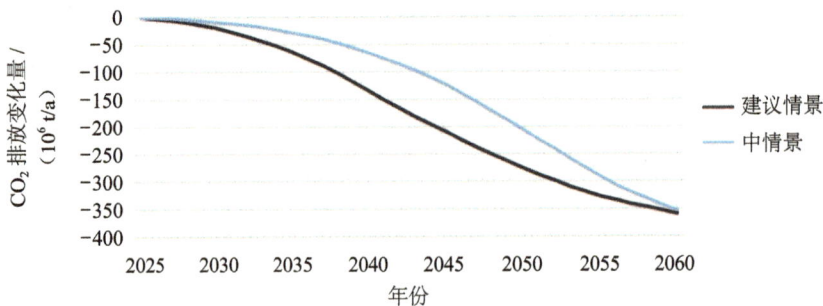

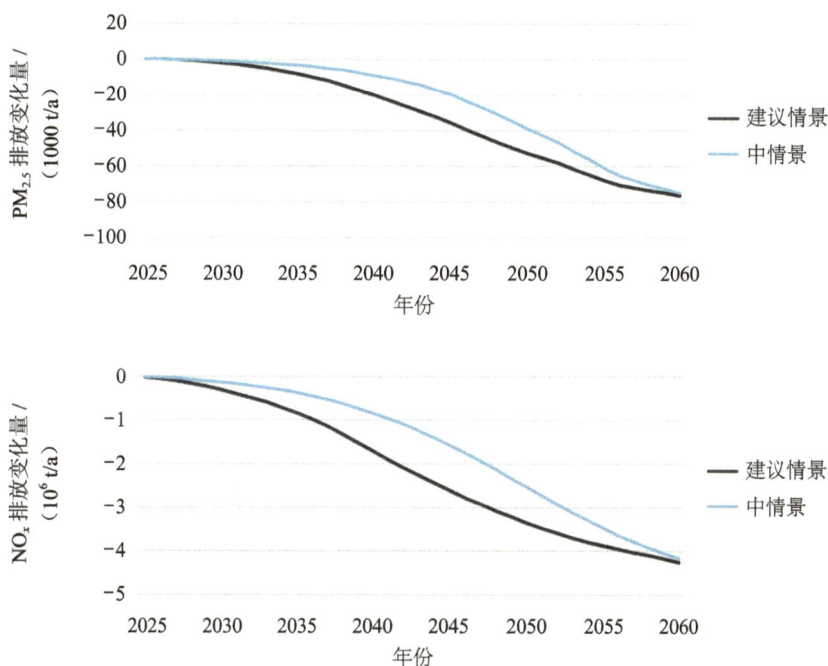

图 4-22 建议情景与中情景中交通部门减排量的比较 [53]

图 4-22 中建议情景与中情景的净减排量的比较表明，建议情景未来 20 年产生的减排量明显更大。在 2030 年，建议情景推动脱碳的速度是中情景的 2 倍。然而，在接近 2060 年时，每年的影响越来越相似，因为建议情景和中情景在 2045 年后都模拟了 100% 的零排放重型货车销售。建议情景在最初几十年的显著边际优势在 2060 年之前产生了额外的 9.47 亿 tCO_2 累积减排量。

技术可行性

国际清洁交通委员会的结论是，商业可用性和总拥有成本预测分析表明，2030 年 45% 的零排放重型货车销量和 2040 年 100% 的零排放重型货车销量是可行的目标。[76] 本部分探讨了技术、投资和市场趋势，以便能够迅速转向零排放重型货车销售。

建议有雄心的零排放重型货车部署目标可行性的一个指标是，需要零排放重型货车在销量上的增长速度慢于轻型乘用车市场历史上的增长速度。从 2015 年到 2022 年，中国轻型乘用车中新能源汽车销量的年平均增长率为 62%。相比之下，从 2022 年的实际水平来看，41% 的年增长率可以实现 2030 年新能源汽车占重型货车销量 45% 的建议目标。

考虑历史投资和已发布的承诺，由于行业投资增加的趋势，市场势头将持续。清洁技术投资在 2022 年首次突破 1 万亿美元，其中电气化交通的增长速度超过任何其他类别。电气化交通的投资首次接近压倒可再生能源，2022 年的投资额为 4 660 亿美元，比 2021 年多 54%，车型供应量的增加是投资增加的一个结果[77]。对现有零排放重型货车车型的全球梳理显示，2021 年有 158 款，2023 年年初达到 352 款。矿物投入的投资也在上升，关键矿物的探明储量正在增长[78]。例如，在过去 5 年中，锂的供应量增长了 60% 以上[78]。

谈到技术趋势，人们对未来几年电池创新的继续发展很有信心，因为有一系列的创新有可能取得商业成功。推进到商业准备阶段的电池创新包括从渐进性创新（如完全不使用锂的钠电池[79]，以及合成石墨正极[80]）到变革性创新（固态电池）[81]。电池技术的快速发展经常让能源和交通建模者感到惊讶，甚至超过了他们的乐观设想，这是大多数当前展望低估了电动车电池技术未来学习曲线效应的另一个原因[82]。

另一个有希望的技术经济发展涉及磷酸锂离子电池不断上升的商业成功，这种电池不需要钴，并提供了一个负担得起的替代品，尽管代价是能量密度较低。BloombergNEF 预测，磷酸锂离子电池的市场份额在 2023 年将达到 40%，高于 2022 年的 25%，而 2019 年的市场份额还不到 10%[83]。

越来越多的电池储能技术通过相关的创新和经济效益，促进了零排放重型货车快速部署的可行性。更多的商业上可行的电池技术增加了技术情景的可能性。更多的电池多样性也提供了成本下降的压力，创造更多的竞争压力和替代的可能性。我们在市场中已看到了对磷酸锂离子电池的广泛接纳，这得益于它们显著的成本效益优势。

由于这些趋势和其他原因，按照建议快速部署零排放重型货车是可行的，但这并不代表其简单或容易。建议的新能源汽车转型将带来挑战，但克服这些挑战所做的努力是非常值得的，它将带来排放效益和经济回报的有力结合。

（五）经济效益：创新刺激和增强经济发展

建议的政策将在技术创新和促进经济发展方面带来经济上的共同利益，此外，地方和全球空气污染物也是其主要目标。通过加快向零排放重型货车的过渡，中国的政策制定者可以刺激更多的学习曲线向上发展，提供创新、更好的性能和更低的成本。

最近一项关于中国轻型乘用车双积分政策的研究实证分析为这种好处提供了证据，"由于创新能力的改善和企业声誉的提高"[84]。双重信用政策为所有制造商设定了一个全行业的标准，但在单个企业层面提供了灵活性。当领先的新能源汽车制造商销售的新能源汽车百分比高于行业的平均要求时，他们会获得新能源汽车信用额度。低于整个行业要求的企业可以购买新能源汽车信用额度来遵守。这种灵活性使企业可以采取不同的合规方式。相反，允许异质企业采取不同的合规策略，通过引导投资于最高价值的选择来刺激市场效率，并通过奖励那些超出最低平均合规要求的企业来鼓励创新。

由于支持加速新能源汽车部署的政策而产生的国内创新刺激将反过来提高中国零排放重型货车生产商的国际竞争力。随着时间的推移，这种好处的意义将越来越明显，考虑人们对新能源汽车有望成为首选交通技术的共识。

中国在"十二五"规划中把新能源汽车视为具有重要经济意义的产业，而出口数据表明中国支持新能源汽车的政策已经带来了经济红利（图 4-23）。2022 年，新能源汽车出口的激增使中国超过德国，成为全球第二大机动车出口国[85]。同年，重型新能源汽车出口比 2021 年增长 131%，而乘用车新能源汽车出口增长 120%[72]。截至 2023 年 7 月，客车占中国重型新能源汽车出口的大部分，但货车部分正在增长。

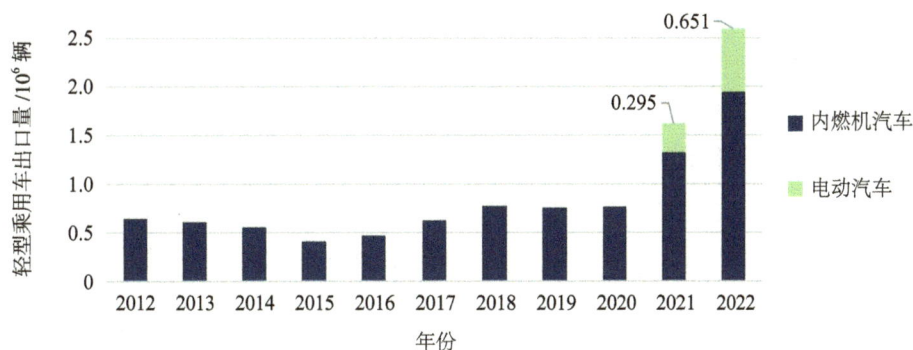

图 4-23　中国的轻型乘用车出口：电动汽车与内燃机汽车[1]

（六）政策建议

我们建议采取三个方面的策略：①为零排放重型货车的部署制定明确、有雄心的长期目标；②建立零排放重型货车销售标准来帮助实现这些目标；③继续完善和扩大中国现有多种政策组合，认识到有必要采取多种手段来优化能源转型。未来市场条件的确定性和清晰度的提高将有助于释放更大的投资，支持供应链的发展，并刺激更多的创新。

关于零排放重型货车部署的长期目标，我们建议将其销售的量化目标设定为 2030 年达到 45%，2035 年达到 75%，2040 年达到 100%。据报道，工业和信息化部正在考虑零排放重型货车部署目标和支持政策，但这些政策尚未公布。国务院的新能源汽车产

---

1 资料来源：中国汽车工业协会、中国汽车制造业协会。

业发展计划要求到 2035 年电池电动车成为乘用车的"主流"技术,在中国汽车工程学会的技术路线图 2.0 中,具体到 2035 年至少达到乘用车销量的 50%,在最大的新车市场中,这种长期的、数字上的明确性正日益成为规范。美国和欧盟 27 国承诺,到 2030 年,3.5 t 以上的商用车的新能源汽车销量将达到 30%,最迟在 2040 年达到 100%。

建议的长期时间表与国际清洁交通委员会的研究相一致。该委员会使用重型车辆一词来指 3.5 t 以上的货车和客运巴士,并得出结论:根据商业可用性和总拥车成本预测,到 2030 年实现 45% 的零排放重型车辆销售目标和到 2040 年实现 100% 的销售目标,是切实可行的。[76] 由于资本存量周转的挑战,我们需要展现出最大的可行雄心。这一挑战的根源在于新销售的车辆会持续多年,且车主往往不愿意过早让车辆退役,这就给未来几年的减排工作带来了阻力。因此,内燃机汽车销售持续的时间越长,交通系统的惰性就越强。延迟向零排放重型货车过渡,除放弃当地的清洁空气和经济发展利益外,还会增加实现净零目标的难度。

为了实现更高的目标,第二个建议是在可行的情况下尽快为重型货车制定新能源汽车销售要求。制定该政策时可以借鉴中国轻型乘用车双积分政策的成功经验,ICCT 将双积分政策视为"中国新能源轻型车市场增长的主要推动力"。在制定零排放重型货车销量要求时需注意,轻型车双积分政策的第一阶段允许企业通过使用多余的新能源汽车积分来满足燃油经济性法规的要求。政策设计时应重新评估这方面的设置,以确保不会意外削弱提高车辆燃油经济性的政策效果,因为能源效率对传统汽车和新能源汽车都同样重要。

中国成功的轻型乘用车新能源汽车部署战略使用了多种互补的政策工具,这种"组合方式"对零排放重型货车部署也很重要,并应包括鼓励车辆节能的措施,制定新能源汽车行业标准,扩大新能源燃料基础设施,以及继续实施财政激励和非财政激励措施。关于财政激励措施,对新能源商用车的销售税豁免定于 2023 年底到期,我们建议将其延长至 2025 年底。一个极具潜力的非财政政策选择是允许零排放重型货车优先路权,缓解传统重型货车目前面临的重大限制。例如,《柴油货车污染治理攻坚战行动计划》禁止柴油货车在重污染预警日进出涉及大宗材料运输的工业企业或港口[86]。

我们强调了一项值得加入中国零排放重型货车组合的新政策:商业车队的车辆采购时要考虑对零排放重型货车的相关要求。这是美国加利福尼亚州最近采取的一项新政策,我们将在下面加利福尼亚州案例研究中进一步讨论。对有效的零排放重型货车组合的所有支持政策的全面讨论超出了本部分的范围，但也将扩展到对需求管理、交通结构调整（如公转铁）的考量，以及针对交通能源生产和汽车生产材料生命周期排放的措施上。

六、协同管控的监管和执行机制

（一）加利福尼亚州协同管控经验

1.简介

本部分的目的是通过全面关注减排目标、战略设计和实施，阐述有效解决传统污染（如形成臭氧的污染物、颗粒物、有毒污染物）和气候变化的行动策略。具体来说，如下所述，传统污染和温室气体的许多关键排放源是相同的（如交通、火力发电、工业源）。因此，选择适当的战略可以削减每种相关的污染物，从而降低成本、提高效率、取得更好的结果。

本部分还探讨了实现措施预期减排的必要原则，强调精心设计的措施必须与有效的实施相结合，以成功实现其目标。

2.加利福尼亚州空气污染控制的历史

加利福尼亚州空气资源委员会（CARB）于 1967 年根据州法律成立，目的是建立一种方法来解决加利福尼亚州严重的空气质量问题，特别是在加利福尼亚州南部和中央山谷地区。正如今天的情况一样，公众广泛关注空气污染及其对公众健康的影响，并需要采取行动，从而促成了 CARB 的成立。

自成立以来，CARB 一直与公众、社区、商业部门和地方政府合作，努力寻求解决加利福尼亚州空气质量和气候问题的办法。鉴于加利福尼亚州严重的空气质量问题，联邦《清洁空气法》赋予加利福尼亚州汽车委员会制定机动车标准的独特权力。在过去的几十年里，赋予 CARB 的权力为世界上一些最具创造性的减排战略的诞生创造了条件。CARB 制定的许多措施已经成为美国的标准，并被国际司法机构采用。一些创新的控制策略使加利福尼亚州的空气变得更加清洁，这些策略包括：全国第一个关于碳氢化合物、一氧化碳、氮氧化物和柴油燃料车辆颗粒物的尾气排放标准；催化转化器；车载诊断系统，或"检查引擎"灯系统；全国第一个零排放汽车（ZEV）法规，要求制造商生产越来越多的 ZEV（如轿车、货车、客车）； 加利福尼亚州的先进清洁汽车计划，减少汽车的传统污染物和温室气体的排放；逐步淘汰用于干洗的四氯乙烯；要求海运船只（如游轮、货轮、油轮和汽车运输船）在停靠加利福尼亚州港口时，将排放量减少 90% 以上。

在过去的几十年里，加利福尼亚州致力于确保其汽车和货车以及它们使用的燃料（主要是汽油和柴油）的清洁性。CARB 已经消除了汽油中的铅，通过了更清洁的汽油标准，以及货车、公共汽车和其他公路 / 越野设备的清洁柴油标准。CARB 还开展了以减少数以千计的普通家用产品（如黏合剂去除剂、空气清新剂、汽车刹车、清洁剂、电器清洁剂、通用脱脂剂、护发产品）等颗粒物前体物的排放的相关工作。

毒物法

20 世纪 80 年代，加利福尼亚州通过立法，进一步关注有毒污染物的识别和控制。AB1807 法案（全称《有毒空气污染物识别与控制法案》）和 AB2588 法案（全称《有毒空气污染物 "热点" 信息法案》）通过应用先进的风险评估技术和公共通知机制，支持识别和优先处理有毒污染物带来的影响，以及推动后续的缓解治理。这些计划共同支持了一系列的行动，推动了有毒污染物的减少，其中大部分的利益惠及该州受影响最大的社区。例如，所采取的措施逐步淘汰了用于干洗的四氯乙烯，减少了镀铬机的六价铬排放，降低了汽油中的苯含量，以及大幅减少了柴油燃料燃烧产生的柴油颗粒物排放。

AB32 法案［全称《全球变暖解决方案法案》（Global Warining Solutions Act）］

在过去几十年里，加利福尼亚州制定的许多措施都有助于减少温室气体的排放（电气效率标准）。然而，随着 2006 年 AB32 法案的通过，应对气候变化的重点行动得到了显著提升。AB32 要求制订一个全面的计划或路线图，以实现立法规定的温室气体减排目标。该计划——"范围规划"，于 2008 年首次制定，随后数次更新，最近一次是在 2022 年，是有史以来为实现气候变化承诺而制定和实施的最全面的战略。范围规划包括一个广泛的减排措施组合，与经济相关中的每个主要部门（如交通、能源、工业、建筑、农业、森林等）相互作用。自 AB32 法案通过以来，支持更严格的温室气体减排目标的几个法案（如 SB32，Pavley/Garcia）已被采纳。

3. 有效减排计划的原则

在过去几十年空气污染控制的基础上，可以将学到的知识用于制订和实施计划和措施，同时关注减少常规污染物和有毒污染物以及温室气体的排放。这样做将有机会设计出更有效的措施，以降低成本实现所需的减排。这些原则是确定优先次序、制定和实施排放控制措施的基础。

明确和可衡量的目标

建立明确的、可追踪的、可执行的减排目标，并定期报告，便于利益相关者评估进展，是有效情景 / 措施的基石。下面是两个数据：图 4-24 显示了加利福尼亚州法定的温室气体减排量；图 4-25 显示了加利福尼亚州南海岸空气质量管理区域（全国臭氧水平最高的地区）为达到联邦 8 小时臭氧标准（70 ppb[1]）所需的氮氧化物减排目标。

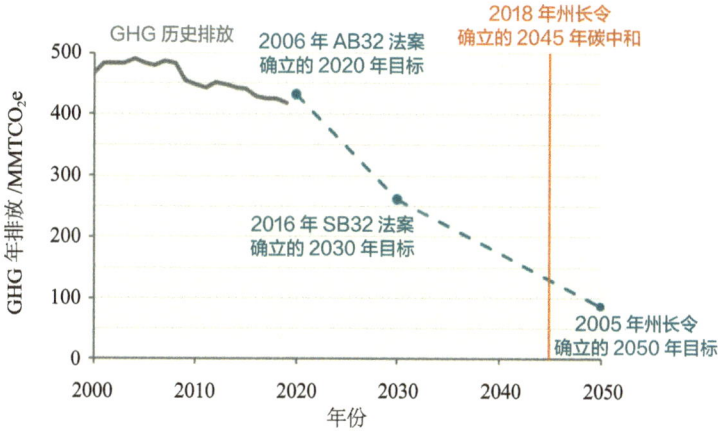

图 4-24 加利福尼亚州法定温室气体减排量

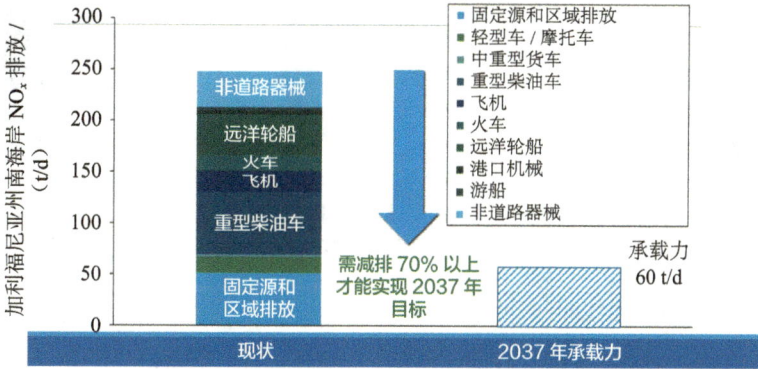

图 4-25 加利福尼亚州南海岸空气质量管理区域的氮氧化物减排目标

支持行动 / 领导力

减少温室气体、常规污染物和有毒污染物排放的进展是以行动为前提的，包括建立法规、激励计划、执法和行业对新的清洁技术的投资。然而，如果没有明确和持续的公众与政治领导的支持，建立和实施有效的减排计划所需的步骤是不可能进行的。为了维持这种支持，必须积极沟通空气质量恶化和气候变化所带来的影响，以及当前所采取行动的有效性。

---

1 ppb 全称 parts per billion，十亿分之一，即 1 ppb 表示在 10^9 个单位体积中含有 1 个单位的某种物质。

行动的权力

采取有效行动来解决空气污染和气候变化问题，需要一整套措施，包括通过可执行的法规。监管组织必须具备明确且不容置疑的权力来制定、实施并执行必要的要求，以确保市场确信，在面对挑战时，监管组织将能够取得胜利。确信法规的合法性及将被执行的必要性，以提供市场信心，对更清洁、更有效的技术的投资将得到回报。正是这些投资提供了所需的减排量，并支持创新，从而逐步形成更清洁和更有效的解决情景。

数据／分析（建议实行的措施具有强大的技术基础）

严密的分析为制订有效的计划和缓解措施提供依据。为成功计划提供信息的基础是定期更新和核实的强大的排放清单。图 4-26 展示了加利福尼亚州 2019 年全州温室气体、氮氧化物和 $PM_{2.5}$ 的排放清单。图中可以看出，交通部门在每类污染物的排放中占主导地位。

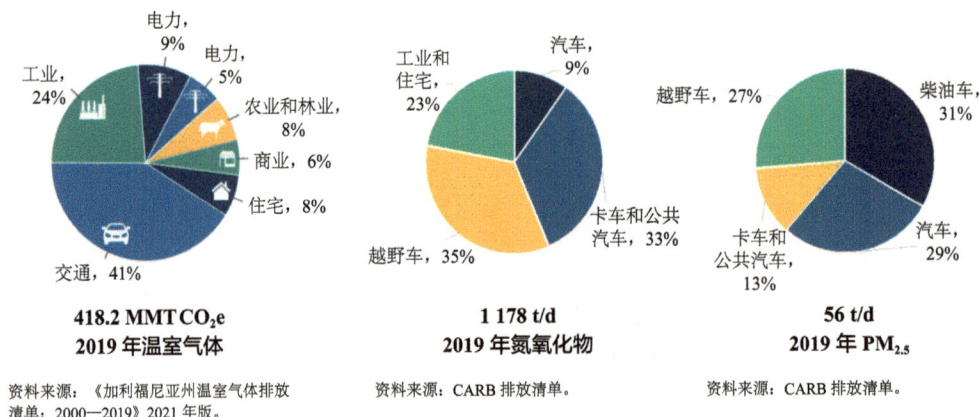

电力，9% **电力，5%** **工业，24%** **农业和林业，8%** **商业，6%** **住宅，8%** **交通，41%**

418.2 MMT CO_2e
2019 年温室气体

资料来源：《加利福尼亚州温室气体排放清单：2000—2019》2021 年版。

工业和住宅，23% **汽车，9%** **越野车，35%** **卡车和公共汽车，33%**

1 178 t/d
2019 年氮氧化物

资料来源：CARB 排放清单。

越野车，27% **柴油车，31%** **卡车和公共汽车，13%** **汽车，29%**

56 t/d
2019 年 $PM_{2.5}$

资料来源：CARB 排放清单。

图 4-26　加利福尼亚州各部门温室气体、氮氧化物、$PM_{2.5}$ 的排放情况

伙伴关系（如学术、政府、工业、社区、环境）

有效的控制计划和措施依赖于伙伴关系。这包括与学术机构联系，以确定是否有有用的研究以及潜在的新工作来弥补差距。政府、社区、行业和非营利性合作伙伴也是确定国内外有用模式的关键，这些模式可以被用来促进制订成功的计划，可以被其他合作伙伴复制，从而向市场发出更强烈的信号，支持投资、创新，并帮助加速向清洁技术的过渡。

制订综合计划，优先考虑，指导措施的制定

实现减排目标需要仔细规划，为"一揽子"相互关联的措施提供信息，以便了解

措施之间如何相互影响。例如，需要向电气化过渡的措施（如将机动车队的车转变为电动车）必须考虑所需的电力来源，以及其对温室气体、常规污染物和有毒污染物排放的影响以及其他潜在影响。因此，确定优先次序、制订和实施措施的前提是建立全面的计划，考虑实现所需减排的一系列潜在措施，以及这些措施从排放、公共健康和经济角度如何相互影响。

制定和实施措施的能力和专业知识

制订和实施有效的计划和措施需要一个资源网络，包括内部专家、承包商（包括与学术机构有关的承包商）以及资金。成功实施主要的空气污染和气候变化控制计划所需的资源往往超过了制定和通过最初法规所需的资源。因此，必须在计划/措施的设计中预计到支持实施所需的持续资源要求，以更好地确保成功实施。

透明度（公开的公共程序、广泛的参与）

最有效的计划和措施是通过公开程序制定的，使感兴趣的利益相关者能够方便通过各种形式（如网络会议、面对面的研讨会、一对一的会议、在网上发布概述发展过程和相关资源的帖子）参与，并在会议之前提前发布建议。另外，公众的意见也应张贴出来，并及时获得对利益相关者建议的书面答复，说明为什么以及如何采纳或不采纳建议的理由。

采取行动（采取、执行措施）

拥有既雄心勃勃又可实现的减排目标至关重要，但减排的实际成效取决于所采取的行动，比如制定和执行法规、提供激励资金等。支撑这些减排措施的信息是动态的，会随时间不断演变。因此，基于这些信息来采取行动时，我们面临的信息总是不完整的。这就需要在某个时刻做出判断，确定何时信息足够充分，可以有力地推动措施实施（否则，措施可能会因持续寻求完善而永远无法落实）。应用本章所述的原则有助于指导制定有效措施的过程。但在实现减排目标方面取得进展的前提是采取行动——通过和执行排放计划，为市场提供明确的信号，即投资和创新将得到回报。

持续的测量、监测、报告

一旦采用排放控制情景，就必须进行仔细的监测和报告，以评估其有效性。这些报告应经常更新，并广泛提供给学术界和其他利益相关者进行独立分析。例如，建立具有关键措施指标的仪表板来评估持续的绩效已被证明是一个有用的战略。这样做有助于通过识别潜在的弱点来加强项目，并让感兴趣的利益相关者了解一项措施的减排效果。

严格的执法

绝大多数被监管方遵守减排计划的要求。这可能包括投资于更新/更清洁的控制技术和燃料，以及满足报告要求。负责监督法规遵守情况的机构有责任建立一支训练有素的专业队伍，检查排放源和记录是否符合要求。而且，在发现违规行为时，采取适当的执法行动至关重要。这向违规者发出了一个明确的信号，即他们将被抓住并受到惩罚，同时向遵守规则的大多数受监管方发出了一个公平竞争的信号。建议广泛宣传所采取的执法行动，以促进这些目标的实现。

为加强措施而进行的调整

在整个计划的实施过程中，工作人员必须仔细评估计划数据，并让利益相关者参与其中，以评估计划中任何未按预期完成工作的因素。这种持续的评估可用于支持发布指导意见或告知可能需要修订的法规。

结果

评估计划有效性的标准是，是否按计划有意义地减少排放，以支持实现目标。而且，减排量以及带来的收益（如避免过早死亡、减少哮喘发病率、降低住院率、减少工作日和上学日损失）与成本和相关资源是相匹配的。下文提供了加利福尼亚州项目经验的例子。

4. 结果——实现的减排量

如果没有本章所述的要素，减排措施就不可能成功实施。以下几个数字说明了在加利福尼亚州观察到的柴油细颗粒物（图4-27）、温室气体（图4-28）、导致臭氧和二次细颗粒物形成的氮氧化物（图4-29），以及已知的人类致癌物苯（图4-30）的减排情况。这些数字中报告的许多减排量是通过多污染物措施实现的（同一措施有助于减少一种以上的污染物）。除了显示过去20年温室气体的减排量，说明在同一时期，加利福尼亚州的GDP大幅增长，而人均温室气体排放量继续下降。

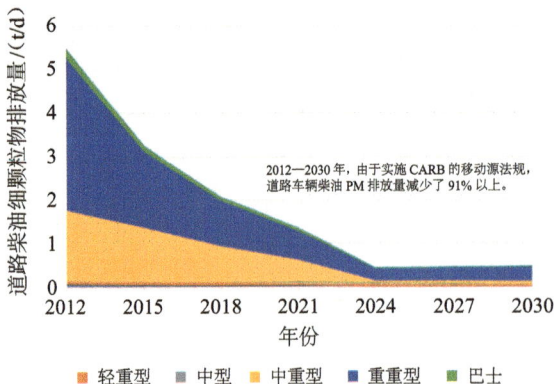

2012—2030年，由于实施CARB的移动源法规，道路车辆柴油PM排放量减少了91%以上。

■ 轻重型　■ 中型　■ 中重型　■ 重重型　■ 巴士

图 4-27　加利福尼亚州柴油细颗粒物的减排情况　　**图 4-28　加利福尼亚州温室气体的减排情况**

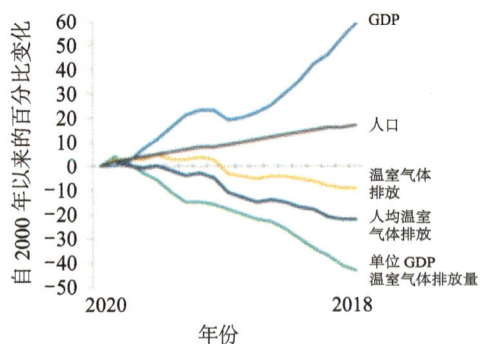

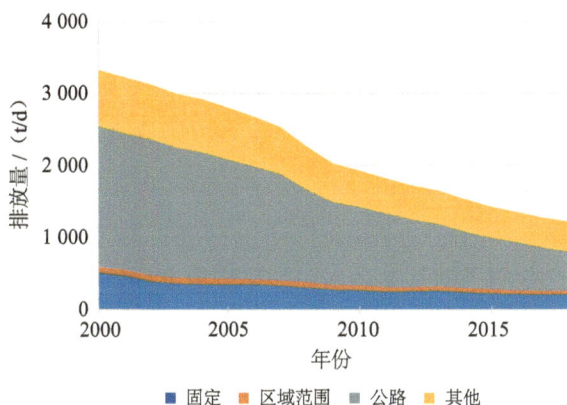

图 4-29 加利福尼亚州臭氧和二次细颗粒物形成的氮氧化物的减排情况

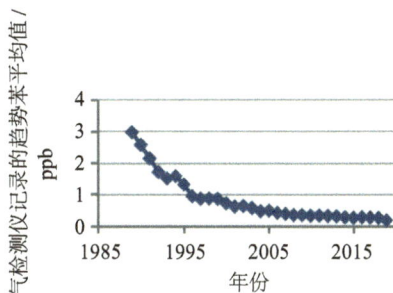

图 4-30 加利福尼亚州已知的人类致癌物苯的减排情况

5. 应用这些原则：识别和制定以多污染物为重点的措施（以加利福尼亚州经验为例）

本部分的目的是提供一些已经在加利福尼亚州成功实施的多污染物措施的例子。这些措施提供了多污染物效益，并建立在本章描述的原则之上。但是，首先提供了一个优先考虑、选择和实施措施的简略路线图。

确定措施的优先次序

排放清单有助于了解最重要的排放部门，以及最大减排的潜在机会。考虑所有感兴趣的污染物（温室气体、常规污染物和有毒污染物）的排放清单，指导这一过程，以阐明解决多种污染物的潜在机会。然而，也有一些明显的例外，在这种情况下，即使可能没有提供减少共同污染物的重要机会（如减少空调制冷系统的氢氟碳化物排放），也要制定一个优先事项措施。

从整体上考虑排放清单的一个主题是，在加利福尼亚州以及全球许多地区，交通是温室气体、氮氧化物和柴油细颗粒物的主要排放源。在本章讨论的原则指导下，可以确定、制定和实施多污染物措施，从而提高空气质量、社区和气候效益，同时更有效地利用有限的资源和投资。

制定措施

措施的制定应以数据和对减排机会的分析、措施的可行性、成本、效益和实施时间表为依据。分析报告应与广泛的利益相关者进行协调，将其公布、张贴，并广泛分发，允许公众参与，提出问题，并制定具体建议。一个透明的公共过程与分析一样重要，并支持制定更有效的措施。

实施

如前所述，建立一个在整个实施过程中对措施进行仔细监测的程序，有助于及早发现可能出现的问题。例如，为了促进有效实施，可能需要对监管要求进行指导或修正。另外，在整个实施过程中所获得的经验可以与所有利益相关者分享，以加快实施的学习曲线，以及加快其他管辖区措施的输出和采用。

示例说明

以下是三个例子的摘要，包括选择这些例子的基本理由，即零排放车辆，低碳燃料标准，建筑、设备标准。

（1）零排放车辆（汽车、货车等）

加利福尼亚州制订了几个支持向零排放运输过渡的计划。这包括对汽车、货车、公共汽车和其他车辆制造商的零排放要求，以及支持"市场拉动"的计划，如车队购买要求。激励措施在支持向零排放运输的过渡中也发挥了重要作用。而且，如前所述，零排放车辆的推广减少了传统常规污染物、有毒污染物和温室气体的排放。这些努力也减少了对石油基燃料的依赖，为消费者节省了开支，同时由于减少了过早死亡、哮喘病例、住院、损失的工作和上学时间，带来了数十亿美元的利益。

（2）低碳燃料标准（Low Carbon Fuel Standards, LCFS）

随着全球各地的管辖范围向交通部门电气化过渡，很明显，液体和气体燃料将继续在整个过渡过程中发挥几十年的作用，特别是对电气化最具挑战性的部门（如航空）。因此，促进更清洁的传统燃料以及投资下一代燃料是解决情景的一个组成部分。

LCFS 要求逐步降低运输燃料的碳强度，这样做是为了促进对燃料的投资，以减少温室气体、臭氧和颗粒污染物的排放，以及包括柴油颗粒在内的无数有毒污染物。加利福尼亚州制定并成功实施的 LCFS 因其有效性，正在被其他州/辖区复制。例如，LCFS 有助于将该州的柴油消耗量减少一半，这主要是由于可再生柴油的替代，其温室气体和颗粒物的排放量较低。该计划还促进了对低碳强度乙醇、可再生天然气、可再生氢气和电力的投资。

（3）建筑、设备标准

商业和住宅建筑依靠大量的设备来提供空间加热和降温、热水，以及烹饪。成千上万的建筑物的燃料来源是天然气。供应给这些设备的天然气在热水器、熔炉、锅炉和炉灶中燃烧，导致臭氧和颗粒污染物以及各种有毒化合物的排放。例如，这部分排放估计占加利福尼亚州南部氮氧化物最高排放量的 1/3，未达到基于健康的国家环境空气质量标准，即在 2037 年之前臭氧浓度达到 70 ppb。在新建筑中要求使用电力设备，以及支持在现有建筑中使用电力设备的监管计划和激励措施，可以改善区域、地方和室内空气质量，并减少温室气体。

6. 克服障碍

本节确定了有效制定和实施共同污染物减排工作的必要因素。然而，要成功实施共同污染物控制计划，必须识别和克服一些障碍。不同地区的障碍可能不同，因此需要对问题和解决情况进行重点评估。必须克服的两个常见障碍是行政和法律规范。

由于传统的空气质量项目通常在许多管辖区已经运行了几十年，有一个既定的体制结构，包括工作人员、管理人员、组织报告结构、沟通、预算、监督等。因此，气候项目通常是作为独立于传统空气质量项目的单位而设立。气候项目可能有专门的预算、人员配置、交流和汇报关系，独立于传统的空气质量项目，不一定要求或充分激励与传统的空气质量项目的协调，造成效率低下，并错失联合制定和实施针对共同污染物强有力策略的机会。突破这些常见的体制障碍的关键包括最高领导层明确和一致的期望，即将良好协调的共同污染物项目作为一个优先事项。这些优先事项必须通过结构调整得到加强（如由共同的领导监督传统项目和气候项目，设置预算奖励共同污染物项目，晋升时强调有跨部门合作记录的团队成员）。

体制障碍与授权立法和权力有关。传统的空气质量项目通常是通过一系列的法律和指令，以及在规则制定过程中的跟踪记录，经过演变和优化后建立起来的。优化过程可能包括为应对影响项目设计和记录的法律挑战而进行的修改。气候项目通常是最近建立的，有新的指令、优先事项和授权。因此，从法律和权力的角度来看，传统的空气质量项目和气候项目往往是孤立的。这转化为旨在满足其法律授权的项目，而不是充分考虑有效和高效的共同污染物控制机会。强调所有空气质量和气候项目提案必须评估共同污染物控制的机会，包括成本和效益的行动（如新的立法、行政行动），可以作为传统空气污染和气候项目之间的桥梁。此外，识别与现有法律的冲突、不一致和合作机会，可以为立法协调提供信息，以更好地实现与充分考虑降碳减污共同污染物控制努力机会的情景的效率。

7. 建议

大量的证据表明了空气污染和气候变化对公众健康和经济的不利影响。在国际、国家、地区和地方层面的行动承诺正以前所未有的速度增加，这既是对科学的认可，也是对日益增长的应对压力的认识，同时给政府和行业提出了更高的要求。更有效地集中有限的资源是最重要的，动员所有有意的组织锁定实现多重目标的机会。应对空气质量、有毒污染物和气候变化的减排战略将变得更加重要，同时要关注整体减排措施的效率和如何进行有效识别和实施。本部分提出了成功识别、制定和实施多污染物排放控制措施的基本原则和程序，旨在支持一系列专注于制订有效的综合行动计划的相关者开展广泛讨论。

（二）将环境公益诉讼机制扩展到温室气体管控

1. 背景介绍

环境公益诉讼（EPIL）是一种法律工具，在美国和一些欧洲国家通过公益团体（如非政府组织）对污染者的现有或潜在环境损害提出诉讼。例如，在过去十年中，非政府组织在美国通过 EPIL 案件显著影响了多个建造新煤电厂提案的进程，成功阻止了其中相当一部分提案的实施。因此，EPIL 已被批准为对抗环境污染和气候变化的一个强大机制。例如，在过去的几年里，环保团体起诉 EPA，因为它给煤电厂发放环境许可证。这些诉讼声称，EPA 未能确保燃煤发电厂的细颗粒物排放符合联邦标准，以保护公众健康。因此，这些燃煤发电厂不能按照最初的提案继续推进。

随着修订后的《中华人民共和国环境保护法》于 2015 年 1 月 1 日生效，EPIL 作为一种新的环境执法工具在中国开始使用。在过去的几年中，EPIL 的实践已经出现并在中国的环境治理中发挥了积极作用。

近年来，每年都有数以千计的 EPIL 案件被提起仲裁或达成和解，这标志着 EPIL 在中国的出现和快速发展。

除设在中国的非政府组织外，2017 年以来，检察院也提出了许多 EPIL 案件。在检察院提出的许多 EPIL 案件中，非政府组织向检察院提供了有关诉讼的来源和信息。检察院和非政府组织之间的合作是中国保护知识产权的一个特点，这在其他国家是并不常见。检察院在《中华人民共和国环境保护法》相关案件中发挥的积极作用日益显著，不仅扩大了《中华人民共和国环境保护法》的效力范围，还极大地推动和加强了中国的环境治理工作。

中国法院和生态环境部门一直在合作处理 EPIL 案件。根据 EPIL 程序，法院在受理环境影响调查案件后，应向当地生态环境部门通报该案件。法院可以要求生态环境部门提供被告的信息，如环评、排污许可证、合规和违规记录等，生态环境部门有义务向法院提供这些信息。在 EPIL 过程之中或之后，生态环境部门可以对被告人进行调查，并对被告人进行行政处罚。

一些环保法案件非常重要。例如，宁夏回族自治区的一个 EPIL 案件导致了中国环境污染案件历史上最高的处罚：5.69 亿元的土壤修复和污染防治费用，以及 600 万元的环境公益基金。

为了避免潜在的 EPIL 索赔，许多公司（包括国企、民企、外企等）在遵守环境法律法规方面都已经变得更为警惕。这已成为公司实现更好的合规性的重要推动力。

2. 主要挑战

尽管 EPIL 在中国取得了积极的发展和成果，但在实施 EPIL 的过程中仍然存在许多挑战。

（1）在中国目前的法律体系下，《中华人民共和国环境保护法》的适用范围很窄，没有明确的指导原则来规定其可以针对温室气体排放提出诉讼。但可以根据已发生的事件所造成的环境损害，如空气污染和土壤污染，对污染者提出环境赔偿诉讼。这些案件是基于损害的诉讼理由。中国还没有建立一个法律机制或惯例，使非政府组织或检察官能够对未来可能对环境和气候有害的建设项目（如计划中的燃煤发电厂）提出 EPIL。

（2）环境保护法律法规和环境治理的基础能力仍然薄弱。自 EPIL 进入中国以来，只有非常有限的非政府组织提出了 EPIL。一般来说，这些非政府组织不具备足够的法律或环境专业知识，无法以最专业的方式提出和处理 EPIL。另外，EPIL 对大部分检察官都还是新事物，尤其是基层检察官。

3. 政策建议

在上述背景和挑战的基础上，我们分析了 EPIL 的国际经验和本地改进 EPIL 的需求，并希望通过 CCICED 向中国政府提供以下政策建议。

将 EPIL 的范围扩大到温室气体的执行上

为了应对紧迫的气候挑战，改善温室气体的执行情况，EPIL 的范围应该从环境损害扩大到温室气体的执行。

- 全国人民代表大会、中华人民共和国最高人民检察院和最高人民法院应发布条例或解释文件，允许非政府组织和检察官提出针对温室气体排放和气候损害的 EPIL。
- 中华人民共和国最高人民检察院和最高人民法院应该提供一个实用指导方针，以提出、裁决和解决针对温室气体排放和气候损害的环境赔偿案件。中华人民共和国最高人民检察院在 2023 年 2 月发布了意见[1]，呼吁对碳达峰和碳中和进行更好的司法服务，这是一个积极的信号。为 EPIL 提供更多关于碳达峰和碳中和的具体意见将是非常有用的。

---

1 https://www.court.gov.cn/zixun-xiangqing-389351.html.

- 应该为当地的非政府组织和检察官提供培训项目，使他们能够获得更好的知识和经验来提出关于温室气体执法的 EPIL。
- 应收集、汇编和分发有关针对温室气体排放和气候损害的 EPIL 案例研究。
- 国家主管部门应允许或鼓励非政府组织和检察官提出与温室气体排放和气候损害有关的 EPIL，包括涉及近年来省级主管部门最近批准但尚未开始建设的燃煤发电厂的案件。

为 EPIL 机制和实施提供进一步的政治支持

总的来说，中国政府对中国的 EPIL 一直持支持态度。EPIL 已被纳入全国人民代表大会批准的国民经济和社会发展五年计划以及其他高级别的政府文件。尽管如此，中国政府和最高领导人仍然需要进一步支持 EPIL 的机制和实施。

在高层文件和讲话中，包括由党和（或）国家顾问发布的文件和讲话中，应反复强调 EPIL。

中国政府机构——尤其是省级和地方机构，应该认识到，行政机构的环境执法工作历来都很薄弱。因此，中国需要一种新的、额外的方法，即 EPIL，以改善环境和气候执法。虽然国家层面的政府官员普遍支持 EPIL 作为环境执法的替代工具，但一些地方环境官员可能不愿意支持。应开展内部教育，使地方官员对其支持更加有力。

建立预防性的 EPIL 机制

为了避免潜在的环境和气候损害，减少搁浅成本，EPIL 应该被扩大到预防潜在的环境和气候损害。中国必须将"预防性 EPIL"引入中国的法律体系和实践中，以便某些未来的建设项目可以被非政府组织或检察官起诉，从而有可能被停止或推迟。

- 国家机关，即全国人民代表大会、中华人民共和国最高人民检察院和最高人民法院应发布一项法规或解释文件，通过该文件，建设项目的所有者或提议者可以就其潜在的环境或气候损害提起诉讼。
- 如果一个建设项目因潜在的环境和气候损害而被作为 EPIL 案件起诉，除非法院作出决定，否则这样的建设项目应该被搁置。
- 应该对"潜在的环境和气候损害"作出明确的定义，以避免预防性的环境赔偿金被滥用。
- 在设计中国的 EPIL 预防机制和操作程序时，可以引入国际经验、最佳做法和领先案例。

推广 EPIL 的省级法规

目前，大多数 EPIL 法规是由国家机关颁布的。一般来说，省级政府在制定其

EPIL 法规和实施细则方面并不积极。应通过以下行动促进省级 EPIL 法规的制定。

- 应允许并鼓励省级主管部门在尚未提供国家实施细则的领域和主题中制定其 EPIL 实施细则。
- 国家主管部门可以组织 3 ~ 5 个省级政府作为试点，起草并颁布省级 EPIL 实施细则。
- 国家政府可以提供 EPIL 实施细节的"模板"，省级和地方政府可以利用该"模板"来改善其环境和气候治理。

为 EPIL 的运作建立更好的能力

中国政府可以努力为 EPIL 的运作建立更好的能力，并鼓励其他感兴趣的利益相关者进行这种能力建设。

- 国家机关，如全国人民代表大会和生态环境部应组织或鼓励针对利益相关者的 EPIL 培训项目，其中包括环境官员、律师、非政府组织代表和行业管理者。
- 中华人民共和国最高人民检察院和最高人民法院都建立其内部培训系统，通过该系统不定期地对检察官和法官进行培训。在这些内部培训计划中，应加入 EPIL。
- 所有政府机构都应鼓励出版和分享 EPIL 案例和经验。
- 中国领先的社会组织，如中华环境保护基金会（CEPF）应扩大其现有的项目，在更有意义的范围内对草根非政府组织进行指导和提供资助。
- 应鼓励国际气候基金会和环境非政府组织为 EPIL 的培训、出版和其他能力建设行动提供资助。

七、性别分析

本部分内容旨在分析和识别"降碳、减污、扩绿、增长"协同管控中的性别议题，理解不同性别群体在绿色转型中的角色、权利、机会、需求和作用。通过性别分析，我们可以更好地确定不平等的源头，并通过设计和实施更加公平和有效的政策、机制和服务来解决这些问题。我们提出的具体研究问题是："降碳、减污、扩绿、增长"协同机制中存在哪些性别议题？在重点领域的碳污同治和绿色转型中，如何通过制度设计保障性别平等？鉴于国内对于绿色低碳发展中性别平等的研究还比较缺乏，拟采用文献综述的方法识别特定的性别议题，结合国内碳污同治的背景和具体的行业转型现状提出初步政策建议，为后续研究奠定基础。

（一） "降碳、减污、扩绿、增长"协同机制中的性别问题

气候变化和空气污染的影响在全球范围内并不均等，女性、儿童等社会群体较为普遍地会受到影响[87]，且影响也往往更为严重[88-90]。一方面，自然灾害、极端天气事件、气候变化和空气污染暴露特别影响孕妇和儿童的健康[91]，增加营养不良、急性呼吸道感染、腹泻疾病、低出生体重和过早死亡等问题的风险[92]；另一方面，不同的传统角色和社会经济地位导致了不同性别群体在获取和管理资源方面存在差异，这使得女性及其他性别少数群体在公共领域（如污染防控）中的决策参与和领导作用往往处于弱势地位。

性别平等议题在绿色经济转型中容易被忽视。中共二十大提出要实现美丽中国建设，协同推进"降碳、减污、扩绿、增长"。"双碳"目标是经济增长的新动能，会引发中国发展范式的转变。尽管这个转变在很大程度上会降低暴露风险，但是同样会在其他方面引发对社会不同群体的影响：目前中国气候变化和污染防治领域对性别的关注和考虑不足[93]，存在采取"性别盲"的方式进行经济转型的风险[94]，在绿色变革中制定的新政策也有可能对女性的就业、参与度、工作环境、受教育和培训的机会等产生长远的负面影响。

在全球范围内，许多国际倡议、协议和政策已特别关注性别平等和社会公正议题。其中，联合国的可持续发展目标（SDGs）是最为人所熟知的框架。SDG5强调实现性别平等和赋予所有女性和女童权利，消除对所有女性和女童的所有形式的歧视[95]；而SDG10则聚焦在减少国内和国际层面的经济、政治和社会的不平等[96]。这两个目标的实现是所有其他可持续发展目标的基础。在气候变化方面，《联合国气候变化框架公约》《巴黎协定》《京都议定书》在政策框架、执行策略和资金机制等多个层面都坚实地巩固了性别平等的重要地位[93]。同时，许多国家也已积极推动了相关实践。以北欧国家为例，他们在推动绿色增长的同时，积极将性别平等融入相关政策和实践中。例如，瑞典在制定环境政策时，会特别考虑政策对不同性别群体的影响，并尽可能在政策中体现公平性。再如，丹麦推出了"性别主流化"政策，强调在所有领域和层面上实现性别平等，以确保男性和女性都能平等地受益于绿色增长。

在推动绿色增长的过程中，引入性别议题，并积极践行性别主流化的理念，不仅是提升性别平等的关键策略，更是推动可持续发展的重要基础。中国在绿色发展的竞争中展现出了独特的优势，中国不仅拥有坚定的新发展理念，更有着强大的政府协调能力，并且在推动社会公平性方面已经取得了一些瞩目的成就，比如在脱贫攻坚战中

就展现出了强大的执行力和协调力。现在，中国将重心转向"降碳、减污、扩绿、增长"的协同推进，在这一过程中，中国应更加强调性别主流化的重要性，并以此作为新的契机更加深入地推动和实践性别平等理念。

（二）电力和交通部门绿色低碳转型中的性别平等

1. 电力部门

电力部门的绿色低碳转型有助于消除空气污染和气候变化带来的性别不平等，但转型过程也容易引发新的不平等问题。推动煤电的逐步退役和清洁能源的广泛应用是电力部门低碳转型的主要措施，其产生的环境和健康协同效益通常大于政策成本[91, 97-99]；煤炭退役过程还会使一些女性获得新的就业机会，增加她们的自信心、自尊心和经济独立性[100-101]；也有研究发现，在一些转型期间，女性逐渐从私人领域转向公共领域，从被动的角色转变为积极的角色[102]，性别角色甚至得到了强化和重新配置[103]。然而，也有研究发现，在退煤过程中，在个人、家庭、社区以及劳动力市场四个层面对女性会产生不同程度的不平等风险[104]，如家庭成员工作的调整可能会引起家庭分工的变化，使女性不得不花费更多的时间和精力承担更多的家庭职责[105-106]。

我国煤炭资源丰富，煤电发电量目前仍占总发电量的60%左右，电力部门的脱碳化是所有经济领域转型中的重中之重，因此需要采取多元化的策略实现性别主流化，尤其是煤电产业密集的区域。首先，需要重视煤炭行业的女性劳动者。在过去以煤炭为主导的能源生产中，大多数直接劳动者是男性，然而，这并不意味着女性没有受到影响。事实上，煤炭产业的减退和煤电退役可能会在就业、收入以及家庭生活等方面对女性产生重大影响。因此，在低碳转型中，应制定专门的政策来保障女性劳动者的利益，比如通过技能培训和教育帮助她们适应新的就业市场。其次，推动新能源产业的性别平等。新能源产业的发展为性别主流化提供了新的机遇。我们可以通过政策推动和鼓励更多的女性参与到新能源产业中，如太阳能和风能等领域。同时，也应改善女性在这些行业的工作环境，保障她们的权益。最后，加强性别视角下的政策研究和制定。我们需要更多的性别敏感性数据，以便更好地理解低碳转型对男性和女性的不同影响，以及如何制定更为公平的政策。通过引入性别视角，我们可以更全面地考虑和解决低碳转型过程中出现的各种问题，从而实现更加公正和包容的能源转型。

2. 交通部门

在交通部门的绿色低碳转型过程中，可能出现的性别不平等问题主要集中在四个方面：出行行为、工作岗位、交通安全以及交通污染暴露。首先，在出行模式方面，研究发现女性的出行频率和距离相对较低 [107]，而且她们更趋向于使用步行设施 [107] 和公共交通 [108]，因而产生的环境影响更小 [109]。然而，在许多城市，公共交通服务的可用性和便利性往往不足，步行和骑行设施也常常缺乏，这对低收入的女性影响尤甚，她们可能因此被迫步行或限制出行 [110]，从而导致出行不公平。其次，在交通行业就业方面，由于性别刻板印象和行业文化的影响，女性在交通工程和技术职位，尤其是在绿色低碳技术研发和决策岗位上的比例仍然偏低。此外，随着绿色低碳转型的推进，某些传统上由男性主导的工作可能会减少，如化石燃料采矿和重工业，而新的就业机会如可再生能源产业的发展，可能由于教育和技能障碍而无法平等惠及所有性别。在中国的货车行业中，尽管有一部分女性参与运输行业，但在车辆配置和行业配套措施等方面主要是以男性从业者为设计依据，对女性从业者的支持不足。再次，女性出行安全问题由来已久，尤其是在公共交通方面。如果公共交通系统不充分考虑性别差异，可能会使女性在出行（如通勤）时感到不安全。无论是在等待交通工具时，还是在街道上步行时，口头和行为上的骚扰时有发生 [111-113]。有研究认为公共交通可以加上"女性车厢"设计 [114]；也有学者认为需要加强道德培训和增强意识，并建立严格的规则执行机制以遏制骚扰行为 [111]；除此之外，还有人指出要提高城市的"步行性"，用创造优秀的步行条件和设施来提升包容性和平等性 [115]。最后，女性更多采取步行、自行车、电动自行车、公共交通等慢行交通模式，以致更多地暴露于机动车尾气污染中，对呼吸道、心血管健康等有着更高的潜在风险。孕妇暴露于尾气污染中，可能对孕妇和胎儿健康都有不利影响。

为了在交通部门的低碳转型中实现性别主流化，我们需要从政策、规划和实践等多个层面采取行动。首先，在政策层面，我们需要确保所有的交通和环保政策都充分考虑性别差异，并以此为基础制定具体的措施。比如，改善公共交通服务和步行、骑行设施，以支持女性的低碳出行模式。其次，在绿色就业方面，通过教育和职业培训等措施，提高女性的技能和知识，以便她们能在新兴的绿色交通产业中找到工作。再次，在规划层面，我们需要确保城市和交通规划充分考虑所有性别的需求和利益，尤其是对公共交通和非机动出行设施的需求。此外，我们还需要通过公众参与和社会对话等方式，提高女性在交通规划和决策中的代表性和影响力。最后，在实践层面，我们需要通过各种方式提升女性的领导力和影响力，打破性别刻板印象，提高女性在绿色低碳转型中的角色和地位。具体措施可能包括提供领导力培训、促进职业网络和导师制度、提高女性在重要决策岗位上的比例等。

（三）协同管控中的性别策略

总的来说，在推动我国"降碳、减污、扩绿、增长"的进程中，由于政策制定和措施实施往往会对不同性别的人群产生不同的影响，性别主流化不可或缺。建议从以下三个方面进一步促进绿色转型中的性别平等。

1. 制订科学的研究计划，跟踪研究，周期性反馈

制订一个中长期的研究计划，跟踪并深入研究性别主流化在我国绿色转型进程中的发展情况，为政策制定和完善提供科学依据。研究计划的第一步，应从文献回顾和设定研究目标两个方面入手，打下坚实的理论基础，并明确研究的方向；第二步，深入分析绿色低碳转型政策对男性和女性的影响，并通过案例研究进一步了解性别因素在绿色转型过程中的具体作用；第三步，通过定量分析，尝试将绿色转型政策对男性和女性的影响进行量化，同时也根据已有的分析结果，提出初步的、具有性别敏感性的政策建议；第四步，可以通过专家访谈和焦点小组讨论，获取更多第一手资料和深入见解，进一步优化我们的政策建议；第五步，整理编写研究的最终报告，并将研究成果和政策建议推广给相关的决策者和利益相关者，为推进我国绿色低碳转型的性别主流化提供参考。以上研究过程应当长期跟踪具体的行业情况，并形成周期性的反馈机制，及时为政策制定者出谋划策，促进绿色转型中的性别平等。

2. 注意共性的性别议题，兼顾特殊的行业问题

各个行业的绿色低碳转型中，既存在共性的性别议题，也存在特殊的行业问题，因此在问题识别、研究方法确定以及政策设计中要注意区分。共性的措施包括引入性别响应预算，使财政资金分配考虑性别影响，反映对男性和女性需求的公平对待；在政策的执行和评估中加入性别指标；在相关产业的就业和技能培训中，增加对女性的支持和鼓励；在决策中加大女性的参与力度等。而对于特定的行业，比如煤电退役过程中，要特别注意煤炭（或煤电）产业密集地区的特殊议题，比如由于工作变动导致家庭劳动分工的变化或产生的性别歧视；在交通领域，要特别注意在转型中需要解决过去忽视的性别不平等问题，比如提升公共交通和设施对于女性的包容性、可获取性、安全性和机动性等。

3. 学习国际做法，总结自身经验，促进国际交流

在推动性别主流化的初期，要不断学习国际上的良好做法和成功案例，为中国推进性别平等打造良好开端。同时，中国也可以在国际上分享其在推动性别平等和社会公平方面的经验和成果。比如，中国的扶贫成果被广泛认可，其中在推动性别平等和

妇女发展方面的成就尤为突出。我们的成功经验包括鼓励和支持农村妇女参与各种可持续行业的实践，以及积极发掘妇女在生态保护中的潜能等，都对全球实现绿色增长和性别平等的目标有着重要的参考价值。最后，我们需要体现大国担当，这不仅要求我们在应对气候变化方面作出有力的承诺，也需要我们积极推动性别平等的实现。我们应致力于促进国际的交流，通过参与和影响国际政策制定、立法过程和签署相关协议，推动全球环保行动和性别平等的进步。

八、政策建议

1. 绿色增长

（1）碳中和是中国的一个重要机遇，"双碳"目标正在成为中国经济增长的新动力。中国必须制定有远见的目标，并制订强有力的计划，特别是在能源领域，以确保目标的实现。

（2）"1+N"框架为建立一个全面的路线提供了一个很好的基础。它必须围绕健康的"竞赛"来组织，并制定详细的计划，同时在省市一级提供详尽的支持。

（3）控制常规污染（氮氧化物、$PM_{2.5}$、硫氧化物和其他颗粒物，同时控制二氧化碳、甲烷和一氧化二氮等温室气体）可以节省大量的资金，并将投资引向更好的选择。

（4）中国在可再生能源投资和新能源汽车发展方面取得的巨大进步，已经通过提供供应和降低技术成本，证明了对世界的有利性。中国的投入推动了这些重要技术在全球应用规模的持续扩大和成本的持续降低。中国应该找出更多可以降低关键技术（和实践）成本的领域——包括工业热泵、绿色钢铁、混凝土、石油化工、更多的电动汽车等。

（5）除了经济和生活水平的提升，对传统和常规污染物的协同控制将促进更好的健康和宜居环境。

（6）这些可实现降碳减污目标的关键技术的大规模应用，可以通过精心设计的性能标准、特定部门的目标和经济信号的组合来实现，进而推动环境的快速改善，同时为先进的产品和服务创造新的市场。

2. 跨部门合作

（1）我们在此提出的建议的实质是，中国可以从好的和不断改进的政策中获得巨大的健康、经济和环境利益。共同解决常规污染物和温室气体的成本远低于单独解决所付出的成本。例如，新建筑应该包括融入高质量的建筑（循环经济）理念，实现超高效，通过热泵供暖、制冷和供应热水，采用清洁电力供电。

（2）在早期，财政激励措施可以推动这四部分（经济、环境、健康、气候变化）的利益。随着价格的下降和市场的发展，高性能的建筑应该由先进的建筑法规来强制执行。一次建设，正确建设，永远收获。

（3）一个同步的行政系统需要以下条件：一个强大的数据和分析的技术基础；明确和可衡量的目标；持续监测和有力执行；全面的计划，对部署进行优先排序和衡量；提高制定和实施措施的能力和专业知识；彻底和准确的测量和报告。

（4）重要步骤包括：制订监管制度和计划，同时推动提高可靠性和减少煤炭的使用；逐步减少煤炭消费，稳步、快速地提高清洁能源的比例；限制污染和能耗严重的企业，减少过剩产能，并注意源头控制；促进农业面源和粉尘源的污染控制。

（5）将环保法律的范围扩大到温室气体的执法，为环保法律的机制和实施提供进一步的政治支持，建立预防性的环保法律相关机制，推动环保相关省级法规建设，提高环保法的运行能力。

3. 电力

清洁电力是协同治理的核心，需要遵循以下要求。

（1）保障能源安全：清洁电力必须共同实现可靠性、可负担性和低碳/零碳的目标。

（2）系统设计煤电退役路径，综合考虑技术属性、盈利能力、搁浅资产、健康影响和社会公平多个方面的因素，以实现能源系统从煤炭到可再生能源的平稳过渡。

（3）加快存量煤电灵活性改造，以提高对可再生风能和太阳能的高渗透率的适应能力，并满足调峰要求。

（4）继续专注于实施经济调度，重点关注效率较低的燃煤发电厂。

（5）继续扩大电力系统的可靠性义务，从省级规模到区域规模，减少现有的煤炭优势，为效率和快速部署可再生能源创造更多机会。

（6）制定更新的、更有雄心的清洁能源部署标准和储能部署目标。

（7）改变市场结构，保留部分现役煤电厂以发挥电力安全的保障作用，同时发展储能，提高电网可靠性。

（8）与其他国家的主要电网运营商合作，实施最佳实践模型，以更好地比较所有类型资源的可靠性贡献。

4. 交通

（1）继续向电动汽车过渡。确保向汽车制造商提供明确公开的市场信号，继续向电动汽车过渡；设定充电站目标并分配责任；投资研发以开发更好的电池技术。

（2）重型车辆的管理和运营需要将激励措施、车队要求和技术发展进行巧妙的组合。这项工作是重中之重。

（3）随着车队的电气化，交通部门的去碳化将与电网的碳强度联系起来。为了在未来进一步减少排放，有必要通过有序充电等措施有效利用可持续的电力。

（4）为新能源重型货车的部署建立明确、有雄心的长期目标（新能源车辆在中重型车辆销售中的比例：2030 年达到 45%，2035 年达到 75%，2040 年达到 100%），并通过分阶段具体政策帮助实现这些目标。

（5）建立一个零排放重型货车销售标准。

（6）继续完善和扩大中国现有的多种政策组合，并认识到有必要采用多种手段来优化过渡管理。明确这些新能源汽车政策和重型车辆的具体长期新能源销量占比目标将提高未来市场条件的确定性和清晰度，刺激更多的投资，支持供应链的发展，并激励更多的创新。

（7）更新车队，优化交通方式。

（8）确保城市被设计成：支持快速、可靠的公共交通；拥有丰富的物理保护自行车道网络；为行人提供充足的空间，有遮阳的人行道；对大多数人来说，"15 分钟城市"成为一个现实。

（9）新的城市发展应该遵循"翡翠城市"的原则，建立安全、愉快和高效的生活方式。

参考文献

[1] Smith A. The theory of moral sentiments[M]. Oxford: University Press, 1976.

[2] 张永生. 碳中和：亟需新的商业模式 [J]. 经济导刊, 2021(11): 62-65.

[3] Keynes J M. Economic possibilities for our grandchildren[M]//Essays in Persuasion, 1930. London: Macmillan, 2010: 321-332.

[4] Deaton A. Income, health, and well-being around the world: Evidence from the gallup world poll[J/OL]. Journal of Economic Perspectives, 2008(22): 53-72 . DOI:10.1257/jep.22.2.53.

[5] Easterlin R A. Does economic growth improve the human lot? Some empirical evidence[J/OL]. Nations and Households in Economic Growth, 1974: 89-125. DOI:10.1016/b978-0-12-205050-3.50008-7.

[6] Easterlin R A. Income and happiness: Towards a unified theory[J/OL]. Economic Journal, 2001, 111(473): 465-484. DOI:10.1111/1468-0297.00646.

[7] Smith A. An inquiry into the nature and causes of the wealth of nations[M]. Chicago: University of Chicago Press, 1977. DOI:10.2307/2221259.

[8] 刘毅, 寇江泽. 美丽中国建设迈出重大步伐 [N/OL]. 人民日报, 2022-09-16. http://www.peopleapp.com.column/30035604253-500005108296.

[9] Turan G, Temple-Smith L. Global CCS Institute welcomes the 20th and 21st large-scale CCS facilities into operation[EB/OL]. 2020. https://www.globalccsinstitute.com/news-media/press-room/media-releases/global-ccs-institute-welcomes-the-20th-and-21st-large-scale-ccs-facilities-into-operation/.

[10] Wu R, Liu F, Tong D, et al. Air quality and health benefits of China's emission control policies on coal-fired power plants during 2005—2020[J/OL]. Environmental Research Letters, 2019(14): 9. DOI:10.1088/1748-9326/ab3bae.

[11] EPA Press Office. EPA issues power plant emissions data for 2021[EB/OL]. 2022. https://www.epa.gov/newsreleases/epa-issues-power-plant-emissions-data-2021.

[12] 国家统计局. 中华人民共和国 2021 年国民经济和社会发展统计公报 [EB/OL]. 2022. https://www.gov.cn/xinwen/2022-02/28/content_5676015.htm.

[13] 中国电力企业联合会. 中国电力行业年度发展报告 2022[R/OL]. 2022. https://www.cec.org.cn/upload/zt/fzbgzt2021/zt2021/index.html.

[14] GEM, CREA, E3G, et al. Boom and bust coal 2022[R/OL]. 2022. https://globalenergymonitor.org/wp-content/uploads/2022/04/BoomAndBustCoalPlants_2022_English.pdf.

[15] 张强, 同丹. 全球能源基础设施碳排放及锁定效应 [R/OL]. 2021. https://www.efchina.org/Reports-zh/report-lceg-20220303-zh.

[16] Liu F, Zhang Q, Tong D, et al. High-resolution inventory of technologies, activities, and emissions of coal-fired power plants in China from 1990 to 2010[J/OL]. Atmospheric Chemistry and Physics, 2015, 15(23): 13299-13317. DOI:10.5194/acp-15-13299-2015.

[17] Zheng B, Tong D, Li M, et al. Trends in China's anthropogenic emissions since 2010 as the consequence of clean air actions[J/OL]. Atmospheric Chemistry and Physics, 2018, 18(19): 14095-14111. DOI:10.5194/acp-18-14095-2018.

[18] Liu Z, Deng Z, He G, et al. Challenges and opportunities for carbon neutrality in China[J/OL]. Nature Reviews Earth & Environment, 2022,3(2): 141-155. DOI:10.1038/s43017-021-00244-x.

[19] Tong D, Zhang Q, Davis S J, et al. Targeted emission reductions from global super-polluting power plant units[J/OL]. Nature Sustainability, 2018, 1(1): 59-68. DOI:10.1038/s41893-017-0003-y.

[20] Tong D, Zhang Q, Liu F, et al. Current emissions and future mitigation pathways of coal-fired power plants in China from 2010 to 2030[J/OL]. Environmental Science and Technology, 2018, 52(21): 12905-12914. DOI:10.1021/acs.est.8b02919.

[21] Fuhrman J, Bergero C, Weber M, et al. Diverse carbon dioxide removal approaches could reduce impacts on the energy-water-land system[J/OL]. Nature Climate Change, 2023, 13(4): 341-350. DOI:10.1038/s41558-023-01604-9.

[22] Fuss S, Lamb W F, Callaghan M W, et al. Negative emissions-Part 2: Costs, potentials and side effects[J/OL]. Enviromental Research Letters, 2018(13): 6. DOI:10.1088/1748-9326/aabf9f.

[23] Meckling J, Biber E. A policy roadmap for negative emissions using direct air capture[J/OL]. Nature Communications, 2021, 12(1). DOI:10.1038/s41467-021-22347-1.

[24] Geng G, Zheng Y, Zhang Q, et al. Drivers of $PM_{2.5}$ air pollution deaths in China 2002—2017[J/OL]. Nature Geoscience, 2021, 14(9): 1-6. DOI:10.1038/s41561-021-00792-3.

[25] Tong D, Geng G, Zhang Q, et al. Health co-benefits of climate change mitigation depend on strategic power plant retirements and pollution controls[J/OL]. Nature Climate Change, 2021, 11: 1077-1083. DOI:10.1038/s41558-021-01216-1.

[26] Cui R Y, Hultman N, Cui D, et al. A plant-by-plant strategy for high-ambition coal power phaseout in China[J/OL]. Nature Communications, 2021, 12(1): 1468. DOI:10.1038/s41467-021-21786-0.

[27] Goforth T, Nock D. Air pollution disparities and equality assessments of US national decarbonization strategies[J]. Nature Communications, 2022, 13(1): 7488. DOI:10.1038/s41467-022-35098-4.

[28] BP. Statistical review of world energy-2021, The global energy market in 2020[R]. 2021. https://www.bp.com/content/dam/bp/business-sites/en/global/corporate/pdfs/energy-economics/statistical-review/bp-stats-review-2021-global-insights.pdf.

[29] Tong D, Farnham D J, Duan L, et al. Geophysical constraints on the reliability of solar and wind power worldwide[J/OL]. Nature Communications, 2021, 12(1): 1-12. DOI:10.1038/s41467-021-26355-z.

[30] Mercure J F, Pollitt H, Viñuales J E, et al. Macroeconomic impact of stranded fossil fuel assets[J/OL]. Nature Climate Change, 2018, 8(7): 588-593. DOI:10.1038/s41558-018-0182-1.

[31] Abhyankar N, Lin J, Kahrl F, et al. Achieving an 80% carbon-free electricity system in China by 2035[J/OL]. iScience, 2022, 25(10). DOI:10.1016/j.isci.2022.105180.

[32] Liu Y, Tong D, Cheng J, et al. Role of climate goals and clean-air policies on reducing future air

pollution deaths in China: A modelling study[J/OL]. The Lancet Planetary Health, 2022, 6(2): e92-e99. DOI:10.1016/S2542-5196(21)00326-0.

[33] Chang S, Yang X, Zheng H, et al. Air quality and health co-benefits of China's national emission trading system[J/OL]. Applied Energy, 2020(261). DOI:10.1016/j.apenergy.2019.114226.

[34] Cai W, Hui J, Wang C, et al. The lancet countdown on $PM_{2.5}$ pollution-related health impacts of China's projected carbon dioxide mitigation in the electric power generation sector under the Paris agreement: A modelling study[J]. The Lancet Planetary Health, 2018, 2(4): E151-E161.

[35] Li J, Cai W, Li H, et al. Incorporating health cobenefits in decision-making for the decommissioning of coal-fired power plants in China[J/OL]. Environmental Science & Technology, 2020, 54(21). DOI:10.1021/acs.est.0c03310.

[36] Zhang X, Liu J, Tang Y, et al. China's coal-fired power plants impose pressure on water resources[J/OL]. Journal of Cleaner Production, 2017(161): 1171-1179. DOI:10.1016/j.jclepro.2017.04.040.

[37] Raptis C E, Van Vliet M T H, Pfister S. Global thermal pollution of rivers from thermoelectric power plants[J/OL]. Environmental Research Letters, 2016, 11(10). DOI:10.1088/1748-9326/11/10/104011.

[38] Li H, Cui X, Hui J, et al. Catchment-level water stress risk of coal power transition in China under 2℃/1.5℃ targets[J/OL]. Applied Energy, 2021(294): 116986. DOI:10.1016/j.apenergy.2021.116986.

[39] Raptis C E, Oberschelp C, Pfister S. The greenhouse gas emissions, water consumption, and heat emissions of global steam-electric power production: A generating unit level analysis and database[J/OL]. Environmental Research Letters, 2020, 15(10). DOI:10.1088/1748-9326/aba6ac.

[40] Wang R, Li H, Cai W, et al. Alternative pathway to phase down coal power and achieve negative emission in China[J/OL]. Environmental Science & Technology, 2022, 56(22): 16082-16093. DOI:10.1021/acs.est.2c06004.

[41] Raynaud D, Hingray B, François B, et al. Energy droughts from variable renewable energy sources in European climates[J/OL]. Renewable Energy, 2018(125): 578-589. DOI:10.1016/j.renene.2018.02.130.

[42] Lu Y, Cohen F, Smith S M, et al. Plant conversions and abatement technologies cannot prevent stranding of power plant assets in 2℃ scenarios[J/OL]. Nature Communications, 2022(13): 806. DOI:10.1038/s41467-022-28458-7.

[43] Svobodova K, Owen J R, Kemp D, et al. Decarbonization, population disruption and resource inventories in the global energy transition[J/OL]. Nature Communications, 2022(13): 7674. DOI:10.1038/s41467-022-35391-2.

[44] Li L, Zhang Y, Zhou T, et al. Mitigation of China's carbon neutrality to global warming[J/OL]. Nature Communications, 2022(13): 5315. DOI:10.1038/s41467-022-33047-9.

[45] Lu X, Chen S, Nielsen C P, et al. Combined solar power and storage as cost-competitive and grid-compatible supply for China's future carbon-neutral electricity system[J/OL]. Proceedings of

the National Academy of Sciences of the United States of America, 2021, 118(42): 2013471118. DOI:10.1073/pnas.2103471118.

[46] Zhao Y, Wang C, Liu M, et al. Improving operational flexibility by regulating extraction steam of high-pressure heaters on a 660 MW supercritical coal-fired power plant: A dynamic simulation[J]. Applied Energy, 2018(212): 1295-1309. DOI:10.1016/j.apenergy.2018.01.017.

[47] Na C, Pan H, Zhu Y, et al. The flexible operation of coal power and its renewable integration potential in China[J/OL]. Sustainability (Switzerland), 2019, 11(16): 4424. DOI:10.3390/su11164424.

[48] Stevanovic V D, Petrovic M M, Milivojevic S, et al. Upgrade of the thermal power plant flexibility by the steam accumulator[J/OL]. Energy Conversion and Management, 2020(223): 113271. DOI:10.1016/j.enconman.2020.113271.

[49] Ahlström J M, Walter V, Göransson L, et al. The role of biomass gasification in the future flexible power system—BECCS or CCU?[J/OL]. Renewable Energy, 2022(190): 596-605. DOI:10.1016/j.renene.2022.03.100.

[50] Wu YE, et al. On-road vehicle emissions and their control in China: A review and outlook[J]. Science of The Total Environment, 2017(574): 332-349.

[51] Zhang X, Lin Z, Crawford C, et al. Techno-economic comparison of electrification for heavy-duty trucks in China by 2040[J/OL]. Transportation Research Part D: Transport and Environment, 2022(102): 103152. DOI:10.1016/j.trd.2021.103152.

[52] Liang X, Zhang S, Wu Y, et al. Air quality and health benefits from fleet electrification in China[J]. Nature Sustainability, 2019(2): 962-971. DOI:10.1038/s41893-019-0398-8.

[53] EI. China Energy Policy Simulator[EB/OL]. 2022. https://energypolicy. solutions/simulator/china/zh.

[54] IEA. World Energy Investment 2022[R/OL]. 2022. https://www.iea.org/reports/world-energy-investment-2022.

[55] Hancock T. How China is quietly dominating the global car market[EB/OL]. [2023-06-20]. https://www.studocu.com/en-au/document/university-of-sydney/intermediate-corporate-finance/how-china-is-quietly-dominating-the-global-car-market-bloomberg/63626763.

[56] IEA. Energy technology perspectives 2023[EB/OL]. 2023. https://www.iea.org/reports/energy-technology-perspectives-2023.

[57] IEA. Global EV outlook 2022[R/OL]. 2022. https://www.iea.org/rcports/global-ev-outlook-2022.

[58] IEA. The role of critical minerals in clean energy transitions[R/OL]. 2021. https://www.iea.org/reports/the-role-of-critical-minerals-in-clean-energy-transitions.

[59] Mckerracher C. China's electric trucks may well pull forward peak oil demand[EB/OL]. Bloomberg, 2022. https://news.bloomberglaw.com/environment-and-energy/chinas-electric-trucks-may-well-pull-forward-peak-oil-demand-correct.

[60] IEA. Global EV data explorer[EB/OL]. 2022. https://www.iea.org/data-and-statistics/data-tools/global-ev-data-explorer.

[61] Mckerracher C. Electric vehicles look poised for slower sales growth this year[EB/OL]. Mobility 21, 2023. https://mobility21.cmu.edu/electric-vehicles-look-poised-for-slower-sales-growth-this-year/.

[62] CAAM. Sales of new energy vehicles in January 2023[EB/OL]. 2023. http://en.caam.org.cn/Index/show/catid/66/id/2050.html.

[63] Bernard M R, Tankou A, Cui H, et al. Charging solutions for battery electric trucks[R/OL]. https://www.theicct.org.cn/publication/charging-solutions-for-battery-electric-trucks/.

[64] Qiang H, Hu Y, Tang W, et al. Research on optimization strategy of battery swapping for electric taxis[J]. Energies, 2023, 16(5): 2296. DOI:10.3390/en16052296.

[65] Bloomberg. Battery swapping for EVs is big in China. Here's how it works[EB/OL]. 2022. https://www.claimsjournal.com/news/international/2022/01/25/308250.htm.

[66] Slowick P, Stephanie S, Hussein B, et al. Analyzing the impact of the inflation reduction act on electric vehicle uptake in the United States[EB/OL]. 2023. https://theicct.org/publication/ira-impact-evs-us-jan23/.

[67] EPA. Proposed Rule: Greenhouse gas emissions standards for heavy-duty vehicles-phase 3[EB/OL]. 2023. https://www.epa.gov/regulations-emissions-vehicles-and-engines/proposed-rule-greenhouse-gas-emissions-standards-heavy.

[68] Mulholland E. Europe's new heavy-duty CO_2 standards, Explained[EB/OL]. 2023. https://theicct.org/eu-co2-hdv-standards-explained-feb23/.

[69] CARB. Advanced clean trucks fact sheet[EB/OL]. 2021. https://ww2.arb.ca.gov/resources/fact-sheets/advanced-clean-trucks-fact-sheet.

[70] CARB. Final statement of reasons-advanced clean trucks regulation[EB/OL]. 2021. https://ww2.arb.ca.gov/sites/default/files/barcu/regact/2019/act2019/fsor.

[71] CARB. Appendix A4. 2036 100 percent medium- and heavy-duty zero-emission vehicle sales requirements, preliminary draft regulation order advanced clean fleets regulation[EB/OL]. 2023. https://ww2.arb.ca.gov/sites/default/files/barcu/regact/2022/acf22/ac/acffro41.pdf.

[72] CARB. Proposed advanced clean fleets regulation preliminary language revisions workshop-staff presentation[EB/OL]. 2023. https://ww2.arb.ca.gov/sites/default/files/2023-02/acfpres230213_ADA.pdf.

[73] CNCDA. California auto outlook, Covering 4th quarter 2022[EB/OL]. 2023. https://www.cncda.org/wp-content/uploads/Cal-Covering-4Q-22_FINAL.

[74] CARB. The zero emission vehicle(ZEV) regulation(fact sheet)[EB/OL]. [2021-04-27]. https://ww2.arb.ca.gov/sites/default/files/2019-06/zev_regulation_factsheet_082418_0.pdf.

[75] Gardiner D. Newsom says "there is no Tesla without" California. Here's how much money it has received from the state[EB/OL]. [2022-09-28]. https://www.sfchronicle.com/politics/article/Does-Tesla-owe-all-its-success-to-California-17473046.php.

[76] Xie Y, Tim D, Rachel M. Heavy-duty zero-emission vehicles: Pace and opportunities for a rapid global transition. ZEV transition council briefing paper[EB/OL]. 2022. https://theicct.org/

publication/hdv-zevtc-global-may22/.

[77] Bloomberg NEF. Global low-carbon energy technology investment surges past $1 trillion for the first time[EB/OL]. 2023. https://about.bnef.com/blog/global-low-carbon-energy-technology-investment-surges-past-1-trillion-for-the-first-time/.

[78] Fickling D. We're not even close to running out of green minerals[EB/OL]. 2023. https://www.bloomberg.com/opinion/articles/2023-02-06/energy-transition-we-re-not-close-to-running-out-of-green-minerals.

[79] Bradsher K. Why China could dominate the next big advance in batteries[N].[2023-04-12].

[80] Xue W, Huang M, Li Y,et al. Ultra-high-voltage Ni-rich layered cathodes in practical Li metal batteries enabled by a sulfonamide-based electrolyte[J/OL]. Nature Energy, 2021(6): 495-505. DOI:10.1038/s41560-021-00792-y.

[81] Ye L, Li X. A dynamic stability design strategy for lithium metal solid state batteries[J/OL]. Nature, 2021(593): 218-222. DOI:10.1038/s41586-021-03486-3.

[82] Way R, Ives M C, Mealy P, et al. Empirically grounded technology forecasts and the energy transition[J/OL]. Joule, 2022, 6(9): 2057-2082. DOI:10.1016/j.joule.2022.08.009.

[83] Lee A, Coppola G. How tesla's quest for cheaper batteries buoys China[EB/OL]. [2023-04-04]. https://www.bloomberg.com/news/articles/2023-04-04/how-tesla-s-quest-for-cheaper-batteries-buoys-china-quicktake.

[84] Dong F, Zheng L. The impact of market-incentive environmental regulation on the development of the new energy vehicle industry: a quasi-natural experiment based on China's dual-credit policy[J/OL]. Environmental Science and Pollution Research, 2022(29): 5863-5880. DOI:10.1007/s11356-021-16036-1.

[85] Ren D. China closes gap with Japan after 2022 car exports surpass Germany with 54.4 per cent surge to 3.11 million vehicles[EB/OL]. 2023. https://www.scmp.com/business/china-business/article/3206875/chinas-car-exports-surpass-germanys-after-544-cent-surge-311-million-2022-narrowing-japans-lead.

[86] 生态环境部,国家发展改革委,工业和信息化部,等.柴油货车污染治理攻坚战行动计划 [EB/OL]. [2018-12-30]. http://www.gov.cn/gongbao/content/2019/content_5389334.htm.

[87] COP26. Women bear the brunt of the climate crisis, COP26 highlights[EB/OL]. [2023-05-26]. https://news.un.org/en/story/2021/11/1105322.

[88] Sugden F, De Silva S, Clement F,et al. A framework to understand gender and structural vulnerability to climate change in the ganges river basin: Lessons from Bangladesh, India and Nepal[M/OL]. 2014. DOI:10.5337/2014.230.

[89] ADB. Philippines : Integrated flood risk management sector project[EB/OL]. http://www.adb.org/projects/51294-002/main.

[90] EIGE. Gender in environment and climate change[J/OL]. 2016. http://eige.europa.eu/rdc/eige-publications/gender-environment-and-climate-change.

[91] Vandyck T, Ebi K L, Green D, et al. Climate change, air pollution and human health[J/OL].

Environment research Letters, 2022(17): 100402. DOI:10.1088/1748-9326/ac948e.

[92] IPCC. Climate change 2022, Impacts, Adaptation and vulnerability[R]. 2022.

[93] Liu L. Mainstreaming gender in actions on climate change[J]. Climate Change Research, 2021, 17(5): 548-558. DOI:10.12006/j.issn.1673-1719.2020.298.

[94] Dupar M, Tan E. Women's economic empowerment: the missing piece in low-carbon plans and actions[J/OL]. 2022(19): 1-16. https://odi.org/en/publications/womens-economic-empowerment-the-missing-piece-in-low-carbon-plans-and-actions/.

[95] United Nations. SDG5 Achieve gender equality and empower all women and girls[EB/OL]. [2023-05-27]. https://sdgs.un.org/goals/goal5.

[96] United Nations. SDG10 Reduced inequalities within and among countries[EB/OL]. [2023-05-27]. https://sdgs.un.org/goals/goal10.

[97] Chanthamith B, Wu M, Yusufzada S, et al. Interdisciplinary relationship between sociology, politics and public administration: Perspective of theory and practice[J/OL]. International Journal of Sociology, 2019, 3(4): 353-357. DOI:10.15406/sij.2019.03.00198.

[98] Rauner S, BAUER N, Dirnaichner A, et al. Coal-exit health and environmental damage reductions outweigh economic impacts[J]. Nature Climate Change, 2020, 10: 308-312.

[99] Zhang S, Wu Y, Liu X, et al. Co-benefits of deep carbon reduction on air quality and health improvement in Sichuan Province of China[J/OL]. Environmental Research Letters, 2021, 16: 9. DOI:10.1088/1748-9326/ac1133.

[100] Oberhauser A M. Gender and household economic strategies in rural appalachia[J/OL]. Gender, Place and Culture, 1995, 2(1): 51-70. DOI:10.1080/09663699550022080.

[101] Maggard S W. Gender and schooling in appalachia: Historical lessons for an era of economic restructuring[J/OL]. Journal of the Appalachian Studies Association, 1995, 7: 140-151. https://www.jstor.org/stable/41445688.

[102] Miewald C E, Mccann E J. Gender struggle, scale, and the production of place in the appalachian coalfields[J/OL]. Environment and Planning A, 2004, 36(6): 1045-1064. DOI:10.1068/a35230.

[103] Dublin T, Licht W. Gender and economic decline: The Pennsylvania anthracite region, 1920—1970[J/OL]. Oral History Review, 2000, 27(1): 81-97. DOI:10.1093/ohr/27.1.81.

[104] Walk P, Braunger I, Semb J, et al. Strengthening gender justice in a just transition: A research agenda based on a systematic map of gender in coal transitions[J/OL]. Energies, 2021, 14(18): 5985. DOI:10.3390/en14185985.

[105] Smeraldo Schell K, Silva J M. Resisting despair: Narratives of disruption and transformation among white working-class women in a declining coal-mining community[J/OL]. Gender and Society, 2020, 34(5): 736-759. DOI:10.1177/0891243220948218.

[106] Measham F, Allen S. In defence of home and hearth? Families, friendships and feminism in mining communities[1][J/OL]. Journal of Gender Studies, 1994, 3(1). DOI:10.1080/09589236.1994.9960550.

[107] Mahadevia D, Advani D. Gender differentials in travel pattern—The case of a mid-sized city,

Rajkot, India[J/OL]. Transportation Research Part D: Transport and Environment, 2016(44): 292-302. DOI:10.1016/j.trd.2016.01.002.

[108] Spitzner M, Hummel D, Stiess I, et al. Interdependente genderaspekte der klimapolitik[R/OL]. Umweltbundesamt, 2020. http://www.umweltbundesamt.de/publikationen.

[109] Kronsell A, Smidfelt Rosqvist L, Winslott-Hiselius L. Achieving climate objectives in transport policy by including women and challenging gender norms: The Swedish case[J/OL]. International Journal of Sustainable Transportation, 2016, 10(8). DOI:10.1080/15568318.2015.1129653.

[110] Panjwani N. Mainstreaming gender in karāchī's public transport policy[J]. European Journal of Sustainable Development, 2018, 7(1): 355-364.

[111] Araya A A, Legesse A T, Feleke G G. Women's safety and security in public transport in Mekelle, Tigray[J/OL]. Case Studies on Transport Policy, 2022, 10(4): 2443-2450. DOI:10.1016/j.cstp.2022.10.019.

[112] Huffman A H, Van Der Werff B R, Henning J B, et al. When do recycling attitudes predict recycling? An investigation of self-reported versus observed behavior[J/OL]. Journal of Environmental Psychology, 2014(38): 262-270. DOI:10.1016/j.jenvp.2014.03.006.

[113] Mojica F J, Ferrer F N. Every Ride Matters: Women commuters'experiences[J/OL]. Asian Journal of Education and Social Studies, 2022, 35(1): 12-30. DOI:10.9734/ajess/2022/v35i1745.

[114] 黎昌江. 地铁女性车厢设置及其对站台乘客候车的影响研究 [D/OL]. 成都：西南交通大学, 2021. DOI:10.27414/d.cnki.gxnju.2021.001001.

[115] Shamsul A, Azmi N F, Yusoff S M. Assessing elements of walkability in women's mobility[J/OL]. Journal of the Society of Automotive Engineers Malaysia, 2021, 1(3): 208-215. DOI:10.56381/jsaem.v1i3.61.

第五章 流域高质量发展与气候适应

一、引言

流域是一个复杂系统，其特点是会在不同的时间和空间尺度上发生变化，以及存在与预测和管理这些变化相关的不确定性。一些国家和地区在流域管理的许多方面已形成了相对成熟的治理实践，也积累了一些经验，包括对流域问题和压力的识别、倡导对流域开展整体规划的理念共识，以及一些具体的工作方法，例如，基于自然的解决方案、鼓励不同利益相关者的参与（包括妇女和其他边缘化群体的参与）、综合考虑长期需求和短期行动等。但与此同时，将流域作为一个系统来统筹治理仍然任重道远。本章以国合会之前关于流域综合管理（2004 年、2022 年）和生态补偿（2018 年、2019 年）的研究为基础，结合国合会 2023 年在联合国水事会议期间的学术活动，在今年的研究工作中以确定有效的区域合作机制为研究重点，在整个长江流域从极端洪水到干旱的气候变化影响日益紧迫的情况下，推动相关研究建议在中国及全球范围内加以利用。

（一）关于流域的 5 年研究计划

本年度的研究属于国合会关于流域的 5 年研究计划系列的一部分（表 5-1）。该系列的研究计划提出了未来 5 年研究的一系列目标，包括：①确定主要流域面临的普遍风险、挑战和具体表现；②建立针对流域的压力风险与适应性评价框架，实现流域综合管理水平的提高；③总结世界主要流域在相关方面的发展趋势和成功经验；④结合中国、欧洲、美国等国家和地区在主要流域治理方面的经验，提出综合性跨区域协同治理建议。

表 5-1 国合会流域治理专题政策研究五年工作的原则和研究重点

研究年份	年度研究原则 / 主题	可能的研究重点
2022—2023 年	从源头到沿海履行责任	区域合作机制

研究年份	年度研究原则／主题	可能的研究重点
2023—2024 年	根据百年愿景规划步骤	积极主动适应预计的气候变化并提高韧性
2024—2025 年	人人参与，形成共同愿景	基于多学科利益的协作组织
2025—2026 年	在河流区域管理各方面适应气候变化和其他主要河流压力源	应对气候变化、其他压力源和灾害的不确定性
2026—2027 年	持续加强和创新	管理方法、知识计划、政策工具和前瞻性融资机制等；国际交流

（二）年度研究目标

通过对世界各国流域治理经验的比较研究，探索中国长江及其他流域应对气候变化的治理方法。本报告为中国和全球流域的高质量发展和气候适应提出了有针对性的建议。这项研究是在可持续发展和基于系统的全流域治理模式的背景下进行的，以应对日益增长的气候变化风险。具体的研究目标如下。

有针对性地借鉴国际和中国的流域治理经验。

从宏观和中观两个层面研究流域的区域协调问题。宏观层面侧重国际和中国大河流域的区域治理经验总结；中观层面侧重对次级流域单元开展案例实证研究，围绕具体问题，讨论具有针对性的区域协同机制。

围绕上游次级流域、下游大湖地区、入海口地区三类典型地区的实证研究，通过与莱茵河流域、密西西比河流域，以及全球关注的其他流域相比，研究中国大河流域区域协调治理面临的问题和解决方案。

采用问题导向的研究方法，借鉴国际经验，为中国和全球流域提出加强区域合作方面的政策建议。

（三）流域治理区域协调的定义

本章的重点议题之一是区域尺度的治理。本报告将其称为"区域治理"、"区域协同"或"区域协调治理机制"。在本报告讨论的案例中，"区域"一词涉及的空间单元含义有所差异。对于密西西比河流域，涉及的是各州与联邦政府之间的协调；对于莱茵河流域，既涉及荷兰各地区之间的协调，也涉及莱茵河沿岸各国（州）之间的协调。关联度非常高，因为对莱茵河流域的治理与欧盟的《水框架指令》密切相关。在中国，"区域"涉及的是各省（区、市）之间的协调。

此外，本章提出的"区域协调"也涉及同一流域空间单元内不同政府部门间的协调，以及政府与企业、社会公众、非政府组织等各类多元主体的协调。为了推动流域在区域协调治理中取得成功，必须有效地协调各类利益相关主体的个体利益与社会公众利益（如农业、自然环境保护、水质、航运、防洪），既包括不同政府机构的跨部门协调，也包括政府与企业、非政府组织和其他公众代表之间的协调。

二、治理历程、问题和挑战

（一）中国及国际主要大河流域治理的演变

1. 长江流域治理的演变

综合中国政府关于长江政策文件的主题变化分析（基于语义分析方法）、基于大事件分析，发现长江流域的治理政策变迁呈现出"渐进性"与"间断性突变"的双重特征，可将 1949 年以来的长江流域治理历程分为 4 个阶段（图 5-1）。

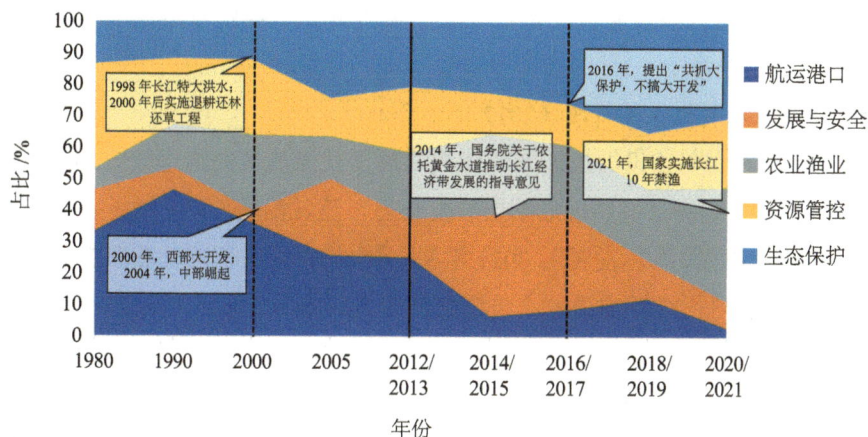

图 5-1 **1980—2021 年长江流域政策文件各主题占比变化**

（1）起步阶段（1949 年至 1978 年）

在当时的计划经济大背景下，长江流域各类治理活动主要由国家层面统一安排，治理重点领域聚焦在防洪、水力发电两个方面。在国家的统一部署下，长江流域在此阶段兴建了一批堤防、水利水电枢纽等工程。

（2）经济发展主导阶段（1978 年至 1998 年）

1978 年以后，长江流域的治理工作步入了以经济发展为核心的新阶段。除了传统的防洪和水力发电任务外，水资源的开发与合理调配、航运的综合性发展以及沿江地区的工业建设也被纳入了治理的重点范畴。在此阶段，参与长江流域治理的政府机构主体呈现出多元化的趋势，不再仅限于水利部门。国家层面的发展改革部门、生态环境保护部门、城乡建设部门、国土资源管理部门以及交通部门等，在长江流域治理工作中扮演的角色日益重要。然而，尽管这些治理主体的参与增强了治理工作的全面性，但在实际操作中，不同治理主体之间的协调与配合仍存在一定的不足。

（3）初步转变阶段（1998年至2012年）

1998年长江流域发生特大洪水后，中国政府对长江洪水灾害的风险更加重视，流域治理政策向统筹开发与保护、加强系统治理转变，但这种转变并不彻底。1998年洪灾后，中国政府开始在上游、中游大范围开展退耕还林、退耕还湖等生态治理工程。但该阶段流域治理的中心仍是经济发展，沿江区域集聚了大量工业企业，以及过度使用农药、化肥等不合理的流域开发措施，导致长江流域面临的生态环境问题更加严重。除中央政府外，流域内省、市、县各级地方政府从发展本地经济的目标出发，开展了大量城市建设、工业开发区建设、港口开发、矿业开采等经济发展活动，但跨行政区的区域矛盾也日益凸显。

（4）高质量发展与保护阶段（2012年至今）

2012年将生态文明建设纳入国家整体战略后，长江流域的治理政策逐步转变；特别是2016年《长江经济带发展规划纲要》发布后，流域治理导向从"经济发展优先"明确转变为"生态优先、绿色发展"。2021年3月《中华人民共和国长江保护法》施行后，以《中华人民共和国长江保护法》《长江经济带发展规划纲要》为统领，中国政府出台了一系列关于长江流域的法律法规、政策文件、专项规划，区域协调治理的法律和政策体系不断完善。此外，2014年，中共中央成立了推动长江经济带发展领导小组，作为指导长江流域治理的顶层机构，加强对流域治理不同领域、不同层级政府部门的统筹协调，推动深化流域的综合治理和区域协调发展长三角地区、成渝地区、长江中游等次区域的地方政府也加强了跨区域的流域协调。

尽管2012年以来区域协调治理得到加强，但目前长江流域在生物多样性保护、上游地区水电开发与环境保护协调、中下游岸线保护利用等方面的协同治理有待进一步加强。如最近几年发生的洪水和干旱事件，可能会大幅影响水电输出，并导致对燃煤发电站的投资增加，以应对水电输出的下降，而风能和太阳能的可再生能源能力尚不足以弥补这种下降。

2. 莱茵河流域治理的演变

莱茵河流域治理的历史表明，流域干预措施的系统性转变，以及伴随的新治理结构的出现，往往是由自然灾害引发的，即具有重大社会影响的破坏性事件。在大多数情况下，干预措施在相应的重大破坏性事件发生前就已经提出。自然灾害事件只是推动在社会层面和政治层面对实施这些措施和计划的紧迫性达成共识。关于莱茵河流域治理的演变，下列重大事件尤为相关。

（1）法国入侵荷兰（1672 年）

1672 年，为抵御法国入侵，荷兰人在莱茵河下游挖掘了一条人工河道。这条河道后来形成了莱茵河的新支流——瓦尔运河（Waal）。然而最初新的河道并不稳定，在后续的一个世纪里，新河道持续淤塞。为了应对这些挑战，荷兰逐步建立了一套完善的水管理体系，其中包括历史上多次演变和重组的水利机构，最终形成了现代的荷兰国家水利局。

（2）《曼海姆公约》（1868 年）

1868 年，莱茵河流域各国签署了《曼海姆公约》，保障了莱茵河的航行自由制度。此后《曼海姆公约》一直是促进欧洲国家之间贸易关系的重要条约。

（3）须德海洪水（1916 年）（荷兰）

1916 年，荷兰北部与北海相连的须德海发生了大规模洪水，导致须德海南岸低洼地区及周边城镇被海水淹没。这场洪水推动了荷兰在 1932 年建成阿夫鲁戴克（Afsluitdijk）拦海大坝，其将须德海与北海完全隔断，使须德海从咸水海湾转变为荷兰最大的淡水湖——艾瑟尔湖（IJsselmeer）。

（4）保护莱茵河国际委员会的建立（ICPR，1950 年）

1950 年，荷兰、瑞士、法国、德国、卢森堡在瑞士巴塞尔联合成立了保护莱茵河国际委员会（ICPR），谋求通过合作来解决莱茵河日益严重的河流污染问题。1970 年，随着莱茵河流域的各国越来越意识到只有加强跨国界合作才能实现可持续的流域管理，莱茵河国际水文学委员会（CHR）成立。

（5）北海洪水（1953 年）

1953 年的北海洪水后，荷兰政府启动了三角洲工程的建设。该工程由三角洲特别委员会指导建设。虽然荷兰政府明确了建设三角洲工程的决策，但该工程在实施中受到了社会反对意见的阻碍。

（6）山德士（Sandoz）化学泄漏灾难（1986 年）

1986 年，瑞士巴塞尔的山德士化学公司发生火灾，大量农药泄漏到莱茵河中，造成整个河流下游的环境灾难。为了应对这场灾难，莱茵河沿岸国家启动了莱茵河的生态恢复工作，包括实施 ICPR 莱茵河行动计划（1987 年）。

（7）极端河水流量（1993 年、1995 年）

莱茵河在 1993 年、1995 年经历了极端的河水流量，给沿岸的堤坝带来巨大考验。为此，荷兰政府启动了"还河流以空间"项目：在荷兰莱茵河沿岸采取一系列措施，增加河流的蓄水空间。为了促进不同利益相关者和政府层级在决策过程中的参与，一种名为"积木"（Blokkendoos）的规划工具被制定出来。

（8）制定《欧盟水框架指令》（2000 年）和《欧盟洪水指令》（2007 年）

2000 年《欧盟水框架指令》的制定意味着各成员国必须共同制订流域管理计划。在水资源管理的背景下，该指令侧重管控流域的水生态质量。同样，对于洪水风险管理，各流域的洪水风险管理计划必须在《欧盟洪水指令》的框架下制定。

3. 密西西比河流域治理的演变

密西西比河流域面积占美国本土面积的 41%。密西西比河及其支流拥有大约 10 000 mi（1 mi ＝ 1.609 km）的政府维护航运水道。密西西比河上游、俄亥俄河流域和红河流域的航运通过一系列的船闸和水坝得以保障。密苏里河、密西西比河中游和密西西比河下游的航运则通过堤坝建设、河岸整治和河道疏浚维持。

密西西比河的治理历史说明了美国联邦政府和各州政府在流域管理中责任划分的复杂性；大量治理责任归属各州而各州之间合作不足，加剧了流域治理的复杂性，并使流域在区域协调治理方面的效率降低。

（1）19 世纪初以来联邦政府与州政府的责任划分

对密西西比河流域的开发始于 19 世纪初，之后美国联邦政府承担起维护美国主要河流航运的责任。随着流域内定居人口的增加，地方政府承担起了为流域内处于洪水风险中的居民提供防洪保护的责任。根据美国宪法，所有在宪法中没有明确授予联邦政府的权力都留给了各州。因此，水资源管理的权力（不包括航运）属于各州州政府。

（2）密西西比河委员会（1879 年）

1879 年，美国国会批准成立了密西西比河委员会，对涉及密西西比河的活动进行监督，并为委员会分配了维护流域河流航运的具体责任。

（3）大洪水（1927 年、1936 年）

1927 年，一场灾难性的洪水席卷了密西西比河下游流域，导致航运中断，并造成了数百万美元的损失。1928 年，联邦政府指派密西西比河委员会负责管理密西西比河下游的航运，并与各州合作，采用系统方法控制洪水。1936 年，在美国发生大洪水后，美国联邦政府开始加强防洪项目建设。当各地重大防洪项目的收益超过成本时，联邦政府将承担这些项目的建设责任，同时提出各地的重大防洪项目实施要逐个开展。但是美国仍然没有将对流域层面整体性的监督责任分配给任何联邦机构。应密苏里河流域各州的要求，美国联邦政府承担了在密苏里河主干线上修建六座主要水坝的责任，用于防洪、灌溉和维护密苏里河的航运系统，但不承担流域监管责任。

（4）流域委员会的设立（1965年）和取消（1981年）

1965年，美国国会认识到各州和地方机构的供水系统运转面临现实挑战，故颁布了一项水资源规划法，要求在主要流域建立流域委员会和水资源委员会，以协调联邦政府和州政府在水资源领域的活动。1981年，由于各州抱怨流域委员会干涉了宪法赋予他们的权力，因此美国总统下令取消了流域委员会，并撤销了对水资源委员会的支持。与此同时，密苏里河流域日益激烈的水资源竞争导致该流域的各州质疑联邦政府对河流的管理。这导致了针对联邦政府和各州的诉讼，引发了司法裁决。这些裁决确定联邦政府将在密苏里河上运营航运和防洪大坝，直到各州制定出合作方案。在密苏里河流域，美国联邦政府的职责是管理大坝，而不是像密西西比河委员会在密西西比河下游流域所做的那样，系统地管理流域的水资源保护和开发活动。

（5）当前面临的挑战

当前，密西西比河流域在水资源开发、防洪、航运和生态环境保护等相关治理主体之间的合作与协作方面面临着重大的挑战。排在首位的是美国实行的联邦制度，该制度将大多数水资源活动的管理责任移交给各州政府。各州在内部合作中也面临挑战，这取决于各州宪法的性质，以及这些宪法中关于州内较低级别自治机构权力的规定。在一些州，各级政府之间及其与非政府组织之间的合作和协作程度很高；而在另一些州情况则有待改善。第二个挑战是全世界面临的上下游协调问题。在完全位于某一州境内的支流上，该州能够管理大多数流域活动。如果各州共享河段，河流水量过少或过多都会很快引发分歧甚至冲突。

专栏5-1 亚马孙河治理的转变

亚马孙河流经玻利维亚、巴西、哥伦比亚、厄瓜多尔、圭亚那、秘鲁、苏里南和委内瑞拉，流域面积约690万 km^2。亚马孙河是世界上径流量最大的河流，平均流量为15万 m^3/s，淡水资源占世界总量的18%。流域内的森林生态系统本身有助于调节当地和区域范围内的气候和降雨模式，为整个南美洲大陆和其他地区的农业生产和粮食安全提供有利条件。亚马孙河也是应对气候变化的重要缓冲区。每年全球大气24亿t的碳吸收量中，有20%～25%是被亚马孙河流域的森林吸收的。整个亚马孙河流域储存了近1000亿t的碳，大约相当于十年的全球碳排放量。

2019年亚马孙森林大火和森林砍伐面积的大幅上升，证实了人类活动对流域造成的严重破坏和风险，包括森林砍伐，以及牧场和农田向生态保护区的蔓延侵占。作为亚马孙地区可持续发展计划的一部分，需要制定一项系统的长期预防战略。

当前的气候危机为推动亚马孙河流域转向可持续发展提供了重大机遇，以避免流域内的人类开发活动突破科学家所说的生态系统稳定临界点，即流域及其生态系统将不能靠自我调节维持稳定状态。在亚马孙合作条约组织（ACTO）、联合国环境规划署（UNEP）、美洲国家组织（OAS）、全球环境基金（GEF）项目的支持下，亚马孙河流域内的8个国家开始推进对跨界水资源的综合、可持续管理。自1978年签署《亚马孙合作条约》以来，正在进行的工作继续集中在以下方面：进一步强化了规划和实施战略活动的机构框架，以推动流域水资源的保护和可持续管理，以及应对气候变化。下面描述的战略行动方案（SAP）包括执行一系列实地项目，如水资源管理、农业改进和生物多样性保护，这些项目通过ACTO秘书处进行协调，包括在流域内8个国家之间建立共识。

该项目为亚马孙河流域制定了一项SAP，于2016年获得批准，并于2020年2月由ACTO启动实施。该方案主要基于以下共识：①亚马孙河流域水资源综合管理和可持续发展的共同愿景；②开展区域跨界诊断分析（TDA），通过广泛协商，综合确定流域跨界问题；③ACTO推动的各项活动、区域倡议的结果和建议。

专栏5-2　赞比西河流域治理的转变

赞比西河流域面积为160万km²，流域内总人口约为4700万人。河流流经8个国家：安哥拉、博茨瓦纳、马拉维、莫桑比克、纳米比亚、坦桑尼亚、赞比亚和津巴布韦。流域面临的主要战略问题是在经济增长、环境可持续和应对高度多变的气候导致的干旱和洪水风险之间取得平衡，而气候变化正在进一步加剧这种风险。贫困和贫困导致的流域退化是赞比西河流域人类、生态系统和未来发展面临的最大威胁。除非共同努力改善最贫穷人口的生计，否则这种退化可能会加剧。最贫困人口占该流域人口的2/3以上，他们大多从事小农雨养农业，占农业活动的96%。鉴于目前该流域的水资源利用相对不足，规划将水资源利用率提高到历史平均径流量的31%，这通常被认为仍低于水资源短缺阈值。然而，在未来可能的气候干旱情景下，流域的某些地区可能会出现水资源短缺。

气候变化对赞比西河流域的发展具有重要影响，也提高了加强区域治理的重要性。在最干旱的气候变化情景下，每年造成的损失可能超过23亿美元，而在最潮湿的情景下，每年可能增加4亿美元的收益。这些影响主要涉及水力发电、农业和淡水供应。

赞比西河委员会（Zambezi River Commission）于2018年制定了该流域的战略规划。该规划中规划了未来的首选发展路径，旨在确保维持适度的生态流量和提供防洪保护的前提下，最大限度地提高流域水资源开发的经济效益。由赞比西河委员会领导的跨流域治理活动的合作和协调有可能减少气候变化对流域的影响。

（二）相关经验借鉴

尽管每个流域的情况各不相同，但无论是在中国还是在其他国家，流域的相关利益方都面临气候变化带来的日益严重的挑战，需要不断完善和加强区域协调机制进行应对。中国正在通过更加系统、全面的方法来加强主要大河流域的区域协调，例如，先后制定出台了《中华人民共和国长江保护法》《中华人民共和国黄河保护法》。赞比西河的案例表明，只有流域各国协调农业灌溉、水力发电等活动，才能实现流域的环境保护目标和减少对农业生产、能源生产的影响。此外，随着气候的实际变化变得明显，需要定期调整流域治理相关的长期规划。

在设计流域治理的政策和干预措施时，必须始终在适当的空间和时间尺度上进行评估，并从多目标系统评估所有后果，包括干预措施的成本和有效性、共同效益和负作用。评估不仅要考虑对河流流量、生态等方面的短期影响，也要考虑对未来的长期影响；不能只考虑对局部地域的影响，需要在流域系统内考虑对周边区域的影响；同时还应综合考虑实现航运、防洪等工程措施效益和维持河流生态系统长期稳定性等多维度目标的权衡。为了使一个生态系统被认为是稳定的，需要有一些机制来帮助其在干扰发生后恢复到原来的状态。按照当前对流域的研究认识，之前莱茵河流域一些大规模的人工干预工程可能就不会实施。

　　流域治理政策的变化往往是对重大事件的响应，具有突变性，但需要提前做好政策和计划准备，当机遇窗口来临时推动政策的及时实施。长江、莱茵河等大河流域的治理历程表明，流域治理政策的重大转变通常是对流域重大事件的响应结果。IPCC 第六次评估报告指出，对气候变化适应性差的流域将面临巨大的风险。和全世界流域一样，提前的综合流域韧性规划不仅是解决气候冲击对长江流域造成的多重挑战的必要条件，更是极具紧迫感的政府重要任务之一。

　　加强国家整体层面流域协调机制或建立跨国合作组织，制定具有共识的全流域治理规划（或方案），是推动流域区域协调治理的核心。中国长江、美国密西西比河的治理经验表明，国家政府在协调跨行政区的防洪、航运、生态环境保护等流域问题时能够发挥重要作用。对于莱茵河、亚马孙河、赞比西河等跨国河流，都成立了各国政府共同参与的跨国流域协调机构。

　　加强公众参与对于加强流域的区域协调十分重要。莱茵河、密西西比河等流域的案例表明，在流域面临的挑战不断增加的同时，公众越来越多地参与到流域治理决策。但对公众参与的机制和方法仍需要加强研究。考虑到公众利益和公众获取信息的新途径，明智地使用社交媒体和其他现代通信技术可以加强公众的参与度，有助于促进在流域治理中作出更好的决策。

三、上游河段：嘉陵江中下游地区的分析与协同治理思考

（一）区域概况

　　嘉陵江是长江上游左岸的重要支流，嘉陵江中下游干流全长 740 km，自然落差 303 m，中下游主要支流包括白龙江、东江、西河、渠江和涪江，流域以低山和丘陵为主。该地区主要包括四川省的广元、南充、广安，以及重庆市的合川、北碚、渝北、江北、沙坪坝和渝中。

　　区域属欠发达地区，正处于快速发展阶段，对于能源、水等资源仍将有更多的需求。嘉陵江中下游地区社会经济发展水平较低，城镇化率和人均地区生产总值均低于全国平均水平。随着成渝地区双城经济圈建设加快，该地区的工业化和城镇化加快推进，对能源、水和其他资源的需求，以及碳排放的压力将继续增加。

　　水旱灾害突出，且趋于极端。受川西和大巴山暴雨区影响，嘉陵江中下游洪涝灾害严重，2015 年、2018 年和 2020 年先后发生大或特大洪水。近年来流域温度上升，

20 世纪 90 年代后升温速率达到 0.35℃ /10 年，导致旱灾次数增加。2022 年 6—8 月，中下游持续出现晴热天气，降水较多年平均少 20% ～ 30%，导致嘉陵江重庆段河床裸露。中下游的旱涝急转和旱涝并存，对于流域水利的统筹调度要求日益增加。

该地区属于两个省级行政区，对流域的协同管理提出了更高要求。1997 年重庆成为直辖市，之后嘉陵江中下游分属四川省、重庆市。2011 年、2016 年和 2021 年，国家层面先后印发《成渝经济区区域规划》、《成渝城市群发展规划》和《成渝地区双城经济圈建设规划纲要》，均要求加强嘉陵江流域的川渝跨省协同治理。

（二）面临的风险和挑战

气候变化和加速发展带来的问题的复杂性，对现有的流域综合管理方式提出了新的挑战。近年来，嘉陵江中下游既面临气候变化导致的暴雨洪涝、高温干旱更加频发的问题，又面临作为后发地区加快发展带来的更多能源、资源需求和环境压力。流域内非沿江农村地区的水安全风险和水资源短缺问题更为突出，旱灾次数增多导致以水电为主的单一能源结构受到挑战，水运组织也面临多级船闸协同的困难，农业发展导致的面源污染问题进一步加剧。

农村地区防灾减灾设施滞后，水旱灾害影响大，农业污染多。乡村防洪设施薄弱导致农业损失逐年上升。2018 年，广元市部分县区被暴雨和大暴雨袭击，122 个乡镇、58 388 人受灾，农作物受灾面积达 6.39 万亩。2021 年，南充市经历了 20 余次强降雨过程，夏汛和秋汛造成南充沿江蔬菜基地受灾严重，蔬菜大幅减产。旱灾造成农村粮食减产、人畜饮水困难。2014 年，四川东北部夏伏连旱，广元市苍溪县 70% 玉米绝收，30% 作物死亡。流域饮水困难人口占比为 30% 及以上，特别是留守老人和儿童。水质总体趋好，但农业污染已成为主要污染源。2021—2022 年，嘉陵江中下游干流 15 个断面水质均达到Ⅲ类水及以上。水质主要受有机污染综合指标（COD_{Mn}、BOD_5、COD_{Cr}）和氮、磷（NH_3-N、TP）影响，主要污染源有水产养殖、畜禽养殖、农业面源及生活废水的排放。

水电行业应对高温和干旱的能力相对较弱，需要改善能源结构，提高能源供应的韧性。该地区的能源结构以水电为主。2022 年夏季，嘉陵江中下游面临历史同期最高极端高温、最少降水量、最高电力负荷叠加局面，水电日发电量减少 50%，嘉陵江沿线的南充等城市用电受限，工业企业错峰用电，农村蔬菜、水产品、水果冻库等受断电影响大。

专栏 5-3   高温干旱对水电能源的影响

极端高温干旱给以水电为主的能源结构带来极大的风险和挑战，一是造成水电发电量大幅减少，二是高温热浪导致用电需求激增，两者叠加导致地区生产、生活受到严重影响。

2022 年夏季，川渝地区连续多日遭遇 40℃以上高温，部分地区降水量较平均常年同期偏少 51%，嘉陵江中下游面临历史同期最高极端高温、最少降水量、最高电力需求叠加局面，来水量较常年同期减少 36.4%，导致水电日发电量减少 50%，亭子口水电站水位最低达到 438.78 m，接近死水位 438 m。

同时，高温热浪导致用电需求激增。2022 年 7 月，国网四川电力售电量达 290.87 亿 kW·h，同比增长 19.79%。其中，工业日均用电量达 4.31 亿 kW·h，同比增长 13.11%；居民日均用电量达 3.44 亿 kW·h，同比增长 93.3%。

发电量减少叠加用电量激增，城市工业、商业及乡村生产生活用电均受到较大影响。嘉陵江沿线的南充等城市的商场、酒店、专业市场、景区等非民生用电受限，工业企业错峰用电，部分高耗能企业停产。农村蔬菜、水产品、水果冻库等受断电影响，损失较大。

应对极端天气，川渝地区已通过增加风电、光伏、火电等能源布局，加强区域能源协调，逐步优化以水电为主的能源结构。国外为应对极端天气带来的能源风险也采取了一些措施。例如，加拿大魁北克水电公司在 2021 年发布了其全公司适应计划，该计划包括一项设备现代化计划，估计产量将增加 5% ～ 10%，以帮助抵消水位的下降。这项研究探讨了一些现代化的步骤，以及创新的融资方式来升级老旧的水电设备。

（三）国际案例借鉴

莱茵河发源于瑞士境内的阿尔卑斯山北麓，流经奥地利、法国、德国、荷兰等，在荷兰鹿特丹附近注入北海。19 世纪、20 世纪实施了重大干预措施以优化经济（目的包括防洪和改善航运条件）。这些干预措施一部分具有无法预见的长期负面影响，威胁到河流的功能。为了减轻这些负面影响，并且由于人们越来越关注流域的可持续功能，建立了若干流域管理计划和治理机制，包括还地于河，进行综合的流域管理，成立国际委员会（ICPR 和 CCR）。

与大多数大型河流系统相比，莱茵河在流域范围内的协调工作相对较好，因为所有莱茵河沿岸国家都承诺遵守欧盟关于生态、生物多样性和防洪的指令，并感谢保护莱茵河国际委员会的运作。自 2000 年以来，《欧盟水框架指令》为河流流域方法和欧洲集水区的国际合作提供了新的推动力。它的目的是将主要以水质为导向的管理转变为更加综合的生态系统管理方法。它适用于内陆、过渡性和沿海地表水，以及地下水。它确保了水管理的综合方法，尊重整个生态系统的完整性，包括通过监管个别污染物和制定相应的监管标准。它以流域区的方法为基础，确保邻国合作管理他们共享的河流和其他水体。

莱茵河在治理过程中具有以下经验和教训：介入河流系统时，需要评估对时空中适当尺度的影响（预期效果的量表）；需要寻求基础设施措施的替代方案，并采用适当的范围和系统边界；需要寻求适当量表（对应物理系统的规模）的协作。

专栏 5-4 《欧盟水框架指令》（WFD）

《欧盟水框架指令》是一个欧盟为保护和改善各成员国的水质而建立的立法框架。它构建了一个全面的水管理方法，目的是使所有水体达到"良好状态"，包括河流、湖泊、沿海水域和地下水。WFD 包括以下内容。

以目标为导向的方法。WFD 采用了以目标为导向的方法，这意味着它为水质设定了具体的目标和目的，而不是规定详细的行动或方法。主要目标是实现和保持所有水体的"良好状态"，这是指水环境健康、可持续、没有污染或退化的状态。

积极制定的目标。WFD 建立了积极的目标，即重点是实现具体的环境质量目标，而不仅是避免负面结果。这些目标是以可测量的参数来定义的，如化学浓度、生物指标和生态条件。例如，这些目标可能包括氧饱和度的具体水平、营养物质浓度或某些物种的存在。

河流流域管理。WFD 采用了流域管理的方法，即在流域范围内组织水管理，而不是由行政边界来分割。成员国被要求制订江河流域管理计划（RBMPs），概述其管辖范围内每个江河流域地区的目标、措施和指标。这些计划涉及广泛的利益相关者参与和公众参与，以确保决策过程的参与性和包容性。

监测和评估。WFD 强调了一个强有力的监测和评估制度。成员国必须监测其水体的状况，并根据既定的目标和指标定期评估其生态和化学状况。这种监测和评估过程为评估进展情况、确定关注领域及制定实现目标的适当措施提供了科学依据。

措施计划。为了达成 WFD 所设定的目标，各成员国需制定并执行相应的措施计划，作为其 RBMPs 的一部分。这些措施包括广泛的行动，如污染预防和控制、生境恢复、提高水效率和公众意识活动。这些措施应具有成本效益，技术上可行，并在规定的时间内实施。WFD 在解决上游和下游地区之间的问题，以及促进共享流域的国家之间的团结方面发挥了关键作用。通过平等对待上游和下游国家的地位，WFD 为下游国家规定了新的责任。根据生态系统方法，下游国家采取的行动也变得越来越重要。例如，下游国家必须采取措施，促进鱼类物种向河流系统的上游地区迁移。WFD 将鱼类种群的福祉放在首位，因为它们是生态健康的重要指标。欧盟委员会在监督和监测河流流域管理方面发挥了新的作用，促进了流域国家之间更大的合作和团结。为了实现水质的改善及应对上游和下游的挑战，可以采取经济手段，而且 WFD 允许在坚持污染者付费原则的前提下进行经济补偿。

审查和报告。WFD 要求定期审查和报告，以评估措施的有效性和实现目标的进展。成员国报告其水体的状况、措施的执行情况及其 RBMPs 的整体有效性。这种报告促进了问责制、知识交流和成员国之间分享最佳做法。

通过采用以目标为导向的方法，WFD 为成员国提供了一个框架，以努力实现可持续管理和水质改善，提升整个欧洲水管理的水平。

（四）关于提升流域韧性的协同治理措施建议

1. 过去的干预措施及其效果

1986 年，嘉陵江开工建设了第一个梯级马回电站。1999 年，四川省人民政府批准实施《嘉陵江渠化规划报告》，报告综合考虑防洪、水利、水电、水运等因素，在广元至重庆规划建设了相互衔接的梯级航电工程。目前已建成梯级枢纽 15 个（四川 14 个，重庆 1 个），在建 1 个（重庆利泽枢纽），未建 2 个（重庆井口和四川广元水东坝枢纽）。

水利工程改善了沿线城市的防洪条件，促进了水电和航运发展。南充、阆中等沿江城市（县）的防洪标准已提高到 50 年一遇，下游沿江乡（镇）和农田的防洪标准仅相当于 5～10 年一遇。水利工程为沿线城市提供了较低成本和供应充足的水电，刺激了高耗能产业发展。嘉陵江中下游全段渠化，通航能力显著提升，是国家批准的 18 条高等级航道之一，嘉陵江水路运输的成本仅为 0.08 元 /（t·km），是铁路运输价格的46%、公路的 23%，有潜力建设连接西北和长江中下游的新通道。

水利工程带来了一定的生态和环境影响，低价水电导致高耗能产业的结构风险，对流域非沿江乡村地区的改善作用不足。由于梯级航电工程的实施和人类活动，嘉陵江水域环境受到一定破坏，下游河段生态流量不足，水生植物体系、生物种群结构受到影响，胭脂鱼等珍稀鱼类洄游、产卵等路径被阻断，造成鱼类数量和多样性下降。近年夏季高温干旱，水电供电量不足，沿线城市工业普遍限电停产。水利工程建设对沿江地区的城镇防洪、供水条件改善较大，但对非沿江地区尤其是乡村地区的供水覆盖不足，面对高温干旱等气候灾害的抵抗能力较弱。

2010—2018 年四川省及 3 市灌溉面积及新增耕地灌溉面积占比如表 5-2 所示。

表 5-2　2010—2018 年四川省及 3 市灌溉面积及新增耕地灌溉面积占比

地区	2018 年耕地面积 /（10³/hm²）	2018 年耕地灌溉面积 /（10³/hm²）	2018 年灌溉面积占耕地面积的比例 /%	2010—2018 年耕地新增面积 /（10³/hm²）	2010—2018 年耕地灌溉新增面积 /（10³/hm²）	2010—2018 年新增灌溉面积占比 /%
南充市	534.15	235.06	44.0	233.4	28.4	12.2
广安市	307.68	107.68	35.0	134.2	12.8	9.5
广元市	353.48	94.94	26.9	187.4	7.2	3.8
四川省	6 722.77	2 992.24	44.5	2 712.1	439.1	16.2

资料来源：四川省统计年鉴。

嘉陵江中下游地区初步建立了防汛抗旱协调机制。川渝两地制定了《四川省嘉陵江流域防汛会商制度》《四川省嘉陵江流域汛情传递制度》《成渝地区双城经济圈水旱灾害防御信息共享和通报制度备忘录》等。四川和重庆共享了近 100 个站点的降雨和水情信息，并进行了水库联合调度应对洪水。

流域治理面临航运、防洪、抗旱、水力发电等多领域协同，政府之间、部门之间、政府与企业之间多利益相关方的协同，干流治理与乡村地区发展需求的协同挑战。目前嘉陵江洪水期服从防洪调度，非洪水期主要服从电力调度，受电网系统安全及峰谷电力需求波动影响，库区会出现流量陡升陡降、水位陡涨陡落的情况，给通航船舶带来一定风险。气候变化导致的极端天气增加，使航运、防洪、抗旱、水力发电等多领域的协同难度加大。中下游的水利枢纽涉及 6 家业主，政府涉及 2 省（市）的 6 市（区）和若干县级单元，水利、能源、交通、防洪、环境等部门都涉及流域管理，两省市之间、部门之间、政府与企业之间的协同难度日增大。水利工程建设后，干流近岸地区防洪、供水、通航条件得到改善，与内陆腹地广大乡村的社会经济发展落差加大，需要进一步加强区域统筹协调。

2. 提升流域韧性的协同治理重要措施

嘉陵江中下游地区的未来发展面临着极为复杂的挑战，既要应对气候变化带来的区域安全、环境保护、控制能源消耗与碳排放等方面的挑战，又要满足快速发展带来的资源和能源需求。欧洲将战略环境影响评价作为流域协同治理的前提，并获得良好的效果。在中国流域协同治理更加复杂，需兼顾抗洪、抗旱、防涝、发电、城乡用水保障、航运、生物多样性等多领域的协同，需制定"多目标综合解决方案"并采取以下具体措施。

转变经济社会发展方式，探索低能耗、低水耗的区域经济社会发展路径。落实"长江大保护"要求，推进绿色低碳的生产生活方式，在绿色水电作为主导的基础上，关注高温干旱带来的夏季能源供需不稳定问题。适度调整产业结构，逐步限制流域金属冶炼、化工、非金属矿物等高耗能产业发展。加强与周边省份、川西地区电力联调联供，加快外电入川渝通道建设，与西北省份的火风光电源、西藏地区的水光电源形成互补，增强省际多元化、多方向互济能力。鼓励发展风电、光伏等其他可再生能源，适度发展本地有资源优势的天然气等清洁能源，适度提升煤电顶峰兜底能力。

兼顾多元目标和多方利益，建立政府之间、部门之间、政府与企业之间、沿江与腹地之间的协同机制。面对气候变化带来的多重挑战，需要协同发电、防洪、抗旱和通航等多元目标，加强多层次、多领域的协同。推动水利部长江水利委员会从相对单一的水系统管控，转向多目标的管理和对多利益主体诉求的响应，建立企业利益诉求。探索建立省级政府之间、城市政府之间、不同区域的主管部门之间的协同和谈判机制。加强川渝两地各级政府的协同，省级重点建立流域统一的协同调度机制，统筹防洪、抗旱、发电和航运管理，制定统一的治理框架和考核监测指标，市级重点管控好本地各县（市）之间、城市与乡村之间的灾害风险，引导经济社会发展模式转型。加强政府与水利枢纽企业间的协同，重点协调好发电、通航与防洪抗旱的水资源联合调度。研究建立基层乡村单元利益诉求的传递与反馈机制，研究沿江地区与腹地农业地区之间的联动发展和转移支付机制。

关注非沿江乡村地区，探索本土化的、自然低冲击的乡村治理方式。向历史学习，尽可能采用基于自然的解决方案，充分研究历史上形成的"丘塘林居"聚落与农业系统的当代价值。保护并修复堰塘冲田系统，构筑绿色韧性的乡村生态基底。堰塘冲田系统是川渝地区传统生态智慧，村民于丘底造田、汇水筑塘、丘顶植林，是对土地、植被、水资源有节制的利用方式，具有雨洪滞蓄、旱涝调节、乡村生物多样性保护和水质净化等多重功能。灌渠建设与自然溪流冲沟等结合，构建乡村小微湿地群，提升自净能力和环境容量，增强乡村生物多样性。发展"农—湿—果—养—旅"立体化、复合型乡村产业发展模式。"丘底冲田"实施高标准农田建设，引导粮菜轮作，鼓励"稻虾""稻鱼"等复合农业方式；"丘脚乡村聚落"提升服务和环境品质，鼓励农旅融合；"丘坡旱地"引导种养一体化，发展"猪—沼—果/菜"循环农业经济；"丘顶"促进人工林自然化，涵养水土，打造乡村休闲景观区。

专栏 5-5　嘉陵江地区"丘塘林居"聚落与农业系统（图 5-2）

　　嘉陵江流域属于丘陵地区，自然形成了一种"丘塘林居"聚落与农业系统，由丘岗、冲沟、堰塘、冲田、旱地、林地、农房、院坝和道路等要素构成，具有"丘底冲田、丘脚村居、丘坡旱地、丘顶林地"的垂直分层特点。此系统在应对雨洪滞蓄、旱涝调节等方面展现出重要作用。

　　丘塘：流域降水季节性分布不均，且丘陵地区存在水土流失问题。为解决灌溉问题，人们在丘陵地区土地开发过程中，结合地形建造半围合的堤堰，形成堰塘或陂塘。这是一种半人工的水利工程技术，借助自然的力量，在降雨时蓄积雨水，起到雨洪滞蓄、旱涝调节的作用，同时兼养各种水生动植物，净化水质，发挥生产和生态功能，一举多利。

　　丘田：丘底冲田。冲沟是丘陵地区雨水汇集的区域，在经年累月的冲积作用下，地势平缓、土质厚实、肥力较高，便于耕作和排灌，是川渝丘陵地区农业生产的优质区域。丘坡旱地。丘岗坡度相对较大，同时囤蓄水困难，当地居民将其开发成为旱作耕地或种植林果，并兼顾林下养殖的多元化复合农业。

　　丘林：丘顶和地形较陡的坡面为林地，呈团簇状或条带状，起到涵养水源和保持水土的作用。农房周边栽植乔木、慈竹、楠竹等乡土树种，为民居提供庇护，营造阴凉的微气候和丰富景观。

　　丘居：农房分布于丘脚，依丘傍田而建，临路散点布局，既避免水淹的风险，又方便农业生产劳作。

图 5-2　流域农业农村综合立体开发示意图

须对嘉陵江中下游尚未建设的水利枢纽工程重新进行评估。一是评估城市建设用地扩张带来的水利工程建设条件的变化，二是评估水利工程对城市安全、事故风险的影响，三是评估是否有利于区域能源结构的改善，四是评估建设带来的生态环境风险。

四、大湖流域：太湖流域的分析与协同治理思考

（一）区域概况

太湖流域位于长江下游入海口处，涉及江苏、浙江、上海、安徽三省一市，流域面积约 3.69 万 km^2，2021 年常住人口约 6 811 万人，人口密度达到 1 846 人 /km^2，相当于荷兰的 3.5 倍；地区生产总值约 112 736 亿元，人均 GDP 为 16.5 万元，相当于全国平均水平的 2.0 倍，相当于荷兰的 41.5%；国土开发强度达到 27.7%，相当于荷兰的 2.1 倍，是典型的人口密度高、经济活力高、国土开发强度高的三角洲地区。

太湖流域呈周边高、中间低的碟状地形，地势总体为西高东低，80% 为平原区，高程一般在 5 m 以下，其中一半以上地面高程低于汛期洪水位，现状流域水面面积约 5 551 km^2，水面率达 15.0%，相当于荷兰的 1.5 倍。在古代农业社会时期，太湖流域的水问题主要是洪涝与干旱。当下，人类活动、土地开发和水管理之间一直处于"紧平衡"状态，形成水灾害、水环境、水生态等并存交织的综合复杂的水问题。

因此，本次研究重点关注流域防洪安全协同治理、农业面源污染协同治理两个方面。

1. 防洪安全协同治理历程

流域防洪工程体系逐步建立，主要依靠骨干河道行洪。1991 年，太湖流域发生特大水灾，全流域 6—7 月总降水量达 514.4 mm，太湖水位最高达 4.78 m，超警戒水位天数达到 47 天，直接经济损失 113.9 亿元，占流域当年 GDP 的 6.8%。为推进太湖流域综合治理，1991 年 9 月，国务院召开治淮治太会议，作出全面治理太湖的决策，批复实施了《太湖流域综合治理总体规划方案》，11 项流域综合治理骨干工程（一轮治太）、21 项流域水环境综合治理骨干工程（二轮治太）相继实施，奠定了太湖流域三向排水格局，初步形成了流域防洪与水资源调控工程体系。其中，太浦河、望虞河、杭嘉湖南排、环湖大堤 4 项工程为世界银行太湖防洪项目，是我国第一个利用世界银行贷款的跨省（直辖市）防洪项目。

城市防洪以大圩区为单元，不断扩大圩区范围，提高防御标准。通过小圩变大圩、联圩并圩等方式，流域内重要城市防洪标准基本达到 50 年一遇及以上标准，苏州、无锡、常州等城市中心城区防洪标准达到 200 年一遇，单个大圩区由 10 ～ 20 km^2 的规

模扩张至如今的 50 ～ 150 km², 排涝模数达到 3 m³/ (s/km²) 及以上, 是流域平均排涝水平的 2.1 倍。环太湖城市防洪大圩区的建设一定程度上提高了城市中心区和低洼地区的防洪除涝标准。

初步建成流域调度体系, 实行分时段分级调度。面对太湖超标洪水, 水利部太湖流域管理局会同流域各省 (直辖市), 依据《太湖流域洪水与水量调度方案》《太湖流域水量分配方案》等调度文件, 以完善基础设施、整合系统资源、推进信息共享、深化业务应用为重点, 分时段分级调度骨干水利工程, 建设 "智慧太湖" 系统。目前, 该系统在流域信息共享、综合监视预警、调度决策和综合监管等方面已取得部分成果, 实现了一定程度的智慧化。

2. 农业面源污染治理历程和成效

蓝藻暴发后, 政府开始实施太湖流域水环境综合治理方案。2007 年, 太湖暴发大规模蓝藻, 导致区域出现供水危机, 严重影响当地群众正常生活。各级政府高度重视, 作出了加强太湖流域水环境综合治理的决策部署。2008 年, 国务院批复《太湖流域水环境综合治理总体方案》, 明确提出确保饮用水安全、确保不发生大面积水质黑臭两个目标。

建立多方协同的综合治理联席会议制度, 完善立法保障。2008 年, 太湖流域成立了由国家发展改革委牵头、有关部门和三省 (市) 参加的太湖流域水环境综合治理省部际联席会议制度, 统筹协调太湖流域水环境综合治理各项工作, 协调解决重大问题。2011 年, 水利部、环境保护部、国务院法制办公室联合发布了中国第一部综合行政法规《太湖流域管理条例》, 在全国率先建立省—市—县—乡—村五级河湖长制体系, 搭建太湖、淀山湖湖长协作机制平台, 推进农药化肥减施, 整治太湖、淀湖等河湖违法违规养殖。

水环境综合治理取得初步成效, 流域水质提升明显。近十几年来, 在各方共同努力下, 太湖流域的水环境综合治理已取得阶段性成效, 饮用水安全保障、污染防治、蓝藻防控生态修复等重点任务持续推进, 入湖污染物总量大幅削减, 水环境质量逐步提升。

(二) 面临的风险和挑战

1. 防洪安全

由于工业化、城镇化快速发展, 流域下垫面硬化比例提高, 洪水产汇流量不断增加; 外加海平面上升, 地面沉降, 风雨、浪潮、洪涝多碰头等影响, 流域内极端事件成灾致灾的可能性在上升。

流域下垫面条件发生较大变化，调蓄能力减弱。2000—2010 年和 2010—2020 年两阶段，太湖流域建设用地面积分别增长了 55.59% 和 39.98%，耕地面积分别减少了 11.66% 和 18.56%。建设用地的快速扩张导致整个太湖流域不透水面积占比增大，暴雨下渗减少，洪涝径流量增加，洪水汇流速度加快，加大了洪涝灾害发生的风险。

城镇圩区建设缺乏统筹，导致洪涝调度难度增大。目前流域内超过一半的平原区域已建圩保护，共设有圩区约 4 160 座。与 1997 年相比，圩区面积由 14 541 km² 增加到 16 434 km²，圩区总排涝动力增加了 1 倍。由于圩区一般受镇街管辖，智慧化调度水平较弱，流域层面难以进行实时协调，容易导致汛期圩区大量外排至外河水网，加快外河水位上涨速度与幅度，影响了流域骨干河道行洪能力，反过来抑制了城市圩区外排能力。

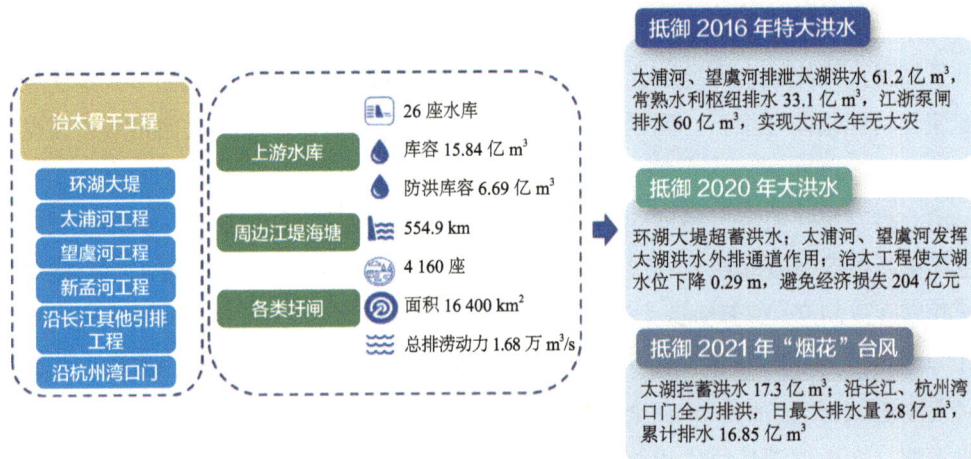

图 5-3　太湖流域防洪工程体系

极端降雨事件与海平面上升将增加流域防洪风险。近年来，受气候变化及海平面上升等影响，黄浦江潮位呈趋势性抬高，同时极端天气频发，流域遭遇台风、暴雨、洪水、天文大潮"四碰头"天气事件的概率越来越高。海平面上升与地面沉降等因素使入海口地区的城市排涝更加困难。以上海市为例，预计到 2030 年吴淞站的相对海平面将较 2010 年上升约 16 cm，预计会影响市区排水总量的 2% ~ 3%。

2. 农业面源污染

由于太湖属于典型碟形湖泊，水环境容量有限，自净能力不足，并且流域农业发达，氮、磷等营养盐输入负荷大，在全球变暖大背景下，蓝藻水华处于高发态势，稍有放松就会复发。

入湖氮磷污染物居高不下，农业面源污染已成为太湖流域最主要的污染源。近年来，太湖水质已基本实现与城镇生活污染、工业污染脱钩，但湖体氮磷浓度仍然过高，蓝藻暴发"温床"还在，未能从源头上解决水质恶化问题，农业面源污染已经成为太湖水体富营养化的主要来源。2020 年，太湖湖体水质为地表水 IV 类，总磷仍然未达到控制目标要求，总氮仍在部分月份未达标。2017—2019 年太湖的入湖污染物总量年均值：总磷为 1 913 t，为纳污能力的 3.7 倍；总氮为 38 466 t，为纳污能力的 4.5 倍。入湖污染物总量远超太湖纳污能力，是太湖水质难以达成治理目标的根本原因（表 5-3）。

表 5-3　太湖流域污染负荷结构分析

项目	COD		氨氮		总磷		总氮	
	数量 /t	比重 /%	数量 /t	比重 /%	数量 /t	比重 /%	数量 /t	比重 /%
工业点源	140 428	22.27	10 848	22.74	515	6.56	41 425	30.59
城镇生活	155 073	24.6	15 068	31.59	1978	25.19	33 163	24.49
种植业	73 552	21.96	5 443	24.99	1022	19.07	14 746	24.24
畜禽养殖	130 259	38.89	9 595	44.05	2074	38.71	26 546	43.64
农村生活	61 312	18.3	4 840	22.22	753	14.05	12 278	20.19
水产养殖	47 527	14.19	1 081	4.96	679	12.67	4 280	7.04
城镇面源	22 304	6.66	822	3.77	830	15.49	2 976	4.89
合计	630 455	—	47 697	—	7 851		135 414	

全球变暖将导致湖水升温，加速蓝藻水华扩张。1958—2017 年，太湖流域气温有显著上升趋势，平均气温以每 10 年 0.293℃幅度升高，太湖蓝藻水华由最初的夏季集中暴发向春、秋扩张，暴发时间提前且持续时间增长。此外，太湖流域降水总体呈增加趋势，平均年降水量倾向率为 3.026 mm/10 a。在强降雨尤其是极端暴雨事件中，农田氮磷流失量均随降雨强度的增大而显著增加。降水通过冲刷作用将流域营养盐和悬浮物挟带进流域水体，进一步增加河湖营养负荷，使过去的面源污染控制标准面临过时的问题。

（三）国际案例借鉴

为应对须德海洪水事件，荷兰于 1932 年用 32 km 长的封闭堤坝筑坝内海（与北海相连）创建了莱茵河系统中的艾瑟尔湖。这种干预的主要原因是为了防止洪水泛滥（通过缩短海岸线来减少风暴潮的影响）、开垦新土地以增加农业用地，以及建立淡水储备以支持国家农业目标，特别是在第二次世界大战后经济恢复期间。第二次世界大战之后，荷兰在湖周边开垦的土地上建立了新的弗莱福兰省，因地制宜发展农业。从 20 世纪 70 年代开始，住房和娱乐（森林／自然区、水上娱乐）也成为弗莱福兰省的重要功能。

面对气候变化，艾瑟尔湖作为淡水缓冲区（在干旱时期）和蓄水区（在洪水时期）的功能正变得越来越重要。在防洪方面，气候变化预计会导致莱茵河的峰值排放增加，而海平面上升将意味着莱茵河的水不能再仅靠重力通过艾瑟尔湖排入北海。这意味着更多的水将不得不暂时储存在湖泊中或抽出到北海中。此外，空间要求或更多的土地开垦可能导致湖泊功能表面积的减少，增加洪水风险和缺水的概率。所以，由于气候变化和空间的稀缺性，艾瑟尔湖及其周边地区的不同用户对系统的压力正在增加，地方、国家甚至国际范围内的利益相关方需要在这些不同的空间尺度上进行合作，以平衡这些利益。例如，在国家层面，必须制定高排量时期的淡水分配以及应对极端天气的战略。荷兰初步制定的策略是进一步加固现有防洪工程体系，确保在 2050 年之前控制艾瑟尔湖冬季平均水位不升高；2050 年之后，将允许湖水位上升 30 cm；但关于海平面迅速上升的影响及进一步的应对策略目前正在研究中。

在农业氮磷污染方面，艾瑟尔湖的建立产生了一些负面的生态后果，当潮汐海水变成停滞的淡水湖时，藻类大量繁殖，出现分层／缺氧区。为了应对水质问题和适应气候变化，欧盟的法规要求进行新的农业转型，向更少的集约化和更多的再生方式发展，在排放方面对环境的影响更小，并允许更多的生物多样性，现在主要通过减少磷酸盐的排放来解决。

（四）关于提升流域韧性的协同治理措施建议

1. 转变城市 – 区域开发模式，开展区域下垫面管控，提升流域整体安全韧性

在推进生态文明建设的新要求下，太湖流域这样的人口经济密集地区应当积极构建和谐的人与自然关系。从流域安全韧性角度出发，优先保障耕地、园地、林地、水域等非建设空间，通过严控新增建设用地规模、"还地于水"等措施，将区域下垫面比例调控到合理区间，可根据生态重要性、人口密度、城市拥堵程度、污染径流等因素综合评估以确定具体的限制目标。

在国家层面应出台更加均衡的区域开发政策，控制资源环境，紧约束地区国土空间开发强度，鼓励一般性制造业和服务业向中西部地区转移。太湖流域地区应切实转变经济增长方式，依靠创新驱动提高全要素生产率，走空间集约、产业高效、绿色低碳的新型城镇化路径。

2. 加强流域洪涝风险一体化管理，实施圩区精细化联动管理，强化上下游防洪合作

严控新增圩区，优化圩区建设模式，实施圩区精细化联动管理。在圩区建设层面，建议限制流域内大规模联圩并圩工程，避免在半高地建圩，确需新增圩区应开展洪涝风险分析，适度降低低风险圩区建设标准。在圩区管理层面，应协调圩区内外水位关系，在保障城市圩区安全运行的前提下，适度减小抽排动力，减缓圩外河道水位上涨速度。

加强流域防洪合作，完善上下游协同 - 反馈机制。面对气候变化带来的严峻挑战，依靠各行政区独自防洪治涝的模式是不可持续的，结合荷兰艾瑟尔湖跨行业跨区域协调机制经验，建议加快建立大湖地区流域 - 区域协调机制，合作开展防洪协调区建设、防洪排涝一体化管理等工作，对存在争议的重大工程，可将调度权交由流域管理机构统一调度。

协同建设流域智慧型水网，提升工程调度与风险预警水平。推进先进信息技术与水情业务的深度融合，实现从水雨情预报向洪水影响和灾害风险预报转变，提升信息公开化水平；通过打通流域不同层级智慧水务平台，加强流域机构和相关城市在水安全保障领域的监测预警合作与交流，完善防洪决策指挥体系。

3. 保护利用农耕水利大遗产和自然湿地资源，塑造塘浦圩田式城乡生态空间，推进基于自然的解决方案

向历史学习，高质量推进水文化遗产保护利用。建议借鉴太湖流域分级调控、蓄滞吞吐、分水引排的治理经验，将流域治水与圩田整治管理联系起来全局筹划。以大河治理为主，统合周围圩田、河渠治理，保护与修复自然圩田风貌体系，维系大湖地区水文化遗产的原真性、完整性和延续性。

建立环湖生态缓冲带，提升自然资源的生态价值、社会价值。将环湖陆域一定范围划为大湖生态缓冲带，制定相应的管控措施，保护好环湖生态环境最为敏感的水陆交接地区，既有利于缓解蓝藻等水环境问题，也有利于提升环湖生态空间调蓄净化能力。

加强河湖湿地管控，逐步恢复流域性水的蓄滞空间。制定流域内跨界河湖空间协同治理方案，通过退渔还湖、退圩环湖、清淤疏浚等主要出入湖河道方式，保护并适度恢复核心水面，修复自然生境，提升蓄涝与排涝功能。

尊重场地特征，以圩域为单元开展低影响开发建设。从流域和城市尺度对雨水径流进行管控，建设海绵城市，减缓城市管网的压力，增大城市区域范围内对超过管渠排放能力的径流雨水的蓄滞能力。加强城市水系脉络保护，尽可能减少对现有水系的空间扰动。

4.推进现代农业一体化，协同开展污染与减碳共治，通过科技创新治理农业面源污染

推行农业绿色生产方式，协同推进污染与减碳共治。聚焦化肥农药、农作物秸秆和养殖污染三个重点。推行再生农业等自然农耕方式，实施化肥农药减量增效行动，提高氮肥、磷肥利用效率；提升秸秆综合利用水平，强化秸秆焚烧管控；推进畜禽粪污资源化利用、稻渔生态种养建设，减少重点养殖环节碳排放。

完善绿色低碳农业产业准入，强化农业面源污染治理科技创新引领。构建农业产业准入负面清单实施制度，并建立各级政府协同联动的实施机制。同时，依托太湖流域地区的科技创新平台，加强对水体农业面源污染控制重大专项等先进技术和科技创新成果的推广应用。

5.建立流域水基金，多元化资金保障流域治理

建立流域水基金，实现生态效益共享。湖泊与人口中心关联紧密，水基金已被证实是一种有效的生态补偿模式。一方面，下游获得清洁水源，向上游提供相应补偿来支持上游地区的污染整治行动；另一方面，通过建立"水基金"信托、发展绿色产业、建设自然教育活动和生态农文旅项目，引导多方参与水源保护并分享收益。

构建流域一体化的精准预测、监测体系，作为生态补偿依据。加大湖区总磷控制、蓝藻水华暴发机理及预测的研究与应用，加快农业农村污染综合防治入湖河流通量监测试点，识别农业面源污染严重地区。对重点河湖开展本底调查，构建流域遥感监测、地面监测和模型核算一体化的面源监测体系。

水陆共治，建立生态农业专项补偿机制。保水先保土，强化流域农田林业等生态空间与内河污染协同管治，专项补偿范围涵盖水稻、生态公益林、湿地等生态农业重要组成部分。通过补偿，进一步调动提高流域发展生态农业的积极性，从源头削减面源污染，兼顾粮食安全和生态安全。

五、河口地区：珠江口海岸带地区的分析与协同治理思考

（一）区域概况

珠江口海岸带地区是全球人口和城镇密度最高、城镇化进程最快的地区之一，城镇与生态环境的协调发展至关重要。2020 年，其常住人口达到 5 400 万人，城镇化率已超 80%。在过去近 10 年中，该地区的人口增幅（35%）约为全国平均水平的 7 倍，

GDP 年均增长率（8.9%）约为全国平均水平的 1.35 倍。深圳、香港和其他城市的人口密度接近 7 000 人 /km²，人类活动密集区与重要的生物栖息地高度重叠。同时，这里也是工业发展和基础设施建设的热点地区，港口、过江通道等大型基础设施众多，给生态环境带来很大压力。

珠江口海岸带地区地处亚热带，生态资源丰富，类型多样。这里有许多国家动植物保护区，是世界上重要国际候鸟（包括黑脸琵鹭、黑嘴鸥等国家一级保护鸟类）的迁徙休息地和越冬地。

珠江口海岸带地区是世界上海陆互动最密切、城市发展与生态保护矛盾最集中的地区之一。从 1973 年到 2017 年，填海面积约为 253 km²，海域面积减少了约 15%。人工岸线迅速取代自然岸线，从 1973 年占总岸线的 7.09% 增加到 2015 年的 46.49%[17]。

珠江口海岸带地区包含珠江五大入海口城市（广州、深圳、东莞、中山、珠海），滨海第一个县（区）级行政单元，以及香港、澳门全域。这些城市都面临气候变化带来的共同挑战，加强海岸带地区保护与治理的区域协作是应对挑战的必由之路，但珠江口海岸带地区的城市涉及"一国两制"、三个关税区和三种法律制度，这为区域合作开展流域治理带来了独特的机遇，也提出了挑战（图 5-4、表 5-4）。

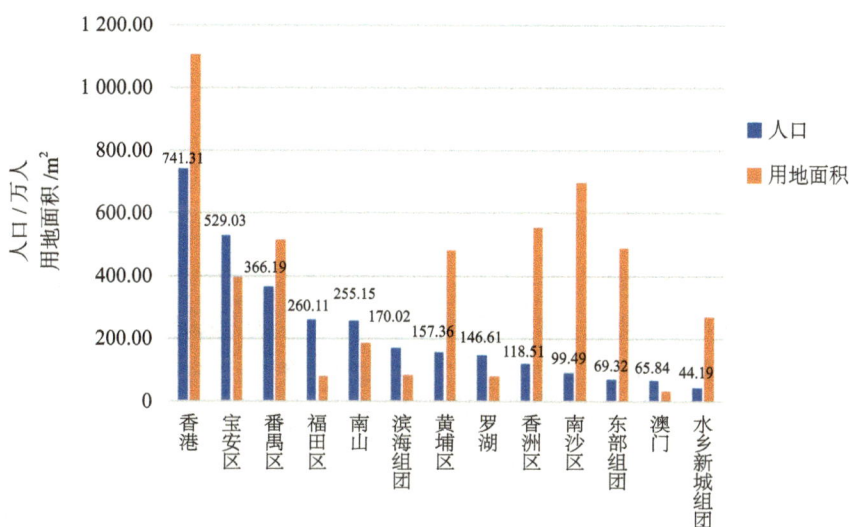

图 5-4　珠江口海岸带地区各单元人口和用地情况

表 5-4　珠江口海域保护区名录

级别	保护区	核心保护对象
国家级	珠江口白海豚国家级自然保护区	中华白海豚
	广东内伶仃-福田国家级自然保护区	猕猴、红树林、鸟类
省级	佳蓬列岛海洋保护区	珊瑚
	淇澳岛海洋保护区	红树林、猕猴、鸟类及海岛生态环境
	担杆列岛海洋保护区	猕猴
	大襟岛海洋保护区	中华白海豚
	大亚湾海洋保护区	马氏珠母贝、紫海胆、龙虾等
市级	虎门海洋保护区	黄唇鱼
	万顷沙海洋保护区	红树林及其邻近海域海洋生态环境

（二）面临的风险和挑战

珠江口地表水的环境问题影响着近岸海域的水质。随着珠江口沿海地区城市化进程的加快，地表水环境污染问题日益突出。珠江西岸地表水质出现Ⅳ类，珠江三角洲部分支流和流经城市的局部河段污染严重，为Ⅴ类及以下，导致珠江口水质持续恶化。造成这种污染的主要原因是珠江口海域入河废污水排放量大、水污染负荷高，以及珠江口城市的污水处理设施能力有待提高。

沿海生态系统处于亚健康状态，生物多样性受到威胁。珠江口沿海水域水质恶化，导致富营养化和赤潮频繁发生[18, 19]。目前，珠江口浮游动物和大型底栖动物的密度和生物量，以及鱼卵和幼虫的密度都很低，整个海洋和陆地生态系统处于亚健康状态。此外，人类在沿海地区的密集活动与鸟类和红树林等典型物种的栖息地相重叠。此外，大规模的基础设施建设，以及港口、桥梁、机场和高速公路的填海造地，进一步侵占和干扰了生物栖息地和迁徙通道，给生物多样性带来更严重的威胁。

气候变化导致的海平面上升更加剧了部分灾害的风险。自 1961 年以来，粤港澳大湾区的平均温度从 1961 年的 22℃逐渐上升到 2020 年的 23.2℃。温度在 2021 年达到最高值（自 1961 年）[20]（图 5-5）。全球变暖可能导致珠江口的海平面上升，增加沿海风暴潮的强度和频率。海平面上升将进一步加剧盐侵的风险。在过去的 20 年里，珠江口出现了 5 次盐潮，迫使珠江口的取水口不断向上游移动，严重影响城市用水安全。此外，海平面上升将导致沿海低地的淹没面积增加。损失加剧，对城市沿海保护工程、重要基础设施、沿海湿地、红树林和珊瑚礁生态系统造成破坏[18, 21]。

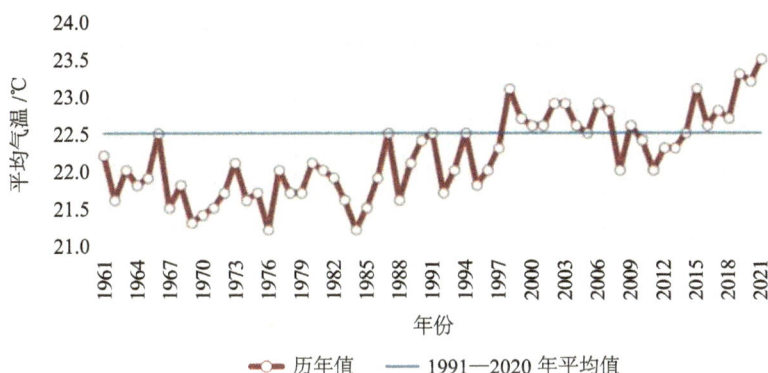

图 5-5　**1961—2021 年粤港澳大湾区平均气温历年变化**

（三）国内外经验总结与案例借鉴

1. 香港、澳门的启示

香港和澳门比广东省内城市更早与国际标准接轨，更早面临生态保护与城市建设的矛盾，治理历史也更久。此外，由于"一国两制"的存在，以及法律制度和城市化水平的差异，粤港澳三地在标准、制度和治理方式上也存在差异。

香港和澳门在填海决策中的公众参与程度更高。近年来，虽然内地不断加强对填海的约束和控制，但相较而言，香港和澳门对填海项目的程序性要求更严格，更注重公众参与评估和决策。20 世纪 90 年代以来，越来越多的香港公众和澳门公众开始关注填海对生态环境的影响。对填海工程的抗议，如香港保护海港协会的成立，迫使香港特区政府制定了填海原则，即要有迫切和压倒一切的当前需要（包括社会的经济、环境和社会需要），只有在没有其他可行的方法和对海港的损害最小的情况下才能考虑填海。

香港对海水水质监测的标准更为严格，监测和控制方法也比较完善。香港的海水水质监测标准指标数量较多，指标的阈值标准相对较高，长期的监测经验使其形成了相对成熟和稳定的监测机制；而内地的海水水质监测指标数量相对较少，指标标准值相对较低（如大肠埃希氏菌监测标准明显低于香港）。此外，由于香港面积小，具体的指标监测和控制要求被明确细分为具体的海洋单元划分。相较之下，广东省各市开展海洋监测工作，由省、市监督，区级单位根据实际需要自行开展监测工作。为了更好地进行防灾减灾、环境保护和可持续发展，粤港澳大湾区正在大力发展和改进区域性海洋监测和预报系统，大幅提升了监测的能力和水平。粤港澳大湾区海洋监测系统应在现有业务化平台的基础上，重点发展无人船、无人机、水下潜器、微纳卫星星座、地波雷达、智慧光缆等新型的智能平台及其组网应用；粤港澳大湾区预报系统则应在地球模拟系统的框架下，重点发展超高分辨率区域模式、深度学习、可视化数字孪生等新技术，从而提供用户友好的公共服务和管理支撑[22]。从 2018 年开始，深圳大鹏半岛逐步探索建立了国内首个全要素综合监测体系，对 "海陆空" 生态环境质量进行实时监测。

香港的红树林保护和修复工作起步较早，治理机制更加成熟。香港的红树林保护和恢复工作已经有 20 多年的历史，包括对政府和非政府组织运作中起步较早的各种核心指标的持续监测。近年来，内地省市对红树林的保护越来越重视，特别是开展了大规模的红树林修复行动，使红树林的面积得到持续的提升。同时通过学习国际经验及与香港合作，深圳等城市开始积极引入非政府组织，也开始加入保护和管理红树林的行列。例如，在深圳发展起来的红树林基金会（MCF）是中国内地第一家由民间发起的环保基金会，也是唯一一个运营和维护红树林自然保护区和红树林公园的非营利性社会组织。

专栏 5-6　红树林基金会（非政府组织）有力推动了公众参与海岸带生态保护

红树林基金会是中国内地首家由民间发起的环保公募基金会，致力于保护湿地及其生物多样性，践行社会化参与的自然保育模式。基金会的愿景：人与湿地，生生不息。基金会的使命：扎根湿地保护，让人与湿地都有丰盛的未来。目前基金会已启动"守护深圳湾""拯救勺嘴鹬""重建海上森林"三大战略品牌项目，推动积极的湿地管理，提升湿地的生物多样性；推动创建湿地教育中心，连接人与湿地；推动更多保护空缺地成为保护地。

红树林基金会聚焦深圳湾湿地，建立公众对深圳湾湿地及东亚—澳大利西亚候鸟迁飞区的认知和情感连接，引领公众持续关注、支持和参与湿地保护行动。目前已经与各个单位合作运营了三个自然教育中心，根据各场域不同的自然环境与人文特质，开发并不断升级了面向不同人群的课程体系。

自 2015 年以来，红树林基金会开始协助有关部门对深圳湾内的高大海桑属植物进行治理，修复改造鱼塘，为鸟类营建合格的栖息地，从而吸引了大量候鸟来此栖息。深圳河口区域的鸟种由 92 种上升到 167 种。2019 年，红树林基金会联合其他机构发起成立了勺嘴鹬保护联盟，并启动了"拯救勺嘴鹬"项目，开始在海口、防城港、盐城、湛江等地参与当地的外来物种治理或候鸟栖息地营建等。值得一提的是，红树林基金会的勺嘴鹬保护工作已经拓展到海外，且该基金会于 2020 年成为东亚—澳大利西亚候鸟迁飞区伙伴协定（East Asian-Australasian Flyway Partnership, EAAFP）正式成员。

在红树林基金会的多年努力下，创造了多个深圳甚至全国第一。2022 年 11 月 5 日，中国国家主席习近平以视频方式出席《湿地公约》第十四届缔约方大会开幕式，他在致辞中指出：中国将推动国际交流合作，保护四条途经中国的候鸟迁飞通道，在深圳建立"国际红树林中心"。8 天后，缔约方大会审议通过了由中国牵头提出的《关于在〈拉姆萨尔湿地公约〉框架内设立国际红树林中心的决议草案》，这意味着全球首个致力于红树林保护与国际交流合作的"国际红树林中心"落地深圳。国际红树林中心将聚焦全球热带和亚热带滨海区域红树林生态系统的保护修复与合理利用，搭建国际合作平台，开展全球红树林保护修复的国际合作和协调行动，支持《湿地公约》战略计划的实施，助力实现全球生物多样性保护、应对气候变化及联合国可持续发展等全球治理与发展的相关目标。

香港更注重生态友好和低影响的海堤建设方式。在海堤建设中，香港更注重对自然环境和生物多样性的低影响，较早采用了生态友好型海堤建设模式。广东省的海堤建设以传统的物理海堤建设为主，比较注重工程安全，缺乏生态友好的建设理念。近年来，广州南沙新区、深圳、东莞茅洲河、横琴粤澳深度合作区的生态友好型海堤建设已初见成效。

2. 莱茵河西南河口地区的启示

20 世纪 70 年代开始，人们对地质生态系统的不良和进一步恶化状况越来越关注。回顾 1940—1997 年三角洲工程的规划建设，尽管缩短莱茵河—宙斯河—舍尔德河三角洲易受洪水影响的海岸线计划之前就已经存在，但 1953 年的北海洪水引发了这些计划的进一步发展和执行。三角洲工程建设包括一系列的大坝、水闸和风暴潮屏障，以保护海岸线免受洪水侵袭。这些建设都基于简单的成本效益分析，最大限度地保护洪水，同时尽量减少成本和维护工作。

三角洲工程对生态环境带来巨大的负面影响。由于哈林弗利特河口与大海隔绝，但与莱茵河和默兹河保持着开放的联系，哈林弗利特河在 1970 年受到莱茵河和默兹河严重污染的影响。被重金属和有机化合物污染的河流沉积物在淡水湖中沉淀，导致水质变差和生态系统恶化。格雷维林根从一个河口变成了一个停滞的咸水湖，导致了物种组成的变化；在东斯海尔德河，潮汐流和潮汐范围减少，导致了潮滩的侵蚀和渠道的沉积；由于河流与北海脱节，大多数生态梯度消失了，鱼类迁移几乎不可能。

在决策中考虑社会影响因素。环保主义者、渔民和其他利益集团的有效游说改变了关闭东斯海尔德河的计划。决定建造一个风暴潮屏障，由一系列闸门组成，只在风暴期间关闭，而不是永久关闭。通过这种方式，东斯海尔德河的咸水环境及其独特的生态系统和相关物种（如贻贝）得到了保护。

空间规划需要有新的视野，特别是农业等策略。例如，在河流入海口地区的生态修复中需要考虑种植耐盐作物，通过地下水管理和含水层补给，保证地下水系统的水质。

随着生态状况的恶化和海平面上升，许多河口地区的大型基础设施安全寿命也即将到期，这些挑战都需要在区域合作的前提下，由相关主体共同确定未来应采取何种洪水风险管理战略。由于海平面上升，以及许多结构的寿命即将结束，出现了未来应采取何种洪水风险管理策略的问题。这方面的空间规划需要有新的视野，特别是农业（耐盐作物、抗旱作物），这取决于海平面上升（SLR）战略。结合不同的利益，同时必须保护和加强生态价值，如淡水供应、洪水风险管理、捕鱼业、可再生能源等。

专栏5-7　荷兰的流域系统模型——加强水和土壤的管理

评估水和土壤条件：在启动任何开发项目之前，都要对该地区现有的水和土壤条件进行评估。包括评估水的可用性、洪水风险、土壤质量和地下水位等因素。

纳入水和土壤管理措施：在评估的基础上，确定适当的水和土壤管理措施，并将其纳入空间规划过程。这些措施旨在尽量减少对水资源的负面影响，防止土壤退化，并促进可持续的土地利用方式。

基础设施的整合：空间规划考虑了有效的水和土壤管理所需的基础设施。这可能涉及将储水设施、排水系统、绿地和水土流失控制措施纳入发展规划中。

与利益相关者的协调：包括政府机构、土地所有者和开发商在内的各利益相关者之间的合作是至关重要的。协调可以确保关于水和土壤管理的考虑被有效地整合到开发项目的规划、设计和实施阶段。

　　法规和指南：水土管理的原则得到了地方、区域和国家层面的法规、政策和指南的支持。这些都为将水和土壤管理纳入空间规划进程提供了一个框架，确保了一致性和问责制。

　　监测和适应性管理：对水和土壤条件的持续监测和评估是至关重要的。这使适应性管理成为可能，可以根据不断变化的环境条件和随着时间推移获得的知识对发展计划和战略进行调整。

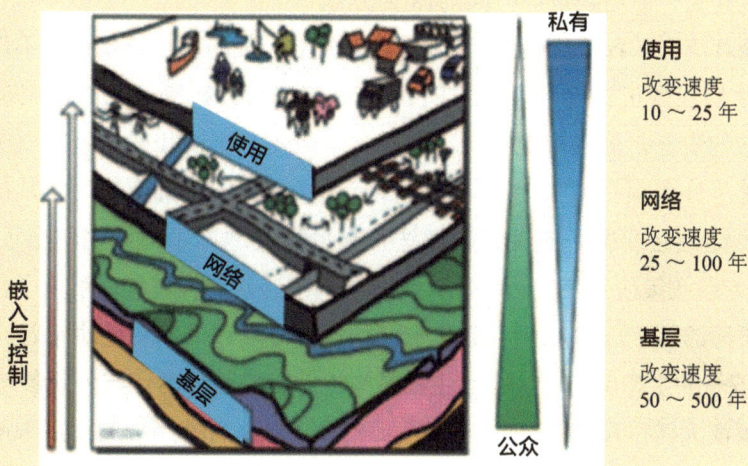

图 5-6　荷兰的空间规划和设计的分层方法

（四）关于提升流域韧性的协同治理措施建议

1. 将珠江口海岸带地区的保护与治理作为区域协作的重要议题

　　面对河口地区流域管理的多重挑战，需要建立更强大的机制，跨越地区与部门，加强区域协作。建议借鉴国际海岸带范围划定经验，海峡两岸暨香港统一划定珠江口海岸带地区。依托粤港澳大湾区协作的机制，针对海岛管理、岸线管理、围填海、大型基础设施建设、危险品仓储、污染物排放及治理、生态修复等关键议题，建立统一的政策机制和法律条约；通过设立专职区域协调机构或开展联席会议等方式，协调海岸带地区的保护与城市建设；借鉴学习香港公众参与海岸带治理的方式，鼓励各城市或地区非政府组织间的协作，引导多元主体参与珠江口海岸带地区的保护与治理。

2. 通过区域协调逐步统一环境监测和大型基础设施建设的标准和方式

　　作为流域协同治理探索，建议在粤港澳大湾区开展跨界协作的环境影响评估机制。在珠江口海岸带地区的各市建立统一的信息监管平台，针对珠江口海域的入海河流、排污口、海漂垃圾数据采集，统一监测标准，推动数据信息共建共享，合作开展海洋环境灾害的监测、评估和预警。加强珠江入海口地区大型基础设施建设的区域合作，协调和统一在海堤、港口、机场、桥梁等大型基础设施建设方面的标准和方式，通过实施港口联盟、市政设施共建共享等方式，提升设施运行和服务效率，减少建设规模和对岸线的占用，降低大型基础设施建设对珠江口生态环境的影响。建立珠江口海岸带地区河、海联动的环境治理协作机制，统一污染物监测和控制标准，统一红树林保护、岸线修复、海堤建设等方面的标准规范。

利用战略环境影响评价（EIA）方面的现代发展。战略环境影响评估不仅是为某项法律或发展计划获得正式批准而设立的一个"勾选框"机制。它的作用是确定整个相关地理区域的责任，促进广泛参与，并建立一个监测进展和根据新知识定期重新评估的框架。鉴于许多项目的长期性、创新性及气候变化的不确定性，尤其是在地区一级，后者很可能是必要的。这种评价做法正在世界各地以不同的名称出现。2022 年和 2023 年与专题政策研究相关活动的参与者提到了这些现代发展，引用了密西西比三角洲和墨西哥湾的例子，以及荷兰政府赞助的环境影响评估发展援助计划。

3. 划定统一的生态保护区，推动生物多样性保护的跨界合作与公众参与

建议粤港澳大湾区可以推广香港、深圳等的红树林系统保护做法，采用基于自然的解决方案，达到如生态保护、气候韧性等方面的双赢结果。

优化整合现有各类生态保护区，在生物多样性保护中开展跨界合作，建议打破城市行政区划，统一划定地理邻近的生态保护区，并建立区域合作的保护和运营平台。例如，整合内伶仃岛-福田国家级自然保护区的内伶仃岛区域和中华白海豚自然保护区、香港米埔湿地，调整保护区范围，保护生态系统的完整性；又如，在深圳、香港共建环大鹏湾海洋自然保护地，在深圳东部沿岸地区（包括大鹏半岛自然保护区）及香港新界东北地区（包括沙头角、地质公园和印洲塘海岸公园）共建海洋自然保护地（国家公园），联合珠江口城市共同建立区域性的白海豚常规监测点等。

区域共同倡导在生物多样性保护中的公共教育和公众参与。充分调动深圳的红树林基金会、跨境环保关注协会（CECA）等非政府组织对公众参与的推动力，扩大在环境影响评价、国土空间规划及工程建设决策等各个政策领域和决策环节中的公众参与途径，利用线上线下、多种媒体和平台丰富公众参与方式，推动区域合作开展公共科普和教育，共同提升全社会对海岸带地区生物多样性保护的关注度与参与度。

六、跨领域问题：能源转型与农业现代化

（一）关于能源转型的经验

可持续能源转型有很多方面。本课题重点研究了嘉陵江中下游流域水电、风能和光伏项目的选址布局，以及为更多的干旱和洪水情况做准备的必要性，特别是在管理环境流量的同时限制对人和财产的风险方面。

在气候变化背景下，洪水和干旱灾害的频率继续增加，导致一些地方对水电能源安全的可靠性感到担忧。由环境流量产生的可持续水电基金可以提供财政支持，以加强洪泛区，减少人类灾害的发生，同时增加自然资本。

中国当前面临的挑战在于，人口稠密地区的可用土地资源极为有限，且这些土地还需承载多样化的需求。随着风能和太阳能项目的不断推进，这些清洁能源设施所占用的土地面积日益成为新的难题。这些土地有的已经退化，有的受到污染，有的可以耕种，有的需要作为重要的生物多样性保护区或水资源保护区加以保护。目前，中国已经建立了一个生态保护红线体系，作为指导跨流域综合空间规划的政策工具，遥感技术的进一步发展使这种前瞻性规划更加可行。

（二）关于能源转型的讨论

1. 一个全面的方法

鉴于在未来几年内保持流域的复原力所面临的挑战，在整个流域内全面应用生态红线系统是有益的。同样，在综合考虑水电利用、防洪、洪泛区管理和水资源综合管理方面，也应采用综合性方法，在这些资源之间实现更优化的分配，需要进行全面的、全流域的规划。这种方法应包括以下方面。

- 在水电开发规划中纳入区域生态保护规划的要求，以确保流域内生物价值高和有代表性的河流自然生态得到保护，并保持河流的自由流动。
- 同时对多种资源和行业需求进行评估，包括水电、环境资源和生物多样性、渔业等生态系统服务、水库洪水管理，以及中下游洪泛区的洪水风险。
- 中国应利用其丰富的空间规划工具来确定风能和太阳能资产的最佳选址，例如，首先考虑其他用途不太可行的受污染土地，可能还会考虑在这些可再生能源资产中种植生物燃料。
- 所有这些都是一个需要立即实施和进一步研究的领域，包括研究不同的管辖区如何处理气候对水电的影响，以及可再生能源资产的开发和选址。

2. 可持续水电基金

中国可以考虑可持续水电基金的概念，特别是在长江流域。这种方法的好处包括以下几个方面。

- 充分发挥金沙江下游梯级水库的发电潜力，增加电力供应，特别是解决夏季用电高峰的需求。
- 为长江洪水风险管理系统提供可持续的财政支持，包括林业部门的植被重建和管理活动。
- 有利于生态流动，促进长江中游重要湖泊和湿地的保护和恢复，避免洪水风险，以及季节后水库补水不足的风险。
- 为水电项目引发的生态补偿、淡水生态系统的系统保护、生态系统监测和适应性管理等项目提供可持续的筹资机制。

（三）关于农业现代化和流域管理的评论

近年来，CCICED 的研究广泛涉及农业问题。2014 年，一份关于"生态环境红线的制度创新"的 SPS 报告探讨了确保足够的农业生产用地的必要性。2015 年，一份关于"土壤污染管理"的报告强调了减少使用化肥以保护和恢复中国的土壤。2022 年的报告《可持续的农业食品系统——实现中国的粮食和气候安全目标》，更是详细地介绍了可以提高土壤弹性和长期生产力，同时减少与粮食生产有关的温室气体排放的做法。该报告指出，覆盖和轮作是可以带来缓解和适应方面好处的再生性做法。虽然现代农业方法极大地提高了中国和其他地区的粮食产量，但大量使用化肥和其他化学添加剂对地表径流造成了污染，同时影响了土壤健康。中国正朝着保护性耕作的方向发展，这既节省了资金，又增加了土壤的生物多样性，对于水土保持、提高复原力和长期生产力都有好处。最近在黄河流域部分地区开展的保护性耕作（"低耕"）示范项目产生了显著的效果。

两年的科学监测结果：土壤肥力提高了 10% 左右，土壤储水量提高了约 7%，地下生物多样性增加。

由于简化了机械操作，化石燃料的使用减少了约 58%，成本减少了约 17%。

在中国和其他地方的其他试点表明，再生农业方法可以在面对洪水和干旱时提供更大韧性，这一点至关重要，因为这两种现象随着气候影响的加速而增加。虽然中国的农业部门规模庞大，而且条件可能因作物、地点和其他因素而不同，但转向再生性做法，在支持长期产量的同时提高气候韧性和减少排放，是中国为确保全流域复原力和生存能力所能作出的最大转变之一。

专栏 5-8　太湖流域通过农业现代化解决农业面源污染问题的探索

周边的农业实践，包括大量使用化肥、畜牧业和不适当的废水管理，导致了进入太湖的高营养负荷。由此产生的藻类水华可以覆盖湖面的大片区域，耗尽了水中的氧气，损害了水质。藻类大量繁殖不仅降低了湖泊的美学价值，还造成了一些问题，如饮用水供应中的味道和气味问题，水生生态系统的破坏，以及对人类健康的潜在风险。

太湖的富营养化也导致了生物多样性的丧失，因为藻类的过度生长破坏了生态系统的自然平衡。鱼群和其他水生生物的减少对当地渔业、旅游业和其他依赖健康湖泊生态系统的经济活动产生了负面影响。

认识到这个问题的严重性后，中国政府和地方相关单位已经实施了各种措施来解决太湖的富营养化问题。这些措施包括促进可持续的农业实践、更严格地监管化肥的使用、改善废水处理和管理，以及实施生态恢复项目。

总体来说，太湖的富营养化问题凸显了可持续的农业实践、适当的营养物管理和全面的流域管理方法的必要性，以保障水质和维护湖泊的生态健康。

长江流域、密西西比河流域和莱茵河流域等案例说明了过度追求农业产量增长的负面后果，特别是大量的营养物质被排入河流和沿海水域。因此，实现农业现代化，使粮食生产能够跟上人口增长，同时应对气候变化的不利后果（干旱、高温、洪水），减少水系统的压力，是我们所有人面临的主要问题之一。切萨皮克河流域严格管控污染物排放最大日负荷量，推动了广泛的创新，例如，马里兰州 60% 的农民采用了覆盖作物。中国目前正在整个黄河流域推广使用保护性耕作，因为其在试点项目中展示了较低的费用和较高的农田恢复力。越来越多的研究表明，像覆盖作物和保护性耕作这样的保护性实践具有确保经济收益和降低风险的好处。

（四）关于农业现代化的讨论

再生农业可以是基于自然的解决方案，以平衡粮食安全和农业收入，确保长期的粮食生产。这种方法也可以促进《中华人民共和国长江保护法》的目标。

为了减少对流域的压力，提高人类的复原力，中国可以关注现代饮食习惯的过度摄入问题，这些饮食习惯导致了发达国家的健康问题和过度消费。

七、流域治理中的性别公平与社会包容

（一）状况分析与问题识别

性别公平是当前全球流域治理的关键性议题。发展中国家乡村地区的性别问题最为突出，其内在原因一方面来自城乡与区域间的灾害抵御能力差距，另一方面来自人口外流导致的乡村地区女性聚集和贫困。

同男性相比，长江流域的女性更加容易受到气候变化的负面影响。这一点在上游嘉陵江地区的表现尤为明显。

第一，女性遇到灾害后比男性更难得到水和食物的保障。四川农村地区供水普及率、集中供水行政村比例仅为 76.9%、73.5%，低于全国平均（85.3%、83.6%）。嘉陵江流域干流中游主要流经川东北地区，设施相对落后，乡村供水普及率也较低。妇女作为家务劳动的主要承担者，需要做饭、洗衣服、喂养家畜等，由于丈夫在外打工谋生，通常由妇女承担运水工作。遭遇干旱缺水时，不得不花费更多的时间到更远的地方获取生活用水。同时母亲的天性可能会使其在资源短缺时，自动削减自己的份额，留给孩子及家里其他成员。

第二，气候变化造成的粮食及经济作物减产，给妇女的生活、收入带来重大影响。发展中国家的妇女劳动力大多沉淀在传统农业中，全球的粮食生产一半以上依靠妇女的劳动，其中 60% ～ 80% 来自发展中国家妇女的劳动。由于干旱等气候影响，农业灌溉设施不完善，以及干旱造成的停电等，粮食或者其他经济作物减产或绝收。嘉陵江流域灌溉设施的覆盖面积占比较低，特别是新增耕地灌溉设施缺乏。南充市、广安市、达州市的灌溉面积占比分别为 44%、35%、26.9%，均低于四川省平均水平（44.5%）。2010—2020 年，这三市新增耕地中的灌溉面积占比均低于 13%。同时，四川电力主要依赖水电，干旱给能源安全带来较大风险。嘉陵江干流中下游地区作为川渝重要的蔬菜、水产品、水果基地，蔬果保鲜冷库对电量需求大。近年来，农村用电量快速增长。干旱停电导致冻库等受影响，需要保鲜的果蔬产品销售受阻。妇女作为农业的主力军，不得不付出多倍的劳动来应对干旱等带来的收入降低与生活困难。

第三，农村女性的收入、受教育水平、接受培训获得技能的水平等通常低于男性，

因此降低了她们应对气候变化的能力。2020 年，嘉陵江干流中下游地区 15 岁以上教育程度较低人群中，女性占比高达 72.8%，男性占比 27.2%（图 5-7）。《中国社会性别视角的气候变化脆弱性研究》显示，相比男性，女性拥有较少的收入、土地资源、贷款机会，以及获得非农就业的机会，从而减少了她们提高自身适应能力的机会。同男性相比，女性得到的技能培训要少很多。72% 的女性从来没参加过培训，而男性这一比例为 46%。调查发现，男性受访者和女性受访者中了解灾害应急预案知识的比例分别为 25% 和 20%。

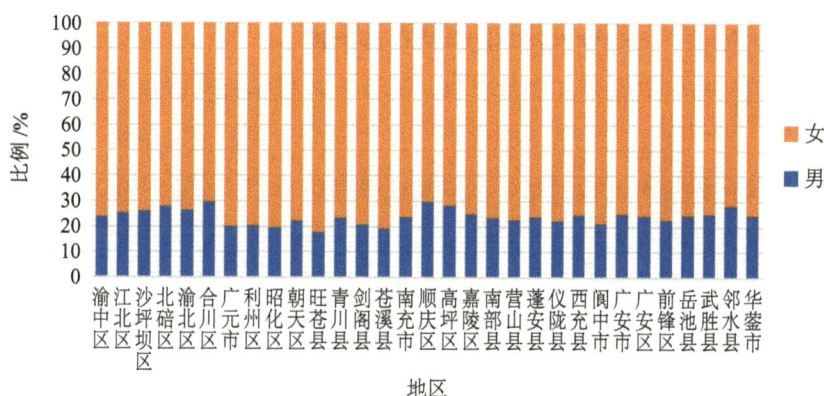

图 5-7 嘉陵江干流中下游地区 15 岁以上男女教育程度较低人群比例（2020 年）

尽管气候变化对中国妇女产生了直接的、不成比例的影响，但她们在中国流域治理领域的参与和领导力却不高。

第一，妇女参与流域安全环境决策的程度仍然不够。以太湖为例，在流域管理机构层面，女性公职人员占比近半数，但女性担任领导职务相对较少；基层管理组织层面同样，农村地区各市村委会成员中女性比例为 23%～42%，低于男性。

第二，流域开发管理相关行业中仍存在比较严重的职场性别偏见。如流域保护与开发业务领域，男性拥有更多的资源利用权利，且由于性别观念决定男性更多参与捕捞、运输等活动，其获得的利润往往要远超女性。同时，男性也更多参与研究和教育，更多主导并实施科研活动，例如，废弃物处理技术开发大多是由男性科研人员主导并实施，而女性科研人员往往处在次要地位，工作量大、薪酬低、发展前景不好。

第三，大多数流域管理政策未能整合性别视角。法规和纲领性政策文件中，只有《中国适应气候变化战略》《中国落实 2030 年可持续发展议程国别方案》等关注到了妇女等敏感弱势人群，多数流域法规和纲领政策文件缺乏关于性别视角的探讨。

（二）流域治理的社会公平与性别策略

1. 完善饮水、灌溉等应对气候灾害的措施，鼓励采用太阳能等低碳能源设施

补齐嘉陵江流域农村地区在农村饮用水、灌溉设施方面的短板，减少女性在干旱等灾害时面临的远距离获取水资源、缺水和粮食减产、收入降低等风险。例如，嘉陵江流域的广元市旺苍县、南充市嘉陵区作为国家能源局整县（区、市）屋顶分布式光伏开发试点区县，鼓励农村对太阳能的利用，实行补贴或者其他优惠，减少负责家庭能源和种植的女性的负担和经济损失。

2. 通过流域协作，促进女性参与和领导流域治理

一是要修订流域管理法规和制度文件，确保在流域治理实践中考虑对女性的影响并将其主流化，如加强生态补偿机制的女性视角研究。二是要制定统一的基于性别公平的流域治理公众参与制度和规定，保障女性参与决策的渠道，如设立增强女性领导力的项目，重视女性的本土知识和经验。例如在海洋生物多样性保护中中国女性就具有独特优势，如一些女性参与小型渔船渔业的实际操作，可以从收集调研数据、观察海洋环境改变到采取应对措施等方面发挥重要作用，并帮助推动海洋生物多样性保护的发展。鉴于此，建议选择合适的地区开展试点项目，以促进女性参与并领导海洋及岸线规划治理工作的制度改革。

专栏 5-9　许多国家采取措施来确保女性在海洋保护与开发中能够获得和男性相同的权利和待遇

例如，新西兰政府制定了《海洋法》，其中规定新西兰政府必须坚持性别平等原则，保障女性在海洋建设、捕捞和开发行业的权利和机会。此外，新西兰政府还颁布了《水资源管理和开发法》，要求开发并保护海洋和河流资源，以最大限度为女性创造就业机会，并为女性提供更多机会，以及提高女性参与海洋保护和开发建设的能力。

3. 在流域与气候变化的多项统计指标中，落实分性别统计

目前灾害损失危害等缺乏按性别分列的统计数据。这是导致政策制定者看不到妇女和女童及其需求和优先事项的诸多因素之一。另外由于没有关于女性的统计，女性

的需求常被忽略。因此，政府与教育机构应合作倡导对灾害损失危害的性别分列统计数据，为促进性别平等的政策、方案和预算的制定提供证据基础。

专栏 5-10　分性别统计制度的国内案例

　　《广东省分性别统计制度》正式通过国家统计局统计制度审核批准，从 2019 年开始在广东省正式实施。制度内容和范围涵盖了社会对男女性别平等关注度较高的九大领域，反映了男女分性别在婚姻、就业、教育、文化、卫生、社会管理、参政议政、权益维护和社会保障等方面的基本情况。统计指标共有 800 多个。数据主要通过相关部门的行政记录、部门综合统计调查、人口普查、劳动力调查等方式获得。数据采用统计数据网络直报方式采集。广东省统计局负责组织实施和数据发布，22 个省直部门参与相关数据的采集和报送工作。

---

4. 借鉴香港、澳门的经验和基础，通过培训和教育扶持，提高妇女参与流域环境保护与管理的能力

　　包括为农村女性提供农业技术培训、应对灾害的知识培训、非农就业培训；引导女性从事工程科技领域相关的科学研究和技术开发工作；实施劳动力平等政策，消除职场性别歧视；实施教育平等政策，解决教育中的性别偏见，并纳入对性别问题有敏感认识的课程和教学方法，强调男女青少年对流域治理和环境保护的平等认识。

八、政策建议

　　（一）应充分认识到增强流域韧性与气候适应能力具有很高的安全保障、经济投资、低碳发展、生态保护的综合价值，应将其纳入流域经济社会发展全局考虑

　　提升流域气候适应能力，不仅能增强流域城乡聚落韧性水平，保障生命财产安全，而且能扩大有效投资，推进绿色低碳建设，降低气候灾害带来的经济社会综合风险。流域协同治理策略的制定既应采取应对气候风险紧迫压力的"防御型"措施，还应通过技术、治理模式等方面的"创新型"措施，将应对气候变化韧性、落实"双碳"目标从流域发展的紧迫压力转化为绿色转型发展的重要动力。

（二）气候风险的紧迫性和气候适应的必要性已不可忽视，借鉴《欧盟水框架指令》经验，在长江和黄河适用法律的指导下，尽快建立跨部门、跨行政区，政府与企业、社会公众、NGO 等多元主体参与的流域综合协作机制，并制订即刻行动计划，加强跨空间、跨部门和跨时间的区域协同，实现流域的可持续发展和韧性能力提升

加强空间协同，统筹好干支流和上下游，基于次级流域、次区域的空间单元，以及特定的协同事项与问题，形成专门的协调机制，避免将问题转移到其他地区。加强部门协作，发展改革、农业农村、生态环境、交通运输、水利、防灾、能源等相关部门应制定共同的流域发展战略，提高跨部门效益，不将负面影响转移到其他部门。加强时间协同，应向历史学习（如进化的最佳实践），也要对未来气候变化的影响进行展望，展望研究的时间跨度至少为 100 年，防止将问题转移到未来。

（三）参考国际水基金经验，开展"可持续流域协同基金"探索，全面统筹流域水电、防洪、蓄滞洪区、渔业和水生生物多样性保护之间的利益协同

推动现有生态保护补偿制度的进一步深化，完善上下游跨地区的横向转移支付机制。发展现代农业（可再生农业），推进能源结构转型，推动流域高质量发展和绿色发展，落实"双碳"战略目标。

（四）借鉴欧洲"战略环境影响评估"经验，建立更加综合的评估机制，系统评估流域范围内气候变化的长期压力和短期冲击影响，分析当前政策措施、建设行为和防灾标准的适应性，开展区域层面的系统性应急情景构建工作

根据全球及中国采取的新实践，鉴于许多项目的长期性、创新性，以及气候变化的不确定性，尤其是在地区层，有必要通过针对大型计划和立法的新评估系统来明确整个流域的责任，促进广泛参与，并建立定期重新评估的框架，使之成为制定上下游流域协同的韧性政策和开展重大建设行为的前提条件。针对气候变化风险的不确定性，应倡导系统性安全思维，在流域治理中将工程措施与基于自然的解决方案相结合，形成综合性的治理措施。避免基于灾害概率分析单一安全标准的工程建设，开展系统性

应急情景构建工作，研究建立适应未来气候变化的技术标准规范体系。

（五）应当特别关注性别和社会公平问题，通过多种方式提高女性等弱势群体在流域治理中的获益度和参与度

加强流域欠发达地区基础设施建设，推进基于人群特征的统计分析，减少农村女性和低收入人群在气候变化下面临的风险，通过政策和机制改进，持续推动针对女性的教育公平和职场公平，增加女性、老人等弱势群体参与流域治理决策的机会。

（六）洪水和干旱等极端气候事件的风险日益增大，增强韧性对经济、能源安全及人类的共同繁荣至关重要，应采取即刻行动，加快制定"长江流域发展规划"和"国土空间规划"，形成贯通全流域、多部门、多目标的"战略性综合解决方案"，以区域协同推动大河流域绿色可持续发展，为中国及世界河流的治理提供示范借鉴

——嘉陵江等次级支流地区应当积极探索"综合韧性解决方案"，为内陆欠发达地区的现代化发展提供绿色低碳模式的示范。采取负面清单等方式，推动流域产业结构可持续发展，促进能源结构多元化；探索完善流域内城市间、政府与企业间的协同机制，促进防洪、抗旱、发电和航运等多领域统筹；建立综合评估机制，评估和消减大型水利设施对生物多样性保护、发电、通航、供水等方面的影响。

——太湖等重要湖泊区域应探索区域空间开发模式的转型，建立区域防洪与圩区排涝协同机制，形成多方协同的"基于自然的解决方案"。优化区域—城市防洪排涝方式，调整大圩防洪排涝模式，提升流域整体安全韧性；控制城市—区域下垫面开发强度，加强非建设用地保护管控；保护太湖农耕水利大遗产，重塑"塘浦圩田"城乡生态空间，探索再生农业实践，保障水质和维护湖泊的生态健康。

——珠江口等大河入海口地区应强化陆海统筹的海岸带地区治理，形成"跨区域跨制度合作的综合解决方案"。推动粤港澳三地统一划定海岸带地区和生态保护区，建立合作机构和协同机制；协同开展大型基础设施建设环境影响评价，减少对陆海自然环境和生物栖息迁徙的扰动。借鉴香港非政府组织和公众参与模式经验，推动多元主体参与海岸带地区的保护与治理。

参考文献

[1] 王莺, 王劲松, 武明, 等. 土地利用和气候变化对嘉陵江流域水文特征的影响 [J]. 水土保持研究, 2019, 26(1): 135-142.

[2] 王世杰, 刘柯莹, 孟长青. 基于 SPEI 的嘉陵江流域旱涝时空演变分析 [J]. 水利水电快报, 2022, 43(5): 12-19.

[3] 冯宝飞, 邱辉, 纪国良. 2022 年夏季长江流域气象干旱特征及成因初探 [J]. 人民长江, 2022, 53(12): 6-15.

[4] 李肖男, 李文俊, 管益平, 等. 嘉陵江中下游防洪现状及调度策略探讨 [J]. 中国防汛抗旱, 2019, 29(12): 27-32.

[5] 刘名武, 李红镝. 联通大西北　畅通内循环　加快推动嘉陵江全线通航的建议 [J]. 中国水运, 2021, 681(2): 38-39.

[6] 曾珍. 嘉陵江流域航运发展对策分析 [J]. 中国水运, 2021, 699(8): 21-23.

[7] 吴浩云, 陆志华. 太湖流域治水实践回顾与思考 [J]. 水利学报, 2021, 52(3): 277-290.

[8] 杨佳磊, 张瑞. 太湖流域土地利用变化及其对非点源污染的影响 [J]. 江苏海洋大学学报 (自然科学版), 2022, 31(1): 37-44.

[9] 周宏伟, 李敏, 王同生, 等. 太湖流域圩区排涝对区域防洪影响分析 [J]. 水利规划与设计, 2015, (11): 1-2, 21.

[10] 单玉书, 蔡文婷, 薛宣, 等. 环太湖城市群防洪大包围建设影响及对策 [J]. 中国防汛抗旱, 2018, 28(2): 56-59, 65.

[11] 李蓓. 海平面上升和地面沉降对太湖流域水安全影响及对策初探 [J]. 人民珠江, 2016, 37(1): 38-41.

[12] 丁磊, 杨凯. 荷兰艾瑟尔湖综合治理对太湖治理的启示 [J]. 水资源保护, 2014, 30(6): 87-93.

[13] 杨佳磊, 张瑞, 张银意, 等. 1980—2018 年太湖流域非点源氮磷负荷变化研究 [J]. 环境保护科学, 2022, 48(6): 93-101.

[14] 张家欣. 太湖流域水质空间分布状况与污染源识别 [J]. 江苏科技信息, 2021, 38(10): 48-54.

[15] 吴昊平, 秦红杰, 贺斌, 等. 基于碳中和的农业面源污染治理模式发展态势刍议 [J]. 生态环境学报, 2022, 31(9): 1919-1926.

[16] 陆沈钧, 姚俊, 曹翔. 浅析太湖流域农业面源污染现状、成因及对策 [J]. 水利发展研究, 2020, 20(2): 40-44, 53.

[17] 刘旭拢, 邓孺孺, 许剑辉, 等. 近 40 年来珠江河口区海岸线时空变化特征及驱动力分析 [J]. 地球信息科学学报, 2017, 19(10): 1336-1345.

[18] 于凌云, 林绅辉, 焦学尧, 等. 粤港澳大湾区红树林湿地面临的生态问题与保护对策 [J]. 北京大学学报 (自然科学版), 2019, 55(4): 782-790.

[19] 广东省生态环境厅. 2020 年广东省生态环境状况公报 [R]. 2021.

[20] 广东省气象局,澳门地球物理暨气象局,香港天文台.2021年粤港澳大湾区气候监测公报[R].
2022.

[21] 范钟铭,方煜,赵迎雪.粤港澳大湾区的未来与共识[M].北京:中国建筑工业出版社,2020.

[22] 陈大可.大湾区海洋环境监测预报系统[C].粤港澳大湾区可持续蓝色经济助力碳中和研讨
会,2023.

第六章　综合土地利用　重塑土地利用方式

一、引言

目前，地球系统正面临来自人类活动导致的巨大风险。这一风险反过来又威胁人类社会的稳定和发展。世界经济论坛于 2023 年 1 月发布的《2023 年全球风险报告》显示，减缓和适应气候变化的行动失败、自然灾害、生物多样性丧失和环境恶化这几项风险，继 2020 年后连续第 4 年入选全球十大风险并位居前列。生物多样性丧失更被视为未来十年快速恶化的全球性风险之一。气候变化和生物多样性丧失又直接威胁世界粮食安全。

气候变化、生物多样性丧失、水和粮食安全等问题都同土地利用直接相关。就陆地和淡水生态系统而言，土地用途改变是 1970 年以来对生物多样性影响最大的直接驱动因素[1]。"土地既是温室气体（GHG）的源，也是温室气体的汇，在地表和大气之间的能量、水和气溶胶交换中发挥着关键作用""如果将与全球粮食系统上下游生产活动的相关排放纳入，估计（粮食系统）排放量占人为 GHG 净排放总量的 21% ～ 37%""可持续土地管理有助于减少包括气候变化在内的多种压力因素对生态系统和社会的负面影响"[2]。随着世界能源转型的加速，一个很容易被忽视的事实是铺设太阳能电池板和建设风力发电站也需要大量土地。公用事业规模的太阳能和风能发电场制造单位发电量所需的空间至少是燃煤发电厂的 10 倍，其中包括生产和运输化石燃料所需的土地[3]。

如何通过土地利用方式转型，解决生物多样性、气候变化、粮食安全等问题，就成为一个重大而紧迫的议题。但是土地利用方式的转变不只是一个简单的土地规划问题，根本上是发展模式转变的问题。由于传统工业化模式以物质财富的大规模生产和消费为中心，而物质财富的生产又建立在"高碳排放、高生态环境破坏、高资源消耗"的基础之上，环境与发展之间往往具有内在冲突。

　　土地利用是人类经济活动与大自然相互作用的主要载体。不同的经济活动需要不同的土地利用方式，而不同的土地利用方式又对自然产生不同的影响。中国过去的土地利用方式变化及其生态环境后果很大程度上是传统工业化模式的产物。传统工业化模式将发展视为工业化、城镇化、农业"现代化"的过程，由此形成了工业化模式下的土地利用方式及其后果。

　　工业化过程需要从大自然攫取原材料，从而改变土地用途，同时向大自然排放废弃物，也就不可避免地带来了大量污染，从而导致土地功能的丧失，也对环境、生物多样性造成破坏。城镇化是过去 40 年中国经济高速增长的重要引擎。中国城镇化率[1]从 1978 年的 17.9% 提高到 2022 年的 65.22%，由此带来了居民生活和消费方式的改变，以及大量土地用途的改变。《国家新型城镇化规划（2014—2020 年）》指出："土地城镇化快于人口城镇化，建设用地粗放低效是我国城镇化快速发展过程中必须着力解决的突出矛盾和问题。"同时，农业从以植物性产品为主的食物生产，转向以肉蛋奶为主的动物性产品生产，直接和间接（通过饲料生产）扩大了对农业用地的需求。在农业生产方式上，传统的多样化生态农业被单一农业、化学农业所取代，给农业发展带来长期风险，如污染对土壤生产力的负面影响，作物疾病和气候变化使农业脆弱性增加。

　　在传统工业化模式驱动下，土地利用方式在不断改变。一方面，除工业化和城镇化用地外，人类对农业用地的需求也在不断增加。例如，全球范围内 77% 的农业用地直接和间接用于动物性产品生产。另一方面，传统工业化模式也带来了大量环境和资源问题，包括温室气体排放、生态破坏、环境污染、资源消耗。

　　如果不从传统工业化模式转向绿色发展模式，将环境与发展之间的关系从过去的相互冲突转向相互促进，那么仅通过提高土地利用效率是难以从根本上解决问题的。生物多样性和气候变化就是明显的例子。2022 年 12 月 19 日，在主席国中国的主导下，196 个缔约方通过了"昆明—蒙特利尔全球生物多样性框架"，这是全球生物多样性保护的里程碑。但是这一框架提出的目标如何自我实现则是一个重大挑战。"爱知十年目标"之所以未能实现，根本原因在于在传统工业化模式思维下寻求生物多样性保护，而生物多样性恰恰又是被传统工业化模式破坏的。

　　因此，只有转变传统发展模式，将发展与保护从过去的权衡关系转变为协同增效关

---

1 国家统计局主要以常住人口城镇化率来反映城镇化率，是指"一个地区城镇地域上的常住人口占该地区全部常住人口的比重，反映常住人口的城乡分布情况"。可参考国家统计局网站：http://www.stats.gov.cn/zs/tjws/tjzb/202301/t20230101_1903783.html。

系，生物多样性保护的目标才能有效实现。大量研究显示[4-6]，环境保护意味着巨大的经济机遇。根据 2020 年世界经济论坛（WEF）发布的《新自然经济系列报告》[6]，通过 15 项自然受益转型，到 2030 年，全球将创造 10 万亿美元的新增商业价值和 395 万个绿色工作机会。

中国的生态文明建设为绿色转型提供了根本方向和保证。中共二十大将建设中国式现代化作为今后的中心任务。生态文明在其中的基础性和战略性地位体现在中国式现代化的基本特征、本质要求和目标中。中国的"十四五"规划和 2035 年远景目标纲要也对生态文明建设进行了具体规划。WEF 2020 年《新自然经济系列报告》中概述的 15 项转型揭示了环境保护给中国带来的巨大经济机遇。

因此，重塑土地利用以解决生物多样性丧失、气候变化、粮食安全、环境污染等问题，必须跳出传统工业化思维，通过发展范式转型，将传统工业化模式下这些目标之间的相互冲突关系转变为生态文明下的协同增效关系，以形成自然受益型经济。

本前期研究在生态文明的新要求下，对中国土地利用方式转变与生物多样性、"双碳"、水和粮食安全等目标协同方面存在的主要问题进行了识别，对这些问题的国内外研究现状与政策进展进行了评估，揭示了现有研究及政策面临的不足，提出了有新意的政策思路，为接下来的特别政策研究（SPS）提供了研究方向。具体而言，揭示了如何以土地利用变化为主线，通过将传统工业化模式转变为自然受益型经济，建立起土地利用、生物多样性保护、气候变化、粮食安全和水安全等之间的协同关系。

本章主要研究五个议题，每个议题均包括以下四个主要内容。

第一，识别问题。识别五个领域中的重要问题。

第二，分析问题。对识别的重要问题进行分析，评估这些问题的治理体制、政策与研究现状，揭示背后的重点、难点及原因。

第三，解决问题。在前面分析的基础上，就这些问题提出思路性政策建议。

第四，在此基础上，对未来五年 SPS 重点研究提出设想。

二、议题研究

（一）从人与自然和谐共生高度谋划发展

研究问题：跳出传统工业文明的思路，在生态文明思路下，研究如何促进发展范式转变，建立生态环境保护与经济发展之间相互促进的关系。解决环境与发展问题，必须"从人与自然和谐共生高度谋划发展"[1]，彻底转变发展方式。因此，必须将"昆明—蒙特利尔全球生物多样性框架"、《巴黎协定》等国际公约和可持续发展目标全面纳入生态文明建设整体布局，推动人与自然和谐共生的现代化。

1. 重新反思现代化

中共二十大确立了中国共产党在新时代新征程的中心任务，即"团结带领全国各族人民全面建成社会主义现代化强国、实现第二个百年奋斗目标，以中国式现代化全面推进中华民族伟大复兴"。中国式现代化在人与自然和谐共生的高度谋划发展，突破了工业革命后建立的基于人类中心主义的不可持续现代化模式，是对工业革命后建立的不可持续的现代化概念的重新定义[7]。

工业革命后，社会生产力取得前所未有的进步，以工业化国家为代表的少数国家率先实现了所谓的现代化。目前全球广为接受的现代化概念，就是将现有发达国家的标准当作现代化的默认标准。如果将现代化分为两个维度，即"实现什么样的现代化"（What）和"如何实现现代化"（How），后发国家的现代化探索的重点都是如何实现发达国家那样的现代化，而对于现代化的内容，则很少进行反思。

毫无疑问，工业革命后，发达国家建立在传统工业文明基础上的现代化模式极大推动了人类文明进程，中国亦是这种现代化概念的最大受益者之一。但是这种基于传统工业化模式的现代化有其内在局限：一是难以避免发展目的与手段的背离；二是由于这种模式建立在高资源消耗和高环境破坏基础上，不可避免地导致生态环境不可持续；三是由于这种模式的资源环境代价高，这反过来又影响了传统现代化发展模式的长期生产力，其只能让世界上少数人口过上丰裕的现代生活，一旦扩大到更大范围就会带来全球不可持续的危机。

因此，仅思考"如何实现现代化"已远远不够，更应该对"实现什么样的现代化"进行深刻反思和重新定义，建立面向未来和全球普适的中国现代化新论述。中国式现代化，本质上是对工业革命后形成的现代化概念的深刻反思和重构[8]。

2. 中国土地利用变化情况及存在的问题

在工业化、城镇化、农业现代化带来中国经济高速发展的同时，也对土地利用产生了巨大影响。土地利用包括农用地、建设用地及未利用地三大类，共 12 个一级类、73 个二级类（GB/T 21010—2017）。根据第三次全国国土调查（以下简称"三调"）数据（图 6-1），这三种土地类型面积分别为中国农用地面积 101.72 亿亩，占国土总面积的 70.64%，是土地利用主要类型；未利用地面积 36.14 亿亩，占国土总面积的

---

1 来源于中共二十大报告。

25.10%，其中盐碱地、沙地、裸土地及裸岩石砾地面积为 25.12 亿亩；建设用地面积为 6.13 亿亩，仅占国土面积的 4.26%，这意味着基于自然的解决方案（Nature Based Solution，NBS）具有巨大潜力，具体分析如下。

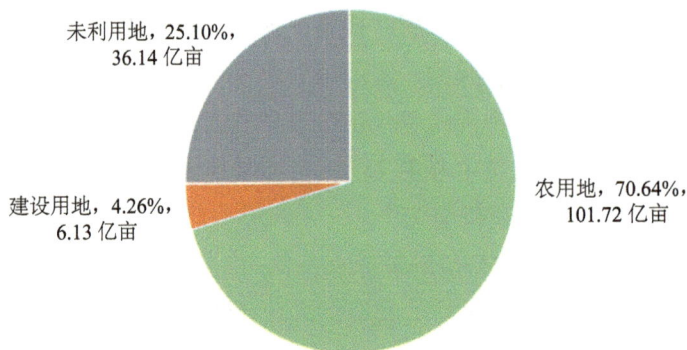

图 6-1　中国土地利用现状

资料来源：作者根据第三次全国国土调查成果数据绘制。

　　（1）耕地资源。耕地资源总量整体上下降。在非农建设占用耕地严格落实占补平衡的情况下，这种变化很大程度上受农业结构调整与国土绿化影响。动物性食物及深加工食品的大量生产，直接或间接导致了对这类产品用地需求量的增加，导致了耕地流向草地及种植水果等园地。"三调"结果显示，耕地面积（19.18 亿亩）相对"二调"来说，10 年间减少了 1.13 亿亩，其中耕地净流向园地 0.63 亿亩（图 6-2），同期又有 8 700 多万亩农用地可直接恢复为耕地，1.66 亿亩农用地可通过工程措施恢复为耕地。在落实最严格的生态环境保护制度下，全国有 0.12 亿亩耕地净流向林地、湿地等生态用地。耕地与其他不同土地用途之间的转换不仅影响了耕地数量安全和质量安全，还直接或间接带来了粮食不安全、气候变化、生物多样性丧失等不可持续性危机。

　　（2）草地资源。草地资源总量下降。这种变化也受农业生产结构调整和国土绿化影响。农业生产对动物性食物的大量生产，导致了畜禽养殖量剧增，造成了对有限草地的过度放牧，全国重点天然草原平均牲畜超载率高于 10%[9]。与此同时，大量草地转换为林地，以增加耕地面积，提升自然生态系统能力。草地向其他土地用途的转换破坏了天然草地植被及土壤结构，经过地表风蚀等自然活动形成草地盐碱化、沙漠化。"三调"结果显示，中国草地面积为 39.68 亿亩，位居世界第二，但相对于"二调"仍减少了 3.42 亿亩。

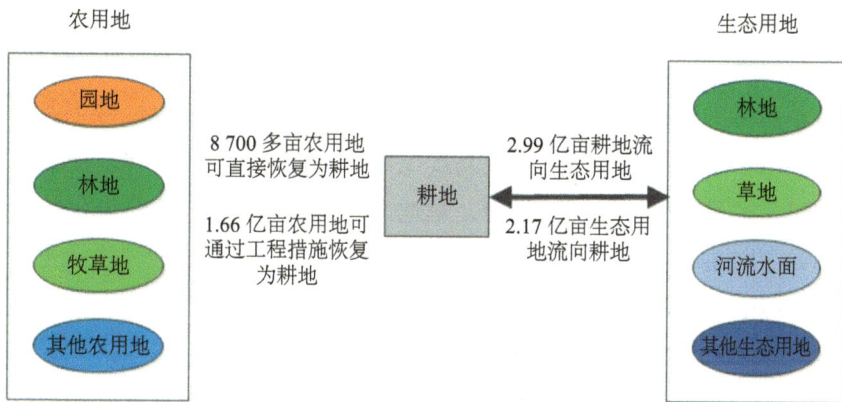

图 6-2　不同土地用途转换

资料来源：作者根据第三次全国国土调查成果数据绘制。

（3）林地和湿地。林地和湿地面积整体呈现增加态势，但更多的是依赖于政府政策的推动。"三调"成果数据显示，中国林地面积为 42.62 亿亩，相对于"二调"增加了 4.53 亿亩，增幅为 11.88%，为全球贡献了 1/4 的新增森林面积。中国湿地面积为 3.52 亿亩，位居亚洲第一，包括《湿地公约》划分的 42 类湿地。林地和湿地这类生态用地面积增加，更多的是依赖于政府政策的积极推动，实质上是一种国家森林（湿地）政策路径。例如，林地方面实施的天然林保护修复工程、国家森林储备建设工程、退耕还林还草工程等，湿地方面实施的退耕还湿、退渔还湿、湿地补水等工程，初步建立了以国家公园、湿地自然保护区、湿地公园为主体的湿地保护体系。

（4）建设用地。建设用地总量的快速扩张，不仅使其他利用类型土地大幅减少，还带来了大量建设用地闲置和低效利用问题。"三调"结果显示，全国建设用地总量为 6.13 亿亩，较"二调"时增加了 1.28 亿亩，增幅为 26.5%。这意味着大量耕地、林地以及草地等自然土地被占用为建设用地。清华大学地球系统科学系官鹏研究组最新研究结果显示，中国城市建成区面积占用自然土地面积约 1 475.51 万 hm^2，其中耕地占比 80%、林地转换用地占比 8.1%、草地转换用地占比 6.6%。与此同时，中国建设用地存在大量闲置和低效利用，节约集约程度不高。2017 年，中国人均建成区面积达到了 152 m^2，已经超过了日本人均 135 m^2 [10]，全国村庄用地规模达 3.29 亿亩，其中农村居民点中的闲置用地占 10% ～ 15%。

（5）荒漠化和沙化土地。荒漠化和沙化土地面积持续减少，但主要利用类型土地的沙化和荒漠化趋势并未减弱。全国第六次荒漠化和沙化调查公报数据显示，截至 2019 年，荒漠化和沙化土地达到了 42 615.36 万 hm^2，占国土面积的 44.4%，但相对于

2014 年，5 年间，荒漠化和沙化土地面积净减少 712.32 万 hm^2，这表明中国的荒漠化治理成效十分显著。但是，主要利用类型土地的沙化和荒漠化趋势并未减弱。例如，牲畜的大量养殖带来的过度放牧，对天然草地植被的破坏导致的草地沙化；对耕地高强度掠夺式利用带来的土壤质量下降，易产生耕地沙化和荒漠化；林地被占用为耕地或作其他用途，也易发生沙化和荒漠化。草地、耕地及林地具有明显沙化趋势的面积达到了 2 689.4 万 hm^2。因此，如果不解决形成荒漠化和沙化的土地利用问题，在干旱少雨的气候环境下，荒漠化和沙地面积仍将不断扩张。

3. 在人与自然和谐共生高度谋划发展

上述问题不只是重新规划土地的问题，更是深刻转变发展范式的问题。只有从人与自然和谐共生的高度谋划发展，彻底改变土地利用方式，才能将生物多样性、粮食安全、环境保护之间相互冲突的关系，转变为相互协同乃至相互促进的关系。

基于生态文明的中国式现代化，就为这种转变提供了可能。生态文明在中国式现代化中的基础性和战略性地位，体现在什么是中国式现代化、如何实现中国式现代化、中国式现代化目标等方面。

第一，体现在"什么是中国式现代化"上。中国要实现的现代化是中国式现代化，而"人与自然和谐共生"则是中国式现代化的五个基本特征[1]之一，也是中国式现代化的本质要求。这五个特征是一个有机整体，没有人与自然和谐共生，其他几个方面的特征就会缺乏基础。

第二，体现在"如何实现中国式现代化"上。中共二十大报告指出，"高质量发展是全面建设社会主义现代化国家的首要任务"，而实现高质量发展，就必须"完整、准确、全面贯彻新发展理念"。绿色发展，正是新发展理念的核心要义之一。同时，在全党"必须牢记"的五个"必由之路"中，贯彻新发展理念是"新时代我国发展壮大的必由之路"。

第三，体现在"中国式现代化目标"上。中共二十大报告明确了全面建成社会主义现代化强国"分两步走"的战略安排："从 2020 年到 2035 年基本实现社会主义现代化；从 2035 年到 21 世纪中叶把我国建成富强民主文明和谐美丽的社会主义现代化强国。"其中，"美丽中国"是现代化强国的五大目标之一。

中共二十大对生态文明建设进行了新的战略部署，全面开启生态文明建设新篇章。在战略层面，中国式现代化是大会报告提出的今后我国的中心任务。中国式现代

---

1 中国式现代化的五个基本特征：人口规模巨大的现代化、全体人民共同富裕的现代化、物质文明和精神文明相协调的现代化、人与自然和谐共生的现代化、走和平发展道路的现代化。

化的重要特征、内在要求和目标将全方位体现在中国经济社会发展战略和行动中。其中，"人与自然和谐共生"的生态文明建设也将随之全面融入各方面工作。

中共二十大报告第十部分专门以"推动绿色发展，促进人与自然和谐共生"为题，强调了生态文明建设的重要性，并作出相应的战略部署。在这一部分中，习近平总书记强调了生态文明建设的重大意义，指出"大自然是人类赖以生存发展的基本条件。尊重自然、顺应自然、保护自然，是全面建设社会主义现代化国家的内在要求。必须牢固树立和践行"绿水青山就是金山银山"的理念，站在人与自然和谐共生的高度谋划发展"[11]。

总之，中国式现代化是对工业革命后建立的现代化模式的重新思考和定义。其中，人与自然和谐共生的现代化是中国式现代化的基础。现代化模式的转变意味着发展内容和发展方式的转变。相应地，传统工业化模式下形成的土地利用方式也要发生深刻转变。这种转变就会建立土地利用和生物多样性保护、气候变化、食物、水等目标之间的协同关系。

4. 未来重点研究方向

从人与自然高度谋划发展，实质上是对工业革命后形成的发展理念和发展范式的深刻转变。当传统工业化模式因为不可持续而必须进行转型时，背后的发展理论、工业化模式、城镇化模式、农业现代化模式、基础设施等都需要进行转变。这些转变都会体现在土地利用方式转变及其后果上，因此需要研究这些转变背后的具体机制。

一是重大理论问题。发展范式的深刻转变背后，涉及对发展的基本问题的重新思考，包括为什么发展、发展什么内容、如何发展，以及发展模式的全球普适性。

二是传统工业化模式转变及其对土地利用的影响。通过研究土地利用方式转变对生态环境的影响揭示土地利用方式转变对生态环境的破坏机理。

三是传统城镇化模式转变及其对土地利用的影响。城镇化方式及其所承载内容的转变，会对生态环境造成影响，并蕴含着特定的含义。

四是绿色农业转型及其对土地利用的影响。目前，各国农业"现代化"很大程度上是在传统工业化思维下进行的，包括农业的生产内容和生产方式。发展方式的转变意味着农业现代化的内容和方式都发生转变，从而对土地利用有不同的含义。

五是发展方式转变对经济地理格局的影响。不同的发展模式有不同的空间含义。例如，"昆明—蒙特利尔全球生物多样性框架"的"3030"目标，在传统工业化模式和绿色发展模式下，就分别有不同的含义。

（二）农业绿色转型

20 世纪中叶兴起的农业绿色革命极大地促进了农业生产力，使农业供给内容和农业生产方式发生了巨大转变。与此同时，单一农业、化学农业、工业化农业也对农业生物多样性带来巨大冲击，化肥、农药大量使用导致农业面源污染严重，农业成为重要的碳源。就全球而言，农业、林业和土地利用的碳排放占比近 20%。因此，中国农业迫切需要一场升级版的绿色革命，以更好地解决粮食安全、农民增收、生态环境保护等问题。

1. 中国农业绿色转型的迫切性

改革开放 40 多年以来，中国农业取得了举世瞩目的成就。人均粮食产出达到了486 kg（国际安全警戒线为 400 kg），农村居民人均可支配收入达到了万元以上。但是由于工业化农业、化学农业的发展建立在高资源消耗、高生态环境破坏的基础之上，其对耕地和水资源的过度利用，以及对化肥和农药的严重依赖，导致土地退化、环境（水、气和土）污染、气候变化、生物多样性丧失等不可持续性问题。工业化农业的不可持续性是中国农业发展面临的严峻挑战。

工业化农业及其后果很大程度是因传统工业化模式对农业"现代化"改造产生的。其中，农业生产内容从植物性产品过度转向了动物性产品，农业生产方式从传统的多样化生态农业转变为单一生产的工业化农业、化学农业[12]。农业生产中，种植业比重不断下降（图 6-3），2021 年产值仅为农业总产值的一半左右 [1]，而畜牧渔业比重不断增加，2021 年产值较 1978 年增长了 2 倍多，占比达到了 37.0%。相应地，肉蛋奶等动物性产品的产量大幅增加（图 6-4），2021 年高达 9 074 万 t，远高于世界其他国家。大量生产能在一定程度上刺激消费（图 6-5），中国人均肉类消费量达到了 61.89 kg，高于 42.26 kg 的世界平均水平，正在追赶美国 126.74 kg 的水平。这种动物性食物摄入量增加、植物性食物摄入量减少的饮食模式，无论是在食物摄入总热量还是结构上，均同人类健康膳食需求发生了偏离，最终导致大量"富贵病"的发病率快速上升。目前，中国成年人超重和肥胖的比例达到了 50.7%[13]，引致的死亡人数达到了每 10 万人41 人（图 6-6）。中国的人均蛋白质消费量在 1999 年到 2019 年的 20 年间迅速增长，从低于世界平均水平到远超 OECD 国家的平均水平，仅略低于人均蛋白质消费量最高的美国和法国，几乎与排名第三位的澳大利亚持平[14]。

---

1 种植业产值占比从 1978 年的 80.0% 下降到 2021 年的 53.29%。

与此同时，畜牧渔业的快速增长意味着更多的饲料粮和牧草消耗，推动土地用途转变、化肥和农药等农业投入品消耗增长、甲烷等温室气体排放增加等。例如，2019年中国农业用地单位面积化肥使用量较1961年增长了近17倍（图6-7），是世界平均水平的2.7倍多；农药使用量增长了77.3%（图6-8），高于世界农药使用量50.8%的平均水平增长率。化学和农药的过量使用导致农业面源污染严重。由于动物性食物生产的土地消耗量及温室气体排放量远大于植物性食物生产，因此大量动物性食物生产导致了更多的土地资源消耗及温室气体排放，而且化学污染、气候变化等又反过来给农业生产和粮食安全造成了严重威胁。

如果中国农业发展模式一直向基于传统工业化模式的工业化农业（化学农业）发展，必将给人们的健康和生态系统带来严重损害。这将与农业发展的根本目的相背离。农业发展的根本目的是为人类提供健康农产品和生态服务。因此，中国农业发展模式亟须转型，回归到农业发展的根本目的，即农业发展的初心，以促进食物安全、水安全、人类健康、遏制土地退化、减少环境污染、应对气候变化、保护生物多样性等多个目标之间形成协同关系。

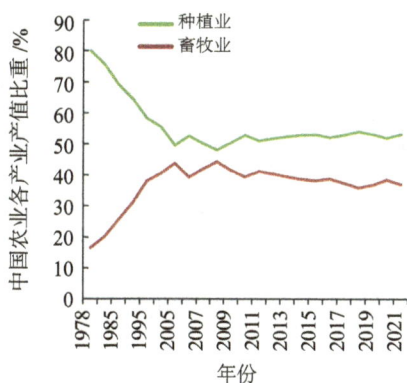

图 6-3　农业各产业产值比重

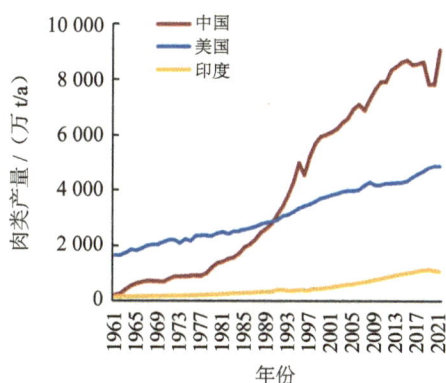

图 6-4　肉类产量

资料来源：图6-3是作者根据相关数据研究绘制的，图6-4来自相关数据库（//https://ourworldindata.org/meat-production//）。

注：肉类包括牛肉、羊肉、猪肉、家禽及其他肉类。

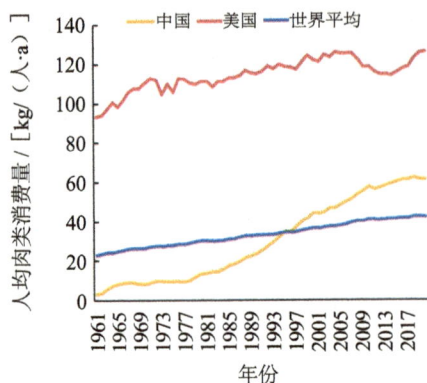

图 6-5　人均肉类消费量

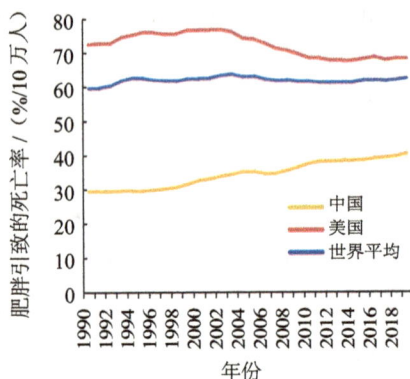

图 6-6　肥胖引致的死亡率

资源来源：图 6-5 和图 6-6 均来自相关数据库（//https://ourworldindata.org/meat-production// 和 //https://ourworldindata. org/obesity//）。
注：肥胖引致的死亡率以每 10 万人计算。

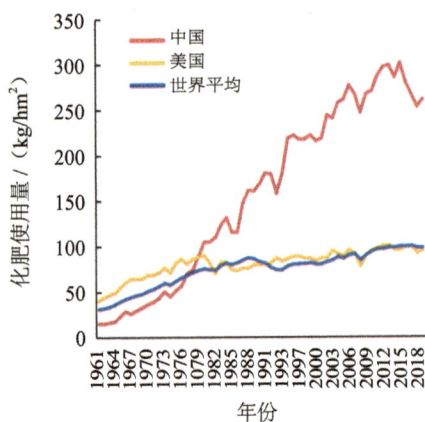

图 6-7　农业化肥使用量

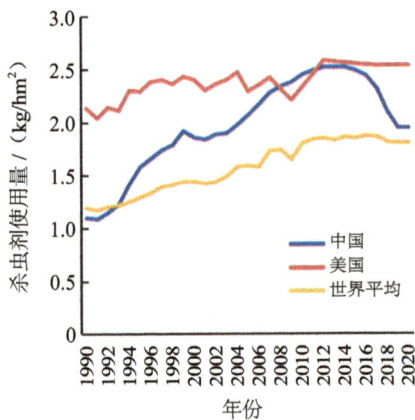

图 6-8　杀虫剂使用量

资料来源：//https://ourworldindata.org/pesticides//。
注：肥料包括氮肥、钾肥及磷肥。

2. 现有研究和实践存在的突出问题

农业绿色转型是 20 世纪 60 年代农业绿色革命的升级版（农业 3.0 时代）。联合国粮农组织推荐利用生态农业路径来保护农业生产的基础，该做法包含以多样性为代表的 10 个要素 [1]。关于农业绿色转型研究的现有文献，更多的是讨论农业生产方式的

---

[1] 10 个要素包括多样性、知识共同创造、协同作用、效率、循环利用、抵御力、人文和社会价值、文化和饮食传统、负责任治理、循环和互助经济。具体可参考：https://www.fao.org/agroecology/overview/10-elements/zh/。

绿色转型，很少关注农业发展内容如何绿色转型。关于农业绿色发展的文献，无论是关于农业绿色发展内涵，还是关于绿色发展评价指标体系及实践机制等内容，更多的是讨论如何通过改进农业生产方式来减少对环境的破坏。例如，农业绿色发展的评价指标体系着重强调资源节约、环境友好、生态保育、质量高效等内容。绿色技术创新被视为实现农业绿色发展的关键手段。又如，通过测土配方施肥与病虫害防控技术提高化肥农药利用率，利用厌氧消化技术减少农业废弃物排放，以及利用碳封存技术减少碳排放 [15-16]。这种思路更多的是将农业绿色转型当作一个生产技术问题，期望在不改变基于传统工业化模式的农业现代化发展内容的条件下，更多地通过绿色技术创新解决农业发展带来的环境问题。

中国农业绿色发展制度和政策体系的重点，更多的也是强调农业生产方式如何实现绿色化，以减少农业对环境的负面影响，缺乏对农业发展内容如何转型以实现农业绿色发展的关注。例如，农业绿色发展制度是以资源管控、环境监控和产业准入负面清单为主的；农业绿色发展政策体系内容是以农业资源环境保护（如《土壤污染防治行动计划》《耕地质量提升行动计划》）、农业投入绿色化补贴（如农作物良种补贴等），以及农业绿色发展技术体系为主的，其中农业绿色发展技术体系包括农业生产功能区布局、农业生物资源保护利用体系、农业绿色技术创新等。

中国政府一直高度重视农业绿色发展，为此实施了一系列举措，取得了显著成效。例如，农业废弃物资源化利用行动的实施，将 2021 年全国畜禽粪污综合利用率提高到了 76% 以上；开展化肥减量增效、有机肥替代化肥行动后，2021 年施肥总量较 2015 年下降了 13.8%，化肥利用率达到 40% 以上；开展秸秆处理行动及农膜回收行动后，秸秆综合利用率提高到了 88.1%，农膜回收率超过了 88%[17]。但中国农业绿色发展实践更多的是如何减少农业生产对环境的负面影响。这只是解决了工业化农业（化学农业）的局部问题，并没有彻底解决农业系统带来的其他不可持续问题。例如，土地利用变化引致的生物多样性损失、温室气体排放等。

显然，如果不改变农业发展内容，只是改变农业生产方式，就无法从根本上解决农业发展与环境保护之间的相互冲突关系，即无法实现土地利用方式转变与生物多样性保护、气候变化、粮食安全、环境保护等目标之间的协同。例如，通过农业绿色投入及废弃物资源化循环利用等减少生产环节的温室气体排放，对于农业生产带来土地用途转变的温室气体排放、生物多样性损失等不可持续问题，就有其局限。

3. 实现农业绿色转型的思路

农业绿色转型的方向，是回归到满足人们对健康营养食物的需求这个根本目的。

因此，不仅要强调农业生产方式的转变，更要强调农业生产内容的转变。根据生态文明建设的要求，农业生产活动需要逐步实现由碳源向碳汇的转变，减少传统消费模式下对动物性产品的过度生产和消费，增加肉类和奶制品的植物性替代品的生产。在农业生产方式上，将化学农业和单一农业转变为利用自然肥料和气候智能型技术培育作物多样性的农业，以保持农业产业的商业活力，促进多样化生态农业的发展。农业绿色转型将农业发展与环境保护之间相互冲突的关系转变为相互促进的关系，以实现经济效益与生态效益的双赢[12]。

实现农业绿色转型的基本思路如下：一是从人与自然和谐共生的更宏大视野，重新审视农业绿色发展体系内容。包括农业绿色发展的内涵、评价体系、政策及实现机制等，以促进农业发展与环境保护形成相互促进关系，示范和推广高产稳产的再生农业，实现健康、生物多样性保护、"双碳"、粮食安全等多个目标协同。

二是重新审视农业发展的成本和收益（包括非货币和收益），通过借鉴国际上的碳标签制度，建立反映不同食品的碳、水和资源强度的综合机制，最大限度地将农业生产的社会成本内部化，通过改变产品相对价格来转变农业发展内容。

三是优化调整农业支持政策，促进农业生产内容向绿色健康农产品和生态服务转变。取消对自然有毒有害的农业补贴，加强对促进人体健康且环境损害较低的绿色产品生产的财政支持，包括生产过程中绿色投入品的补贴、销售端价格信息体系的支持等，以增加这些产品的供给。与此同时，对于非健康的垃圾食品以及资源环境成本较高的产品，应当使其价格能够充分反映健康和环境成本，从而减少此类产品的供给。

四是建立农业科技创新和推广体系。加大对颠覆性、集成性综合绿色技术创新的支持，突破农业领域的技术瓶颈，提高农业资源利用效率，减少化学污染、气候变化、环境破坏等负面影响。加大数字化智能化信息技术的推广应用，促进农业绿色、智能、高效。

4. 未来重点研究方向

在现有研究的基础上，针对农业绿色转型问题，未来的研究应从以下几个方面开展。

一是在环境、健康目标下重新评估中国农业发展的成本和收益评价研究。系统地分析评价中国农业发展的健康成本和资源环境成本，以及在促进农民增收、农村发展等方面取得的收益，旨在揭示中国农业绿色转型的好处。

二是开展中国农业政策效果的评价研究，优化农业政策以支持农业绿色转型。构建经济学模型，分析不同农业政策对农业产出、健康、资源、环境及生物多样性等方面的影响，旨在优化中国农业政策，以支持农业绿色转型。

　　三是开展中国农业绿色创新体系研究，突破绿色技术瓶颈，以推动化学农业生产方式绿色转型，大力推广再生农业。从经济学的视角系统地分析农业绿色创新的重点、难点及其背后的内在机制，提出破解绿色技术创新难题的政策建议。

（三）环境与健康目标下的食物安全

　　食物安全是国民经济的基础。现有的不同粮食安全定义，更多的是关注粮食供给如何满足粮食需求，对粮食需求是否合理却缺少关注。例如，根据 1996 年世界粮食峰会的定义，粮食安全是指所有人在任何时间都能够获得足够的安全且有营养的食物，并满足其饮食需求和食品偏好，以过上积极健康的生活。由于粮食供给和需求已经充分市场化，对粮食安全的评估和工作重点，实际主要还是如何保障市场供求平衡。目前面临的突出问题是粮食的市场需求主要由商业力量驱使，不仅未能反映粮食安全定义中的健康生活需求，而且同健康生活需求（无论是总量还是食物结构）产生较大偏离。因此粮食安全问题需要重新思考，不仅要考虑市场供求稳定，也要考虑健康和环境要求。这种重新思考对农业发展方向、食物安全和资源与环境效果均有新的含义。

1. 中国粮食系统的成就及挑战

　　改革开放以来，中国粮食系统取得了举世瞩目的成就。2022 年，中国粮食产量较 1978 年增长了 125.3%，远超人口增长率 46.7%，对减少饥饿、延长预期寿命、降低婴幼儿死亡率及减贫作出了巨大贡献。与此同时，也出现了大量同粮食相关的健康和环境问题。目前，中国成年人超重和肥胖率高达 50.7%[12]，肥胖致死率达到了 6.4%[1]。粮食系统的温室气体排放占中国温室气体排放总量的 8%。健康、气候变化等问题又反过来影响粮食系统安全，使食物、健康及环境等系统之间形成了恶性循环关系。

　　粮食安全、健康、气候变化等问题都与粮食需求变化直接相关。就粮食安全问题来说，由于中国粮食需求量一直在不断增加，即使粮食产量也在不断增加，但粮食净进口量也不断上升，粮食供需始终处于紧平衡。中国粮食需求量的快速增长与粮食的过度消费和浪费密切相关。中国的饮食结构正在由植物性食物向深加工、动物性食物转变，导致饲料粮需求量不断增加。当前中国三大主粮全产业链损失率约占其总产量的 20.7%，若将三大主粮损失率减少 40%，可降低三大主粮损失约 1 100 亿斤[2]。与此同时，中国居民饮食结构的转变使实际饮食模式同营养健康需求发生偏离，由此带来大量健康问题。并且工业化食品和动物性食物需求量的持续增加，直接或间接地导致

---

1 资源来源于 https://ourworldindata.org/obesity//。
2 《中国农业产业发展报告》，2023。

了土地用途的转变,进而导致了气候变化、生物多样性损失等不可持续问题。

因此,粮食安全、健康、应对气候变化、生物多样性保护等目标的协同实现,亟须转变粮食需求模式,使其回归到营养健康的需求本质,体现以人民为中心的发展理念。粮食供给与需求是粮食系统的两个杠杆,如果只是单方面强调粮食供给,粮食系统会失衡,而且还会给人类系统带来其他问题,与粮食系统发展促进人类福祉的提高相背离。

2. 现有研究和实践存在的突出问题

目前,关于粮食安全的文献研究,更多的是讨论中国未来需要多少粮食,以及如何增加供给以保障粮食市场的供需平衡,很少关注中国粮食需求演变背后的内在机制及其对包括保障粮食安全、健康及环境保护等在内的人类福祉的影响。关于粮食需求量的讨论,现有文献更多的是讨论对粮食的市场需求量,缺乏对粮食健康需求量的分析。例如,利用收入、价格等经济因素构建模型[18-22],或者基于粮食历史消费趋势对不同用途的粮食需求变化率作出定性假设[23-26],以测算中国中长期粮食需求量,研究结果大多是中国未来粮食需求量大幅增加。实际上,商业力量驱使下的市场粮食需求量,会随着经济增长而不断增加。这也是中国粮食产量在不断增加的情形下,粮食供需始终处于紧平衡状态的原因。

关于营养视角的粮食需求量,国内外学者作了大量研究。但总体来看,这些文献有一个共同点,即利用国家膳食指南标准对粮食需求量作简单测算,对实际需求与健康指南标准相背离的原因和机制则缺少深入分析。例如,唐华俊等(2012)测算了中国实际人均粮食需求量和基于中国膳食指南标准的人均粮食需求量,发现健康膳食标准下的人均粮食需求量显著低于实际人均粮食需求量[27]。但是,对于中国实际人均粮食需求量同健康需求偏离的深层次原因则没有进行深入分析,也没有系统分析粮食需求演变对中国保障粮食安全及粮食系统的健康环境的影响。

关于粮食系统对健康与环境的影响研究,更多的是强调转向健康膳食结构,以及减少食物浪费损失对健康与环境的好处,但缺乏对当前膳食结构背后形成机制的分析,也没有对食物系统演变进行经济性分析。例如,柳叶刀委员会(EAT-Lancet Commission)的研究发现,如果全球当前膳食结构转向健康膳食结构,那么每年可预防 1 080 万~1 160 万人死亡,占成人死亡总数的 19.0%~23.6%,到 2050 年,食物系统能够为全球约 100 亿人口提供健康饮食,并且保持在安全运行空间[27]。

中国政府高度重视粮食安全问题,制定出台了一系列政策法规,以保障中国粮食安全。总体来看,中国的粮食安全政策始终以扩大生产、增加供给为核心目标。例如,中华人民共和国成立之初的统购统销政策解决了工业化和城镇化发展初期的粮食供应危机。1985—2004 年，这一时期粮价大幅波动，粮食产量持续徘徊。为此国家围绕粮食储备、流通、销售等环节出台了一系列政策[1]，保障了粮食产量安全，2003 年的粮食产量较 1985 年增长了 24%。2004 年以后，国家出台了多项粮食支持政策。比如，农业税等税的取消，多项生产要素补贴政策[2]，以及粮食最低收购价和临时收储政策。这些政策在一定程度上增加了农民种粮食收益、提高了种粮积极性，保障了粮食供给安全。目前，中国粮食已实现了"十九连丰"，谷物基本自给，人均达到了 486 kg，超过了国际粮食安全警戒线（人均 400 kg）。

但是，目前关于中国粮食政策的研究更多的是侧重于供给侧，很少涉及粮食需求侧。如果只从粮食供给侧单方面考虑粮食系统，忽视关乎粮食系统发展目的的需求侧，就难以实现粮食安全的目的，而且还会对人类健康和环境保护造成负面影响，同粮食系统发展的根本目的相背离。例如，粮食需求同健康需求发生偏离的条件下，只是单方面增加粮食供给以满足粮食需求，势必带来大量化肥和农药、土地、水资源等农业生产要素的消耗，进而带来环境污染、气候变化、生物多样性损失等不可持续问题，反过来又影响粮食安全。特别值得重视的是土壤肥力的维持与土壤污染的防治。减少和治理工业污染，减少和科学使用化肥、农药、杀虫剂和农业塑料，保持和恢复土壤的健康和肥力等对于食品安全和粮食安全都很重要。进一步，粮食政策的支持使谷物等以更低价格作为饲料粮，带来深加工食品、动物性食物的大量生产，引导人们大量消费，同健康膳食结构偏离，导致心血管等"富贵病"发病率大幅上升。最终，食物安全、健康及环境等目标之间形成了恶性循环关系。因此，粮食安全政策不仅要考虑粮食供给，也要考虑粮食需求，以引导粮食系统与生态系统之间形成相互促进关系。

3. 环境与健康目标下的食物安全思路

如果只是在传统的食物安全定义下通过增加供给以满足市场对粮食的需求，就难以真正实现粮食安全，而且可能加剧健康和环境问题的恶化。只有让粮食需求回归其健康需求本质，体现以人民为中心的发展理念，食物系统才能促进食物安全与生态安全目标的协同实现。基本思路如下。

一是优化粮食安全定义，为粮食系统可持续发展提供科学指导。在食物安全、健康、生态安全等多个目标协同实现的条件下，重新思考当前粮食安全定义的框架内容，评价这些内容对于多目标实现的局限性。将粮食消费需求涉及的环境与健康等内容纳

---

[1] 粮食安全政策包括《关于建立国家专项粮食储备制度的决定》《关于建立粮食收购保护价格制度的通知》《关于进一步深化粮食流通体制改革的决定》等。
[2] 补贴政策包括农民种粮直接补贴、良种推广补贴、农资综合补贴、农机购置补贴、农业保险补贴等。

入粮食安全定义框架，构建包括粮食供需的多维度框架，为粮食政策制定与粮食安全评价提供科学指导。

二是调整粮食安全政策，优化粮食系统供给。调整粮食财政支持政策方向。增强对营养健康和可持续粮食的财政支持，以增加优质口粮的供给、减少劣质粮食的生产。重构粮食价格，以充分反映粮食消费对健康和环境的外部性成本，可以借鉴国际上的碳标签制度，建立反映不同食品的碳、水和资源强度的综合机制，并逐步将这些成本反映在商品的市场价格中，以引导饮食模式的选择。

三是优化中国膳食指南，促进粮食安全、健康和环境保护等目标的协同实现。评价中国当前膳食结构、膳食指南的健康及环境效果。在人体健康需求的基础，根据营养学原理，考虑在健康、经济上可负担、水气土环境保护和农业生物多样性保护等多个目标协同实现的条件下，优化中国当前的膳食指南，以促进粮食安全、人类健康和生态安全等目标的协同实现。

4. 未来重点研究方向

在现有研究基础上，针对粮食安全问题，未来应从以下几个方面开展研究。

一是开展健康和环境双赢膳食指南研究，以引导居民膳食结构向健康膳食结构转变、农业和食物系统生产内容向健康和可持续食物生产转变，以促进粮食安全、"双碳"目标、生物多样性保护等多目标的协同实现。

二是开展粮食消费需求的成本和收益评价研究，促进粮食系统转型。构建经济学模型，分析不同粮食消费需求情景下粮食安全、健康及资源环境等系统变量的演变，旨在提出多目标协同实现的粮食系统发展模式。

三是开展健康与水气土环境目标下的中国粮食安全政策研究，以促进粮食安全、"双碳"目标、生物多样性保护等多目标的协同实现。构建经济学模型，分析不同粮食安全政策对粮食安全、健康、环境、气候变化等方面的影响，旨在构建多目标协同实现的粮食安全政策体系。

（四）国土空间治理与政策

土地资源包含土壤、水、生物多样性等，为人类提供了基本的产品和服务，主要包括食物、水、纤维、能源、原材料，以及生活和工作的场所。土地也是一种有限的资源，其功能对我们的经济、环境和社会文化福祉至关重要。然而，在目前的土地利用制度下，这些土地的功能并不总是相容的，甚至有时是相互冲突的，导致在传统的土地利用制度下可持续性难以在权衡中实现。要从更全面和协同的角度寻求系统的解决方案，而国土空间规划可以从顶层设计发挥重要作用。

传统的土地利用——特别是不可持续的耕地扩张——阻碍可持续发展的进程。IPCC 的报告更是指出 [2]，土地退化加剧气候变化，而气候变化反过来又会加剧土地退化和荒漠化，进一步引发粮食安全问题。虽然粮食安全是一个需要考虑多种因素的全球目标，土壤的健康程度，尤其是肥力状况，是所有农业生产系统赖以建立和持续的基本要素 1。因此，决策者在制定综合国土空间治理体系时一方面必须应对快速城市化，另一方面也要协同生物多样性保护"3030"目标 2、"双碳"目标、水和粮食安全等宏大目标，可谓非常具有挑战性。

中国的空间规划体系在世界上是独具特色的，可为其他国家提供重要借鉴，且对在全球范围内实施《巴黎协定》的碳中和目标，"昆明—蒙特利尔全球生物多样性框架"，尤其是目标 1，具有极其重要的意义。

1. 我国国土空间规划的多目标协同治理挑战及现状

我国人口众多，逾 14 亿的人口规模已经超过了所有发达国家人口数量的总和 [29]。与此同时，我国适合生产和生活的空间却有限且分布不均，虽然总体自然资源丰富，但土地、能源、矿产等主要资源的人均占有量远低于世界平均水平 [30]。快速城镇化导致农田大幅减少 [31]，到 2030 年，我国城市化率将会达到 70%，或将因此损失约 2 000 万亩优质耕地 [32]。这将对粮食安全构成潜在威胁。

国务院在《全国国土规划纲要（2016—2030 年）》中特别提出四点 [33]：①自改革开放以来，我国产业和就业人口持续向东部沿海地区聚集，导致市场消费地与资源富集区之间的空间错位。由于经济布局与人口、资源分布不协调，导致能源资源需要长距离调运、产品和劳动力需要大规模跨地区流动，增加了经济运行成本、社会稳定和生态环境风险。②城镇、农业和生态空间之间的结构性矛盾凸显。随着城乡建设用地的扩张，农业和生态用地空间受到挤压，城镇、农业、生态空间之间的矛盾加剧。③一些地区的国土开发强度与资源环境承载力不相匹配。例如，京津冀、长江三角洲、珠江三角洲等地区的国土开发强度已接近或超出资源环境承载能力，但中西部一些自然禀赋较好的地区尚有较大潜力。④沿海地区的国土开发与海洋资源环境条件不相适应，围填海规模增长迅速且利用粗放，导致可供开发的海岸线和近岸海域资源日益

---

1 参考 Ronald Vargas，联合国粮食及农业组织全球土壤伙伴关系秘书长相关洞察，https://www.un.org/en/un-chronicle/soils-where-food-begins。
2 "昆明—蒙特利尔全球生物多样性框架"达成了 23 个 2030 年全球行动目标，其中目标 2 包含"确保到 2030 年，至少 30% 的陆地、内陆水域、沿海和海洋生态系统退化区得到有效恢复"；目标 3 包含"确保和促使到 2030 年至少 30% 的陆地、内陆水域、沿海和海洋区域，特别是对生物多样性和生态系统功能和服务特别重要的区域，通过具有生态代表性、保护区系统和其他有效的基于区域的保护措施至少恢复 30%"，简称"3030"目标。

匮乏。同时，涉海行业用海矛盾突出，渔业资源和生态环境受到严重损害。

中共十八大之前，中国各部门的规划种类繁多，自成体系，各类空间约束性规划无力。制约国土空间治理能力的具体原因在于：①规划时限不同。②技术标准和信息平台不同，特别是各个规划使用了不同的技术平台，基础图件不同，统计口径不一，用地分类不统一。一个曾出现的现象是，同一片土地在国家土地规划中被归类为基本农田，在林业规划中被归类为林地。中共十八大之后，在大力推进生态文明建设大背景下，构建统一的空间规划体系势在必行。2015 年 9 月，中共中央、国务院印发了《生态文明体制改革总体方案》，提出要构建以空间治理和空间结构优化为主要内容，全国统一、相互衔接、分级管理的空间规划体系，着力解决空间性规划重叠冲突、部门职责交叉重复、地方规划朝令夕改等问题。

2019 年，国家发布了《关于建立国土空间规划体系并监督实施的若干意见》，要求将主体功能区规划、土地利用规划、城乡规划等空间规划融合为统一的国土空间规划，实行"多规合一"[34]，要求构建"五级三类"的国土空间规划体系。"五级"规划分为国家级、省级、市级、县级、乡镇级，对应中国的行政管理体系，自上而下编制，落实国家战略，体现国家意志。"三类"明确横向衔接"总体规划"、"详细规划"和"专项规划"三种规划类型。同年，自然资源部发布了《自然资源部关于全面开展国土空间规划工作的通知》，正式启动各级国土空间规划编制工作。目前《全国国土空间规划纲要（2021—2035 年）》（以下简称《全国纲要》）已于 2022 年 10 月正式发布。《全国纲要》是对全国国土空间的整体安排，涵盖国土空间保护、开发、利用和修复的政策总纲，也是地方国土空间规划编制的基本依据。各级行政区划（省、市、县、乡）的国土空间规划由当地政府组织编制。省级规划依据《全国纲要》中规定的目标、指标、战略、布局、重大工程和政策要求进行编制，并指导下级规划的制定。需要国务院批准的城市国土空间总体规划由市政府编制，经同级人大常委会审议后报送国务院审批。其他市、县和乡镇规划由省级政府根据当地实际情况进行确定和编制，需符合特定的内容和程序审批要求。

国家发展改革委于 2020 年发布的《全国重要生态系统保护和修复重大工程总体规划（2021—2035 年）》指出 [35]，由于对山水林田湖草沙作为生命共同体的内在机理和规律认识不够，落实整体保护、系统修复、综合治理的理念和要求还有很大差距。此外，权责对等的管理体制和协调联动机制尚未建立，统筹生态保护修复面临较大压力和阻力。因此，我国在优化土地利用的同时，也应致力于协同多个目标。目前，浙江、江西、上海、山东、安徽、四川等省（市）已经颁布了生态保护红线的详细管理规定，其他大部分省（区、市）则正在征求意见或即将颁布相关规定。自然资源部将定期评估生态保护红线的保护成效，并促进各部门之间的协同合作，加强对生态保护红线的监管。"三区三线"的划定结果更是表明，全国的生态保护红线总面积不得低于315 万 km²，其中陆域生态保护红线的面积不少于 300 万 km²，占陆地国土面积的比例30% 以上。海洋生态保护红线的面积不少于 15 万 km²。生态保护红线包括大多数草原、重要湿地、珊瑚礁、红树林、海草床等关键生态系统。

通过将生物多样性"3030"目标、"双碳"目标、水和粮食安全等方面的研究结果与空间规划相结合，政策制定者可以制定更全面的战略，以优化土地利用。这些综合方法可以带来更加具有韧性和平衡的土地利用管理，确保我国土地及其他资源的可持续未来。

2. 我国推进综合国土空间治理所面临的挑战

现有文献关于国土空间治理的研究更多是城市建设，比较少关注乡村空间的治理，导致缺乏理论支持，难以应对不断变化的城乡关系。这妨碍了国家适应当今时代"多规合一"国土空间规划的要求[36]。缺乏有效的实施措施也在科学地控制分散、底层、复合的乡村空间方面带来了重大挑战[37-38]。

国土空间规划的一个重要目标是在全国范围内建立统一的空间布局和综合发展与保护策略[39]。然而，目前乡村空间开发与利用的不合理状态成为实现空间规划整合目标的重要障碍。特别是第三次全国国土调查结果指出，即使约 2.29 亿亩耕地流向林地、草地、湿地、河流水面、湖泊水面等生态功能较强的地区，但约 2.17 亿亩上述地区却流回耕地。尽管已认识到需要在综合治理中整合城乡空间，但在这方面缺乏具体的实施措施。在"多规合一"空间规划背景下，高效和公平地利用和治理城乡空间仍然是迫切需要关注和创新解决的重要挑战[40-42]。解决这些问题对于实现平衡的空间发展，协调城乡地区，推动我国国土空间治理的整体进展至关重要。

另外，关于我国国土空间的治理制度和政策框架虽然已得到初步规划，但在协调监管主体方面仍存在显著挑战。为了加强部门间的协调，国土空间管制权被委托给自然资源部进行统一行使。但是，自然资源部关于国土空间的管制边界仍不明确，包括：①自然资源部执法与综合生态环境执法之间的区别与合作；②自然资源部与国家林业和草原局在生态保护和自然保护地管理中的职责分工；③自然资源部和农业农村部之间的管制协调[43]。

尽管取得了一些进展，优化管制体系仍然是一项正在进行的工作。空间准入和土地用途转换等关键政策方面仍缺乏明确和统一的技术标准和管理制度[44]。各类用地转换的规定，特别是农业空间和生态空间内不同用地类型的转换规则，尚缺乏全面的规定[45]。不同自然保护地和生态保护红线的划定与管制存在不一致之处[46]。此外，全过程的监测评估机制缺乏，反馈和事中监督管理的纠错机制需要改进，建立更为完善的国土空间纠错机制至关重要[47]。

专栏 6-1　荷兰的《国家空间规划与环境战略》（NOVI）[1]

荷兰的空间规划

荷兰以其空间规划传统而闻名，这一传统在 20 世纪下半叶蓬勃发展。然而，在 21 世纪的前几十年，国土空间规划的愿景和雄心逐渐减弱。2008 年以来的国际金融危机进一步加剧了国土空间规划活动的低迷。自 2020 年起，《国家空间规划与环境战略》（Nationale Omgevingsvisie，NOVI）对此表示遗憾，并强调必须重振国家空间规划。

荷兰面临严重影响物质生活环境的复杂挑战。NOVI 专注于实现竞争力、可达性、宜居性和安全性，同时采取综合的方法来解决城市化、可持续性和气候适应问题。

荷兰约有 3/4 的人口居住在城市地区[2]。同样，中国自 1978 年实施改革开放政策以来，城市化率已达到 64.7%[3]。由于快速发展的气候变化问题，这些城市目前正面临严峻挑战，对人类生命、健康、基础设施、资产、生态系统和自然均造成威胁。

虽然荷兰国土面积小（陆地面积约 33 000 km²）、居住人口较多（约 1 800 万人），但农产品出口规模却很大，就总出口额而言，仅次于美国。然而，在这种背景下，其农业生产强度尤其是畜牧业的强度已带来环境和政治问题，并与空间规划问题紧密相关。实现兼具可持续性和可行性的农业商业模式的现代化成为难题。农业和其他来源的氮沉积物持续超标，导致许多重要的建设项目被依法暂停。

考虑与中国东南沿海地区的相似性，该荷兰案例为中国制定综合空间规划框架，特别是沿海地区的城市用地规划提供了宝贵的经验，为制定在面对气候挑战时具有可持续性和抗灾能力的强大战略提供参考。

三个决策原则指导着决策过程：优先考虑功能的组合而不是单一功能，

---

1 该案例由 Jan Bakkes（综合评估协会）、Karel Van Bommel（荷兰王国驻华大使馆）和 Arjan Harbers（PBL 荷兰环境评估局）修改和编辑。

注重每个地区的区域特点和特性，防止将责任转移到未来世代或其他地区。这些原则的目标是在保护和发展之间取得平衡，确保以综合和可持续的方式进行空间规划，尊重不同地区的多元利益和特点。

NOVI 的关键优先事项

1. 为气候适应和能源转型预留空间：荷兰在适应气候变化和有效管理水资源方面面临重大挑战。不断上升的海平面、增加的河流排放、极端天气事件和土壤下沉对水安全构成威胁，亟须能够支持气候适应和强化水资源管理的空间规划。

2. 可持续的经济发展潜力：荷兰的目标是到 2050 年实现 100% 的循环经济，并减少 95% 的温室气体排放。实现这些目标需要空间和国际连通性。已经用于工业和港口功能的空间必须继续用于计划中的转型，除非有替代空间。

3. 强健的城市和区域：由于城市人口众多且可预见将继续增长，因此荷兰寻求在城市化和可持续发展之间取得平衡。城市地区对该国的经济和竞争力至关重要。城市地区面临基础设施、环境质量等方面的压力。可持续的城市发展和城市棕地的重新振兴对于创造宜居和安全的城市来说至关重要。出于对经济和可持续发展的考虑，城市内部的密集化要优先于城市扩张。

4. 适应未来的农村地区发展：农业和园艺部门是农村空间的最大使用者，面临向循环农业转型的挑战。这需要在面向未来的盈利模式与可持续粮食生产和生物多样性保护之间取得平衡。为此，政府设定了明确目标，支持能提高生活环境质量和为提供生态系统服务作出贡献的农业和园艺业。保护和恢复生物多样性是荷兰及欧盟的重点关切所在，以确保高质量的生活环境和生物多样性资源。在一般层面上，政府致力于通过遵循自然过程来实现保护和修复自然的目标；推进自然包容性发展，并在农业、能源转型和基础设施扩建中考虑生物多样性。荷兰自然网络将扩大 80 000 hm^2（800 km^2）。

识别痛点和机遇

荷兰政府专注于可持续地发展农村和城市地区。以下是一些与本研究较为相关的挑战，可为中国制定国土空间规划提供参考，尤其是在协同生物多样性保护、"双碳"目标、水安全和食物安全等宏伟目标方面。

• 气候适应和水安全：认识到城市化、可持续发展和气候适应等挑战之间错综复杂的联系，荷兰采用综合方法来加速对生活环境的决策。一个关键的痛点是需要适应气候变化的影响，包括海平面上升、干旱和土壤下沉等现象，以实现气候适应和水资源强健。政府优先考虑水安全，专注于防洪、可提供防洪保护的空间规划及灾害管理计划。在这样一个小国，如何为气候适应分配空间，如何将其与其他需求结合起来？

• 可持续农业转型：在第二次世界大战引起的饥荒之后，国家的目标是不再发生饥荒，并成为粮食净出口国。得益于农业创新和进口大豆，荷兰顺利实现了这一目标，同时导致荷兰部分地区的牲畜密度在欧洲位居前列。当前形势的特点是，对许多个体农民来说，既得利益和路径依赖造成了不确定性，尤其是使许多个体生产者陷入困境。后来者通常会发现自己处于两难境地，一方面要投资生产以应对世界市场价格，另一方面又要在靠近氮敏感自然保护区的高牛群密度地区经营，因此需要非常谨慎的环境管理。

• 生物多样性保护：荷兰几乎所有自然保护地的保护状况都被评级为很差或非常差。养分超载和水资源管理问题是其中的重要因素。这两个因素都与农业密切相关。目前，政府正在为所有欧洲官方认可的自然保护地起草具体的恢复计划。荷兰政府鼓励在重大发展项目中推动自然包容性，考虑到农业、能源转型和基础设施扩展中的生物多样性。

考虑到《国家空间倡议》和其他国家政策文件在实施过程中存在的问题，荷兰国家政府于2022年开始与地方政府密切合作，制定了《空间报告》（Nota Ruimte）。该政策文件被定位为《国家空间倡议》的加强版，旨在提供一个更加坚实和以实施为导向的空间规划。

监测、情景分析和展望

用于评估和监测 NOVI 进展的监测系统已经被建立，包括战略环境影响评价（事前）和定期进展监测（事中），其中还包括一个量化指标体系。阶段性监测报告显示，荷兰的生活环境质量在多项指标上仍然存在结构性缺陷。目前，欧洲环境政策目标的实际落空限制了住宅区、商业园区和基础设施的发展。只有在质量达到一定程度的情况下，生活、工作、农业和自然才有可能更快、更灵活地发展。[4-5]

兼顾当前需求的空间规划并不一定总能满足未来的需要。鉴于此，PBL 最近为荷兰制定了新的空间发展展望。其核心是四种对比鲜明的情景。每种方案都描述了实现可持续发展目标的合理发展，但每种方案都有不同的方式。

这些情景考虑的四个关键问题：到 2050 年，荷兰最重要的空间挑战是什么？2050 年前后，一个面向未来、拥有优质环境的荷兰会是怎样的？决策者可以通过哪些途径实现这一目标？这将为未来几年带来哪些战略性政策信息？要创建一个适应未来的环境和环境政策，"模板式"的空间规划选择可能有哪些？如何应对不确定性？[6]

结论

荷兰的国土空间规划有效地应对了城市化、可持续性、农业发展、气候适应和水资源管理方面的挑战。通过优先考虑气候适应性、水安全、循环农业和生物多样性保护，荷兰正在为其公民和环境建设一个可持续和具有韧性的未来。国家政府的综合方法，以及与地方政府和利益相关者的合作努力确保推进实施一项综合而全面的战略，为荷兰子孙后代的竞争力、交通便利性、宜居性和安全性提供保障。

对中国政府和国合会全球委员的潜在启示包括以下几点。

• 空间规划是一个整合空间利益的问题，而不是具体领土要求的累加。区域设计可能有助于解决或缓解利益冲突。

• 进行合理有效的国土空间规划的战略应被重视，忽视其重要性可能会带来更大的困难和更高昂的代价。

• 前瞻性的规划需要结合短期和长期的视角。

• 制定长期愿景和政策路径需要对比多种方案。这可能包括偏离目前官方战略和公认趋势的方案，即便官方目标目前很明确。

3. 改进国土空间规划的政策思路

为了应对国土利用、生物多样性丧失、气候变化、粮食安全、水安全和环境污染等复杂问题，在充分考虑我国的特定情况下，必须摒弃传统的工业化发展思维，拥抱更为整体性的视角以寻找系统性的解决方案。只有通过生态文明建设、优化资源配置、提升规划水平、保障生态环境等范式转变，在传统工业化模式下"土地利用—食物—生态环境"之间的相互冲突关系才能转化为相互促进的关系。以下是针对我国情况的一些建议，旨在以协同多目标为愿景，实现具有韧性和平衡性的国土空间治理体系。

（1）和谐整合多目标，让国土空间规划得以耦合格局与过程

我国广袤多样的地域需要采用一种整体性和系统性的国土空间治理方法。决策者应认识到不同目标之间的相互联系，如生物多样性保护、碳中和、水和粮食安全，以及经济社会发展。学者欧名豪等指出，未来的国土空间规划中，需要考虑要素"格局—过程"的互动机理与响应机制，特别是对"三区"（农业、城镇和生态）的划定和空间要素的合理配置。通过耦合"格局（指标和布局）—过程（生态过程）"的方法，

寻求实现国土空间的整体系统优化，制定合理的空间格局配置情景方案[48]。

另外，和谐整合多目标还要体现在梳理应对气候变化已采取的措施上。政策制定者需要从耕地数量、质量和生态方面分析已采取的措施及取得的成效，包括不断完善耕地保护政策，开展农用地整治，提高土地集约利用水平和土地使用效率等。

（2）协调治理、统一规划，让国土空间规划目标、指标和管制得以协同

我国的国土空间规划面临复杂的挑战，因此加强各监管部门之间的协调非常重要。这可以通过进一步明确责任边界、简化决策流程，以及加强政策实施来实现[48]。一项重要措施是将主体功能区规划、土地利用规划、城乡规划等多个规划体系融合为一个整体，形成统一的国土空间治理框架，从而协同规划目标、指标和管制[49]。针对全域、全要素的国土空间管制需求，政策制定者还需要进一步制定生态空间及其不同生态功能区的管制规则[50]。这样的举措将有助于更有效地实现多目标的国土空间治理，并推动国土空间规划的科学发展。

当前，自然资源部已出台多项技术标准，初步构建了国土空间规划的关键架构，包括发布用地用海标准，统一用地分类，实现陆海统筹；印发省级、市级国土空间规划编制指南等，引导规范地方规划编制；构建国土空间规划基础信息平台，提升规划智慧化水平。

（3）加强农村空间治理，让城乡空间得以平衡发展

在我国快速城镇化进程的背景下，农村空间治理须被置于重要位置，并与城市发展同等重视。完善的国土空间治理制度必须保护农业用地和自然生态系统，以及对改善农村生计拥有充分考虑。通过再生农业发展，支持农村社区，维护生态平衡，可以更好地实现城乡空间的平衡发展。

另外，我国也需要从气候变化适应的角度去体现农村空间治理，透过农业种植布局的调整及适应性品种选育，可以维持和提高农作物产出。要做到这一点，需要构建适应气候变化与政府决策之间的联系，为政府决策机构制定相应的农业适应措施提供理论依据，同时为利益相关者（如农民、牧民、景区管理人员等）提供科学指导，落实农业生态系统服务适应措施的实施途径。

4. 未来重点研究方向

（1）协调好生态安全、粮食安全、水资源安全之间的关系

①生态用地与耕地之间转换剧烈，需要统筹考虑

第三次全国国土调查显示，"二调"以来的 10 年间，生态用地总体增加，但与耕地之间的转换频繁，全国有 2.29 亿亩耕地流向林地、草地、湿地、河流水面、湖泊水

面等生态功能较强的地类，同期又有 2.17 亿亩上述地类流向耕地。反映出生态建设格局在局部地区不够稳定，一些地方还暴露出生态建设的盲目性、生态布局不合理等问题。土地利用方式的剧烈转换一定程度上反映了不同时期、不同目标、不同价值导向的政策博弈。应按照"宜耕则耕、宜林则林、宜草则草、宜湿则湿、宜荒则荒、宜沙则沙"的原则统筹好生态建设与耕地保护的关系。

②水资源安全关乎粮食安全、生态安全、自然灾害减缓和防治，其空间匹配度有待提升

我国水资源时空分布不均，与人口、经济、耕地、能源等经济社会要素布局不相匹配。近年来，水资源相对缺乏的西北地区耕地增加相对较多，一些地区农业用水占比较高，一定程度上加剧了区域水资源供需矛盾。另外，气候变化也导致一些地区干旱或洪水频发，不仅影响农业生产，也导致生态退化。因此，寻求生态保护、耕地保护、水资源安全之间在数量、质量、结构和布局方面的平衡点至关重要。

（2）充分认识区域资源禀赋、环境本底和社会经济特征，制定差异化的土地利用对策

①西北地区重点关注水资源安全和生态安全。应进一步优化用水结构，提升水资源利用效率，防止挤占生态用水，强化其防风固沙生态功能，治理草场退化和土地荒漠化，加大清洁能源发展力度。

②东北地区重点关注生态安全和粮食安全。应大力推进黑土地的可持续利用，夯实全国重要商品粮生产基地的基础地位，保护具有重要水源涵养功能的东北森林带等，促进老工业基地发展转型。

③华北地区重点关注水资源和土地资源的匹配问题。注重发展节水农业，治理地下水超采。

④华东地区重点关注局部地区的水体污染问题。注重区域一体化发展，推进产业绿色转型，治理湖泊富营养化。

⑤华中地区重点关注耕地保护问题。区内优质耕地集中分布，光温水土条件好，是我国重要的粮食主产区。应强化耕地保护，防止优质耕地流失和土壤污染。

⑥华南地区重点关注生态保护和环境质量提升。发挥南方丘陵山地带生态服务功能，保护生物多样性，治理环境污染。

⑦西南地区协调好矿产资源开发与生态保护的关系。保护好高原湖泊和高原生物多样性，推进石漠化治理和地质灾害防治等。

（3）研究在严守安全底线的同时，也充分考虑和平衡利益相关方权益的政策手段

①在国家重点生态功能区，对涉及搬迁的农牧民和企业等利益相关方，应充分考虑其长远生计，使他们转变为生态空间的守护者、生态建设的参与者、生态保护的宣传者、"绿水青山就是金山银山"的实践者。

②在国家农产品主产区，应通过完善主体功能区配套政策，使国家强农惠农政策得到集中体现，维护种粮大户等利益相关方的权益。

③永久基本农田用地要求该性质用地仅可用于种植粮食作物，而发展再生农业的通常做法包括在农田、牧场及其周围合理规划，套种本地的非粮食作物种类（如乔木和灌木）等对授粉昆虫友好的做法。在实施政策层面，通过赋予环境友好的再生农业实践一定的灵活度来提高永久基本农田的质量和产量。

（4）重新定义粮食安全和与之匹配的土地规划

根据最新优化的膳食指南（如本章议题三中提及的双优化的膳食指南）和未来人口的变化趋势，重新估算中国在主粮和副食方面的需求，并由此估算出对农业用地的需求。以此为据，审视当前的粮食产量目标，旨在引导健康、低碳环保、零浪费的饮食习惯和饮食文化，发展和完善粮食安全目标，并寻求其与生态安全、"双碳"目标、水安全等多重重要目标之间的协同路径。

（五）通过自然资本核算来权衡土地用途

自然提供的资本和生态系统服务是人类社会和经济发展的基础。实现"双碳"目标、水和食物安全目标等多项环境和社会目标，同样依赖于自然资本和生态系统服务。土地利用用途的改变会导致自然资本和生态系统服务的变化，而自然资本和生态系统服务的评估可以帮助衡量不同土地用途对经济和社会目标的贡献[1]，以减少或避免不合理的土地利用决策带来的不利影响。

1. 当前土地规划和土地利用决策中存在的问题

现阶段，对土地用途的评估主要集中在经济和社会层面，缺乏对自然资本和生态系统服务的全面评估。当前的土地利用现状多是由于单一的需求主导，忽略了对生态系统的影响和其他服务的维持。在目前的国家统计核算和会计实践中，自然资本及生态系统服务的价值被严重低估，甚至被企业视为免费[51]。与此同时，经济全球化增大了国际资金流动对当地土地利用决策的影响[52]，在某些情况下削弱了旨在维护和增加公共产品的国家政策。因此，通过利用或开发成熟和适用的自然资本和生态系统服务核算方法，我们可以更好地让决策者了解他们的土地使用选择对环境、社会和经济的当前与长期影响，并重新定义现代经济体系下的"价值"，将自然的价值也包含在内。

2. 自然资本核算和生态系统服务评估的现状与机遇

正因为自然资本和生态系统服务如此重要，所以保护生物多样性不仅是全球的自然保护目标，更是支持协同实现生物多样性保护、"双碳"目标、食物安全和水安全等多重目标的重要基础。自然资本和生态系统服务被量化和评估将为所有利益相关者提供具体和统一的参照值，协助推进更合理的土地利用来协同这些全球目标。

（1）自然资本核算和生态系统服务评估的进展

国内外关于自然资本核算和生态系统服务评估的研究进展很快。自然资本核算最初主要关注自然资源消耗与国家债务之间的关系，其中，生态债务不仅是国家债务，还会影响所有经济主体。目前，对自然资本和生态系统进行评估的研究也在逐渐增加。值得注意的是，生态债务首先应从生物物理角度来衡量，其次才应考虑从减轻欠债的成本（恢复、补偿）角度来衡量。自然资本核算（NCA）是一个总括术语，涵盖使用核算框架提供系统方法来衡量和报告自然资本存量和流量的工作。生态系统服务是指人类从生态系统中获得的各种惠益。实现生物多样性保护和合理利用的目标本质上是保值和增值自然资本，同时维持生态系统服务的均衡和稳定供应。然而，由于对生态系统服务的过度需求和人类活动增加，许多地区的自然资本正在衰减、生态系统服务供给能力正在下降。

① 国际生态资产核算和生态系统服务评估研究进展

自 1993 年起，联合国发布了综合环境经济核算体系框架，试图将环境资产纳入国民经济核算体系，并于 2012 年发布了《环境经济综合核算体系——中心框架》（SEEA CF）标准，将环境治理成本和自然资源损耗或盈余纳入了国民经济核算，即所谓的绿色 GDP 核算。之后，联合国统计委员会于 2021 年发布了《环境经济综合核算体系——生态系统核算》（SEEA EA）标准，描述了生态系统和经济资产之间的关系，将经济、环境和社会数据整合到一个统一、连贯的整体决策概念性框架，为开展生态资产核算提供了基本理论和方法依据。这一标准的发布标志着联合国统计委员会采纳了生态系统服务和生态系统资产实物量核算的国际标准，并推荐生态系统生产总值（GEP）等货币化核算的宏观指标，目前，在生态系统服务和生态系统资产的价值化核算及海洋生态系统核算方面正在开展进一步的研究。

② 中国的相关研究和实践进展

一些中国学者在 Costanza 提出的生态系统服务价值估算原理及其研究方法的基础上，将生态系统服务价值体系中国化，大大促进了这类方法在中国的发展[53-54]。

生态环境资源类的资产评估始于 2015 年中共中央、国务院印发的《生态文明体制改革总体方案》。同年 11 月,《编制自然资源资产负债表试点方案》提出了自然资源资产负债表编制的内容与方法。2018 年,在前期试点工作的实践经验基础上,中国编制了 2015 年全国自然资源资产负债表,主要对土地、森林、水 3 种资源的实物量账户进行核算,对矿产类资源进行了试编,基本掌握了土地、森林、水 3 种资源的数量及质量情况。2020 年,生态环境部等出台了 GGDP/EDP、GEP 和 GEEP 3 个核算技术指南(试用),提出了相应核算过程中的指标体系、核算方法、数据来源等内容要求。2021 年,自然资源部在《国务院关于 2020 年度国有自然资源资产管理情况的专项报告》中介绍了国有土地、森林、草原、湿地、矿产、海洋、野生动植物等国有自然资源资产状况,第一次亮出了自然资源方面的国有资产家底。2022 年,国家发展改革委和国家统计局印发了《生态产品总值核算规范》。据不完全统计,截至 2023 年 8 月,我国生态产品总值,亦称生态系统生产总值(GEP)核算的各级试点已覆盖 18 个省份、57 个地级市,约有 15 个省份相继出台了有关政策,把生态产品价值核算作为重点工作开展。

(2)关键问题

自然资本、生态资产和生态系统服务的概念仍需在国际和国内、不同利益相关方之间统一,从而指导相关实践并支持构建完整统一的评价体系和指标。当前,生态系统服务评估仍缺乏完善的数据、统一的评价方法及对结果的验证,且面临在不同的空间和时间尺度上重视的服务不同带来的冲突。在空间尺度方面,大尺度的生态系统多重视调节服务,而较小尺度的生态系统多重视供给服务。在时间尺度方面,由于盲目追求眼前效益,使生态系统服务的长期持续供给能力受到损害。

在理想情况下,自然资本核算应该是一个制度化的信息系统,有成文的数据保证和方法,以及定期的生产周期。这意味着决策者可以信赖长期可用的信息。而在实践层面,要认识到自然资本账户(Natural Capital Accounts)可以随着时间的推移而不断改进。最好是在短期内编制出好的账户,而不是在长期内编制出完美的账户。

3. 实现自然受益转型的政策思路

(1)分析协同的本质,并加强多目标协同的模型研究

土地利用和土地覆盖变化(Land Use and Cover Change, LUCC)虽然经常发生在地方层面,但全球各地的累积影响会对地球系统造成严重打击。不同部门和利益相关者的土地利用目标并不总是兼容的,甚至常常是相互冲突的。选择在某一地理区域使用某一土地功能往往需要在时空维度和不同利益相关者之间进行权衡和博弈(图6-9)。权衡与博弈的依据应该是自然资产与生态系统服务的最佳方案。例如,在巴西扩大大

豆生产带动了经济增长，改善了农民生计和国家粮食安全。然而，为了生产大豆而将大片热带雨林转化为耕地，也会导致生物多样性丧失、碳排放增加、碳固定减少，整体来看，对森林的调节和支持性生态系统服务造成了损坏，而这些负面影响将外溢到地方、区域和全球层面。

然而，如何定义"自然资产与生态系统服务的最佳方案"是我们面临的重大难题。

贸易是可持续的土地管理的一个重要维度。一方面，贸易提供了激励，促使当地利益相关者和投资者根据土地的自然资源禀赋和比较优势来决定其利用。这种贸易促成的分工和专业化很可能通过规模效应放大生态破坏。另一方面，土地是许多公共产品的基础，如水质、生物多样性、稳定的气候，都可以追溯到土地利用。因此，在全球层面，确保公共产品供给是优先项，但在地方层面，当地利益相关者必然会寻求增加生产、改善生活，这两个层面上的目标很多情况下可能会相互冲突。因此，土地利用规划不仅需要平衡不同的土地功能，还需要考虑和协调各个尺度上利益相关者的利益。

目前，短期需求和经济收益是土地利用决策背后的主要动机，忽视了不可持续的土地利用模式会造成的长期风险。具有科学性的、统一的框架和指标是各利益相关方推进对话、共商转型路径的重要工具。

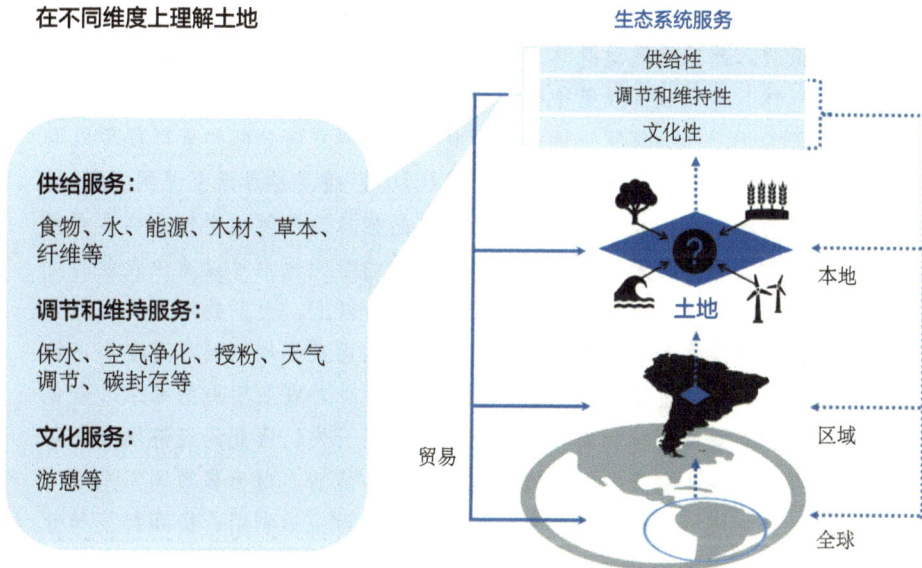

* 参考 SEEA-EA。

图 6-9　权衡地方、区域和全球的生态系统服务

专栏 6-2　关于通过更有效的土地利用管理可持续地利用其自然资本的研究

　　世界银行与自然资本项目合作，以生态系统服务和生物多样性评估为基础，通过设计资源效率边界，提出了一种新的方法，将生物物理和经济模型相结合，以评估世界各国如何通过更有效的土地利用和管理可持续地利用其自然资本，由世界银行可持续发展首席经济专家 Richard Damania 领导撰写的相关研究报告《自然前沿：利用自然资本实现可持续性、效率与繁荣》（Nature's Frontiers：Achieving Sustainability, Efficiency, and Prosperity with Natural Capital）于 2023 年发布。所提出的新模型可以评估生态系统服务和经济产出，以估计一个国家的效率差距，即目前提供的一套产品和服务与可以在不牺牲其他利益的情况下以可持续方式提供的产品和服务之间的差异。为各国如何更好地利用其自然资本来实现其经济和环境目标提出了建议。

　　其主要发现包括：①所有收入水平的国家和所有区域的土地利用效率都很低，绝大多数国家都有机会提高经济产出和生态环境绩效。对于大多数低收入国家来说，在不牺牲环境质量的情况下，净经济回报有可能大幅增加。平均而言，各国在至少一项目标上的表现几乎可以翻倍，而不会在任何其他目标上作出牺牲。②通过更有效的土地利用，全球可以额外封存 856 亿 tCO_2e，而不会产生不利的经济影响。这一数量相当于大约两年的全球排放量，并将为世界在大气温室气体浓度达到临界水平之前提供急需的脱碳时间。由于大多数热带低收入国家在通过森林封存碳方面具有相对优势，这些国家从奖励陆地温室气体封存倡议的政策中获得的收益远超过任何其他国家。③如果目标是收入最大化，那么仅凭土地、水和其他投入的更好分配和管理就可以增加农业、放牧和林业收入约 3 290 亿美元（以及获得足够养活全球到 2050 年的额外所需的粮食），且不会损失森林和自然栖息地提供的生物多样性或温室气体储存和封存。更好的种植策略和更明智的空间规划可以减少农业的土地足迹，同时使全球产生的食物热量增加 150% 以上。大多数中低收入国家目前实现的农业潜在产出不到其一半，而高收入国家平均达到其潜在产出的 70%。中低收入国家通过提高农业生产潜力来减少对农业用地的需求，避免对温室气体封存量高且生物多样性丰富的土地的开发，因此，经济发展不必以牺牲一个国家的生物多样性和增加碳排放量为代价。对大多数国家来说，可以在不给生物多样性带来致命压力的情况下通过土地利用、提高科技和管理水平等战略规划提高农业生产效率。随着新的"2020 年后全球生物多样性框架"在全球的实施，报告中描述的资源效率前沿可以成为优化土地利用的有用工具，从而同时实现收入提升和多项环境目标。

在中国，世界银行与中国科学院生态环境研究中心开展合作，采用上述自然资本项目提出的可持续资源效率边界方法，选取固碳、生物多样性、水源涵养、土壤保持和粮食生产作为土地利用和管理的优化目标，在中国开展了土地利用效率评估及多目标土地利用和管理优化研究。中国科学院生态环境研究中心通过将多目标函数和空间优化模型相结合，开发了适用于中国的土地利用多目标优化模型，生成了中国的可持续资源效率边界图。该研究分析了中国通过土地利用和管理的优化，在多项生态系统服务、生物多样性和粮食生产方面提升的潜力，探讨了基于自然的解决方案如何在实现气候目标和经济目标方面发挥重要作用。

研究结果表明，2000—2015 年，中国的土地利用效率有所提高，生态系统服务和粮食生产同时得到改善，但固碳和其他生态系统服务改善的机会仍然存在。进一步分析表明，通过基于自然的解决方案，中国既可以进一步提升生态系统服务，也可以提高粮食产量。原则上，中国可以在不净减少粮食生产的情况下，使陆地固碳量增加。固碳和其他生态系统服务之间也存在高度的协同作用，在这种情况下，生物多样性（此项研究以野生动物栖息地为代表）、水源涵养量、土壤保持量均增加。该分析还用于评估有助于实现这一目标的相关政策措施，包括中国的生态保护红线政策、退耕还林、将干旱地区不可持续和低效的灌溉农业转变为雨养农业，以及通过更有效的化肥使用和灌溉措施来提高粮食生产效率等。

（2）借助信息技术预测和展示土地利用决策的长期和跨区域影响，提升决策质量

自然资本核算和生态系统服务评估可能成为综合土地利用规划的关键支撑。基于综合模型，并利用人工智能和元宇宙等技术可以将现实世界的多维场景数据进行模拟和展示，以可视化的方式协助多利益相关方和决策者提升土地利用决策质量。

以农业为例，全球气候变暖对我国农业作物结构和布局产生了较大影响，温度升高使我国北方热量资源更加丰富，进而延长了作物的生长季，使积温带北移。全球气候变暖对中国耕地资源利用的影响已经越来越显著。1990 年以来，中国水稻种植北界呈显著向高纬度、高海拔地区迁移的趋势，尤其是东北地区的水稻种植核心纬度由北纬 39°～46°推移至 41°～47°。青海省春季轻旱呈增加趋势，夏季重旱减弱，对农业生产带来了显著影响[1]。这些变化是以往的土地利用决策无法考虑的因素。借助技

---

[1] 引自支持报告中"耕地和农业生态系统服务管理应对气候变化"的相关内容。

术，将变化趋势和相应的情景展示出来，可以帮助决策者制定更加科学和全面的规划和政策，如关注气候和水资源制约因素，动态调整受气候变化影响不再适宜耕作土地，并在气候适宜区优化补充新增耕地资源。

（3）自然资本保值增值是实现多目标协同的重要基础

世界经济论坛专家组认为，自然受益愿景模型的本质是自然资本的保值增值和生态系统服务的稳定和均衡供应。自然受益在多项环境可持续议程和经济发展中发挥着重要作用，应提升对其的认知程度，并将其纳入底层考虑。

①关于自然受益

尽管几十年来在自然保护方面的投资不断增加，但我们并没有成功地"扭转生物多样性下降的曲线"[55]。为积极应对生物多样性丧失，多家国际机构联合提出全球共同的自然保护目标——自然受益，它是国际上对生物多样性目标制定或产业转型过程中的一个核心概念[56]。自然受益以 2020 年生物多样性丧失的状态为基准，通过各级政府、企业和社会公众的努力，缓解生物多样性下降的速度并使其出现拐点，到 2030 年后能够超越 2020 年的状态，到 2050 年实现自然的完全恢复，实现人与自然的和谐相处[57]。

②自然受益转型是实现协同的重要路径

世界经济论坛 2022 年年初发布的《中国迈向自然受益型经济的机遇》报告指出，与自然损失相关性最高的三大经济系统是食物、土地和海洋利用系统，基础设施和建成环境系统，以及能源和开采系统[6]，并通过对比"自然受益"场景和"一切照旧"场景下，这三大社会经济系统中潜在经济机会的增量规模，测算出到 2030 年，完全实现自然受益转型可为中国创造约 1.9 万亿美元的新增商业机会，并创造共计 8 800 万个可持续的工作岗位。这与中国正在努力探索的绿色转型高质量发展愿景高度一致——保护和修复自然、更合理的自然资源资产利用和管理与经济发展可以产生巨大的协同效应。

不仅如此，正因为自然通过供给服务或调节和维持服务提供给人类食物、水、能源，以及气候调节，自然受益转型也是协同实现食物安全、水安全，应对气候变化等多项人类共同目标的重要路径（图 6-10）。要实现这一愿景，需要资金投入、技术和治理创新、多利益相关方合作，并在宏观和微观的土地管理与利用中落地。

（4）在关键产业部门的绿色发展中加强自然受益转型

《中国迈向自然受益型经济的机遇》报告估算，中国 GDP 总量的 65% 因为自然损失而面临风险[57]。该系列报告提出的三大社会经济系统与中国国民经济行业分类中约 2/3 的产业部门密切相关，这意味着中国约 2/3 的产业部门可以通过落实自然受益转型（图 6-11）来支持全球的自然保护目标，并有机会在 2030 年前把握转型带来的经济机遇。2022 年 12 月，"昆明—蒙特利尔全球生物多样性框架"被各缔约方广泛采纳，该框架的多项目标都与企业和金融机构密切相关。其中，目标 15 要求企业和金融机构评估、披露和管理其经营活动、供应链和业务组合对生物多样性产生的风险、依赖和影响。该框架将在全球范围内加速改变政策、法规、利益相关者期望和市场环境[58]，也预示着各相关产业的转型将成为全球的共同趋势。

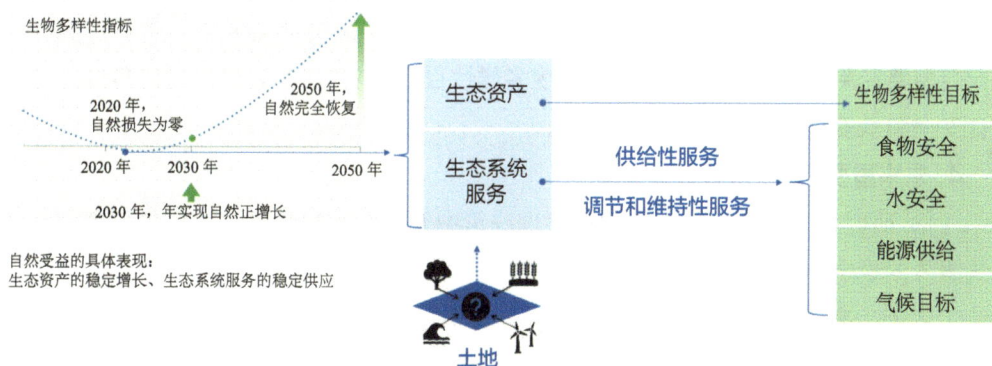

图 6-10　自然受益与多项全球目标

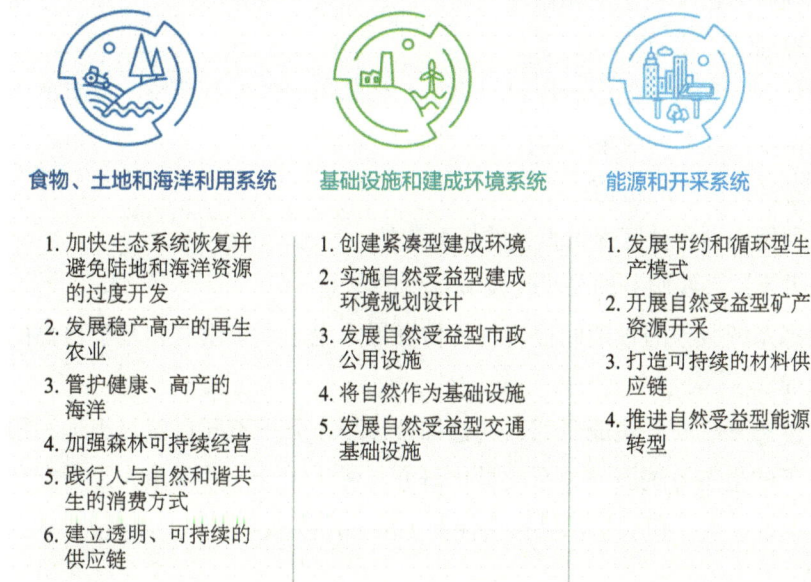

图 6-11　《中国迈向自然受益型经济的机遇》报告中提到的三大社会经济系统和 15 项自然受益转型

产业部门的自然受益转型需要政策制定者、行业协会、企业和消费者等多利益相关方的协作。在宏观层面，中国提出生态文明理念，将生物多样性保护上升为国家战略，并率先在国际上提出划定和严守生态保护红线，也制定了雄心勃勃的"双碳"目标。中国可以率先打破气候和自然行动间的壁垒，加强"双碳"目标与生物多样性目标之间的协同，引领新型高质量发展。实践层面的转型需要更具激励性的政策、投资，以及更具可操作性的工具和路线图。国际社会正在推进的框架和工具，如基于科学的自然目标（SBTs for Nature）——尤其是土地利用相关目标和可持续发展标准（ISSB）等，可以作为中国相关产业转型的重要参考。接下来，与中国的社会经济背景更加契合的产业转型路径将为在中国推进和落实生物多样性目标，以及与其紧密相关的气候目标、粮食安全和水安全等目标贡献重要力量。

4. 未来重要研究方向

（1）研究如何在土地利用规划和管理决策中充分考虑自然资产的保值增值和生态系统服务的稳定和持续供应

①明确生态资产和生态系统服务概念、完善生态资产和生态系统服务分类体系、探索生态资产与生态系统服务价值量核算指标的标准化。

②研究现行的、基于自然资本核算和生态系统服务评估进行国土空间规划和土地利用决策的实践，完善通过生态系统服务评估权衡与协同各利益相关方参与的土地利用决策的原则和方法（在宏观和微观层面）。自然资本核算可在以下几个方面支持优化国土空间规划。

- 为发展规划者和政策制定者提供一致、系统和透明的信息系统，以有效将自然纳入其优化空间规划的决策过程；
- 向决策者强调自然的价值；
- 为土地利用规划和分区提供直接的信息支持；
- 评估获得生态系统服务的公平性及其提供的惠益；
- 根据生态系统服务的预期回报价值评估发展、生态系统恢复和基于自然的解决方案的投资。

③进行生态系统服务集成研究，构建综合模型，分析不同自然与土地利用变化要素驱动情景下的生态系统服务关系的量化研究与优化组合，并采用人工智能和元宇宙等技术进行探索、优化和展示，寻找最佳的土地利用模式。

（2）研究利用自然资本核算和生态系统服务评估作为产业自然受益转型过程中对土地利用决策的依据

例如，农业（或农林牧渔）。农业生物多样性是生物多样性的重要组成部分，可提供人类可持续发展所需的多种生态服务，但公众对于其重要性的认识程度远不及自然保护方面。更加具体的研究内容可以考虑支持再生农业，减少有害补贴，发挥生态系统服务功能以促进农业土地资源的可持续利用、创新耕地生态补偿机制以及完善耕地数量动态平衡调整机制等。在可再生能源领域，需对可再生能源用地的决策进行评估。有研究显示，如果电力结构中太阳能的渗透率达到 25% ～ 80%，太阳能可能会占据总土地面积的 0.5% ～ 5%。由此产生的土地覆盖变化，包括间接影响，可能会导致 0 ～ 50 g CO_2/（kW·h）的碳净释放量。因此，应对新增太阳能基础设施进行协调规划和监管，以避免因陆地碳损失而大幅增加其生命周期内的排放量[59]。

（3）构建自然受益模型及可在多尺度应用的具体衡量指标，推进落实多项环境目标之间的协同

鉴于使自然受益及其关注目标的重要性，一个关键的研究和实践基础便是评估和衡量自然受益，然而目前缺乏相关的综合研究。课题组在前期研究中拟探索和评估自然受益模型的构建（表6-1），进而构建科学的指标综合评价方法、开展基线和跟踪评估，建立纳入多利益相关者知识的方法，以期在未来研究中将通过自然受益转型协同多项可持续目标的行动落实到产业部门和企业行动中。

表6-1　拟作为自然受益的评估指标

指标类型	评估指标
生态系统格局	自然生态系统面积比例
	生态系统平均斑块面积
生态系统质量	植被生物量密度
	植被覆盖度
	水体或湿地水质
生态系统功能	净生态系统生产力
	生态系统总生产力
	土壤有机质含量
物种多样性	物种丰富度
	栖息地破碎化指数

指标类型	评估指标
生态问题	沙化土地面积比例
	中度以上水土流失面积比例
	中度以上石漠化面积比例
环境质量	水环境
	空气环境
	土壤环境
气候变化	二氧化碳浓度
	其他温室气体浓度（氮氧化物、甲烷）

参考文献

[1] 生物多样性和生态系统服务政府间科学政策平台 (IPBES）. IPBES 生物多样性和生态系统服务全球评估报告 [R]. 2019.

[2] 政府间气候变化专门委员会（IPCC）. 气候变化与土地——IPCC 关于气候变化、荒漠化、土地退化、可持续土地管理、粮食安全及陆地生态系统温室气体通量的特别报告 [R]. 2019.

[3] McKinsey. Renewable-energy development in a net-zero world: Land, permits, and grids[EB/OL]. (2022-10-31) [2023-08-21].https://www.mckinsey.com/industries/electric-power-and-natural-gas/our-insights/renewable-energy-development-in-a-net-zero-world-land-permits-and-grids#/.

[4] 中国环境与发展国际合作委员会 . 绿色发展新时代：中国绿色转型 2050[R]. 2018.

[5] Zhang Y, Brandon C. Seizing the opportunity of green development in China[R]. Development Research Center of the State Council. 2012.

[6] 世界经济论坛 . 中国迈向自然受益型经济的机遇 (Seizing business opportunities in China's transition towards a nature-positive economy) [R]. 2022.

[7] 张永生 . 开创人类文明新形态的现代化新范式 [J]. 历史评论，2023(3): 5-10.

[8] 张永生 . 建设人与自然和谐共生的现代化 [J]. 经济研究参考，2020(24): 103-106.

[9] 昝国盛，王翠萍，李锋，等 . 第六次全国荒漠化和沙化调查主要结果及分析 [J]. 林业资源管理，2023(1): 1-7.

[10] Gong P, Li X, Zhang W. 40-Year (1978-2017) human settlement changes in China reflected by impervious surfaces from satellite remote sensing[J]. Science Bulletin, 2019(64): 756-763.

[11] 习近平 . 高举中国特色社会主义伟大旗帜　为全面建设社会主义现代化国家而团结奋斗——在中国共产党第二十次全国代表大会上的报告 [M]. 北京 : 人民出版社 , 2022.

[12] 朱民 , Nicholas S, Joseph E S, 等 . 拥抱绿色发展新范式：中国碳中和政策框架研究 [J]. 世界经济 , 2023, 46(3): 3-30.

[13] 国务院新闻办公室 . 中国居民营养与慢性病状况报告（2020 年）[R]. 北京：人民卫生出版社 , 2022.

[14] Food Industry Asia (FIA). The future of proteins in Asia[R]. 2021:8. https://accesspartnership.com/wp-content/uploads/2023/03/the-future-of-proteins-in-asia.pdf.

[15] Greenhouse Gas Action Plan Steering Group. Meeting the challenge: Agriculture industry GHG action plan, Delivery of phase I: 2010-2012[J]. 2011.

[16] Shafer S R, Walthall C L, Franzluebbers A J, et al. Emergence of the global research alliance on agricultural greenhouse gases[J]. Carbon Management, 2011, 2(3): 209-214.

[17] 金书秦，张哲晰，胡钰，等 . 中国农业绿色转型的历史逻辑、理论阐释与实践探索 [J]. 农业经济问题 , 2023: 1-16.

[18] Mitchell D O, Ingco M D, Duncan R C. The world food outlook[M]. Cambridge University Press, 1997.

[19] Rosegrant M W, Rozelle S, Huang J. China's food economy to the 21st century: Supply, demand and trade, 2020 Vision for Food[J]. Agriculture and the Environment Discussion Paper, 1997: 19.

[20] 黄季焜 . 中国农业的过去和未来 [J]. 管理世界，2004(3): 95-114.

[21] Interagency Agricultural Projections Committee(US). Long-term agricultural baseline projections, 1995—2005[R]. 1997.

[22] Overseas Economic Cooperation Fund(OECF), The research institute of development assistance (RIDA). Prospects for Grain Supply-Demand Balance and Agricultural Development Policy, Discussion Paper no. 6[R], Tokyo, Japan, 1995.

[23] Brown L R. Who will feed China? Wake-up call for a small planet[M]. WW Norton & Company, 1995.

[24] 马晓河 . 我国中长期粮食供求状况分析及对策思路 [J]. 管理世界 , 1997(3): 11-18.

[25] 程国强 , 陈良彪 . 中国粮食需求的长期趋势 [J]. 中国农村观察 , 1998(3): 3-8, 13.

[26] 梅方权 . 中国粮食前景与战略 [J]. 中国农村经济 , 1995(8): 3-7.

[27] 唐华俊 , 李哲敏 . 基于中国居民平衡膳食模式的人均粮食需求量研究 [J]. 中国农业科学 , 2012, 45(11): 2315-2327.

[28] Willett W, Rockström J, Loken B, et al. Food in the anthropocene: the EAT-Lancet commission on healthy diets from sustainable food systems[J]. The Lancet, 2019, 393(10170): 447-492.

[29] 中国共产党新闻网 . 以高质量民生建设推进人口规模巨大的现代化 [EB/OL].(2023-06-09) [2023-07-27]. http://theory.people.com.cn/n1/2023/0609/c40531-40009780.html.

[30] 国家发展和改革委员会 . 全面提高我国初级产品供给保障能力 [EB/OL]. (2023-02-07)[2023-07-27]. https://www.ndrc.gov.cn/xwdt/ztzl/srxxgcxjpjjsx/xjpjjsxjyqk/202302/t20230207_1348450.html.

[31] 世界银行 . 中国的快速城市化：收益、挑战与战略 [EB/OL]. (2008-06-19)[2023-07-27]. https://www.shihang.org/zh/news/feature/2008/06/19/chinas-rapid-urbanization-benefits-challenges-strategies.

[32] 中国科学报 . 未来 15 年或为我国耕地资源安全最大风险期 [EB/OL]. (2020-05-07)[2023-07-27]. https://news.sciencenet.cn/htmlnews/2020/5/439394.shtm.

[33] 国务院关于印发全国国土规划纲要（2016—2030 年）的通知（国发〔2017〕3 号）[EB/OL]. (2017-01-03)[2023-07-27]. https://www.gov.cn/zhengce/content/2017/02/04/content_5165309.htm.

[34] 中国政府网 . "多规合一"后多地发布国土空间规划 [EB/OL]. (2021-07-26)[2023-07-27]. https://www.gov.cn/xinwen/2021-07/26/content_5627282.htm.

[35] 国家发展和改革委员会 . 全国重要生态系统保护和修复重大工程总体规划（2021—2035 年）[EB/OL]. (2020-05)[2023-07-27]. https://www.ndrc.gov.cn/xxgk/zcfb/tz/202006/P020200611 354032680531.pdf.

[36] 戈大专 , 龙花楼 . 论乡村空间治理与城乡融合发展 [J]. 地理学报 , 2020, 75(6): 1272-1286.

[37] 彭建 , 李冰 , 董建权 , 等 . 论国土空间生态修复基本逻辑 [J]. 中国土地科学 , 2020, 34(5): 18-26.

[38] 刘彦随 . 中国乡村振兴规划的基础理论与方法论 [J]. 地理学报 , 2020, 75(6): 1120-1133.

[39] 戈大专 , 陆玉麒 . 面向国土空间规划的乡村空间治理机制与路径 [J]. 地理学报 , 2021, 76(6): 1422-1437.

[40] LIU Y, LI Y. Revitalize the world's countryside [J]. Nature, 2017, 548(7667): 275-277.

[41] YE C, LIU Z. Rural-urban co-governance: Multi-scale practice[J]. Science Bulletin, 2020, 65(10): 778-780.

[42] 张英男，龙花楼，马历，等. 城乡关系研究进展及其对乡村振兴的启示 [J]. 地理研究，2019，38(3): 578-594.

[43] 易家林，郭杰，欧名豪，等. 国土空间用途管制：制度变迁、目标导向与体系构建 [J]. 自然资源学报，2023, 38(6): 1415-1429.

[44] 林坚，武婷，张叶笑，等. 统一国土空间用途管制制度的思考 [J]. 自然资源学报，2019，34(10): 2200-2208.

[45] 张晓玲，吕晓. 国土空间用途管制的改革逻辑及其规划响应路径 [J]. 自然资源学报，2020，35(6): 1261-1272.

[46] 刘军会，马苏，高吉喜，等. 区域尺度生态保护红线划定：以京津冀地区为例 [J]. 中国环境科学，2018, 38(7): 2652-2657.

[47] 周静. 关于完善全域全类型全周期国土空间用途管制体系的几点思考 [J]. 南方建筑，2021(2): 18-25.

[48] 欧名豪，丁冠乔，郭杰，等. 国土空间规划的多目标协同治理机制 [J]. 中国土地科学，2020，34(5): 8-17.

[49] 李铭，王建龙，李壮，等. 新时期国土空间规划的初步认识：基于全国层面的思考 [J]. 小城镇建设，2019, 37(11): 5-11.

[50] 彭建，吕丹娜，董建权，等. 过程耦合与空间集成：国土空间生态修复的景观生态学认知 [J]. 自然资源学报，2020, 35(1): 3-13.

[51] Edoardo C. Addressing the nature financing gap: The role of natural capital accounting and natural asset companies[EB/OL]. (2023-01-04)[2023-7-27]. https://www.iisd.org/articles/insight/addressing-nature-financing-gap.

[52] Lambin E F, Meyfroidt P. Global land use change, economic globalization, and the looming land scarcity[J]. Proceedings of the National Academy of Sciences, 2011, 108(9): 3465-3472.

[53] 谢高地，肖玉，鲁春霞. 生态系统服务研究：进展、局限和基本范式 [J]. 植物生态学报，2006(2): 191-199.

[54] 廖文婷，邓红兵，李若男，等. 长江流域生态系统水文调节服务空间特征及影响因素：基于子流域尺度分析 [J]. 生态学报，2018, 38(2):412-420.

[55] David O, Fabrice D, Peter H, et al. Achieving a nature- and people-positive future[J]. One Earth, 2023, 6(2), 105-117.

[56] 朱春全. 新自然经济助力迈向自然受益的商业未来 [J]. 可持续发展经济导刊，2022: 9-10.

[57] Locke H, Rockström J, Bakker P, et al. A nature-positive world: the global goal for nature[R]. 2021.

[58] 世界经济论坛.《全球生物多样性框架及其对企业的意义》白皮书. 2022. https://www3.weforum.org/docs/WEF_Biodiversity_Targets_for_Business_Action_CN_2023.pdf.

[59] Van de Ven D J, Capellan-Peréz I, Arto I, et al. The potential land requirements and related land use change emissions of solar energy[J]. Scientific Reports, 2021, 11(1): 2907.

第三篇

可持续生产、消费

第七章　数字化与绿色技术促进可持续发展

一、理论基础和概念框架

（一）引言

本研究的首要议题将这个时代最相关的两个发展趋势联系在一起，它们有一个明确的使命：数字化作为 21 世纪转型的主要驱动力量，必须为可持续发展服务，这是我们面临的最紧迫变革挑战。

第一部分构建了一个概念框架，研究的主题是如何利用数字技术促进可持续发展、数字技术带来哪些机遇和政策内涵。在此基础上，后续部分通过实际调查和案例研究，对理论基础和概念框架进行阐述。

第一部分提出了如下问题。第一，摆在我们面前的可持续性挑战的性质是什么？复杂技术、经济和社会系统进入成功转型路径需要什么样的转型能力？第二，作为通用目的技术，数字技术和解决方案应对可持续性转型挑战的关键机制和潜在贡献是什么？第三，中国数字经济发展模式的基本特征是什么，数字商业生态系统的现状如何？第四，为了充分受益于数字技术带来的机会空间，需要弥补哪些战略缺口？数字经济和社会可持续发展具有哪些特点？需要什么样的新政策思维？利用数字能力和解决方案促进可持续性的政策体系是什么？

（二）迎接可持续发展转型带来的挑战

1. 挑战的本质是什么

进入 21 世纪，人类面临着全球地球系统及其生态平衡不断恶化的风险。根据"行星边界"概念[1]，越来越多的科学证据表明，人类活动正在超越地球的生态极限，例如，生物多样性的加速消失或淡水资源的压力增加。最突出的是，气候变化的影响正波及全球社会，要求严格减少温室气体排放，并最终在 21 世纪中叶实现气候中立的目标。数字化本身就是人类社会的主要力量，对地球边界有直接和间接的影响。

因此，世界上所有国家都面临着一个共同的挑战，那就是为实现社会经济可持续发展设定方向，同时保护我们人类福祉和繁荣的生态基础。从联合国《变革我们的世界——2030年可持续发展议程》提出的17个可持续发展目标来看，可持续发展面临的挑战本质是统筹和协调经济、社会和生态环境发展。尽管我们正共同经历日益严峻的生态危机，在人口零增长和实现全球范围内平等的经济繁荣之间，世界仍然面临分歧与不同的权衡。

应对这一挑战的一个整体方法是中国提出的生态文明建设。面对加速工业化和城镇化过程中出现的资源和环境问题，2012年，中共十八大报告提出生态文明建设，认为生态文明是人类为保护和建设美好生态环境而取得的物质成果、精神成果和制度成果的总和，贯穿经济建设、政治建设、文化建设、社会建设全过程。2015年3月24日，中共中央政治局会议审议通过了《关于加快推进生态文明建设的意见》（以下简称《意见》）。2015年10月，加强生态文明建设首次被写入国家五年规划。2018年3月11日，第十三届全国人民代表大会第一次会议通过了《中华人民共和国宪法修正案》，将宪法第八十九条"国务院行使下列职权"中第六项"领导管理经济工作和城乡建设"修改为"领导和管理经济工作和城乡建设、生态文明建设"。强调生态文明建设是中国发展理念和发展方式的根本转变，涉及经济、政治、文化、社会建设方方面面，并与生产力布局、空间格局、产业结构、生产方式、生活方式，以及价值理念、制度体制紧密相关，是一项全面而系统的工程。

面对气候变化带来的挑战，在全球范围内实现可持续发展是一项史无前例的任务，总结为以下特征。

- 采取行动的迫切性。目前的趋势和对生态临界点的预测（如全球气候系统）表明，可操作的空间正在缩小，实现可持续系统变化的时间窗口正在关闭。

- 在平衡生态和环境边界的基础上，协调社会和经济发展进程的复杂性。经济、社会和生态环境之间的关系是相互交织的，需要我们采取系统性战略和方法，在健康的自然环境中提高人类的福祉和生活质量。更加重要的是，实现可持续发展目标需要我们在气候变化、生物多样性和其他对人类生存存在威胁方面进行全球合作。

- 在某些方面需要雄心壮志——其中之一是在几十年内实现社会的脱碳。要求在经济和社会中进行深远的系统变革，如过渡到完全实现可再生能源供应和大幅减少全球资源消耗的传统模式。

- 各个层面都需要具备系统思维。个人、机构或社会都必须接受、了解和应对复杂系统中的多层面联系、相互依赖及动态变化。在这方面，寻找切实可行的行动点和建设性意见非常重要。

2. 如何应对挑战：构建实现可持续发展的核心转型能力

应对可持续性挑战的有效战略目的在于推动技术—经济—社会的转型过程。这需要如下的关键要素。

- 一个涵盖所有可持续转型领域的综合系统观。这些领域包括能源、交通、农业、粮食、制造业、消费、城镇及城市转型。例如，应对气候变化需要所有部门减少碳排放。此外，还需要考虑所有部门之间的相互依赖和协同作用。例如，引进电动汽车和扩大可再生能源，城市规划和交通需求模式之间的复杂关系。

- 重新定义个人和集体行动的物理和组织边界条件的结构性变化。例如，由集中式传统能源供给系统转变为分散的可再生能源系统，加强新公共交通基础设施建设，改造城市建筑环境，重新设计市场和政府的经济规则，改革机构设置、任务和能力等。

- 要深刻理解和认识技术—经济—社会复杂系统演化的过程，积累和掌握关于复杂系统演化因果关系和解决方案越来越多的证据和知识。在解决复杂系统问题时，没有显而易见的解决方案。整个世界的进步需要逐步实现，在短期成就中获利的同时要积极投资长期解决方案，我们需要通过持续学习和积累提高解决问题的能力。

- 在地球村时代，复杂系统的协同与国际合作不再是局部性的，需要世界各国的共同努力、联合行动和共同治理。

在实践层面上，上述要求可以转化为启动、推动、管理和扩大在各个层面上实现社会、经济和环境可持续性转型所需的核心能力。基于对通用可持续性转型能力的认识，我们可以为探索、评估和执行对可持续发展具有潜在贡献的数字解决方案提供分析框架。应对可持续发展所需的通用能力能够高水平实现多元目标（表 7-1）。

表 7-1 实现可持续发展的转型能力

监测地球系统	监测并分析环境空间的状态，明确和衡量关键绩效指标的趋势，量化个人倡议和公共政策的影响，使人类活动与环境影响脱钩
管理复杂的技术系统	控制、优化、（重新）设计技术基础设施和设备，尤其是为了实现脱碳的能源供给和可持续的资源利用
指导研究与创新	加强科学研发和创新，利用新兴技术能力解决可持续性面临的挑战（创新的方向性）
改革经济价值创造	管理经济交易，塑造（国际）价值网络和市场的治理结构，以刺激商业模式创新，激发创业动能
强化人的参与	通过价值导向、信息、教育和赋予个人权利，以及在社区、组织和社会中鼓励社会创新，激发个人和集体承诺（准备行动），并增强他们的能力（行动能力）
适应性机构和政策	调节治理体系，建立有效的机构，通过新的协作模式和强化监管学习促进政策创新

（三）数字能力与可持续发展：机会空间

与前三次工业革命不同,正在进行的数字化变革在信息层面上根本地改变着技术、经济和社会复杂系统的结构及其相互关系。之前,这些相互关系主要是发生在物理空间和社会空间,而数字经济和社会则是基于网络空间发展的,是数据资产驱动的。数据资产是网络空间的所有存在物,是网络空间对物理空间和社会空间中的物与物、物与人及人与人关系的映射。通过网络空间的数据挖掘、分析和预测,人类可以优化和管控物理空间,形成数字能力,为实现经济、社会和生态环境的统筹和协调创造条件。数据资产映射的不仅包括制造业、基础设施、建筑和自然环境等物理空间,而且包括经济、社会和文化等社会空间。网络空间、数据资产和数字能力为创造以可持续发展为导向的新技术经济社会系统提供了机会空间。同时,对网络空间发展、数据资产和数字能力的应用,同样需要新型政治和体制改革及其监管能力的提升。

这一过程是由作为新一代信息技术的数字技术的杰出发展推动的。数字技术是一个包括互联网、物联网（IoT）、5G/6G 移动通信、云计算或边缘计算、大数据分析和人工智能在内的复杂技术体系。在大多数案例中,这些技术相互组合产生数字解决方案,继而实现技术本身的升级迭代。例如,自动驾驶建立在先进传感器、5G/6G 通信、高性能边缘计算和人工智能技术组合的基础之上。此外,具有多业务的综合型数字平台积累的数字能力更加通用,能够让社会获得多种连接和数字服务。数字平台和初创企业的互动具有特别的意义,两类企业共同构成产业创新生态。初创企业往往通过解决经济、社会、生态领域的局部痛点问题取得成功,而综合平台则在选择与匹配机会、技术、人力资源及创业的金融资源等方面发挥着重要的作用。

数字平台是网络空间的搭建者和拓展者,平台及其主导的产业创新生态共同推动数字转型。从技术的视角来看,数字转型是一个多维度的现象,它将实体硬件与虚拟软件和服务有效结合起来。因此,作为数字能力和网络空间的构建者,平台及其主导的产业创新生态包括软硬件创新生态的协同。

网络空间发展和数字能力积累为可持续性提供了巨大的机遇。通过感知、连接、数据采集、挖掘和共享,不断增长的高性能算力和驱动的数据分析,持续提高网络空间的控制和优化能力,最终实现包括机器人在内的自动化设备对物理世界的干预,使人类能够不断监测、评估、重组和优化经济和社会活动。因而,数字化转型提供了一个强大的数字能力解决方案空间。图 7-1 列出了可持续性数字机会空间的说明图示。

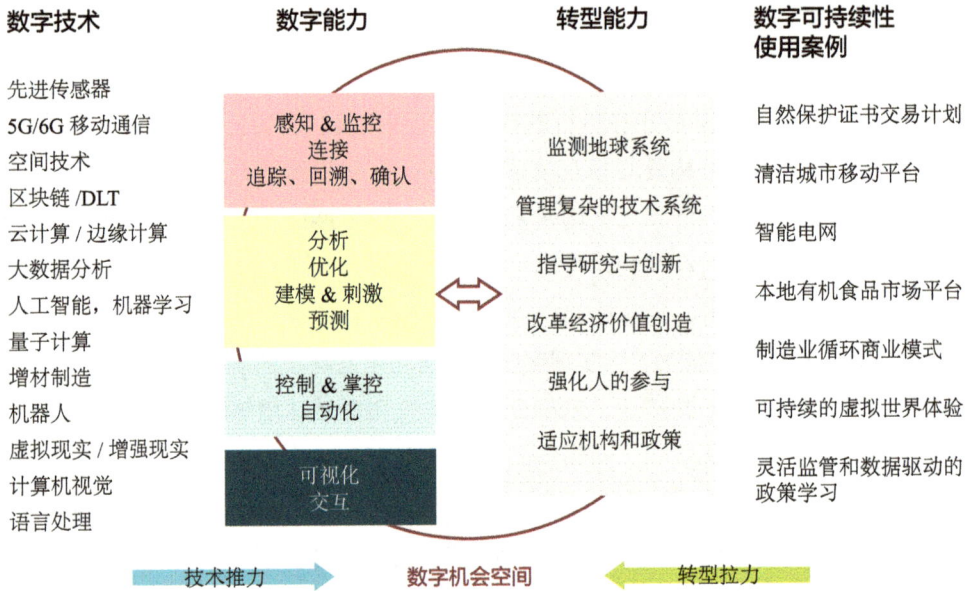

图 7-1　可持续性数字机会空间的说明图示

关键问题在于如何利用数字机会空间应对可持续性面临的挑战？数字化转型及其技术并不局限于特定的使用案例和部门。与 19 世纪末电力的引入等历史先例相一致，数字化转型代表了通用目的技术（GPT）的新阶段，为广泛推动整个人类文明的技术创新和社会经济发展奠定了基础。数字技术用途广泛，无处不在，其影响几乎扩散到人类生活的方方面面。

数字化转型带来了经济成本持续下降的新模式。根据著名的计算性能摩尔定律，技术进步会不断压缩硬件成本。一旦建立了基础设施和设备的物理基础，并涵盖软件开发的初始成本，数字能力和外延的任何扩展都可以以非常低的甚至接近零的边际成本实现。这与传统制造模式存在根本性差别，它为在用户群和应用领域内扩展数字服务，以及在应用领域和部门之间的转移开辟了迄今尚未看到的机会。

这些方面对可持续性政策制定的影响是直接的。我们需要增加绿色数字技术的可获得性和可及性，不断积累数字能力。同时，通过广泛介绍和宣传可持续性数字解决方案的应用案例，应用数字能力加速转型进程。因此，我们的任务是双重的。

技术推力。持续的技术进步与创新正在提高数字技术的性能，也正在增强数字工具箱的多元化和功能性。这种潜力需要被利用并引导到应对紧迫的可持续性挑战上。这项任务的部分内容是减少数字技术本身在能源需求、温室气体排放和电子垃圾方面的环境足迹（见本章第二部分）。同时，为避免人工智能给人类带来的风险，在某些领域限制技术发展也很重要，如在多模式能力方面。

转型拉力。从转型的角度来看，成功的应用案例需要在更大范围内扩散，为经济社会系统的变革增加关键动力。可持续转型能力的概念有助于我们系统搜索和找寻从数字能力中获益的机会，促进技术和解决方案的可持续部署和商业化。

本节为描述数字技术与可持续性转型能力之间的关系提供了一个通用的框架（如在不确定和复杂情况下如何更好地决策）。它强调如何塑造技术、经济和社会可持续发展所需的复杂的技术—经济—社会创新系统一般原则。这为下一节勾勒政策制定的总体框架，以及在后面几部分更详细地讨论可持续城市与适应气候变化奠定了基础。

（四）数字技术驱动可持续发展：中国的实践与愿景

2015 年之后，通过发展数字经济实现可持续发展，成为中国的战略选择。本节基于 2 200 家中国数字骨干企业技术合作关系的数据量化分析，研究数字技术的创新应用如何通过构筑数字能力驱动可持续发展经济、生态和社会目标的实现。

1. 中国数字经济特征

从 2 200 家数字骨干企业的核心业务分类来看，中国数字企业广泛分布在 20 个业务领域。其中，企业技术集成与方案、智慧商业和零售两个业务领域的企业数占比最高，分别为 17.20% 和 10.31%。智能机器人、智能硬件、科技金融、智慧医疗、智能制造领域企业数占比相对较高，分别为 8.39%、8.06%、7.39%、7.27%、6.26%。

这些企业以若干居主导地位的平台节点为中心。2021 年，在中国数字经济价值网络图（图 7-2）中，价值网络度数中心度最高的 10% 节点拥有网络中约 70% 的链接。包括华为、百度、阿里巴巴、腾讯、京东、科大讯飞和商汤科技在内的创新型平台企业及其主导的产业创新生态，是中国数字经济发展的主导者。平台与研究型大学、科研机构、科技型中小企业和新创企业、政府和其他组织共同组成产业创新生态，是数字技术和能力积累的载体。

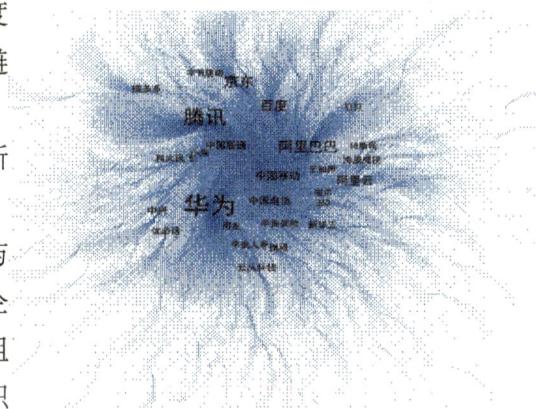

图 7-2 **2021 年中国数字经济价值网络图**

2. 技术体系和应用领域

数字技术是一个复杂技术体系，包括大数据和云计算、物联网、智能机器人、智能推荐、5G、区块链、语音识别、虚拟／增强现实、AI芯片、计算机视觉、自然语言处理、生物识别、空间技术、光电技术、自动驾驶、人机交互、知识图谱在内的17种关键技术。

在中国，数字技术被广泛应用于19个应用领域，包括企业智能管理、智能营销与新零售、科技金融、智慧城市、智能医疗、新媒体和数字内容、智能制造、智能教育、智能交通、网络安全、智能物流、智慧文旅、智能政务、智慧能源、智能硬件、智能网联汽车、智能家居、智慧农业、智能安防。

从2021年中国数字经济技术应用复杂度的测算结果看（附录7-1），知识图谱、区块链、人机交互、自然语言处理和智能推荐是技术应用复杂度排名前五的关键数字技术。对应用领域技术体系复杂度测算的结果表明，智能制造、智能家居、智能营销、新零售、智能硬件和企业智能管理是技术复杂度排名前六的应用领域。无论是17种技术还是19种应用领域，其技术复杂度差异不大，说明数字技术具有明显的通用目的技术特征。

3. 数字技术在经济领域的创新应用

数字技术在经济领域的应用率先在消费互联网形成规模化，然后扩展到工业互联网领域。2016年以来，消费互联网的升级和网络空间产业生态向中小城市和农村地区的下移，在带动第三产业发展的同时，辐射了第二产业的转型升级。

新一代信息技术的创新应用在消费互联网领域催生了交易平台主导的网络空间产业生态。交易平台的发展产生了实时在线、可共享和交易的海量数据。数据生态的形成进一步引发了算法、算力和区块链技术的创新和应用，推动了数字技术体系的发展和应用领域的拓展。

中国消费互联网领域网络空间产业生态成熟于包括北京、上海、杭州、重庆和深圳在内的大都市。2016年以来，这一趋势已经向中小城市和农村地区下移。此外，新型平台推动了电子商务在包括衣食住行的诸多垂直领域的发展，不仅消费者享受到更加便捷的服务，而且为中低收入人群尤其是农村居民创造了大量的就业和创业机会。

工业互联网是新一代信息技术和工业经济深度融合的新型基础设施，通过产业链和价值链的万物互联，构造出全新的制造、服务和价值创造体系。人工智能，尤其是工业人工智能的创新应用，是产业互联网发展的核心引擎。生产智能化包括智能工厂、智能生产线和智能装备的开发和生产。从人工智能和制造业融合发展的现状来看，2021 年，2 200 家骨干数字企业与制造业 32 个行业的技术合作关系中，排名前五的均为装备制造业。智能装备是人工智能和制造业深度融合发展的前沿。截至 2023 年 1 月，世界经济论坛遴选出的全球 132 家"灯塔工厂"中，中国拥有"灯塔工厂"共有 50 家。从企业数字化和智能化转型实践来看，人工智能和制造业的深度融合发展能够持续提升全要素生产率，使中国经济步入中高速增长阶段。

4. 数字技术在社会领域的应用

数字技术在社会领域的应用主要是解决中国工业化和城市化发展中出现的社会痛点问题。其中，运用数字技术解决城市问题和实现脱贫是数字技术在社会领域应用的成功范例。

（1）智慧城市

21 世纪，中国城市化进入快速发展阶段。城市快速发展的同时也带来了包括交通拥堵、安全风险、污染等社会痛点问题。智能安防和智慧城市成为数字技术应用的重要场景。2009 年以来，边缘计算和云计算体系的结合催生了城市大脑，为智慧城市建设和发展奠定了数字能力。本章的第三部分会详细阐述智慧城市这一内容。

（2）数字扶贫

2016 年，中国政府制订和发布《网络扶贫行动计划》，要求实施网络扶贫五大工程——网络覆盖、农村电商、网络扶智、信息服务和网络公益，充分发挥数字技术在助推脱贫攻坚中的重要作用，实现精准扶贫、精准脱贫。经过多年的努力，中国已实现 7 亿多农村贫困人口的脱贫。其中，数字技术的创新应用在脱贫过程中发挥了巨大作用。

到 2020 年，中国网络扶贫取得的主要成果：贫困地区网络全覆盖，贫困村通光纤比例由实施电信普遍服务之前的不到 70% 提高到现在的 98%；电子商务进农村实现对 832 个贫困县全覆盖，全国农村网络零售额由 2014 年的 1 800 亿元增长到 2019 年的 1.7 万亿元，规模扩大了 8.4 倍；中小学（含教学点）互联网接入率从 2016 年底的 79.2% 上升到 2020 年 8 月的 98.7%，推动了远程教育的发展，使最偏远的农村得到和城市一样的高水平教育；远程医疗实现国家级贫困县县级医院全覆盖，全国行政村基础金融服务覆盖率达 99.2%。

（五）利用数字化转型机会空间消除数字技术与可持续发展之间的战略差距

上一节揭示了通过部署数字技术和利用数字能力实现经济和社会的多方面转型来促进可持续发展的巨大机会。为了充分把握这一机遇，我们必须更好地了解如何实施数字解决方案，探索传播渠道的多样性。

起点是可期的，因为很多数字能力已经显现。数字技术和解决方案已经在人们的生活中无处不在，提供了多样化的应用，并日益塑造着这个世界。通过研发，促进商业创新和开辟新市场，许多参与者正在推动技术边界的扩张。成功利用这些参与者的创造力和相关市场的动力将是至关重要的。然而，数字化转型还远没有成为一种可以自我实现的可持续性承诺。

技术创新、商业模式和应用案例仍然为利润最大化的短视模式服务，而这往往以资源消耗和环境破坏为代价，甚至永久依赖普遍存在的不可持续的化石路径。在数字技术的潜力及其实际对可持续性转型的贡献之间仍然存在战略差距。回顾数字化作为一种通用目的技术的性质，任何不利的影响都与数字技术本身的内在性质无关，而是完全取决于应用领域和应用案例的经济社会政治框架。这不仅适用于数字化的生态效应，而且在可持续发展的社会方面也可以发现矛盾的地方，如性别问题。虽然数字化可以改善妇女的生活，如农村地区的电子商务，但人工智能模型可能具有扭曲的、性别偏见的数据基础，这样的风险越来越大，导致这种解决方案存在结果缺陷、歧视、不平等等问题（专栏 7-1）。为确保数据的合理使用，政府需要获取有关数据偏见的知识，系统学习并遵守国际准则[2]。

专栏 7-1　人工智能与偏见

人工智能（AI）是"一个基于机器的系统，它能够通过输出来影响环境……实现一组特定的目标"[3]。这个定义阐述了人工智能的优势，同时也揭示了它的弱点。算法使用数据来作出可靠的预测和看似中立的决定。然而，算法的数据集来自现有数据。因此，更多时候，这些数据不是中立的，而是具有偏见的特征。偏见是对某件事情的无理偏好，而且往往是在无意识中发生的。从数据收集到数据标记，再到分析、评估和解释——在数据处理周期的每个阶段都能发现偏见[4]。例如，性别偏见可以在无数的例子和不同的应用领域中发现。当偏见在训练数据时被写入算法，就会与人工智能和机器学习十分相关。"无用数据导致无用结果"，即输入数据所传达的质量和价值在输出中重现，这可能通过直接和间接的歧视对人类造成伤害，如在健康、招聘或翻译软件方面[5]。对各行业 133 个人工智能系统进行的一项全球分析发现，44.2% 的系统表现出性别偏见[6]。人工智能系统，如 ChatGPT 的使用日益增多，有可能使偏见的再现成为一个越来越普遍的问题。

　　人工智能系统促进性别平等的一个主要挑战是现有的性别数据差距。联合国妇女署在 2022 年指出，只有 42% 的性别数据（或者可以获得）用于监测可持续发展目标的特定性别层面。性别数据差距需要 22 年才能消除[7]。为了使女孩和妇女的多样性在数据中得到体现和代表，并以此来解决训练数据中的基本偏见，收集按性别分类的数据是必不可少的。此外，最好考虑新形式的数据来源以确保多样化和多学科的团队，并将性别平等倡导者和其他民间社会团体纳入发展进程中[8]。

　　数字化转型需要政治框架为技术创新和部署指明方向。这既要利用迄今尚未开发的潜在利益，也要限制当下存在的不利影响。

　　因此，需要一个整体的政策方法来解决技术实施和部署周期各个阶段的战略差距。这种方法需要考虑利益相关者在复杂的社会技术系统中不同的角色和责任。以创新和有利于商业的框架为目标，利用私营企业和市场活力，需要对首要的生态和社会价值，以及引导经济活动走向脱碳和资源效率的实际激励措施进行明确的指导，这阐明了（公共）机构的作用和有效性，强调了政府在执行和构建适当协调机制方面所承担的关键责任。

　　以下三个核心板块对于努力实现数字驱动的可持续发展转型政策举措至关重要（图 7-3）。

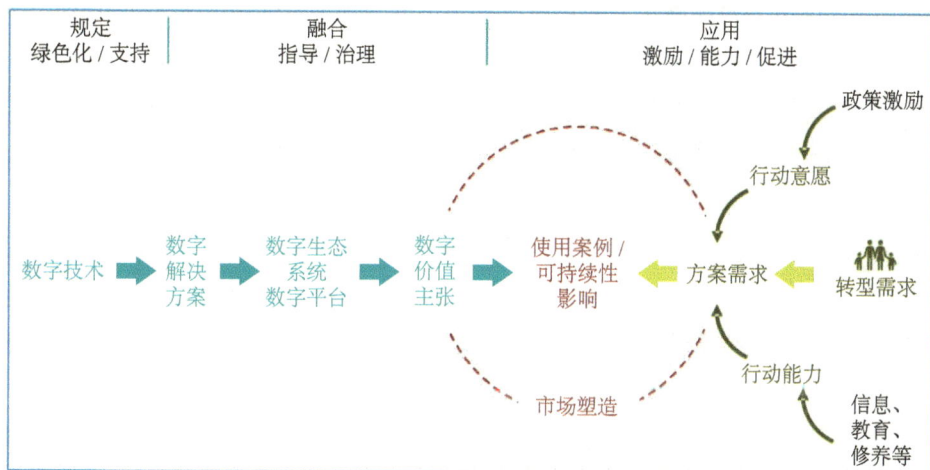

图 7-3　数字化可持续性战略政策空间的说明图示

（1）促进绿色技术发展

考虑数字技术越来越普遍，创新势头也越来越强劲［见第一部分（三）对应内容］，当前主要任务是减少数字技术的环境足迹。因此，数字化部门的"绿色化"和脱碳必须成为技术供应早期阶段的政策重点，包括减少资源使用和加强数字设备的循环利用。

相应地，在提高生态环境质量要求方面，学术研究机构、民间和私人的研发资金将会提供很大的帮助。在这种情况下，早期阶段的技术发展将受益于技术商业化阶段就存在的对可持续性的适当激励，如对数据中心和电信基础设施清洁能源供应的监管，以及设备的适当再利用和回收（见第二部分）。

（2）引导和管理可持续的数字价值主张

企业、个人和平台参与者在整合数字技术和积累数字能力方面发挥着重要作用，例如，在数字生态系统内。他们制定了获取解决方案的规则和边界，确定了享受所提供数字价值主张的条件。

通常情况下，这些参与者的商业利益和普遍市场特征决定了结果，同样，这些结果往往还不是以可持续性目标为导向的。因此，在这个阶段，政策和有效的市场监督机构可以在指导和管理所提供的范围和规则方面发挥重要作用，例如，在生态标准、公平、性别平等、竞争中的公平竞争环境、互操作性、包容性、隐私保护和消费者保护等方面。这需要一个整体的制度设计方案，以及各政府机构之间的政策协调。

（3）壮大市场发展势头，强化可持续发展转型动力

同时，个人参与和市场力量代表了可持续性转型的强大动力。因此，各种私人和公共利益相关者需要阐明他们对实现具有可持续性影响的数字使用案例日益增长的需求，这引发了技术创新和解决方案的开发，以及旨在抓住不断增长的绿色解决方案市场的参与者的商业参与。

因此，政策应提高利益相关者的行动意愿，为可持续的使用案例提供经济和监管激励。此外，政策应加强利益相关者的行动能力，例如，提高个人素养、消除或减轻障碍、促进自我组织与社交等。

此外，政策制定一个非常重要的作用是提供补充性的市场框架和市场激励措施，以建立、发展和部署可持续数字解决方案自我维持的商业动力（例如，使用排放监管、温室气体交易计划或资源定价的通用战略）。同样重要的是，要打消与不可持续结果相关的数字价值主张，如促进温室气体密集型消费或化石燃料的开采。

以下各部分会详细讨论数字化部门绿色化、智慧城市和气候变化适应领域的战略差距和相关政策要求。其中，将重点关注以下几个方面：①通过数字解决方案实现治理创

新和相关政策能力增长的机会，即数字化作为政策改革的促进因素和驱动力；②政治在创造和塑造市场方面的关键作用，从而为私营商业模式创新和创业打下基础；③减缓气候变化、资源管理、自然保护等总体环境政策框架的重要性，如强制增长可再生能源（RES），作为实现数据中心脱碳能源供应的关键，或者实施适当的二氧化碳和资源定价，以更好地将有害的环境外部因素与个人合理的商业行动联系起来；④政府主导的、旨在保护环境的数字项目的贡献，这些项目是数字能力积累的驱动力，因此可以在相邻的数字解决方案领域引发繁衍和增长效应（参考专栏 7-2 的太湖污染治理案例研究）。

专栏 7-2 太湖污染管控和无锡的物联网产业集群

太湖经济区是中国经济最发达的地区之一。自 2005 年以来，工业化和人口密度的持续增加给太湖的生态系统带来了压力。2007 年 5 月 29 日，由太湖水污染引起的蓝藻污染事件导致无锡自来水污染，生活用水和饮用水严重短缺。解决太湖污染问题的关键是采用物联网技术，开发基于多源数据的蓝藻监测和预警系统，这已经显示了无锡发展基于物联网的数字经济的重要机遇。

2009 年，依托国家传感网工程技术研究中心、上海微系统与信息技术研究所，中国科学院与无锡市政府联合成立了无锡物联网产业研究院和无锡高新区微纳传感网工程技术研究开发中心，以支持太湖污染治理的物联网技术研发。随着污染治理的成功实施，2012 年，无锡物联网从业人员突破 10 万人；2018 年，无锡正式主导中国物联网标准；2021 年，无锡物联网集群入选并获批国家先进制造业集群；2022 年 12 月，无锡物联网企业总数突破 4 000 家。

（六）总结

本章的第一部分提供了一个反映战略差距的概念框架、相关的政策方法及选定的主要政策，以利用数字化的变革力量应对可持续性挑战。数字化进程为理解、监测和管理我们的社会经济系统提供了新的能力，由此扩大了社会和经济中迫切需要的可持续性转型能力。基于与数据相关的及个人、公司和机构之间越来越多的虚拟互动，一种新的所谓社会经济网络空间正在出现，它为商业和政治行动定义了具体条件。网络空间有一个突出的特点，那就是作为一个动态的经济创新生态系统，它以技术性能不断增长的平台为中心，正在推动商业模式创新，激发创业动力。同时，这些动力必须与可持续发展的总体目标保持一致，这就要求在前瞻性防护和指导性市场框架（事前监管），以及减轻对不良发展的反应（事后监管）方面作出有效的决策。

本章的以下各部分将详细阐述可持续发展的数字机会空间，以及实现这种转变的相关战略差距和政策要求之间的相互作用。本章将重点关注应对气候变化和减少温室气体排放的迫切需求。作为世界第二大经济体、温室气体排放量位居全球前列、人口最多的国家，中国既承担全球责任，也拥有国家需求，即将其经济发展转向依靠无碳的可再生资源，并最终实现整个社会和经济的脱碳。

在此背景下，本章的重点在于可持续城市（第三部分）和气候变化适应（第四部分）这两个主要使用案例，它们代表着复杂且具有挑战性的全球转型领域，将广泛受益于创新的数字解决方案贡献。然而，作为一个基本的先决条件，任何数字解决方案和基础设施的环境足迹都必须最小化，以防止不良的回弹效应，保护数字技术部署取得的生态效益。作为后续讨论的基准，第二部分将提供确保可持续和气候友好型数字化的见解和建议。

二、数字化部门的绿色化转型发展：加快数字化，促进绿色化

（一）引言

当前，可持续发展已成为国际共识，围绕低碳发展的经济社会变革已然开启。在联合国《2030年可持续发展议程》的指引下，全球已有超过130个国家和地区承诺了碳达峰或碳中和，释放出强烈的绿色低碳转型信号。

随着人类社会步入数字时代，引发了广泛而深刻的经济社会系统性变革，催生了新的生产方式、生活方式、思维模式。数字化部门的发展，在促进绿色技术创新、提高绿色经济效率、实现节能减排降碳等几乎所有领域都具有积极作用，并且成为绿色转型升级的驱动力之一。同时，用于信息和通信技术（ICT）设备制造的原材料和稀土开采对人类、动物和环境造成了巨大的影响。冶金过程中产生的有毒废气（二氧化硫、重金属）造成的空气污染、稀土元素生产过程中的废水处理残留物、放射性污染和沙漠化对生态环境均产生了诸多负面影响，而稀土开采又是数字基础设施生产的需要。此外，数字化部门的快速发展加速了能源消耗，且该趋势将继续快速发展。

数字化部门与经济绿色转型的联系体现在三个方面：①数字产业通过整条价值链直接减少碳排放；②数字产业助力技术与社会创新以推动绿色化（绿色发展的间接效益）；③数字化部门的绿色化具有回弹效应，这意味着通过提高能源效率所节约的能源，

会部分或完全被扩大的能源消耗所抵消。然而，实现数字化减少整体能源消耗和资源使用的愿景可能仍将面临挑战，因为数字化在提高效率的同时，可能增加了能源或资源的消耗，这就会抵消效率上的提高。

国际社会已意识到数字化激活绿色化的新机遇，例如，欧盟委员会发布了《欧洲绿色协议》，将绿色化和数字化的双轨转型作为未来 5 年的工作重点，并且在德国等欧洲国家已经涌现了一些实践案例（附录 7-2）。德勤和全球电子可持续发展推进协会（GeSI）的报告显示，数字技术对联合国 169 个可持续发展子目标中的 60% 产生直接影响，未来十年内数字技术将通过赋能其他行业减少全球 20% 的碳排放量。全球气候行动峰会《指数级气候行动路线图》显示，数字技术在各领域的应用能够帮助全球碳排放减少 15% ～ 20%[1]。

对"数字经济"、"数字化部门"和"数字基础设施"这些术语标准化定义的欠缺，给全球统计人员带来重大挑战，阻碍了准确的测量和分析。根据美国经济分析局的数据，数字经济活动由数字基础设施（硬件和软件）、电子商务（B to B 和 B to C）和有价数字服务组成，包括电信服务、互联网和数据服务、云服务等。SDIA（可持续数字基础设施联盟）对数字基础设施的定义如下：提供数字商品、产品和服务所需的全部物理和基于软件的基础设施，包括数据中心、光纤基础设施、服务器硬件、人员、IT 虚拟化和基础设施软件、操作系统等。然而，关键在于数字基础设施不仅包括处理数据的数据中心，还包括数据流经的网络。这些网络在数字基础设施的总体框架中发挥着重要的作用。在本部分中，术语"数字化部门"和"ICT 产业"会交替使用。根据中国国家统计局发布的《国民经济行业分类和代码》（GB/T 4754—2021），数字产业包括"C39 计算机、通信设备和其他电子设备制造"、"I64 互联网及相关服务"和"I65 软件和信息技术服务"等子行业。数字化部门涵盖各种要素，包括作为数字化设施的智能和高效的计算中心。数字化公司将绿色发展作为其运营的一个基本方面，而数字化服务通过算法优化为减少能源消耗作出贡献。通过向各行业和部门提供数据分析和数字化转型服务，数字化部门在赋能绿色化转型方面发挥了重要作用。本部分重点介绍 ICT 领域的绿色化战略和数字化部门促进可持续发展的方式，并提供相关的政策建议。

（二）发展现状及困境

1. 数字化部门的绿色发展现状

中国数字经济发展取得新突破。根据中国信息通信研究院（CAICT）的数据，

2021 年，数字经济规模达到 45.5 万亿元，同比名义增长 16.2%，高于同期 GDP 名义增速 3.4 个百分点，占 GDP 比重达到 39.8%，其中数字产业化增加值规模达 8.4 万亿元，比上年增长 11.9%，占 GDP 比重为 7.3%。

数字经济的高速发展引致了数字化需求和数字产业化部门的高速增长，与之对应，数字产业化部门的碳排放量亦高速增长。据统计，2012—2017 年，中国数字化部门包括上述提到的细分行业的碳排放总量涨幅为 61%，其涨幅为所有经济部门之最，其中，互联网、软件、电信等 ICT 服务业的快速发展是影响数字产业化部门碳排放量增长的主导因素。2017 年的 ICT 制造业碳排放量约为 8 166 万 t，占 ICT 产业碳排放总量的 59%，较 2012 年的排放量增长了 40.6%，2017 年的 ICT 服务业碳排放量约为 5 595 万 t，占 ICT 产业碳排放总量的 41%，与 2012 年相比涨幅高达 106.0%，增长幅度远超 ICT 制造业。总之，随着数字产业化部门对社会经济发展支撑作用的不断强化，ICT 产业碳排放快速增长趋势短期内将延续，同时，随着数字产业化部门自身节能降碳技术的进步、中国能源结构的调整优化、非化石能源消费比重的提高，ICT 产业的中长期碳排放将呈下降趋势。

2. 数字化部门与绿色发展的融合

（1）数字基础设施：绿色升级压力巨大

根据欧盟信息和通信技术部门发布的《能源和环境效率框架倡议》，信息和通信行业使用了近 10% 的能源，释放了 4% 的二氧化碳。中国的数字产业，尤其是数字基础设施建设，正处于绿色转型的初始阶段。数据中心、5G 基站等数字设施在节能减排方面面临越来越大的压力。目前，世界各国尚未制定统一的标准来监测和衡量数字技术带来的节能减排效果。减少碳排放量核算的高成本对客观有效地衡量数字基础设施建设和改造带来的节能减排效益提出了挑战。因此，我们很难直接凭借核算结果来评估和激励这些建设和改造项目。

数字基础设施领域的一个重要问题是公共和私人部门都缺乏透明度。这种缺乏透明度的现象渗透到各个方面，包括数据中心和软件，因此很难确定其能源消耗水平。为了在数字化过程中有效实施有针对性且有意义的可持续性措施，就必须提高这些领域的透明度。一个潜在的方法是系统地对不同类型的数字基础设施进行分类，如数据中心、网络和软件应用，并确定需要透明度和关键绩效指标的具体行动领域，以明确其可持续性。

（2）数字化企业：面临更高的成本和更严的监管

数字化公司目前正处于一个竞争激烈的经营环境，其特点主要有两个方面。一是数字化企业在绿色升级、研发绿色 ICT 产品和服务、实施低碳运营，以及营销和推广工作中承担着巨大成本；二是数字化企业必须遵守国际碳税政策、绿色贸易壁垒和其他监管措施。这些公司必须迅速适应碳达峰和碳中和背景下更严格的进 / 出口标准和生产 / 运营要求。此外，缺乏标准化的绿色产品认证和标签削弱了绿色产品市场的监管。因此，数字化企业在管理其绿色产品方面面临困境，甚至主要互联网巨头公布的环境影响数字也缺乏可验证性。在这样一个混乱的环境中，消费者无法辨别哪些数字产品或服务是环保的。

（3）数字化服务：强化社会共识，赋能绿色转型

公共部门在监管、环境污染控制及其他方面发挥着关键作用。然而，困难在于准确衡量数字化服务为绿色 GDP 带来的贡献，这就阻碍了对绿色 ICT 产品、服务研发和社会支持的有效投资（专栏 7-3）。反过来也对研发和融资提出了挑战。因此，与传统产品相比，绿色 ICT 产品和服务的定价往往相对较高。然而，由于社会对绿色消费概念的宣传有限，公众对绿色 ICT 产品和服务的认可度仍然很低。因此，消费者发现，在考虑价格、质量和其他原因的情况下，作出明智的决定并积极选择绿色 ICT 产品和服务是很难的。

专栏 7-3　术语定义

对于"绿色 ICT""绿色产品""低碳""绿色产品""绿色数据中心""绿色电力""清洁能源"等术语，并没有普遍认同的定义。在本报告中，"绿色 ICT""可持续 ICT""绿色产品"这些术语是指消费品、数字服务和 IT 解决方案，旨在减少其整个生命周期的环境影响，包括生产、使用和处置。其目的是尽量减少能源和资源的消耗。

术语"清洁能源"或"绿色电力"是指不排放或只排放极少量污染物的能源，从而有助于节约能源，减少环境污染，并将对生态的破坏降到最低。专家共同定义的清洁能源主要包括太阳能、生物能、氢能、风能、海洋能、地热能和水能等。原则上，可持续的数字化努力减少与数字化部门相关的环境影响和能源消耗的重点是最大限度地提高数字基础设施的效率，并尽可能地减少其对环境的总体影响。

此外，软件在确定所部署信息和通信技术的环境友好性方面起着重要作用。它直接影响能源消耗，并可能导致硬件的过早更换。因此，承认与软件有关的陈旧问题及其对环境的影响是至关重要的。

在全球范围内，数字基础设施和数据流量的快速增长为监管其环境影响带来了挑战。重要的是，探索新的技术解决方案，并通过研究广泛的环境指标形成一个数字经济的整体视角。硬件设备的生产周期应该是智能且环保的，应从最初阶段就考虑产品的寿命和可回收性。而软件应用程序应该以节能的方式运行。数字经济与其他众多行业相互关联，是经济和社会生态转型的核心。为了有效解决数字化中的可持续性问题，必须提高数字基础设施各方面的透明度。追究数字化企业的责任，要求他们及时、全面地评估和报告其环境影响是十分必要的。为了了解和减轻与数字经济相关的环境影响，必须了解具体的电力消耗、温室气体排放，以及由此产生的其他环境影响。

（三）数字领域的绿色发展路径

1. 数字基础设施和设备

（1）发展现状

2022 年，中国的电信行业经历了大幅增长，其业务收入达到 1.58 万亿元，与上一年相比增长了 8%。值得注意的是，数据中心、云计算、大数据和物联网等新兴行业经历了快速发展，在 2022 年贡献了 3 072 亿元的总业务收入。这一数字与 2021 年相比，增长率高达 32.4%。此外，中国的移动通信基础设施也出现了大幅扩张。到 2022 年底，全国共有 1 083 万个移动通信基站，其中 5G 基站为 213.2 万个，占总数的 21.3%，比 2021 年底明显增加了 7 个百分点。此外，中国的电子信息制造业也呈现出显著的业绩。2022 年 1 月至 11 月，规模以上电子信息制造业增加值同比增长 8.3%，分别超过工业和高科技制造业 4.5 个百分点和 0.3 个百分点。

随着数字基础设施和设施的迅速扩张，减少碳排放的压力也相应增加。对废弃的数字基础设施和设备的材料处理不当，会对土壤和周边环境造成不利影响。此外，预计到 2035 年，中国的数据中心和 5G 基站的总耗电量将达到全国总耗电量的 5% ～ 7%，而它们的总碳排放量占中国总碳排放量的 2% ～ 4%。考虑到数据中心和 5G 基站的平均使用寿命约为 10 年，加上其他因素，数字基础设施内部减少碳排放的"滞后效应"对中国实现碳排放目标构成重大挑战。

- 5G 基站。截至 2022 年 9 月底，全球 5G 用户达到 8.53 亿人次，同比增长 113.5%，在移动用户中渗透率为 10.5%。截至 2022 年 11 月底，中国累计开通 5G

基站228.7万个，占全球5G基站总数的60%以上。与4G基站相比，5G基站有明显的改进。5G基站的带宽增加了5倍多，通道数量增加了8倍，发射功率增加了6倍多。因此，5G基站的峰值功耗约为4G基站的3～4倍。目前，5G网络的能源消耗仍然很高。2021年，中国三大通信运营商的能源消耗总量为1 369万t标准煤，其中电力消耗为1 053亿kW·h。例如，中国移动的基站耗电量约占其总耗电量的65%，其中5G基站约占其整体基站数的12%。此外，随着5G基站的部署继续迅速扩大，以及预计到2030年启动6G建设，预计能源消耗将在很长一段时间内上升。

- 数据中心。2018年，数据中心能源消耗约占全球能源消耗的1%。然而，2021年全球计算设备算力总规模达到615 EFlops（每秒10^{18}次的浮点运算），增速达到44%。据预测，到2030年，全球算力规模将达到56 ZFlops（每秒10^{21}次的浮点运算），平均年增速达到65%。2021年，中国的计算设备对总计算能力的贡献显著，达到202 EFlops，全球占比约为33%，表现出超过50%的显著增长率，高于全球增速。在能源消耗方面，2020年，中国数据中心能耗总量为939亿kW·h，碳排放量为6 464万t，预计到2030年，中国数据中心能耗总量将达到3 800亿kW·h左右，碳排放增长率将超过300%。国内数据中心的可再生能源利用率相对较低，普遍在30%以下。这与《欧洲气候中立数据中心公约》设定的宏伟目标相去甚远，该公约的目标是到2025年可再生能源利用率达到75%，到2030年达到100%。除了能源消耗和碳排放，解决其他问题也至关重要，如卤化冷却液的使用、电子垃圾管理和其他相关环境问题。

- 芯片制造。根据中国半导体行业协会提供的统计数据，2021年中国集成电路（IC）行业销售额达到10 548.3亿元，同比增长18.2%。其中，制造业销售额达到3 176.3亿元，同比大幅增长24.1%。未来，在制造业智能化升级浪潮的推动下，中国芯片市场规模有望继续扩大。在IC制造领域，由于所使用的原材料和辅助材料种类繁多，以及所涉及的设备种类繁多，因此对生产和环境提出了严格的要求。IC制造的生产过程会产生废水、废气、噪声和固体废物，对环境造成不利影响。重要的是要解决这些问题，并采取适当的措施来减轻与集成电路生产相关的负面环境影响。

- 光伏器件制造。预计2022年新增太阳能发电装机容量为87.41 GW，同比增长60.3%。基于市场上标准的25年使用寿命，几年后废弃的光伏组件数量将非常大。PV装置制造过程产生负面的环境影响，包括硅原材料生产过程中产生的有毒液体

$SiCl_4$、来自公司的废气和废水不加选择地排放、废弃组件的处理和光污染而导致的环境危害。生产技术、监管力度、经济效益等相关因素决定了负面影响的程度。

（2）未来发展路径

推广应用绿色节能技术。为了提高资源效率并降低通信网络设施的能耗，须推动 5G 网络技术解决方案的创新。包括网络技术、智能系统、网络能效评估和产品生命周期评估工具的进步。绿色数据中心已经成功地采用了尖端的液体冷却技术，如全液体冷却、冷板液体冷却、热管液体冷却和液体浸没冷却。这些技术能够在数据中心实施全面的液体冷却解决方案，将初级和次级侧的液体冷却循环与冷却剂分配装置相结合。在电子设备制造领域，大力鼓励企业探索轻量化、模块化和智能化设计技术的突破。此外，应优先使用无毒、无害、节能、易回收的新材料。专栏 7-4 包含了绿色节能技术的一些应用实例。

专栏 7-4　绿色节能技术案例选编

通信基站的节能改造

以通信网络三大运营商为例，中国移动于 2007 年启动绿色行动计划，有序推进通信基站节能改造，积极开展绿色 5G、家庭绿色上网等行动。中国移动提出以绿色网络架构和节能网络技术推动绿色网络发展，以实现碳达峰、碳中和目标。中国电信从 2007 年开始开展节能减排工作，并在"十三五"期间完成了 FTTH 光接入网的改造升级，实现了单位信息流量能耗下降 60%；与中兴通讯联合开发 5G 基站综合节能解决方案，试点区域日均能耗降低 17%；95% 以上的自建基站采用自主研发的节能技术，年能耗降低近 15%。中国联通通过推进极简建站和潮汐节能，聚焦提升清洁能源消费比重，打造 4G/5G 协同智慧节能管理平台，提供精准的能耗判断和多样化的节能方案服务，有效实现多制式智能网络协同和个性化差异化节能调度（准确的利用率和恢复数据暂时无法获得，持续跟踪）。

数据中心的绿色发展

首创绿色数据中心通过模式创新和技术创新，提供多元化解决方案。例如，中国联通浙江德清数据中心采用了分布式天然气能源模式，降低了电能消耗，综合能源利用效率高达 86%。腾讯上海青浦草营数据中心应用了微模块技术，实现了精准的制冷管理。通过使单个微模块的电源使用效率（PUE）达到 1.08

左右，数据中心的年 PUE 降低至 1.28，该数据中心入选"2020 年度国家绿色数据中心"名单。通过部署世界上最大的液冷集群和使用绝缘冷却剂，阿里巴巴浙江云计算仁和数据中心的 PUE 已降至 1.09；该中心通过为磐久服务器配备倚天 710，采用最先进的 5 nm 技术，使其单芯片可容纳高达 600 亿个晶体管，性能超越行业标杆 20%，能效比提升 50% 以上。展望未来，数据中心需要通过设计、建设、运营、维护等全生命周期的完善管理，以及创新和先进技术的运用，进一步挖掘其绿色潜力。

绿色数据中心法规

为支持绿色发展原则，实现碳达峰、碳中和目标，中国工业和信息化部于 2021 年 7 月发布了《新型数据中心发展三年行动计划（2021—2023 年）》。这是在数据中心行业内促进环境可持续发展实践的具体目标。该计划设定的主要目标之一是到 2021 年底将全国数据中心的平均利用率提高到 55% 以上。此外，该计划旨在将新建大型数据中心的电力使用效率（PUE）降低到 1.35 以下。到 2023 年底，该计划进一步设想全国数据中心机架规模保持约 20% 的年均增长率。这一增长将伴随着超过 60% 的平均利用率的增长。为了优化能源效率，新建大型数据中心的 PUE 目标是在全国范围内低于 1.3，在严寒地区低于 1.25。通过这些措施，中国旨在提高其数据中心基础设施的可持续性和能效，与其碳中和绿色发展目标保持一致。

但需要注意的是，在评估数据中心的整体优化和效率时，不应孤立地评估 PUE。因为根据测量时间和其他因素，PUE 值可能会有很大变化。要全面了解数据中心的基础设施效率，关键是要考虑其他指标，如可再生能源系数（ERF）、冷却效率比（CER）和用水效率（WUE）。只有综合分析这些指标才能对数据中心的效率进行全面评估。仅依靠 PUE 作为衡量效率的标准，并不能完整准确地描述数据中心的基础设施效率。有关数据中心相关重要指标的更多详细信息，包括来自欧洲的案例研究，请参阅附录 7-2 欧洲典型实践案例。该资源为评估和提高数据中心运营效率提供了进一步的见解。

提高绿色能源应用比例。在气候条件较好的地区，鼓励实施小型风电、屋顶光伏等本地可再生能源。此外，还鼓励通过电力交易探索低成本绿色电力选择，如在绿色电力价格具有竞争力的地区由大规模用户直接购买。对于较小的数据中心，可以通过利用模块化氢燃料电池、太阳能电池板房屋和其他相关技术来优化能源供应模式。为降低 5G 基站建设能耗，我国积极推进 5G 基站共建共享。此外，我国还促进了与 5G

基础设施相关的绿色电力交易（专栏 7-5），确保以更可持续的方式为这些基站和相关设施供电。

专栏 7-5　通信基站共建共享与绿电交易

2020 年，在共享铁塔资源的基础上，中国共享共建 5G 基站数达 33 万个，占基站总量的比例超过 45%，通过共建共享，基站能耗可减少 20% ～ 30%，并有效节约了土地、杆塔、管道、设备等资源的投入，助力了全社会节能减排。2021 年 1 月，新疆完成了首笔 5G 基站全绿电交易，基于新疆电力交易中心电力交易平台，中国联通乌鲁木齐市分公司运营的 490 座 5G 基站通过 3 个售电公司完成了 1 月月度合同电量转让交易，共计达成全绿电交易电量 450 万 kW·h，为清洁能源消纳开拓了空间。

强化行业标准作用和绿色生产监管。行业标准、技术支撑、产业激励等，可以撬动信息与能源融合创新，落实能源终端可管可控，提升产品碳足迹管理。制定相关绿色生产经营管理办法，完善能耗和碳排放监测、统计、监管、审查、报告、披露等规章制度，形成全价值链绿色低碳发展管理体系，加大对 ICT 产品绿色生产的监管力度，对乱排污企业进行处罚。

促进废弃电子设备产品的回收。除建立废弃电子产品和包装的强制回收清单和相关管理措施（专栏 7-6）外，还需要进一步关注回收技术的研究和应用。具体而言，需要在废弃电子设备的拆卸、运输、回收和再利用方面取得进展，这可以由第三方专业机构有效开展。标准和技术规范的制定、工艺环境管理、智能化精细化拆解等，都要更加严格执行。应确保符合部件回收的标准要求。

专栏 7-6　电子设备的共享、利用和回收：平台的作用

闲鱼、爱回收、转转等平台是促进资源共享和进行二手交易的有效工具，可以更高效地利用资源，减少过度消耗，形成可持续发展模式。例如，闲鱼通过支持 20 多个业务类别，在 2021 年减少超过 174 万 t 的碳排放，展示了其影响力。随着废弃电子产品数量的不断增长，闲鱼和类似的平台为二手交易提供了空间，可以显著减少碳排放，减轻环境负担。根据爱回收、拍机堂、拍拍网的母公司 ATRENEW 的测算，2021 年这些平台的二手手机销量贡献了 30.41 万 t 的碳减排量，是同品牌新手机销量贡献的 72.6%；全平台二手手机销售贡献了 46.369 2 万 t 的碳减排量，相当于 230 万亩城市森林一年的碳汇效应。2021 年共回收和绿色处理废弃电子设备 22.3 万台，减少电子产品污染约 35.7 t。

开展电子设备产品碳足迹核算。电子设备行业在管理碳资产时，必须综合考虑电子设备的资源消耗、效率、生命周期、可维修性、可回收性等因素，整合电子设备生产全过程的数据，评估电子设备产品在整个生命周期内产生的碳排放。推广产品碳标签需要对产品和服务所涉及的材料消耗、制造、运输、使用和废物处理过程中产生的碳排放进行定量评估。该评估应与公司采取的碳减排措施及其碳中和行动信息一起显示在产品碳标签上。

2. 绿色数字服务

（1）发展现状

在数字经济发展的背景下，支持人工智能技术发展和应用的算法模型训练需求显著增长。然而，这种增长也导致了数字行业内能源消耗和碳排放的增加。近年来，超大规模人工智能模型产业的发展，开拓了"大算力 + 大数据 + 大参数"的人工智能全新发展途径，同时也进一步推动了模型训练规模和所需计算量的急剧增长。马萨诸塞大学阿默斯特分校的一项研究表明，Transformer、GPT-2 等流行的深度神经网络模型训练过程中，可排放超过 62.6 万 lb 的 CO_2e，其碳排放量是美国汽车平均寿命期内排放量的 5 倍。谷歌的一项研究则认为，随着机器学习模型规模的扩大和精准性的提升，更大的模型会引致计算量需求的激增，从而进一步引致碳排放量的上升，因此，算法研究人员应谨慎挑选算法模型并将模型的能效作为评价计算密集型模型的一个指标。

同时，中国超大规模人工智能模型产业亦在飞速发展。2021 年 4 月，阿里达摩院发布了 270 亿参数的中文预训练语言模型 PLUG，训练数据量为 1 TB。2021 年 4 月，华为与循环智能等机构联合发布了千亿参数的中文预训练语言模型"盘古 NLP"，其模型参数量达 1 100 亿个，预训练阶段的数据量达 40 TB。2021 年 7 月，百度推出 ERNIE 3.0 知识增强大模型，参数规模达到百亿个，训练数据总量达 4 TB。

（2）未来发展路径

在绿色发展的背景下，超大规模人工智能模型产业的发展和数据训练规模的扩大所带来的碳排放问题对数字行业提出了重大挑战。

探索和优化大型模型的运行能效。2021年6月，阿里达摩院发布了具有万亿参数的中文多模态预训练模型M6。研发过程中，该模型在480卡的V100GPU上进行了训练，相比谷歌、英伟达等机构，节省算力资源超80%，训练效率提升近11倍。

使用"轻量化AI"降低功耗。例如，南京人工智能芯片创新研究院、中国科学院自动化所（CASIA）聚焦"轻量化AI"，解决人工智能在行业应用中面临的存储暴涨、数据堰塞、隐私泄露、能耗高企等问题。轻量化的AI平台可以更低的功耗来训练和运行人工智能算法，从而最大化地发掘硬件的能力。轻量化人工智能通过一系列轻量化技术来提高芯片、平台和算法的效率，以实现低功耗的人工智能训练和应用部署，并不需要依赖与云端交互便可实现智能化操作。

然而，值得注意的是，仅关注人工智能算法的效率和优化并不是解决数字行业带来的环境挑战的唯一解决方案。虽然提高效率至关重要，但同样重要的是，要以普遍、充分地减少总体消费为目标，以防止潜在的反弹效应。

3. 数字化企业绿色发展

（1）发展现状

除促进电子设备制造业、通信业、软件和信息服务业的绿色发展外，还必须优先考虑数字企业的绿色发展。数字企业作为数字产业的综合载体，发挥着举足轻重的作用。然而，随着数字业务的持续快速增长和工业生态复杂性的增加，这些公司的运营和供应链产生的碳排放呈上升趋势。数字化企业产生碳排放的主要来源包括其温室气体排放源的直接排放和散逸性排放（范围1），以及购买电力和热能等能源产生的间接排放（范围2）。此外，办公空间、员工通勤、商务旅行和供应链中的其他相关因素的排放也会影响整体碳足迹（范围3）。最近的数据表明，范围2和范围3占领先数字化企业产生的温室气体排放的大部分，如下所述。

2022财年，阿里巴巴的温室气体总排放量为1 325万t。其中，阿里巴巴实体控制范围之内的直接温室气体排放为92.7万t，包括固定源燃烧（如天然气使用）、逸散性排放（如制冷剂逸散）、移动源排放（零售业务中自有交通工具）。阿里巴巴因外购电力和热力所产生的温室气体排放为444.5万t，外购电力和热力主要用于云计算数据中心、零售门店、仓库和办公场所的运营需求。在价值链上下游间接产生的温室气体排放上，阿里巴巴2022财年能够准确计量的排放量约为787.7万t，其主要由电商外购的运输和配送服务中的燃油消耗、租赁数据中心的外购电力、包材和耗材的使用及员工差旅等产生。

2021 年，由腾讯拥有或控制的温室气体排放源产生的直接碳排放量为 1.9 万 t，约占 0.4%，主要包括自有车辆运行、柴油发电、制冷剂逃逸等。由腾讯购买的电力或其他能源产生的温室气体间接排放量为 234.9 万 t，约占 45.9%，主要为自有及合建数据中心及办公楼用电。腾讯供应链中产生的所有其他间接排放量为 274.3 万 t，约占 53.7%，主要由资本货物（如基建耗材、数据中心设备）、租赁资产（如租赁的数据中心用电）及员工差旅等产生。

百度 2020 年的温室气体总排放量为 49.084 14 万 t，2021 年为 179.160 78 万 t，其中直接排放量为 1.640 7 万 t，包括固定燃烧源和逸散排放，涉及锅炉设备、餐厅设备、制冷机等，间接排放量为 60.174 02 万 t，涉及外购电力及外购蒸汽和热力，其他间接排放量为 117.346 06 万 t，包括员工通勤、租赁数据中心电耗。

（2）未来发展路径

强调绿色发展的社会责任，鼓励可持续性报告。2020 年以来，腾讯、蚂蚁、阿里巴巴、百度、华为等知名互联网平台企业纷纷启动碳中和行动计划。这些公司通过披露其绿色发展倡议、途径和目标，展示了对透明度的承诺。他们利用各种方式，如发布路线图、环境信息披露（ESG）报告和企业社会责任（CSR）报告来展示其进展。为了使其战略与可持续发展目标保持一致，公司必须加强数字和绿色发展战略的整合。大型数字化企业正在带头迅速走向可持续发展，为其他公司树立了榜样（专栏 7-7）。

专栏 7-7　数字化企业宣布的碳中和路线图

2021 年 4 月，蚂蚁集团宣布了其碳中和路线图，概述了三个主要目标。首先，该公司致力于通过利用可再生能源来提高能源效率并减少其办公楼和交通运输的排放。其次，蚂蚁集团承诺与优先考虑低能耗或可再生能源使用的数据服务提供商合作，到 2025 年实现 30% 的可再生能源电力消耗率。此外，该公司旨在鼓励其供应商建立并实施碳中和目标。最后，在减排措施不足的情况下，蚂蚁集团承诺通过建立碳汇森林或直接购买碳信用产品来抵消剩余的排放量。

2021 年 12 月，阿里巴巴发布《阿里巴巴碳中和行动报告》，提出三大目标：不晚于 2030 年，实现自身运营碳中和，不晚于 2030 年，协同上下游价值链实现碳排放强度比 2020 年降低 50%。此外，阿里巴巴还承诺不断通过助力消费者和企业，激发绿色低碳发展的广泛社会参与，到 2035 年的 15 年间，带动产业生态累计减碳 15 亿 t。"能源转型、科技创新、参与者经济"将成为未来实现碳中和的核心因素。

2022 年 2 月，腾讯发布了《腾讯碳中和目标及行动路线报告》，公布了其碳中和行动计划（附录 7-3）。腾讯承诺不仅在其运营中，而且在其整个供应链中实现全面的碳中和。到 2030 年，该公司的目标是确保 100% 的电力来自可再生能源和绿色能源。实现路线图包括三个方面：节能和提高效率，增加可再生能源的利用，以及碳抵消计划。同时，腾讯还致力于在消费者中推广绿色生活方式、行业数字化低碳转型、推动可持续社会价值创新等方面以身作则。通过这些努力，腾讯希望加速在国家和社会层面实现碳中和的进程。

转向可再生能源，以促进私营部门减少碳排放的行动。内部运营层面的碳减排对于数字化企业的绿色发展至关重要（专栏 7-8）。企业可以推动创新，并在管理和技术领域实施节能减排措施，以减少碳足迹。一方面，企业可以通过在自建办公园区内引入光伏发电、风光互补系统、太阳能供暖等绿色能源，实现源头低碳排放。此外，企业可以积极参与绿色电力交易，探索碳汇技术创新，实现碳消除和碳抵消。另一方面，企业可以通过利用数字技术，如智能传感器和物联网，来推动绿色办公实践，实现办公园区和楼宇的智能化。通过构建可视化、智能化的能源管控中心，实现企业精细化能耗管理，实现绿色办公。

专栏 7-8　企业减少碳排放的实践案例

使用清洁能源帮助企业减少碳排放

2022 上半年，阿里巴巴清洁能源交易超 8 亿 kW·h，相比 2021 年全年实现超 150% 的增长。同年，阿里巴巴通过能源结构转型，共实现减碳 619 944 t，阿里云 21.6% 的电力已由清洁低碳能源提供。菜鸟依照国际最高的物流场地可持续标准设计物流园区，并积极铺设分布式光伏发电设备，累计装机容量 24.9 MW，减碳 1.6 万 t。

2021 年，百度在备用屋顶区域安装了光伏发电设备，百度大厦和鹏寰大厦屋顶安装的光伏发电系统每年发电量可达 100 万 kW·h，可减少二氧化碳排放约 600 t。

在仓储行业，京东物流布局了与园区并网的屋顶分布式光伏发电系统。2020 年，该系统发电量达到 253.8 万 kW·h，减少碳排放约 2 000 t。

然而，密切跟踪和监测大公司的做法至关重要，特别是在他们如何计算排放量、能源和其他资源节约方面。这包括密切关注企业社会责任（CSR）报告中提供的信息。"清洁能源"和"低碳"这两个词容易被误用，可能导致"漂绿"，即公司可能歪曲其环境影响和可持续发展的努力。

智能园区和智能楼宇帮助企业减少碳排放

阿里巴巴西溪园区广泛应用智能物联网和传感器，实现了基于人流量的空调和灯光调节。2020—2021 年，阿里巴巴实现了员工人均能耗降低 10% 以上。阿里巴巴制定了到 2030 年用电动汽车取代所有短途燃油汽车的目标，同时还推动其物流运输的智能化，包括扩大电动无人物流车"小蛮驴"的覆盖范围，并加快其自动驾驶卡车"大蛮驴"的研发进度。

百度一贯致力于获得国际标准化能源管理和环境管理体系认证。截至 2021 年 12 月 31 日，百度办公楼宇已通过 ISO 50001 能源管理体系认证，管理百度楼宇的安信行物业公司已获得 ISO 14001 环境管理体系认证。

目前，腾讯旗下众多建筑已获得 LEED 金级设计认证或符合中国绿色建筑标准。2020 年，深圳腾讯滨海大厦通过空调末端控制技术优化改造和管理节能等一系列措施，在 2019 年的用电量基础上节省了 598 万 kW·h，减少排放约 2 690 tCO_2e。

推动供应链和产业生态系统的绿色转型。数字化企业在塑造工业供应链方面发挥着重要作用，并有可能与上下游合作伙伴合作，推动相关产品和供应链的低碳转型。通过这些努力，数字化企业可以为创建一个更加环保和可持续的商业生态系统作出贡献。一方面，数字化企业可以利用自己的数字技术专长，构建和优化全面的绿色供应链，包括绿色产品包装、环保物流和运输、节能仓储、无纸化电子采购等解决方案，以实现节能减排。另一方面，数字化企业可以通过优化 ICT 设备和终端设施的生产、销售、使用、回收和再利用，以及最大限度地重复使用组件（如过时的服务器机架）来减少 ICT 设备废弃物的碳排放，从而促进循环经济。

引导消费端绿色习惯的养成。数字化企业提供了一个独特的机会，可以利用其对用户的影响力，并通过其可广泛访问的数字服务来增强环境意识。通过引导消费者采用绿色生活方式和培育支持碳中和的积极社会环境（专栏7-9），这些公司可以为推进环境保护作出重大贡献。数字化企业的持续努力已经产生了显著的碳减排效果，并成功地在旅行、家庭、办公、学习、餐饮、购物和电子产品回收等各个领域培养了绿色消费习惯。因此，需要重视数字化企业在拥抱绿色价值方面的贡献。

专栏 7-9　引导绿色生活方式的数字化企业

2022 年，阿里巴巴建立了"88 碳账户"体系，覆盖淘宝、饿了么、闲鱼、高德、菜鸟等多应用场景和产业生态。截至 2022 年 7 月，阿里巴巴产业生态下，已有超过 2 000 万用户在日常生活中主动参与减碳，践行绿色生活方式。

美团平台于 2017 年推出"青山计划"，推动餐饮外卖行业绿色消费。该倡议旨在引导平台商家通过使用环保袋、使用可回收包装、提供无餐具选择等措施提供环保服务。同时鼓励消费者从源头上减少消费。过去 5 年，超过 2 亿美团外卖用户选择了"无需餐具"功能，促成"环保订单"比例增长近 40 倍。在线宣传环保理念已超过 30 亿人次。此外，超过 33 万家商户获得了"助力低碳消费"徽章，这表明提高绿色消费意识的努力取得了初步成效。

百度在其 App 中新增"绿色模块"，于日常生活场景中提升公众的环保意识。开发的"AI 分垃圾"小程序，帮助用户对垃圾进行精细化分类。

腾讯通过一系列举措向用户和消费者宣传其绿色发展理念。例如，腾讯游戏旗下天美工作室响应联合国环境规划署（UNEP）邀约，加入"玩游戏，救地球"联盟。通过此次合作，天美旨在增强公众的环保意识，并利用游戏的影响力为碳中和作出贡献。此外，在腾讯公益平台上有 2 458 万人次捐赠超过 4.6 亿元，帮助了 2 583 个自然保护项目。

值得注意的是，"绿色消费"或"绿色生活方式"可以有不同的解释。为了避免"漂绿"，建议参考企业社会责任报告，以清楚地了解这些术语的含义。例如，如果正在生产消耗大量能源的视频游戏，则不应假定此类活动是环境友好的。此外，必须认识到，仅具备"环保意识"并不一定能转化为真正的环保行为。

支持消费者减少数据和硬件消耗。可以采取其他措施来促进环境友好行为，如尽量减少数字资源的使用。优化视频内容以匹配终端设备的显示大小是确保默认分辨率与设备功能一致的一种方法。此外，默认情况下禁用网页上视频内容的自动播放有助于减少不必要的数据消耗。为防止可能鼓励过度使用数据的虚假激励，应避免大数据量的统一费率。

（四）基于数字技术的绿色化模式

用数字服务推动绿色发展。在软件和信息技术服务行业运营的公司可以提供广泛的解决方案，包括软件开发、数据分析和智能转型，以帮助不同行业的企业管理和优化其对生产和商业活动的环境影响（专栏 7-10）。大型数字化服务公司和跨行业领先企业也可以为制造业等传统行业的中小型企业提供信息技术咨询服务或综合解决方案，促进数字化与绿色协同转型，将技术融入工业企业的绿色发展。

专栏 7-10　智能技术优化行业环境足迹

在快递和物流领域，阿里巴巴旗下的菜鸟物流在全行业率先推出了基于电子面单的数字化包裹管理工具，以取代传统纸质面单，降低碳排放。基于电子面单的数字化包裹管理工具已经累计应用于超过 1 000 亿个快递包裹，帮助全行业节省纸张 4 000 亿张。结合大数据算法模型，通过进一步优化和设计纸箱型号并由算法推荐最合适的装箱方案，阿里巴巴平均减少 15% 的包材使用，进一步推动了快递行业的低碳绿色发展。

在仓储和物流领域，华为实施了提高仓库存储效率的措施。这包括采用更密集的存储方法，并通过使用自动化设备而不是人工劳动向"黑灯仓库"过渡。此外，华为还通过优化物流包装箱的选择，尽量减少过度包装和填充物的使用。并通过定制周转容器实施纸箱回收，利用旧包装材料做新包装用途。2020 年，华为在物流运输环节减少了逾 11.4 万 t 碳排放，平均每台产品的运输环节碳排放减少 15%，相当于种植了 6.5 万棵树。

百度通过各种举措在提升交通服务方面发挥了举足轻重的作用。一个显著的贡献是智能交通信号控制器的部署，该控制器根据实时交通流量调整交通灯的持续时间。这一智能系统有助于减少道路拥堵，并最大限度地减少因车辆空转而产生的碳排放。该公司还开发了用于智能停车的第六代大倾角高位视频技术智慧停车技术，具备车位引导、无人收费、停车场无人化管理等功能。通过简化停车位运营，百度的创新显著减少了因车辆寻找停车位、支付费用和不必要的空转而造成的碳排放。百度进一步开发了 ACE 智能交通系统引擎，建立了全面的智能交通系统，满足各种场景的智能交通需求，为低碳出行赋能。

应用关键清洁技术，推动绿色发展。数字技术在提高传统行业的效率和优化资源配置方面具有巨大潜力。特别是在能源优化和决策控制等领域，其在推动流程和服务创新的同时，促进了智能和绿色发展。5G 等新网络技术的出现，使每个生产单元都可感知、可通信、可连接、可计算。人工智能驱动的分析技术改变了决策过程，并增强了智能决策能力。云计算和大数据技术已经在各个领域实现了新的应用。利用传感器收集的海量数据，这些技术能够有效利用数据资源并释放其全部价值。根据 IDC 的研究，2021—2024 年，云计算的应用有可能减少超过 10 亿 t 的二氧化碳排放量。到 2060 年，人工智能相关技术对碳减排的贡献将逐年增加，最低目标为 70%。

应用软件和信息技术服务行业。软件和信息技术服务业通过提供网络化、数字化、智能化的技术解决方案，在推动经济社会绿色发展中发挥着至关重要的作用。这些解决方案在为产业转型升级、结构优化、政府监管和社会服务现代化赋能的同时，加快了绿色生产方式和生活方式的普及，为全面降低社会能耗贡献了力量。下一代信息技术可以有效应用于能源密集型行业，推动能源结构的清洁化转型。下一代信息技术提高了能源效率，减少了环境影响，促进了资源循环利用，从而直接有助于减少碳排放，实现碳峰值和碳中和目标。这在能源和电力、工业、建筑和运输等关键碳排放部门尤为重要。通过加强数字技术与这些部门的深度融合，可以减少能源和资源消耗，实现生产和碳效率的同步提升。此外，需要明确关键阶段和未来发展路径。例如，世界经济论坛制定了一个框架，其中包括软件定义车辆的关键转型阶段，包括所需的主要战略决策以及每个阶段可以实现的相关影响。

三、数字化技术与城市可持续发展

（一）引言

数字化有助于解决多个城市痛点并提供可持续的解决方案。持续的城市化推动了地球的变化，并影响着经济和社会的发展。由于城市是一个复杂的系统，因此捕捉其动态变化是一项艰巨的任务。数字技术提供了管理复杂性的机会，增加了一个新的治理层。虽然不受约束的数字化会加速不可持续的结果，但数字化也可以成为通过循环和充足来加速城市碳中和和包容性系统转型的推动者。

城市是以众多个体之间的交流和沟通为特征的地方。最初城市出现的核心理论表明，城市首先是贸易枢纽，然后在此基础上城市的其他功能日益完善。这一重要社会角色是通过有形基础设施实现的，为许多空间和流动性有限的人提供住所，使人们能够举办会议和运送货物。城市的吸引力恰恰在于提供了交换机会，这些机会往往会转化为经济、社会和文化机会，以及多样化的生活方式。然而，城市的这一光荣角色因其成功而大打折扣，至少在以目前的方式实施时是如此。大城市饱受拥堵之苦，有形基础设施和运输系统带来了空气污染、气候变化、交通拥堵、住房短缺、供水不足和能源短缺等不可持续的后果。普遍的交通拥堵成为城市的"痛点"，不仅导致环境恶化，而且使人们的生活也受到影响（使许多人更加难以承受高昂的生活费用），限制了经济发展的潜力。

从全球可持续发展的角度来看，城市的作用至关重要[9]。直接和间接的能源使用和消费是人为气候变化的主要驱动因素[10]。城市化加剧了土地流失，因此也在一定程度上加剧了粮食不安全和生物多样性的丧失，特别是在珠江三角洲[11]。在城市内部，空气污染、噪声和不安全的交通状况损害了人类福祉和场所质量。

数字化可以支持可持续转型，主要体现在城市的三个领域：交通、建筑和城市规划。首先，数字化可以用服务取代需要资源的需求型活动，例如，用出行取代视频会议。其次，数字化可以支持活动的优化，例如，通过优化暖通空调的智能家居或共享出租车的拼车出行。再次，数字化可以强化资源的使用，从而降低每项服务的资源需求，例如，支持灵活空间的高使用率，并避免建设和运营的资源使用。最后，数字化可以传达可持续发展的影响，启动更可持续的决策，例如，通过敏捷和人工智能辅助的可持续发展城市规划。

尽管潜力巨大，但需要注意的是，数字化和相关的效率提高会导致消费水平提高，即所谓的反弹效应，这甚至可能会出现过度补偿效率效应。一种风险是将 SMART 误解为等同于可持续，而在许多情况下，SMART 并不等同于可持续[12]。信息和通信技术对环境的影响也很大，而且在迅速增加。这一观察结果表明了正确评估系统影响的重要性，要关注那些承诺能够带来高可持续性成果的选项，以及避免那些可能带来高环境负担的数字化实践。

随着城市经济和社会的发展，人口不断聚集，这也催生了创新，从而产生了新的服务提供方式，以改善不希望出现的结果并提供可持续发展的途径。数字化和人工智能是通用技术，可以应用在生活的各个领域。在某些情况下，数字化增加了痛苦，例如，促进消费增加、使街道上堵满了送货车或数据中心的能源需求不断增加（通常由燃煤电厂提供）时。然而，数字技术和绿色技术也为解决城市发展问题创造了条件。其中最重要的是，数字技术的应用有可能在提高质量的同时避免数量的增加——增加物质周转。在交通方面，可选方案包括实现车队电气化、以公共交通和共享共用交通方式取代私家车、提供安全的自行车基础设施，以及通过家庭办公等方式限制交通总量。在住房方面，可选方案包括通过对人均建筑面积征收奢侈税、被动式房屋标准、改造、用热泵取代燃气供暖、实施高效电器顶级运行计划等方式限制总的空间需求。在空间规划方面，可选方案包括促进公共交通沿线的紧凑型发展，以及采用灵活的数字工具优化城市环境，以实现可持续发展。在工业领域，通过循环设计可节省大量资源。所有这些例子都要求其积极影响不被间接影响所掩盖，例如，当道路空间更大时，交通量会更多，当光照更便宜时，照明会更多，或者当节省通勤时间时，休闲旅行会更多。

（二）中国智慧城市现状

从 2011 年开始，"十二五"规划涵盖了数字城市或智能城市。"十二五"规划推动了基础设施建设、城市信息化和精细化管理，以提高城市数字化能力。自 2012 年以来，中国一直在推进智慧城市建设。2013—2015 年，中国住房和城乡建设部选择了 290 个城市、地区和城镇作为智慧城市建设试点，并建立了以安全与基础设施、智慧建筑与宜居、城市功能提升、智慧管理与服务为重点的指标体系，指导试点地区顺利实施智慧城市建设。为确保智慧城市的健康可持续发展，中国国务院办公厅提出了指导方针和目标，其中包括促进信息产业和基础设施的发展和升级（2013 年）。加大信息资源开发共享力度，科学制定智慧城市建设顶层设计（2014 年），以及建立数字城市地理空间框架（2015 年）。

从 2016 年开始，"十三五"规划进一步促进数字城市或智能城市。在"十三五"期间，中国专注于提供与智慧城市和行业相关的智能技术，以提高生产力和资源效率。主要目标是将智能技术与城市规划和产业相结合，到 2020 年在数字中国方面取得显著成果，如形成特色鲜明的智慧城市。核心技术包括云计算、大数据、5G、物联网等。创新项目包括智慧农业（如智慧粮仓，2016 年）、智慧能源系统（形成"源—网—荷—

储"协调发展，2016 年）、智慧海洋（旨在充分利用海洋资源，2016 年）、智慧交通（如客运信息服务，2017 年；道路车辆综合管理，2018 年）、地理空间信息系统（如时空大数据平台建设，2019 年）。

从 2021 年开始，"十四五"规划继续加强对数字城市或智能城市的关注。"十四五"期间继续建设数字中国和智慧城市，实现技术发展和在线应用的双重路径。技术开发包括云计算、大数据、物联网、工业互联网、区块链、人工智能、虚拟现实和增强现实。为推进管理服务数字化，中国提出建设数字乡村，实现中国农村数字化，打破数据壁垒，提高协同处理能力和运行效率。同时，中国持续建设智慧城市，实现物业、养老、育儿、旅游、医疗、物流、交通等生活服务的智能化转型，打造数字生活的便利环境，创新服务模式和产品。

《关于推进智慧城市健康发展的指导意见》提出了中国智慧城市建设的基本原则。该原则有以下四个方面。第一，智慧城市以人为本，创新城市管理和公共服务方式，为城市居民提供广覆盖、多层次、差异化、高质量的公共服务体系。 第二，根据城市地理区位、历史文化、资源禀赋、产业特色、信息化基础等，应用先进适用技术科学推进智慧城市建设。智慧城市可在综合条件较好的区域或地区先行先试，逐步在全国推广，避免贪大求全、重复建设。第三，智慧城市重在激发市场活力，鼓励社会资本参与投资、建设、运营，建立智慧城市可持续发展机制。第四，智慧城市应遵循安全信息管理原则，避免数据泄露，保护隐私。

中国的新型城镇化政策正取得显著进展。当前的常住人口城镇化率为 65% 且持续增长，不过仍需要进一步改革户籍制度。城市集群是城市化空间模式的中心，由世界领先的高速铁路网连接，高速铁路网正在迅速扩张。城市越来越多地围绕高科技制造和信息技术进行设计，改善公共服务和基础设施，同时改造老旧社区（52 500 个单元，2022 年）和棚户区（181 万个单元，2022 年）。农村地区的发展同样领先，重点是水、电、道路和互联网，农村和城市之间的收入差距越来越小。

这些发展遇到了若干挑战。环境、交通、城市规划建设、土地利用等领域的痛点日益突出，因资源开发利用不平衡而加剧[13]。新型城镇化最大的挑战是促进均衡发展，减轻大城市的压力。中国目前提出的措施是通过技术效率实现乡村振兴和城市群的绿色发展[14]。挑战还包括改变中国人认为大城市的个人发展比小城市或乡村更有前途的传统思维，以及确定经济手段来增加农村地区对年轻人才和企业的吸引力。

深圳和杭州是中国数字城市的两个典范。深圳的智慧城市发展模式被称为"1+4"。以公共服务、城市治理、数字经济、安全防控四个领域的新型基础设施建设为支撑。

作为国家基础设施高质量发展试点，深圳已建成 7 万个 5G 基站，实现 5G 网络全城覆盖，支撑智慧城市发展。深圳通这款 App 为居民日常生活、政务办事提供依据。所谓"一城一图"，设想的是城市一体化监管。深圳建立 5G 产业集群推动数字经济发展，实施《深圳经济特区数据条例》以保障数据安全。

杭州智慧城市的架构是核心系统 + 子平台（区县市）+ 数据系统 + 应用场景。核心系统连接所有子平台和数据库，实现多平台数据和业务互通。围绕核心系统和子平台构建应用场景，实现医疗、交通、房管、产业发展等领域的智能化。在成都等中西部大城市，也采取了推动数字化、绿色发展的创新举措（附录 7-4）。

中国智慧城市为温室气体减排的高效系统管理提供了机会。实现碳中和目标还需要更换化石燃料硬件。基于数字和人工智能的应用程序可以支持居民、城市管理人员和行业减少温室气体排放。水质、空气污染、交通流量和公民在线服务的数字监测构成了数字应用的支柱，其中许多是基于人工智能的。对于居民来说，基于人工智能的物流改进，如果得到真正的激励措施的支持，如运输中的二氧化碳定价，可以降低包装和退货率，提高消费者满意度。基于人工智能的服务，特别是在共享移动性中，提供了移动性的实质性改进，特别是如果伴随更高的每辆车的占用率[15]。对于城市管理者来说，人工智能能够实时调整运营计划，快速实施城市级气候目标和应急措施，从而减少因灾害、运营失误和不良调度方法造成的资源浪费和二氧化碳排放。对于工业来说，人工智能能够实时监督所有生产过程，包括产品原材料的选择、生产、运输和销售，以最大限度地利用生产资源，降低生产成本和二氧化碳排放。AI 实时计算和预测市场需求，根据生产和销售计划实时调整产量，并防止过度生产造成的二氧化碳排放[16]。然而，加速的消耗和温室气体排放往往过度补偿了效率收益，除基于人工智能的效率外，还需要采取系统措施来实现气候目标[17]。

接下来将重点讨论三个领域：交通、建筑和城市规划。第三部分重点介绍了数字解决方案如何提供可持续发展和健康经济的潜力，并提出了三项政策建议。

（三）交通运输业：避免—转移—提升

城市交通向可持续发展的转变可分为避免—转移—提升[18]。数字化可以支持三个领域的转型，此外，还可以为新的商业模式提供机会。这三个类别的特征如下。

- 避免。这一行动领域的重点是通过提供减少旅行和运输需求的高水平服务，完全避免高耗能的旅行。关键选项包括家庭办公政策、数字化工作环境和提供高可达性但低效率机动化交通的城市规划。

- 转移。侧重于从污染较大的交通方式转向污染较少的交通方式，这往往意味着从私人机动交通方式转向环保交通方式，如公共交通或主动交通方式（骑自行车和步行）。数字化是新模式的核心，既能提供个人交通的灵活性和便利性，又能保持公共交通的部分效率——共享的集合交通和多模式路线。

- 提升。侧重于技术效率，包括车辆和交通流量的效率。特别是对于后者，数字化方案可以提供至关重要的支持。

详细介绍了三个选项，在这些选项中，数字化可以利用可持续转型的巨大潜力。第一个是共享或共享出行。有许多智能交通选择，所有这些都出现在中国的城市中。然而，了解它们不同的环境足迹是有益的。一些智能交通方案选择属于那些环境足迹较大的，尤其是叫车服务。叫车服务包括没有乘客的乘车（空驶），这使叫车服务高度排放，并加剧了拥堵。相比之下，自行车和电动滑板车共享展示了环境效益。此外，拼车服务，如滴滴的拼车选项，提供了大量的好处。国际交通论坛在赫尔辛基的一项模型研究中证明，用共享出行（禁止私人车辆进入城市）取代通勤出行可以减少 37% 的拥堵和 33% 的温室气体排放，甚至在车队电气化之前。共享出行不仅依赖于数字智能手机服务，还依赖于最佳路由算法，因此需要先进的数字化业务模式。世界经济论坛全球新移动联盟寻求加速向共享、电动、互联和自动驾驶（SEAM）解决方案的同步过渡，旨在打造绿色城市，同时创造新的商业机会[19]。

第二个是在线工作和教育。家庭办公室避免了出差，为员工节省了时间。因此，一项针对新冠疫情期间中国员工的研究发现，在家工作的工作质量更高[20]。由于新冠疫情期间，中国和全球大多数其他国家不得不转向在线教育，使得学生的碳足迹大幅减少[21]。然而，为了充分发挥学生的教育潜力并满足他们的社会需求，在线教育必须辅以现场研讨会。

第三个是交通流量的高效管理。杭州的城市大脑收集并结合了可用的城市数据处理与人工智能。尽管杭州的人口在 2010—2020 年增长了约 150 万人，约 30%，但平均出行速度提高了 15.3%，高峰时段拥堵率降低了 9.2%[22]。因此，杭州的交通拥堵排名从中国的第 2 位下降到第 57 位[23]（专栏 7-11）。公共交通也可以更高效地运营。通过结合射频识别、全球定位系统和视频分析技术，轻轨速度和位置监控系统可以提高铁路运营安全[24]。

专栏 7-11　杭州市的城市大脑

　　杭州市在城市交通、智慧城市、智慧政务等方面的数字技术综合应用，为中国城市发展提供了示范和借鉴。通过发展跨境电子商务平台，如阿里巴巴及其金融子公司蚂蚁金服，这座城市已成为在线交易中心。这些平台吸引了来自国内外数百万客户和商家，为在线交易、物流和服务创造了巨大的需求和复杂性。为了满足这一需求，杭州市依托并发展了云计算（如阿里云）和人工智能（如阿里巴巴集团旗下的达摩院）等先进的计算基础设施。

　　通过生产摄像机、传感器和视频分析系统等智能安全产品，杭州市也成为世界监控市场的引领者。海康威视、大华科技等公司率先应用人工智能云框架"云边融合"，提供涵盖完整云计算和边缘计算的融合计算架构，支持交通管理、公共安全、防灾、城市治理等多种用途。杭州市还举办了2016年G20峰会等重大活动，展示了其智慧城市能力。

　　杭州的数字城市或智慧城市发展得益于积极的城市治理，将数据基础设施嵌入了城市规划和管理中。杭州市于2017年创建了智慧城市项目综合试验区，涵盖11个系统、48个应用场景。杭州市还与阿里巴巴达摩院等机构合作，以促进创新和研究领域，如量子计算、机器学习、自然语言处理和计算机视觉。

　　杭州市的城市大脑是利用云计算和人工智能技术，对城市数据进行采集、分析和应用的智慧城市平台。由杭州市政府和阿里云牵头，海康威视、大华技术、浙江中控等企业支持，杭州市的城市大脑于2016年4月初步设计，用于交通拥堵治理，作为首个应用场景。通过大数据处理交通数据，自动控制红绿灯，有效缓解了杭州市的交通问题。2017年，杭州市的城市大脑1.0正式发布，通过智能调节红绿灯，使试点区域的通行时间减少了15.3%。2018年，城市大脑升级，从"治堵"转向"治城"，涵盖警务、交通、城管、文旅、卫健、房管、应急、农业、环保、市场监管、基层治理11个系统和48个应用场景。通过部门间业务协同创新，高效配置公共资源，精准科学决策，显著提升城市治理效能。城市大脑支持设计有效措施，如提供专用公交线路、建设共享停车信息平台、建设多中心城市等。

　　打造杭州市城市大脑的目的是提升城市治理和服务质量，提高城市运行效率和安全性。其中，交通管理尤为重要，因为交通拥堵影响人们的出行便利和生活质量、消耗能源、排放温室气体。使用城市大脑实时监测和优化交通数据，可以减少车辆等待时间，增加道路通行能力，减少汽油消耗和碳排放。然而，系统性影响（如诱导需求）可能会大幅损害温室气体排放的减少。但是，城市大脑将需要解决隐私问题，这是许多中国公民关心的一个主要问题。

总体而言，共享交通、远程办公和流量管理这三项措施都有助于改善交通流量。除非与限制私家车交通的补充措施（如市中心收费）相结合，否则存在很高的风险，即好处被拥堵城市中存在的潜在需求所吞噬。

（四）建筑业：避免—转移—改进

建筑的可持续性涉及考虑室内空气质量，避免建筑材料和温室气体排放足迹，以及节能使用，作为整个城市基础设施的一部分。除其他外，根据一项关于更有效利用建筑物的研究[25]，这包括：

避免。减少对空间的需求，更有效地利用空间（共享办公桌和其他空间等）。使用模块化设计，使空间适应新的用途。翻新旧建筑，而不是用新建筑取代它们。将数字充分性应用于家庭中的信通技术使用。

转移。通过私人热泵、屋顶太阳能供暖、地热能和区域供暖的大型热泵提供供暖服务。在屋顶上用太阳能光伏分散能源供应，安装更多的双层玻璃窗、更好的隔热和LED 照明等。

改进。利用更高效的能源，在燃煤发电厂和燃气发电厂中使用智能电表创建虚拟负载管理，以减少空气污染和温室气体排放。通过智能建筑优化能源使用。改造现有建筑，优化被动式住房的节材结构，例如，基于 3D 打印、利用数字经济和家庭办公来优化现有建筑的使用。

选择了三个数字案例研究，包括基于大数据的建筑存量管理、数字充分性，以及智能计量和反馈。首先，基于大数据的方法可以优化现有建筑存量的使用和改造，以实现可持续性。一个关键的应用是现有建筑存量的热性能的数据来源，以分配改造的最佳策略，节省宝贵的能源和天然气。基于数据的策略可能包括在冬季用热像仪扫描建筑库存。与气候数据和气候预测相结合，可以计算建筑存量改造的优先次序。另一项战略涉及重新分配占地面积，特别是根据数字经济的要求。银行办事处和零售的减少伴随物流仓储需求的增加。大数据工具可以帮助以最佳方式重新分配并减少对占地空间的需求。

其次，数字充分性可以支持家庭和建筑用户的可持续生活方式[26]。数字充分性包括硬件、软件、用户和经济充分性。一个核心动机是，能源使用和温室气体排放的增加越来越多地归因于数字化以及数字设备的大量购买和使用。此外，开采稀有矿物会在地球上留下"伤疤"，是与数字化相关的不可持续的关键问题。在城市中实现用户充足性的战略包括教育活动和关于流媒体服务的能源和温室气体排放足迹的信息披露。

更激进的措施包括限制或禁止在线广告。

最后，智能计量和反馈可以创建虚拟发电厂，创造可持续和经济优势，而不是新的天然气发电厂和煤炭发电厂的建设。智能计量允许在高电价时进行动态定价和减少负荷。它可以节省家庭预算，并将公用事业从建设经济上不可行的发电厂的负担中解放出来，释放很少使用的容量。对于高消费家庭，智能计量和反馈（例如，关于价格和节能机会）可以减少 16% 的能源费用，虽然目前通常还达不到这么高的数字，但如果将智能计量和反馈与价格信号相结合在全球持续应用几年，将可以减少至少 10 亿 t 的温室气体排放 [27]。

（五）空间规划：利用人工智能进行可持续城市设计

空间规划是指对城市的预先且长期的管理。空间布局预先决定了交通可达性、住房负担能力、就业市场机会、空气污染、噪声滋扰，以及交通和建筑使用产生的温室气体排放。空间规划是一项前瞻性战略，旨在实现巨大的可持续发展收益。可持续发展评估的主要维度包括城市形态带来的能源使用和温室气体排放、当地空气质量和环境、吸水能力（海绵城市）及场所质量，包括老年人和儿童的出行体验。

数字化和机器学习可以支持可持续发展的城市规划 [28]。空间布局和街道网络将能源使用和温室气体排放计算在内，使规划者能够估计城市形态在推动空气污染和温室气体排放方面的相关性 [29]。柏林的一项案例研究表明，中心性和副中心的存在是预测城市形态引起的温室气体排放的关键预测因素，可以对街道和建筑规模进行估算 [30]。并且，依靠预测学习，这种先进的模式识别可用于规划城市形态以及以交通为导向的发展，这些都需要高空间精度，并根据所需的可持续性指标 [28-29]。高分辨率地图还可以可视化建筑环境在放大热浪和相关热负荷方面的贡献，从而实现有针对性的城市复原力计划和城市绿化战略。

空间和交通规划也是技术解决方案与性别平等和包容性交织在一起的领域。空间规划和智能出行解决方案必须以包容性的方式设计，以避免重复过去排斥妇女、儿童和老年人的错误（专栏 7-12）。

专栏 7-12　性别包容性智慧城市的避免—转变—改进框架

在 20 世纪的城市设计和决策中，存在一种"默认男性"的做法，这种做法或观点系统性地排除了女性、儿童和不同障碍人士的观点和需求。由于公共基础设施（包括交通手段）以男性为中心的设计，女性处于不利地位。然而，有充分证据表明，女性遵循不同的出行模式，这与频繁地连续旅行和对公共交通的更高依赖有关[31]。因此，必须加强女性在决策和技术相关职业中的代表性，以释放包容性智慧城市建设的全部潜力。

尽管许多现有的城市政策及其基础数据集没有充分考虑其他情况的用例，但使用既往模式训练的人工智能可能会导致现有的性别偏见长期存在并加剧不平等。在世界各地，城市都认识到这些风险并已开始采取相应措施。通过使用按性别分列的数据示例，以下建议旨在为包容性智慧城市治理提供信息。

避免。这种方法依赖于与性别无关的数据源，这些数据源延续了性别的固有观念，并歧视年龄和能力。例如，当这种方法运用在电动汽车公共充电站的可及性时，坐轮椅或有其他行动需求的人仍然有着很大的阻碍[32]。

转移。这种方法强调按性别分类的数据变化，并纳入不同利益相关者的观点。按性别分类的数据应纳入数字应用、智能基础设施和相关政策制定的所有领域。因此，需要进行性别敏感调查、关于智慧城市性别平等的研究以及混合方法，以更好地了解所有公民的需求和关切，不管性别、年龄或其他因素。欧洲的 DIAMOND 项目就是一个很好的实践例子。该项目是来自多个欧盟国家的研究机构的联合倡议，通过调查、文献综述、焦点小组讨论和社交媒体数据分析进行微观数据收集，以筛选最有前景的政策，以实现更具包容性的出行版图[33]。

改进。这种方法旨在改进智慧城市设计并使之人性化，以确保包容和安全的公共空间。智慧城市中，安全、无障碍和包容的空间和行程的重新调整对于女性尤其重要，因为她们更容易受到持续骚扰和性别暴力的影响[34]。相关措施包括充足的照明、监控摄像头和训练有素的工作人员等，以增强公共场所的安全意识。新技术可以借鉴这些尝试，例如，在英国，Path Community App 为用户提供最安全的回家路线信息。

四、数字技术与气候变化适应

气候变化正在影响我们的环境和生态，逐步改变人类的活动。虽然采取缓解措施仍然是一个优先事项，但政府的行动还必须集中于帮助人们适应当今气候变化的影响、建设气候适应型社会。新兴数字技术可以提供更高效、更快速、更可靠的风险监测和预测，可以根据定量、可操作的指标作出更科学的决策[35]。2013 年，中国政府首次发布适应气候变化战略。2022 年 5 月发布的《国家适应气候变化战略 2035》进一步提出了新时代中国适应气候变化的基本原则和主要目标。该战略强调加强科技支撑，加快研发和采用气候变化适应技术。在此背景下，利用数字技术提升中国气候变化适应能力是必要的、有理有据的，在建设气候适应性未来方面有至关重要的作用。

本部分旨在为中国部署数字技术促进气候变化适应提供政策建议。首先，确定了中国适应气候变化的主要挑战；其次，讨论了在国际上开发和部署的高性能数字解决方案；最后，分析了中国数字解决方案的应用情况，并为推进类似方法提出了政策建议。本部分重点讨论了城市地区的适应问题，并更广泛地讨论未来研究中将制定的数字适应解决方案和政策。

（一）中国适应气候变化的主要挑战

气候变化的挑战分析必须从科学评估气候变化对中国的影响和风险开始。根据 IPCC AR6 [36] 中的风险框架，本章第四部分的分析将风险定义为对生态或人类系统造成不利后果的可能性，将影响定义为已实现的风险对自然和人类系统造成的后果。气候变化风险和影响是气候相关危害与生态或人类系统的暴露程度和脆弱性之间动态相互作用的结果。在此框架下，图 7-4 展示了中国面临的主要气候变化风险。

中国与气候相关的主要灾害一方面是与气候相关的极端天气事件的增加，另一方面是由于暴露程度的增加而导致的脆弱性增加。百年来，中国年平均气温和降水特征发生了显著变化：1901—2010 年，地表平均气温上升了 0.98℃，特别是 1980 年以来增温速度加快；预计平均气温变化将高于全球平均水平，到 21 世纪末将上升 5℃。虽然年平均降水量没有出现明显变化，但降水量的时空分布发生了明显变化。气候条件的变化也改变了中国天气和极端天气的严重程度。根据 EM-DAT，自 2001 年以来，中国共记录了 482 次极端天气和气候事件。其中，最常见的与极端天气相关的五种灾害包括洪水（202 次）、风暴（192 次）、山体滑坡（53 次）、干旱（22 次）和极端气温（9 次）。

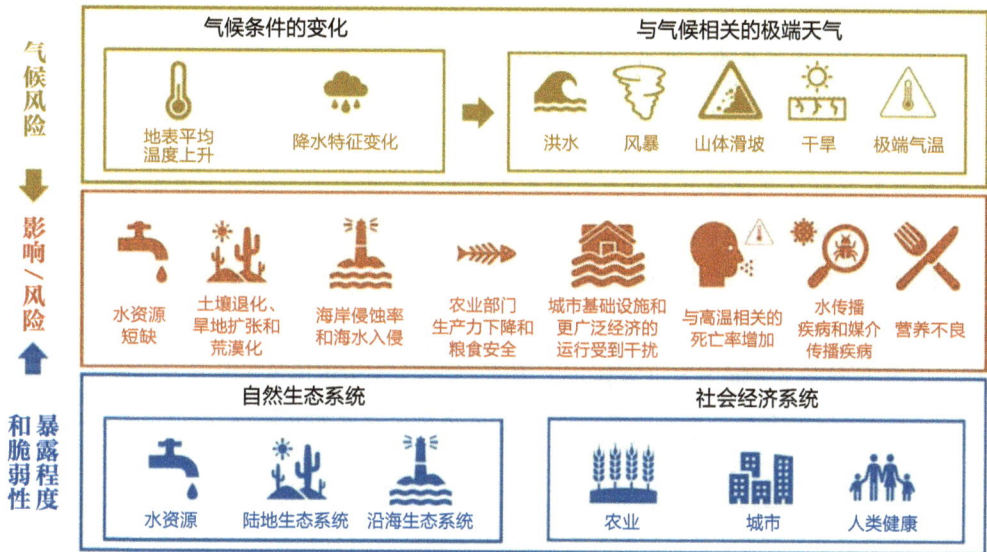

图 7-4 中国面临的主要气候变化风险

主要暴露包括两类，即自然生态系统和社会经济系统。在中国，自然生态系统的脆弱性主要表现在社会经济发展对水资源、陆地生态系统和沿海生态系统造成压力。农业灌溉设施不足、城市基础设施缺乏风险规划、医疗资源供给不足等反映了社会经济系统的脆弱性，而高温干旱导致水位下降波及水力发电是另一个潜在风险。

尽管中国已经采取了一些适应措施来减少上述危害、暴露或脆弱性，但仍有许多遗留风险没有得到有效应对和适应（图 7-4）。根据《中国气候变化蓝皮书（2023）》，主要影响（已产生的风险）包括水资源短缺，土壤退化、旱地扩张和荒漠化，海岸侵蚀率和海水入侵，农业部门生产力下降和粮食安全，城市基础设施和更广泛经济的运行受到干扰，与高温相关的死亡率增加，水传播疾病和媒介传播疾病增加，营养不良，等等。这些是中国需要适应的主要风险。

中国始终坚持减缓与适应并重，实施了促进适应气候变化的国家战略（专栏 7-13）。《国家适应气候变化战略 2035》明确了缓解中国气候变化风险的三个适应重点：①加强气候变化监测、预警和风险管理；②提高水资源、陆地生态系统、海岸带等自然生态系统适应气候变化的能力；③提高农业、城市系统、人类健康等社会经济系统适应气候变化的能力。

专栏7-13　中国适应气候变化的政策和行动

2013 年以来，中国先后发布了两个版本的《国家适应气候变化战略》。最新版本的《国家适应气候变化战略 2035》更加突出气候变化监测预警和风险管理，包括完善气候变化观测网络，强化气候变化监测预测预警，加强气候变化影响和风险评估，强化综合防灾减灾等任务举措（图 7-5）。

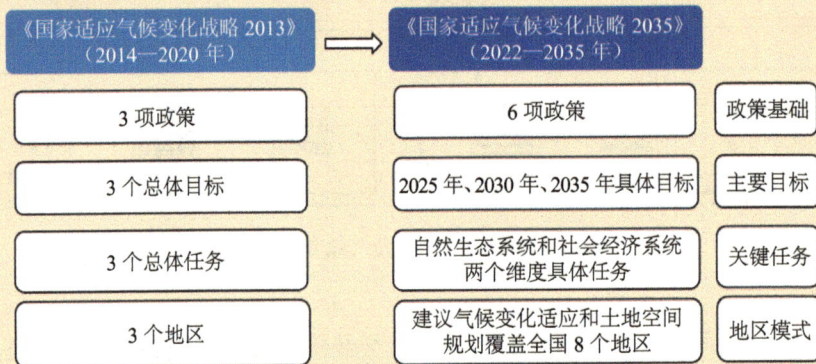

《国家适应气候变化战略 2013》 （2014—2020 年）	→	《国家适应气候变化战略 2035》 （2022—2035 年）	
3 项政策		6 项政策	政策基础
3 个总体目标		2025 年、2030 年、2035 年具体目标	主要目标
3 个总体任务		自然生态系统和社会经济系统 两个维度具体任务	关键任务
3 个地区		建议气候变化适应和土地空间 规划覆盖全国 8 个地区	地区模式

图 7-5　两个版本文件中的对比

（二）适应气候变化的潜在数字解决方案

鉴于上述中国气候变化适应的主要挑战和优先事项，本节考虑中国的需求探讨国际案例和最佳实践。广泛的文献综述重点关注数字技术和工具在促进气候变化适应方面的潜在作用，其中一些工具可以帮助制定适应气候变化的长期规划，而另一些工具则可以帮助预测和应对直接的气候变化危害。如本章第三部分所述，空间规划可以帮助城市增强应对气候变化挑战的抵御能力。本节探讨了另外两个主要领域：一是气候变化监测和预警，二是应对洪水的城市水资源管理。这都是中国面临的最常见的直接气候灾害。

1. 高精度降水预报的人工智能技术

气候变化监测和灾害预警依赖于精确的气候和极端天气预测。中国在开发和实施极端天气预报和风险管理系统方面付出了巨大努力，并取得了显著进展（专栏 7-14）。当前的天气预报通常依赖于由世界上最大的超级计算机提供支持的传统物理技术。这些方法受到高计算要求的限制，并且对它们所基于的物理定律的近似值很敏感[37]。因此，天气预报系统可以进一步提高效率和准确性。例如，中国气象局发布了《气象观测技术发展引领计划 2020—2035 年》，通过发展和部署特定目标多维立体观测技术、智能协同观测技术、多维立体观测技术等智慧技术，推动气象现代化建设——多源观测数据融合应用技术。

专栏 7-14　中国气象灾害风险管理体系

为提高灾害风险管理能力，中国已形成气象灾害调查、致灾阈值识别、致灾阈值预警系统、灾害风险定量评估、精细化灾害风险区划、灾害风险区划等技术体系，建设了大数据应用、模式算法、在线分析与产品制作和运营 4 个中心系统，实现了实时监测、定量评估。风险管理体系明确了地方政府和中央政府的风险管理职责（图 7-6）。

数字技术可以帮助实现的系统性功能包括灾害监测、灾害事件识别、影响评估、风险评估、风险预估、风险分区等各类业务产品的实时发布。在国家气象业务部门的应用表明，该系统具有良好的能力和发展前景，未来将进一步提高其准确性和地理覆盖范围，如包括更偏远、人口较少的地区。

图 7-6　气象灾害风险管理体系框架

目前，中国正在开发一种利用人工智能技术进行精确降水预报的有效方法[38]。与依赖物理定律的传统方法不同，人工智能天气预报模型学习直接根据观测数据预测天气模式，从而实现更快、更准确地预测[37]。通过结合人工智能技术进行降水预报，科学家可以实现一种新的天气预报精准模型。这种方法消除了对天气物理数据进行手动编辑的需要，而是利用观测到的天气现象，进行"端到端"学习。此外，人工智能技术允许在低精度硬件上进行并行预测，这代表了天气预报方法的重大进步。

这些方法，包括盘古天气、谷歌的 MetNet-2 等，可能会提升预测的范围和分辨率[39]。尽管仍处于实验室阶段，但 MetNet-2 已显示出其准确、高效的降水预报潜力[38]。MetNet-2 的预测性能和速度超过了传统的基于物理的模型，特别是对于临近预报（预测未来 2 ~ 6 h 的天气）。与基于物理的模型相比，MetNet-2 的性能优于最先进的高分辨率集合预报模型，可提前 12 h 进行天气预报。同时，基于人工智能的方法的计算要求较低，速度更快。在预测所需的时间方面，基于物理的模型大约需要 1 h，而 MetNet-2 只需 1 s[37]。

这些模型最近已在《自然通讯》等期刊上发表，但尚未正式应用，当前面临着几大障碍。首先，技术需要进一步发展，以扩大天气现象的考虑范围，并将预报范围延长到数天和数周，而中国尚缺乏有效的大学、企业及研究机构多元参与的机制和激励措施。例如，根据《中华人民共和国气象法》，一些天气探测数据是保密的，这可能会影响民间机构对新技术研究所需数据的可用性。此外，气象部门内部虽然有创新激励，但外部参与创新缺乏有效渠道和激励。其次，它们的数据更加密集、多源，这在数据收集、集成和治理方面产生了问题[37]。

2. 城市水务领域的运营数字孪生

气候变化导致的降水时空分布变化给中国城市地区的水资源管理带来了挑战。与降水事件相关的巨大不确定性导致下水道系统内高流量频率增加，引发下水道溢流。这些溢流将未经处理的废水排放到环境中，对水环境、水生态造成严重威胁[40]，并加剧水污染、水资源短缺风险和水传播疾病。瑞典的哥德堡和赫尔辛堡等城市实施了数字孪生水资源管理技术，这对于降低中国城市水务部门对气候变化的脆弱性具有较好的示范作用。

数字孪生技术构建了一个具有在线流量预测和控制策略建议功能的决策支持系统。利用数字孪生技术，决策者可以实现控制策略变化影响的快速可视化，从而增强决策的信心[40]。仿真结果表明，实施实时控制策略可以显著减少哥德堡案例中的下水道溢流事件，潜在的好处包括更稳定的水处理过程、更低的临界负载风险，以及更灵活地应对处理材料堆积问题。大雨过后，中国城市的下水道溢流很常见[41]。未经处理的废水可能挟带来自地面的污染物进入城市环境，造成水污染、淡水短缺和水传播疾病的增加。这种气候变化的脆弱性在中国尚未得到很好的解决，而快速的城市化和日益增加的气候灾害将会加剧这种脆弱性。因此，扩大数字孪生解决技术将对中国的城市水管理产生重大影响。

在借鉴哥德堡和赫尔辛堡案例经验的同时，实施数字孪生也面临着一些挑战[40]。其中一项主要挑战是如何整合多个来源的水流量波动的数据，包括天气预报、用水实体、污水处理部门。高质量数据收集和管理的不足、机构间数据传输协调机制的缺乏或隐私保护法律的缺失都可能阻碍多源数据的顺利整合。另一项挑战是如何在控制室操作员之间建立对数字孪生系统的信心。

（三）利用数字化适应的治理创新

正如之前的案例研究所证明的那样，数字化在促进气候变化适应方面发挥着重要作用。同时，开发和部署此类数字解决方案面临许多挑战，可分为四类：①数字技术的发展，特别是推动技术从实验室到实际应用的研究；②数据收集、管理和整合；③多个机构之间的协调问题；④关于共享数据或开发新方法的允许性的法律问题。此外，气候变化适应规划需要审查长期风险，如极端事件模式随时间变化的风险——多次洪水、热浪、干旱、野火等。人工智能应在这方面发挥重要作用，帮助识别这些风险。管理长期风险并支持建立复原力的相关决策。

中国启动了一系列研发计划，以促进创建适应气候变化的数字解决方案。例如，科技部正在支持极端天气和预报技术的研究，以及数字适应决策支持系统的研究。然而，该领域的资金相对有限，导致此类研究通常在大学和其他公共研究机构小规模进行。而且研究结果往往停留在实验室阶段，实际应用的"最后一公里"问题仍未得到解决。此外，中国仍缺乏鼓励各部门参与开发气候适应数字解决方案的综合激励政策。私营部门研究机构在这方面也拥有强大的能力。鉴于适应工作本质上是长期的，并且往往具有积极的外部性，因此需要适当的激励政策来解决市场失灵问题并促进私营部门的参与。

部署适应气候变化的数字技术需要多个数据源的支持，包括来自个人、企业、政府和非营利组织的数据。无论是从技术、法律还是管理的角度来看，这些多源数据都不容易整合在一起。首先，统计标准不同、部门数据质量参差不齐，导致中国数据孤岛现象严重、信息共享不畅。其次，隐私和数据安全无法得到保障，削弱了个人和企业共享数据的意愿。最后，缺乏规范的共享方式和政策。中国政府在这方面也作出了很多尝试。例如，政府发布了国土空间规划蓝图，用以实施监管信息系统技术规范。这一技术规范系统地描述了国土规划数据的采集标准、数据管理和数据监管策略。

部署数字技术来适应气候变化需要跨部门多个机构的协调努力。例如，农业、城市规划、应急管理和气象部门需要交换有关适应气候变化的数字解决方案的信息。中国正在积极建立适应气候变化跨部门协调机制，推动政策和技术协调推进。例如，17 个部门联合发布了《国家适应气候变化战略 2035》，但实质性协调机制仍处于探索阶段，尚未完全建立有效的协调机制。

在部署适应气候变化的新型数字方法时，可能会出现与责任和问责相关的法律问题。确定谁对数字适应技术造成的潜在不确定性和危害负责对于解决这些问题至关重要。由于部署数字解决方案仍处于初级阶段，需要相关的政府政策支持。

五、性别观点

过去 50 年破纪录的经济增长使中国社会的大部分人都受益了，但尚未充分提高女性相对于男性的地位。在大多数从工业经济转向服务经济的国家中，女性的平等程度遵循一个"U"形路径，从工业化社会之前的较高平等水平，下降至工业社会的较低平等水平，再次提升至服务经济中的较高平等水平。在服务业已经占 GDP 一半以上的中国，这种模式并不成立，女性的平等程度遵循"L"形路径[42]。女性劳动力参与率从 1990 年的 73% 下降到 2021 年的 61%，而男性劳动力参与率从 1990 年的 86% 下降到 2021 年的 78%。因此，尽管中国在经济增长和总体福利方面取得了巨大进步，且中国在性别平等领域取得局部进展，但深层次不平等问题仍未根本解决。

麦肯锡的一项研究表明，工业 4.0 有可能通过开辟新的机会（尤其是为女性）来改善当前的劳动力市场状况。以前必须由人类完成的任务可以外包或自动化，从而改变工作方式。麦肯锡估计，女性将稍微受到工作（部分）自动化的影响，这将带来更大的灵活性，但也会导致活动的必要转变，以及特定技能的重要性日益增加。在中国，到 2030 年，400 万至 3 600 万女性（占 2017 年就业人数的 1% ~ 10%）可能需要跨职业和技能转型以保持就业[43]。

更广泛地说，人工智能和数字基础设施不仅是技术。"从根本上讲，人工智能是技术和社会实践、制度和基础设施、政治和文化。这使计算理性和具体工作紧密相连：人工智能系统反映并产生社会关系和对世界的理解"。根据联合国妇女署 2023 年的相关数据，如今女性仅占全球人工智能工作者的 22%。这种情况在整个科学、技术、工程和数学（STEM）领域也很明显，男性在这些领域中占绝大多数。无论是在高等教育、大学教育还是在劳动力市场中，女性在世界各地 STEM 领域的代表性不足[45]。她们约占全球科研职位的 29%，在东亚和太平洋地区约占 23%[46]。硅谷的科技公司估计，技术职位申请者中只有 1% 是女性[47]。联合国教科文组织的报告称，全球研发职位中女性占 31%，而女性操作基本数字技术的可能性比男性低 25%。

在中国，工程和数学领域的学生中女性比例不到 30%，受好评的科技职位由女性担任的比例不到 20%，中国科学院的工程和数学领域教师中女性比例仅为 6%[48]。联合国开发计划署驻地代表估计，中国绿色经济中 80% 的高薪 STEM 工作将由男性担任[49]。AI 指数 2021 年度报告估计，计算机科学终身教授中只有 16% 是女性[50]。虽然在许多 G20 国家中，女性作为人工智能文章发表者的比例为 10% ～ 30%，但在中国，这一比例在过去 10 年始终保持在 4% 左右[51]。然而，这些数字应被理解为基线，表明存在更多现有数据中不可见的性别不平等现象。一项针对工程和数学领域性别差距的研究表明，缺少按性别分类的数据会阻碍政策制定者了解问题的真正深度[52]。

尽管利用先进的科技创造了新的工作岗位和带来了更多可能性，但也带来了一些社会不公正现象：那些因工业 4.0 而受益的群体是能使用这些方式和服务的人群，并不包括那些可能被抛在后面的人、那些与数字脱节的人、那些无力承担数字解决方案的人、那些没有或未被授予访问权限的人、那些缺乏基础知识和教育选择的人，以及那些不相信自己的数字技能的人。受这些障碍和由此产生的数字鸿沟影响的最大边缘群体是女性[53]。如果歧视因其他因素（称为交叉性）而加剧，则不利因素可能会增加。这意味着，基于性别认同、性取向、年龄、出身、残疾或社会经济地位等因素的歧视并非孤立存在，而是当这些因素相互交织时，可能会在交叉点上催生出新的、更为复杂的歧视形态。因此，生活在偏远和农村地区的妇女、原住民妇女、残疾妇女或老年妇女可能面临着额外的、不同形式的障碍和边缘化[54]。

将妇女排除在基于数字技术的设计、政策和社会干预之外会对有效缓解和预防气候变化产生有害后果。首先，女性更容易受到气候变化的影响。气候变化预计将增加基于性别的暴力、童婚和女孩的辍学率，并迫使妇女走更远的距离来完成日常任务[55]。如果数字解决方案没有适当考虑女性的需求，就有可能加剧现有的不平等并限制这些解决方案的有效性。

其次，女性是气候变化适应和预防措施的有效推动者，可以说比男性更有效。然而，女性在"绿色工作"、工程和数学领域的代表性不足，而这对于成功应用数字工具实现可持续发展目标至关重要。此外，担任决策职位的女性可以果断地将她们领导的公司转向可持续增长的方向[56]。人们还发现，女性是 ESG 计划和改善可持续商业实践的更有效推动者。如果女性在开发数字解决方案至关重要的工程和数学领域仍然很少，那么这些行业很可能无法充分利用人才来寻找有效的解决方案，以实现惠及所有人的数字行业的绿色转型[57]。

专栏 7-15　通用人工智能：匹配中的性别偏见

推进以人为本的人工智能，特别关注减少性别和其他偏见，有利于气候和社会公平。人工智能是一项颠覆性技术，将改变人们的工作方式。Gartner 预测，到 2025 年，50% 的知识工作者将每天使用人工智能，高于 2019 年的 2%[58]。人工智能潜在影响的一个生动例子是它可以显著减少知识工作者平均花费在查找数据上的 25% 的时间[59]。

匹配，是指将工作者与职位进行匹配的过程，是一个很有前景的领域，在这个过程中，人工智能有望帮助减轻知识工作者的负担。然而，算法偏差可能会导致不同性别的不平等待遇。例如，将性别设置为女性会导致搜索查询中出现的高薪工作较少[60]。此外，LinkedIn 发现，男性比女性更易看到空缺职位，这仅仅是因为男性往往更频繁地寻找工作[61]。工程和数学领域的职位空缺向男性展示的可能性比女性高 20%，这加剧了该领域男性已经占据主导地位的不平等现象[62]。

人工智能也可能是解决方案的一部分，因为它可以调整工作描述的语言并使其更加平等，例如，在 Textio 公司中[63]。另一个希望可能是人工智能支持的积极的劳动力市场政策。人工智能可能有助于政府改善职位空缺和求职者之间的匹配，大数据分析可能会确定最重要的技能提升或再培训干预措施。如果这些措施部分是专门针对女性的需求而制定的，或者相关人工智能的编程方式是专门针对女性候选人的，那么将可能会对就业市场产生有益的影响[60]。

让女性从事有影响力的"绿色工作"（通常基于工程和数学领域的专业知识）可以改善气候变化缓解措施。最近，世界银行得出结论，女性在这些高薪"绿色工作"中的代表性不足。她们仅占工程和数学领域学生的 8%、董事会职位的 15%、全球首席执行官的 4%、水务公司经理的 23% 及可再生能源领域的 32%。只有 62 名女性和 100 名男性被评为"绿色人才"。然而，自《巴黎协定》签署以来，研究显示，性别多元化程度较高的公司相比性别多元化程度较低的公司（或男性管理者占比较高的公司），其二氧化碳排放量减少了约 5%，公司董事会中女性比例的提高有助于减少能源消耗、用水和温室气体排放。最后，研究发现，工程和数学领域的女性比男性同行更能有力地促进气候减缓[56]。因此，改进人工智能匹配算法，特别是"绿色工作"的算法，可能会为公正的可持续转型带来立竿见影的好处。

六、政策建议

过去几十年来，中国经济经历了快速的数字化进程，数字化为中国经济发展作出了巨大贡献，并将其影响力向外延伸。在此背景下，本章旨在探讨数字化与可持续发展之间的联系，并具有明确的使命：数字化作为 21 世纪的主导变革力量，必须为可持续发展服务。本章评估了中国背景下的数字化与可持续发展之间的关系，回顾了全球最佳实践，并就四大行动领域提供了政策建议：发展绿色数字产业、构建可持续智慧城市、运用数字化推动应对气候变化的适应性，以及在数字化转型中推广性别主流化。

（一）绿色数字产业

1. 推动数字基础设施绿色转型，减少碳排放

一是推动数字基础设施节能增效、低碳化。具体而言，政策行动应从两个方面入手：一是对新型数字基础设施建设实施严格、可持续的监管；二是推动现有新型基础设施的节能低碳转型。这要求聚焦 5G、数据中心、软件设计与开发、工业互联网等重点领域，在行业标准化组织、科研院所等组织的支持下，加快数据中心、机构和龙头企业对绿色低碳技术的研发，并鼓励企业加快液冷、自然冷却、高压直流、余热回收等节能技术的应用，延长环保产品的使用寿命；重复利用 ICT 设备，淘汰废旧设备；逐步淘汰高耗能设备，推进数据中心 ICT 设备节能等级、碳等级标准制定，有序淘汰高耗能、低效率设施。然而，人们担心"漂绿"的可能性，"清洁能源"或"绿色基础设施"等术语可能变得主观且易于解释，这种情况有时会在数字公司的实践中得到验证。为了确保数字基础设施在可持续发展方面取得真正进展，透明度成为一个重要的先决条件。

二是通过绿色电力交易，优化现有数据中心的能源结构，提高风能、太阳能等新能源的效率，减少数据中心的碳排放。基于阿里巴巴、蚂蚁集团和百度的承诺，建议

对所有数据中心和一定规模以上的数字公司制定具有约束力的100%可再生能源目标。目标虽然明确，但时间和机制上仍需灵活。要对国家计算中心和数据中心年度能耗进行评估并公布评估结果，支持有条件的大型数据中心利用电能使用效率、能耗等指标开展能效评估，如冷却效率比、能源再利用系数和水利用效率等。此外，云服务应标明每个服务单位的碳足迹，推动零碳数据中心分级建设，定期评估并公布评估结果。有关能源消耗的信息和 PUE 等指标，以及前文中讨论的其他指标应公开透明。数字化企业应该通过公开展示他们如何实现这些指标来展示透明度。

三是管理电子设备全生命周期碳排放数据。鼓励制造企业建立"碳资产管理系统"，监测不同环节、不同产品的碳排放数据，规范碳数据管理，通过核算准确识别实际情况。鼓励上游原材料、零部件企业将碳排放数据传输至下游，通过绿色供应链管理，为下游企业追踪其产品碳足迹和碳排放提供高质量的数据库，利用碳生产率、碳产量等指标评价绿色生产。

2. 积极推动数字企业低碳发展，倡导绿色社会责任

第一，倡导数字企业承担社会责任，建立相应的激励机制，鼓励大型数字化企业跟踪、测量和公开其能源消耗和碳排放情况，并关注数字技术对环境的积极和消极影响。

第二，基于实现国际和国内标准的统一，建立具有中国特色的环境、社会和公司治理评估体系，推动建立科学、规范的中国特色指标体系，有效引导数字化企业在投资中更加注重环境和社会责任。应制定企业环境、社会和公司治理报告标准，加强政府监管机构对企业环境、社会和公司治理合规性的评估。

第三，探索应用"数字产品绿色护照"等数字工具，基于供应链记录碳排放足迹，并在政府采购指导下设计激励措施和价格机制，促使消费者购买更多环保产品和服务。

第四，利用数字平台服务促进绿色消费，培养公众绿色生活习惯，如支持消费者减少数据和硬件消耗。算法可能更倾向于消费高质量、长寿命的产品，但降低高周转、高材料密集型产品的消费。改善有利于共享经济服务模式（如共享出行、在线办公和闲置物品交易）的政策环境。

3. 改善数字技术的支持服务能力，赋能各行业管理、减少碳排放

政策制定者应适应各行业的发展需求，实现精确的碳排放管理和低碳生产，加快基础、前沿和适用软件及信息技术服务的研发和推广，增强数字碳管理和减排创新能力的支持。

在数字技术部署中减少碳排放方面，优化算法非常重要，因为更高效的机器学习算法（如稀疏模型）可以提高模型运行的效率并减少能源消耗，同时利用专用芯片进行大型模型训练。与通用处理器相比，专用芯片和针对机器学习训练优化的系统在使用时可以显著提高大型模型的性能和能源效率。此外，应使用云计算而不是内部计算资源来减少能源消耗。

通过应用数字技术减少碳排放来赋能其他行业，重要的是加强对实时数据交换、信息处理与集成等感知技术的研究，提高碳传感器的综合性能，推动数据挖掘、机器学习和建模分析等大数据技术的突破，促进碳效率的数据管理、分析和预测。还需要加强各种技术的面向碳效率的研发，并促进区块链在碳资产管理和碳交易平台中的应用。此外，还需要具体的政策行动来支持针对系统性集成数字和绿色转型推广中心的建设。

在智能能源和智能制造等领域，数字企业和相关机构可以开展数字碳管理和减排的示范应用，为工业公司提供绿色升级和转型的数字服务或解决方案，推动传统产业的数字化、智能化、网络化和低碳化发展，更好地促进各领域的数字减排工作。

（二）构建智慧可持续城市

智慧可持续解决方案可以在城市层面创造三赢机会：可以促进现代经济部门的发展；使城市更宜居，提高生活质量；帮助减轻地方和全球环境负担。然而，实现这些目标需要大量的政策和技术努力，以及数字基础设施建设和可持续目标的专业知识。一个核心风险是将智慧等同于可持续。数字解决方案是通用技术，可以使应用、技术和业务活动更加高效，但环境后果也取决于反弹效应和应用领域。因此，在承诺最高可持续性收益的领域和应用中加倍努力至关重要，特别是在减少温室气体排放、改善空气质量、鼓励可持续生活方式和实现高质量生活方面。以下政策可以帮助实现中国城市的三赢局面。

1. 建立"智慧可持续城市评审"系统

审计的作用是评估绩效结果，以确保在这种情况下数字化带来的机会得到充分利用，支持在移动性、建筑和空间规划方面的可持续发展。当发现弱点时，应提出激励措施、法规和进一步研究建议。可以将"智慧可持续城市评审"推广为"可持续数字化评审"，涵盖社会各个方面。

2. 在应对气候问题的背景下推进城市数字治理

杭州和深圳等城市在数字基础设施方面处于世界领先地位，并具备高度适应性的城市治理潜力。建议这些城市的城市气候管理充分利用这些基础设施来推动气候中和。这需要协调规划并评估在减少温室气体排放方面最有效的方案，同时开发与气候目标相一致的数字化应用，这些应用将涵盖移动性、建筑和城市规划等领域。数字创新有潜力改善可持续基础设施以及城市治理实践。

3. 推动试验高效共享集约出行的特殊经济可持续区

通过实施税收减免政策和赋予拼车及类似服务优先进入城市道路网络的权利，鼓励采用多人在同一辆车（包括小巴）中的共享出行方式。同时，对街边停车进行限制和规范，并对进入市区的私家车征收通行费。预期的结果是一个更为高效的门到门出行系统，无拥堵，空气质量更好，城市经济运行更顺畅。在数字平台的支持下，杭州等城市将在这方面推进这一政策，并成为全球先行者。

4. 应用人工智能推进可持续城市规划

绘制建筑库存及其与能源相关的特征、街道网络，并计算城市形态的可持续性指标。将结果应用于可持续城市规划，使城市使用更易达、能源和资源消耗更低、更健康，并对降水量大或极端高温或低温事件具有抵抗力，为所有中国市政提供可扩展的服务。

（三）运用数字化推动应对气候变化的适应性

1. 加强对科技创新的支持，制定更具弹性、针对性的数字化适应性解决方案

全面评估与中国气候变化适应相关的科学、技术、经济和社会研究成果，从农业、城市和生态系统管理方面开始，系统地加强数字技术在农业生产、城市防灾减灾和生态保护中的应用。特别需要注意的是，政府应支持对数字化适应性解决方案实施的研究，包括对大学和研究机构提供支持，促进研究活动与实际应用之间的联系。

2. 改进多源数据整合、管理及多机构协调合作机制

在气候变化适应领域制定数据标准、数据共享机制和协调政策，尤其包括以下方面：①建立数据共享中心（数据市场），弥补不同数字项目之间的数据差距；②制定适当的数据监管政策，消除数据共享的不利因素（例如，隐私政策、公平正义）；③建立农业、城市规划、应急管理和气象部门之间的信息交流和合作机制。数字化气候变化适应技术需要大量多源数据的支持。土地和空间规划实施监督信息系统的技术规范是一个很好的参考。

3. 加快立法以促进数字气候变化适应解决方案

加快建立支持发展和部署数字气候变化适应解决方案的法律框架，尤其包括：①制

定保护试错活动的法律，这对于新技术的部署至关重要；②完善有关数据共享和隐私保护的法律，消除数据共享和多利益相关方参与的不利因素。

（四）在数字化转型中推广性别主流化

作为一种典型的通用技术，人工智能既反映社会关系和对世界的理解，也会产生这些关系和理解。因此，在推广人工智能和数字基础设施在社会中的普遍应用时，必须提出一些问题，如哪些资源是必要的，如何获取这些资源，以及谁会受益、谁不会受益。为了解决这些问题，本章提出以下建议：第一，将性别分析纳入政策规划和监测工作中；第二，在规划、实施和监测过程中赋予妇女和多元化专家权利；第三，使性别分解数据成为每个数据收集活动的一部分，并促进基于数据的性别研究；第四，在评估新的数字技术和解决方案的风险时，包括对偏见的检测，并采取措施减轻偏见。为应对与人工智能相关的性别偏见，政府可以考虑以下政策行动。

增强意识。了解偏见，系统地研究偏见，并遵循国际准则。例如，实施解决数据和人工智能系统性别偏见的政策，鼓励公司进行性别影响评估或推动算法透明度，可以加速这一过程。

检测数据集中的偏见。风险分析有助于识别数据集中的弱点和威胁。借助软件、使用可解释的人工智能技术而非黑盒模型，通过分解、分析、评估偏见，并借鉴科学研究，可以使偏见变得明显。

减少现有的偏见。通过改进数据收集过程、将数据源组合在一起，并进行去偏见处理，例如，平衡数据、消除刻板特征，可以修正数据集中的现有弱点。

沟通。在方法和数据模型方面保持透明十分重要。公开结果和项目设计有助于他人理解和改进模型。

参考文献

[1] Rockström J, Figueres C. Exponential climate action roadmap[C]//Global climate action summit[EB/OL].[2023-02-02].https://exponentialroadmap.org/exponential-roadmap/.

[2] Berkley Haas Center for Equity, Gender and Leadership.Mitigating Bias in Artificial Intelligence. An equity fluent leadership playbook[R/OL]. [2023-03-13]. http://berkeley.edu/UCB_Playbook_R10_V2_spreads2.pdf.

[3] UNESCO, OECD, IDB. The effects of AI on the working lives of women[EB/OL].[2023-03-13]. https://www.iadb.org/en/news/.

[4] World Economic Forum. How to reduce bias in AI[EB/OL].[2023-03-13]. https://www.weforum.org/projects/open-source-data-science-how-to-reduce-bias-in-ai.

[5] McKinsey. A conversation on artificial intelligence and gender bias[EB/OL].[2023-03-17]. https://www.mckinsey.com/business-functions/mckinsey-analytics/our-insights/a-conversation-on-artificial-intelligence-and-gender-bias.

[6] Betsy Davis Cosme. Making women and girls visible: gender data gaps and why they matter[R]. UN Women, 2018.

[7] Encarnacion J, Emandi R, Seck P. It will take 22 years to close SDG gender data gaps[EB/OL]. [2023-01-30]. https://data.unwomen.org/features/it-will-take-22-years-close-sdg-gender-data-gaps.

[8] UN Women. In focus: International Women's Day[EB/OL]. [2023-03-01]. https://www.unwomen.org/en/news-stories/in-focus/2023/03/in-focus-international-womens-day.

[9] Skea J, et al. Summary for policymaker[R]//Climate change 2022: Mitigation of climate change. IPCC,2022.

[10] Lwasa S, et al. Urban systems and other settlements[R]//Climate change 2022: Mitigation of Climate Change. IPCC, 2022.

[11] Bren d'Amour C, Reitsma F, Baiocchi G, et al. Future urban land expansion and implications for global croplands[J]. Proceedings of the National Academy of Sciences, 2017, 114(34): 8939-8944.

[12] Höjer M, Wangel J. Smart sustainable cities: Definition and challenges[M]//ICT innovations for sustainability. Springer, 2015.

[13] Jiang H, Sun Z, Guo H, et al. An assessment of urbanization sustainability in China between 1990 and 2015 using land use efficiency indicators[M]. npj Urban Sustainability, 2021.

[14] Liu T, Li Y. Green development of China's Pan-Pearl River Delta mega-urban agglomeration[J]. Scientific Reports, 2021, 11(1).

[15] Guo Y, Xin F, Li X. The market impacts of sharing economy entrants: Evidence from USA and China[J].Electronic Commerce Research, 2020, 20: 629-649.

[16] Johnson M, Jain R, Brennan-Tonetta P, et al. Impact of big data and artificial intelligence on industry: Developing a workforce roadmap for a data driven economy[J]. Global Journal of Flexible Systems Management, 2021, 22: 197-217.

[17] Creutzig F, Acemoglu D, Bai X, et al. Digitalization and the anthropocene[J]. Annual Review of Environment and Resources, 2022(47): 479-509.

[18] Bongardt D. Low-carbon land transport: Policy handbook[M]. Routledge, 2013.

[19] World Economic Forum. Global new mobility coalition[EB/OL]. [2023-03-13]. https://initiatives. weforum.org/global-new-mobility-coalition/home.

[20] Qu J, Yan J. Working from home vs working from office in terms of job performance during the COVID-19 pandemic crisis: Evidence from China[J]. Asia Pacific Journal of Human Resources, 61: 196-231.

[21] Yin Z, Jiang X, Lin S, et al. The impact of online education on carbon emissions in the context of the COVID-19 pandemic—taking Chinese universities as examples[J]. Applied Energy, 2022(314): 118875.

[22] Caprotti F, Liu D. Platform urbanism and the Chinese smart city: The co-production and territorialisation of Hangzhou city brain[J]. GeoJournal, 2022, 87: 1559-1573.

[23] Yan X, Li T. Construction and application of urban digital infrastructure—practice of "Urban Brain" in facing COVID-19 in Hangzhou, China[R]. Engineering, Construction and Architectural Management, 2023.

[24] MTR Lab. Innovative solutions[EB/OL]. [2023-03-17]. https://www.mtrlab.com.hk/tech-solution?lang=en.

[25] Höjer M, Mjörnell K. Measures and steps for more efficient use of buildings[J]. Sustainability, 2018, 10(6): 1949.

[26] Santarius T. Digital sufficiency: conceptual considerations for ICTs on a finite planet[J]. Annals of Telecommunications, 2022(78): 277-295.

[27] Khanna T M, Baiocchi G, Callaghan M, et al. Author correction: A multi-country meta-analysis on the role of behavioural change in reducing energy consumption and CO_2 emissions in residential buildings[J]. Nature Energy, 2022(7): 117.

[28] Milojevic-Dupont N, Creutzig F. Machine learning for geographically differentiated climate change mitigation in urban areas[J].Sustainable Cities and Society, 2021, 64:102526.

[29] Silva M, Vítor L,Vítor O, et al. A scenario-based approach for assessing the energy performance of urban development pathways[J/OL]. Sustainable Cities and Society, 2018(40): 372-382. https:// doi.org/10.1016/j.scs.2018.01.028.

[30] Wagner F, Milojevic-Dupont N, Franken L, et al. Using explainable machine learning to understand how urban form shapes sustainable mobility[J]. Transportation Research, Part D: Transport and Environment, 2022(111): 103442.

[31] Ramboll. Gender and (smart) mobility green paper 2021[R/OL]. 2021. https://womenmobilize.org/ wp-content/uploads/2021/07/Gender-and-mobility_report-komprimiert.pdf.

[32] Falchetta G, Noussan M. Electric vehicle charging network in Europe: An accessibility and deployment trends analysis[J]. Transportation Research, Part D: Transport and Environment, 2021, 94(1): 102813.

[33] Santarremigia F, Molero G, Malviya A. A methodological approach to reveal fair and actionable knowledge from data to support women's inclusion in transport systems: The Diamond approach[R]. Transport Research Arena (TRA) Conference, 2022.

[34] UN Women. Creating safe and empowering public spaces with women and girls[R]. 2022.

[35] Argyroudis S A, Mitoulis S A, Chatzi E. Digital technologies can enhance climate resilience of critical infrastructure[J]. Climate Risk Management, 2022, 35: 100387.

[36] Masson-Delmotte V, Zhai P, Pirani A. Climate change 2021: The physical science basis[R]// Contribution of Working Group I to the Sixth Assessment Report of the Intergovernmental Panel on Climate Change[R]//Climate change 2021: The physical science basis, 2021.

[37] Kalchbrenner N, Espeholt L. MetNet-2: Deep learning for 12-hour precipitation forecasting[EB/OL]. 2021. [2023-03-15]. https://ai.googleblog.com/2021/11/metnet-2-deep-learning-for-12-hour.html.

[38] Espeholt L, Agrawal S, Snderby C, et al. Deep learning for twelve hour precipitation forecasts[J]. Nature Communications, 2022, 13.

[39] Bi K, Xie L, Zhang H. Pangu-weather: A 3D high-resolution model for fast and accurate global weather forecast[DB/OL]. [2023-03-15]. https://doi.org/10.48550/arXiv.2211.02556.

[40] Guida S.Digital Water: Operational digital twins in the urban water sector[EB/OL]. International Water Association.(2021-03-10)[2023-03-16]. https://iwa-network.org/publications/operational-digital-twins-in-the-urban-water-sector-case-studies/.

[41] Talamini G, Shao D, Su X, et al. Combined sewer overflow in Shenzhen, China: The case study of Dasha River[J]. WIT Transactions on Ecology and the Environment, 2016(210): 785-796.

[42] Brussevich M. China's rebalancing and gender inequality[R/OL]. [2023-03-13]. https://imf.org/en/Publications/WP/Issues/2021/12/31/China-s-Rebalancing-and-Gender-Inequality-49887.

[43] Madgavkar A, Manyika J, Krishnan M, et al. The future of women at work: Transitions in the age of automation[R/OL]. 2019. https://www.mckinsey.com/featured-insights/gender-equality/the-future-of-women-at-work-transitions-in-the-age-of-automation.

[44] Crawford K. Atlas of AI: Power, politics, and the planetary costs of artificial intelligence[M]. Yale University Press, 2021.

[45] Ortiz-Martinez G. Analysis of the retention of women in higher education STEM programs[J]. Humanities and Social Sciences Communications, 2023: 101.

[46] UNESCO. STEM education for girls and women: Breaking barriers and exploring gender inequality in Asia[EB/OL]. [2023-03-08]. https://unesdoc.unesco.org/ark:/48223/pf0000373842.

[47] UNESCO. Gender biases in AI and emerging technologies[EB/OL]. [2023-03-07]. https://en.unesco.org/themes/women-s-and-girls-education/gender-biases-ai-and-emerging-technologies

[48] UNDP. Designing a fairer future: Why women in tech are key to a more equal world[EB/OL]. [2021-05-27]. https://www.undp.org/china/blog/designing-fairer-future-why-women-tech-are-key-more-equal-world.

[49] UNDP. Women in science can change the world[EB/OL]. [2022-12-27]. https://www.undp.org/china/blog/women-science-can-change-world.

[50] Zhang D, Mishra S, Brynjolfsson E, et al. The AI index 2021 annual report[DB/OL]. arXiv.org, 2021. https://doi.org/10.48550/arXiv.2103.06312.

[51] UNESCO, OECD, IDB. The effects of AI on the working lives of women[R]. 2022.

[52] Vargas-Solar G. Intersectional study of the gender gap in STEM through the identification of missing datasets about women: A multisided problem[J]. Applied Sciences, 2022, 12(12): 5813.

[53] GSMA. The mobile gender gap report 2022[EB/OL]. (2022-06-22)[2023-06-03]. https://www.gsma.com/mobilefordevelopment/blog/the-mobile-gender-gap-report-2022/.

[54] UNESCO. Artificial intelligence and gender equality: Key findings of UNESCO's global dialogue[EB/OL]. [2023-06-03]. https://unesdoc.unesco.org/ark:/48223/pf0000373093.

[55] UNFCCC. Dimensions and examples of the gender-differentiated impacts of climate change, The role of women as agents of change and opportunities for women[EB/OL]. [2023-07-16]. https://unfccc.int/documents/273070.

[56] Deininger F, Gren A. Green jobs for women can combat the climate crisis and boost equality[R]. World Bank, 2022.

[57] Giner-Reichl I. This is how women can power the green transition[R]. World Economic Forum, 2020.

[58] Bradley A J. Brace yourself for an explosion of virtual assistants[EB/OL]. (2020-08-10)[2023-03-07]. https://blogs.gartner.com/anthony_bradley/2020/08/10/brace-yourself-for-an-explosion-of-virtual-assistants/.

[59] Patenall H. Who are knowledge workers and how does AI technology speed up their work?[EB/OL]. [2023-03-14]. https://www.aiimi.com/blog/who-are-knowledge-workers-and-how-does-ai-technology-speed-up-their-work.

[60] Collett C, Neff G, Gouvea Gomes L. The effects of AI on the working lives of women[R]. UNESCO, 2022.

[61] Wall S, Schellmann H. LinkedIn's job-matching AI was biased. The company's solution? More AI[EB/OL]. MIT Technology Review, 2021.

[62] Lambrecht A, Tucker C E. Algorithmic bias? An empirical study of apparent gender-based discrimination in the display of STEM career ads[J]. Management Science, 2019(65), 7: 2947-3448.

[63] Black J S, van Esch P. AI-enabled recruiting: What is it and how should a manager use it?[J]. Business Horizons, 2020(63): 215-226.

附 录

附录 7-1 2021年中国数字技术应用和应用领域的技术复杂度测量指数

序号	技术	技术应用复杂度指数	应用领域	应用领域技术复杂度指数
1	知识图谱	16.568 5	智能制造	18.833 8
2	区块链	16.202 4	智能家居	18.766
3	人机交互	16.071 1	智能营销和新零售	18.677
4	自然语言处理	16.066 9	智能硬件	18.553 8
5	智能推荐	15.957 9	企业智能管理	18.548 9
6	大数据与云计算	15.950 5	智能农业	18.526 2
7	语音识别	15.838 5	新媒体和数字内容	18.451 2
8	智能芯片	15.815 8	智能文化和旅游	18.350 5
9	计算机视觉	15.811 3	智能安全	18.342 1
10	空间技术	15.702 8	智能医疗	18.093 7
11	自动驾驶	15.696 2	智能物流	18.022 7
12	生物识别	15.631 8	智能交通	17.629 7
13	第五代移动通信技术	15.619 5	智能城市	17.547
14	虚拟/增强现实	15.605 3	智能能源	17.289 4
15	智能机器人	15.531 5	智能互联车辆	17.276 6
16	物联网	15.502 9	智能教育	16.815 8
17	光电技术	15.128 6	智能治理	16.298 9
18			网络安全	15.484 6
19			智能金融	14.663 9

附录 7-2 欧洲典型实践案例

数据中心的 KPI4DCE 指标体系

当前有许多出色的绿色数字经济案例，尤其是一些德国案例非常值得关注。其中之一是由德国环境署（UBA）创建的用于数据中心的 KPI4DCE 指标体系。这种计算方法（KPI4DCE）可以确定数据中心的能源和资源效率，考虑到 ICT 产品的整个生命周期和供应结构。KPI4DCE 方法不仅计算诸如电源使用效率（PUE）和全球变暖潜能（GWP）等能源效率指标，还计算原材料需求、累积能量需求（CED）和非生物耗尽潜力（ADP）。因此，这个指标体系为寻求提高效率的数据中心提供了有价值的最佳实践指南。

数据中心的公共能效注册

减少数据中心对环境影响的另一个解决方案是建立一个数据中心的公共能效注册。目前，还没有统计记录或数据库以公司报告的数据为基础总结数据中心的能源消耗，这就难以获得数据中心能源效率整体图景，并评估其能源消耗的发展，设定最低要求并检查其是否符合要求。能效注册将在能源消耗和效率方面提供透明度，为立法和市场动态提供依据。数据中心是数字化和其他行业效率提高的重要贡献者。然而，需要对其能源效率和能源消耗进行透明化，以激励和竞争实现可持续和节能的数字基础设施转型。研究项目"建立德国数据中心注册并开发评估能效数据中心的系统"（Peer DC）旨在建立一个安全的数据库，并为提高数据中心能源效率创造前提条件。其三个主要目标：①建立数据中心注册并可视化其内容；②开发适用于能效数据中心的评估系统和软件；③研究将数据中心评估系统在欧洲范围内推广的可行性。

注册将提供关于德国数据中心能源消耗和能源效率的可靠信息，使公众和联邦政府能够更好地评估数字化对未来数据中心能源消耗的影响，并更加真实地估计效率潜力。同时，将数据中心作为可利用的余热来源，该注册可以促进热能转型。作为一个基于网络的地理信息门户，注册包含与数据中心的能效和其他相关信息有关的数据，并以适当的形式向公众开放。概念上正在考虑扩展该注册至其他欧盟成员国。

绿色 ICT 采购

ICT 设备在能源和资源需求方面具有很高的环境影响，其使用的时间越短，环境影响就越大。通过在采购过程中考虑可持续性标准并延长设备的使用寿命 / 重复利用，有很大的潜力减少 ICT 使用的环境影响。私营和公共机构应采用战略性的可持续 ICT 采购策略，以减少电子废物和其他环境影响。如德国的"蓝天使"（Blue Angel）等生态标签，可以通过为环境友好的 ICT 产品和数字服务提供高质量标准来为此作出贡献。"蓝天使"包括一个全面的生态标准和健康因素目录，如使用非致癌和低噪声水平的材料。它是绿色采购的重要标志，为消费者提供指导。这个 40 年历史的政府标志确保了消费者的透明度和方向性，同时创造了市场动态。"蓝天使"适用于广泛的 ICT 产品，包括确定如何使用在环保信息和通信技术方面起重要作用的软件。软件影响能源消耗，并可能导致过早更换硬件（"与软件相关的过时现象"）。

能效和资源高效的软件编程

迄今为止，软件开发和数据处理的学科尚未受到技术的限制。不高效的编程通常可以通过更快的处理器和更大的主内存来弥补,这导致需要传输和存储的数据量更大。然而, 由于低效或臃肿的软件而导致的硬件高使用率, 会直接影响能源消耗和硬件更新周期。"SoftAWERE– 能源高效和资源节约开发的软件架构工具"项目旨在解决以下任务: ①访问软件开发组件和工具的能源效率和硬件需求; ②开发支持软件开发人员创建能源高效和节约硬件的工具; ③调查能源高效软件的可行性并制定能源效率评估概念; ④通过各种沟通渠道提高人们对软件能源和资源消耗的意识; ⑤增加第三方对软件能源消耗的透明度。

此外, "SoftAWERE"项目旨在通过促进可持续数字化来为德国政府的气候保护目标作出贡献。该项目通过开发能源高效和节约资源的软件, 为实现这一目标打下了坚实的基础。

数字基础设施的环境影响透明度

必须改善数字基础设施的透明度。可以通过实施数据中心的可持续能源认证来实现这一目标, 从而更好地规划和推动未来的扩展。云服务应该标明每个服务单位的碳足迹(如每小时、每年)。这将创建市场透明度, 激励云服务提供商提供环境友好的服务。此外, 电信网络运营商(宽带、电话、移动网络)应该为其服务标明每个传输单位的碳足迹, 这将使客户能够选择更环保的传输路径。

宽带和移动网络扩展中的能源效率和资源保护

在宽带扩展方面, 应优先考虑向终端用户扩展能源高效的光纤网络和5G基础设施, 而不是其他传输技术。移动网络的扩展应通过减少不同供应商在相同地区的多次无线覆盖来进行精简和资源高效化。

数据中心的环保规划、运营和处置

在选择新数据中心的位置时, 应考虑废热利用。通常情况下, 数据中心的规模过大、运行能力低下, 因此未来规划应更加与实际需求相匹配。应使用模块化概念来提高数据中心在部分负荷范围内的效率。这些中心还拥有大量的硬件和有价值的原材料, 因此必须开发监测仪器来回收电子废物。应识别和重新利用可重复使用的技术, 并开发监测机制以优化回收流程。

支持用户减少数据和硬件消耗

视频内容应优化以适应终端设备的显示尺寸, 确保默认分辨率与设备的能力相匹配。此外, 默认情况下应禁用网页上视频内容的自动播放。为了防止可能鼓励过度数据使用的错误激励, 应避免提供大容量数据流量的固定费率。

附录 7-3　在中国的实践案例：腾讯的碳中和目标和路线图

2022 年 2 月，腾讯宣布了其碳中和目标和路线图。腾讯承诺到 2030 年在自身运营和供应链中实现碳中和，并且在 2030 年之前所有消耗的电力将全部使用绿色能源。在路线图中，腾讯宣布了三个实施计划以实现自我零碳排放。

可再生能源。腾讯积极参与绿色电力市场交易，以确保可再生能源供应。在 2023 年的交易市场中，腾讯已经签署了可持续电力交易合同，总计 534 GW·h，其中四个数据中心实现了 100% 的可再生能源覆盖。腾讯还投资了分布式太阳能系统和现场能源储存设施，旨在校园内构建微电网。这一举措使得腾讯能够充分利用其数字能力，比如智能能源管理平台，来提升可再生能源的使用率，并有望在未来参与到电力市场的交易中。

能源效率。腾讯在其第四代"T-block"数据中心采用了高效节能设计，所有腾讯数据中心的平均能源使用效率（PUE）低于 1.3。包括模块化、电源优化、冷却优化、负载优化、选址等。为了补充硬件设计，腾讯部署了数据中心智能平台，应用自动化管理、监控和分析，以及基于人工智能的智能建议，让数据中心更加高效和环保。

低碳供应链和抵消。作为减少第三方排放的一部分，腾讯积极倡导低碳供应链，并与供应商合作进行低碳服务器采购和租用数据中心。除积极减排外，碳抵消也是腾讯实现最终净零碳排放的一种补充方法。腾讯支持新兴的碳抵消技术，例如，开发定量方法和用于碳信用度量的数字工具。

除了自身的碳中和目标，腾讯还希望成为鼓励社会拥抱可持续和低碳消费的领导者，推动各行业实现低碳转型，并促进可持续经济和社会发展，这与其推动可持续创新以实现社会价值的战略目标相一致。

推动产业部门的低碳转型。腾讯积极应用数字技术来帮助优化能源效率，实现零碳建筑和公园。例如，腾讯云提供"Enerlink"和"Enertwin"来连接能源数据，以及"Carbon Engine"来统计温室气体清单。腾讯还提供特定的数字解决方案来改善与碳相关的绩效，例如林业碳信用验证的数字化、二氧化碳地下存储的可视化，以及钢铁行业的虚拟电厂解决方案。

推广低碳生活方式。腾讯推出一系列互联网产品来促进低碳生活方式。具体来说，腾讯推出了一个碳中和知识问答小程序，以增强意识，并推出了一个碳岛游戏，供玩家建立一个可持续的岛屿。腾讯还推出了蓝色星球小程序，鼓励消费者乘坐公共交通工具。在办公协作软件方面，腾讯提供腾讯会议、腾讯文档和企业微信，以促进在线、无纸化的工作方式。

附录 7-4　数字化推动成都市绿色高质量转型发展的创新实践

成都市地处中国西南地区、四川盆地西部、成都平原腹地，总面积为 14 335 km²，属于亚热带季风性湿润气候，自古有"天府之国"的美誉。成都市为四川省省会、超大城市、国家中心城市、成渝地区双城经济圈核心城市。截至 2021 年年末，其常住人口为 2 119.2 万人、位居全国第 4，常住人口城镇化率为 79.48%；地区生产总值为 19 917 亿元（2 936 亿美元）、位居全国第 7，高于同期德国柏林、韩国首尔、加拿大多伦多等城市，居全球前 30 名之内。

成都市属于成渝地区双城经济圈（成渝城市群发展规划）核心城市，2018 年开展了《成都可持续发展导则》，实施了面向 SDGs 的城市可持续发展问题诊断，对标关键问题和 SDGs 编制了《成都市可持续发展规划》和《成都市国家可持续发展议程创新示范区建设方案》。多年来，成都市紧密围绕国家数据中心节点城市和国家可持续发展议程创新示范区建设的发展新机遇，采用数字化的手段努力将生态环境建设行动效果转化为地方社会经济发展效果，以数字经济为核心的新经济业态快速发展，在保持经济快速平稳增长的同时，实现了主要污染物排放总量的不断下降和生态环境质量的逐步好转（自 2015 年以来，成都市的 GDP 从 10 801.2 亿元增长到 19 917 亿元，同期单位 GDP 能耗从 0.369 t 标准煤 / 万元下降到 0.313 t 标准煤 / 万元，PM_{10} 浓度由 108 μg/m³ 下降到 61 μg/m³，$PM_{2.5}$ 浓度由 64 μg/m³ 下降到 40 μg/m³，NO_2 浓度由 53 μg/m³ 下降到 35 μg/m³，森林覆盖率由 38.4% 提升到 40.8%，重要江河湖泊水功能区水质达标率由 35% 提升到 100%），推动经济绿色数字化转型。

成都，拥有独特的成都平原山水格局、两千多年的建城史、丰富的天府文化内涵。这座城市在历史中生长，在传承中蜕变，融汇成一座富庶安逸、底蕴深厚、魅力独具的文化之都、历史之城，形成了以古蜀文化为核心，水文化、三国文化、商贸文化、民俗文化、诗歌文化等多元包容的文化体系；"两山相望、山城相融；城水相映、百水润城"的特殊区位条件，形成了城山相望的蜀川盛景、城水相映的城市水岸名片。

第八章　贸易与可持续供应链

一、政策背景

中国政府的一系列愿景和国际政策发展将助力中国以长期可持续的方式实现贸易和供应链安全。

（一）中国政府的愿景

中国政府的三个愿景与贸易、供应链和可持续发展密切相关。

愿景 1：力争 2030 年前实现碳达峰，2060 年前实现碳中和

2020 年，中国政府宣布将力争在 2030 年前实现碳达峰，2060 年前实现碳中和[1]。中国碳达峰是二氧化碳达峰，碳中和包括全部温室气体。这些气候目标涵盖所有主要经济部门，包括能源生产、交通运输、粮食系统、土地利用等。《"十四五"对外贸易高质量发展规划》提出，要建立绿色低碳贸易标准和认证体系，探索建立外贸产品全生命周期碳足迹追踪体系。生态环境部也在研究制定绿色贸易政策[2]。

愿景 2：确保安全韧性的粮食和能源体系

粮食安全和韧性对中国的国家安全至关重要。2020 年，习近平总书记强调，"粮食安全是国家安全的重要基础"[3]。每个参与者应该承担起保障粮食供应的责任[4]。此外，中国新的"双循环战略"鼓励中国减少其国际供应链的不确定性[5]。总之，这些都呼吁将自给自足和开放贸易适当结合。

同样，能源安全对中国的国家安全也至关重要。中国《"十四五"现代能源体系规划》将构建兼顾可持续发展和能源供应安全的现代能源体系作为重点。通过加强清洁能源产业建设，实施可再生能源替代行动，推进新型电力体系建设，逐步提高新能源比重，推动能源绿色低碳转型[6]。中共二十大报告强调了在逐步实现碳达峰和碳中和目标的进程中确保能源安全的重要性。基于中国的能源和资源禀赋，中国正寻求稳妥推进碳排放达到峰值的举措，包括能源消耗（尤其是化石燃料消耗）总量和强度双控，向碳排放的总量和强度双控过渡。

愿景3：从制造业大国走向制造业强国

中国的产业绿色升级是指传统产业向绿色可持续产业的转型升级。这一理念符合中共二十大提出的新发展理念，即强调要促进经济、社会和环境协调发展。高新技术产业发展蓝图是中国产业绿色升级的重要组成部分，中国政府已将新能源、生物技术和信息技术等高科技产业确定为优先发展领域。这些产业具有减少环境污染、提高资源利用率的潜力，对可持续发展至关重要。同时，中国政府在这些优先发展领域采取了一系列政策措施，如增加研究经费、减少税收等。

产业的优化是中国产业绿色升级的重要部分。政府在钢铁、水泥、橡胶、石化等传统产业中实施了提高能效、减少排放、推广使用可再生能源等措施。为确保产业绿色升级的成功，中国政府采取了加强环境监管和执法、实施严格的污染控制，对违规者进行处罚，并鼓励采用清洁生产方式，推广循环经济实践等系列措施。

（二）国际政策环境的发展

近期，一些国际政策环境的变化将影响中国贸易和供应链的可持续发展。例如，新的国际贸易政策正在开展碳定价，并解决毁林问题。新的国际协议要求包括中国在内的签署国提高其经济活动（包括贸易）的可持续性（包括避免森林砍伐）。最新的企业发展趋势表明，企业和金融机构将越来越关注减少其全球供应链中的温室气体排放。从消费端来说，中国国内消费者越来越希望购买可持续产品（包括国产及进口的）。

1. 国际贸易政策

• 欧盟碳边境调节机制

欧盟碳边境调节机制（CBAM）是由欧盟（EU）提出的一项政策，将对来自没有相应碳定价政策国家的某些进口产品征收碳边境税。主要目的是在不受相同碳成本约束的欧盟境内生产者和第三国生产者之间建立公平的竞争环境。CBAM将涵盖一系列商品，包括钢铁、水泥、铝、化肥和电力。

对中国来说，欧盟碳边境调节机制既是机遇，也是挑战。作为全球最大的货物贸易出口国，如果中国不采取重大行动减少碳排放，CBAM可能增加中国出口商的成本，从而降低其在欧洲市场的竞争力。同时，该政策也为中国加快低碳经济转型和促进绿色产业发展提供了机遇。该政策可鼓励中国加大对可再生能源和其他绿色技术的投资，从而为供应链的绿色转型创造新机遇。

- 《欧盟零毁林法案》

《欧盟零毁林法案》（EUDR）禁止将 2020 年 12 月 31 日之后在毁林或退化的土地上生产的商品（大豆、牛肉、棕榈油、咖啡、可可、橡胶和木材）和某些衍生品（如巧克力和牛肉）投放到欧盟市场。所涵盖的商品和产品必须按照生产国的法律生产。EUDR 要求对将这些产品引入欧盟市场的中国和国际公司进行尽职调查，以评估与这些产品相关的风险，并提交尽职调查声明，声明未发现风险或风险可忽略不计，并提供生产区域的地理坐标或区域图。欧盟议会于 2023 年 4 月投票通过了该法案，该法案于 2023 年 6 月 29 日生效后，将于 2023 年 12 月 30 日强制执行，微型和小型企业将会放宽至 2025 年 6 月 30 日。

虽然该法案适用于公司而非国家，但那些生产或加工在欧盟市场上销售的受保护商品的国家可能会收到越来越多的要求，这些要求包括澄清有关生产和加工的当地法律，以及要求提供在中国加工的产品的来源信息，以符合地理位置要求。其他市场（如英国、挪威和美国）正在制定或考虑类似的需求侧措施，这表明市场规范可能转向全球商品供应链的可追溯性和尽职调查要求。

- 区域贸易协定

区域贸易协定，如《区域全面经济伙伴关系协定》（RCEP）和《全面与进步跨太平洋伙伴关系协定》（CPTPP），对中国有重大的影响。

RCEP 涉及亚太地区的 15 个国家，其人口和 GDP 约占全球的 30%。作为创始成员国，中国将从降低关税、扩大市场准入和改善区域内贸易和投资流量中受益。然而，中国也将面临来自其他成员国的日益激烈的竞争，特别是在制造业等传统优势领域。

CPTPP 涉及亚太地区 11 个国家，是一项高标准的自由贸易协议，涵盖了商品、服务和知识产权等多个领域。中国不是 CPTPP 的成员，但已表示有意向加入。然而，加入该协定需要中国达到 CPTPP 的高标准，例如，CPTPP 的环境章节要求缔约方采取切实可行的措施来促进其环境法律的有效实施，保证环境法律执行的透明度，并就法律进行密切磋商，这些条款都可能带来代价高昂的经济改革和结构调整，但也可能带来机遇，正如 2017 年的欧盟 - 加拿大 CETA 协定相关的贸易结构变化图所示（图 8-1）。

此外，RCEP 和 CPTPP 被视为对中国日益增长的经济影响力及其"一带一路"倡议的一种响应。这些协定为该地区的其他国家提供了经济一体化的替代选择，但可能会削弱中国在亚太地区的主导地位。

总之，虽然 RCEP 和 CPTPP 为中国扩大经济影响力、深化与亚太地区其他国家的经济联系提供了机遇，但也带来了挑战。因为中国需要进行经济改革，并遵守相关的环境标准和要求。此外，这些协定代表着亚太地区权力平衡的潜在变化，可能会对中国的地区和全球影响力产生影响。

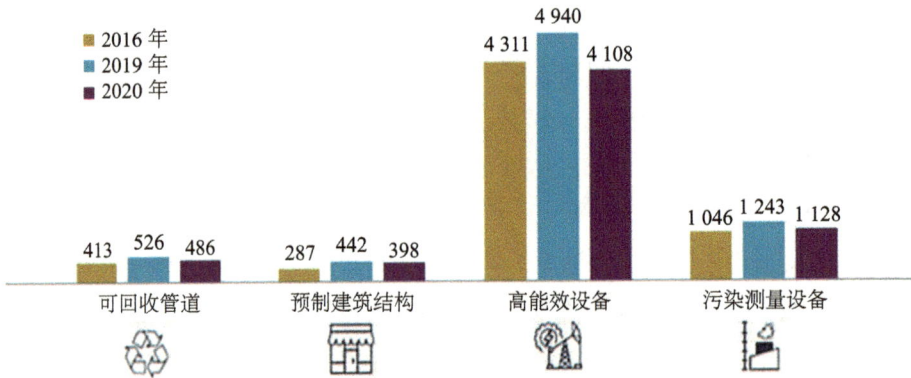

图 8-1　欧盟 - 加拿大环境产品贸易（百万欧元）

资料来源：欧盟统计局，加拿大统计局。

- 《关于森林和土地利用的格拉斯哥领导人宣言》

《关于森林和土地利用的格拉斯哥领导人宣言》代表了各国领导人的承诺，即到 2030 年共同制止和扭转森林损失和土地退化，同时促进可持续发展和包容性农村转型。该宣言于 2021 年 11 月在第 26 届联合国气候变化大会（COP26）上发布，由包括中国在内的 141 个国家签署。作为该承诺的一部分，各国同意在国际和国内推动贸易和发展政策，促进可持续发展、可持续商品生产和可持续商品消费，使签署国互惠互利，且不会导致毁林和土地退化。

- "昆明—蒙特利尔全球生物多样性框架"（GBF）

"昆明—蒙特利尔全球生物多样性框架"是一项新的全球协议，旨在保护全球生物多样性[7]。GBF 由包括中国在内的 196 个国家于 2022 年 12 月在《生物多样性公约》第十五次缔约方大会上签署[8]。GBF 的目标是遏制生物多样性的丧失，可持续利用生物多样性，公平分享生物多样性利用产生的惠益，并充分利用财政资源和技术。GBF 目标包括：①到 2030 年，保护全球 30% 的陆地、海洋和淡水生态系统；②恢复全球 30% 的退化生态系统；③停止以不可持续的方式利用和交易野生物种；④采取政策措施，促使公司监测、评估并透明地披露其对生物多样性的风险、依赖和影响。为支撑上述目标，GBF 呼吁建立符合生物多样性保护目标的可持续生产系统和合法贸易行为，以防止出口国的生物多样性进一步退化和丧失。考虑到中国从生物多样性富集国家的进口商品数量，GBF 将对中国的国际贸易产生影响。

2. 企业发展趋势

• 科学碳目标倡议

科学碳目标倡议（SBTi）由全球环境信息研究中心（CDP）、联合国全球契约组织（UNGC）、世界资源研究所（WRI）和世界自然基金会（WWF）共同发起。该倡议为企业制定基于科学的温室气体减排目标提供了框架、支持和技术援助。SBTi 的目标是将全球升温控制在 1.5℃以内，通过 SBTi 设定的目标必须与该目标保持一致。截至 2023 年 5 月，占全球市值 1/3 的近 2 500 家公司通过 SBTi 制定了科学碳目标[9]。

SBTi 验证的基于科学的目标必须包括《温室气体核算体系》定义的所有范围 1 的排放量（来自公司拥有的资产）和范围 2 的排放量（来自购买的电力）。如果一家公司的范围 3 的排放量（来自供应链的排放）占其总排放量的 40% 或更多，那么这类排放也必须包括在目标中[10]。对范围 3 排放的关注意味着这些公司将越来越关注减少其全球供应链的温室气体排放，包括其购买的农产品、制成品和其他原材料。

• 环境、社会和治理（ESG）投资

ESG 投资有时也被称为"可持续投资"或"负责任投资"，是指将环境、社会和治理相关问题纳入其中的投资[11]。ESG 投资平衡了传统投资（只关注当前按财务回报）和 ESG 相关考虑，形成一个既考虑公司财务业绩又考虑其社会影响的长远计划。

联合国负责任投资原则（PRI）组织是联合国支持的组织，是倡导环境、社会和治理（ESG）投资的最大组织，支持签署方参与负责任投资。截至 2022 年底，PRI 在全球拥有 5 319 家签署方，管理的资产总额为 121 万亿美元[12]。随着越来越多的投资者采用 ESG 投资原则，公司在国内外贸易的原材料和产品（包括在中国加工和再出口的原材料和产品）的可持续性将受到越来越严格的审查。零毁林软商品的财政承诺就是一个很好的例子。截至 2022 年 11 月，管理资产总额超过 8.7 万亿美元的 30 多家金融机构已签署承诺，将尽最大努力在 2025 年前，从其投资和贷款组合中消除由大宗农产品（棕榈油、大豆、牛肉、纸浆和造纸）驱动的毁林并公布可信的进展，这是扭转全球森林砍伐并使该行业符合《巴黎协定》的 1.5℃目标的关键一步[13]。

• 消费需求趋势

正如最近一份关于绿色软商品价值链的专题政策研究报告[14]所述，"未来的市场"可持续的食物消费和生产的要求越来越高。这种趋势不仅限于欧洲和北美的消费者，中国国内消费者也在朝着这个方向发展。随着绿色发展理念和绿色生活方式的迅速兴起，越来越多的中国消费者将选择绿色产品作为高品质生活的标志。2022 年的一项调查显示，74% 的受访消费者在日常生活中优先选择绿色环保产品或品牌。绿色产品更符合人们对安全、健康、环保的生活追求。调查显示，69% 的消费者表示接受高于普通产品价格的绿色产品，79% 的消费者会将自己的道德价值观融入日常购物中，82% 的消费者表示愿意购买可持续品牌产品[15]。特别是在食品方面，2021 年的一项调查显示，超过 90% 的消费者愿意为低碳食品支付溢价，且超过一半的消费者愿意超过 10% 的溢价[16]。

二、对中国外贸中若干关键软商品的潜在影响

中国政府的自身愿景与近期的外部发展趋势，很可能会对中国外贸中若干关键软商品产生多方面的影响。"软商品"是指农林业种植和养殖的产品及其衍生物，包括用作食品、纤维、饲料、药品、化妆品、清洁剂和燃料的动植物衍生材料[14]。本研究重点关注中国作为全球主要进口国的三种软商品：大豆、牛肉和棕榈油。

（一）大豆

大豆对中国经济至关重要。作为全球最大的大豆加工国，中国将 80% 以上的自产和进口大豆加工成油和动物饲料（图 8-2）。中国大约 15% 的大豆消费直接用于人类食品（如豆腐、豆浆、酱油）和衍生食品（如用于香肠的大豆蛋白）[17]。

图 8-2　2014—2020 年中国的大豆消费量

注：1. 由于数值取整的原因，数字之和可能不等于 100%。
　　2. 损耗或用于其他用途＝100%－加工－直接用于食品－种子。
资料来源：智研咨询，2021。

中国在全球大豆贸易中扮演重要角色。中国是全球最大的大豆进口国[18]，占全球大豆贸易总量的 60%（图 8-3）。2021 年，这些进口满足了中国 86% 的消费需求[19]。为了满足国内畜牧业的需求，中国的大豆进口量自 1996 年以来稳步增长（图 8-4），且预计将持续增长至 2030 年。

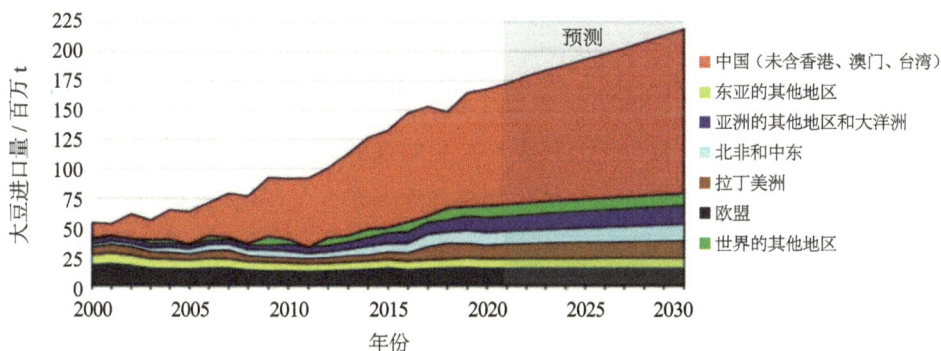

图 8-3　**全球大豆进口分布**

资料来源：2021 年，《美国农业部到 2030 年的农业预测》。（到 2030 年）。

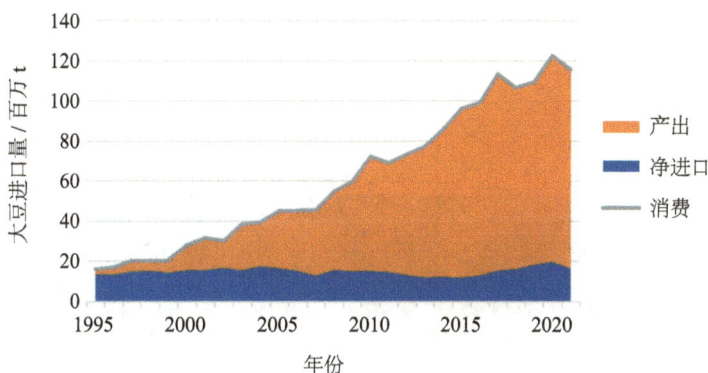

图 8-4　**中国不断增长的大豆进口量**

资料来源：2021 年联合国粮食及农业组织统计数据库，产量和贸易差额。

中国主要从巴西、美国和阿根廷进口大豆，从这三个国家进口的总量约占中国大豆总进口量的 95%。 2020 年，中国从巴西进口了 6 400 万 t 大豆（占中国大豆总进口的 62%），从美国进口了 2 600 万 t 大豆（占中国大豆总进口的 25%），从阿根廷进口了 800 万 t 大豆（占中国大豆总进口的 7%）[20]。大豆种植是森林和草原转化的主要推动因素[21]。这种转化产生了两种影响：直接影响和延迟影响。 直接影响是指森林和草原立即被转化为大豆种植田时产生的影响；延迟影响指森林首先被用于其他低经济价值的用途（主要是牛牧场）而被砍伐，后来又被转化成大豆田的情况下的影响[22]。从 2001 年到 2015 年，大豆种植"直接影响"的森林达到 400 万 hm²，"延迟影响"的森林达到 400 万 hm²，主要集中在南美国家巴西和阿根廷[23]。在 2019 年，南美洲 1/3 的大豆种植区位于塞拉多[18]，这是全球生物多样性最丰富的稀树草原生态系统。2020 年，在塞拉多涉及过去五年内毁林的土地上种植大豆的范围为 26.4 万 hm²[24]。由大豆驱动的森林砍伐对温室气体产生了重大影响。2020 年，巴西大豆驱动的砍伐和转化导致原生植被释放出 2 800 万 t 二氧化碳当量（占该国年度土地利用变化导致的碳排放的 11%）[17]。因此，减少与大豆生产相关的森林砍伐和草原转化，将是中国努力使大豆采购和贸易与其碳中和及全球生物多样性保护、气候协议目标相一致的重要组成部分。

（二）牛肉

中国是全球最大的牛肉进口国。2010—2020 年，中国的牛肉进口增长超过了 100 倍，年进口量达到 340 万 t（图 8-5），占全球牛肉出口量的 33%[25]。预计中国的牛肉进口量在 21 世纪余下的时间内将继续增长（图 8-6）。

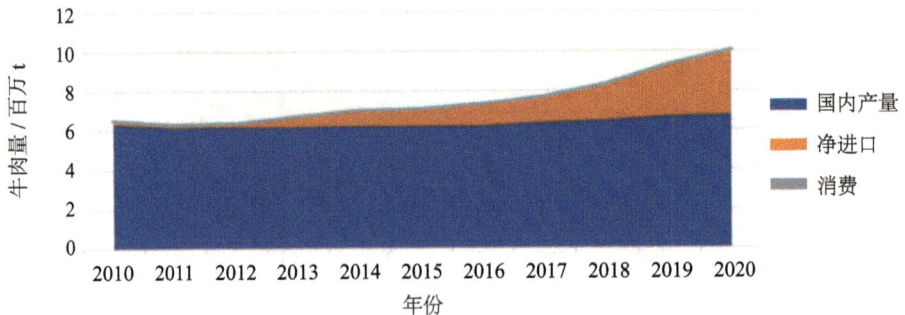

图 8-5　中国的牛肉生产和进口

资料来源：2023 年联合国粮食及农业组织统计数据库，食品差额。

从 2016 年到 2021 年，中国牛肉消费量的年增长率为 7.5%（CAAA，2023）。2022 年，中国的牛肉消费量达到 110 万 t，位居全球牛肉消费国第 2[26]。从 2011 年到 2021 年，中国人均牛肉消费量从 4.53 kg/（人·a）增长到 6.95 kg/（人·a），增长约 50%（图 8-7）[26]。这种增长可以归因于中国人均国内生产总值的增长带来的膳食转变。

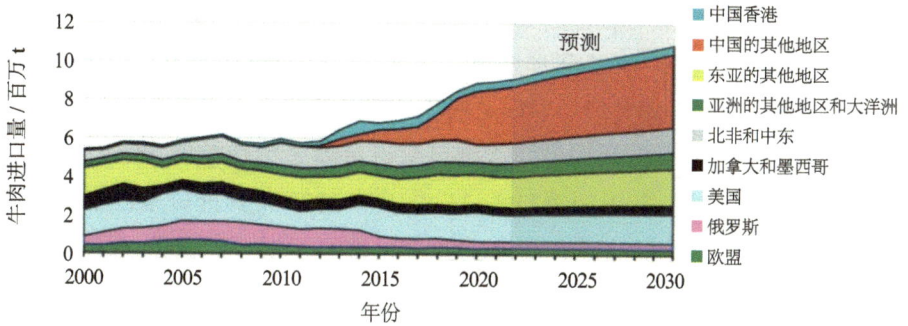

图 8-6　**全球牛肉进口量（2000—2030 年）**

资料来源：2021 年，《美国农业部到 2030 年农业预测》。

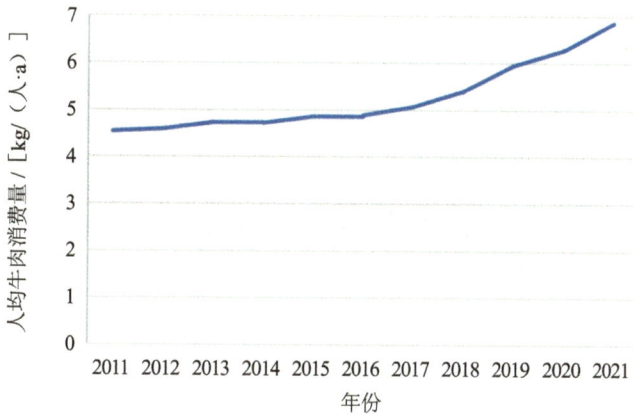

图 8-7　**中国的人均牛肉消费（2011—2021 年）**

资料来源：中国畜牧业协会于 2023 年发布的《2022 年我国肉牛产业发展回顾与 2023 年展望》。

　　中国进口的牛肉主要来源于巴西，占进口总重量的 40% 以上。其次是阿根廷（15%）和乌拉圭（10%）。2022 年，巴西对中国出口的牛肉价值为 75 亿美元[27]。然而，肉牛饲养业是巴西亚马孙地区森林砍伐迄今为止最大的直接推动因素[28]，巴西亚马孙地区是全球年度毁林面积最多的地区[29]。亚马孙热带森林的砍伐也导致了大量的温室气体排放，并严重威胁生物多样性。

（三）棕榈油

　　对中国而言，棕榈油是一种多用途的重要商品，其国内消费的 80% 用于食品，20% 用于工业用途[30]。由于棕榈油高饱和脂肪含量使其耐高温且稳定，其在食品行业备受欢迎，占中国植物油消费的 17%。它是许多食品产品的关键原料，如方便面、传统小吃、快餐、即食产品、烘焙食品、糖果、巧克力和食用油。此外，棕榈油还用于工业油脂化工产品，如肥皂、蜡烛、化妆品和润滑剂。

由于中国几乎不生产棕榈油，进口量占全国总消费量的 98%[31]。中国已成为世界上第三大棕榈油消费国和第二大进口国[32]，2020 年其进口量占全球棕榈油进口量的 14%[31]。中国的棕榈油进口量在 2009 年之前迅速增长，在 2016 年出现下降，随后重新出现增长（图 8-8）。2019 年，印度尼西亚和马来西亚分别提供了中国进口总量71% 和 27% 的棕榈油[33]。实际上，印度尼西亚 2021 年的棕榈油出口总量中有 17% 是为了满足中国的消费需求[34]。

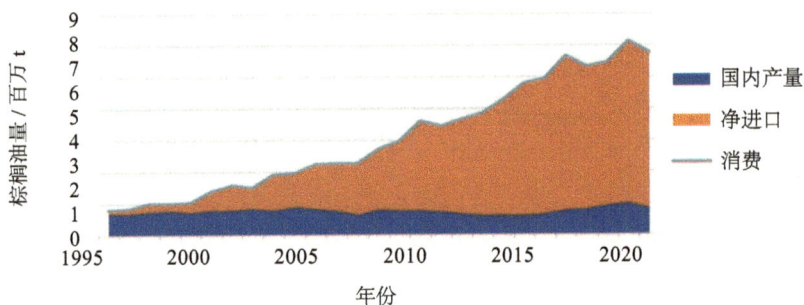

图 8-8　中国的棕榈油消费和进口

资料来源：2021 年联合国粮食及农业组织统计数据库，产量和贸易差额。

东南亚油棕的种植是导致该地区森林砍伐和泥炭地转化的主要因素，同时加剧了这个全球生物多样性最丰富地区之一地区的温室气体排放和动物栖息地的丧失。砍伐热带森林所带来的碳排放和生物多样性丧失的后果是显著的。对于印度尼西亚而言，过去 20 年里 1/3（300 万 hm²）的原始森林的减少是由油棕的扩张所致[35]。因此，为了实现碳中和与生物多样性目标，中国需要应对其棕榈油供应链中的碳排放和生物多样性丧失问题。这要求避免对天然热带森林和泥炭地的转化，同时提高现有种植园的棕榈油生产效率（每公顷产量）。否则，中国棕榈油供应链的长期安全性可能会受到威胁。幸运的是，尽管棕榈油产量持续增加，印度尼西亚在 2018 年至 2020 年减少了与棕榈油相关的森林砍伐，使其仅为 2008 年至 2012 年水平的 18%。这证实了在满足棕榈油产品需求与保护热带生态系统之间取得平衡的可能性[35]。

（四）推动"零毁林零转化"大豆、牛肉和棕榈油的动力

- 《欧盟零毁林法案》：新法案要求中国企业进行尽职调查，以确保（在中国加工的）大豆、牛肉或棕榈油等产品不涉及 2020 年以后的毁林活动，不违反产地的生产和加工法律。未能达到这些标准的将被限制市场准入，限制其向欧盟内部和其他地区销售产品的能力。

- "昆明—蒙特利尔全球生物多样性框架"：该框架呼吁进行可持续生产和贸易，并与出口国的生物多样性保护、防止森林退化和生物多样性丧失的目标协同一致。由于中国是该框架的共同发起国（该框架已被几乎所有国家承认），世界预期中国将在其国内活动和国际贸易中实现全球生物多样性框架的目标。

- 《关于森林和土地利用的格拉斯哥领导人宣言》：该宣言包括签署国之间的一项承诺，"促进国际和国内的贸易和发展政策，促进可持续发展，可持续商品生产和消费，使其有利于符合国家间的共同利益并且不会导致森林砍伐和土地退化"。中国是该宣言的签署国，已经公开承诺对大豆（和其他产品）的贸易将避免涉及砍伐或其他自然生态系统的转化[36]。

- SBTi：基于科学的森林、土地和农业（FLAG）目标将帮助中国企业制定符合《巴黎协定》的范围 3 温室气体减排目标[37]。332 家中国企业已通过 SBTi 承诺采取气候行动，其中 20 家公司属于食品和林业行业、连锁餐厅以及有关农业的贸易公司[9]。例如，拥有肯德基、必胜客和塔可贝尔独家运营和授权运营权的大型快餐连锁公司百胜中国，在 2021 年签署了 SBTi 承诺[38]。百胜中国承诺，到 2035 年，其购买商品的范围 3 温室气体排放将相对于 2020 年减少 66.3%[39]。还有其他推动可持续采购的计划。例如，由 SAI 认可的认证机构审核软商品的生产工厂，采购量大的供应商可以申请加入"签约成员"项目，该项目要求公司公布一项计划，逐步将公司下属公司及其供应商引入 SA8000 认证，并公开进展报告[40]。

三、对中国产业供应链的潜在影响

我们在政策背景部分讨论了碳边境调节税对中国出口碳排放的整体影响，即对排放水平较高但受监管水平较低的国外产品征收额外碳关税，在一定程度上解决了国际贸易中的环境外部性，保证了欧盟内外产品公平竞争，促进了全球低碳发展。

然而，由于各国发展水平不同、基本国情差异较大，各国碳市场价格差异较大且

目前尚无统一的测度标准，碳边境调节税实施仍存在挑战，需要兼顾他国合理关切。基于此，本节探讨降低出口碳排放的另一种方式，发挥市场作用，提高不清洁能源的价格，着力降低中国碳排放。

因此，本节定义并追踪了中国出口商品的附加值的碳排放，并进一步研究中国出口碳排放与能源价格之间的相关性，以得出更多政策含义。

（一）定义

首先，要明确定义"出口商品附加值的碳排放"这一概念。此指标计算了出口商品的总附加值生产过程中产生的碳排放量。总附加值指产品或服务的市场价值减去中间投入价值（如原材料、能源、零部件等购买价值）和折旧（如果有固定资产投入用于生产）后的余额。

我们以 iPhone X 为例，进一步阐释产品总附加值。iPhone X 的镜头可能是在日本制造，屏幕在韩国制造，音频处理器在美国制造，芯片在中国台湾制造，按钮在中国大陆制造，装配过程在中国大陆。中国大陆出口一部 iPhone X 所添加的价值是中国大陆制造和装配的部件的价值。如果中国大陆出口的 iPhone X 的总价值为 409 美元，其中只有 104 美元归因于中国大陆附加值，那么这台 iPhone X 的附加值的碳排放只包括生产 104 美元的中国大陆附加值产生的碳排放。

（二）中国出口碳排放和碳强度的主要特点

在此定义下，我们可以使用世界投入产出表格和能源消费公式计算不同出口行业附加值的碳排放。例如，我们发现 2014 年中国在电子工业出口中附加值的碳排放量约为 405 万 t。在表 8-1 中，我们提供了按照世界投入产出数据库（WIOD）划分的不同行业的出口碳排放数据。这些数字说明了每个行业在生产出口商品所添加的价值过程中产生的碳排放量。

表 8-1　WIOD 行业出口碳排放总量（2014 年）

WIOD 行业	出口附加值碳排放 / 万 t
计算机、电子产品和光学产品	405
电力设备	295
纺织品、服装、皮革	247
机械和设备	214

WIOD 行业	出口附加值碳排放 / 万 t
基本金属	197
化学品及化学制品	196
机械设备除外的金属制品	146
非金属矿物制品	115
家具制造及其他制造业	111
橡胶和塑料制品	104
其他运输设备	57
汽车、挂车和半挂车	57
焦炭和精炼石油产品	39
食品、饮料和烟草制品	35
纸制品	22
家具除外的木材及木材和软木制品	20
采矿和采石	16
基础医药产品及医药制剂	15
农牧业生产、狩猎及相关服务活动	7
印刷和记录媒介复制	3

由表 8-1 可以清楚地了解出口碳排放的情况。然而，我们可以看到出口碳排放与出口总量呈正相关关系，而表 8-1 无法告诉我们不同行业的碳排放效率。为了更清晰地了解情况，我们将出口碳排放除以该行业的总附加值，得出出口碳排放强度。不同WIOD 行业的结果如表 8-2 所示。

表 8-2　WIOD 行业出口碳排放强度（2014 年）

WIOD 行业	出口附加值碳排放强度 /（t/ 万美元）
家具及其他制造业	71
基本金属	59
化学品及化学制品	57
非金属矿物制品	45
印刷和记录媒介复制	45
焦炭和精炼石油产品	44
纸制品	39

WIOD 行业	出口附加值碳排放强度 /（t/ 万美元）
橡胶和塑料制品	37
机械设备除外的金属制品	35
采矿和采石	26
电力设备	24
其他运输设备	23
机械和设备	21
纺织品、服装、皮革	21
家具除外的木材及木材和软木制品	20
汽车、挂车和半挂车	20
计算机、电子产品和光学产品	18
农牧业生产、狩猎及相关服务活动	15
食品、饮料和烟草制品	13
基础医药产品及医药制剂	13

表 8-2 显示制造业行业中家具制造的碳强度最高，每万元产值产生 71 t 碳排放，而狩猎和食品生产则是所有制造业中碳强度较低的行业。重工业的平均碳强度显然高于其他制造业，考虑到重工业的总体量，所有这些行业都有很大潜力减少其碳排放量。

（三）影响出口碳排放因素的定量分析

在本节中，我们应用计量经济模型，研究燃料价格对出口排放的影响。

根据中国的能源结构，煤是中国最重要的燃料之一。煤既是能源，也是碳排放的主要来源。因此，我们使用煤价作为回归的主要指标。回归模型如下所示。

$$\ln(\text{Export Carbon Emission})_{ijt} = \beta_0 + \beta_1 \times \ln\text{windp}_{\text{China}, t} + \gamma \times X_{ijt} + \tau_t + \alpha_i + \varepsilon_{ijt}$$

式中：i——国家；

$\quad\quad j$——行业；

$\quad\quad t$——年份；

$\quad\quad \ln(\text{Export Carbon Emission})_{ijt}$——年份 t、行业 j 和国家 i 的出口碳排放的对数值；

$\quad\quad \ln\text{windp}_{\text{China}, t}$——中国 t 年份上网风能价格的对数值，用以反映清洁能源对该国

出口碳排放的影响；

X_{ijt}——一系列控制变量，包括人均收入的对数值、GDP 增长率以及二次产业的不同比率。我们将所有这些控制变量放入回归中以减轻可能由于缺少关键变量而引发的混淆问题。通过引入时间固定效应 τ_t 和国家固定效应 α_i，可以更好地控制时间趋势和国家特征，从而提高模型的准确性和解释力。

我们主要关心所有估计系数中的 β_1。它表示出口碳排放的价格弹性，表明煤价每变化 1%，导致总出口碳排放变化 β_1%。回归结果表明，β_1 等于 −0.129，这意味着当煤价上涨 10% 时，中国的出口碳排放会下降 1.29%；而在清洁能源中，对应回归系数为正且不显著。这说明相较于对清洁能源进行补贴，对非清洁能源进行价格限制在中国的低碳减排措施中更有效。

表 8-3　主要结果一览表

因变量	（1） ln（EEX）	（2） ln（EEX）
ln（p）	−0.129*** （0.037 8）	
ln（windp）		0.122 （0.083 6）
ln（income）	0.196*** （0.012 9）	0.138*** （0.014 9）
GDPgrowth	−0.003 11** （0.001 5）	−0.001 12 （0.001 38）
ln（industry ratio）	0.010 0*** （0.003 04）	0.016 5*** （0.003 42）
t	0.012 7*** （0.003 58）	0.006 74* （0.004 04）
国家固定效应	控制	控制
观测值	29 585	21 217
Ij 组合的数量	2 176	2 176
R^2	0.036	0.015

括号中展示标准误 ***$p < 0.01$，**$p < 0.05$，*$p < 0.1$。

在上述结论的基础上，为了进一步分析各行业的差异，我们将样本限制在中国，并针对不同行业重复进行上述回归。因此，我们可以得到特定行业的价格弹性。我们将不同行业的估计结果汇总在表 8-4 中，从中可以找到一些行业结果。

表 8-4　WIOD 行业的主要估计系数

WIOD 行业	回归系数
基本金属	−0.43
机械和设备	−0.34
计算机、电子产品和光学产品	−0.30
汽车、挂车和半挂车制造	−0.23
纺织品、服装、皮革	−0.23
非金属矿物制品	−0.17
纸制品	−0.13
食品、饮料和烟草制品	−0.13
化学品及化学制品	−0.04
电力设备	−0.04
基本医药产品及医药制剂	−0.01
农牧业生产、狩猎及相关服务活动	0.03
橡胶和塑料制品	0.03
家具及其他制造业	0.04
机械设备除外的金属制品	0.05
印刷和记录媒介复制	0.06
采矿和采石	0.15
其他运输设备	0.24
家具除外的木材及木材和软木制品	0.39
焦炭和精炼石油产品	0.52

　　根据 WIOD 行业进行分样本回归的结果给出了强有力且直观的解释。首先，制造业（基本金属、机械等）出口的碳排放与煤价呈负相关，这是非常直观的。所有这些行业都高度依赖煤炭。当煤价上涨时，这些行业的生产成本同时上涨，从而使这些行业的企业家倾向于使用更清洁的技术来降低碳排放。其次，采矿或替代品（木材或石油）出口的碳排放与煤价呈正相关。当煤价上涨时，越来越多的企业家将试图寻找其他替代品，推动这些行业的需求更加广泛。因此，额外的需求将推动更多的生产，并增加总的碳排放量。

四、政策建议

根据中国政府的愿景、国际发展现状与趋势以及对中国主要贸易商品的影响及其关键，我们提出了几项政策建议：①将可持续性（或绿色）标准纳入全球供应链；②与巴西达成可持续的大豆和牛肉贸易协议；③与印度尼西亚和马来西亚达成可持续的棕榈油协议；④利用市场和公共政策的力量推动行业贸易模式的低碳转型；⑤在区域贸易协议中制定绿色产品激励措施。第①项适用于中国的整体贸易，第②项和第③项重点针对软商品贸易，第④项和第⑤项重点针对工业商品贸易。

（一）将可持续性标准纳入全球供应链

中国可以将可持续性或绿色标准纳入其所有全球供应链计划。

《"十四五"对外贸易高质量发展规划》为实现这一目标奠定了基础，例如其要求：

- 建立绿色低碳贸易标准和认证体系；
- 完善绿色标准、认证、标识体系，促进国际合作和互认；
- 推动国内国际绿色低碳贸易规则、机制对接；
- 探索建立外贸产品全生命周期碳足迹追踪体系；
- 开展绿色低碳贸易合作等。

实现这一目标的一个具体举措是，中国将可持续贸易和供应链的合作纳入现有的区域经济、贸易和环境合作框架中。中国和东盟国家的绿色价值链伙伴关系是其中的一个良好案例。2023 年 9 月 15—16 日，中国—东盟合作框架下的优先合作领域高层论坛——"2023 中国—东盟环境合作论坛"在广西南宁举办，共同启动了"中国—东盟绿色价值链伙伴关系"，开启了推动区域绿色低碳贸易与可持续价值链构建的崭新篇章。2024 年，中国—马来西亚绿色价值链伙伴关系圆桌对话在北京召开，进一步推动中国—马来西亚绿色价值链伙伴关系，希望在此机制框架下，围绕棕榈油这一典型农产品，深入探讨构建中国－马来西亚绿色价值链的务实举措。

（二）与巴西达成可持续的大豆和牛肉贸易协议

中国可以与巴西谈判并签署贸易协定，以确保合法、可持续的大豆和牛肉长期供应。为了让这样一项具有里程碑意义的贸易协议得到足够的重视，中国和巴西可以在于 2024 年中在巴西举行的二十国集团农业部长及会议上（可持续农业是会议的一个重点议题）或在 2025 年末在巴西贝伦举行的《联合国气候变化框架公约》第 30 次缔约方大会上共同宣布该协定。该贸易协定可视为中国国家主席习近平与巴西总统卢拉于 2023 年 4 月中旬在北京举行的历史性会晤成果的延伸，此次会晤形成了《中国—巴西应对气候变化联合声明》，其中包括："我们承诺拓展、深化和丰富气候领域双边合作，例如在向可持续和低碳全球经济转型……我们计划通过有效执行各自关于禁止非法进出口的法律，共同支持消除全球非法采伐和毁林。"

该贸易协定将符合中国和巴西的共同国家利益。它将确保大豆和牛肉的长期稳定供应（从而改善中国的粮食安全），符合新兴的国际贸易政策，符合中国签署的国际协议（如《关于森林和土地利用的格拉斯哥领导人宣言》、"昆明—蒙特利尔全球生物多样性框架"），符合企业趋势发展（如 SBTi、科学碳目标），并满足日益增长的消费者要求（这样的协议也将符合中国农业企业的雄心）。例如，中粮集团的可持续大豆采购政策指出："我们希望与供应商合作，共同提高我们的大豆供应链可追溯性，消除整个供应链中的森林砍伐，并向无原生植被转换的大豆生产过渡天然植被，以保护亚马孙、塞拉多和格兰查科等关键生态系统。"

这样的贸易协定也符合巴西的国家利益。这将有助于该国消除森林和其他自然生态系统的非法转换（例如，卢拉总统公开表示，结束非法砍伐森林是他的首要任务之一），并为增加来自可持续种植的大豆和来自可持续养殖的牛肉供应提供急需的资金和专业知识。因此，这样的贸易协议符合巴西的国家主权、国家法律和国家雄心。此外，巴西已经在努力满足欧盟（《欧盟零毁林法案》）和英国（修订后的环境法）目前提出的类似贸易计划，因此中巴贸易协议不会给巴西带来任何额外负担。

中国与巴西可持续大豆和牛肉贸易协议的组成部分可以包括：

- 标准和认证——该协议将定义什么是"合法"生产和交易的大豆和牛肉，以及最终定义什么是自然生态系统贸易"零转化"的大豆和牛肉。为创建切实可行的监管标准、公共部门的认证系统，正在加强相关基础设施和知识体系的建设。幸运的是，行业投入中自发的定义、标准和相关认证系统已经建立或正在定中。例如，由 21 家总市值 2 万亿美元的企业领导的消费品论坛森林积极行动联盟（Consumer Good Forum's Forest Positive Coalition）主导制定了大豆和牛肉的路线图，列出了该组织的承诺和行动，以消除他们供应链中由大豆或牛肉导致的森林砍伐、生态系统转换。由世界可持续发展工商理事会领导的软商品论坛，由六家领先的农业综合企业合作，旨在为消除巴西塞拉多森林砍伐和原生植被转换问题提供解决方案。成员们还制定了采购承诺，包括中粮集团要求供应商承诺共同消除森林砍伐，并向无原生植被转换的大豆生产过渡。此外，负责任大豆圆桌会议（Roundtable on Responsible Soy）为合格生产的大豆提供认证。

- 尽职调查和可追溯性——该协议将阐明可追溯性和尽职调查的方式。当前情况下，尽职调查是指对大豆或牛肉进口是否与非法、不可持续做法有关的风险评估过程，同时能降低这种风险。可追溯性是指在整条供应链上从生产 / 收货直至分销环节全程跟踪产品的能力。已经有一系列工具可用于支持尽职调查和可追溯性（图 8-9）。当利用这些方法多管齐下时，尽职调查和可追溯性可以验证商品的原产地、监管链和对贸易协议的遵守情况。在巴西开展业务的许多公司已经建立并使用了自愿可追溯系统（专栏 8-1）。例如，帕拉州成功实施了公私合作的"绿色谷物协议"（Green Protocol of Grains），以消除与大豆、大米和玉米相关的非法森林砍伐，该协议覆盖了 96% 的产量[41]。巴西还成功实施了森林产品原产地国家控制系统（SINAFLOR），为各州的森林部门提供了联邦监督系统[42]。

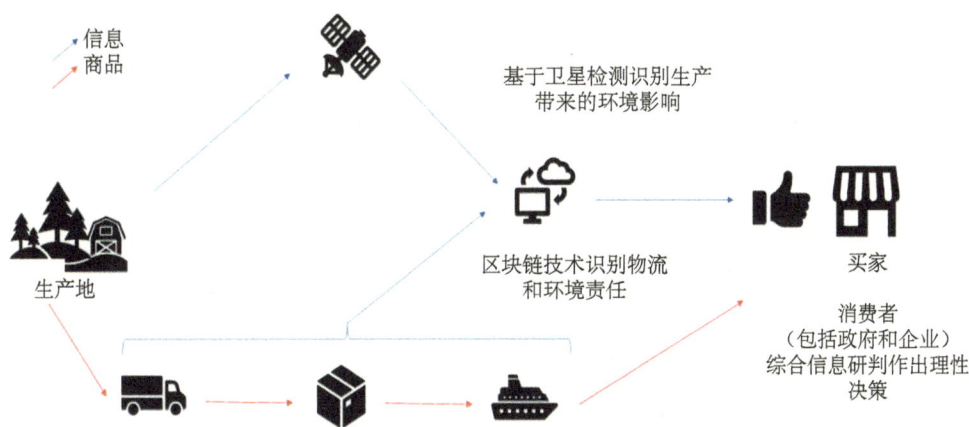

图 8-9　实现价值链尽职调查和可追溯性的技术

资料来源：CCICED，2021，《全球绿色价值链：新形势下的中国机遇、挑战和路径》。

专栏 8-1　可追溯性的企业案例

美国邦吉公司（Bunge）直接采购的大豆可以 100% 追溯到巴西毁林高风险地区的农场，并发布了可追溯季度报告[43]。邦吉公司还启动了一项计划，将其间接采购的大豆也 100% 追溯到农场[44]。

中粮国际（COFCO International）计划到 2023 年实现在巴西直接采购的大豆全面可追溯[45]。

近十年来，世界领先的两大动物蛋白生产商——JBS 和 Marfrig 公司，已经成功地实现了对其在亚马孙地区直接采购的牛肉 100% 的可追溯性。它们一共占中国从巴西进口牛肉总量的 50% 以上[46]。两家公司都采用新系统，实现了间接供应商 100% 可追溯到农场，并在巴西实现零森林砍伐[47]。对他们来说，可追溯性对于满足出口国的食品安全要求也很重要。

- "恢复、生产和保护一揽子计划"——随着时间的推移，如果巴西既要增加对中国的大豆和牛肉供应，同时又要求不将森林或其他自然生态系统转化为农业用地，那么巴西将需要提高现有农田和牧场的产量。换言之，巴西农民和牧场主需要同时恢复退化地区的生产力，提高产量，并保护现有的自然资源。大量科学研究表明，这在巴西是可以实现的[48-50]，并且巴西有生产力提高的记录。贸易协定可以包括交换农业专业知识、投入和提供资金的条款，以支持巴西大豆和牛肉的可持续集约化生产。以下案例可以证明其可行性（专栏 8-2）。

专栏 8-2　先正达（Syngenta）的恢复计划

先正达公司隶属中国化工集团，是世界上最大的农业原料供应商之一。在短短两年内，其恢复计划（Reverté program）已使巴西马托格罗索州超过 10 万 hm^2 的大豆供应实现了无转化，先正达还将在未来几年内把 100 万 hm^2 土地纳入该计划。在该计划中，农民同意将退化的牧场恢复为大豆生产，同时避免更多的森林或天然草原转化。作为回报，先正达提供生产物资和投入（如种子、土壤增强剂、化肥、技术援助），巴西农业推广机构 EMBRAPA 提供农艺实践投入，巴西商业银行艾涛银行（Itaú）向参与的农民提供商业利率的长期贷款。（各方均可免费获得的）卫星图像与农场位置数据相结合，确保农民遵守"恢复、生产和保护"一揽子计划。值得注意的是，这个恢复计划是一项商业活动，而不是慈善活动。

资料来源：先正达团队访谈，2023 年。

（三）与印度尼西亚和马来西亚达成可持续棕榈油协定

中国可以与印度尼西亚和马来西亚谈判并签署贸易协定，以确保合法和可持续的棕榈油的长期供应。贸易协定建立在中国与两国最近取得的进展的基础上。例如，2022 年 11 月，中国商务部副部长兼中国国际贸易代表在中印尼农产品贸易促进会上呼吁开展棕榈油绿色贸易。2023 年 4 月，中国食品土畜进出口商会（CFNA）与马来西亚棕榈油总署签署了一份关于提高棕榈油供应链稳定性和可持续性的备忘录。该备忘录呼吁共同探索和实施棕榈油可追溯系统。CFNA 还与可持续棕榈油圆桌倡议组织（RSPO）签署了备忘录，共同致力于在中国发展可持续的棕榈油。这些进展自然将促进中国与这些国家之间达成可持续的棕榈油贸易协定。据马来西亚国家新闻社（Bernama）报道，马来西亚种植及原产业部副部长陈泓缣于 2024 年 7 月 8—12 日对中国进行工作访问期间，与中国达成了超过 2.3 亿令吉（约合 3.58 亿元人民币）的棕榈油贸易协议。

这样的贸易协定符合中国的国家利益。其将确保为中国提供长期稳定的棕榈油供应，同时符合新兴国际贸易政策和国际协议精神，也符合企业和消费者的需求趋势。

这样的贸易协定同时也符合印度尼西亚和马来西亚两国的国家利益。两国都致力于停止非法森林砍伐、停止在泥炭地上的非法油棕种植。印度尼西亚已发布法案全面暂停将原始森林和泥炭地转化为油棕种植。此外，两国都已证明其有能力在继续保持棕榈油出口超级大国地位的同时大幅降低森林砍伐率。近年来，印度尼西亚的原始森林砍伐量在各国中减少最多，而马来西亚的原始森林损失已趋于平稳[29]，这是一个很好的证据。同时，这也表明遵守与中国的可持续棕榈油协定是可行的。此外，与巴西一样，印度尼西亚和马来西亚本就需要满足欧盟目前提出的类似贸易计划，并与欧盟成立了联合工作组以执行欧盟的要求。

中国与印度尼西亚和马来西亚的可持续棕榈油贸易协定的主要内容与巴西大豆和牛肉贸易协定的主要内容类似，即

- 标准和认证——贸易协定中定义什么是"合法"生产和贸易的棕榈油，定义什么是森林和泥炭"零转化"。幸运的是，现在已经制定了定义、标准和相关的认证体系。印度尼西亚有印度尼西亚可持续棕榈油认证体系（ISPO），马来西亚有马来西亚可持续棕榈油认证体系（MSPO），二者都是强制性的棕榈油认证标准。此外，可持续棕榈油圆桌会议（Roundtable on Sustainable Palm Oil，RSPO，在全球拥有 5 400 多名成员）制定了一项自愿性标准，以确保不砍伐森林、不转换泥炭地和

公平对待农民，并实现了较高的市场占比。贸易协定可以包括支持小农户获得认证的措施，从而确保他们进入中国市场。例如，RSPO 正在向印度尼西亚占碑省提供支持，帮助小农户获得 ISPO 认证，从而助力他们进一步通过更严格的 RSPO 认证。棕榈油合作小组（The Palm Oil Collaboration Group）正在围绕可持续棕榈油的独立报告框架和独立验证建立行业结盟。中国与印度尼西亚和马来西亚之间的贸易协定可以在现有体系（如 ISPO、MSPO 和 RSPO）的基础上规定合法性和可持续性标准。

- 尽职调查和可追溯性——该协议将阐明可追溯性和尽职调查的方式。目前已经有相关的体系，包括许多企业自发采用的体系，以及政府主导的可追溯监管系统（专栏 8-3）。政府主导的可追溯系统的一个例子是印度尼西亚的木材合法性验证体系（印度尼西亚语首字母缩写为 SVLK）。该体系被欧盟认定为符合《欧盟木材法案》。欧盟免除了对具有 SVLK 许可证的木材执行尽职调查的要求，以促进市场准入。同样，棕榈油贸易协定可以认可印度尼西亚或马来西亚的可追溯体系，将其认定为满足中国进口棕榈油的尽职调查要求。

专栏 8-3　企业和政府主导的尽职调查和可追溯性案例

马来西亚可持续棕榈油认证计划（MSPO）是所有油棕种植园、独立和有组织的小农户以及棕榈油加工厂所需的政府强制性认证，其中包括可追溯性要求。MSPO 认证覆盖了马来西亚 98% 的许可种植面积。截至 2020 年年中，1/4 的小农户已获得 MSPO 认证[51]。

印度尼西亚可持续棕榈油认证计划（ISPO）是棕榈油生产需满足的政府标准，于 2011 年推出。ISPO 要求遵守法律和法规，但目前不包括可追溯性正式要求[52]。

世界上最大的棕榈油公司之一金光集团承诺，通过实现到 2025 年种植园（包括间接供应商）的 100% 可追溯性，到 2025 年实现 100% 无森林砍伐的供应链。自 2021 年以来，该公司已经实现了对自己种植园的产品的 100% 可追溯并实现了对来自第三方棕榈油的 93% 可追溯[53]。

森那美（Sime Darby）作为世界上最大的可持续棕榈油生产商之一，其生产的棕榈油已获得相关认证，并且该公司从自己的生产区、第三方生产区以及第三方工厂进行采购。截至 2022 年 3 月，森那美已实现全球供应链的 70%

以上可追溯到种植园。森那美利用这些可追溯性数据来评估其零毁林承诺的执行情况。截至 2022 年第一季度，其全球交易量的 64% 来自无森林砍伐的供应[54]。

中国食品土畜进出口商会（CFNA）正在开发尽职调查系统（可持续软商品供应链信息分享工具），以帮助其成员公司评估软商品供应链的可持续性风险，如棕榈油和大豆。该系统在国际公司和中国公司中都将开展试点。

- "生产和保护一揽子计划"——如果印度尼西亚和马来西亚希望既能避免森林或泥炭地转变为油棕榈种植园，又能不断增加对中国的棕榈油供应，那么两国将需要提高现有种植区的产量，包括小农户地块的产量（这些地块的产量往往低于工业规模的种植园）。为此，贸易协定可以包括中国提供创新农业融资的条款，帮助小农户移除老旧的低产油棕，购买杂交高产油棕品种，并在新种植的树结果之前弥补五年的收入差距。通过农业专业知识、材料和融资上的帮助，支持棕榈油可持续和集约化生产。
- 降低进口关税——（通过上述提及的认证和可追溯性条款）对于合法且无转化的棕榈油，中国可以降低进口关税。

（四）利用市场和政策的力量推动低碳贸易模式和产业供应链

"看不见的手"——市场

基于上一部分的研究结果，第一个政策建议：市场是我们实现环境目标的重要工具，我们要发挥市场的作用。在第四部分中，研究发现当煤炭价格每上升 10%，中国出口附加值中的碳排放就会下降 1.29%。更确切地说，煤炭价格和中国的出口碳排放呈反比例关系，煤价上升，出口碳排放下降。这种反比例关系是因为当煤价上升，中国的出口商会认为煤相对于其他能源更加昂贵，因此他们减少煤的使用而使用更多其他能源。由于煤炭是一种不可再生的资源，随着不断使用，煤炭的存量逐渐减少，而煤炭的价格从长期来说是处于上升趋势的。长期上升的煤炭价格会通过市场机制导致中国的出口碳排放下降。总体来说，长期上升的能源价格会通过市场机制逐步淘汰重排放产业从而降低中国出口碳排放。

"看得见的手"——政府

市场是降低碳排放的重要力量，而政府不能仅依靠市场的力量，也要积极主动作为，积极参与减碳行动。

第一，政府降低碳排放应该遵行"先立后破"的原则。"先立后破"指的是首先培育支持新能源和绿色产业发展，让这些新兴产业站稳脚跟，再逐步限制淘汰落后的污染产业，逐步实现经济转型升级。成熟的绿色产业是关停污染落后产业的前提。如果没有按照"先立后破"的原则，而是急于关停落后产能，实现环境目标，就会导致严重的经济失衡，比如强制拉闸限电进行能耗双控。

第二，政府需要加强服务绿色产业的基础设施建设。绿色产业的发展固然重要，服务绿色产业的配套措施也是必不可少的。

以我们团队在甘肃调研为例。甘肃省，作为一个地处内陆且拥有广袤戈壁的省份，蕴藏着丰富的太阳能和风能发电资源。尽管如此，当地政府对这些资源的开发利用仍相对有限。绿电销售困难是当地新能源产业开发有限的重要原因。因为气候和地理原因，甘肃本地的用电需求有限，不足以消化新发的绿电。甘肃省向中国东部电力缺口地区输电能力有限，使得甘肃生产的绿电难以服务东部市场。服务绿色产业的基础设施是发展绿色产业的重要基础。以甘肃调研为例，我们需要建设从甘肃到东部的统一电力输送网络和全国统一调配的电力市场，这才是我们进一步发展新能源的重要基石。

第三，从高污染到绿色可持续发展的经济转型会不可避免地造成失业，政府需要做好应对失业的准备。关闭重污染工业和采矿业会造成这些行业的工人失业。政府需要做好失业救济的准备，做好经济转型阵痛期的安抚工作。

（五）在区域贸易协定中制定绿色产品激励措施

我们建议中国主动下调绿色商品的进口关税，并在其参与的贸易合作组织和贸易协定中，如WTO（世界贸易组织）、RCEP（区域全面经济伙伴关系协定）和CPTPP（全面与进步跨太平洋伙伴关系协定），积极倡导共同降低绿色产品的关税。我们建议中国应进一步对于高排放和高环境足迹的产品增加关税。

参考文献

[1] United Nations. Enhance solidarity to fight COVID-19, Chinese president urges, also pledges carbon neutrality by 2060[EB/OL]. 2020. https://news.un.org/en/story/2020/09/1073052.

[2] 第一财经 . 生态环境部：推动研究出台绿色金融、贸易和行业发展政策 [EB/OL]. 2023. https://baijiahao.baidu.com/s?id=1758131486461662264&wfr=spider&for=pc.

[3] 新华社 . 第一观察：这件事为何成为总书记心中的 "永恒课题" [EB/OL]. 2020. https://news.china.com/zw/news/13000776/20200723/38531294.html.

[4] 人民日报 . 习近平：把中国人的饭碗牢牢端在自己手中 [N/OL]. 2021. http://politics.people.com.cn/n1/2021/0923/c1001-32234793.html.

[5] China Council for International Cooperation on Environment and Development (CCICED). Global green value chains: China's opportunities, challenges and paths in the current economic context[R/OL]. 2021. http://en.cciced.net/POLICY/rr/prr/2021/202109/P020210917469069544512.pdf.

[6] 国家能源局 . "十四五" 现代能源体系规划 [EB/OL]. 2022. http://www.nea.gov.cn/1310524241_16479412513081n.pdf.

[7] Convention on Biological Diversity (CBD). Kunming-Montreal Global Biodiversity Framework[EB/OL]. 2022. https://www.cbd.int/doc/decisions/cop-15/cop-15-dec-04-en.pdf.

[8] Vandvik V. Cheat sheet to the Kunming-Montréal Global Biodiversity Framework[EB/OL]. 2023. https://www.uib.no/en/cesam/159846/cheat-sheet-kunming-montr%C3%A9al-global-biodiversity-framework.

[9] Science Based Targets Initiative (SBTi). Companies taking action[DB/OL]. 2023-05-31. https://sciencebasedtargets.org/companies-taking-action.

[10] Science Based Targets Initiative (SBTi). SBTi criteria and recommendations for near-term targets[S/OL]. 2023. https://sciencebasedtargets.org/resources/files/SBTi-criteria.pdf.

[11] Organisation for Economic Cooperation and Development (OECD). ESG investing: Practices, progress and challenges[R/OL]. 2020. www.oecd.org/finance/ESG-Investing-Practices-Progress-and-Challenges.pdf.

[12] Principles for Responsible Investment (PRI). Signatory update: October to December 2022. [R/OL]. 2023. https://www.unpri.org/download?ac=18057.

[13] United Nations Framework Convention on Climate Change (UNFCCC). Frequently asked questions: Financial sector commitment letter on eliminating agricultural commodity-driven deforestation[EB/OL]. 2022. https://climatechampions.unfccc.int/wp-content/uploads/2022/11/FAQ_FI-commitment-letter_COP27.pdf.

[14] China Council for International Cooperation on Environment and Development (CCICED). Global green value chains: Greening China's "soft commodity" value chains[R/OL]. 2020. https://cciced.eco/wp-content/uploads/2020/09/SPS-4-2-Global-Green-Value-Chains-1.pdf.

[15] SynTao. In-depth interpretation of China's low-carbon consumption status and development

path[C/OL]. 2022. https://mp.weixin.qq.com/s?__biz=MzI4NTc0NDc3NA==&mid=2247493834 &idx=3&sn=47782c545fedd2e78ffd5a2a6cd1122e&chksm=ebe52323dc92aa35b77afaf12e89c850 a9adbc0852cefb29e8e71e357af554770f7d2a3ca523&scene=27.

[16] 新华网, 等. 2022 中国植物肉减碳洞察报告 [R/OL]. 2022. http://www.news.cn/tech/ download/2022zgzwrjtdcbg.pdf.

[17] United States Department of Agriculture (USDA). USDA agricultural projections to 2030 [R/OL]. 2021. https://www.ers.usda.gov/webdocs/outlooks/100526/oce-2021-1.pdf?v=587.

[18] FAOSTAT, USDA. Record U.S. FY 2022 agricultural exports to China[EB/OL]. 2023. https:// www.fas.usda.gov/data/record-us-fy-2022-agricultural-exports-china.

[19] FAOSTAT. The FAOSTAT domain emissions totals[DB/OL]. 2022. http://www.fao.org/faostat/ en/#data/GT.

[20] Feng F, Zhang Z N, Gu Y Z, et al. Discussion on approaches to improving soybean supply capacity in China[J/OL]. Bulletin of Chinese Academy of Sciences, 2022, 37(9): 1281-1289. 2022. https:// bulletinofcas.researchcommons.org/cgi/viewcontent.cgi?article=2078&context=journal.

[21] Song X P, Hansen M C, Potapov P, et al. Massive soybean expansion in South America since 2000 and implications for conservation[J/OL]. Nature Sustainability, 2021, 4, 784-792. www.nature. com/articles/s41893-021-00729-z.

[22] Schneider M, Goldman L, Weisse M, et al. The commodity report: Soy production's impact on forests in South America[R/OL]. 2021. https://www.globalforestwatch.org/blog/commodities/soy-production-forests-south-america/.

[23] Weisse M, Goldman, E. Just 7 commodities replaced an area of forest twice the size of germany between 2001 and 2015[EB/OL]. 2021. https://www.wri.org/insights/just-7-commodities-replaced-area-forest-twice-size-germany-between-2001-and-2015.

[24] Stockholm Environment Institute (SEI). Connecting exports of brazilian soy to deforestation[EB/ OL]. 2022. https://www.sei.org/featured/connecting-exports-of-brazilian-soy-to-deforestation/.

[25] FAOSTAT. Food balances[DB/OL]. 2023. https://www.fao.org/faostat/en/#data/FBS.

[26] 中国畜牧业协会牛业分会. 2022 年我国肉牛产业发展回顾与 2023 年展望 [EB/OL]. 2023. http://www.chinafeedm.com/h-nd-20058.html.

[27] 中国海关总署 [DB/OL]. 2023. http://gdfs.customs.gov.cn/customs/syx/index.html.

[28] Searchinger T, Waite R, Hanson C, et al. Creating a sustainable food future—a menu of solutions to feed nearly 10 billion people by 2050[R/OL]. 2019. https://research.wri.org/sites/default/ files/2019-07/WRR_Food_Full_Report_0.pdf.

[29] Global Forest Watch (GFW). Forest pulse: The latest on the world's forests[DB-OL].2023. https:// research.wri.org/gfr/latest-analysis-deforestation-trends.

[30] 油导网. 方便面又火了棕榈油进口激增：一文了解中国棕榈油消费现状和前景 [EB/OL]. 2019. https://www.oilcn.com/article/2019/09/09_69647.html.

[31] FAOSTAT. Production and trade balance[DB/OL]. 2021. https://www.fao.org/faostat/en/#data/QI.

[32] 蒋亦凡. 可持续棕榈油在中国寻求突破 [R/OL]. 2020. https://chinadialogue.net/en/food/sustainable-palm-oil-seeks-breakthrough-in-china/.

[33] Chain Reaction Research (CRR). China, the second-largest palm oil importer, lags in NDPE commitments, transparency[EB/OL]. 2021. https://chainreactionresearch.com/report/china-the-second-largest-palm-oil-importer-lags-in-ndpe-commitments-transparency/.

[34] Statista. Export volume of palm oil from Indonesia to China from 2012 to 2021[DB]. 2023. https://www.statista.com/statistics/1037682/indonesia-palm-oil-export-volume-to-china/.

[35] Stockholm Environment Institute (SEI). Indonesia makes progress towards zero palm oil deforestation: But gains in forest protection are fragile[EB/OL]. 2022. https://www.sei.org/featured/zero-palm-oil-deforestation/.

[36] World Economic Forum(WEF). China's role in promoting global forest governance and combating deforestation[R/OL]. 2022. https://www.weforum.org/reports/china-s-role-in-promoting-global-forest-governance-and-combating-deforestation.

[37] Science Based Targets Initiative (SBTi). Forest, land and agriculture science based target setting guidance[R/OL]. 2022. https://sciencebasedtargets.org/resources/files/SBTiFLAGGuidance.pdf.

[38] Yum China. Yum China commits to the science based targets initiative to reinforce its climate action efforts[EB/OL]. 2021. https://ir.yumchina.com/news-releases/news-release-details/yum-china-commits-science-based-targets-initiative-reinforce-its.

[39] Yum China. Yum China's science-based targets approved, aiming for over 60% GHG emissions reduction by 2035[EB/OL]. 2022. https://ir.yumchina.com/news-releases/news-release-details/yum-chinas-science-based-targets-approved-aiming-over-60-ghg.

[40] Food and Agriculture Organization of the United Nations(FAO). Environmental and social standards, certification and labelling for cash crops[S/OL]. 2023. https://www.fao.org/3/y5136e/y5136e00.htm#Contents.

[41] Planeta Campo. Pará produces 96% of its soy compliant with green protocol for grains[N/OL]. 2022. https://planetacampo.com.br/para-produces-96-of-its-soy-compliant-green-protocol-for-grains/.

[42] Food and Agriculture Organization of the United Nations(FAO), World Resources Institute (WRI). Timber traceability-a management tool for governments. Case studies from Latin America. Rome[R/OL]. 2022. https://doi.org/10.4060/cb8909en.

[43] Bunge. Soft commodities forum progress report-building transparent and traceable soy supply chains[EB/OL]. 2020. https://www.bunge.com/sites/default/files/bunge_scf_dec2020.pdf.

[44] Bunge. Bunge launches unprecedented program to monitor soybean crops from its indirect supply chain in the Brazilian Cerrado[N/OL]. 2021. https://www.bunge.com/news/bunge-launches-unprecedented-program-monitor-soybean-crops-its-indirect-supply-chain-brazilian.

[45] COFCO International. Sustainable soy sourcing policy[R/OL]. 2021. https://www.cofcointernational.com/media/dlmp3uqp/sustainable-soy-sourcing-policy.pdf.

[46] Trase. Trase supply chains[DB]. 2021. https://supplychains.trase.earth/.

[47] Bloomberg. Marfrig to build tracking system for cattle raised in Amazon[N/OL]. 2020. https://www.bloomberg.com/news/articles/2020-07-10/marfrig-to-build-tracking-system-for-cattle-raised-in-the-amazon.

[48] Cohn A S, Mosnier A, Havlík P, et al. Cattle ranching intensification in Brazil can reduce global greenhouse gas emissions by sparing land from deforestation[J]. Proceedings of the National Academy of Sciences, 2014, 111 (20): 7236-7241. https://doi.org/10.1073/pnas.1307163111.

[49] Cardoso A S, Berndt A, Leytem A, et al. Impact of the intensification of beef production in Brazil on greenhouse gas emissions and land use[J]. Agricultural Systems, 2016, 143 (March): 86-96. https://doi.org/10.1016/j.agsy.2015.12.007.

[50] Ermgassen Z, Erasmus K H J, Alcântara M P, et al. 2018. Results from on-the-ground efforts to promote sustainable cattle ranching in the Brazilian Amazon[J]. Sustainability, 2018, 10 (4): 1301. https://doi.org/10.3390/su10041301.

[51] Yap P, Rosdin R, Abdul-Rahman A A A, et al. Malaysian Sustainable Palm Oil (MSPO) certification progress for independent smallholders in Malaysia[J]. IOP Conference Series: Earth and Environmental Science, 2021, 736(1): 012071. https://doi.org/10.1088/1755-1315/736/1/012071.

[52] Nurfatriani F, Ramawati, Sari G K, et al. Oil palm economic benefit distribution to regions for environmental sustainability: Indonesia's revenue-sharing scheme[J]. Land, 2022, 11(9): 1452. https://doi.org/10.3390/land11091452.

[53] Musim Mas. Future ready: Sustainability report 2021[R/OL]. Singapore: Musim Mas. 2021. https://www.musimmas.com/wp-content/uploads/2022/10/Musim-Mas-SR2021.pdf.

[54] Sime Darby. Sime darby oils global supply chain Q1 2022 NDPE IRF profile[EB/OL]. 2022. https://www.simedarbyoils.com/documents/SDO-Global-NDPE-Q1-2022.pdf.

第四篇

低碳包容转型

第九章　环境与气候可持续投资创新机制

一、引言

世界范围内，越来越多的政府公布了净零碳排放目标；截至 2022 年底，已有 21 个国家立法，81 个国家发布政策文件，22 个国家发布了相关声明、承诺，53 个国家在提议、讨论设立碳排放目标。[1] 中国也已承诺二氧化碳排放力争于 2030 年前达到峰值，努力争取 2060 年前实现碳中和，并在绿色金融方面取得了诸多进展，特别是在扩大绿色贷款和债券规模方面。2022 年，俄乌冲突导致的能源供给冲击以及随之而来的高能源价格对欧洲能源安全、通货膨胀和经济增长产生了重大影响，同时也对世界其他经济体造成了冲击。全球能源供给冲击下，平衡能源安全和碳中和目标在能源相关的政策领域变得尤为重要。高企的化石能源价格凸显了可再生能源的成本优势，长期能源安全也需要更高比例的可再生能源支撑。虽然意大利、芬兰、匈牙利 2022 年底的煤炭消费出现了同比上涨，但欧洲整体的煤炭消费量并没有出现反弹，全球低碳转型的大趋势并没有改变。随着世界各国对气候变化议题重视度的提升，绿色金融在过去几年经历了快速增长，以支持实体经济向更可持续的发展道路过渡。《巴黎协定》第二条第一款第三点明确要求使资金流动符合温室气体低排放和气候适应性发展的路径。因此，大量来自私人部门的资金与私人投资策略将目光转向了《巴黎协定》所要实现的可持续发展目标。

实现碳中和目标需要大量资金支持。根据气候政策倡议组织（CPI）发布的《2021 年全球气候投融资报告》，到 2030 年实现国际商定的气候目标，实现向可持续、净零排放和有韧性的世界过渡，保守估计每年需要 4.35 万亿美元，而 2021 年气候投融资仅达到 0.85 万亿美元 [1]，仍有较大差距。国际能源署的最新估计也显示，为实现 2050 年净零排放，到 2030 年，全球对清洁能源技术的投资需要翻两番，从最近的年均 1.2 万亿美元增加到 4.2 万亿美元。[2] 在中国，根据中金公司《碳中和经济学》的估算，为实

---

1 Net Zero Tracker, https://zerotracker.net/。

现"碳中和"目标，中国的总绿色投资需求约为 139 万亿元。迄今为止，绿色金融的大多数进展体现在通过大型商业银行进行间接融资方面。相比之下，包括养老金、主权财富基金、公募基金、私募股权基金在内的其他金融机构的参与仍然有限。国际可再生能源署（IRENA）的调研报告显示，过去 20 年中，只有约 20% 的机构投资者通过基金对可再生能源进行了投资，直接投资于可再生能源项目的机构投资者则不足 1%。[3]

　　主权资产所有者的资金具有长期性、规模大和位于资金上游的特点，在引导更多的资金流向绿色领域方面可以发挥积极的作用。第一，主权资产所有者的投资期限长，适合在长时间维度将环境、气候等因素纳入投资决策中，也更有机会享受到考虑 ESG 因素带来的长期收益，规避和应对气候变化带来的物理风险和转型风险。第二，主权资产所有者的资产规模大，拥有股权、固定收益证券、另类投资等丰富的资产类别，有利于支持低碳转型创新产业链的各个环节。与此同时，由于规模效应，主权资产所有者的综合能力一般较强，人才素质较高，搭建支持可持续投资的团队、制定相关业务流程和进行数据搜集和分析的边际成本更低。第三，主权资产所有者位于资金链的上游，对资产管理者和被投公司拥有基于所有权的影响力，可以通过投票、会议沟通、设定绩效考核等多种方式推动整个资金链从上到下变革。这些机构的投资会进一步推动公司、项目和资本市场采取低碳转型的行动，在气候变化、可持续基础设施、清洁能源等领域产生实质影响。由于主权资产所有者的大部分资金来源是公共资产，监管机构也可以通过制定规则和限制来引导更多资金投资于更清洁的资产类别（图 9-1）。

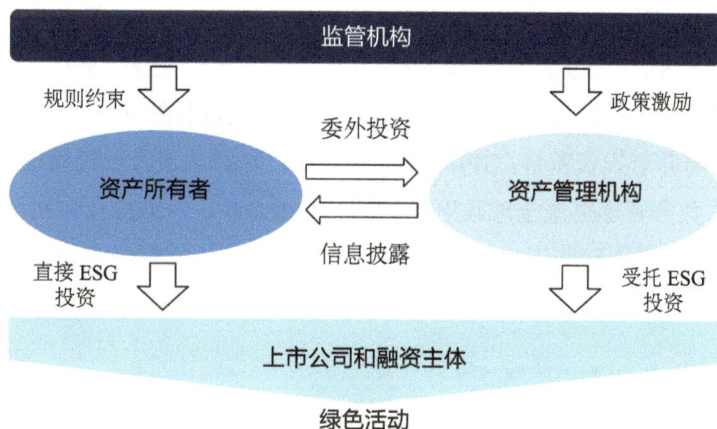

图 9-1　通过资产所有者进行 ESG 投资监管的传导机制

资料来源：中金公司研究部。

在全球范围内，主权资产所有者已经在可持续发展方面取得一定进展。越来越多的机构将 ESG 政策期望纳入合同文件，通过这些文件描述设定期望、收集数据、评估绩效和审查决策的具体步骤。相比之下，中国主权资产所有者的可持续投资仍处在初步探索阶段。根据《中国养老金发展报告 2021》，全国社保基金理事会开始选取海外成熟市场试点 ESG 投资策略。2022 年底，全国社保基金 ESG 投资组合面向公募基金公司招标。作为中国最大的主权财富基金，中国投资有限责任公司 2021 年和 2022 年先后发布了《可持续投资政策》和《关于践行双碳目标和可持续投资行动的意见》。2022 年 4 月，证监会发布了《关于加快推进公募基金行业高质量发展的意见》，强调"推动公募基金等专业机构投资者积极参与上市公司治理，既要'用脚投票'，更要'用手投票'，助力上市公司高质量发展"。在此背景下，研究国外主权资产所有者的先进经验将有助于中国有关机构将环境、气候等因素纳入公司战略、嵌入决策流程、优化信息披露，通过行使尽责管理权力，影响资产管理者和被投资企业，推动其实现低碳转型。

二、全球主权资产所有者可持续投资的趋势和动因

根据 Global SWF 的统计，全球主权资产所有者的管理资产总额（Assets under Management, AuM）2020 年开始超过 30 万亿美元（图 9-2），相当于世界 GDP 的 1/3。如果将这 30 万亿美元的 1% 投向应对气候变化相关领域，约等于目前多边开发银行气候投资承诺的 3.7 倍，这为主权资产所有者参与绿色投资奠定了基础。从国家来看，美国在总规模上遥遥领先，达到 10.9 万亿美元，中国和阿联酋则位居世界第 2 和第 3，总规模分别约 3.5 万亿美元和 1.9 万亿美元。从单个主权财富基金和养老金的规模来看（图 9-3），世界前三大主权资产所有者是中国投资有限责任公司（CIC, 1.4 万亿美元）、日本政府养老投资基金（GPIF, 1.3 万亿美元）和挪威银行投资管理公司（NBIM, 1.1 万亿美元，负责管理挪威全球政府养老基金 GPFG）。[4] 2022 年，由于俄乌冲突、能源供给冲击和高通货膨胀下央行上调利率等地缘政治和宏观经济因素，主权资产所有者管理的资金规模首次出现了下行，但整体上主权资产规模较大且保持了稳定的增长态势。

图 9-2　主权资产所有者管理资产规模

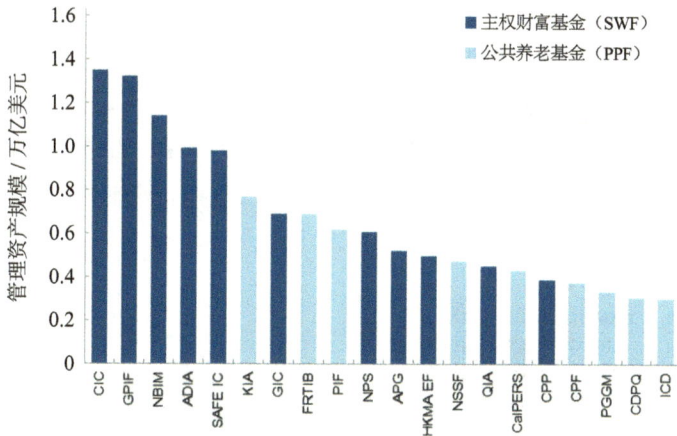

图 9-3　全球前二十大主权资产所有者（2022 年）

资料来源：全球主权财富基金（Global SWF）2023 年年度报告。

注：前二十大主权资产所有者依次是：中国投资有限责任公司（CIC）、日本政府养老投资基金（GPIF）、挪威银行投资管理公司（NBIM）、阿布扎比投资局 (ADIA)、国家外汇管理局投资公司（SAFE IC）、科威特投资局（KIA）、新加坡政府投资公司（GIC）、联邦政府雇员储蓄计划（FRTIB）、沙特阿拉伯公共投资基金（PIF）、韩国国民年金基（NPS）、荷兰养老金管理公司（APG）、香港金融管理局外汇基金（HKMA EF）、中国社保基金（NSSF）、卡塔尔投资局（QIA）、加州公务员退休基金（CalPERS）、加拿大养老金计划（CPP）、新加坡中央公积金（CPF）、荷兰 PGGM 养老基金管理公司（PGGM）、加拿大魁北克储蓄投资集团（CDPQ）和迪拜投资公司（DIC）。Global SWF 将 GIC 分类为 PPF，NSSF 分类为 SWF，在此我们按照中国情况进行了修正。

（一）可持续投资趋势

随着 ESG 投资范式的不断演变以及投资者对可持续投资长期价值认可度的提升，包括国际养老金和主权财富基金在内的机构投资者逐步成为可持续投资的重要参与者，但是整体覆盖度仍有待进一步提高。根据施罗德投资（Schroders）对 770 家全球机构投资者（包含主权资产所有者）的调研，越来越多的投资者希望测量、管理和传递影响力。该调研指出，机构投资者尤其关注四大领域，包括能源转型投资、迈向净零排放的路径、基于所有权的影响力以及投资业绩、"漂绿"相关的一些挑战。[5] 该调研也显示，59% 的投资者认为取得现实世界的具体进展是积极所有权战略的最重要的组成部分，最重要的六大领域是治理和监督、人权、气候、人力资本管理、包容性和多样性（如性别平等）以及自然资本和生物多样性。据全球可持续投资联盟（GSIA）的估计，开展 ESG 相关投资的基金所管理的资产规模为 35.3 万亿美元，约占全球管理资产的 36%[6]，仍有较大的提升空间。

在项目投资中，可再生能源资产拥有相对强劲、稳定和长期的"债券式"回报，与主权资产所有者的长期资金相匹配且搁浅风险低，为机构投资者提供了分散投资的机会。主权资产所有者在化石能源领域的投资已相较于 2018 年的 140 亿美元减少了一半以上，可再生能源项目投资则经历了快速增长，尤其是从 2020 年到 2021 年，从此前显著少于化石能源投资跃升至大幅超过化石能源投资，占总直接投资比例超过10%。2022 年，虽然可再生能源项目投资有所回落，但投资金额仍然是化石能源投资的 3 倍左右（图 9-4）。

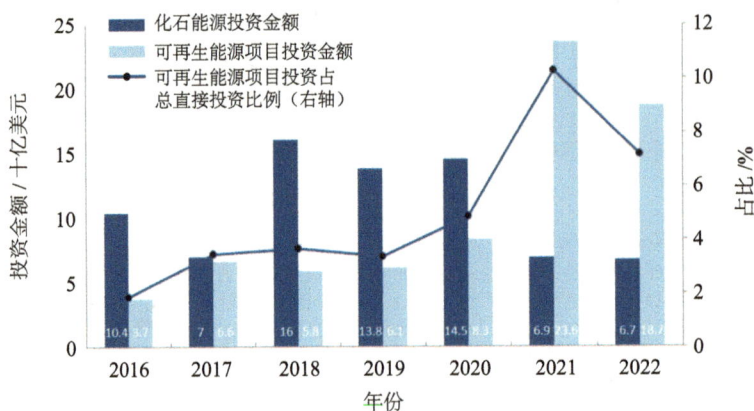

图 9-4　全球主权资产所有者可再生能源项目投资和化石能源投资趋势

资料来源：Global SWF. 2023 Annual Report。

（二）可持续投资动因

可持续投资发展伊始，传统观点认为受托人责任与 ESG 考量相悖，一些养老基金侧重于在短期内实现财务回报的最大化，而忽视了可持续性、环境与社会影响因素。

2014年,联合国责任投资原则和联合国环境规划署(UNEP)开展了"21世纪受托人责任"(Fiduciary Duty in the 21st Century)项目,意为"厘清受托人责任是否是ESG纳入投资决策的法律障碍,从而结束相关争论"。2014年,英国法律委员会发布了《投资中介机构的受托人责任》,该报告拓宽了传统的受托人责任范畴,明确提出养老金受托人负有以受益人的最佳长期利益行事的责任;从法律角度重点讨论了养老金受托人制定投资决策时的考量,建议纳入更多社会、环境、伦理因素,并号召养老金监管机构、金融行为监管局和政府采取行动,[7] 这份报告被认为开启了受托人责任的新时代。

主权资产所有者进行可持续投资可能出于多方面的考虑,并受到一系列政策的激励和约束(政策因素将在第四部分详细展开)。根据世界自然基金会(WWF)对瑞士养老金的一项调查,参与可持续投资最重要的考虑因素包括ESG被纳入受托人责任、来自受益人、NGO、监管等的外部压力、为系统性转向更可持续的经济发展做贡献、为推动公司内部变革作出贡献、国家或国际目标(如SDGs)、声誉和更好的回报等。[8]

结合调研,我们认为主权资产所有者进行可持续投资的背后动因至少有以下三种。

一是追求长期的财务回报,在全球碳中和长期趋势下,充分把握以新能源产业为核心的绿色领域盈利增长机遇。可持续投资(包括ESG相关策略)能否带来超额经济回报在学术上尚无定论。根据Whelan等对2015—2020年超过1 200篇学术论文的系统研究,58%的论文发现ESG和财务回报有正相关关系,8%发现存在负相关关系,剩余的34%发现没有影响或无法得出明确结论。[9] 实践中,很多主权资产投资者都强调可持续投资理念在较长的时间尺度上对于组合收益的贡献,也越来越认可可持续投资的长期财务回报。例如,加拿大养老基金(CPPIB)认为如果一个机构能够有效预测、管理和整合对其业务至关重要的可持续性,那么该机构更有可能维持长期运营并创造价值。[10] 日本政府养老投资基金(GPIF)致力于通过降低环境与气候问题对金融市场的负面影响,鼓励可持续经济增长,提高其管理资产的长期回报。GPIF认为,即使一些投资组合公司的股价因开展对ESG不利的商业活动而上涨,实现短期收入增长,但社会和整个经济体会受到这些活动的负面影响,进而导致全球资产所有者的整体投资组合受到严重损害。因此,避免这些负面外部性,从长期的角度进行投资,为未来的受益人提供养老金储备是其进行ESG投资的核心。[11]

二是为了更好地管理和降低环境和气候风险,这与第一点是一个硬币的两面。主权资产所有者的投资通常面临两种类型的气候风险,即物理风险和转型风险。物理风险源于气候变化引发的长期气温上升、极端天气增加、海平面提高等所导致的损失;转型风险是由经济和社会向低碳经济转变而产生的,可以源于实现气候目标的政策变化,以及新技术和消费者行为的变化，如环保诉讼导致的停产、低碳转型下的搁浅资产等。投资者基于可持续投资的考虑关注财务之外的更多因素，有助于事先了解并更好地应对和规避环境影响、气候变化带来的物理风险和转型风险等，从而提升风险调整后的收益率。例如，通过对股票投资组合转型风险的分析，挪威银行投资管理公司证明如果延迟采用可持续投资政策，基金的财务损失将大于保持在 2℃ 气候目标路径上的水平。[12]Hoepner[13]、Sautner[14]等的研究发现针对 ESG 问题的参与可以显著降低目标公司的下行风险，并且在环境与气候变化领域风险降低最为明显。

三是企业层面负责任投资的一部分，这对于具备公共属性的主权资产所有者尤其重要。企业出于社会形象、声誉考虑而进行负责任投资，既包括环境和气候投资，也经常涵盖性别平等、教育、医疗等其他重要社会议题。和一般企业不同的是，主权财富基金往往代表着国家形象，公共养老金则是为每个退休人员的养老金负责，这些公共属性对投资行为起到约束作用。主权资产所有者的可持续投资在某种意义上也反映了国家发展理念的转变以及公民对人与自然和谐发展的追求。挪威银行投资管理公司指出，可持续性和财务回报是紧密相连的，不关注可持续性等全球议题的公司可能会失去客户、面临诉讼，并可能声誉受损，这些影响显然会产生一定的经济后果。[15]加拿大养老基金（CPPIB）认为，不注重负责任投资的公司可能会面临高于平均水平的运营动荡、更高的法律风险、缺乏社区支持以及由于声誉损害而导致的品牌价值下降。因此，CPPIB 专门设立了声誉管理框架，对其投资的所有资产类别进行声誉评估。其中，与可持续性有关的考虑是评估的重要组成部分，防止其可能对基金造成的声誉损害。[10]

三、全球主权资产所有者的可持续投资实践

在全球范围内，主权资产所有者已经在可持续发展方面积累了一定的实践经验。基于公共养老金和主权财富基金的年报、ESG 报告以及访谈、调研、座谈会等，我们从公司和投资两大层面归纳了主权资产所有者的七大实践。在公司层面，领先的主权资产所有者将低碳转型纳入战略目标，管理投资组合碳足迹并参与国际组织；在投资层面，领先的主权资产所有者筛选、评估投资公司时考虑 ESG 因素，发挥尽责管理作用，采用 ESG 整合和负面筛选等投资策略，以及进行可持续主题投资。我们在附录 9-1 中详细梳理了三个典型案例，即新加坡政府投资公司（GIC）、加州公务员退休基金（CalPERS）和挪威政府全球养老金（GPFG）。

（一）公司层面

1. 将低碳转型纳入机构战略目标

越来越多的主权资产所有者开始意识到气候变化问题的严重性，将低碳转型提升到战略高度，推动资本市场向更可持续的方向发展。部分主权投资机构在修订投资政策时将气候变化与环境因素作为重要转变方向，积极设立符合《巴黎协定》的中长期碳中和投资目标。而对于资产所有者而言，仅设定净零排放的远期目标是不够的。资产所有者需要能够使用现有的基线、数据等对未来的排放情况进行推演并逐一报告，包括投资组合目标、行业目标、融资目标和所有权目标。资产所有者可以利用一些已经开发的工具辅助其目标设定，例如，净零排放资产所有者联盟（NZAOA）为报告和实现短期气候目标拟定了一套目标设定流程和标准。

荷兰公共部门养老金（ABP）把气候变化和能源转型纳入其未来发展战略的三大趋势中，和自然资源保护以及社会数字化并列，足以凸显其对气候变化和能源议题的重视程度。[16] 对于气候变化和能源转型，ABP 提出 2025 年、2030 年中期目标，并设立 2050 年愿景，以最终实现投资组合符合《巴黎协定》和《荷兰气候协议》的净零排放目标。例如，2025 年将股权投资的碳足迹减少 40%（相对 2015 年）并在清洁和可负担得起的能源上投资 150 亿欧元。荷兰卫生保健基金（PFZW）提出 2050 年实现气候中性投资路线图（图 9-5），[17] 通过设定中长期可持续投资比例、负面剔除策略、股东参与和分资产类别的碳强度和碳排放目标等，确保其在 2050 年实现净零投资，助力控制全球升温在 1.5℃ 以内目标的实现。

图 9-5　荷兰卫生保健基金（PFZW）2050 年气候中和投资路线图

资料来源：PFZW. PFZW op weg naar klimaatneutraal beleggen in 2050（荷兰语）；课题组翻译。

部分主权投资机构根据 ESG 投资需求调整了公司内部组织架构，如成立可持续发展委员会或 ESG 委员会，为可持续投资决策提供流程支持。从组织架构来看，拥有熟悉可持续投资的董事会成员对将环境和气候因素纳入决策至关重要。

新加坡政府投资公司（GIC）将可持续性描述为管理层的首要任务。在认识到可持续性问题对财务业绩的重要性日益增加的基础上，GIC 于 2016 年成立了可持续发展委员会，以审查和实施 GIC 的可持续发展政策，并设立可持续性办公室支持委员会，深化对可持续性问题的研究。该委员会有权决定与 GIC 可持续发展问题立场有关的事项；推动将可持续发展融入投资和企业流程；协调 GIC 与全球可持续发展组织和倡议的伙伴关系；监测和应对包括气候变化在内的相关可持续发展问题，并定期审查投资组合指标，如加权平均碳强度等。同时，GIC 设立了专门的气候变化研究团队围绕短期气候风险和长期气候情景进行研究，提出涵盖了升温控制在 1.5～4℃ 以内（到 2100 年）的全球变暖设想方案。

加拿大养老基金投资公司（CPPIB）设立了多层级、分工明确的可持续投资相关部门（图 9-6）。其中，董事会根据首席可持续发展官（CSO）、投资策略和风险委员会以及可持续投资委员会的建议，批准代理投票、可持续投资政策等决策。CSO 负责在企业层面制定和实施可持续发展相关战略。可持续投资负责人整合投资项目中与可持续发展相关的风险和机会。投资策略和风险委员会负责对 CPPIB 年度可持续投资报告的审批责任，并对与可持续发展有关的项目提供指导和建议。投资组合执行委员会负责监督和审查投资组合执行情况。可持续投资委员会由各部门高级代表组成，是监测和指导包括气候变化在内的可持续性相关问题的中心平台，与可持续投资小组一起塑造 CPPIB 对可持续发展相关领域的观点和立场。而相关投资与管理部门与可持续投资团队密切合作，将与可持续性相关的考虑整合到投资决策和资产管理中，并负责与被投资公司沟通，告知代理投票决策及股东参与等事项。

图 9-6　加拿大养老基金可持续投资相关部门

资料来源：CPP. 2022 Report on Sustainable Investing.

2. 管理投资组合的碳足迹

主权资产所有者通过核算碳排放数据，并与全球基金进行比较，可以加深自身对气候变化带来的投资组合风险和机遇的理解，回应利益相关者对于气候变化问题的关切，从而提高商业声誉、改善投资决策可持续性。近年来，近 1/3 的养老基金跟踪并披露投资组合中的碳排放情况，其中常用的指标包括碳足迹、碳排放量、碳强度等。[18]

在核算方法上，碳核算金融联盟（Partnership for Carbon Accounting Financials, PCAF）在《温室气体核算体系》（GHG Protocol）的基础上，针对金融行业制定了专门的碳核算标准，即《全球金融行业温室气体核算和报告标准》。PCAF 按照不同的资产类别设定了分配因子和碳排放量的计算方法，金融机构可以据此计算自身的投融资碳排放量，并依据国际信息披露框架（如 TCFD）形成报告。截至 2023 年 6 月，全球共有 401 家机构加入 PCAF，管理资产总额达 92.1 万亿美元，覆盖资产管理公司、商业银行、投资银行、保险公司等机构。[1]

在核算和报告范围上，由于数据可得性和计算方法，大部分主权投资机构仅包含本公司活动相关的直接排放量（范围 1）和与使用电力等有关的间接排放（范围 2），且基本限于权益资产。但范围 3 在各资产类别的温室气体排放中占主要比例（尤其在工业、非必需消费品和能源行业），衡量整个供应链中的温室气体排放量，而不仅是主权投资机构本身，对于实施有效的减排措施至关重要。PCAF 也正在寻求方法以提高范围 3 排放数据的可得性和质量。部分位于 ESG 实践前沿的养老基金，如日本政府养老投资基金（GPIF），自 2020 年起，扩大了温室气体排放的计算范围，包括销售产品和服务的间接排放（范围 3）以及采购产品和服务的间接排放（范围 3 上游）。

在碳排放数据的可比性上，GPIF 将各类资产的碳排放量与对应基准进行比较（图 9-7）。对于国内股票，GPIF 将自身投资组合碳排放与 TOPIX 指数的基准碳排放进行比较；对于国外股票，与 MSCI ACWI ex Japan 指数进行比较；对于债券，与国外债券进行比较，从而明确自身碳排放在国内外同类资产中的水平。新加坡政府投资公司（GIC）也强调披露信息应与同一行业或地区的公司以及自身进行长期比较，尽可能保证定量分析、定义一致和结果可验证。

---

1 PCAF 官网 https://carbonaccountingfinancials.com/financial-institutions-taking-action，获取时间 2023 年 6 月 12 日。

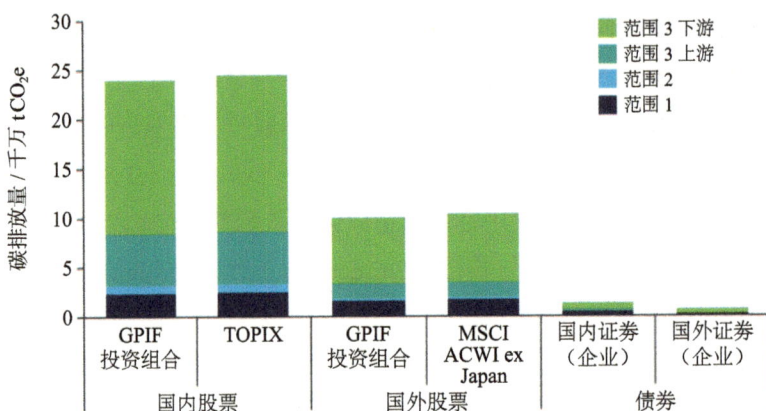

图9-7 日本政府养老投资基金碳排放披露

资料来源：GPIF. 2021 ESG Report。

注：TOPIX，即东京股票价格指数，是日本东京证券交易所（TSE）的重要股票市场指数之一；MSCI ACWI ex Japan指数捕获了23个发达市场（DM）国家（不包括日本）和24个新兴市场（EM）国家中的22个中大盘股代表，该指数拥有2 645只成分股，覆盖了日本以外全球股权的85%。

在衡量角度与目标上，加州公务员退休基金（CalPERS）根据国际能源署的转型途径倡议（Transition Pathway Initiative, TPI）制定了全面的分行业的碳强度目标。通过设定各行业2025年和2030年的碳强度目标及高排放部门的碳绩效指标（表9-1），评估其投资组合脱碳进展以及企业和投资者正在采取的行动，评价各行业的碳绩效是否符合1.5℃路径。包括气候行动100+倡议组织在内的投资者正在广泛使用这类措施，为主权资产所有者的投资决策提供了信息，并支持其与高碳排放公司的股东共同参与行动。

表9-1 加州公务员退休基金（CalPERS）分行业碳强度目标

类别	行业	2025年目标	2030年目标	部门碳绩效指标
能源	发电公司	0.288	0.138	发电碳强度 [$tCO_2/$（MW·h）]
	油气	51.52	40.95	一次能源供应的碳强度（gCO_2e/MJ）
交通	汽车	68	40	每公里新车碳排放量（gCO_2/km）
	航空	1071	616	每收入吨公里碳排放量（gCO_2/RTK）
	海运	5.63	4.31	每吨公里碳排放量 [$gCO_2t/$（t-km）]
工业、材料	水泥	0.43	0.373	水泥产品生产碳强度（tCO_2/t）
	多样化采矿	49.79	41.54	铜生产碳排放量（tCO_2e/t）
	钢	1.046	0.815	粗钢生产碳强度（tCO_2/t）

类别	行业	2025 年目标	2030 年目标	部门碳绩效指标
工业、材料	铝	4.004	3.069	铝生产的碳强度（tCO₂e/t）
	纸、纸浆	0.427	0.353	纸浆、纸张和纸板生产的碳强度（tCO₂/t）

注：RTK 是航空业中一个重要的衡量单位，用于表示航空公司每获得一单位收入所对应的运输工作量。

资料来源：NZAOA. Advancing Delivery on Decarbonization Targets. 2022。

3. 参与国际进程与倡议

由于主权资产所有者的自身能力和关注范围有限，可以通过参与针对资产所有者或更广泛金融机构的可持续发展联盟或机构组织，获得有利于节约股东参与时间和成本的信息和资源，并增强对被投公司的影响力。目前，全球已有多种类型的绿色金融国际组织，分别聚焦于负责任和可持续投资、信息披露、净零承诺等不同方面，主权资产所有者在其中占有重要地位。

在负责任和可持续投资方面，2006 年联合国发布了负责任投资原则（PRI），截至 2022 年底，已有 5 296 家机构签署加入，其中包括 722 家资产所有者（图 9-8）。PRI 将"把 ESG 纳入投资分析和决策过程中"作为六条投资原则之一，鼓励投资者通过负责任的投资提高回报以及更好地管理风险。PRI 也认为，投资者在促进社会各个群体（妇女、不同肤色的人群、土著居民等）的多样性、平等和包容性发展上可以发挥重要作用。在《巴黎协定》签署后，鉴于主权财富基金在促进长期价值创造和可持续市场成果方面具有独特的优势，"同一个星球主权财富基金工作组"（One Planet Sovereign Wealth Fund Working Group）在 2017 年同一个星球峰会（The One Planet Summit）活动中成立，以推动将气候变化相关金融风险和机遇整合到大型长期资产池的管理中。

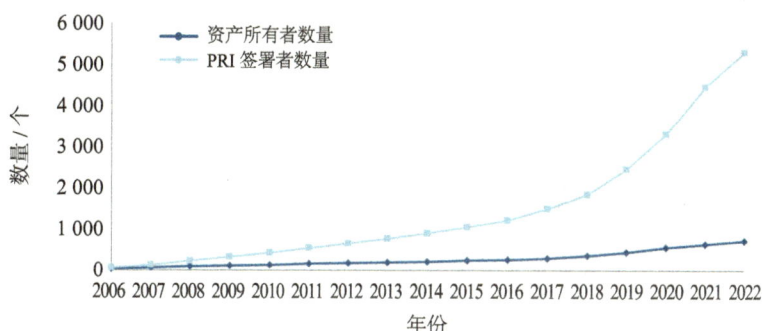

图 9-8　PRI 签署者数量和资产所有者数量快速增长

资料来源：PRI. https://www.unpri.org/signatories/signatory-resources/signatory-directory。

在监管和信息披露方面，2015 年国际清算银行金融稳定委员会成立了气候相关财务信息披露特别工作组（TCFD），促使公司的气候相关披露更加一致，从而更具可比性。为实现这一目标，TCFD 制定了涵盖治理、战略、风险管理以及指标和目标四个领域的 11 项披露建议，以提高公司向投资者、贷方和保险承销商提供气候相关风险敞口的透明度。目前，3 800 余个组织已成为 TCFD 建议的支持者，其中包括 1 500 多家金融机构，涵盖 217 万亿美元的资产。[19] 类似地，可持续发展会计准则委员会（SASB）标准确定了与 77 个行业的财务业绩和企业价值最相关的 ESG 问题子集，帮助企业基于行业特性对可能影响企业价值的风险和机遇做可持续性披露。国际可持续发展准则理事会（ISSB）和 SASB 也正在促进其标准的统一，避免重复。

信息披露相关国际组织一般针对包含主权资产所有者的更广泛的资产所有者和机构投资者，不少大型主权基金和养老金机构已积极支持并签署，按照其披露标准进行报告。同时，主权资产所有者也积极发挥投资者影响力，对被投公司施加压力以促进其 ESG 信息披露。仅从 2020 年到 2022 年，TCFD 支持者增加了 1 倍多 [20]，通过 CDP 披露的组织增长 79%[1]。其中，来自投资者的压力是监管框架中可持续性披露要求增长的重要因素之一。

在承诺净零目标方面，净零排放资产所有者联盟（NZAOA）是金融领域首个为实现 1.5℃目标成立的倡议组织，于 2019 年在联合国气候行动峰会上成立。联盟成员承诺到 2050 年实现投资组合净零排放，并根据《巴黎协定》每 5 年设定一次中期目标。截至 2022 年 9 月，全球已有 74 个大型机构投资者（包括养老金、主权财富基金等）加入，其管理资产规模达到 10.6 万亿美元。[21] NZAOA 的成员机构认为气候变化的影响不是孤立的，需要系统性地衡量和考虑环境、社会和治理相关的风险和机遇，因此也十分关注转型可能带来的社会影响，包括对不同性别的差异化影响，以推动公正转型。类似地，气候变化机构投资者组织（IIGCC）通过促进资本分配决策、管理，以及与公司、政策制定者和其他投资者的互动沟通，支持和帮助投资界实现净零排放和有韧性的未来。其于 2021 年 3 月公布的《净零投资框架》提供了一套共同建议的行动、指标和方法，以增加对气候解决方案的投资，促使投资者最大限度地为在 2050 年或更早实现全球净零排放作出贡献。2022 年年末，全球 57 家资产所有者通过气候变化机构投资小组（IIGCC）承诺，到 2050 年前实现投资组合的净零排放，涉及 3.3 万亿美元资产。[22]

表 9-2 总结了国际大型主权资产所有者参与代表性国际机构的现状，其中 9 家已经签署加入 PRI。不难看出，荷兰养老金管理公司、加州公务员退休基金、挪威银行

---

1 https://www.cdp.net/en/companies/companies-scores。

投资管理公司等均积极参与了负责任投资、净零目标、信息披露的相关国际倡议。相比之下,韩国、新加坡和中东的主权资产所有者目前参与度较为有限。

表 9-2 国际大型主权资产所有者参与代表性国际倡议概览

主权资产所有者	缩写	国家	PRI 联合国负责任投资原则	TCFD 气候相关财务信息披露特别工作组	气候行动100+	SASB 可持续发展会计准则委员会	CDP 碳信息披露项目	NZAOA 净零排放资产所有者联盟
日本政府养老投资基金	GPIF	日本	✓	✓	✓			
挪威银行投资管理公司	NBIM	挪威	✓	✓		✓	✓	
阿布扎比投资局	ADIA	阿联酋						
科威特投资局	KIA	科威特						
新加坡政府投资公司	GIC	新加坡		✓	✓		✓	
联邦政府雇员储蓄计划	FRTIB	美国						
沙特阿拉伯公共投资基金	PIF	沙特						
韩国国民年金基金	NPS	韩国	✓			✓		
荷兰养老金管理公司	APG	荷兰	✓	✓	✓	✓	✓	
卡塔尔投资局	QIA	卡塔尔						
加州公务员退休基金	CalPERS	美国	✓	✓	✓	✓	✓	✓
加拿大养老金计划	CPP	加拿大	✓	✓		✓	✓	
新加坡中央公积金	CPF	新加坡						

主权资产所有者	缩写	国家	PRI 联合国负责任投资原则	TCFD 气候相关财务信息披露特别工作组	气候行动100+	SASB 可持续发展会计准则委员会	CDP 碳信息披露项目	NZAOA 净零排放资产所有者联盟
荷兰医疗保健基金管理公司	PGGM	荷兰	✓	✓	✓	✓	✓	
加拿大退休金计划投资委员会	CDPQ	加拿大	✓	✓	✓	✓		✓
迪拜投资公司	ICD	阿联酋						

资料来源：课题组根据各公共养老金和主权财富基金 ESG 报告以及各国际倡议官网交叉印证整理。

注：SASB 可持续发展会计准则委员会一列既包括按照 SASB 准则报告的机构，也包括 IFRS 的成员机构。

（二）投资层面

主权资产所有者与普通资产管理人相比的重要区别之一是前者有较大资产规模的委托投资。主权资产所有者的投资可以分为委托投资和直接投资两类。其中，委托投资是通过投资顾问或基金经理管理的投资基金来实现的，主权资产所有者通常针对特定的地理区域或资产类别进行战略外部化，以便通过更具领域专业性的外部经理人获得稳定回报。而直接投资则由主权资产所有者组织内部的投资经理投资于二级市场股票基金，或针对某类资产直接投资。根据纽约梅隆银行和货币金融机构官方论坛（OMFIF）的联合调查，公共养老基金倾向于资产管理外部化，平均约有 40% 的资产在内部管理，60% 的资产分配给第三方管理人进行投资。[23]

在主权资产所有者进行可持续投资过程中，无论以何种比例划分资产内外部管理份额，其对委外资产和直接投资部分的管理都十分重要。对于委托投资部分，重点在于如何选择注重 ESG 因素的外部投资经理，以及如何通过尽责管理发挥资产所有者的影响力并鼓励和监督资产经理将 ESG 纳入其投资中（下文第 1 点和第 2 点）。对于直接投资部分，则关注于采用何种策略将 ESG 因素纳入投资考虑以及是否 / 如何进行可持续主题投资（下文第 3 点和第 4 点）。这些问题均对主权资产所有者践行可持续投资理念至关重要。

1. 筛选评估投资公司时考虑 ESG 因素

在筛选和评估投资公司过程中，部分主权投资机构将 ESG 相关因素纳入评选标准和考核绩效中。在投前筛选方面，韩国国民年金基金（NPS）自 2020 年 11 月制定了一个附加评级系统，在选择外部管理公司时考虑负责任投资因素。[24]另外，挪威银行投资管理公司提出，希望投资伙伴和资产管理公司采用三个指导原则：一是将环境、社会和治理因素纳入政策、战略和计划，二是识别重大的环境、社会和治理风险并采取缓解行动，三是监测和报告重要的环境、社会和治理信息。[25]CalPERS 要求资产管理者提供有关环境、社会和治理的信息，其中可能包括 ESG 政策、整合方法、风险管理方法、ESG 的业绩记录及参与活动等。

在投后评估方面，日本政府养老投资基金（GPIF）将 ESG 整合作为外部资产管理公司评估的关键因素。在股权投资方面，GPIF 将外部资产管理公司的 ESG 活动纳入评估，和外部管理者建立超过 5 年的长期合作关系，并每季度或年度考核其投资表现，促使外部管理人用更长期的眼光进行 ESG 投资。在固定收益投资方面，GPIF 向外部资产管理人推荐 ESG 债券的投资机会。其选择的所有外部资产管理者都签署了 PRI，并要求各资产管理公司提供一份详细说明其环境、社会和治理相关投资能力和举措状况的报告。[11]另外，加拿大养老基金会评估外部管理公司如何将与可持续性相关的考虑因素纳入政策和流程、尽职调查、监测和报告，以及他们为这些活动提供资源的承诺。[10]

2. 发挥尽责管理作用（积极所有权）

尽责管理尚未有统一定义。借鉴中英绿色金融工作组最新报告定义，尽责管理（stewardship）通常又称积极所有权（active ownership），指投资者利用其规模和影响力，履行受托人义务，充分发挥主动性，利用股东权利积极参与被投公司的可持续投资治理。企业参与（corporate engagement）是主权资产所有者从投资端参与从而影响实体经济变革的重要举措[26]，其中，参与投票和参与公司治理是两种相得益彰的参与方式，特别是在与其他股东合作时，能非常有效地影响公司的行为。

首先，尽责管理的参与机制包括通过投票等方式与投资组合公司进行交流和建设性对话，敦促其遵守《巴黎协定》。领先机构会筛选出最为关键、直接关乎企业 ESG 表现并影响企业利益相关方的评估与决策的实质性议题，就实质性议题开展深入交流。在 ESG 议题中，环境和气候问题逐渐成为机构投资者最常与企业沟通且最为关注的议题。挪威银行投资管理公司（NBIM）将被投公司面临的气候风险和机会，包括价值链等因素纳入投资分析中，如果 NBIM 在面临重大转型风险的公司中持有较多股权，将针对实质性议题参与该企业的净零议程。[1]2021 年，由 NBIM 执行管理的挪威全球政府养老基金与被投公司进行了 797 次关于气候变化的会议。[15]新加坡政府投资公司（GIC）会定期与投资组合公司进行对话，将其作为识别和评估可持续性风险和

---

1 https://www.regjeringen.no/en/topics/the-economy/the-government-pension-fund/id1441/。

机遇、监测公司在减轻可持续性风险方面的进展、评估和提高公司治理标准，以及根据 GIC 的可持续性观点和全球合作网络为公司战略作出贡献的工具。

其次，鼓励资产管理者将非财务因素（包括 ESG）纳入投资决策。加拿大养老基金于 2021 年 3 月发布了更新的代理投票原则和指导方针，提出如果董事会未能充分考虑气候变化的物理和转型相关的影响，将投票反对并重新任命负责监督气候变化的委员会。除了气候变化议题，该基金也明确表明会考虑对未能充分考虑董事会性别多样化、公司治理有缺陷的董事会投反对票。该基金在投前和投后配备专门的可持续投资团队与其他部门建立合作，实时监控和评估投资决策过程中潜在的 ESG 相关风险和机遇。[27] 在该模式下形成的委员会与部门之间的长期关系会产生信任，使投票不再是简单的流程，而演变成一个持续的、相互交换意见的重要治理环节。

再次，鼓励被投公司思考 ESG 风险和机遇将如何影响其长期创造价值的能力。CalPERS 希望被投公司董事会拥有在气候变化和其他环境风险管理战略方面具有经验和专业知识的董事，并在年度报告和账目中根据既定的报告标准进行气候变化战略的全面披露。同时，要求企业识别、管理和披露与其短期和长期运行相关的重大环境风险和机会，包括气候变化、生态系统和生物多样性的丧失或退化，以及获取水的能力等。CalPERS 的参与机制可以是临时性的（围绕具体事件）、例行性的，或与更广泛的倡议相协调，并设立了包括四个阶段的战略：确定优先的公司和问题事项；分析公司和问题；让公司收集相关情况，分享 CalPERS 的原则，寻求公司观点及解决方案；审查解决方案的进展，以促进尽责管理的顺利进行。同时，还通过与其他投资者协调撰写投资者签名信来传达对具体行业公司的期望。

最后，在发挥积极所有权的过程中，除环境和气候以外，关注更广泛的社会议题，将性别平等的视角嵌入尽责管理过程中，确保女性在可持续投资领域拥有话语权，并确保资金在投资过程中充分考虑对女性群体的影响。例如，2023 年年初，挪威银行投资管理公司将两名女性晋升到最高管理层，实现了 6 男 6 女的性别平衡，五年前管理层还全是男性。[1] 2022 年，该机构在给日本金融厅和日本交易所的一封信中公开表示："根据与整个投资组合公司和其中日本公司的接触经验，我们认为多元化的董事会往往更加有效，有利于制定有韧性的长期战略。"[2]

---

1 Norway's SWF top team gender balanced after new promotions. https://www.ipe.com/news/norways-swf-top-team-gender-balanced-after-new-promotions/10065831.article。
2 Norway's SWF worried about Japan's lack of female corporate leaders. https://www.ipe.com/news/norways-swf-worried-about-japans-lack-of-female-corporate-leaders/10064138.article。

3. 采用 ESG 整合和负面筛选策略

根据全球可持续投资联盟（Global Sustainable Investment Alliance，GSIA）的分类标准，可持续投资策略按照参与方式的主被动程度分为规范筛选、积极筛选、负面筛选、可持续主题投资、ESG 整合、影响力投资和股东参与七大类。从投资规模来看，ESG 整合和负面筛选策略是目前全球最主要的负责任投资策略（图 9-9）。

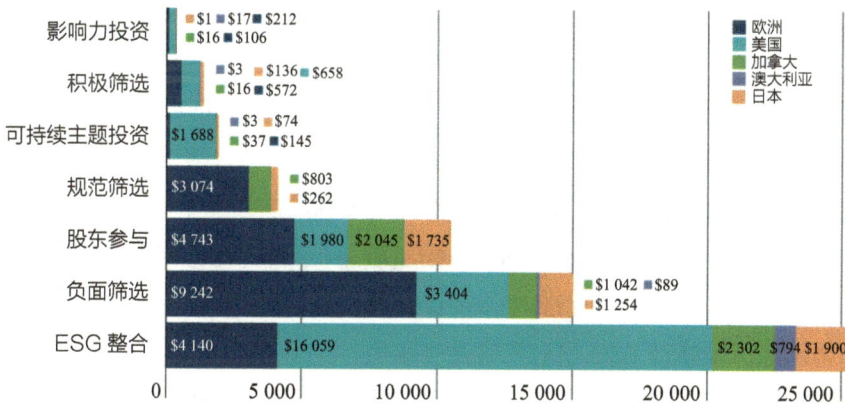

图 9-9　**2020 年按可持续投资策略和地区划分的可持续投资资产**（单位：万亿美元）

资料来源：GSIA. Global Sustainable Investment Review 2020。

负面筛选是出现较早也较为简单、直接的可持续投资策略。它根据一些既定的原则（往往是与道德相关的）或者环境、社会和治理（ESG）的得分，将公司或者整个行业、地区从投资组合中排除。例如，自 2012 年以来，挪威全球政府养老基金（GPFG）逐步从因碳密集型商业模式致使财务风险较高的部分公司撤资。[12]2019 年，挪威议会通过了其从化石燃料行业撤资的提案，使 95% 的煤炭开采和 80% 的煤炭发电公司被排除在 GPFG 之外。2021 年，GPFG 从四家煤炭风险敞口高且难以量化的公司撤资。[15]类似地，CalPERS 在 2017 年采取股东参与策略效果不佳后，从 14 家动力煤公司撤资。荷兰卫生保健基金（PFZW）规定从 2024 年开始，将只投资于完全遵守《巴黎协定》并设定了短期和中期目标的化石燃料公司。[17]

值得注意的是，负面筛选也可能在一定程度上导致区域倾斜、行业倾斜等潜在问题，如全球性投资组合容易倾向 ESG 得分较高的欧洲企业，而减少对发展中国家企业的资产配置；[28] 倾向信息技术、医疗等行业，减少能源行业配置。实践中，投资者对负面筛选的态度也变得更加一致，不少主权资产所有者都认为负面筛选并非最优选择。例如，新加坡政府投资公司认为积极参与和支持公司向长期可持续发展转型比简单地从某些行业部门撤资更具建设性。放弃投资或剥离头寸应是最后手段，仅在被投公司公然忽视可持续性风险并对公司或其利益相关者造成负面影响，或当公司没有转型意愿或可行的转型途径时使用。加拿大养老基金也认为简单地从石油和天然气公司的全面撤资意味着失去了促进能源转型和施加影响力的能力，因此不支持简单地从投资组合中剥离高排放公司。相反，为了支持实体经济的去碳化，加拿大养老基金希望通过促使投资组合公司制订可信的转型计划为减排提供资金，投资于解决方案和可扩展的绿色技术，并支持灰色部门向净零排放转型。[29] 近年来转型金融的发展有助于促进高碳行业的低碳转型，2022 年 G20 可持续金融工作组发布了《G20 转型金融框架》，欧盟、日本、中国等均已有一些转型金融的实践案例。资产所有者也可以通过投资转型金融产品助力高碳行业的低碳转型。

可见，负面筛选虽然普遍，但对环境和气候议题的实质影响可能有限，更适合作为风险和回报评估的一部分。随着 ESG 数据质量逐步提高，投资者可以更细致、更复杂地筛选并过滤那些不符合其标准或在特定 ESG 因素上低于行业平均水平的公司。简单的负面筛选撤资策略被 ESG 整合策略逐步取代。

ESG 整合策略是主权资产所有者在传统的财务风险和绩效分析基础上，通过定量模型或定性分析，系统地将 ESG 因素纳入一系列资产类别的投资决策和投资组合构建中 1，从而提高风险调整后的收益或降低投资组合的波动性。相较于负面筛选，ESG 整合对分析框架、数据质量、流程设计、人员素质的要求更高。例如，日本政府养老投资基金自 2017 年起跟踪 ESG 指数，实现所有资产类别 100% ESG 整合。[11] 韩国国民年金基金开发了专有的 ESG 评估系统对投资企业进行 ESG 评级，规定向投资标的池添加新证券时需要评估 ESG 信息。如果该证券属于倒数第二低评级，需要提供书面意见和 ESG 报告。[24] 再如，加州公务员退休基金自 2011 年起，将整个投资组合的 ESG 问题作为战略优先事项，将 ESG 因素整合到跨资产类别的投资决策中。该基金采用了广泛的数据来源和工具，包括 PRI 私人信贷 - 私人股本 ESG 因子图（PRI Private Credit-Private Equity ESG Factor Map）和 MSCI 的无形价值评估方法（MSCI's Intangible Value Assessment）等进行评估。[30]

4. 开展可持续主题投资

主权资产所有者也可以直接投资于与可持续发展有关的资产，其投资决策以实现社会与环境的正面影响为目的，并从中获得相应的回报。目前，可持续主题投资总量在可持续投资策略中规模占比不高，但增速最快，在 2016—2020 年增加了 605%，年

---

1 US|SIF. ESG Incorporation. https://www.ussif.org/esg。

复合增长率达到 63%。[31] 值得注意的是，虽然可持续主题投资对环境和气候的贡献最为直接，但主权资产所有者并不能简单地因为对环境和气候的贡献而投资。从底层逻辑来看，主权资产所有者仍需要考虑此类资产的风险回报，相关资金更适合长期投资于有较好的风险分担机制的可再生能源，在风险较大的早期技术示范应用项目中需保持审慎态度。

主权资产所有者的可持续主题投资多分布在可再生能源领域。在具体投资实践中，加州公务员退休基金的基础设施投资组合在可再生能源、能效基础设施、可持续性认证和碳中和资产方面投资了 47.6 亿美元，超过组合净资产价值的 51%。超过 37% 的房地产资产投资于可持续性认证的建筑物。同时，其约有 12 亿美元的企业信贷组合、189 亿美元的公共股权组合投资于被认定为低碳解决方案的公司。此外，加拿大养老基金在 2022 财年已批准向可再生能源资本公司（Renewable Power Capital, RPC）提供 2.6 亿美元的决议。[10]

部分主权投资机构设立专门的可持续投资基金以促进主题投资。新加坡政府投资公司于 2020 年成立可持续投资基金（Sustainable Investment Fund），引领跨资产类别的主题投资，包括投资于开发电池、氢气、碳捕集与封存、核聚变等有助于经济脱碳技术的公司；在亚洲可持续股票投资组合的能源转型、电动汽车、可再生能源和可持续材料等主题中持有大量股份。

四、促进主权资产所有者可持续投资的政策环境

在政策层面，世界各国陆续颁布可持续投资、ESG 相关的法律法规，从多个层面支持可持续投资。据 PRI 的统计，2000 年以来，新增和修订与可持续投资相关的硬性、软性法律政策累计超过 800 条，仅在 2021 年就有 225 条。[1] 可以对主权资产所有者进行可持续投资起到支撑作用的政策主要包括以下四类：低碳转型政策、绿色金融体系构建、投资规则和尽责管理守则。前两类具有普适性，对于非主权所有者的金融机构也适用：低碳转型政策支撑绿色产业的发展，为可持续投资提供更优质的项目资源；绿色金融体系构建则有利于绿色价值的发现和转化，降低投资者的搜寻成本，促进金融支持绿色发展。后两类则直接针对主权资产所有者：一方面，由于主权资产所有者有很强的公共属性，监管机构可以出台投资规则激励或约束某些投资行为；另一方面，由于主权资产所有者是资金链的最上游，拥有很强的所有权优势，很多国家出台了尽

---

1 https://www.unpri.org/policy/regulation-database。

责管理守则以明确其基于所有权应该履行的义务。

针对国家层面支持低碳转型政策、绿色金融体系构建的研究已经比较丰富。在国合会课题中，2015 年的"绿色金融改革与促进绿色转型研究"就已经系统性地研究了绿色金融制度框架，2022—2023 年课题中也包含"碳达峰、碳中和政策措施与实施路径"，因此，本部分对第一类和第二类政策进行简要论述，着重分析此前研究较少、对主权资产所有者有直接影响的投资原则和尽责管理守则。

（一）支持低碳转型的宏观政策

在越来越多的国家提出净零目标的背景下，国家层面支持低碳转型的相关政策也日渐丰富，如光伏、新能源汽车补贴等财政政策，碳减排支持工具、煤炭清洁高效利用专项再贷款等结构性货币政策都为低碳产业的发展提供了良好的环境，进而有利于投资者寻找到更合适的投资标的。例如，美国的《2022 年通胀削减法案》（Inflation Reduction Act of 2022，IRA）和欧盟的《欧洲绿色协议》（European Green Deal）、欧盟"绿色协议产业计划"（The Green Deal Industrial Plan）都旨在进一步助力低碳产业的发展。

美国《2022 年通胀削减法案》通过降低能源成本以对抗通货膨胀。该法案计划投资 3 690 亿美元用于气候变化和能源安全领域，包括为美国清洁能源制造企业提供税收抵免、提供电动汽车购置补贴和支持智慧农业等。该法案被市场广泛认为是美国有史以来最大规模的气候投资法案，根据美国能源部（DOE）的初步评估，该法案将助力美国到 2030 年温室气体排放较 2005 年降低 40% 以上。由于法案覆盖广泛清洁能源制造业投资，或将带动美国光伏、电动汽车、储能等相关行业发展，也将助力碳捕捉、氢气生产等新兴技术创新推广。特别值得关注的是，该法案优化了光伏发电的激励政策，将投资税收抵免（ITC）的期限延长至 2033 年，并将税收抵免最大额度从 26% 提高到 30%。同时，法案还首次将之前只适用于风电项目的生产税收抵免（PTC）同时推行至光伏发电项目。与一次性抵扣的 ITC 不同，新能源发电方可以在 10 年期内每年按 2.6 美分 /（kW·h）申请 PTC 纳税补贴，利好大型光伏发电项目。以上补贴政策可以帮助新能源发电加速补偿降低成本，促进新能源发电产业发展，降低发电产业碳排放。根据美国联邦预算责任委员会的测算，财政需要在 2023—2042 年的 20 年间对能源和气候激励支出 7 500 亿美元，但仅依靠对利润超过 10 亿美元的公司征收 15% 的最低公司税这一条措施，就可以为美国财政筹集 8 500 亿美元税收收入，完全能弥补针对绿色产业的激励支出。[32]

关于欧盟"绿色协议产业计划"（The Green Deal Industrial Plan）的声明指出，"下一代欧盟计划"（Next Generation EU）的 7 250 亿欧元恢复基金中，将有 37% 用于绿色转型[33]。绿色协议产业计划提出"四大支柱"，为清洁技术和产品的制造能力创造更有利环境，提升欧洲净零排放产业全球竞争力。"四大支柱"具体指改善监管环境、疏通资金渠道、强化能力建设和提升供应链韧性，以多途径促进欧盟绿色工业和制造业发展。[34] "绿色协议产业计划"在延伸《欧洲绿色协议》和 REPowerEU 计划的同时，为后续绿色产业相关立法夯实基础，是对欧盟绿色转型框架的又一关键补充。"下一代欧盟计划"则公开了欧盟绿色产业激励资金的筹资渠道，主要依靠欧盟发行债券融资，该计划预计在 2026 年底前以不同的发债工具和发债形式筹集 8 000 亿欧元的资金，其中 30% 通过发行绿色债券来实现，是目前全球最大规模的主权绿色债券计划。2022 年 1—6 月，"下一代欧盟计划"发行了 1 200 亿欧元债券，其中有 280 亿欧元绿色债券。同时，欧盟也通过短期借贷筹到了 579 亿欧元[35]。市场化途径减轻了欧盟针对绿色产业投资激励的出资压力，同时加大了欧盟的债务负担，但是公开且市场化的融资模式为分析欧盟投资 - 成本收益提供了透明分析框架，有利于欧盟政策制定者对应调整激励政策。

这些宏观层面对绿色项目的支持政策有助于提升项目的预期现金流，吸引更多直接和间接投资，产业项目规模的不断扩大又有助于形成规模效应，进一步降低绿色转型的成本，形成正向反馈。但值得注意的是，美国和欧盟的此类产业和贸易政策也对全球供应链产生影响，此话题不在本报告的讨论范围内。

（二）绿色金融相关政策与绿色金融生态

目前，在欧盟、中国等绿色金融起步较早的经济体，支持低碳发展的绿色金融体系初步形成，主要包括定义、分类目录等标准体系、金融机构监管和信息披露要求、激励约束机制、产品和市场体系以及国际合作"五大支柱"。[1] 以下简要进行阐述。

第一，绿色定义的不断明确、分类目录和标准体系的搭建，起到了规范绿色金融业务，明确支持对象的作用。例如 2019 年 6 月，欧盟委员会技术专家组（TEG）连续发布了《欧盟可持续金融分类方案》（EU Taxonomy）、《欧盟绿色债券标准》（EU Green Bond Standard）以及《自愿性低碳基准》（Voluntary Low Carbon Benchmarks）三份报告。这些报告共同构成欧盟《可持续发展融资行动计划》并成为构建欧洲金融领域新监管框架的制定基准，是欧盟应对气候变化、实现可持续发展目标迈出的重要一步。其中，

---

1 央行副行长陈雨露：绿色金融三大功能、五大支柱已初步形成，http://finance.sina.com.cn/money/bank/bank_hydt/2022-05-12/doc-imcwipii9471798.shtml?cref=cj。

2020 年 3 月欧盟技术专家组向欧盟委员会提交了《欧盟可持续金融分类方案》的最终报告与政策建议，确立了可持续活动行业分类并列出了"转型活动"，提出并建立基于"无重大伤害"和"实质性贡献"原则的技术筛选标准，进一步拓宽可持续金融评价范围，从目标层面推动"气候金融"、"绿色金融"向"可持续金融"转变。[36] 虽然欧盟可持续投资的基本框架已较为完善，在细节上仍有不少需要进一步明确的地方，如怎样准确理解"无重大伤害"。这些细节上理解的分歧会导致市场上投资者面临较大的不确定性，是近两年欧盟分类目录讨论的重点，也是进一步完善的方向。

第二，信息披露机制提升了绿色金融业务的透明度，保障了监管的有效性。例如，IFRS 基金会下属的国际可持续标准理事会（ISSB），2023 年 6 月正式发布首个可持续和气候变化相关信息披露的全球标准的最终版本（IFRS Sustainability Disclosure Standards，ISDS），其中包括《国际财务报告可持续披露准则第 1 号——可持续相关财务信息披露一般要求（草案）》和《国际财务报告可持续披露准则第 2 号——气候相关披露（草案）》。[1] 同时，ISSB 的 14 个成员国分别在 2023 年 2 月、3 月的理事会会议中，对讨论细则的关键修改内容达成一致，力求实现在第 1 号与第 2 号草案中包含的关联信息披露要求之外的整合披露，并确定首批两份 ISDS 于 2024 年 1 月 1 日正式生效。[37]

第三，激励约束机制有助于调动机构开展绿色金融业务的积极性，保障绿色金融业务的有序开展。根据可持续银行和金融网络（SBFN）的披露，截至 2021 年 9 月，包括中国在内的 43 个新兴市场成员国家已累计发布 282 条与本国可持续融资框架相关的法律、规章制度或行业规范等政策性文件，致力于改善本国金融部门对环境和社会风险的管理，并进一步促进对气候、环境和社会具有积极影响的资本流动。[38] 例如，自 2021 年 1 月 1 日起，欧洲央行正式将票息结构与可持续发展业绩目标挂钩的债券（SLBs）纳入欧元系统信贷操作的抵押品。[2] 匈牙利央行则对 2020 年 1 月 1 日至 2023 年 12 月 31 日购买、建造或翻修节能住宅的贷款提供优惠利率。这些激励约束政策虽然不直接作用于主权资产所有者，但可以促进整个绿色金融市场的繁荣，改善绿色项目的营利性，从而在更长远的维度上为主权资产所有者投资环境和气候领域奠定基础。

第四，产品和市场体系是绿色金融支持实体经济的直接载体，丰富的金融产品可以拓宽主权资产所有者潜在的投资标的的范围。近年来，绿色债券、社会责任债券、

---

1 https://www.ifrs.org/projects/work-plan/general-sustainability-related-disclosures/。

2 https://www.ecb.europa.eu/press/pr/date/2020/html/ecb.pr200922 ～ 482e4a5a90.en.html。

可持续发展挂钩（贷款）债券、转型债券等的发行规模迅猛增长。据气候债券倡议组织（CBI）的统计，截至 2022 年 9 月 30 日，全球绿色、社会责任、可持续发展、可持续发展挂钩和转型债券（GSS+ 债券）的累计发行量已达 3.5 万亿美元。[39] 其中，可持续发展挂钩债券（SLBs）通过条款激励企业主体实现预定的可持续绩效目标（SPT）。例如，2022 年，英美资源集团（Anglo American Plc）发行了 7.42 亿美元的 SLB，与温室气体减排、淡水抽取和创造就业等目标挂钩，若未达到目标，最后两期支付的票面利率将就每个未达成的目标调升 40 个基点。为此，英美资源集团制定了详细的脱碳战略和直接排放的绝对排放目标，大幅减少范围 1 和范围 2 的温室气体排放，显著减少缺水地区的水资源开采，并承诺根据现场工作增加场外就业机会。此外，可再生能源基础设施不动产投资信托基金（REITs）依托能源基础设施的底层资产进行融资，能够减轻企业的重资产负担，吸引更广泛的投资者参与，也将进一步推动绿色金融市场的发展。

第五，国际合作机制提升了绿色金融标准、产品的国际认可和市场参与程度。例如，G20 可持续金融工作组、联合国环境规划署金融倡议（UNEP FI）、央行与监管机构绿色金融网络（NGFS）、可持续金融国际平台（IPSF）等各类多边平台及合作机制共同推动绿色金融国际交流，深化国际合作。2022 年 6 月，由中国、欧盟等经济体共同发起的 IPSF 在官方网站上发布了《可持续金融共同分类目录》（更新版），包含中国、欧盟共同认可的 72 项对减缓气候变化有重大贡献的经济活动。[40] UNEP FI 是联合国环境规划署与全球金融部门之间建立的伙伴关系，旨在调动私营部门的力量为可持续发展提供资金支持。UNEP FI 既制定基于行业的原则，如负责任投资原则，也发起基于议题的倡议，如净零资产所有者联盟和可持续蓝色经济金融倡议。1

（三）投资规则

不同于前面的两大类政策支持，投资规则是针对特定投资者的较为具体的要求，对主权资产所有者的投资行为有直接约束力。例如，美国一些州的法规明确要求将 ESG 纳入决策，挪威要求养老金进行负责任的管理并推动其制定了观察和排除指南等。监管机构的投资规则约束对于主权机构可持续投资具有重要意义。监管条款不仅能够促使主权资产所有者考虑气候与环境因素，还能够释放明确的政策信号，激发更多市场主体的投资信心。此外，世界自然基金会（WWF）的一项调查表明，监管等外部压力是养老基金进行负责任投资的主要动机之一，立法与监管的缺失则会阻碍其参与投资。[8]

---

1 https://www.unepfi.org/regions/asia-pacific/china/。

过去 10 年内，全球对于主权资产所有者的可持续投资监管政策发展迅速，形成了较为完善的政策体系。本节梳理了全球现有的针对主权资产所有者发布的可持续投资规则（详见附录 9-2）。从发布主体来看，大致可以分为三个层次：一是国家（或地方政府）或立法机构，国家或州层面的投资政策或立法通常被视作最高级别的监管规定，如欧盟及其成员国、美国的加利福尼亚州等；二是国家财政部或金融监管部门，如挪威财政部、日本金融厅等；三是行业协会，许多国家设立了责任投资协会、资产管理协会、养老金协会等，这些行业协会也会针对主权资产所有者发布可持续投资相关的建议或指南，如瑞士社会责任投资协会等。

1. 国家或地区制定的法律法规

近年来已有不少国家和地区的监管机构通过立法或修改条例，对主权资产所有者践行可持续投资作出了硬性规定。欧美等发达国家（地区）具有较为成熟的资本市场基础，也是负责任投资理念的发源地，因此全球现有的法律法规主要由欧洲国家以及美国一些州政府发布，尤其在近 10 年，法律法规的发布频次明显变多，对投资的监管要求显著提升。从这些国家的做法来看，立法机构通常不会对投资的细节作出太多说明，主要是明确养老金或其他特定的基金的受托人责任，强制要求其将环境、社会与公司治理的因素纳入投资决策，并提出了一定的披露要求，如欧盟、英国、法国等。

2014 年，欧盟以立法形式发布了《非财务报告指令》，强制要求具有 500 名员工以上的企业披露环境等相关信息。2016 年欧盟又专门针对养老金提出了投资要求，《欧洲职业退休规定指令》（IORP II Directive）要求超过一定规模的养老基金考虑环境、社会和治理问题，并在投资政策声明中披露如何考虑其风险，且在规定期限内转化为成员国法律。此外，欧盟一直在探索个人退休储蓄方案，2016 年欧洲保险和职业养老金管理局（EIOOPA）提出了标准化的泛欧个人养老金产品（Pan-European Personal Pension Product，PEPP），PEPP 法规也已于 2022 年 3 月 22 日正式生效，鼓励 PEPP 供应商在其投资决策中考虑联合国负责任投资原则（PRI），它还通过鼓励 PEPP 供应商披露基金的 ESG 表现，并解释基金如何考虑 ESG，从而提高透明度。[41]

英国作为欧洲可持续投资较为发达的市场之一，已经形成了较为完善的 ESG 政策体系，逐步纳入上市公司、养老金、机构投资者等多元化的市场主体。早在 1999 年，英国对地方政府养老金计划（基金的管理与投资）条例的一份修正案中就提出，每个管理机构需要准备、维护并发布一份对于养老基金投资政策原则的书面说明，其中必须包括当局关于社会、环境或道德的考量。2005 年，英国劳动与养老金部率先在《职业养老金计划（投资和披露）条例》与《投资原则陈述》这两项养老金保障条例中纳入对环境、社会及道德的考量。2014 年以来，英国 ESG 政策法规的修订频率基本保持在两年一次。英国财务报告委员会、法律委员会、伦敦证券交易所等机构在其中起到了关键性的主导作用。[42] 2018 年对《职业养老金计划（投资与披露）条例》的修订[1] 则将受托责任进一步拓展到 ESG 领域，强制要求受托人披露 ESG 与气候变化相关的考量。

一直以来，法国的可持续实践都在欧盟乃至全球领先，尤其注重政策先行，较早地对投资者提出了强制性规定。2010 年，《格林奈尔法案 II》第 225 条规定，证券上市公司和年度余额或营业额达到 1 亿欧元的公司以及拥有平均 500 名长期雇员的公司，有义务在其年度管理报告中披露某些社会和环境信息，对未披露的信息需要说明理由，而此前只有上市公司被强制要求披露。法案第 224 条还规定了公募基金必须在其年度报告和文件中提及其投资政策是如何考虑环境、社会和治理质量目标的。[43] 2015 年，法国通过了著名的《绿色增长能源转型法》，希望借此引领全球对气候治理立法。[44]其中将资产管理者与机构投资者正式纳入监管范围，法案第 L533-22-1 条明确要求，投资组合管理公司应当向受托人及公众说明其在投资战略中纳入环境、社会和治理质量标准的政策，如果选择不公布某些信息则应说明理由。

美国早期的 ESG 监管政策主要针对上市公司，而近几年加利福尼亚州、伊利诺伊州等地针对资产所有者的可持续投资颁布了更多法案。最具代表性的就是加利福尼亚州的立法。2015 年，加利福尼亚州通过了《第 185 号参议院法案》，禁止其两大退休基金——加州公务员退休基金（CalPERS）和加州教师退休系统（CalSTRS）——对动力煤公司进行新的或额外的投资，并在 2017 年 7 月 1 日之前完成清算，剥离其所有化石燃料资产，逐步向清洁能源过渡。2019 年通过的《第 964 号参议院法案》进一步要求两大基金强制披露其公开市场投资组合的气候风险相关财务信息及与气候目标的一致性等信息。

除欧美国家（地区）以外，2020 年，日本厚生劳动省修订了储备金基本政策（BPR），要求受其监管的日本政府养老金投资基金将 ESG 因素纳入投资决策。韩国于 2015 年修订的《韩国国民养老金法》也要求国民年金公团在投资决策过程中考虑 ESG 问题，或解释没有考虑的原因。2011 年南非《养老基金法》第 28 条修订后要求受托人制定有关资金情况和监管的投资流程，并考虑包括 ESG 因素在内的与长期收益相关的因素。

---

1 UK. The Pension Protection Fund (Pensionable Service) and Occupational Pension Schemes (Investment and Disclosure) (Amendment and Modification) Regulations 2018. https://www.legislation.gov.uk/uksi/2018/988/regulation/4/made。

2. 财政部或金融监管部门发布的规定与指南

在挪威全球政府养老基金的可持续投资实践中，挪威财政部发挥了重要治理作用。挪威财政部发布的《全球政府养老金管理任务》提出可持续的经济、环境和社会发展是获得长期回报的必要条件，并且必须对非上市房地产和非上市可再生能源基础设施投资组合进行彻底的尽职调查审查，包括对与健康、安全、环境、公司治理和社会相关的风险因素的评估。[45]2014 年，挪威财政部发布全球政府养老基金公司的观察和排除指南，提出了公司观察与排除的标准。[46]从产品角度而言，这份指南要求政府养老基金观察或排除 30% 及以上收入来自动力煤、30% 及以上业务以动力煤为基础、每年开采超过 2 000 万 t 动力煤、使用动力煤发电超过 10 000 MW 的公司。从行为角度而言，该指南要求观察或排除造成严重的环境破坏或在整个公司层面导致不可接受的温室气体排放的公司。截至 2021 年 12 月 31 日，共有 104 家公司因违反产品标准被除名，有 48 家公司因违反行为标准被除名。2019 年 4 月，挪威财政部批准挪威政府养老基金开展非公开可再生能源投资业务，并将其环境相关主题投资的规模上限从 600 亿挪威克朗提升至 1 200 亿挪威克朗。[47]

美国劳工部是美国联邦政府下负责全国就业、工资、福利、劳工条件和就业培训的行政部门，参与制定养老金投资规则。2016 年，美国劳工部发布了与行使股东权利和书面投资政策的书面声明有关的《解释公告 IB2016-01》，允许投资政策声明中纳入 ESG 因素，或者整合与 ESG 相关的工具、指标和分析来评估投资的风险和回报，但并未作出强制规定。[48]随后在 2018 年又发布了《实操辅助公告 2018-01》，提出如果在另类投资估值时，ESG 因子涉及的商业风险或机会本身可作为经济考量，则 ESG 因子的权重也应与相对于其他相关经济因子所涉的风险回报水平相称；但它也指出《雇员退休收入保障法》（ERISA）[1]下受托人在提供退休福利时必须始终将经济利益放在第一位，不得过于相信 ESG 因素与财务回报之间的联系。因此，部分人认为《实操辅助公告 2018-01》虽然旨在提供更多解释，但有可能会在鼓励和不鼓励 ESG 投资之间造成混乱。2022 年 11 月，劳工部又出台了一项可持续投资规定，允许管理养老金的基金经理在投资决策中考虑 ESG 因素，在 2023 年 3 月被美国参议院推翻，理由是考虑 ESG 因素有可能会损害养老金回报。然而，拜登总统随后否决了这项立法，所以最新可持续投资规则现仍然有效。

---

1 1974 年《雇员退休收入保障法》（ERISA）是一项联邦法律，其为私营企业中大多数自愿制定的退订和健康计划设定了最低标准，以便为这些计划中的个人提供保护。

3. 行业协会发布的规范与建议

行业协会及其他自律组织在监督、公正、自律、协调方面天然发挥着作用，是可持续投资理念的引领者与推动者。瑞士养老金是全球最完善的养老金体系之一，形成了较完整的自律组织，如瑞士负责任投资协会、瑞士资产管理协会、瑞士职业养老基金协会等，这些行业协会通常会对其会员的业务活动进行监管与指导，并出台专业行为守则与建议，对绿色与可持续投资进行引导。

瑞士负责任投资协会为其成员提供负责任投资的相关服务，如根据规范标准筛选和监控成员投资组合、提供排除建议等。2019 年，瑞士负责投资协会发布了《参与和排除过程》文件，介绍了投资者如何判断公司的违规行为、是否选择参与（Engagement），以及参与目标的设定，到最终的排除（Exclusion）、重新包含（Re-inclusion）的完整过程及决策逻辑。[49]

瑞士资产管理协会是瑞士资产管理行业的代表协会，旨在通过高标准的质量、绩效和可持续性加强瑞士作为领先的资产管理中心的地位，支持其成员为投资者增加长期价值。[50] 2020 年，瑞士资产管理协会与瑞士可持续金融协会联合发布了《可持续资产管理：关键信息与建议》，建议养老基金、保险公司、主权财富基金等机构投资者在决策过程中评估气候风险，积极参与解决这些风险并公布其投资政策。[51]

瑞士职业养老基金协会包含 900 多个养老基金，代表了约 2/3 的职业养老金投保人，拥有约 6 500 亿瑞士法郎的养老金资产。2022 年，其发布的《瑞士养老基金的 ESG 指南》明确了养老基金的受托责任范围，指出基金投资条例中对 ESG 的锚定既可以是隐性的也可以是显性的，前者强制考虑 ESG 风险的直接结果，后者则需要纳入气候政策和气候战略，并将其记录在投资条例中，在投资决策中考虑到环境、社会和治理风险。[52]同年，该协会发布了一项《养老基金 ESG 报告标准》，建议瑞士养老基金报告其投资的可持续性，该标准有助于横向比较瑞士养老基金在可持续投资领域所做的努力。[53]

（四）尽责管理守则（Stewardship Code）

已有不少国家在尽责管理守则中对主权资产所有者如何更好地尽责管理进行了规范，以成文的形式明确了基于投资者权利和影响力的尽责管理责任。这类规范直接针对主权资产所有者如何进行尽责管理，如《瑞士公司治理最佳实践守则》、《英国尽责管理守则》、日本的《企业养老金管理人职责指引》等。不同国家的尽责管理责任的侧重点和其金融体系的特点息息相关，例如，美国的公司制度非常完善，在尽责管理中更加重视投票权。

ESG 尽责管理已经成为投资机构最直接地推动企业把握转型机遇的重要抓手，并在碳中和的远景下获得了海外监管机构、国际资产管理行业及包括联合国在内的多个国际权威组织机构的认可和推广，影响力正在不断扩大。中国 ESG 尽责管理仍在起步阶段，但与碳中和目标、促进上市公司高质量发展的目标、资本市场双向开放等重要目标高度契合，应用前景广阔。本部分通过深入研究全球 ESG 尽责管理发展现状，归纳总结了国内外 ESG 尽责管理政策最佳实践案例。按照制定主体划分，全球最具有代表性和全球影响力的三类尽责管理模式分别为由国内监管机构或类监管机构制定、由行业组织制定，或是由第三方制定尽责管理守则（表 9-3）[54]。后文将重点介绍这三类模式的代表性国家及地区的尽责管理守则国际经验。

表 9-3　代表性尽责管理守则一览

发布主体	国家/地区	准则名称	首次发布	发布主体
监管机构	英国	《英国尽责管理守则》	2010 年	英国财务报告委员会
	日本	《负责任机构投资者原则》	2014 年	日本金融厅
行业组织	美国	《机构投资者管理框架》	2017 年	美国投资者管理小组
	欧盟	《欧洲基金和资产管理协会管理规范》	2011 年	欧洲基金和资产管理协会
行业组织	荷兰	《荷兰尽责管理守则》	2011 年	荷兰企业管理论坛（Eumedion）
	瑞士	《机构投资者指引》	2013 年	瑞士养老基金提供者协会
第三方	韩国	《韩国公司治理服务管理规范》	2016 年	韩国公司治理服务
	新加坡	《新加坡负责任投资者管理原则》	2016 年	亚洲管理中心

资料来源：中国证券投资基金业协会，紫顶股东服务机构.机构投资者参与上市公司治理境外法规及实践汇编 [M].北京：中国财政经济出版社，2021.

1. 国家或地方制定尽责管理守则：以英国、日本为代表

按照制定主体分类，第一类尽责管理守则由国内监管机构或类监管机构制定，这类模式被多国采纳使用，不同国家和地区也会根据当地实际情况进行调整，以适应资本市场实际需求。这一类尽责管理守则以英国和日本为代表。

吸取 2008 年金融危机的教训，英国财务报告委员会于 2010 年率先推出第一版机构投资者《英国尽责管理守则》。这是全球首份尽责管理守则，为其他国家设立尽责管理守则提供基础。《英国尽责管理守则》采取了自愿非强制的推行模式。这种模式逐渐取得良好效果，并逐步影响和扩散到全球其他国家与地区。修订版《英国尽责管理守则》（the UK Stewardship Code 2020）规定养老基金、保险公司、基金管理机构

和其他金融服务提供商必须长期公示其维持和提高投资价值的方式，强制要求他们考虑被投资公司的 ESG 表现。[55] 在针对养老金的尽责管理守则上，英国由劳动与养老金部（The Department for Work and Pensions，DWP）发布职业养老金基金条例。2019 年职业及养老金计划投资及披露修订规例对资产所有者的要求包括需要制定和解释他们如何行使投资权、如何监督被投资公司及其投票行为。[56]

与英国不同，日本引入尽责管理守则是日本上市公司治理改革的一部分，更多地关注长期治理问题。2014 年、2017 年、2020 年，日本金融厅三次修订了《日本尽责管理守则》[57]，逐渐强化了 ESG 因素的重要性，细化了相关条例规定，2020 年修订将 ESG 考量纳入"尽责管理"责任。日本政府养老投资基金（GPIF）具有较强的监管背景，其投资决策严格遵守厚生劳动省发布的《储备金基本政策》和《企业养老金管理人职责指引》。其中，《企业养老金管理人职责指引》在 2018 年进行了一次修订，其中建议对资产管理机构筛选的过程中，将资产管理机构是否遵循《日本尽责管理守则》作为筛选的重要依据；而《储备金基本政策》则在 2020 年的修订中，要求 GPIF 所投资的基金需要将 ESG 因素纳入投资行动。

2. 行业组织制定尽责管理守则：以美国、荷兰为代表

按照制定主体分类，第二类尽责管理守则由行业组织制定，主要体现为投资者协会等行业组织制定尽责管理的强制性规则，但其中 ESG 相关的规则仍多为自愿性条例。这一类尽责管理守则以美国、荷兰为代表。

美国模式体现为机构制定具有法律约束力的规则体系，要求机构投资者遵守执行。这一模式的典型代表包括美国劳工部与证监会的养老金规则体系。美国以机构投资者参与股东大会投票为核心，设立了一套完整的、具有法律约束力的规则体系，作为推动机构投资者参与上市公司治理的主要机制。为规范养老基金的运作，美国劳工部于 1974 年颁布了《雇员退休收入保障法》。该法明确提出，凡是受约束的养老基金，都需要参与上市公司股东大会的投票，切实履行其对于委托人的信义义务。此后，美国劳工部多次在公开信件或文件中强调受托管理养老金的机构应当参与上市公司投票、制定投票政策等；同时，就机构投资者应当如何参与上市公司投票、履行义务作出了具体详细的指导和说明[58]。

为推动荷兰上市公司的良好治理与可持续发展，荷兰养老基金协会（Eumedion）于 2018 年起草《尽责管理守则》，在 2019 年 1 月 1 日生效。该准则包括一系列最佳实践原则，旨在供欧盟参与者采用，通过对被投资公司的积极投票和监督来鼓励负责任的投资及参与 ESG，要求资产所有者和资产管理机构制定尽责管理政策，说明如何

开展对持股荷兰上市公司的尽责管理。

3. 第三方制定尽责管理守则：以韩国、新加坡为代表

按照制定主体分类，第三类尽责管理守则由第三方制定，大多为公司治理领域第三方机构，以韩国、新加坡为代表。韩国在 2016 年由金融服务委员会发布了《机构投资者尽责管理守则》（草案），以约束机构投资者履行投资责任，并希望通过引入机构投资者为企业有效减少温室气体排放作出贡献。韩国国民年金基金于 2018 年开始接纳这一管理准则，截至 2022 年 8 月 31 日，参与机构增至 193 个 [59]。新加坡则于 2022 年，由淡马锡所设立的亚洲尽责治理研究院（Stewardship Asia Centre）发布《新加坡投资者尽责治理原则》修订版。该原则配合市场的最新发展作出修订，包括把 ESG 原则纳入投资决策。尽管遵守这套原则仍然属自愿性质，但修订版鼓励奉行有关原则的签署企业每年向指导委员会秘书处提交尽责治理的证据，此次修订得到金管局和新加坡交易所的支持。[1]

五、中国主权资产所有者的可持续投资实践与政策环境

根据 Global SWF 2021—2023 年的年报数据，中国主权资产所有者管理的资产总额于 2022 年年末达到 3.5 万亿美元，约为 2022 年中国 GDP 的 20%，近三年的平均增长率约为 9.7%。其中，以中国投资有限责任公司（以下简称中投公司，CIC）为代表的国有金融企业是主权财富基金的重要组成部分，中投公司总资产于 2022 年达到 1.4 万亿美元，2020—2022 年的平均增长率约为 13.6%。此外，由全国社会保障基金理事会管理运营的全国社会保障基金（以下简称社保基金，NSSF）是公共养老基金的重要组成部分，社保基金资产总额于 2022 年达到 0.5 万亿美元，2020—2022 年的平均增长率约为 12.3%。社保基金以委托投资为主，约占 2/3。境内投资资产约 0.4 万亿美元，占资产总额的 91.0%；境外投资资产约 0.1 万亿美元，占 9.0%。[60]

（一）机构实践层面的实践

1. 主权财富基金：中国投资有限责任公司

2022 年全球主权财富基金管理的资产规模出现第一次缩水，从 11.5 万亿美元降至 10.6 万亿美元。同一时期，中投公司的资产规模则同比增长 11%，超过挪威政府全球养老基金，成为全球最大的主权财富基金。

---

1 https://www.aprea.asia/knowledge-hub/featured-insights/esg/stewardship-asia-centre-launches-new-edition-of-singapore-stewardship-principles-for-responsible-investors。

2021 年，在梳理自身实践和总结同业经验的基础上，中投公司率先发布《可持续投资政策》，强调从四个方面推进可持续投资：一是积极把握可持续主题投资机遇，既包括相对成熟市场的公开股票买卖，也包括非公开市场资产类别；二是投资全流程嵌入 ESG 考量，包括评估选择、尽职调查、投资决策到投后管理等；三是不断优化负面清单机制，恪守底线思维；四是保持和同业机构、相关组织的密切交流合作，发挥主权财富基金示范引领作用，撬动私人部门资金支撑相关行业与实体，促进全球经济可持续发展。[61]

为应对全球气候变化，助力实现碳达峰碳中和目标，中投公司在 2022 年 5 月进一步发布《关于践行双碳目标及可持续投资行动的意见》（以下简称《意见》），提出了公司运营碳中和及总组合碳减排路线图，对未来五年及更长时期公司践行"双碳"目标进行总体部署，对高质量推进可持续投资做出系统谋划。《意见》明确了公司在运营管理、研究探索、配置投资、风险控制、国际合作等方面的重点任务。[60] 例如，在配置投资方面，《意见》强调"公司将气候变化因素纳入战略配置考量；分类制定相关投资评估指引；提升涉碳存量及新增资产质量和效益；研究并投资气候变化新投资机会"；在风险控制方面，强调"公司将气候风险纳入全面风险管理，加强重点领域风险管理"。

近年来，中投公司以碳达峰碳中和为重点，深入贯彻可持续发展理念。在公开市场股票方面，设立可持续投资策略，并单独设立以绿色低碳为核心的气候改善子策略。通过显性配置相关指数，表达组合构建长期偏好。在非公开市场方面，持续巩固可再生能源领域投资，引导以气候改善为重要方向，在实物资产、泛行业 PE 等资产类别有针对性地加以布局。

中投公司在可持续投资方面发布了相关政策并设立了机构的"双碳"目标，下一步可进一步推动对所采取行动的宣传和推广，更好地为资本市场的其他商业机构投资机构作出表率。在调研中发现，目前监管部门对主权资产所有者的考核要求并没有充分反映可持续投资的特殊性，一定程度上限制了主权资产所有者探索新的投融资方式。主权资产所有者可尝试将一定比例资金用于开展可持续投融资试点示范，允许试点示范资金将生态环境价值纳入绩效评估体系，在投资回报要求方面增加灵活性。

2. 公共养老基金：全国社会保障基金理事会

全国社会保障基金理事会（社保基金会）的投资理念源自实现基金安全和保值增值的职责使命。《全国社会保障基金条例》明确指出，社保基金会"应当审慎、稳健管理运营全国社会保障基金，坚持安全性、收益性和长期性原则"。社保基金会经过

20 多年的实践摸索，逐步形成了"长期投资、价值投资、责任投资"的投资理念，本质上与国际投资领域广泛倡导并应用的可持续投资理念高度契合。

近两年，社保基金会也在 ESG 领域有积极实践。2020 年，结合国内外 ESG 投资策略，选聘境外投资管理人，设立全球责任投资股票积极型产品，开展 ESG 投资试点。社保基金会通过直接投资与委托投资相结合的方式初步开始探索，根据可持续投资领域的重难点成立了 ESG 投资专项课题组，研究完善顶层设计。2022 年，为了进一步明确实业投资中长期发展规划，完善并提高可持续投资在公共养老基金中的重要战略地位，社保基金会发布《全国社会保障基金理事会实业投资指引》[63]，指出要探索建立既具有中国特色，又与国际接轨的可持续投资管理体系；践行可持续投资理念，加大对 ESG 主题基金和项目的投资，将环境、社会、治理等因素纳入实业投资尽职调查及评估体系；深化积极股东主义实践，推动完善公司治理结构，提高所投公司质量。2022 年 6 月，财政部等四部门发布的《社会保险基金预算绩效管理办法》指出，社保基金的"效益指标主要包括经济效益、社会效益、可持续发展、满意度等方面"，在经济效益外，明确将可持续发展也纳入效益指标中。

目前社保基金的可持续投资实践已有很好的基础，下一步可进一步加大宣传和推广力度，让更多的利益相关方了解基金的实践、面临的挑战，并在此过程中不断提高在可持续投资方面的透明度和影响力。

（二）政策环境

中国已经初步形成了支持低碳转型的宏观政策体系。2020 年 9 月 22 日，习近平主席在第七十五届联合国大会一般性辩论上提出，"中国将提高国家自主贡献力度，采取更加有力的政策和措施，二氧化碳排放力争于 2030 年前达到峰值，努力争取 2060 年前实现碳中和"，在国家层面提出了雄心与挑战并具的低碳转型战略目标。此后，全社会积极响应"30·60"目标的号召，应对气候变化工作有序推进，宏观层面政策不断完善。2021 年 10 月，中共中央、国务院印发《关于完整准确全面贯彻新发展理念做好碳达峰碳中和工作的意见》，提出 10 方面 31 项重点任务，明确了碳达峰碳中和工作的路线图、施工图；国务院印发的《2030 年前碳达峰行动方案》明确了中国走向碳达峰的十大行动，标志着中国碳达峰碳中和工作顶层设计确立。随后，中央、地方与行业层面陆续出台多项政策，包括对重点领域行业的实施政策和各类支持保障政策，以 2022 年为例，各部门先后出台能源转型、节能降碳增效、工业、城乡建设、交通运输等领域政策文件 40 余项，[1] 碳达峰碳中和"1+N"政策体系进一步完善。

虽然这些政策文件中已明确提出了要严格控制化石能源消费，鼓励了可再生能源与绿色低碳产业投资，并对碳强度、化石能源消费比重、森林覆盖率等提出了具体的发展目标，但是与美国《2022 年通胀削减法案》、欧盟"绿色协议产业计划"相比，中国现有的低碳转型政策仍然相对缺少对资金支持的明确、定量要求。例如，2022 年由财政部印发的《财政支持做好碳达峰碳中和工作的意见》[2] 虽然提出了财政支持的重点方向和领域，如光伏、风电、生物质能等可再生能源、低碳零碳负碳、节能环保等绿色技术，但仍然属于宏观层面的引导，缺乏对于资金支持的相关细节的阐释，没有提出明确的资金分配数额（或比例）的目标。

近年来，中国绿色金融政策体系取得长足发展，但仍有较大提升空间。2016 年以来，中国人民银行牵头出台《关于构建绿色金融体系的指导意见》，加强并完善了绿色金融发展的顶层设计。随后发布了《绿色债券支持项目目录（2021 年版）》《金融机构环境信息披露指南》《环境权益融资工具》《碳金融产品》《中国绿色债券原则》等多项标准，政策标准体系逐步走向完善，绿色金融市场也不断壮大。此外，随着绿色金融改革创新试验区的高质量发展，中国正在探索中国特色的绿色金融发展之路。但总体上，中国的绿色金融工作起步较晚，政策体系仍然存在一些不足：在标准制定上，首先，国内行业间的标准界定存在细微差异，各项标准的适用范围、项目分类与精细程度并不一致。例如，2021 年发布的《绿色债券支持项目目录（2021 年版）》排除了与化石能源相关的产业，但是在《绿色产业指导目录》中并未进行相应调整。其次，中国与发达国家的绿色产业目录的兼容性较弱，这也在一定程度上限制了绿色金融的国际合作与交流。最后，绿色金融细分领域的标准缺失，如绿色理财等领域目前仍未出台相应标准。在信息披露上，中国环境信息披露要求的覆盖范围较小，缺乏强制性。中国香港联交所《环境、社会及管治报告指引》已于 2022 年开始实施，包含企业温室气体排放量、员工总数、员工培训小时数等定量指标，帮助上市企业开展编制 ESG 报告。港交所计划在 2024 年开始实施新的气候信息披露框架，上市公司需要在 ESG 报告中采用新版框架进行披露。同时考虑上市公司涉及的不同行业，以及 ESG 发展程度的差异，港交所为发行人设定了两年过渡期（2024 年和 2025 年），上市公司最晚需要在 2026 年开始强制披露。而中国大陆目前缺少对于环境信息披露要求等硬

---

1 中国碳达峰碳中和进展报告（2022）. http://tradeinservices.mofcom.gov.cn/article/yanjiu/hangyezk/202303/146424.html。

2 财政部 .2022.http://www.gov.cn/zhengce/zhengceku/2022-05/31/content_5693162.htm。

性规定，A股上市企业大多参考的《上市公司环境信息披露指引》及《深圳证券交易所上市公司社会责任指引》鼓励上市企业在社会责任报告中披露资源消耗、废弃物处理等信息，但是并不具备强制约束作用，也未明确提出ESG的定量指标。在产品种类上，现有的绿色金融产品仍比较单一，难以满足市场主体的需求。目前中国绿色金融产品主要是绿色信贷与绿色债券，2022年年末，绿色信贷在全部绿色金融产品中的占比仍超过80%，[1] 而基金、保险、碳金融产品的发展仍较为缓慢。

投资规则在中国仍处于相对缺位的状态，相关文件的政策效力和约束程度与发达国家存在较大差异。英国、法国、美国等国家已经将可持续投资写入法律，通过立法手段要求养老基金等投资人将ESG因素纳入投资决策，或限制其对化石燃料公司的进一步投资。但是在中国，一方面，对于资产所有者的投资行为缺乏硬性约束。2009年，中国银行业协会发布了《中国银行业金融机构企业社会责任指引》，讨论了银行业所需要践行的社会责任；[64] 2018年11月，由基金业协会发布的《绿色投资指引（试行）》，强化了基金管理人对环境风险的认知，明确了绿色投资的内涵，鼓励有条件的管理人开展ESG投资，但缺乏约束力。[65] 中国发布的《关于构建绿色金融体系的指导意见》《绿色投资指引（试行）》等文件只是鼓励基金等长期资金开展绿色投资，发挥责任投资者的示范性作用，并不具备强制性，投资者缺乏参与进行可持续投资的动机。另一方面，可持续投资亟须更高层级的政策文件支持。激发更多投资者参与可持续投资的潜力，仍需要国家相关部门出台投资规则。从国家层面建立负责任投资框架，或为资产所有者提供观察与排除的投资指引等，有助于进一步扩大中国可持续投资资金规模，对投资行为与策略提供规范的指导和示范，确保主权资产投资的安全性。

全行业适用的尽责管理守则尚未形成。从成熟资本市场的经验来看，机构投资者参与上市公司治理的实践是随着市场的不断发展而逐步完善的，其他国家和地区的实践为中国资本市场提供了有益充分的借鉴。尽管中国大陆地区的个别行业已经出台行业自治性尽责管理规章条例，如保险业的《中国保险资产管理业ESG尽责管理倡议书》、中国证监会的《上市公司治理准则》、中国证券投资基金业协会的《基金管理公司代表基金对外行使投票表决权工作指引》，但尚未形成对各行业金融机构或资产管理者适用的国家层面的尽责管理守则。中国金融监管部门也可以尽快基于中国资本市场的发展阶段，适时推出适合中国国情且针对境内机构投资者参与上市公司治理的有关规则，为机构投资者参与公司治理提供有力支撑。

综上，中国低碳转型的难度较大，仅依靠银行信贷无法满足实现碳中和139万亿

---

1 课题组根据中国人民银行公布的贷款数据以及《中国责任投资年度报告》中其他绿色金融产品的规模估算。

元的资金需求 [66]，需要更广泛的金融机构参与。与此同时，高质量发展与可持续投资所追求的更综合的经济、环境、社会发展理念高度契合，对引导更多资金投向气候和环境领域提出了明确要求。由于绿色金融体系仍在完善过程中，可持续投资规则相对缺失，且全行业适用的尽责管理守则尚未形成，资产所有者尚处在开展 ESG 的探索阶段，需要政策的支持与引导。

六、关于促进主权资产所有者进行可持续投资的政策建议

为更好地助力"双碳"目标的实现，中国绿色金融体系需要从目前以商业银行绿色信贷和绿色债券主导的模式向纳入更广泛的金融机构的系统性支持转变。本报告在国合会的支持下，通过借鉴主权资产所有者开展可持续投资的国际经验并分析国内现状与不足之处，针对政策制定者和监管部门、主权资产所有者提出建议。

（一）对于政策制定者和监管部门的建议

建议 1：完善可持续投资相关的政策框架，建立有效激励约束机制，继续健全绿色金融的体制机制，持续优化低碳转型政策体系。

一是在激励约束政策方面，监管部门可以鼓励主权资产所有者将一定比例资金用于开展可持续投融资试点示范，允许试点示范资金将生态环境价值纳入绩效评估体系，在投资回报要求方面增加灵活性，并鼓励对风险分担工具的创新运用。同时，监管部门可以要求主权资产所有者制定清晰的可持续投资原则，以逐步减少自身运营以及投资组合的环境和气候影响。所制定的投资原则需设立清晰的战略目标和组织架构保障机制，并对碳排放核查和披露等工作安排提出明确要求。同时，积极研究如何在转型金融的框架下对高碳行业进行有减排绩效考核的资金支持，有助于高碳行业的低碳转型，助力"双碳"目标的实现。推动公正转型，关注转型对社会弱势群体的影响，通过加强社区服务、设计再就业方案、提供培训和失业补偿等配套政策，在应对环境和气候议题的同时推动社会包容性发展，如基于社区层面的生计、就业、性别平等等。

二是监管部门可考虑出台尽责管理守则，鼓励包括主权资产所有者在内的机构投资者行使积极所有权，主动影响资产管理机构进行可持续投资。通过尽责管理守则，监管部门可以在至少四大方面规范机构投资者的尽责管理行为：其一，确立并披露可持续投资相关的尽责管理政策；其二，监督并主动与被投公司接触、对话以影响被投公司进行可持续投资；其三，披露在气候、环境相关议题上采用的投票原则和投票

措施；其四，向客户和受益人报告尽责管理责任。建议该守则的对象纳入资产所有者、资产管理机构和相关服务商，以更好地统一资金链条上的关键决策者行为，为受益人的长期利益服务。

三是建立健全绿色金融的体制机制，扩大绿色金融内涵，建立和完善对非银行类金融机构的有效激励约束机制。进一步统一各分类目录并及时迭代以包含最新的绿色技术；适时推出强制性环境和气候信息披露要求，促进披露规则与国际接轨，如国际可持续准则理事会（ISSB）正在制定的国际财务报告可持续披露准则（IFRS Sustainability Disclosure Standards）；积极推动金融产品合理创新以丰富投资标的，如可持续挂钩债券、转型债券、绿色保险以及可再生能源基础设施不动产投资信托基金（REITs）等。建议相关监管部门出台措施鼓励机构投资者将绿色投资纳入其评价体系，带动社会资本进入碳中和前沿科技领域，助力实体企业产业链绿色化。在构建绿色金融体制机制过程中，主权资产所有者与其他金融机构需要协同配合，形成可持续投资的生态体系：其一，战略协同，即在战略目标上实现趋同；其二，流程协同，这覆盖从项目开发、投资决策、风险管控到退出的全生命周期；其三，产品协同，金融机构可以更好地了解主权资产所有者投资特点，通过开发丰富的金融产品为其提供更多选择。

四是持续优化低碳转型政策支持，加大对绿色低碳技术创新的财政与货币政策支持力度，实现有效市场和有为政府的结合。主权资产所有者最核心的目标仍然是为受益人取得高投资回报，因此，引导更多资金流向绿色领域本质上需要提升绿色项目的风险调整后收益。从这个角度来看，促进机构投资者进行可持续投资的核心抓手是对实体经济进行适当干预，以加强可持续性业绩与财务业绩之间的关系。这可能需要一系列广泛的政策工具：其一，建立投资回报机制提升可预期现金流量，例如，加大对清洁能源基础设施和技术研发的公共投资，对低碳项目进行补贴、税收减免和财政贴息等；其二，降低绿色项目融资成本，如设立再贷款支持工具；其三，进一步完善绿色价值转化为货币的市场机制，如电力市场、碳市场、国家核证自愿减排量、绿色电力证书等交易平台，向投资者发出绿色转型的明确政策信号等；其四，构建政府、金融机构和投资者的风险分担机制，利用第一损失层、担保和保险等工具降低绿色项目风险；其五，鼓励多元化资本市场参与，完善市场退出机制。这些实体经济干预可以加强可持续性业绩与财务业绩之间的关系，使投资者能够以符合其财务目标和义务的方式引导资本支持可持续目标。

建议 2：在有国际共识领域，引导鼓励主权资产所有者积极参与多边合作机制和合作倡议，在分类目录、信息披露、转型金融、气候风险管理等方面的国际规则和标准制定中发挥更大作用。

一是在有国际共识领域，政策制定者可以引导鼓励主权资产所有者积极参与多边对话机制和合作倡议，用数据和案例宣传等方式争取有利于中国的规则主张，促进达成领域共识。中国已经推动形成并参与了一系列多边合作机制，包括联合国环境规划署金融倡议（UNEP FI）、可持续银行金融网络（SBFN）、G20 可持续金融工作组、央行与监管机构绿色金融网络（NGFS）等，为进一步参与多边机制奠定了基础。例如，2016 年中国和英国推动成立的 G20 绿色金融研究小组于 2021 年升级为工作组，并制定了 G20 可持续金融的总路径图，凝聚了各国对金融支持绿色转型的共识，为各国系统地推动可持续金融的发展奠定了基础。未来，政策制定者可以引导鼓励主权资产所有者有选择性地加入国际组织并主动影响核心进程，如联合国的负责任投资原则（PRI）和标准制定机构国际可持续发展准则理事会（ISSB）等。这些组织在制定标准、规范信息披露、促进转型金融发展、提升气候风险管理等方面起到关键作用，全球范围内主权资产所有者的参与度也较高。

二是政策制定者可以在多边、双边层面推动绿色金融、转型金融领域的合作，进一步统一分类目录，增强信息披露，完善绿色金融相关的政策体系，为主权资产所有者进行可持续投资铺平道路。例如，中国和欧盟可以在《可持续金融共同分类目录》的基础上进一步探讨转型金融分类目录，也可以通过可持续金融国际平台（IPSF），推动更多的国家直接使用共同分类目录或以共同分类目录为基础制定其分类目录。中国和欧盟可以继续完善分类目录，解决实践中遇到的痛点，如进一步明确"无重大伤害"的内涵以避免理解上的分歧。此外，欧盟不断增强其判定绿色的标准，最新发布的绿色声明提案要求环境声明必须经独立的第三方进行验证，并提交科学依据支持声明以减少"漂绿"风险。中国可与欧盟合作，借鉴其在计算、管理和披露碳足迹方面的做法。

三是可引导主权资产所有者积极引领开展更加务实的国际可持续投融资活动，探索与全球主权资产所有者搭建绿色伙伴联盟或合作成立绿色领域的全球投资基金，促进国内外投资者在负责任投资上的交流。例如，通过中国责任投资论坛（ChinaSIF）和挪威责任投资论坛（NorSIF）搭建的平台，可以邀请挪威主权财富基金可持续投资相关负责人分享经验，年度中国责任投资论坛也是传播负责任投资理念的渠道之一。

（二）对主权资产所有者的建议

建议 1：在公司治理和投资决策等关键环节纳入环境和气候考虑，持续完善可持续投资体系。

一是将低碳转型纳入战略目标，调整组织架构、制定决策流程以更好地考虑环境和气候因素。在整个机构层面系统性地考虑可持续因素，具体行动包括制定低碳转型路线图、可持续投资战略、搭建可持续投资团队和投资框架等。值得注意的是，可持续投资政策必须和保证收益的义务保持一致。如果不能实现这种一致性，一味强调可持续投资（尤其是狭义的 ESG 投资策略）可能会带来政治和监管风险、声誉风险和诉讼风险。在实践中，可持续投资战略需要组织架构和人才支持，比如，加拿大养老金的首席可持续发展官可以为董事会进行环境和气候议题的代理投票提供专业建议。再如，挪威主权财富基金起初设有专门针对环境的投资策略，并配备了相应的专业团队，积累了丰富的环境投资经验。随着针对环境和气候的战略逐渐整合，这些专注于环境的基金经理被纳入整个投资团队中，从而使得环境与气候方面的专业经验在整个组织内部得以传播和应用。

二是管理投资组合碳足迹，采用更加科学的方法测算投资组合碳足迹，构建分行业的碳足迹测算模型，搜集整理分行业的碳排放强度并确定加权方法。将投资组合碳足迹与对应国际基准进行对比，并主动在年报或 ESG 报告中进行披露，对投资组合进行气候风险压力测试，提高气候相关物理风险和转型风险的管理能力。除测算和披露自身碳足迹外，主权资产所有者还可以积极影响委外资产管理机构测算和披露碳足迹。为了能够形成更可比的数据来源，主权资产所有者可以推荐委外资产管理机构采用国际标准进行披露，但不宜干预具体的披露行为以避免给资产管理机构带来过高的行政成本。

三是适当参与相关国际倡议，学习和应用国际领先经验。通过参与标准制定类机构和侧重于议题研究的国际组织，主权资产所有者可以参与国际规则的制定，保持领先性。

四是投资过程中，在筛选、评估投资机构和基金管理人时适当考虑环境与气候相关因素，考虑将环境与气候相关指标纳入薪酬激励机制。构建针对投资机构和基金管理人的可持续指标体系，在筛选时系统性地评估其进行可持续投资的能力，并持续关注。

五是基于积极所有权发挥尽责管理作用。首先，建立并尽快完善尽责管理治理架构、制度规则和决策流程，以更好地支持和保障尽责管理工作的开展；其次，构建自身的可持续投资相关评价体系（或 ESG 评分体系）或基于第三方服务，对资产管理机构和被投的上市、非上市公司的可持续治理进行评估，识别实质性议题；再次，基于评估结果，针对有待提高的重点公司的实质性议题，可以通过投票、开会或书面通知等方式督促资产管理机构和基金管理人更好地将环境与气候因素纳入投资考虑；最后，持续追踪并衡量参与结果，优化参与方式，直至企业低碳转型目标达成。

六是建立各资产类别的可持续投资策略指引，建议探索设立可持续投资基准体系。对各资产类别投资发挥"指挥棒"作用，在原宽基指数基础上，开发定制 ESG 基准指数。在股权投资中谨慎考虑 ESG 整合和负面筛选等投资策略，将公司的 ESG 相关表现，尤其是环境（E），纳入投资决策的考虑因素。例如，根据事先选定的评分体系，当标的公司 ESG 评分位于后 20% 时，纳入投资池需要提交书面理由等。资产管理者对于 ESG 因素的考虑应嵌入整体风险收益的判断中，不宜单纯地考核 ESG 投资数量。建议主权资产所有者谨慎考虑负面筛选策略，即便是主权资产所有者从化石燃料撤资，如有超额收益，其他资金很快会弥补投资缺口，这对于应对气候变化的实际意义并不大。很多国际主权资产所有者也坚信积极影响企业进行低碳转型要优于单纯的撤资。当然，如果积极沟通一段时间无法取得成效，"用脚投票"也有一定的积极示范效应。

七是积极进行可持续主题投资，如积极考虑增加对绿色技术、可再生能源、绿色供应链等领域的投资。这些领域的项目具有投资周期长、回报较为稳定的特性，与主权资产所有者的长期资金相匹配且搁浅风险低，主权资产所有者可以根据整体投资组合情况，建立较为成熟的风险分担机制，积极选择配置。可以考虑联合其他主权资产所有者或更广泛的机构投资者成立绿色领域的全球投资基金，实现经验共享和风险分担。随着光伏、风电等成本的降低和竞争优势的增强，已有大量资本进入，主权资产所有者可以考虑设立影响力投资子基金，引导资金进入相对不成熟的领域，如生态环境保护、土壤和大气污染治理、生物多样性保护等领域。

附录 9-1　案例分析：全球主权资产可持续投资

一、新加坡政府投资公司（GIC）

新加坡政府投资公司（简称 GIC）于 1981 年成立，是一家由新加坡政府拥有的投资基金（主权财富基金，SWF）。GIC 成立的目的是管理政府外汇储备，包括新加坡金融管理局（MAS）的超额储备。

GIC 称其管理的资产"远远超过 1 000 亿美元"，并未披露确切规模。据 Global SWF 的估计，其规模为 7 440 亿美元。GIC 几乎全部投资于海外，部分原因是其国内投资将涉及外汇交易，这可能与新加坡针对汇率的调节手段存在冲突。GIC 对政府资产实行集中管理，不考虑其来源，旨在实现良好的长期实际回报。由于 GIC 并不拥有它为政府管理的资产，因此不会背负实质性的明确负债。尽管如此，GIC 的资产和投资回报可以为一系列的政府负债、支出和流动性需求提供支持，包括货币操作（汇率稳定）、社会保障和财政预算等。

GIC 通过内部投资团队和委外投资经理在公共和私人市场投资，其中约 20% 的资产由外部管理 [1]。GIC 实行长期投资，其特点是较低的流动性要求和较高的短期风险容忍度。评估 GIC 投资业绩的主要指标是 20 年滚动计算的年化回报率。截至 2022 年 3 月 31 日，实际回报率为 4.2%，20 年和 5 年的名义年均回报率分别为 7.0% 和 7.7%，对应波动率为 8.7% 和 6.5%。[67]

（一）GIC 可持续投资方法背后的驱动力

1. 法律、体制和投资框架

GIC 投资方式（包括其可持续投资方式）的总体背景包括 GIC 的法律框架和目标、机构框架和治理结构，以及投资和风险管理框架。GIC 总体运营环境的这三个维度对应《圣地亚哥原则》的三个领域，均明确了 GIC 的投资活动是完全基于财务考量进行的。事实上，GIC 在阐述其如何执行《圣地亚哥原则》时明确表示，除出于经济和财务考虑之外，不进行其他投资。

由于 GIC 所有投资活动都是完全基于财务考量的，因此其可持续投资方法制定和执行的目的就是改善财务业绩，而非追求环境或社会目标，这就对 GIC 的可持续投资活动产生了明确的限制，特别是，GIC 的可持续投资实践仅限于为投资组合增加价值的策略、战术和投资。这种可持续投资的财务导向既有具体的形式（例如，投资于

---

1 https://www.gic.com.sg/wp-content/uploads/2021/03/External_fund_manager.pdf; https://www.reuters.com/article/singapore-pm/factbox-singapores-sovereign-wealth-funds-idINSP22201320080506。

未来产业），也可以采取更一般的形式（例如，在整个投资组合中管理财务上重要的 ESG 风险，如气候转型风险）。

因此，理解 GIC 可持续投资的主要动机需要和其实现财务目标紧密联系起来，这体现在支持 GIC 可持续发展实践的投资理念中。这些信念只在环境或社会可持续发展因素影响财务业绩的范围内制定并采取行动。

2. 投资理念

GIC 在其年度报告中明确描述了将可持续发展与财务业绩联系起来的投资理念。

- 可持续发展是全球经济长期健康发展的根本，因此也是 GIC 维护和增强政府资产购买力的任务中不可或缺的一部分。

- 气候变化是当前时代的决定性问题之一。气候变化和其他可持续发展问题会对公司和实物资产造成实质性影响，影响其运营和财务业绩，并塑造其长期价值。

- 长期来看，可持续发展实践表现优异的公司能够提供更好的风险调整回报预期，而随着市场外部性被定价并被纳入监管者、企业和消费者的决策之中，这种关系将不断得到加强。

- 投资可能需要在不同可持续性目标之间进行权衡，短期内尤为如此，因此有必要采取全面和长时间维度的方法统筹考虑。例如，加速淘汰火电厂的确能够对环境产生积极作用，但如果缺乏周密的过渡计划，就可能会带来失业和生活成本激增等负面影响。

- 可持续发展的整合方式应充分认识到 GIC 所处的不同行业和市场的差异性，以及公司转型所需的权衡取舍和相应的时间。

- 在 GIC 承诺通过其投资和运营促进全球向净零经济转型的背景下，关键是要集中精力在实体经济中产生积极影响。为此，积极参与并支持公司向长期可持续发展的转型，比机械地从某些行业部门中撤资更有建设性。

除上述投资理念外，GIC 的一些与可持续发展相关的理念在其研究成果、对其管理人员的采访以及与标准制定者的交流中均有描述。

- 可持续性在不同的行业、地区和市场中都存在细微差别。

- 气候变化、水安全和地缘政治是投资者最关心的全球系统性风险。

- GIC 可以通过提供"耐心资本"，协助制定战略并提升治理标准，提供 GIC 全球网络的连接等方式，为被投企业实现增值。

- 气候变化以两种方式影响 GIC 的投资。

- 财务上的重大气候风险包括物理风险和转型风险。物理风险可分为急性风险和慢性风险，前者主要包括野火和洪水等，后者以热浪为代表，随着时间的推移会导致劳动力、制造业和农业生产率的逐渐下降。转型风险则包括监管风险（如碳税）和技术风险（如当可再生能源的成本通缩扰乱传统的公用事业）。

- 受短期抛售压力和长期资本成本上升的影响，投资者从碳密集型企业撤资，将对GIC 所投资企业的价值产生重大影响。反之，流入低碳企业的资金将在短期和长期内提高这些企业的估值。

- 碳市场能够在投资战略中发挥重要作用，包括对冲过渡期风险，尽管碳市场本身也会带来一定风险。目前投资者参与碳市场仍受到一些结构性障碍的限制。

- 新兴市场拥有较好的长期基本面，因此成为 GIC 的投资重点。实现这一结构性主题的关键赛道之一是基础设施投资。根据瑞士再保险的预测，基础设施投资将在未来 20 年内实现强劲增长，特别是在亚洲新兴市场（占全球预计基础设施投资的一半以上），其中可持续的基础设施，特别是能源方面的基础设施，预计将成为这一增长的主要动力。

（二）GIC 的可持续投资方法

1. 将低碳转型纳入机构战略目标

GIC 将可持续发展视为首要的管理任务，并开发了"进攻 - 防守 - 企业卓越"（O-D-E）三维可持续性框架[1]。

进攻 Offence	防守 Defense	企业卓越 Enterprise Excellence
把握机遇： • 将可持续性考虑纳入整个决策过程，重点关注对每个公司的长期经济前景至关重要的问题 • 对气候变化和其他可持续性趋势带来的机会进行专题投资	保护组合收益： • 定期筛查现有投资组合的重大可持续发展风险 • 对面临更大可持续发展风险的公司和资产进行额外的尽职调查，并相应地调整长期估值和风险模型 • 针对一系列气候情景和碳价格预测，对投资组合和重要持股进行压力测试	追求自身运营的可持续性： • 向商业伙伴传达对可持续行为的明确期望 • 通过有环境意识的办公室设计和智能技术来管理我们的资源使用，以监测和提高能源效率 • 在全球所有办事处的运营中保持碳中和

附录图 9-1　可持续发展框架（O-D-E）

GIC 设立了多个跨领域职能部门，用以监督、协调和促进跨资产类别部门和可持

---

1 Framework for Sustainability. https://www.gic.com.sg/how-we-invest/investing-sustainably/framework-for-sustainability/。

续性主题方面的可持续投资知识和实践发展。

（1）可持续发展委员会

由于认识到可持续发展问题对财务业绩的重要性日益增加，GIC 管理层在 2016 年成立了一个可持续发展委员会，以审查和实施其可持续发展政策。该委员会的主要工作包括：决定与 GIC 在可持续发展问题上的立场相关的事项；推动将可持续发展融入投资和企业流程中；协调 GIC 与全球可持续发展组织和倡议的伙伴关系；监测和应对新兴的可持续发展问题，并定期审查投资组合指标，如加权平均碳排放强度（WACI）。可持续发展委员会还需向集团执行委员会报告 GIC 的可持续发展情况和活动。

（2）可持续发展办公室

GIC 成立了一个专门的可持续发展办公室，以支持委员会深化对可持续发展问题的研究，并推动其融入投资流程和整个企业。通过可持续发展办公室，投资委员会和资产部门负责人的研究和整合工作得以协调，以结构化的方式确保研究成果的分享和推广，并转化为投资行动。

（3）气候变化研究小组和气候情景

GIC 设有专门团队负责推动气候变化研究，尤其是针对短期气候风险和长期气候情景的研究。该团队研发的情景涵盖全球变暖 1.5 ～ 4℃（到 2100 年），适用于 2030 年和 2050 年的时间范围，并符合中央银行和监管机构绿化金融系统网络（NGFS）推荐的情景。

2. 管理投资组合的碳足迹

（1）公司披露的信息

与众多投资者一样，GIC 注意到目前 ESG 数据的情况变得难以掌控，主要原因是数据指标不断增多、披露不标准，以及难以确定哪些是重要的财务因素。因此，GIC 支持通过其合作伙伴气候相关金融披露任务组（TCFD）和 CDP 等机构的努力来标准化企业可持续性披露机制。GIC 指出，这一愿景不可能凭一己之力实现，而是依赖于监管机构、公司、投资者，以及可持续发展会计准则委员会（SASB）、国际可持续发展标准委员会（ISSB）和全球报告倡议组织（GRI）等独立标准制定者之间的协调努力。

上述观点和 GIC 的其他观点都可以在文件中找到，如《致国际可持续发展标准委员会（ISSB）关于两项拟议的可持续发展披露标准的评论信》以及题为《重要性——整合 ESG 的实用方法》的研究文章。例如，GIC 发现 SASB 的衡量标准可以有效地应用于尽职调查和企业参与，并且 SASB 使用的重要性框架能够在每个子行业确定少量的财务重要性因素。GIC 同样表示支持 ISSB 的工作，即根据重要性原则对可持续性披露进行标准化。GIC 还赞扬 ISSB 标准草案中对 TCFD 建议的整合，因为这有助于实现更广泛的目标，即建立实用的、广泛适用的、可比的报告标准。GIC 还认为 ISSB 基于原则的框架是合适的，因为其同时适用于发达国家和新兴市场，以及在可持续发展和气候转型道路上具有不同起点的公司。

然而，GIC 也发现了这些框架的某些不足之处：

- 新的重大问题可能会迅速出现，特别是在快速发展的行业中，但这些问题可能难以反映在 SASB 的重要性框架中，因而即使是按照 SASB 标准进行信息披露的公司也可能出现披露不足的问题。
- 根据 GIC 的实证研究，并非所有的 SASB 指标都是重要的。
- 由于并非所有公司都按照 SASB 标准进行披露，因此很难将其整合到投资流程之中。这实际也表明，在强制性（监管）披露框架内采用这些标准具有较大的潜力。
- 相对于 ISSB 标准草案，可以做更多的工作指导公司披露其如何在低碳转型中抓住机会的信息。
- 为便于私营企业使用，ISSB 的标准作出调整。
- 一个全面的可持续发展报告框架应该包括那些可能在财务上不重要，但对社会/环境具有重大影响的可持续因素。基于此，GIC 支持与 GRI 的联合工作项目。

（2）投资组合和投资指标及工具

GIC 使用一系列指标来评估其投资组合和投资中的可持续性风险和机会。这些指标被用于评估和管理风险、识别和衡量机会，并以政策组合为基准评估其投资组合的表现。例如：

- 气候风险价值仪表板（Climate Value-at-Risk Dashboard）能够显示不同情景下与气候相关的驱动因素（如碳成本和物理风险）如何影响公司和投资组合；
- 碳仪表板（Carbon Dashboard）显示公司层面的碳强度，可与同行进行比较，并估计碳定价对公司利润率的影响；
- 公共股票投资组合和政策组合的加权平均碳强度（Weighted-Average Carbon Intensity, WACI）；
- 在亚洲投资者集团关于气候变化的相关资源汇编中出现的物理风险评估工具；
- 投资组合公司的绿色收入可用以确定机会并监测新兴低碳经济的风险敞口；
- 避免排放分析（Avoided Emissions Analysis）旨在识别气候转型中的"扩展赢家"，这些公司具有推动整个经济体减排的潜力，但这种潜力可能并未体现在其范围 1、范围 2 和范围 3 的排放中。同时，该分析还允许在一种通用的计量单位下比较范围 1、范围 2 和范围 3 的排放量。

3. 参与国际进程与倡议

GIC 重视与其他组织和倡议的合作关系，将其视为在这个不断发展的领域中学习的机会。GIC 通过亚洲投资者气候变化小组（AIGCC）、CDP、气候行动 100+ 和气候相关金融披露工作组（TCFD）等平台与其他资产所有者进行合作。GIC 还与国际主权财富基金论坛（International Forum of Sovereign Wealth Funds）、米尔肯研究所（Milken Institute）等组织进行对话。此外，GIC 通常将外部投资经理和许多公共部门的参与者视为关键的合作伙伴，这种观点也转化成了新的可持续发展倡议和投资。[68]

4. 筛选评估资管公司时考虑 ESG 因素

如上所述，GIC 大约 20% 的资产是交由外部管理的，这个比例相对较小。目前没有看到明确信息说明 GIC 如何将 ESG 纳入选择或评估外部资产经理的过程中。

5. 发挥尽责管理作用（积极所有权）

GIC 还通过企业参与（corporate engagement）和积极所有权（active ownership）把握可持续相关的机遇。这主要通过与投资组合公司的定期对话来实现，在此过程中监测公司在减少可持续发展风险方面的进展，评估和提升公司治理标准，并根据 GIC 的可持续发展观点和全球网络为优化公司可持续战略作出贡献。在某些情况下，这种参与会促进额外的投资行动，如为与气候转型相关的新资本投资提供资金。例如，GIC 通过参与来鼓励一家投资组合公司提高董事会的独立性和多样性、专注于增加绿色收入，并披露其 ESG 表现和目标。

GIC 的可持续发展方针也影响了其股东权利的行使，包括代理投票。例如，GIC 曾对公司重组投了赞成票，以取消燃煤发电业务并增加可再生能源项目。此外，GIC 还与外部基金经理和普通合作伙伴就其可持续发展政策和实践进行沟通，以确保其投资的管理方法符合其可持续发展理念。

6. 采用 ESG 整合与负面筛选策略

GIC 的战略资产配置过程决定政策组合，即基准配置，然后在此基础上应用投资技能获取 Alpha 机会（主动投资组合）。这种"自上而下"的过程依赖于针对各种资产类别的长期风险和回报的估算，是决定长期投资绩效的核心因素。与其为未来可能出现的情况做好准备的投资原则相一致，GIC 将气候情景分析和气候变化驱动因素纳入投资过程中，包括为其所依赖的各种资产类别的长期风险和回报估计提供分析支持。

GIC 将可持续性因素纳入个人投资和主动投资决策的"自下而上"风险分析中。可持续发展风险管理实践包括：

- 将可持续性纳入整个投资周期，包括机会寻找、尽职调查、风险评估和投后监测，重点关注对长期前景至关重要的实质性议题。
- 针对一系列气候情景和碳价格预测，对投资组合和重要持股进行压力测试，以估计物理风险和转型风险的风险价值，并利用这些结果来指导投资组合、资产类别和投资层面的行动。例如：

  ○ 上市（公开）股权团队使用专有工具，分析公司相较于同行的碳强度；考虑不同碳价对公司利润率的影响，以此为基础进行前瞻性现金流分析；对面临更大可持续性风险的公司和资产进行额外的尽职调查，并相应地调整估值和风险模型。

  ○ 基础设施团队用量身定制的方法评估大规模基础设施开发中的物理风险。

  ○ 房地产团队对个人资产进行可持续性评估，并绘制地区层面的物理风险图；还可以采取安装防洪闸等预防性措施，以减轻物理风险。

  ○ 投资组合层面的战略由可持续发展委员会和资产类别部门设计并实施。

一般而言，GIC 不会系统地从确定的行业、地区或市场撤资。原因在于，GIC 认为尽管撤资可能会改善投资组合的排放量，但未必能够影响实体经济。可持续发展委员会主席廖子美（Liew Tzu Mi）表示，"GIC 不采取'自上而下'直截了当的撤资方法。相反，我们认为关注特定的公司，了解他们的市场和商业惯例，并支持他们的转型计划，是更具建设性的做法"。[69] 在明显忽视可持续性风险导致公司或其他利益相关者遭受负面影响，或当该实体没有意愿或可行的过渡路径时，GIC 会使用最后的手段，即放弃投资或出售其头寸。

7. 开展可持续主题投资

成立于 2020 年的可持续投资基金统筹 GIC 跨资产类别的主题投资，同时催化更多部门主导的可持续发展举措。专题投资的例子包括：

- 开发有助于经济脱碳解决方案的公司，具体包括电池、氢气、碳捕集与封存以及核聚变等；
- 通过对加速采用可持续技术的新兴领域的了解，确定具有高增长潜力的子行业并对其进行上市股权投资；
- 亚洲可持续股票投资组合等区域性举措，在能源转型、电动汽车、可再生能源和可持续材料等领域中持有大量股份；
- 主权和公司绿色债券，与可持续性挂钩的证券，以及太阳能、农业和经济适用房贷款的资产支持证券；
- Electron Innoport 是私募股权团队中的一个专门投资组合，提供早期能源转型机会，重点关注加速向可持续能源转型的创新，涵盖电气化、能源和资源效率以及脱碳等主题；

- 注重气候并具有影响力的私募股权基金，具有可靠的业绩记录，并建立了既定的框架来衡量和监测其对实体经济的影响；
- 新兴的能源转型基础设施机会，包括 InfraTech 和可持续基础设施，专注于尚未成为主流的演变趋势；
- 能够减少碳排放或提高建筑环境能源效率的技术；
- 与渣打银行可持续发展相关的存款，参照该行的可持续贷款和项目。

此外，GIC 还寻求为高排放的投资组合公司提供转型融资，为脱碳和气候适应性商业模式的投资提供资金。[70] 这些机会主要是在 GIC 与企业进行沟通的过程中发现的。

（三）思考和建议

GIC 在可持续投资方面的经验可以为其他投资者以及政策制定者提供思考和建议。

1. 对投资者的思考和建议

（1）投资目标的明确性和稳定性

GIC 投资目标的明确阐述及其长期的稳定性是其宝贵资产。加之 GIC 与新加坡政府关系中的透明度和问责制，GIC 目标的明确性和稳定性为发展与可持续发展有关的投资理念，以及延伸到可持续投资实践，奠定了坚实的基础。关于气候变化和其他可持续发展主题的知识和信息，以及解决这些问题的各种技术方法，在未来几年内将继续快速发展。清楚地了解机构的目标和制约因素，能够有力地帮助应对这些变化。相比之下，围绕可持续投资战略的优先事项、理念或政治的摇摆不定，可能使一些投资者望而却步。这种不确定性不仅会从建立连贯战略中分散精力，而且还向利益相关者，包括政策制定者、被投资人、其他投资者等，传递混杂的信息，使可持续战略的执行复杂化。

（2）对机构情况和优势的认知

除明确且稳定的任务之外，GIC 还得益于对自身情况和优势的深思熟虑，并将其整合到其可持续投资方法中。GIC 利用其技术投资等特定经验，超越了单纯的资本提供者的角色，将被投企业与 GIC 的全球网络联系起来，分享其观点和见解，并传达对最佳实践的期望。这为 GIC 创造了更多机会：投资之所以成功，不仅是因为这些企业已经在正确的轨道上，更是因为 GIC 专门选择投资于它们。

同样，GIC 认识到其长期投资视野的变革潜力，这是其他投资者所不具备的。这种适应更高水平的短期风险和流动性不足的能力，不仅有利于 GIC 制定更雄心勃勃的投资战略，而且还能帮助 GIC 更好地响应前沿技术等气候转型领域的实际需求。新兴产业和公司的早期投资注定是一条崎岖不平的道路，需要耐心的资本和灵活的投资者才能充分发挥其潜力。

（3）由组织创新促成的整体方法

气候变化被广泛认为是一个跨越地区、部门和资产类别的挑战。此外，气候变化的原因和影响都与可持续发展的许多其他维度、投资业绩有很大的关系。其中包括政治和经济稳定性、社会包容性，以及水和生物多样性等其他环境因素。这给投资者带来了许多挑战，其中一个重要的挑战是建立组织架构，从而有效且高效地处理气候变化和其他可持续性问题在投资战略方面的交叉属性。

具体而言，这需要协调相关专业领域，跨职能分享知识和最佳实践，建立支持应对气候变化战略实施的框架，构建外部伙伴关系，并允许上述所有内容随着机构经验的积累而逐渐发展。最为关键的是，需要一个能够承担风险的领导者，并让这些风险带来的教训能够得到理解和广泛分享。GIC 最近的组织变革，包括可持续发展办公室和可持续发展委员会的成立，尤其是可持续投资基金，足可称为一种组织创新的典范，而这种创新又可以引领研究主题、投资实践等其他领域的创新。这为开创性地发展可持续投资开辟了一条新的道路，在勇敢而又谨慎地开展可持续性投资的同时，确保整个机构的一致执行和有效学习。

2. 给决策者的思考和建议

GIC 的案例为全球寻求促进可持续投资的政策制定者提供了重要的经验教训。特别是，GIC 所有投资活动的财务基础都是许多机构投资者共享的，与类型、规模或地域无关，包括许多拥有发达的可持续投资实践的机构投资者。这种完全的财务导向往往通过法律、监管和制度安排正式化，比如要求为受益人实现风险调整投资回报最大化的信托责任关系。即使是在目标方面具有更大灵活性的机构，如多边开发银行，也会存在由于内外在体制因素而选择以牺牲其他目标为代价，倾向于优先考虑财务业绩的情况。

因此，一个有效的政策方针需要承认机构投资者的这些制度性和系统性倾向。在实践中，这给政策制定者留下了三种选择：干预实体经济以改变投资者的可持续性金融计算，通过促进其"基础设施"来推动可持续投资的发展和实施，以及干预金融实践。

（1）对实体经济的政策干预以提升营利性

在某种意义上，促进机构投资者进行可持续投资最重要的方式是，通过干预实体经济，加强可持续性绩效和财务绩效之间的关系。这需要广泛的政策工具，用来增加投资者在有害于环境或社会可持续性的公司、行业及活动中的财务风险，或改善对社会和环境目标有贡献的公司、行业及活动的预期回报。例如，对清洁能源基础设施和技术的公共投资、引入碳税、对绿色研发或生产的补贴、实行有利于可持续企业或生产的采购政策、在劳动力中推广绿色技能，以及设计和支持可持续发展战略，向投资者发出关于战略发展方向的明确政策信号。这些实体经济干预措施会直接影响相关投资的金融风险和回报，从而引导更多的资本流向期望的发展和可持续性目标。

（2）有助于可持续投资的"基础设施"和能力

直接干预实体经济可以改善可持续投资的财务表现，除此之外，政策制定者还可以为促进可持续投资提供数据基础设施。很多时候，可持续投资的财务计算是有利的，但投资者无法获得数据和工具来证实这一观点并据此采取行动。在某些情况下，投资者可以在内部开发工具以改善对可持续性风险和机会的衡量和管理，但即便如此，往往也需要依赖于一个更广泛的、更有效的可持续性披露系统，如范围1、范围2、范围3的温室气体排放披露等。因此，政策制定者可以通过健全披露框架，从自愿性向强制性转变，来改善可持续投资的总体基础设施。此外，政策制定者也可以推动数据工具、产品标准以及其他与可持续投资相关的技术能力和标准的开发和应用。

（3）对金融实践的明确干预

在极少数情况下，政策制定者可能会选择明确地干预金融行为。最明显的是，政策制定者可以强制要求从某些行业（如化石行业）、国家/地区或行为（如雇用童工）撤资。除此之外，他们还可以对投资者就可持续性问题（如范围3排放）提出尽职调查的要求。就以尽职调查为基础的监管的有效性和适当性而言，目前仍存在争论，特别是与直接促进或强制执行减排等直接干预实体经济可持续性问题的政策方法相比。然而，在政策制定者对某些方面没有管辖权的情况下，例如在外国，他们可能会采取基于尽职调查的方法来促进可持续性目标。

二、加州公共雇员退休系统（CalPERS）

加利福尼亚州公共雇员退休系统（California Public Employees' Retirement System, CalPERS）成立于1932年，为加利福尼亚州的公共雇员提供固定福利养老金、固定缴费养老金、健康福利和其他工人福利。CalPERS管理着公共雇员退休基金（PERF），以及加利福尼亚州雇主退休人员福利信托基金、递延报酬计划（固定缴费）和其他一些福利基金。

截至 2022 年 6 月 30 日，CalPERS 的估计负债为 5 880 亿美元，由总价值 4 773 亿美元的投资资产支持（占负债的 81.2%）。CalPERS 管理委员会 [71] 拥有投资权，并对该基金资产的管理负有全权受托责任。其投资组合包括股票、债券、房地产、私募股权、与通货膨胀挂钩的资产，以及其他公共和私人投资工具。CalPERS 基金过去 5 年的年化投资回报率为 6.7%，过去 20 年为 6.9%。[72]

CalPERS 的投资政策和策略旨在实现风险、回报和流动性之间的平衡，以符合该机构支付雇员福利的首要任务。CalPERS 同时使用内部投资团队和外部投资经理，将其 4 773 亿美元的投资组合投资于公开市场和私募市场，并以公共、被动管理的资产组合为基准来衡量业绩。

（一）CalPERS 可持续投资方法背后的驱动力

CalPERS 的可持续投资方法受到一系列内外部因素的驱动和影响，其中许多因素也适用于其他投资者。

对受益人负有的信托责任是管理 CalPERS 的投资方法（包括其可持续投资方法）的法律、法规和制度框架的基石。信托责任要求 CalPERS 董事会谨慎投资，并在投资决策中主要关注受益人的财务利益。基于该责任，CalPERS 的可持续投资战略优先考虑长期价值创造和可持续性相关风险的有效管理，从而以可持续投资作为确保资产价值长期可持续性的框架，造福当前和未来的受益人，而非为外部利益相关者做慈善。资产的长期价值很大程度上取决于未来几十年的经济发展情况，而经济发展本身又与金融、环境和人力资本的有效利用直接挂钩。

信托法之外的国家政策和法规包括与积极所有权实践和反垄断法相关的政策，也会对 CalPERS 的可持续投资方法产生影响，但目前这些政策或许更应被视为制约因素而非激励因素。州级立法干预（包括信托责任的撤资授权）在 CalPERS 的方法中也发挥着一定作用，但这些作用通常较为有限，并且较为少见。

在促进可持续投资方面，一个非常重要但常被忽视的政策工具是产业政策措施，即对实体经济加以干预。这些措施以公共主导的可持续发展战略为中心，协调一系列政策工具，其中尤为关键的是公共投资。

除政策背景外，投资机构还可能受到利益相关者对投资或投资战略看法的影响。这可以通过某些形式表现出来，例如上文提及的立法干预就在一定程度上代表了选民意见。然而，即使在立法授权的情况下，反映这些意见的投资决策也必须符合履行受托责任的要求。因此，当利益相关者提出的投资策略改革可能会减损风险调整回报时，就会与信托责任相冲突。

最后，基于广泛的政策背景，CalPERS 等投资机构确立了投资理念和原则，以激励和指导可持续投资战略和实践。将可持续发展考虑纳入投资的动机主要包括：

- 降低行业和公司层面的风险，包括与预期政策演变有关的风险；
- 降低与环境或社会可持续性有关的、影响投资组合的长期或系统性经济金融风险；
- 低碳转型和其他与可持续性有关的趋势所创造的机会，包括预期的政策发展和公共主导的可持续发展战略。

1. 政策背景

（1）信托责任

对 CalPERS 的受益人或成员忠诚和谨慎的信托责任塑造了其投资的基本法律义务，包括其可持续投资方法。CalPERS 的信托责任是由联邦和州级法律规定的，同时也是其投资政策、战略、信念和沟通的核心。

根据加利福尼亚州宪法 [73] 的描述，受托人的勤勉义务（duty of care）要求受托人（如 CalPERS 董事会）以适当的谨慎、技能、审慎和勤奋来管理基金资产，并履行关于投资多样化和风险管理、会计惯例、监管、授权、保密和系统治理的责任。[73] 勤勉义务一般也可以从风险回报的角度来理解：简单地说，"合理的谨慎、技能和审慎"应该转化为令人满意的风险调整回报。因此，在关于 ESG 投资和信托责任关系的激烈辩论中，ESG 投资的支持者引用勤勉义务来证明其观点，理由是 ESG 实践可以降低金融风险、提高投资回报。

相比之下，受托人的忠实责任（fiduciary duty of loyalty）要求受托人为受益人的"唯一"或"最佳"利益管理受托资产。"唯一"和"最佳"利益是两个不同的信托标准：前者限制了对其他利益相关者享有的附带利益的任何考虑，后者则不允许将附带利益作为投资决策的主要因素。[74] 因此，在围绕 ESG 和信托法的辩论中，ESG 投资的反对者认为 ESG 投资违反了忠诚的信托责任，理由是 ESG 投资考虑了附带利益，甚至是优先考虑。

（2）联邦（国家）金融监管和其他政策

美国联邦政策，包括联邦金融监管，也对 CalPERS 的投资实践发挥着重要影响。在许多情况下，这种影响是间接的，因为联邦监管机构即使在没有直接管辖权的情况下，也会塑造整个系统的投资标准。例如，负责执行《雇员退休收入保障法》（ERISA）的劳工部，2023 年上半年制定了一些关键投资标准方面的规则，包括 ESG 投资和积极所有权。尽管 ERISA 主要涉及雇主赞助的（公司和工会）养老金计划，CalPERS 并不受其约束，但劳工部制定的标准往往被视为最佳做法，甚至是法律标准。

在最近的规则制定中 [75]，劳工部实质上采用了关于受托人忠诚义务的"最佳"利益标准，强调受托人的首要关注点必须是信托计划的财务回报和向参与者、受益人提供承诺的利益，同时允许在"其他条件相同"的情况下考虑"附带利益"。换言之，只要积极的环境和社会效益不会减损风险调整后的回报，就可以将其作为投资决策的有效考虑因素。值得注意的是，将 ESG 信息纳入管理风险或识别财务回报机会方法的做法是完全符合信托责任的。如上所述，尽管 CalPERS 并不严格受限于这些规则，但我们预计，CalPERS 等许多机构投资者及公共机构，都很可能采用类似或相同的标准。

（3）加州的立法

州级立法在 CalPERS 的可持续投资实践中也发挥了作用。虽然由于制度限制，立法机构并没有在规范大型投资者的战略和实践方面发挥广泛的作用，而是专注于制度化治理的问题，但他们确实有一些实践。尤其值得注意的是，加州已通过立法要求 CalPERS 减持动力煤公司，要求其从化石燃料公司撤资的法案目前也在审议中。然而，所有这些撤资要求都受限于 CalPERS 对成员的信托责任，也就是说，当撤资会损害风险调整回报时，不允许进行这样的撤资。

州议会还提出立法，要求在加州开展业务的大型企业，包括其中的一些私营企业，披露范围 1、范围 2 和范围 3 的温室气体排放等气候相关信息。虽然这并不代表对 CalPERS 投资活动的直接干预，但可助力其将气候因素纳入投资决策中。

（4）公共投资

公共投资等政府对实体经济进行的干预，能够对可持续投资行为产生很大影响，尽管这一点在可持续投资的相关讨论中尚未得到足够重视。经济发展规划、财政政策、研发经费、劳动力投资、采购政策及其他形式的实体经济干预，都会影响相关行业、公司、经济活动的投资回报预期。如果设计合理，这些干预措施将既可以促进可持续发展目标的实现，又以和投资者信托责任、投资目标相一致的方式改善相关领域的资金流动。

例如，《2022 年通胀削减法案》中的公共投资，以及加利福尼亚州自己对清洁能源基础设施和技术的投资，都直接改善了相关投资的财务回报。在 CalPERS 对与气候相关财务披露工作组（TCFD）和参议院第 964 号法案的回应陈述中，特别提到了《2022 年通胀削减法案》，也从侧面印证了此类政策对投资者的重要性。

2. 投资理念

2013 年，CalPERS 采用了 10 个投资理念，旨在为投资组合的战略管理提供基础，并明确事项的优先级：

（1）负债必须影响资产结构；

（2）长时间的投资视野是一种责任，也是一种优势；

（3）CalPERS 的投资决定可以反映更广泛的利益相关者的意见，但必须符合其对成员和受益人的信托责任；

（4）长期的价值创造需要有效地管理三种资本：金融、物质和人力；

（5）CalPERS 必须明确其投资目标和绩效指标，并确保其执行过程中清晰的责任划分；

（6）战略性资产配置是决定投资组合风险和回报的主导因素；

（7）CalPERS 只有在坚信会得到回报的情况下才会承担风险；

（8）成本很重要，需要有效管理；

（9）CalPERS 的风险是多方面的，并未通过波动性或跟踪误差等指标完全反映出来；

（10）为实现 CalPERS 的目标和目的，需要强大的工作流程、团队合作以及充足的资源。

这些投资理念构成了 CalPERS 可持续投资方法的基础，特别是在风险、长期价值创造、长期投资视野，以及利益相关者利益和受托责任的平衡等方面。例如，CalPERS 的长期投资视野使其更偏好创造长期可持续价值的投资策略，并认识到强大而持久的经济对实现财务目标具有至关重要的作用。因此，这种长期价值创造一方面依赖被投公司尽力将其对整个经济和后代的负面影响最小化，以及对环境和人力资本的有效管理（需要强大的公司治理能力作为支撑）；另一方面还依赖公共政策，以促进公平、有序和有效监管的资本市场。对公司和整个投资组合而言，有助于长期价值创造的因素与风险问题息息相关。气候风险和自然资源可得性被明确列为可能在长时间内逐渐显现但会产生重大实质性影响的风险。

（二）CalPERS 的可持续投资方法

1. 将低碳转型纳入战略目标

CalPERS 的可持续投资是一个跨领域活动，涉及研究、投资分析、ESG 整合、企业和经理参与、政策宣传等多个方面。为更好地进行跨部门协调，CalPERS 建立了可持续投资项目作为"总基金资源"。该项目是整个组织研究和交流可持续投资见解和方法的中心枢纽。其负责的领域包括：对影响投资的可持续问题进行持续研究；支持跨资产类别的 ESG 风险和机会的整合；与政府机构和标准制定机构就影响投资回报的主题进行宣传；和公司、经理和利益相关者进行互动，以了解、降低 ESG 风险，把握

ESG 机遇。此外，该项目还开发了可持续投资研究倡议图书馆，收录了 1 900 篇与可持续议题有关的学术文章。

总基金资源的投资政策[1] 定义了基金的战略目标，要求采用投资理念，设定目标资产分配和参数，并为执行的许多方面提供指导，包括外部经理人的选择和投资准则方面。该政策要求所有上市公司的委托书和投票指示均按照治理和可持续发展原则（Governance and Sustainability Principles）执行，并概述了该原则在投资的其他方面（包括 ESG 整合）的应用。

2. 管理投资组合的碳足迹

CalPERS 的测量和报告相关实践可分为两个类别。一类是 CalPERS 自身向外部利益相关者进行的测量和披露，另一类是 CalPERS 要求或鼓励公司和外部基金经理进行的测量和披露。

（1）CalPERS 的报告

CalPERS 采用多种形式报告其自身实践、流程和投资的可持续性，包括年度报告、可持续发展的具体披露和研究报告，以及广泛公开的董事会和投资委员会战略政策文件。

加利福尼亚州参议院第 964 号法案于 2018 年签署成为法律，要求加利福尼亚州最大的养老基金披露与气候相关的风险，并按物理风险、诉讼风险、搁浅资产风险和转型风险分类。CalPERS 在 2022 年的气候风险披露中将参议院第 964 号法案的要求与 TCFD 建议相结合。此外，PRI 的第六条原则代表对活动和进展报告的承诺，也是 CalPERS 负责任投资透明度报告的基础。

（2）公司和外部投资经理的披露

除 MSCI 等第三方数据源之外，CalPERS 还依靠企业和基金经理披露的数据为投资决策提供依据。CalPERS 通过直接与企业和基金经理互动、与监管机构和标准制定者共同倡议，以及参与制定相关披露标准等方式，促进信息披露透明化。

CalPERS 的治理和可持续发展原则，明确了对投资者有用的企业披露框架，其中包括来自气候相关财务信息披露工作组（TCFD）、可持续发展会计准则委员会（SASB）、全球报告倡议组织（GRI）、CDP（前身为碳披露项目）和国际综合报告委员会（IIRC）的框架。CalPERS 的工作人员曾在国际财务报告准则咨询委员会、SASB 投资者咨询小组、TCFD 下的投资者领导网络等组织中任职；此外，他们还就可持续性问题向独

---

[1] https://www.calpers.ca.gov/docs/total-fund-investment-policy.pdf。

立的标准制定者和监管机构发送信件，并在美国国会作证。

大多数公司的可持续发展报告框架都是为大型企业或上市公司设计的。尽管私募股权投资中的 ESG 数据仍是"一团糟"，但人们已经认识到 ESG 在私募股权投资中的重要性。为改善投资者、基金经理和投资组合公司在 ESG 数据实践方面的效率和效果，CalPERS 发起了一个名为"ESG 数据融合倡议"的合作伙伴关系，以使私募股权的 ESG 披露标准化。该倡议采用了与温室气体排放、可再生能源、多样性、工伤事故、净新雇员数量和员工参与等相关的衡量指标。截至 2023 年 7 月，该倡议已经获得了超过 325 个私募股权有限合伙人和普通合伙人的参与，覆盖超过 27 万亿美元的总资产，并形成了超过 4 000 个投资组合公司的数据集。

3. 参与国际进程与倡议

CalPERS 与监管机构以及其他投资者和组织合作，以促进可持续投资，特别是关于企业信息披露和企业参与方面。CalPERS 是国际公司治理网络、机构投资者委员会、机构有限合伙人协会以及全球房地产可持续性标准（GRESB）的共同创始人和董事会成员，也是气候行动 100+ 的联合创始人。此外，CalPERS 还在 PRI、CDP、SASB、净零资产所有者联盟和 Ceres（一家非营利性可持续发展组织）中发挥积极作用。CalPERS 也是可持续森林投资者倡议和可持续棕榈油投资者工作组的成员。这些合作伙伴关系很多都为企业参与和公共政策参与打下了良好的基础。

4. 筛选评估资管公司时考虑 ESG 因素

作为基金经理筛选、选择和签约过程的一部分，CalPERS 的工作人员采取以下措施：

- 要求基金经理提供 ESG 相关信息，包括但不限于 ESG 政策、ESG 整合方法、ESG 风险管理方法、ESG 业绩记录、ESG 参与活动等信息；
- 争取在投资管理合同中加入条款，以要求管理人在投资过程具备或制定 ESG 整合方法，并反映在报告中；
- 在向资产类别投资委员会推荐基金经理时，说明基金经理的 ESG 实践经验和尽职调查过程中发现的 ESG 问题；
- 对新的实物资产投资采用 ESG 考虑矩阵（ESG Consideration Matrix）。

ESG 监测和管理可以适用于单个证券（特别是内部管理的公开市场交易证券）、投资经理和基金、投资组合公司或直接投资。广义上讲，这意味着对实质性的 ESG 因素、ESG 相关的方法和流程、诉讼问题、ESG 报告以及是否遵守法定投资规则等进行持续性评估。

5. 发挥尽责管理作用（积极所有权）

与资产分配（特别是撤资）的做法相反，机构投资者在许多情况下更倾向于利用股东的影响力来塑造公司在关键的治理和可持续发展议题方面的做法，包括通过企业参与（corporate engagement）、代理投票和决议。CalPERS 与企业的接触可以是临时的、常规的，也可以与更广泛的倡议相协调，但通常分四步走：确定公司和议题的优先级；分析公司和议题；针对议题，与公司接触以收集事实、表达关切、分享 CalPERS 的原则、寻求公司的观点和解决方案；回顾解决方案的进展。CalPERS 的一些活动是与其他投资者协调进行的，如通过投资者联名来信传达公司对特定行业的期望。

6. 采用 ESG 整合与负面筛选策略

（1）ESG 整合

ESG 整合代表了一种无须广泛禁止即可考虑 ESG 风险和机会的方法。ESG 筛选可用于信息投资和估值分析，从而影响资产配置，尽管这种影响是渐进的。

在 ESG 整合方面，CalPERS 可持续投资项目与资产类别部门和投资办公室领导层合作，评估和管理优先的 ESG 风险和机会；审查、试点、采购和创建工具，以促进 ESG 整合；并识别能够同时产生强大的财务回报和积极的社会环境影响的机会。

影响投资业绩的 ESG 因素因资产类型、地理位置、投资策略等因素的不同而有很大差异，这反映在四个核心资产类别的可持续投资实践指南中的不同方法上。CalPERS 采用了广泛的数据来源和工具，包括联合国 PRI 私人信贷 - 私募股权 ESG 因素图，以及 MSCI 的无形价值评估。在环境（E）支柱下，实物资产组合的 ESG 因素包括气候风险、周边基础设施的复原力、能源效率、排放、资源利用和生物多样性。

（2）负面筛选

尽管基于撤资与董事会的信托责任冲突，CalPERS 发表了反对撤资做法的原则性论点，但其仍然实施了一些撤资政策。一些以可持续发展为重点的撤资政策是由 CalPERS 董事会指导的，包括从烟草产品和攻击性枪支制造商撤资。而从动力煤公司的业务中撤资等其他撤资任务是由加利福尼亚州立法机构指导的。在所有情况下，撤资与否都取决于此类做法是否符合董事会的信托责任，换言之，只有当董事会认为撤资不会损害基金的风险调整回报时，才会进行或继续撤资。而这种评估是基于对资产的过去回报和未来潜在表现的分析。

在立法授权的情况下，撤资之前需要与潜在撤资公司接洽，这也是豁免撤资的基础。如果有明确记录，通过与动力煤公司的"建设性"接触，CalPERS 确定该公司正在转变商业模式以适应清洁能源发电（如通过减少对动力煤收入的依赖），该公司将被豁免于撤资要求。

7. 进行可持续主题投资

在符合其信托义务的情况下，CalPERS 也在积极寻找可持续产品和服务的投资机会。例如，CalPERS 拥有 9.5 亿美元的可持续债券，包括绿色、社会、可持续性（绿色和社会），以及与可持续性相关的债券。这些债券的购买为可再生能源、能源效率、清洁运输和绿色建筑等提供资金。CalPERS 的基础设施投资组合中，47.6 亿美元投资于可再生能源、能源效率基础设施、可持续性认证和碳中性资产，超过了组合净资产价值的 51%；超 37% 的房地产资产投资于可持续性认证的建筑；约 12 亿美元的公司信贷组合和 189 亿美元的公共股票组合投资于被指定为低碳解决方案的公司。

（三）思考和建议

CalPERS 在可持续投资方面几十年的经验可以为其他投资者提供思考和建议，尤其是高层政策和战略、组织结构和能力、投资实践以及合作伙伴关系等方面。

1. 对投资者的思考和建议

（1）投资政策和战略

可持续投资战略应以一套统领性的投资理念为基础，这些理念要与机构的使命吻合，并适应投资组合和其他特殊情况。统领性的投资理念可以为内部战略构建、外部沟通参与，以及机构层面的知识扩散奠定基调。这种一致性能够让投资者向公司、管理者、政策制定者和其他利益相关者发出明确而稳定的信号，这有助于提升战略的有效性。可持续投资战略应牢牢扎根于这些投资理念、相关政策，以及投资者的法律和监管义务。

可持续投资计划和更广泛的可持续投资战略也受益于 CalPERS 制定的治理和可持续性原则。与投资理念类似，这些原则能够有效促进机构不同活动之间、内外部利益相关者之间的协调一致。由于在治理和可持续性的关键问题上提供了更多的细节，这些原则的实用性更强。此外，从多年来的不断修订中可以看出，CalPERS 制定的治理和可持续性原则也是组织学习的体现：一个标志性的、不断发展的文件，包含了CalPERS 通过可持续投资经验获得的观点和专业知识。

制订长期战略计划也是至关重要的。值得注意的是，CalPERS 的许多战略目标都已经酝酿了很多年。这表明，机构投资者的高层战略依赖有远见的规划，以及支持持续追求这些计划的治理和风险能力。

（2）组织构架和能力

有效的可持续投资战略贯穿了许多活动和职能领域，包括研究、风险管理、ESG

整合和其他投资实践、企业和基金经理参与、伙伴关系和政策倡导以及利益相关者的沟通和参与。毫无疑问的是，可持续投资战略在这些方面的具体应用在很大程度上需要取决于各种活动和职能的不同性质和情况。CalPERS 通过一个专门的职能"可持续投资项目"（Sustainable Investment Program）来管理这种复杂性。这一职能可以提高整个基金在研究和数据工作、基金优先事项和投资实践方面的一致性，包括跨资产类别。此外，一个专门的职能部门可作为沟通学习的工具，在基金和外部利益相关者之间建立重要的联系。

鉴于许多可持续性问题的复杂性，有效的可持续投资方法需要有能力的研究职能部门和服务提供商，CalPERS 也正是依靠这两者来支持其活动。此外，最为重要的工作或许是探究可持续因素与投资风险、投资绩效之间联系的理论和实证研究，这需要环境科学、社会科学、政治和政策以及公司治理等传统投资领域以外的专业知识。有效的可持续投资战略还需要评估短期和长期利益的权衡，以及环境和社会问题之间、经济部门之间、地区国家和全球经济之间的相互影响。鉴于此，与环境和社会可持续性有关的系统性风险以及对该风险的管理，增加了研究的复杂性，如果没有扎实的知识基础、强大的研究能力和伙伴关系以及健全的利益相关者管理实践，就难以有效地解决这些问题。

（3）投资实践

CalPERS 等可持续投资的领导者采用了广泛的投资实践方法，既反映了可持续性挑战的多面性，也展现出不同资产类型应对这些挑战的差异化能力。近年来，可持续投资实践有了很大的发展。尽管撤资在特定情况下仍然是一个重要的工具，也涌现出一系列其他的可持续投资实践，比如在尽职调查、投资分析、投资经理选择和签约、监测和报告等方面纳入 ESG 考虑因素和优先事项，以及积极追求被认定为可以解决关键可持续性挑战的投资机遇，如可再生能源和资源效率等。

（4）更广泛的活动和参与

可持续性和可持续投资都是系统问题，其理解和解决都离不开外部参与和伙伴关系。

企业参与在沟通期望、识别风险和问题、分享最佳做法、监测进展等方面都发挥着重要作用。公共政策参与，在某些情况下可能涉及金融监管和实体经济政策，不仅有机会加强可持续投资所依赖的信息基础设施，而且能够与公共当局分享知识和最佳做法，沟通机构要求和利益，并预测法律和监管发展。值得注意的是，企业和政策参与活动也需要协调。具体来说，企业在可持续发展问题上的行动很大程度上取决于当前和未来可能的政策激励，换言之，政策制定者也不会进行对公司来说挑战难度过大因而在政治上不可行的改革。

在 CalPERS 的经验中，伙伴关系能够最明显地促进众多投资者在企业行动和公共政策等方面的参与和影响。伙伴关系不仅是一个知识共享的平台，也是发现、提炼和分享最佳实践方法的平台，更是一个沟通投资者对披露等方面期望的平台。

尽管 CalPERS 并未将其与投资经理的关系描述为其可持续投资战略的关键特征，但随着 ESG 被进一步纳入经理人的选择、监测和参与，这种关系也可以被视为可持续投资战略执行过程中的重要合作伙伴关系。投资经理可以提供可持续投资的挑战、成功和机会等方面的知识，成为关键领域专业知识的重要来源。

2. 给决策者的思考和建议

CalPERS 的经验揭示了一系列与可持续投资有关的政策考虑，可为寻求在其管辖范围内促进可持续投资的政策制定者提供建议基础。

（1）实体经济的干预措施

无论是 CalPERS 对《2022 年通胀削减法案》的关注，还是近期立法通过后的美国投资环境变化，都印证了：对实体经济的政策干预可能是促进机构投资者进行可持续投资的最重要工具之一。这些干预措施加强了可持续性表现和财务表现之间的关系，使投资者能够以符合其财务目标和义务的方式将资本引向可持续性目标。

这些政策的设计既能够增加对环境或社会可持续性有害的行业、公司和活动的金融风险，也能够改善对社会和环境目标有贡献的行业、公司和活动的预期回报。例如，这些干预措施可以包括对清洁能源基础设施和技术进行公共投资、引入碳税、对绿色研发和生产提供补贴、出台有利于可持续企业的采购政策、提升劳动力的绿色技能，以及制定可以向投资者发出明确政策信号的可持续发展战略。

（2）明确和稳定的政策信号

美国的经验表明，不明确、不稳定的政策信号（包括监管规则和指导意见）会对可持续投资产生实质性的阻碍作用，无论这些信号的内容如何。劳工部指导和规则制定的经验可作为一个重要的例子。近年来，劳工部在关于 ESG 投资的规则制定上并没有改变受托人义务的基本原则，但相互矛盾的头条新闻和党派争论在投资界中引起了跌宕反复的混乱感。贯穿政治周期而不变的原则是，采用 ESG 信息来提高风险调整后回报始终是被允许的，相反，不符合受益人的经济利益而进行的投资则始终受到限制。准确地说，在多大程度上加以限制成为一些政策制定变化的主要内容，如劳工部在其最新裁决中明确了对"平局规则"（tiebreaker rule）的允许。尽管和贯穿一致的原则相比，这一变动实际上只是一个边际考量，但规则制定过程本身对可持续投资实践造成了较为显著的负面影响，同时为那些希望在面对政策混乱时能够降低监管和诉讼风险的投资者造成损失。据此得到的教训是：政策信号的明确度和稳定性至少是与政策内容同等重要的。

（3）披露

由于大部分可持续投资都会受到财务义务和目标的限制，因此可持续性数据对于厘清可持续性绩效和财务绩效之间的关系至关重要。如果没有这些数据，投资者不仅会在实施可持续投资战略方面受限，也难以在其治理结构和信托义务范围内为这种战略建立合理理由。

（4）信托责任和受益人利益

如上所述，信托责任是管理 CalPERS 和许多其他投资者活动的法律、监管和体制框架的基础。《信托法》为改善可持续投资环境提供了一个出发点：扩大"受益人利益"的可允许定义。在许多情况下，受益人利益完全是以财务术语来定义的，而在相关法律中允许对受益人利益进行更广泛的定义。例如，允许受托人在受益人的财务利益之外考虑其健康环境方面的利益，这就为可持续投资创造了重要的可能性；最重要的是，如此一来，关注可持续性的投资者将不会局限于为提高财务风险收益而制定投资策略，而是可以权衡受益人的财务利益和非财务利益并采取行动。

这一改革确实会带来一些复杂的问题，尤其是与"不同利益相关者的利益"有关的问题。换言之，一些受益人可能比其他受益人对可持续成果更感兴趣，这就对代表受益人整体的受托人提出了挑战。但这种挑战并不是可持续性投资独有的，既然《信托法》规定受托人需要代表受益人整体作出决策，那么其方式就很难代表每个受益人的最佳利益。

三、挪威政府全球养老基金（GPFG）

政府石油基金成立于 1990 年，初衷是保护挪威经济不受石油收入起伏的影响。2006 年，政府石油基金更名为政府全球养老基金（Government Pension Fund Global，GPFG），并在后来作为挪威的财政储备和长期储蓄计划。GPFG 的主要目的是支持政府储蓄，为未来支出提供资金，并为政府的长期规划提供支撑。在 2022 年之前，GPFG 多年蝉联世界上最大的主权财富基金，也是全球机构投资者中推广和实施可持续投资的引领者。

GPFG 由三级机构管理，包括挪威议会（The Storting）、财政部和挪威银行（Norges

Bank，挪威的中央银行）。挪威议会在《政府养老基金法》中确立了法律框架，规定了财政部对基金管理的正式责任。根据该法和财政部发布的 GPFG 管理授权，挪威银行代表财政部对 GPFG 进行管理。而在挪威银行内部，执行董事会将 GPFG 的日常管理委托给了挪威银行投资管理部（NBIM），以下也将以 NBIM 为主体介绍其对 GPFG 的可持续投资管理。

GPFG 在 2022 年底的基金管理规模为 1.2 万亿美元，在 2023 年第一季度达到 1.4 万亿美元。[1] 从 1998 年到 2022 年，该基金的年化收益率为 5.7%，但在 2022 年，由于利率上升、通胀高企和俄乌冲突，该基金的未扣除管理费年回报率为 −14.1%（按其货币篮子计算）[76]。NBIM 针对不同类型的市场采用全权投资和委托投资的模式。该基金的大部分资金由市场暴露策略管理，旨在以成本效益最高的方式实现与基准指数相一致的市场暴露，并追求多样化的指数策略。2023 年第一季度，其投资分配为股票占比 70.1%、固定收益占比 27.3%、非上市房地产占比 2.4%、非上市可再生能源基础设施占比 0.1%。

在可持续投资方面，截至 2022 年底，根据 MSCI 的定义，GPFG 的股票投资组合中有 6% 投资于通过提供气候解决方案而获得收入的公司。GPFG 还监测富时环境机会指数中的投资，该指数追踪那些从环境产品和服务中获得超过 20% 收入的公司，2022 年底，该基金 13% 的股票和债券投资在了此指数所包含的公司。同期，在 2022 年底，按照 MSCI 彭博绿色债券指数的定义，GPFG 固定收入组合中的绿色债券达到了 617 亿挪威克朗。[2]

（一）NBIM 可持续投资方法背后的驱动因素

NBIM 在管理 GPFG 时的目标是在可接受的风险水平下获得尽可能高的回报，其使命是为未来的世代保存和增长财富。该基金的长期回报取决于可持续的经济、运作正常的市场和良好的公司治理，通过负责任投资，NBIM 致力于改善其投资的长期经济表现，并减少与其投资组合所含公司的环境、社会行为有关的财务风险。

1. 政策背景

（1）挪威议会（The Storting）

挪威议会是 GPFG 管理中的最高权力机构。其颁布的《政府养老基金法》明确了 GPFG 的宗旨，并为 GPFG 的法律效力奠定了基础。根据该法，GPFG 应支持国家保险计划下的养老金支出，并促进政府石油收入以符合长期考虑、造福当前和未来世代

---

1 Key figures for 1Q 2023. https://www.nbim.no/en/publications/1q-3q/key-figures-1q-2023/。
2 https://www.nbim.no/contentassets/5804b35ea1e24063a79fca44a945e390/gpfg_responsible-investment-2022.pdf。

的方式利用。此外，关键的决定在实施之前将由议会批准，而 GPFG 的管理权则被议会委托给了财政部。

（2）财政部

财政部对 GPFG 的管理负有正式责任，并为 GPFG 制定了投资框架，包括对风险管理、报告和负责任管理的要求。财政部规定的《政府养老金全球基金的管理授权》要求负责任投资成为基金管理的重要部分，同时还要求对气候风险进行测量、管理和报告。在《政府养老金全球基金的管理授权》第 4 章中，财政部将负责任投资活动、原则、对国际标准发展的贡献、排除和观察决策纳入为对挪威银行负责任管理的要求。挪威银行应寻求建立一系列行动，使投资组合内公司的发展与《巴黎协定》下的全球净零排放目标相协同。

（3）道德理事会

在 GPFG 的可持续和负责任投资的治理模式中，道德理事会发挥着重要作用。道德理事会是由财政部任命的一个独立机构，其向挪威银行提出建议，将公司从 GPFG 的投资中排除，或者将公司列入观察名单。这些建议虽然不具有法律约束力，但它们具有很高的可信度，因为道德理事会对每个公司的评估都是基于挪威财政部为 GPFG 投资制定的道德准则指南。

该准则既包括基于产品的排除标准，如烟草、煤炭或某些类型武器的生产，也包括基于行为的排除标准，如严重的金融犯罪、侵犯人权和环境破坏。该准则还具有前瞻性，适用于正在进行或将来可能出现的不可接受的情况。根据《道德准则》，虽然排除的门槛被特意设置得较高，但如果公司促成了严重违反标准的行为或对其负有责任，就可能被排除在基金之外。基于《政府养老金全球基金所投公司观察和排除准则》，这些违规行为就包括严重破坏环境的行为和导致公司整体温室气体排放不可接受的行为或疏忽。

道德理事会将其建议提交给挪威银行，由银行作出最终决定。2022 年，理事会就共计 21 家公司提出了建议，其中 17 家建议排除，1 家建议解除排除，2 家建议观察，1 家建议终止观察。在道德理事会建议的 21 家公司中，NBIM 共排除了 13 家公司，因为 9 个排除建议是由 2021 年引入的 GPFG 的道德准则发生变化引起的，已经反映在此前决定中。在作出排除决定之前，挪威银行一般会考虑排除之外的其他措施是否更适合于减少继续违规的风险，或其他措施因为其他原因而更为合适。最后，挪威银行的决定和理事会关于观察或排除公司的建议将被公开。如果一家公司被排除在外，该决定只在证券被出售后才会公布。

（4）挪威银行执行委员会

根据财政部发布的《政府养老金全球基金的管理授权》，NBIM 负责对 GPFG 进行运营管理。

挪威银行执行董事会通过以下管理文件，将基金的运营管理委托给了 NBIM：

- 《执行委员会负责任投资原则》，说明负责任的管理是投资组合管理不可或缺的一部分。

- 《GPFG 投资授权书》，根据非上市可再生能源基础设施的投资限制来管理 NBIM 的投资活动，并在直接和间接投资非上市可再生能源基础设施方面设定了内部限制。例如，GPFG 只能直接投资于欧洲和北美发达市场的未上市可再生能源基础设施，并将至少 70% 的间接投资投资于经合组织国家的可再生能源基础设施。

- 《挪威银行投资管理部首席执行官职责描述》，指出负责任投资管理和积极所有权应支撑整体目标。因此，首席执行官应将对负责任投资的考虑纳入投资管理活动，并代表基金和 NBIM 管理的投资组合行使所有权。

2. 投资理念

NBIM 的可持续投资理念详述如下：

（1）可持续发展

- 公司面临的重大可持续发展风险和机遇，以及公司治理的质量，都可能对其创造长期价值的能力产生影响。

- 公司在可持续性风险和机会方面的暴露和管理会影响价值创造。将重要信息纳入定期的出版物和财务报表有助于提供及时、连贯和有力的披露。为了使可持续发展信息能够支持多元化投资组合的投资决策、风险管理和持股活动，其必须在不同公司和不同时期之间保持一致和可比性。

（2）环境

- NBIM 意识到投资于能够促进更环保经济活动的公司蕴含机遇。这些投资可以对投资组合中的其他公司产生积极的外溢影响，包括减少污染、降低能源成本和更有效地利用资源等。从另一个角度来看，生产这些技术的公司可以从需求和监管的变化中受益。

- 与可再生能源基础设施的建设、运营和处置相关的环境风险和机遇可能是巨大的。健全的健康和安全标准可以提高生产力，能够减少建筑工地、建筑材料生产厂和正运行设施中潜在的风险。

- NBIM 相信，那些理解净零排放的驱动因素并预见到监管演变的公司将处于有利地位，有望抓住低碳经济带来的财务机会。

- 基于 NBIM 对可持续经济增长的理解，也有一些公司是基金不该投资的对象。通过不投资于这些公司，NBIM 降低了基金面临的不可接受的风险。

（3）环境、社会与治理

- NBIM 相信对 ESG 的考虑可以提高收益和降低风险。而且，对 ESG 的考虑已被纳入 NBIM 所有类别资产的投资决策过程中。

- 与被投公司的互动（engagement）是 NBIM 将 ESG 纳入投资流程的关键，NBIM 坚信这将为基金带来最佳的财务结果。

- NBIM 认为，良好的公司治理是负责任商业行为的先决条件，因此股东必须能够影响董事会的重要决定。

（二）NBIM 的可持续投资方法

1. 将低碳转型纳入机构战略目标

作为一个长期主义的、全球化、多元化的金融投资者，NBIM 负责任投资管理的目标是使其投资组合公司的运营符合《巴黎协定》的全球净零排放要求。基于此，NBIM 期望其投资组合中的公司可以通过可靠的目标和过渡计划减少其范围 1、范围 2 和重要的范围 3 的排放，以在 2050 年前实现净零排放。NBIM 的战略定位于在市场、投资组合和公司三个层面应对气候风险和机遇。

（1）市场层面

NBIM 的负责任投资管理方法基于国际标准。NBIM 支持标准制定者在改善与气候有关的风险管理方面的努力。为了确保向低碳经济的有序转型，更有效的碳市场和一致的气候披露（包括排放目标和绩效）至关重要。届时，外部性将会减少，投资者将能够分析公司对气候转型的应对情况。终极目标是改善基于科学的、全球层面的标准，为企业营造公平的竞争环境。到 2025 年，NBIM 希望通过倡导企业进行更高质量的气候信息披露，鼓励企业构建可靠的转型路径，并资助有前途的学术研究，为更可持续和更高效的金融市场作出贡献。

（2）投资组合层面

NBIM 采用定量技术来更好地理解与气候有关的风险和机会，以及市场对这些风险、机遇的价值评估。通过内部流程和数据界面，气候相关的洞察得以在公司内部各部门之间广泛传播。气候风险分析为投资决策提供依据并影响撤资决定。NBIM 计划在 2025 年前建立一个完整的体系来衡量其在气候风险和机遇方面的暴露程度，以及其投资组合的预期排放轨迹。

（3）公司层面

NBIM 将气候因素纳入其投资分析，以减少风险和增加回报。在考虑持股和投资案例时，NBIM 将审查行业和公司特定的气候信息。NBIM 打算到 2025 年逐渐分析更精细的气候相关数据，以指导其投资决策。NBIM 计划利用其与公司的接触和分析专长来建立气候方面的专业知识，并利用先进的数据分析方法评估气候风险和机遇，将公司在气候风险和机遇方面的暴露（包括其价值链中的暴露程度）纳入其投资分析，并根据气候相关的行为排除标准排除候选人。

2. 管理投资组合的碳足迹

在投资组合层面，NBIM 从 2014 年开始计算其股票投资组合的碳足迹，并分析不同的气候情景将如何影响投资组合的未来价值。按资产净值加权计算，截至 2020 年底，其股票投资组合的碳强度（范围 1 至范围 3）为每百万美元收入 456 tCO$_2$e，相比之下，为实现环境目标而卖掉的股票的碳强度为 687 tCO$_2$e。由于范围 1 和范围 2 的排放主要集中在特定行业，于是 NBIM 采取了行业细分政策来管理气候风险暴露。NBIM 一直在积极与其投资组合中的公司接触，鼓励他们减少温室气体排放，同时剥离那些在减少排放方面没有进展的公司。

NBIM 计划到 2025 年建立一个全面的体系以衡量其在气候风险和机遇方面的暴露以及其投资组合的潜在排放轨迹：

- NBIM 将制定衡量和管理气候风险的准则，并每年对股票投资组合进行 1.5℃ 和其他气候情景下的压力测试。
- NBIM 将为非上市房地产组合设定 2050 年的净零目标，以及 2030 年的中期目标，即将范围 1 和范围 2 的温室气体排放强度较 2019 年减少 40%。NBIM 将把这些目标纳入其收购和资产管理的实践中。
- NBIM 将分析投资组合公司和未上市房地产投资的排放量与其行业特定的排放路径的关系，并监测其减排目标的进展。
- NBIM 将继续增加对可再生能源基础设施的投资。
- NBIM 将系统地监测投资组合中的包括基准股票中的气候风险，并剥离气候风险难以降低的公司，特别是当尝试干预已经失败或不可能成功时。

3. 参与国际进程与倡议

NBIM 旨在为良好的市场运作和公司治理做出贡献。它认可许多国际标准，致力于进一步发展这些标准，并期望自身投资的公司能够遵守这些标准。NBIM 还参加了各种国际组织、倡议和网络，以促进内部和外部的可持续投资的发展。

附录表 9-1 NBIM 参与国际组织和倡议的情况

主题	组织 / 倡议
可持续发展	碳披露项目（CDP）
	机构投资者气候变化小组（IIGCC）
	挪威可持续投资论坛（Norsif）
	采掘业透明度倡议（EITI）
	气候相关财务披露工作组（TCFD）
	与自然有关的财务披露工作组（TNFD）
	负责任投资原则（PRI）
	可持续发展会计标准委员会（SASB）
	转型途径倡议
	联合国环境规划署金融倡议（UNEP FI）
	联合国全球契约
	联合国全球契约可持续海洋业务行动平台

资料来源：中国证券投资基金业协会，紫顶股东服务机构. 机构投资者参与上市公司治理境外法规及实践汇编 [M]. 北京：中国财政经济出版社 , 2021.

关于披露标准，NBIM 支持国际可持续准则理事会（ISSB）的使命，即致力于发展全球范围内的企业可持续性信息披露的全面基准，并希望 ISSB 即将发布的标准能够在全球范围内被认可，成为报告财务相关可持续性信息的参考标准。NBIM 明确希望看到各个市场能够以一致和可比较的方式报告财务上的重要可持续发展信息。在其对美国证券交易委员会的回应中，NBIM 认为，因为国际财务报告准则（IFRS）的标准与 ISSB 的征求意见稿之间有一定程度的一致性，所以如果委员会允许外国私人发行人使用 IFRS 的《气候相关的披露标准》来履行其气候报告义务，这对投资者和报告公司都会有帮助。委员会还可以在公司报告除气候变化以外的重要可持续性问题时，考虑参考 IFRS 的《可持续性有关财务信息披露的一般要求》。

4. 筛选评估资管公司时考虑 ESG 因素

截至 2022 年底，该基金中 5 690 亿克朗（占总管理资金的 4.6%）由外部管理，虽然份额不大，但仍是一笔可观的资金。[1] NBIM 认为自身的投资组合经理有一些共同的特点，这在选择和筛选过程中增加了经理人带来高回报的可能性。作为其职责的一部分，NBIM 的投资组合经理被要求在分析中考虑 ESG 等因素，以深入了解 NBIM 对治理和可持续性问题的期望。

---

1 External mandates: https://www.nbim.no/en/the-fund/how-we-invest/external-mandates/。

NBIM 还要求进行有针对性的 ESG 监测，特别是对气候有关的筛选。这些气候变化预期（和其他可持续发展预期）也适用于基金通过外部委托投资的公司。

- 公司应承诺在 2050 年前实现净零排放，并使自身运营符合《巴黎协定》的目标。
- 公司应识别并纳入重大的短、中、长期气候变化风险，并将其纳入一个强大的综合风险管理框架。
- 公司应该有与政策制定者和监管者就气候变化问题进行接触的政策或指导，并且应该对相关的开支和活动保持透明。

5. 发挥尽责管理作用（积极所有权）

GPFG 在全世界 9 000 多家公司中均拥有少量股份。[1]NBIM 管理其作为股东的责任并行使其作为所有者的权利。GPFG 的未来价值本质上依赖于所投公司的长期价值，因此，NBIM 发挥积极所有权的主要目的是帮助这些被投公司创造长期价值。NBIM 希望支持其投资组合公司创造长期的财务价值，调整其商业模式并实现净零排放。在实操层面，NBIM 的参与主要集中在对个体公司的投票、进行对话和跟进上。虽然 NBIM 对其所有持股公司进行投票，但它并不与这 9 000 多家公司中的每一家都进行对话或跟进，聚焦在重要的标的和实质性议题上。

（1）公司投票

投票是 NBIM 行使积极所有权的主要渠道。通过投票，NBIM 旨在加强公司治理，改善财务绩效，促进负责任的商业行为。NBIM 要求董事会对其决策负责，并考虑董事会的任命。NBIM 的投票准则为投票决定提供了原则性依据，但 NBIM 在投票时也会考虑公司的具体因素。NBIM 参与董事会的选举，并委托其管理公司，因此其决定如何投票的出发点是支持董事会。但是，如果它认为董事会无法有效运作，或者其作为股东的权利没有得到充分的保护，NBIM 可能选择不予支持。例如，在雪佛龙公司的年会上，NBIM 不顾董事会的反对，支持了要求雪佛龙公司减少其上游和下游产品排放的股东提案。[2]

NBIM 按照其代理投票原则进行投票，以便公司能够理解 NBIM 的投票方式，并能解释其投票决定。NBIM 的代理投票原则着重于有效的董事会和股东保护，包括 6 个不同的主题。其中，第 5 个主题下纳入了可持续性这一要素，与审计和财务报表相并列。NBIM 会在公司会议前的五天在其网站上预披露投票结果，并在投票反对董事会的建议时公布与其公开代理准则相关的理由。

---

1 Ownership: https://www.nbim.no/en/responsible-investment/ownership/。
2 Our voting: Chevron Corporation, https://www.nbim.no/en/responsible-investment/voting/our-voting-records/meeting/?m=1529161。

（2）与公司对话

NBIM 经常与公司进行对话，探讨与其长期回报相关的治理和可持续发展问题。NBIM 优先考虑其投资规模较大的标的，与约占其股票组合总价值的 2/3 的近 1 000 家公司进行定期对话。此外，NBIM 公布了与投资组合中所有公司相关的预期和立场，还与一些公司就其战略优先事项和具体发展进行初步探讨。投资组合经理还直接与公司讨论这些问题，在 2022 年就参与了 2 178 次公司交流会议。

（3）公司跟进

NBIM 与公司、投资者和其他利益相关者合作，推动标准发展，使投资者可以接触到更多信息，并促进负责任的实践。当一个行业的许多公司面临同样的挑战时，这一点尤其重要。目前，NBIM 制定了涵盖气候变化、水资源管理、海洋可持续性、生物多样性和生态系统等方面的九个期望文件。NBIM 希望公司将这些领域的重大风险纳入其战略、风险管理和报告。同时，NBIM 持续加深其对这些领域的理解，以及这些领域的风险和机遇可能对投资组合中的公司产生什么影响。NBIM 的工作为其评估公司战略、与公司董事会互动提供了更好的基础。

6. 采用 ESG 整合与负面筛选策略

NBIM 寻求识别长期的投资机会，并减少其对不可接受的风险的暴露。NBIM 评估公司如何影响环境和社会，并在那些能够实现更环保的商业活动的公司中发现投资机会。同时，出于可持续性或道德的原因，NBIM 也会拒绝对一些公司进行投资。

NBIM 在风险管理和投资决策中监测其投资并评估可持续性问题。在国际商定的标准框架内，NBIM 根据其基金的投资授权和特点确定自己的投资优先事项，重点关注可持续性问题的 9 个支柱，包括反腐败、生物多样性和生态系统、儿童权利、气候变化、人力资本管理、人权、海洋可持续性、税收和透明度、水资源管理。这些期望概述了 NBIM 希望公司如何将这些考虑纳入其战略、政策等。

（1）将 ESG 因素纳入投资流程

作为其环境与气候目标的一部分，受 NBIM 委托的投资组合经理应在其分析中考虑 ESG 问题等多项标准，并对 NBIM 的治理和可持续发展标准有充分的了解。

NBIM 持续开发工具以促进 ESG 的整合。例如，NBIM 已经向投资组合经理提供了更多关于公司董事会的信息，并开发了一个内部指标来量化公司的治理质量。2022 年，NBIM 推出了一个新的跨行业投资授权，其中的证券选择过程是以公司治理因素为基础的。此外，NBIM 将来自公开文件的公司税务数据、子公司和收入风险、税务管理实践和争议数据合并到了一个数据板中。NBIM 还开始更密切地监测与气候变化有关的立法和监管发展，这可能对投资组合中的公司产生重大影响。

NBIM 也通过"投资模拟器"将 ESG 纳入投资流程，这是一个决策支持框架，旨在通过突出优势和需要发展的领域来提高投资组合经理的决策质量。结合内外部数据集，该模拟器对投资组合经理过去的决策、动机和行为进行建模，并从多个维度提供投资洞察。该过程凸显了投资组合经理在下单时的行为特征，为投资组合经理提供数据输入和市场信号，包括可访问基于内外部开发的方法论而生产的 ESG 数据和洞察。

（2）负面筛选

鉴于 NBIM 对可持续经济增长的理解，也有一些行业和公司是基金不应投资的。通过从这些公司撤资，NBIM 减少了基金对不可接受的风险的暴露。撤资与道德排斥包括两种决策机制：

- 一种是基于风险的撤资。将环境、社会和治理问题纳入风险管理，可能会导致 NBIM 从其认定长期风险较高的公司撤资。这些公司的运营方式被 NBIM 认为是不可持续的，或者可能产生负面的财务后果。这些后果可能是直接的，例如，一个公司因为不负责任的行为而被罚款或被排除在市场之外，或者它被更成功地管理了可持续发展风险的对手所淘汰。这些后果也可能是间接的，如一个公司的活动对社会产生负面的外部效应，并损害长期的经济发展。
- 另一种是基于道德考虑的排除，包括基于产品的排除法和基于行为的排除法。例如，有一个基于产品的煤炭标准适用于两类公司：从动力煤生产中获得 30% 或以上收入的矿业公司，以及从燃煤发电中获得 30% 或以上收入的电力公司。根据基于行为的排除标准，如果存在不可容忍的风险表明会发生被认为特别严重违反道德标准的行为，公司也可能被排除在外。

7. 进行可持续主题投资

NBIM 投资于可再生能源基础设施，使基金能够为低碳转型作出贡献，同时进一步分散风险。这些投资将产生较为稳定的通胀调整后的现金流，有助于基金的长期业绩。

2019 年，挪威议会通过了一项决议，首次授权该基金直接投资于未上市的可再生能源基础设施，投资额不超过 200 亿美元，即其总资产的 2%，并且优先考虑发达市场的风能和太阳能项目。在这种情况下，NBIM 的战略是建立一个高质量的风能和太阳能发电资产组合。因此，该基金在 2021 年 4 月首次投资于未上市的可再生能源基础设施，收购了荷兰沿海的 Borssele 1&2 风电场 50% 的股份，此风电场 2022 年晚些时候被 GRESB 评为欧洲海上风力发电、维护和运营类别中的第一名。该基金在 2022 年底进行了当年对可再生能源基础设施的唯一一笔投资，回报率按欧元计算为 7.48%。

2022 年，NBIM 还考虑了几项潜在的新投资。在最新的 NBIM 投资管理策略中，NBIM 已经以投资于可再生能源基础设施资产重新定位自己：

- NBIM 将继续建立一个高质量的可再生能源基础设施资产组合，主要涉及风能和太阳能领域；
- NBIM 将建立一个具有稳定现金流、本金投资风险有限的投资组合；
- NBIM 将探索与能源转型有关的新机会，并考虑对可再生能源储存和传输进行投资；
- NBIM 将考虑投资于可再生能源基础设施基金，以探索新的市场和技术。

（三）思考和建议

1. 对投资者的思考和建议

（1）从行业投资目标到综合管理气候风险

与大多数投资者笼统地公布其项目不同，NBIM 将其投资战略分为行业项目和主题项目，包括环境项目，这构成了其可持续投资战略的核心。NBIM 环境方向的投资组合经理投资于那些有可能从低碳排放和绿色经济转型中受益的公司，主要是这三种环境活动：低碳能源和替代燃料、清洁能源和能源效率，以及自然资源管理。

投资于这些类型的公司需要深入的商业和技术知识以发掘未来的趋势，而 NBIM 已经开始从人员、流程和结构方面建立环境投资流程。在过去的 20 年里，NBIM 在专注于寻找具有合适技能和背景的人帮助开发环境投资组合的同时，也深入了解了相关公司的环境暴露情况，以定义符合投资授权所设定的标准的范围，并最终形成环境指数。

2022 年，随着基金转向更新更全面的气候风险管理方法，财政部取消了单独的环境投资授权。负责管理环境相关投资任务的投资经理现在已被纳入各个团队。由于在环境活动方面积累了大量的知识和专长，他们得以在整个组织内广泛传播这些知识。

（2）包含观察和排除的负责任投资

众所周知，可持续投资战略是多方面的，涉及一系列的整合和参与活动。NBIM 的投资理念中所提倡的长期战略的有效性取决于基金的日常管理，以确保整个基金不同资产类别在研究、数据、基金优先权和投资实践方面的一致性。对投资者来说，可以建立系统合理的负面筛选流程。通过对公司的观察和排除，不仅可以及时将不符合要求的公司从投资组合中剔除，还可以将单个公司和行业的可持续发展动态纳入管理流程，从而进一步优化投资组合的结构和风险暴露，提高最终收益。例如，GPFG 以其《基金观察和排除指南》而闻名。截至 2022 年底，根据理事会的建议，有 91 家公司被排除在 GPFG 的投资之外，有 9 家公司处于观察状态。此外，挪威银行已主动根据煤炭标准排除了 72 家公司，并将其列入观察对象。

（3）更广泛的参与

投资者有义务参与公司治理活动，为利益相关者投票。对投资者来说，一旦购买了公司的股票，资产管理人就应该作为一个积极和负责任的投资者来管理基金：通过认识到公司运营中更广泛的潜在环境和社会影响来寻求降低长期风险。作为一个积极的投资者，NBIM 使用各种方法来影响公司。其通过制定标准、在年度股东大会上对股东提案进行投票以及与公司进行对话来行使其股东权益，与监管机构会面，并与其他投资者合作。如上文各节所示，NBIM 已经公布了一些标准、具体的期望文件，告知公司 GPFG 希望他们如何管理公司运营、供应链和其他活动的环境和社会影响。

例如，关于气候变化的预期文件要求公司考虑气候变化带来的潜在的过渡风险、实际风险及机会，并将这些因素纳入其公司的政策、战略、风险管理和报告。这种方法与 TCFD 的建议是一致的。作为对期望文件的回应，公司被要求自行报告温室气体排放以及为应对气候变化所采取的行动。

2. 给决策者的思考和建议

（1）以清晰完善的政策布局为投资者赋能

决策者应该清楚地了解他们在投资治理模式中的方向、立场和职能，建立明确的责任授权和有效的控制和监督体系。从政府（包括议会和部委），到金融机构（包括执行董事会和高级管理层），内部的每个部分都应该是相互联系和一致的，避免重叠和割裂。从权力到职责，从宏观到微观，从外部到内部，建立起一个可行的、高效的、透明的治理体系，为基金建立和实现可持续目标奠定重要基础。

对政策制定者来说，基金管理治理中的明确责任划分是基石。目前，GPFG 的治理模式基于从一个层级到另一个层级的责任和权限的委派。政府决策者应在法律中为基金或机构投资者建立正式的框架，授予管理基金的整体责任，并发布基金管理的指导方针，而不在公司层面上进一步干预战略。根据《政府养老基金法》、《管理任务》和《公司观察和排除指南》，挪威的政策制定者参与了这一动态的治理构建过程。他们在议会和部委的治理中运用他们清晰而精辟的政策设计，构建了一个可持续且成熟的治理模式，在投资治理中被私人和公共部门共享和遵循。

（2）道德理事会的充分和决定性的权力

在 NBIM 对 GPFG 的管理中，道德理事会的成功表明建立道德理事会是有效的。建立一个独立的道德理事会从道德的视角对可投资的范围标的形成一定的约束，即监管机构和受监管实体在治理框架下对公司进行积极的监督和筛选。对政策制定者来说，建立一个像道德理事会这样的第三方机构，与政府的投资授权相分离，将进一步改善和优化市场监管体系的结构。这样的分离将有助于增强投资者的信心，改善他们对受监管实体或可持续和负责任投资市场的市场信息获取的方式，并最终更好地服务于政策制定者所追求的初衷和治理能力。

附录表 9-2　全球主权资产可持续投资监管政策梳理

国家和地区	发布机构	年份	名称	规定内容
欧盟	欧洲议会和理事会	2016	《欧洲职业退休规定指令》	作为资产所有者对外进行投资时应在评估投资风险中纳入对 ESG 要素的考量；将 ESG 要素纳入组织结构的风险管理系统中，并纳入自由风险评估的范畴
	欧洲保险和职业养老金管理局	2019	《泛欧个人养老金法案》	鼓励泛欧个人养老金（PEPP）供应商披露基金的 ESG 表现，并解释基金如何考虑 ESG
挪威	财政部	最新 2023	《政府全球养老金管理任务》	对非上市房地产和非上市可再生能源基础设施投资组合进行彻底的尽职调查审查，包括对与健康、安全、环境、公司治理和社会相关的风险因素的评估
		2014	《全球政府养老基金公司的观察和排除指南》	一些公司需要列入观察或排除：① 30% 及以上收入来自动力煤；② 30% 及以上业务以动力煤为基础；③每年开采超过 2 000 万 t 动力煤；④能够从动力煤中发电超过 10 000 MW 的公司
		2019	提交给挪威议会的第 20 号提案（2018—2019 年）：政府养老基金 2019	批准挪威政府养老基金开展非公开可再生能源投资业务，并将其环境相关主题投资的规模上限从 600 亿挪威克朗提升至 1 200 亿挪威克朗
法国	议会	2001	《社会、教育和文化法》（Loi 2001-624）	要求退休人员储备基金管理委员会报告投资政策准则如何处理社会、道德和环境因素
		2001	《雇员储蓄法》（"Loi Fabius"，Act 2001-152）	要求投资者在其年度报告中披露他们在购买或出售股票和证券以及行使股东权利时在多大程度上考虑了环境和社会指标
		2010	《格林奈尔法案Ⅱ》	第 224 条规定公募基金必须在其年度报告和文件中及在其投资政策中如何考虑到环境、社会和治理质量目标。第 225 条规定证券上市公司和年度余额或营业额达到 1 亿欧元的公司以及平均 500 名长期雇员有义务在其年度管理报告中披露某些社会和环境信息

国家和地区	发布机构	年份	名称	规定内容
法国	议会	2015	《绿色增长能源转型法》	L533-22-1 投资组合管理公司应向其委托方和公众提供一份文件，说明其在投资战略中纳入环境、社会和治理质量标准的政策。如果实体选择不公布某些信息，应说明理由
英国	议会	1999	《地方政府养老金计划（基金的管理与投资）条例》	要求每个管理机构准备、维护和发布一份书面声明，说明管理其养老基金资金投资政策的原则。该声明必须包括当局关于社会、环境或道德因素的考量
英国	劳动与养老金部	2005	《职业养老金计划（投资和披露）条例》；《投资原则陈述》	在两项养老金保障基金条例中纳入对环境、社会及道德的考量
英国	英国法律委员会	2014	《投资中介机构的受托人责任》	建议养老金投资时要考虑社会、环境和伦理因素，建议养老金监管机构、金融行为监管局和政府采取更多行动
瑞典	财政部	2015	《AP 基金的新规则》	建议 AP 1-4 基金根据负责任的投资和管理原则管理基金，并需要特别注意如何在不损害回报的情况下促进可持续发展。建议基金制定负责任投资的共同指南
瑞士	瑞士社会责任投资协会	2019	《参与和排除过程》	介绍了投资者如何判断公司的违规行为、是否选择参与，以及参与目标的设定，到最终的排除、重新包含的完整过程以及决策逻辑
瑞士	瑞士资产管理协会	2020	《可持续资产管理：关键信息与建议》	建议养老基金、保险公司、主权财富基金等机构投资者在决策过程中评估气候风险，积极参与解决这些风险，公布其投资政策
瑞士	瑞士资产管理协会	2021	《关于可持续投资方法和产品最低要求透明度的建议》	详细定义了不同的可持续投资方法与工具，并为其实施设定了最低标准
瑞士	瑞士职业养老基金协会	2022	《瑞士养老基金的ESG 指南》	明确了养老基金的受托责任，需要考虑 ESG 风险的直接结果或纳入气候政策和气候战略，并将其记录在投资条例中
瑞士	瑞士职业养老基金协会	2022	《养老基金 ESG 报告标准》	建议瑞士养老基金报告其投资的可持续性（作为独立报告或定期年度报告的一部分），建议首次为2023 财年起草此类报告
美国	加利福尼亚州	2015	《第 185 号参议院法案》	禁止加州公务员退休基金 CalPERS 和加州教师退休基金 CalSTRS 进行新投资或更新现有投资在化石燃料公司，要求其在五年内剥离其所有化石燃料资产

国家和地区	发布机构	年份	名称	规定内容
美国	加利福尼亚州	2019	《第964号参议院法案》	要求两大基金强制披露其公开市场投资组合的气候风险相关财务信息及与气候目标的一致性等信息
	伊利诺伊州	2019	《可持续投资法》（PA 101-473）	所有持有和管理公共资金的州和地方政府实体都应将可持续性因素纳入其政策、流程和决策制定中。对于那些在证券或公司层面作出投资决策的机构，可持续性因素应纳入整体决策过程，在评估投资决策的风险/价值主张时提供额外的因素考虑因素
	缅因州	2021	H.P. 65-L.D.	任何州养老金或年金基金的资产不得投资于化石燃料行业内任何公司或股票或其他证券，也不得投资于200家最大的公开交易的化石燃料公司。必须在2026年1月1日前剥离任何此类股票或证券
	新泽西州	2020	A.2196	禁止将国家退休基金的任何资产投资于拥有最大碳含量化石燃料储量的前200家公司中的任何一家。从煤炭公司撤资必须在两年内完成，从所有其他化石燃料公司撤资必须在2022年1月1日之前完成
	佛蒙特州	2022	S.251	剥离佛蒙特州教师退休系统、佛蒙特州雇员退休系统和佛蒙特州市政雇员退休系统在200家最大的公开交易的煤炭和石油天然气公司中的资产
	美国劳工部员工福利安全管理局	2016	《解释公告（IB2016-01）》	允许投资政策声明包括有关使用ESG因素评估投资或整合ESG相关工具，指标或分析来评估投资的政策
		2018	《实操辅助公告No.2018-01》	在另类投资估值时，ESG因子涉及的商业风险或机会本身可作为经济考量，则ESG因子的权重也应与相对于其他相关经济因子所涉的风险回报水平相称
新西兰	财政部	2021	《官方责任投资框架》	要求披露投资组合的碳足迹指标；要求投资组合必须在2050年前实现碳中和；利用长期风险和回报策略积极识别投资，为向低碳经济转型产生额外效益；制定低碳转型战略等
澳大利亚	ACT政府	2012	《负责任投资政策》	把ESG议题纳入投资分析和决策过程、纳入所有权政策和实践，投资的实体适当披露ESG问题，促进投资行业对原则的接受和实施，提高在实施原则方面的有效性，报告在实施原则方面的活动和进展

国家和地区	发布机构	年份	名称	规定内容
澳大利亚	审慎监管局（APRA）	2013	《投资治理审慎实务指南（SPG 530）》	养老金受托人可以采用以 ESG 为重点的投资策略；要求持牌人在制定投资策略时考虑与 ESG 相关的潜在风险和回报，并将 ESG 因素通过财务量化的方式进行披露
	澳大利亚金融服务委员会（FSC）	2013	《FSC 标准第 20 号：退休金政策》	要求具有金融服务许可的持牌人对其管理的养老基金制定 ESG 风险管理政策，并自 2014 年 7 月 1 日起强制要求相关持牌人对外披露风险管理细节
韩国	韩国立法研究所	2015	《韩国国民养老金法》	要求国民年金公团在投资决策过程中考虑 ESG 问题或者解释没有考虑的原因，国民年金公团在行使投票权时必须考虑 ESG 等责任投资因素
日本	金融厅	2014	《负责任机构投资者原则》	要求投资人有意识地参与包括 ESG 因素在内的可持续性问题，支持企业养老金的管理活动
	厚生劳动省	2020	《储备金基本政策》	要求日本政府养老金投资基金所投资的基金将 ESG 因素纳入投资行动
中国	中国银行业协会	2009	《中国银行业金融机构企业社会责任指引》	讨论了银行业所需要践行的社会责任
	中国基金业协会	2018	《绿色投资指引（试行）》	强化了基金管理人对环境风险的认知，明确了绿色投资的内涵，鼓励有条件的管理人开展 ESG 投资
南非	财政部	2011	《养老基金法》	要求受托人负责制定有关资金情况和监控的投资流程，要求基金考虑可能与基金的长期成功相关的所有因素（包括 ESG）

资料来源：UN PRI. Regulation Database。

注：信息整理截至 2023 年 5 月。

参考文献

[1] Climate Policy Initiative. Global landscape of climate finance 2021[R]. 2021.

[2] International Energy Agency. Credible pathways to 1.5℃ : Four pillars for action in the 2020s[R]. 2023.

[3] International Renewable Energy Agency. Renewable energy finance: Institutional capital[R]. Abu Dhabi: IRENA, 2020.

[4] Global SWF. Global SWF's 2023 annual report: state-owned investors in a multipolar world[R]. 2023.

[5] Schroders. Sustainability: Institutional investor study 2022[R]. 2022.

[6] Global Sustainable Investment Alliance. Global sustainable investment review[R]. Sydney: GSIA, 2020.

[7] GOV.UK. Fiduciary Duties of Investment Intermediaries[R/OL]. https://www.gov.uk/government/publications/fiduciary-duties-of-investment-intermediaries.

[8] WWF. Swiss pension funds and responsible investment: WWF pension funds rating 2018/2019 Executive Summary[R]. 2019.

[9] https://www.stern.nyu.edu/sites/default/files/assets/documents/NYU-RAM_ESG-Paper_2021%20Rev_0.pdf.

[10] CPP. 2022 report on sustainable investing[R]. 2022.

[11] Government Pension Investment Fund. 2021 ESG report[R]. 2022.

[12] Norges Bank Investment Management. 2025 climate action plan[R]. 2022.

[13] Hoepner A G F, Oikonomou I, Sautner Z, et al. ESG Shareholder engagement and downside risk[J].Social Science Electronic Publishing, 2018.

[14] Sautner Z, Starks L T. ESG and downside risks: Implications for pension funds[Z]. Wharton Pension Research Council / Boettner Center Working Paper Series, 2021.

[15] Norges Bank Investment Management. Responsible investment government pension fund global 2021[R]. 2021.

[16] ABP. Our policy for 2020—2025 Sustainable and responsible investing[R]. Netherlands: ABP, 2021.

[17] PFZW. PFZW op weg naar klimaatneutraal beleggen in 2050[R]. 2020.

[18] 王信 . 国际养老基金可持续投资的实践、问题与建议 [R]. 2021.

[19] Deloitte. TCFD and why does it matter[EB/OL]. [2023-08-29]. https://www2.deloitte.com/ch/en/pages/risk/articles/.html.

[20] TCFD. 2022 TCFD Status Report[R]. 2022.

[21] UN-convened Net-Zero Asset Owner Alliance. Advancing delivery on decarbonization targets: The second progress report of the Net-zero asset owner alliance[R]. Nairobi: NZAOA, 2022.

[22] The Institutional Investors Group on Climate Change. Annual report 2022[R]. IIGCC, 2022.

[23] BNY Mellon. The evolution of public asset owners[R]. 2022.

[24] National Pension Fund. 2021 annual report[R]. 2021.

[25] Norges Bank Investment Management. Climate change: Expectations of companies[R]. 2023.

[26] 中英绿色金融中心报告 . 加速气候行动：机构投资者参与支持企业低碳转型 [R]. 2023.

[27] 中国证券投资基金业协会 . 机构投资者的 "碳中和" 之路 : 海外养老基金与主权财富基金的实践经验 [R]. 2021.

[28] Alessandrini F, et al. Optimal strategies for ESG Portfolios[R]. 2020.

[29] CPP. Investing in the path to net zero[R]. 2022.

[30] California Public Employees' Retirement System. Global governance principles[R]. 2015.

[31] GSIA. Global sustainable investment review 2020[R]. 2020.

[32] Committee for a Responsible Federal Budget. IRA changes could erase $500 billion of long-term savings[EB/OL].(2022-08-16) [2023-03-19]. https://www.crfb.org/blogs/ira-changes-could-erase-500-billion-long-term-savings.

[33] 财联社 . 点名应对美 "歧视性" 法案欧盟有了新动作，补贴大战即将上演？ [EB/OL].(2023-01-30) [2022-03-19]. http://www.gyzq.com.cn/a/20230130/65307861.html.

[34] European Commission. Communication: A Green Deal Industrial Plan for the net-zero age[R]. Brussels: EU, 2023.

[35] European Central Bank. Next generation EU: A euro area perspective[EB/OL]. (2022-01-01)[2023-03-19]. https://www.ecb.europa.eu/pub/economic-bulletin/articles/2022/html/ecb.ebart202201_02 ～ 318271f6cb.en.html.

[36] EU TEG. Taxonomy: Final report of the technical expert group on sustainable finance[EB/OL]. [2023-03-19]. https://finance.ec.europa.eu/system/files/2020-03/200309-sustainable-finance-teg-final-report-taxonomy_en.pdf.

[37] ISSB. AP1E: Request for approval of shortened comment periods[EB/OL]. [2023-03-19]. https://www.ifrs.org/content/dam/ifrs/meetings/2023/march/dpoc/ap1e-dpoc-commentperiodrfiandmethodologyed.pdf.

[38] SBFN. Global progress report of the sustainable banking and finance network[EB/OL]. [2023-03-19]. https://sbfnetwork.org/wp-content/uploads/pdfs/2021_Global_Progress_Report_Downloads/SBFN_D003_GLOBAL_Progress_Report_02_Nov_2021.pdf.

[39] 气候债券倡议组织 . 全球可持续债券市场 2022 年第三季度概览 [EB/OL]. [2023-03-19]. https://www.climatebonds.net/files/reports/cbi_susdebtsum_highlq32022cn.pdf.

[40] IPSF. Common ground taxonomy instruction report-updated[EB/OL]. [2023-03-19]. https://finance.ec.europa.eu/system/files/2022-06/220603-international-platform-sustainable-finance-common-ground-taxonomy-instruction-report_en.pdf.

[41] EIOPA. Pan-European personal pension product[EB/OL]. [2023-08-29]. https://www.eiopa.europa.eu/browse/regulation-and-policy/pan-european-personal-pension-product-pepp_en.

[42] 社会价值投资联盟研究院. 全球 ESG 政策法规研究 - 英国篇 [EB/OL]. [2023-08-29]. https://www.casvi.org/h-nd-980.html.

[43] Carrots & Sticks. Art 225 grenelle act Ⅱ [EB/OL]. [2023-08-29]. https://www.carrotsandsticks.net/reporting-instruments/art-225-grenelle-act-ii/.

[44] 社会价值投资联盟研究院. 全球 ESG 政策法规研究 - 法国篇 [EB/OL]. [2023-08-29]. https://www.casvi.org/h-nd-1098.html.

[45] The Ministry of Finance, Norway. Management mandate for the government pension fund global[EB/OL]. [2023-08-29]. https://www.regjeringen.no/contentassets/9d68c55c272c41e99f0bf45d24397d8c/2023.02.27_gfpg_management_mandate.pdf.

[46] The Ministry of Finance, Norway. Guidelines for observation and exclusion of companies from the government pension fund global[EB/OL]. [2023-08-29]. https://www.regjeringen.no/contentassets/9d68c55c272c41e99f0bf45d24397d8c/guidelines-for-observation-and-exclusion-of-companies-from-the-gpfg-19.11.2021.pdf.

[47] Government.no. The government pension fund 2019-meld. st. 20(2018—2019) report to the storting(white paper)[EB/OL]. [2023-08-29]. https://www.regjeringen.no/en/dokumenter/meld.-st.-20-20182019/id2639311/?q=unlisted%20renewables.

[48] Department of Labor Employee Benefits Security Administration. Interpretive bulletin relating to the exercise of shareholder rights and written statements of investment policy, including proxy voting policies or guidelines[EB/OL]. [2023-08-29]. https://www.dol.gov/sites/dolgov/files/legacy-files/ebsa/2016-31515.pdf.

[49] Svvk Asir. Engagement and exclusion process[EB/OL]. [2023-08-29]. https://cdn.sanity.io/files/i2ngicpp/production/47165d9968390ec66d37fa55441a8ba449ba713c.pdf?dl=svvk-asir_engagement_exclusion_process_en.pdf.

[50] The Asset Management Association Switzerland. Portrait[EB/OL]. [2023-08-29]. https://www.am-switzerland.ch/en/ueber-uns/portraet.

[51] SFAMA&SSF. Sustainable asset management: Key messages and recommendations of SFAMA and SSF[EB/OL]. [2023-08-29]. https://www.sustainablefinance.ch/upload/cms/user/EN_2020_06_16_SFAMA_SSF_key_messages_and_recommendations_final.pdf.

[52] ASIP. ESG-Wegleitung für schweizer pensionskassen[EB/OL]. [2023-08-29]. https://www.asip.ch/media/filer_public/30/ec/30ec7b97-8107-4e65-b3e9-55a4b528102b/asip_esg-wegleitung.pdf.

[53] ESG-ASIP has published a standard for ESG reporting for Swiss pension funds. A chance to start in 2023[EB/OL]. https://www.wtwco.com/en-CH/insights/2023/01/esg-asip-has-published-a-standard-for-esg-reporting-for-swiss-pension-funds-a-chance-to-start-in.

[54] 中国证券投资基金业协会, 紫顶股东服务机构. 机构投资者参与上市公司治理境外法规及实践汇编 [M]. 北京：中国财政经济出版社, 2021.

[55] Financial Reporting Council. UK stewardship code: Guidance for investors[R]. London: FRC, 2020.

[56] The Secretary of State. The occupational pension schemes(investment and disclosure) (amendment) regulations 2019[R]. London: Parliament, 2019.

[57] 日本金融厅.日本公司尽责管理守则 [R].东京：日本金融厅, 2020.

[58] The 93rd United States Congress. Employee retirement income security Act of 1974[R]. Washington D C: Congress, 1974.

[59] 社会价值投资联盟.专题洞察 | ESG 视角下的 2022 年股东大会代理投票季（上）[EB/OL]. (2022-12-28)[2022-03-11]. https://xueqiu.com/1145329483/238712805.

[60] 全国社会保障基金理事会.全国社会保障基金理事会社保基金年度报告（2021 年度）[EB/OL]. [2023-03-08]. http://www.ssf.gov.cn/portal/xxgk/fdzdgknr/cwbg/sbjjndbg/webin fo/2022/08/1662381965418407.htm.

[61] 中国投资有限责任公司.可持续投资政策 [EB/OL]. [2023-03-08]. http://www.china-inv.cn/ china_inv/Media/2021-11/1002006.shtml.

[62] 中国投资有限责任公司.关于践行双碳目标及可持续投资行动的意见 [EB/OL]. [2023-03-08]. http://www.china-inv.cn/china_inv/Media/2022-05/1002031.shtml.

[63] 全国社会保障基金理事会.全国社会保障基金理事会实业投资指引 [EB/OL]. [2023-03-08]. http://www.ssf.gov.cn/portal/rootfiles/2022/09/27/1665925788891218-1665925788914601.pdf.

[64] 中国银行业协会.中国银行业金融机构企业社会责任指引 [EB/OL]. 2009. https://www.china-cba.net/Index/show/catid/14/id/734.html.

[65] 中国证券投资基金业协会.绿色投资指引（试行）[EB/OL]. [2023-03-08]. https:// www.amac.org.cn/industrydynamics/guoNeiJiaoLiuDongTai/jjhywhjs/esg/202001/ P020200120441036297434.pdf.

[66] 中金研究院, 中金公司研究部.碳中和经济学：新约束下的宏观与行业趋势 [M]. 北京：中信 出版社, 2021.

[67] GIC. Report on the management of the government's portfolio for the year 2021/22[R]. 2022: 67 & Chapter 2.

[68] GIC. 2021/22 report on the management of the government's portfolio[R]. 2022: 6.

[69] ThinkSpace. Sustainability-A Long-Term Investor's View[R/OL]. https://www.gic.com.sg/ thinkspace/long-term-investing/sustainability-a-long-term-investors-view/.

[70] GIC. 2021/22 report on the management of the government's portfolio[R]. 2022: 43, 50.

[71] https://www.calpers.ca.gov/page/about/board.

[72] CalPERS. Facts at a glance for fiscal year 2021-22: Investment & pension funding[R]. 2022.

[73] CalPERS. Fiduciary Principles to Guide Public Retirement System Trustees[R]. 2020. https:// leginfo.legislature.ca.gov.

[74] Schanzenbach M M, Sitkoff R H. Reconciling fiduciary duty and social conscience: The law and economics of ESG investing by a trustee[R]. Stanford Law Review, 2020.

[75] Employee Benefits Security Administration. Prudence and loyalty in selecting plan investments and exercising shareholder rights[R]. 2022-12-01.

[76] GPFG. Annual report 2022[R]. 2022.

第十章 "一带一路"助推可持续发展进程创新机制

一、引言

2023 年是"一带一路"倡议提出十周年，"一带一路"绿色发展合作将步入新的阶段，面临重大机遇。同时，全球在应对气候变化、能源安全、生态环境保护等方面的挑战交织叠加，"一带一路"助推可持续发展的进程需要更多机制创新。随着应对气候变化成为国际共识，叠加地缘政治冲突造成的能源安全风险升高，越来越多的国家选择发展自身可再生能源产业，以更加低碳、安全、可持续的方式保证自身的能源供给。共建"一带一路"国家多数为发展中国家，在新冠疫情造成全球经济低迷的背景下，推进绿色低碳可再生能源领域的经贸、技术和投资合作，是促进共建"一带一路"国家经济复苏、帮助中低收入国家摆脱经济困境、改善共建"一带一路"国家和地区的营商环境、加强共建国家经贸和外交联系的不二选择。

2021 年 9 月 21 日，在第七十六届联合国大会一般性辩论上，中国国家主席习近平宣布，中国将大力支持发展中国家能源绿色低碳发展，不再新建境外煤电项目。可再生能源成为绿色丝绸之路建设的关键领域。在前几期研究的基础上，本章将重点对"一带一路"可再生能源合作进行探讨，梳理提出"一带一路"绿色低碳发展可持续融资的最佳实践与合作需求，进而对"一带一路"绿色发展领域整体合作机制进行梳理，综合考虑提出相关政策建议。

二、"一带一路"绿色低碳发展可持续融资的最佳实践与需求

（一）"一带一路"绿色低碳发展国际合作机制

作为全球生态文明建设的重要建设者、参与者、引领者，中国与共建"一带一路"国家在生态环境保护、绿色低碳发展等领域建立了稳定的国际合作机制。依托多级别

对话及沟通机制，中国与"一带一路"沿线主要国家、区域组织之间建立了稳定、务实的双边合作机制，并呈现多层次、宽领域的特点。与此同时，多边机制是全球应对气候变化国际合作的最佳方案，在绿色"一带一路"建设中引入多元主体、提供多元视角、发出多元声音，为共建国家沟通合作提供平台。此外，次区域生态环境机制正在逐步成为加强周边邻国之间的对话、拓宽区域沟通渠道的重要合作机制，在协同推进流域治理、生态恢复与生物多样性保护方面发挥独特作用。

1. 生态环境双边合作机制稳定高效发展

目前，中国与共建国家及区域组织间建立了稳定、务实的双边合作机制，呈现多层级、宽领域的特点，互为支撑、共同保障共建国家生态环境合作稳定发展。建立了中国—东盟环境合作论坛、东盟—中日韩环境部长会议等部长级定期会晤机制，为政策协调与信息互通提供直接渠道；与重点区域及合作国家建立如中国—东盟环境保护合作中心（CAEC）、中国—上海合作组织环境保护合作中心（CSEC）、中非环境合作中心（CAECC）等合作机构，支持开展多领域环境保护活动；建立中国—中东欧国家环保合作机制及中国—太平洋岛国经济发展合作论坛，通过项目合作、能力建设等方式为中国与该区域绿色低碳务实合作提供平台；与发展中国家开展应对气候变化南南合作，提升减缓及适应气候变化能力。各类双边机制在生态环境保护具体议题上根据不同合作方的需求各有侧重。

2. 绿色低碳领域多边合作机制促进多元沟通交流

中国与共建"一带一路"国家建立的多边合作机制日新月异，既包含全领域、宽主题的合作平台，也包括聚焦绿色投融资、绿色技术等专业领域的合作机制，为"一带一路"绿色低碳发展引入多元声音。例如，由习近平主席倡议成立的"一带一路"绿色发展国际联盟，是绿色"一带一路"框架下首个国际性环保社会团体，吸引了来自40多个国家的150多个合作伙伴，推动了共建"一带一路"领域政策对接、交流对话、能力建设、技术交流等一系列务实合作，已经成为国际性、机制性的环境合作平台；"一带一路"绿色投资原则（GIP）已获得来自共建国家和发达经济体的44家金融机构参与；绿色丝路使者计划、"一带一路"应对气候变化南南合作计划为120多个共建"一带一路"国家提供了2 000余人次气候领域培训服务。

（二）"一带一路"沿线国家绿色能源融投资现状

1. 绿色能源投融资

2022年，全球低碳能源投资首次达到与化石燃料相同的水平，为1.1万亿美元。

投资大部分流向了可再生能源（4 950 亿美元），其次是电气化交通（4 660 亿美元）。尽管取得了进展，但要实现将全球升温限制成果与《巴黎协定》目标保持一致，仍需大幅增加投资，特别是在"一带一路"沿线的中低收入国家。然而，这些国家往往国内投资不足，因此依赖国际金融支持。

中国金融机构在提供跨境绿色能源投资方面发挥了关键作用。鉴于各国对绿色投资的需求日益增长，而多边开发银行的作用日渐式微，中国可发挥经验和技术优势，引领全球可持续发展，不断加大对各国能源、交通和供热系统向低碳转型的支持力度。这与"一带一路"绿色发展的方向一致，也能为中国可再生能源产业带来经济效益。

2. 中国海外绿色能源投资

共建"一带一路"成为深受欢迎的国际公共产品和国际合作平台，绿色能源是"一带一路"绿色发展合作的重点领域。数据显示，2000—2021 年，中国为海外能源项目提供了 2 350 亿美元的开发性融资，超过了多边开发银行同期提供的金额。2022 年，"一带一路"投融资总额为 678 亿美元，其中超过 1/3（241 亿美元）用于电力、运输和供热部门。过去数十年，中国企业在能源领域完成了数百笔对外直接投资交易，其中包括绿地投资（建设新电厂）和并购（收购已有电厂或公司的股份）。

从全球来看，与传统能源相比，中国对可再生能源的融资供给相对较低，这与风险预期较高、对太阳能和风能的需求有限相关。对风险的担忧导致融资成本升高。然而，随着国际政策格局的变化、对气候变化认识的加强以及光伏成本大幅下降，越来越多的接受国要求提供绿色投融资。

中国近年来已经成为可再生能源的重要国际投资方，与 100 多个国家达成了发展低碳发电的协议。可再生能源投融资在"一带一路"相关金融承诺总额中所占份额稳步上升。虽然不同信息来源的数据差异较大，但 2022 年中国金融机构在海外可再生能源领域的投资大致为 60 亿美元。

通过基础设施投资加强互联互通是"一带一路"倡议的重点内容之一。中国的发展金融机构已经为电网建设与升级和输配电基础设施项目提供了 150 亿美元贷款。此外，中国的发展金融机构向海外能源效率项目提供的贷款也已达到 5.5 亿美元。现代化智能电网基础设施对推动发展中国家可再生能源整合、提升供电可靠性起着不可或缺的作用。除了可再生能源发电，中国还增加了对电池储能的投资。2022 年，中国在匈牙利、德国和美国成功建成了储能项目。

3. 中国太阳能和风能海外融资

中国对海外太阳能和风能项目的支持形式多样。中国企业曾主要作为设备供应商和工程承包商参与有关项目。但近年来，中国企业越来越多地参与提供对外直接投资，包括绿地投资和并购等方式。国家开发银行和中国进出口银行这两家中国政策性银行，以及中国各大商业银行，也为有关项目提供贷款、担保、承保和赠款。近年来，由中国出资的可再生能源项目大幅增加，总计 25.3 GW。风能产能在 2015 年前后开始增长，太阳能产能在 2018 年开始增长。其中，6.2 GW 是通过贷款融资的，商业银行出资项目约 5.5 GW，两家政策性银行出资项目约 0.7 GW；还有 22.7 GW 为私营公司融资的股权（数据来自世界资源研究所的中国海外金融数据库及波士顿大学的中国全球能源数据库）。两种融资形式有 3.5 GW 重合，这部分来自中国企业在海外进行的直接投资和贷款，是共同出资的项目数据。太阳能项目为 12.1 GW，风能项目为 13.1 GW。2020 年前，太阳能项目主要通过债权或股权融资，之后大多数项目会同时采取两种融资形式。40% 的太阳能项目为债权融资，83% 通过股权融资，两种形式之间有 23% 的重叠，重叠相对较大；而风能项目只有 9% 为债权融资，95% 为股权融资，重叠部分要低得多，仅有 4%。

多边开发银行资助了总产能为 39.1 GW 的可再生能源项目，其中风能和太阳能约各占一半。由此可知，相较于中方金融机构，多边开发银行提供融资的可再生能源产能更大，其中太阳能产能比中方金融机构高出 7.4 GW，风能高出 6.4 GW。

多边开发银行在全球支持了约 241 GW 的能源产能（含运营和管线，数据截至 2020 年）。不过多边开发银行对电力部门的总融资承诺在 2010 年就达到了顶峰。自 2010 年以来，中方融资大幅增长。中方金融机构目前为电力项目的顶级融资提供商之一，运营和管线项目装机容量达 151 GW。就构成而言，多边开发银行对可再生能源的融资承诺约占总发电量增量的 18%；来自中方金融机构和投资者的融资占比仅为 6%，中方金融机构在可再生能源项目中的占比仍在增长。

尽管各地区之间的投资总额差异较大，中方金融机构和多边开发银行承诺融资的地区分布呈现出相似模式。如图 10-1 所示，中方金融机构和多边开发银行的大部分融资都流向了中东和非洲的太阳能和风能项目，而流向北美洲的金额最少。多边开发银行在亚太地区的参与程度要高得多，而中方金融机构在欧洲、南美洲和中美洲支持的可再生能源产能比多边开发银行更多。

图 10-1 还显示了由中国或多边开发银行出资的太阳能和风能项目在各地区新增总发电量中所占份额。在亚太地区，中国提供贷款或股权投资增加的总产能中，仅 4%

为太阳能或风能项目。除北美地区外，多边开发银行在风能和太阳能项目中的投资占比均高于中国。

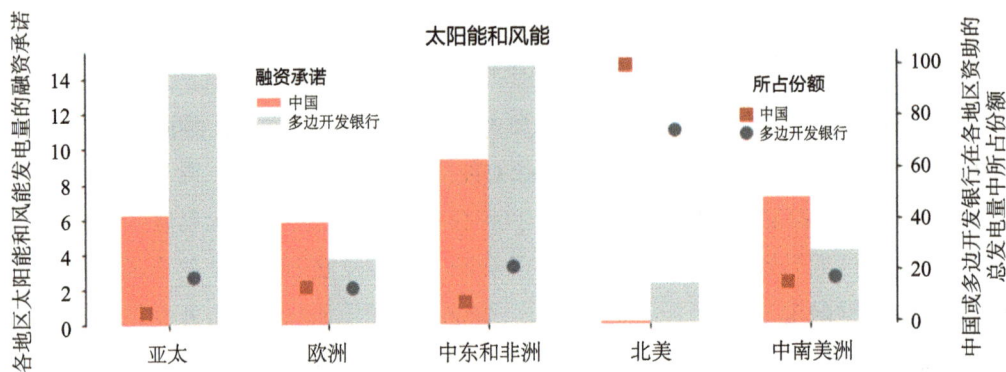

图 10-1 各地区太阳能和风能发电量的融资承诺以及中国或多边开发银行在各地区资助的总发电量中所占份额

中方投资在各地区的太阳能和风能项目投资占比差别较大。在中东和非洲地区，由于存在如阿联酋的大型太阳能项目等投资，中方投资太阳能发电量比风能发电量高出 104 倍，这与该地区太阳辐射丰富的特点相符。在其他所有地区，中方金融机构投资的风能项目发电量均大于太阳能项目发电量。

中方投资较多的国家如表 10-1 所示。亚太、中东和非洲地区的投资集中在单个国家。相对而言，中方投资在非洲占比较低。

表 10-1 中国提供融资风能和太阳能发电量较大的国家

地区	主要国家	产能 / MW	地区	主要国家	产能 / MW
亚太	澳大利亚	4 504	北美	加拿大	81
	巴基斯坦	848		美国	55
	孟加拉国	420	南美 / 拉美	巴西	3 587
欧洲	英国	1 304		墨西哥	1 460
	西班牙	703		阿根廷	951
	瑞典	644			
中东及非洲	阿联酋	7 461			
	埃塞俄比亚	375			
	南非	321			

按时间顺序来分析区域投资可知，在中国资金支持下，亚太和欧洲的太阳能和风能累计产能从 2010 年开始几乎呈线性增长。中东、非洲及南美洲、中美洲的项目自 2015 年起出现指数级增长。2020 年以来，所有地区的新增产能都有所下降。根据现有融资承诺，预计 2024 年将增加产能，大部分产能将流向中东、非洲及南美洲、中美洲。

4. 未来投融资需求

要在 2050 年实现全球净零排放，意味着全球绿色能源投资要从 2022 年的 1.38 万亿美元增加到每年 4 万亿美元左右。这就意味着各国计划的能源投资需增加 30%，要从化石能源转向绿色能源。目前这一目标仍存在巨大的投资缺口，特别是对于低收入国家，而这些国家许多是共建"一带一路"国家。

另一种对投资缺口进行量化的方法就是对比各国现有投资和实现国家自主贡献所需的投资。全球发展中国家可再生能源投资总需求约为 1 万亿美元（671 GW），其中共建"一带一路"国家需要约 4 690 亿美元。

绿色投资的缺口为中国展现在全球可持续发展领域的领导力提供了独特的机遇。中方金融机构可以为共建国家提供绿色投资以满足各国不断增长的需求，同时也可以积极开发绿色低碳的基础设施。此类绿色投资或可减少数亿吨的二氧化碳排放当量。

此外，中国可为共建国家在绿色低碳领域的研发、设备和基础设施建设提供投融资。绿色交通、绿色建筑和可再生能源技术对资金的需求十分紧迫。高水平的前期投资是加速部署太阳能和风能等低碳技术的关键。如要实现 2050 年净零排放，全球太阳能投资需从每年 1 150 亿美元增加到 2 370 亿美元，而风能（陆上）投资应从每年 980 亿美元增加到 3 890 亿美元。此外，电力系统的结构性挑战也要求加大投资力度，如采取投资电网（投资额从每年 2 710 亿美元增加到 6 000 亿美元）、储能等灵活性措施（投资额从每年 40 亿美元增加到 1 330 亿美元）。根据中国政府 2022 年 3 月发布的《关于推进共建"一带一路"绿色发展的意见》，鼓励在可再生能源、电网、储能设施和绿色交通等领域的合作。

值得注意的是，并非所有国家都需要来自中方的同等水平的投资。预计非洲和东南亚等地区的可再生技术电力供应将显著增加，远超当前的装机容量。为满足预期，到 2030 年，非洲和东南亚等地区每年在气候变化方面的投资额需增加 16 倍，而欧洲只需增加 2～3 倍。同理，根据国家自主贡献，东亚、南亚和东南亚的投资潜力最大，其次是非洲和拉丁美洲。对很多共建"一带一路"国家而言，要在发展绿色能源基础设施的同时满足国家整体发展的需求，外部支持不可或缺。

由于非洲和东南亚地区金融市场不发达、融资成本高，特别是太阳能和风能领域，投资的可持续性不足，易造成气候投融资的阻碍。气候变化提升了投资者的风险意识，进一步增加了可持续投资的障碍。因此，"一带一路"沿线的中低收入国家对中方投融资的期待将增加。如果将未来需求与当前投资模式进行对照，中国可考虑增加对非洲和东南亚地区的投融资，同时要重新启动对拉丁美洲地区的投资，帮助这些地区走上低碳发展道路。

5."一带一路"绿色能源投融资项目管理需求

中国发展绿色"一带一路"的成功不仅取决于投资规模，还取决于每个项目的有效性和周期。对于可再生能源项目的开发，此前的绿色"一带一路"方向专题政策研究着重强调了"全生命周期"方法。通过对项目各阶段进行管理，这些最佳实践能够确保海外项目顺利落地。

"全生命周期"方法包括项目选定、设计、实施和收尾四大步骤，囊括项目管理的全过程。在项目准备阶段，需要与政府和社区利益相关方协商，确定最有可能成功的项目类型，处理当地的优先事项，例如，扩大清洁能源和可再生能源在发展中国家的电力供应。在项目设计阶段，考虑项目开发对受影响社区成员的环境和社会影响，包括土地和水的使用。在项目实施期间，项目经理可与当地供应商建立直接和间接参与的伙伴关系，当地公司为项目运营和维护提供服务，有助于保障项目的长期运行。最后，安全处置项目实施过程中使用的危险材料和废料。"全生命周期"方法涉及的所有环节至此结束。

为加强合规性，政策制定者和其他实体有多个选项可供参考。中国正积极遵循最佳实践，推动落实"一带一路"绿色发展领域的指南。实践证明，中国的海外贷款与开发性融资项目的共同融资带来了更高的项目完成率、更丰硕的环境成果。

（三）促进"一带一路"能源项目绿色低碳发展的创新融资机制

2022年度的绿色"一带一路"特别政策研究报告提出了三项促进"一带一路"能源项目绿色低碳发展的创新融资机制。第一，建议采用赠款与贷款相结合的混合融资方式，设立专项赠款或贷款基金，建立"一带一路"PPP项目开发基金，支持中国承包商和投资者参与海外可再生能源项目。第二，鼓励中资金融机构提高综合服务能力，参与项目开发，并根据具体国家的情况推出合适的融资方案。此外，应寻找更加灵活和可持续的绿色金融方案，如树立可持续发展及环境、社会和公司治理（ESG）的理念，开发绿色债券和绿色贷款，继续完善和实施"一带一路"项目绿色发展指南等。第三，在整个项目实施过程中继续支持海外清洁能源投资者，特别是那些拥有长期股权的投资者，如 PPP 项目投资者。中资企业的利益可以通过一系列外交努力和经济工具得到更好的保护，如加强政府间合作、签署双边投资保护协议、构建多边投资安全机制等。

尽管 2022 年的绿色"一带一路"专题政策研究中提出了创新性的机制，但"一带一路"沿线许多发展中国家在可再生能源开发项目融资方面仍面临重大挑战。本节阐述了共建"一带一路"国家在可再生能源项目融资方面遇到的具体阻碍，详细探讨了中方金融机构如何提供创新融资模式。项目准备阶段被识别为发展中国家，是开发可再生能源项目过程中的关键障碍，本节特别强调了该阶段的重要性。此外，近年来，"一带一路"越来越多地关注小型项目、小规模融资，本节聚焦于"一带一路"对可再生能源项目初期的针对性支持，与前者方向一致。

1. 可再生能源项目开发的生命周期

基于上述"全生命周期"方法，本节概括了可再生能源项目开发生命周期的不同阶段、各阶段要完成的标准工作或任务范围，以及可再生能源部署的预期结果。要讨论共建"一带一路"国家可再生能源发展障碍以及克服障碍的方案，掌握这些信息是必要前提。

项目开发生命周期一般包括八个阶段：创造有利环境、项目概念性规划、预可行性评估、融资可行性评估、融资关闭 / 结束、项目建设、运营与维护、停止运营与善后。

表 10-2 以典型太阳能光伏或风能发电项目为例，展示了项目开发的各个阶段，总结了各阶段需要完成的任务和预期成果。

表 10-2 项目开发生命周期

项目阶段	工作任务	预期成果
创造有利环境	制定战略与监管法规	产业白皮书、政策、法律文件
项目概念性规划	进行项目选址或确认项目所在地有足够的太阳能 / 风能资源储备，周围有电网且环境影响小	项目选址和开展可行性调研的决定
预可行性评估	高层对环境风险、电网接入、太阳能 / 风能发电装机容量、太阳能 / 风能资源、能源成本和电价进行评估	开发计划（以经济、高效的方式应对风险），关于开展可行性研究的决定
融资可行性评估	对项目各方面指标进行详细调查，包括环境与电网接入研究、建设可行性研究、采购与建设成本预估、购电条款与价格等。申请许可或环境执照	先期投资决策（融资结束后如经济情况在可行性评估允许的范围之内，则投入项目建设）
融资关闭 / 结束	选址优化、承包策略与采购、详细的成本预算、购电合同、资金安排	最终投资决策（开始进行建设）
项目建设	由选定的承包商（一个或多个）建设太阳能 / 风能发电厂，由项目所有方的工程师进行设计评估与监督，进行项目投产与验收测试	太阳能 / 风能发电厂投产

项目阶段	工作任务	预期成果
运营与维护	根据合同规定的性能水准对太阳能／风能发电厂进行运营与维护	太阳能／风能发电厂完全运营
停止运营与善后	旧厂拆除／土地重新开发	土地复原／重新开发

2. 发展中国家绿色低碳"一带一路"能源项目所面临的融资挑战

从对项目开发生命周期的分析中不难看出，中国投资机构在共建"一带一路"国家参与绿色低碳能源项目中面临一系列挑战，尤其是在项目开发的前几个阶段。

第一，当地可能不具备项目开发的有利条件。所在国政府必须为项目的开展创造条件。适当的政策是项目成功落地的关键，如可以制定可再生能源发展目标及可再生能源项目采购透明框架等。这些政策能为潜在投资者提供保障，确保项目采购依据现有法律或采购框架进行。

第二，项目所在国可能欠缺开展关键工作的技术能力，如环境评估、金融建模、市场研究和项目信息记录。大多数发展中国家的可再生能源技术实现商业化或进入市场的时间尚短，相关项目在技术能力方面面临严峻挑战。例如，在可再生能源产业发展的初期，南非等国需要国际技术专家为政府和私营领域顾问提供能力建设服务。

第三，发展中国家可再生能源项目前期投资成本高昂。对项目环境影响、电网接入、资源潜力、能源成本和电费进行高层决策或评估可能需要大量资金投入，对发展中国家的初创企业或新入行的企业而言尤其如此。

第四，早期项目开发缺少预可行性资金。在项目开发生命周期的早期阶段，由于仍存在较大风险，潜在投资者往往投资兴趣不大。因此，尽管项目范围划定、选址和原始设计是进行项目准备阶段募资的前提条件，但能够用于这些工作的种子资金往往十分有限。因此，在项目早期，开发商需要自行筹措启动资金或使用多边开发银行或发展金融机构的赠款。

第五，项目开发商尽管可以申请基金支持进行预可行性研究，但往往需要满足苛刻的条件。大部分相关基金都要求开发商提供一部分配套资金，也就是通常所说的"利益共享、风险共担"。

第六，当地通常缺少支持项目开发的相关基础设施。例如，撒哈拉以南非洲地区的项目开发商会遇到无法接入输电网的问题。在撒哈拉以南的非洲国家，能否并网往往取决于电力公司。这就意味着一个太阳能或风能发电项目尽管拥有理想的选址和资源条件，但由于并不在电力公司的优先项目名单之列，因此无法接入电网向外输电。

第七，开发商可能无法签署承购协议。要完成预可行性研究，开发商需要确保获得有指向性的承购意向书。这通常要求开发商能够提供有说服力的资产负债表及相关领域的成功经验以证明其业绩水平。尽管对成熟的大型中资企业来说，这并不是大问题，但可能会使新入行的企业举步维艰。在很多发展中国家，包括可再生能源项目在内的电力基础设施项目可能难以通过收取电费等传统方式盈利，亟须探索一条适合发展中国家特殊条件的盈利模式。

有案例表明，多边开发银行在可再生能源项目开发初期可发挥作用，推动克服上述障碍，使项目更加适合与其他融资机构融资。例如，多边开发银行为包括阿根廷、埃塞俄比亚和巴基斯坦在内的国家提供帮助，制定实施可再生能源的扶持政策和采购系统。鉴于开发性融资在克服可再生能源发展挑战方面发挥的重要作用，实施"一带一路"创新融资机制可以参考这一经验，以释放发展中国家可再生能源项目的潜力。

三、共建"一带一路"国家可再生能源发展政策、需求与模式创新

本部分介绍了中国改革开放 40 多年以来，中国可再生能源产业从无到有、从落后到赶超，取得的举世瞩目的成绩，可再生能源产业的发展不仅缓解了中国能源供给紧张的局面，为经济腾飞提供了稳定可靠的动力保障，为经济发展的绿色低碳转型奠定了基础，同时也为解决中国偏远及农村地区的贫困和就业问题提供了一条路径。中国的可再生能源的发展对同样处于发展中阶段的共建"一带一路"国家和地区具有很强的借鉴意义。

因此，本部分首先梳理了共建"一带一路"主要国家和地区的温室气体削减和可再生能源发展目标以及相关的支持政策，并调研了这些国家和地区目前可再生能源产业实践基础及未来需求，还结合中国在可再生能源领域发展的政策和实践经验，总结提出了共建"一带一路"国家和地区可再生能源产业发展的启示，以及部分重点国家和地区开展"一带一路"绿色能源合作的启示。

（一）共建"一带一路"重点国家和地区可再生能源发展政策目标、实践基础与需求识别

截至 2023 年 6 月，中国已经同 152 个国家和 32 个国际组织签署了 200 余份"一带一路"合作文件（包括合作协议、合作文件、合作备忘录、谅解备忘录等多种形式），

覆盖非洲国家（地区）52 个、亚洲国家（地区）40 个、欧洲国家（地区）27 个、大洋洲国家（地区）11 个、南美洲国家（地区）9 个、北美洲国家（地区）13 个。以中国对其投资额、全部人口电力可及性比例、农村人口电力可及性、可再生能源比例等为指标，本研究首先从共建"一带一路"国家中筛选出可再生能源开发潜力较大、迫切程度较高的国家（表 10-3）。可以发现这些国家主要位于东南亚、中亚、非洲、拉丁美洲地区。围绕可再生能源发展目标、政策及实践经验以及可再生能源发展面临的压力与挑战等问题，本部分分别讨论了这些地区的境况，并以中国的政策经验及成熟案例为参考，分析了其他共建"一带一路"国家的可再生能源产业发展需要重点解决的问题和中国（尤其是中国央企）需要扮演的角色。

表 10-3 共建"一带一路"国家中潜在可再生能源合作对象筛选准则及结果

指标	数据来源 / 参考年份	国家代码
中国对该国投资总额不低于 100 亿美元	中国对外投资数据 / 2021 年	KOR、JPN、MYS、SGP、IDN、IND、KAZ、IRQ、NGA、COD、ZAF、RUS、FRA、NLD、DEU、ITA、PER、ARG、CHL
中国对该国能源部门投资额不低于 10 亿美元	Heritage Foundation/2020 年	MNG、PHL、KHM、LAO、MYS、MMR、BRN、SGP、VNM、IDN、PAK、IND、BGD、KAZ、ARE、SAU、TUR、SYR、IRQ、IRN、EGY、UGA、NGA、NGA、TCD、MOZ、AGO、ZWE、ZAF、BLR、FRA、DEU、SRB、GRC、ITA、PRT、TTO、GUY、VEN、ECU、PER、ARG、CHL
全部人口电力可及性比例（＜50%）	世界银行 /2020 年	SSD、TCD、BDI、MWI、CAF、BFA、COD、SLE、LBR、MOZ、GNB、MDG、TZA、BEN、UGA、ZMB、GIN、RWA、AGO、MRT、LSO、COG、SOM
农村人口电力可及性比例（＜50%）	世界银行 /2020 年	GNQ、COD、TCD、CAF、BDI、MOZ、SLE、SSD、MWI、LBR、MDG、ZMB、COG、GNB、MLI、BEN、GIN、TZA、TGO、NGA、DJI、CMR、BWA、GAB、GMB、SOM、UGA、LSO、NAM、ZWE、RWA、ERI、ETH、SDN、CIV、SEN
可再生能源比例（＜20%）	世界银行 /2019 年	OMN、BHR、BRN、SAU、QAT、TKM、KWT、DZA、IRQ、TTO、ARE、SGP、ATG、IRN、SYR、MDV、SYC、UZB、AZE、KAZ、FSM、FSM、LBY、YEM、MNG、KOR、BRB、ISR、MYS、EGY、LBN、GNQ、UKR、JPN、MLT、BLR、DMA、JOR、NLD、BOL、JAM、BEL、ARM、GRD、ZAF、MAR、ARG、GUY、TLS、CYP、POL、TUN、HUN、TUR、SUR、FRA、VEN、CZE、MKD、LUX、DEU、ITA、SVK、ECU、AFG、GRC、VNM、PAN、IDN、BGR、SLV

注：国家代码对应的国家见附录 10-1。

1. 东南亚地区可再生能源发展政策目标、实践基础与需求识别

（1）东南亚地区主要国家可再生能源发展政策目标

东南亚地区的国家一直是中国的重要贸易和国际合作伙伴，与其在可再生能源的合作发展方面同样大有可为。东南亚地区可再生能源资源禀赋有得天独厚的优势，同时又是气候变化脆弱性较高的地区，因此近年来对可再生能源发展的重视程度不断提升。此外，东南亚地区以其廉价的劳动力和土地成本，吸引了可再生能源装备制造业的新一轮全球转移，在可再生能源设备的生产和部署方面也具有较强的产业优势。在东南亚地区主要国家提交更新的国家自主贡献（NDC）文件中，有关国家多将发展可再生能源作为重要的减排手段之一。但根据国际可再生能源机构披露的数据，该地区已有装机容量与其发展目标还有相当大的差距。东南亚各国针对这一情况，出台了能源白皮书、电力发展规划、国家能源政策、可再生能源发展策略、国家可再生能源政策与行动计划、替代能源发展计划等一系列的政策文件，制定了分阶段的发展目标及相关的支撑政策以引领和支持可再生能源发展。

（2）东南亚地区主要国家可再生能源发展实践基础

东南亚地区各国制定了多种支持政策和激励机制鼓励可再生能源发展，实施清洁化转型。基于不同国情和可再生能源市场成熟度，这些国家广泛实施了上网电价、竞标/拍卖、自消费方案、优惠贷款、资本补贴等多种激励措施。制定可再生能源发展目标是东南亚国家广泛采用的激励政策，表明了该国发展可再生能源的整体目标。采取上网电价、自消费方案、竞标/拍卖等措施，出台许可机制及技术标准等，主要是为促进可再生能源发电的消纳。税收激励、优惠贷款和资本补贴等财税政策提高了可再生能源项目的回报水平，对可再生能源项目投资具有正面激励作用。"绿证"（绿色电力证书，即绿色电力的电子身份证，是对非水可再生能源发电量的确认和属性证明以及消费绿色电力的唯一凭证）机制作为新兴的可再生能源激励手段，正处在尝试和探索阶段。

上网电价制度是东南亚国家面向现阶段最大规模装机容量的、最成熟的和最关键的驱动因素，该制度在泰国、印度尼西亚、越南、马来西亚和菲律宾等国家的可再生能源发电市场建立初期有效实施，并随着当地可再生能源发电技术和成本及当地的可再生能源激励目标的演变，灵活调整上网电价水平，适应不同阶段的发展需求。竞价上网/拍卖等方式促进了可再生能源市场化交易。各国采取了多样化的措施，如越南允许发电企业竞价上网、印度尼西亚允许独立发电商直接将可再生能源发电出售给国有输配电公司等。各个国家也为竞价上网等简化了发电审批、市场注册和结算程序。

除此之外，投融资政策调动了公共财政、发展银行及相关债券和基金等金融工具加大对可再生能源的支持力度，是可再生能源领域通过金融手段促进产业发展的创新实践。尽管东南亚国家可再生能源投资基数较小，但公共财政包括各发展银行投资占比很大，并且未来将会进一步追加投资，同时金融股权和债务融资的种类有所增加，绿色债券和气候基金等渠道资本也逐渐兴起。

（3）东南亚地区主要国家可再生能源发展需求识别

尽管近年来东南亚地区主要国家越来越重视可再生能源的发展，但受限于起步时间和经济发展环境，可再生能源产业仍然存在诸多问题。

化石能源依赖程度高，清洁发展目标实现难度大。东南亚地区煤炭资源丰富，能源供应以化石能源为主，可再生能源占总能源需求的比重不足 15%，除水能资源较丰富的柬埔寨、老挝、缅甸和越南等国家（可再生能源利用以水电为主）外，文莱、马来西亚、菲律宾、新加坡、印度尼西亚和泰国等国家可再生能源发电量占比更低。只有泰国和越南太阳能达到本国规划的规模，大部分国家的可再生能源发展已经滞后于国家制订的计划。从现有的发展趋势推测，东南亚各国实现自身制定的清洁能源发展目标难度较大。

体制机制待完善。可再生能源项目一般需要占用较多的土地资源，而大多数东南亚国家可再生能源发展土地许可程序不够透明，获取、保留和转让土地使用权的程序复杂，叠加土地购置期和购置费用等问题，或导致可再生能源项目程序拖延和成本超支。另外，各个国家可再生能源发电并网政策仍在探索实施阶段，政策复杂多变、上网电价频繁变动，影响投资收益率，行业投资效率较低。这些都是东南亚国家发展可再生能源需要从体制、机制方面解决的问题。

开发外送条件不足。可再生能源的发电并网是全球性问题。资源丰富的地区一般消纳能力有限，可再生能源发电外送严重依赖电网的输送和调节能力。当前东南亚国家整体网架不强，或高压线路较少，或以低压为主，或未建立全国统一的电网，跨国和跨境合作尚处于初级阶段，无法为电力需求较大的地区输送清洁的可再生能源电力，限制了可再生能源发展。

投融资困难。在政策法规方面，部分东南亚国家相关法规不完善，资本市场不发达，商业风险相对较高。可再生能源项目规模较小、地方金融市场较弱，项目再融资、退出和投资保障不足，对私营部门投资的吸引力较小。

2. 中亚地区可再生能源发展政策目标、实践基础与需求识别

（1）中亚地区主要国家可再生能源发展政策目标

中亚五国——哈萨克斯坦、乌兹别克斯坦、土库曼斯坦、吉尔吉斯斯坦和塔吉克斯坦油气资源丰富，长期以来形成了对传统化石能源的依赖。中亚五国一直都是中国能源对外投资的主要目的地国家，中方以援建、参股或承包等多种形式参与了当地能源体系建设，但仍以常规火力发电设施为主。碳中和的目标愿景、保障能源安全和经济结构转型等使以传统油气能源为主的中亚国家也面临能源转型的压力。

中亚五国风、光、水力等可再生能源资源同样丰富，尽管并没有在 NDC 文件中提出明确量化的可再生能源发展目标，但从各国发布的可再生能源发展相关的行动方案和支撑性法律法规来看，替代能源的发展同样是该地区温室气体减排的首要选择。

（2）中亚地区主要国家可再生能源发展实践基础

中亚地区化石能源资源禀赋不同，在可再生能源的规划与发展道路上也存在差异。如土库曼斯坦油气资源丰富；还有些国家虽然缺油少气，但可再生能源资源丰富，如哈萨克斯坦水能、风能和太阳能资源丰富，吉尔吉斯斯坦的水力资源和太阳能资源丰富，塔吉克斯坦水力资源丰富，乌兹别克斯坦太阳能资源丰富，且中亚五国在能源转型上有"船小好调头"的特点，具备较大发展潜力。

出台可再生能源发展相关的法律法规是中亚五国的一致选择。如哈萨克斯坦出台和修订了《支持利用可再生能源法》、建立"支持可再生能源融资结算中心"，颁布详细的可再生能源发展行动计划；吉尔吉斯斯坦制定《可再生能源法》以支持可再生能源的发电并网，并免除了可再生能源进口设备关税；塔吉克斯坦将水电领域改革、大力建设水电站、提高发电能效和减少输电损耗纳入《塔吉克斯坦至 2030 年前国家发展战略》；乌兹别克斯坦通过颁布《合理使用能源法》《关于进一步发展可再生能源的措施》《结构转型、生产现代化和多样化保障措施纲领（2015—2019 年）》《乌兹别克斯坦 2017—2021 年发展可再生能源纲领》等多个政府文件，引导和激励本国可再生能源发展。

此外，建设各种配套措施也是中亚国家为可再生能源产业发展提供的基础保障。哈萨克斯坦实施了可再生能源竞拍机制；吉尔吉斯斯坦颁布总统令，全力进行优势能源的研究和推广工作，建立能源开发中心；土库曼斯坦于 2014 年成立了太阳能专业研究中心，2020 年推进节能计划，制定出各州太阳能和风能发电方案。

（3）中亚地区主要国家可再生能源发展需求识别

中亚五国的资源和能源禀赋非常不均衡，有水无油与有油无水问题突出。苏联时期中亚地区能源一体化发展的历史遗留问题叠加地区水油资源严重不均，中亚五国在能源供需上存在的争议与分歧以及在能源独立方面面临着的巨大挑战，是中亚国家能源系统低碳化转型进程中需要通过体制机制设计来解决的重要问题。

减少地缘冲突、维护地区安全，是可再生能源发展必需的政治和经济背景保障。美军撤离阿富汗后，中亚各国需要花费更多的精力和财力维护地区力量平衡。受新冠疫情影响，中亚地区经济下滑、货币贬值、通货膨胀、失业率高等问题越发严重，进一步激化了地区安全形势。因此，中亚国家需要维护地区稳定和平，为光伏、水电等可再生能源发展提供良好的营商环境。

3. 非洲地区可再生能源发展政策目标、实践基础与需求识别

（1）非洲地区主要国家可再生能源发展政策目标

非洲大陆整体来说资源储量丰富，北部非洲以利比亚、尼日利亚、阿尔及利亚、安哥拉、苏丹、埃及、乍得为代表的国家拥有丰富的油气资源，而广大的非洲地区太阳能和风能资源都十分丰富。但非洲的经济发展却极度不平衡，北部非洲国家得益于油气出口或技术水平优势，经济发展水平相对较高；但多数国家仍然未能摆脱贫困，尤其是撒哈拉以南的广大非洲地区。能源贫困进一步加剧了经济发展的困境。但无论是为弥补全球能源低碳转型造成的收益损失的北部非洲油气产出国，还是为刺激经济发展的南部非洲国家，都不约而同选择发展可再生能源。与经济发展不均衡的情形相似，非洲南部地区和北部地区在可再生能源发展目标方面也存在很大差距——北部非洲地区有坚实的经济基础作为支撑，发展目标也更加有雄心；但南部非洲地区受限于经济发展水平，首先应当解决能源的可及性问题，因此可再生能源目标较低，更多的是示范项目。

（2）非洲地区主要国家可再生能源发展实践基础

为达成可再生能源发展目标，非洲各国采取了一系列的政策措施，主要包括：

取消化石燃料补贴。到 2020 年底，非洲已有埃及、埃塞俄比亚、加纳、摩洛哥、卢旺达和多哥等国家承诺开展或已开展化石燃料补贴改革，这既能减轻补贴给政府财政带来的沉重负担，又有助于摆脱发展对化石燃料的依赖，减轻政治腐败、社会不公。

引入碳定价机制。经济较为发达的南非采用的碳定价机制覆盖了能源产生的二氧化碳排放量的 41% 以上，解决了化石燃料使用产生的负外部性问题，为可再生能源发展带来新的机遇。

降低化石燃料投资。埃及和南非都承诺放弃使用煤炭，国际社会也承诺停止资助包括非洲在内的各国的煤电站建设。同时，随着太阳能和风能竞争力的增强，燃煤发

电厂的融资成本大幅上升，再加上国际及当地环保组织的压力，大量煤电项目被搁置或取消，为可再生能源发展腾出了空间。

通过消纳保障措施和财税手段促进可再生能源投资。埃塞俄比亚、塞内加尔、赞比亚、摩洛哥和南非等国家在实行上网电价和竞拍等结构化采购机制的同时辅以融资支持（如补贴和赠款）、降低风险和技术援助手段，吸引可再生能源的私人投资。肯尼亚减免了用于生产太阳能设备的原材料的进口关税，对太阳能产品进口实行零关税和零增值税政策，增强了当地太阳能产业的竞争力。

（3）非洲地区主要国家可再生能源发展需求识别

非洲可再生能源开发依然面临诸多方面的挑战：

可再生能源产业基础薄弱。由于非洲缺乏可再生能源产业基础，配套产业几乎没有，导致很多配套设施均需从其他地区运输过去，由此导致项目建设成本大大增加，降低了项目的投资回报率。

电网基础设施有待完善。可再生能源发电输送电力依赖完善的输变电网。除北非和非洲南端之外，其他地区每个国家电网线路都非常少，并且主要服务于首都和少数大城市，可再生能源发电难以接入输变电网，导致生产出的电输送不出去，无法支撑可再生能源的进一步发展。

非洲多数国家可再生能源政策连贯性较差。除了南非等少数国家有较详细的能源规划和能源政策，多数国家缺少稳定连贯的政策，这使非洲地区在激励可再生能源创业与吸引投资方面面临较大困难。

人才短缺。在非洲，不仅能够从事可再生能源开发的专业技术人员少之又少，就连能进行设备维护的人员也严重不足，此情况极大限制了非洲可再生能源的可持续开发利用。可再生能源的研究、生产、维护等从业人员极少，越是先进的设备（主要为进口）损耗就越快。非洲需要从提高总体教育水平、消除职业教育歧视和偏见等方面着手，解决可再生能源领域人力资源匮乏的问题。

资金匮乏。非洲多数国家自有的可用于可再生能源开发的资金匮乏，而可再生能源开发需要大量资金保障，但非洲国家投资环境欠佳，所能吸引的投资非常有限。因此，非洲国家需要盘活国际和当地企业投资，提高科研经费、外国专家数量、生产领域投资水平，为可再生能源产业进一步发展注入活力。

市场化程度低。由于电力的高额税收，非洲各国政府普遍由国有企业对其进行垄断式开发与管理，这虽然有利于一定规模的资源汇聚，但也导致了开发低效的问题和一定程度的行政命令式管理，一些可再生能源项目建设和运营难以高效推进。

4. 拉丁美洲地区可再生能源发展政策目标、实践基础与需求识别

（1）拉丁美洲地区主要国家可再生能源发展政策目标

拉丁美洲国家普遍为可再生能源发展制定了目标，特别是长期的发展目标，对可再生能源的生产、消费或者装机容量目标进行了清晰定位，以制定长期、可靠的政策来吸引开发商投资于可再生能源领域，同时这也表明了一个国家对发展可再生能源的承诺。尽管拉丁美洲地区大多数国家未在 NDC 文件中明确其可再生能源发展目标，但大多数国家也在国内政策文件中根据自身的发展潜力、技术水平、投资预期和政治意愿，制订了一定阶段的可再生能源发展目标和计划，引导可再生能源的发展。

（2）拉丁美洲地区主要国家可再生能源发展实践基础

拉丁美洲地区大多数国家也根据自身的发展潜力、技术水平、投资预期和政治意愿，制订了一定阶段的可再生能源发展目标和计划，引导可再生能源的发展。为了实现可再生能源发展目标，部分拉丁美洲国家如阿根廷、哥伦比亚、智利、洪都拉斯、墨西哥等颁布了可再生能源法。此外，大多数的拉丁美洲国家还通过了地热能法、生物质能法等多个针对特殊能源资源的专项立法，期望为可再生能源的健康发展提供完善的法律框架。拉丁美洲国家针对可再生能源发展的政策工具主要集中在拍卖制、上网电价、配额制、净计量、财政激励等方面，意在从数量和价格两个方面支持可再生能源的发展。

拍卖制。拉丁美洲国家越来越多实施拍卖制，推动了可再生能源的发展。目前共有 13 个拉丁美洲国家实行拍卖制，但形式各有不同，如乌拉圭是装机容量竞标，秘鲁是发电量竞标，危地马拉则是二者均有。拉丁美洲各国的拍卖制也在不断完善，如秘鲁、乌拉圭、巴西、哥斯达黎加、危地马拉、尼加拉瓜和巴拿马等国实行了保证金制度，降低了拍卖制开发商为中标过度压低价格可能造成的项目建设无法完成或者延期的风险。

上网电价。因为担心在消费端对低收入者进行补贴的同时再通过上网电价对生产端进行补贴，会使国家财政不堪重负，只有阿根廷、多米尼加、洪都拉斯、巴拿马、乌拉圭、尼加拉瓜、巴西、厄瓜多尔等国进行了这种尝试，在大多数拉丁美洲国家尚不普遍。

配额制。配额制要求电力公司必须满足最低的可再生能源目标，一般配套"绿证"制度实施。拉丁美洲国家实施可再生能源配额制的国家主要是智利，从 2010 年起新的电力生产合同要包含 5% 的可再生能源，这一比重从 2014 年开始直到 2025 年每年提高了 3.5 个百分点，到 2025 年装机容量在 200 MW 以上的电力公司必须有 20% 的发电量来自可再生能源。

净计量。净计量政策允许消费者自己安装可再生能源生产系统,并把消费者所发电力纳入电网以减少其购电量。拉丁美洲地区实施这一政策的国家包括巴西、墨西哥、厄瓜多尔、智利、哥伦比亚、哥斯达黎加、巴拿马、乌拉圭等国,其中,巴西主要针对 1 MW 以下的小规模发电用并零售的消费者,而哥斯达黎加向个人消费者开放了净计量,额度为其年电力消费的电量。

财政激励。大部分拉丁美洲国家采用了税收减免政策,如免除增值税(如阿根廷、哥伦比亚、乌拉圭、智利等 9 个国家)、所得税(如巴西、智利、巴拿马等 6 个国家)、燃料税(如阿根廷、危地马拉、洪都拉斯和乌拉圭等 10 个国家)、进出口税(如阿根廷、巴西、厄瓜多尔、洪都拉斯等国)。阿根廷、哥伦比亚和墨西哥等 5 个国家还实施了加速折旧政策以鼓励可再生能源投资。此外,许多拉丁美洲国家还成立了公共基金来支持能源的可持续发展。

(3)拉丁美洲地区主要国家可再生能源发展需求识别

拉丁美洲国家的可再生能源产业在快速发展的同时也面临着各种障碍,包括技术障碍、市场障碍和社会障碍。

技术障碍。拉丁美洲国家可再生能源发展面临的技术障碍主要体现在信息不充分和并网障碍两个方面。信息不充分是指拉丁美洲国家政府在国际组织、非政府组织、私人顾问公司等的协助下,开展了有关可再生能源的资源、技术、地形地貌、土地利用、电网转型等方面的基础评估工作,但这些数据并未公开。并网障碍是指可再生能源发电的间歇性特点影响其并网和供电的稳定性,对电力系统的管理提出了挑战。

市场障碍。市场障碍因素包括准入限制、交易成本高、合约风险、对传统化石能源的补贴、融资工具匮乏及政治经济不稳定。拉丁美洲地区不同国家电力市场对私人或独立电力生产商的开放程度差别很大,对国际和当地投资者不甚友好。拉丁美洲地区可再生能源的市场和项目规模都相对较小,这会造成交易成本上升,对投资者的吸引力不大。由于缺乏履行合同的法律强制性,独立电力生产商和公用电力部门电力合同的执行面临较大的不确定性和风险。拉丁美洲地区大多数国家仍然对传统化石能源给予直接或间接的补贴,主要支持化石能源发电,这可再生能源发展不利。可再生能源项目的投资回报期通常超出负债融资时间要求,且不满足权益融资的高股本比例要求,难以通过这些方式获得融资,公共和私人部门也较少提供具有竞争力的金融产品。

社会障碍。社会障碍包括公众认知误区、安于现状的心态、邻避效应及人力资源不足。拉丁美洲国家民众普遍认为只有传统的大规模电力生产才能解决电力需求问题,可再生能源的小型化和分散式特点无法适应和满足电力需求,对可再生能源的成本、机会和环境影响缺乏了解；化石能源主导了拉丁美洲国家能源消费，一些国家习惯于维持这种现状；当地社区居民出于对人们的健康、环境质量和经济发展带来负面影响的担忧，反对在其附近建设大型可再生能源项目；缺乏经过训练的、合格的可再生能源人力资源，可能会影响可再生能源发电项目的管理及应用，甚至影响可再生能源政策的设计。

（二）中国可再生能源发展政策演进、模式创新

进入 21 世纪以来，中国可再生能源促进政策逐渐起步并发展成熟，形成了以《中华人民共和国可再生能源法》为核心，涵盖总量目标、财税金融、固定电价和保障性收购等政策措施的可再生能源政策工具体系（图 10-2），为推动可再生能源的稳健发展提供了强有力的支撑。

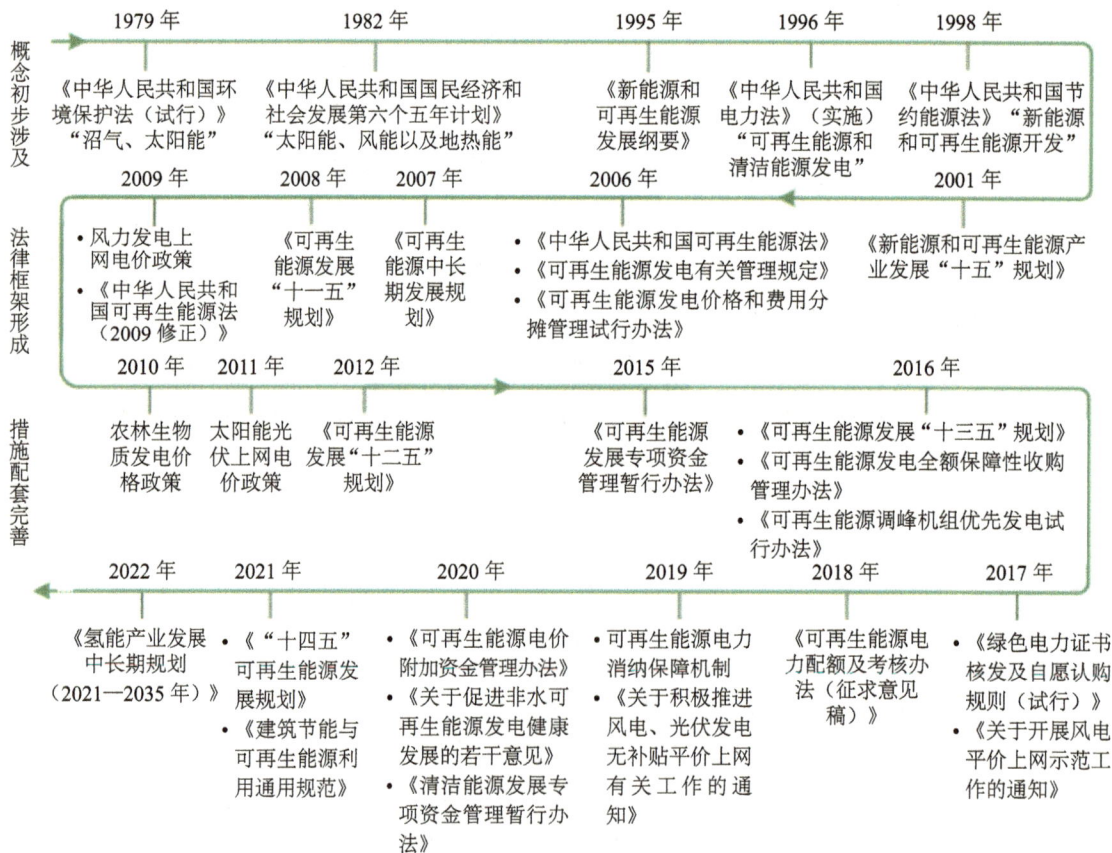

图 10-2　中国可再生能源政策演进路径

1. 中国可再生能源发展政策演进

中国可再生能源政策演进路径见图 10-2。目前，中国在太阳能和风能制造方面处于全球领先地位。太阳能和风能行业的发展得益于中国工业实力不断增强，国内能源需求逐步扩大。中国的太阳能和风能产业呈现出不同的增长模式。本节重点关注太阳能和风能发电早期技术开发、规模化发展和全球化发展三个阶段的政策演变。

（1）早期技术开发阶段

1995 年，《中华人民共和国电力法》正式开始鼓励和支持利用可再生能源和清洁能源发电可再生能源，包含了太阳能和风能。在太阳能方面，2000 年，西部大开发战略确定了农村电气化议程；2002 年，"光明工程"计划拨款 26 亿元用于太阳能生产安装，"送电到乡"工程实现近 20 MW 光伏装机容量。2001 年，《新能源和可再生能源产业发展"十五"规划》明确对太阳能光伏电池组件的年生产能力提出要求。2000 年颁布的《中国高新技术产品目录》和 2023 年颁布的《鼓励外商投资高新技术产品目录》鼓励外商从事太阳能行业，为潜在的市场进入者提供税收优惠。这些早期政策建议将太阳能与农村的电气化和发展联系起来。与之相对应的是 1988 年的"火炬计划"和 1986 年设立的国家高技术研究发展计划（简称"863"计划），为高新技术产业提供资金，吸引有国外机构经验的中国顶尖研究人才。

中国风能产业是由中央、地方共同推动的。在中央政府资助下，早期成功研发了中国第一台 200 kW 风机。1992—1995 年，中国从丹麦 Bonus 和 NTK 公司引进了 300 kW 风力机技术。1995 年，中国印发《新能源和可再生能源发展纲要（1996—2010）》，正式制定了风能和太阳能的税收减免、电价补贴和建设示范项目等措施。

2007 年 8 月发布的《可再生能源中长期发展规划》设定了 2010 年可再生能源消费量达到能耗消费总量的 10% 的引导性目标。2000 年是需求驱动风电部署的转折点。2003 年"国债风电"项目启动，为 80 MW 国产风力发电机组提供融资。2007 年，国家发展改革委发布《能源发展"十一五"规划》。在外部专业知识和研发融资的推动下，早期规划为风电发展奠定了基础。表 10-4 对这一时期的风能和太阳能相关产业政策进行了归纳。

表 10-4 支持中国风能和太阳能产业早期技术发展的政策

技术	时期	政策
太阳能	1995—2005 年	《新能源和可再生能源发展纲要（1996—2010）》（1995 年），《中华人民共和国电力法》（1995 年），西部大开发战略（2000 年），《中华人民共和国国民经济和社会发展第十个五年计划纲要》（2001 年），"光明工程"计划（2002 年），"送电到乡"工程（2002 年），《中国高新技术产品目录》（2003 年）

技术	时期	政策
风能	20 世纪 80 年代至 2003 年	"火炬计划"（1988 年），"863"计划（1986 年），《新能源和可再生能源发展纲要（1996—2010）》（1995 年），"乘风计划"（1996 年），《可再生能源中长期发展规划》（1997 年），"国债风电"项目（2000 年），《中华人民共和国国民经济和社会发展第十个五年计划纲要》（2001 年），《中国高新技术产品目录》（2003 年）

资料来源：根据公开信息整理。

（2）规模化发展阶段

类似于早期发展阶段，风能和太阳能龙头企业的成长也受益于不同因素。在太阳能领域，2005—2008 年，地方生产激励和早期需求端措施的出台，推动了光伏发电产业规模化发展。2005 年，国家发展改革委启动了太阳能组件和电池生产的"专项工程"；2006 年正式实施的《中华人民共和国可再生能源法》（2009 年进行修订）规定了电网企业全额收购可再生能源电量。2007 年《可再生能源中长期发展规划》进一步规定了太阳能和风能装机容量占全部发电量的比例目标。在政策的推动作用下，多家光伏行业龙头企业完成了在全球市场的首次公开募股。

2001 年，金风科技从瑞士 REpower 获得了 750 kW 涡轮机的许可权，并于 2004 年与德国公司 Vensys 合作设计了 1.2 MW 风机。欧洲一些小型公司与中国公司建立了合资企业，包括南通航天万源安迅能、湘电达尔文、瑞能北方风电和哈尔滨哈飞威达和银河艾万迪斯等。表 10-5 对这一阶段的风能和太阳能相关政策进行了归纳。

表 10-5　支持中国风能和太阳能产业规模化发展的政策

技术	时期	政策
太阳能	2005—2008 年	《中华人民共和国可再生能源法》（2005 年），《中华人民共和国国民经济和社会发展第十一个五年规划纲要》（2006 年），《可再生能源中长期发展规划》（2007 年）
风能	2003—2008 年	风电特许权项目（2003 年），《中华人民共和国可再生能源法》（2005 年），《可再生能源中长期发展规划》（2007 年）

资料来源：根据公开信息整理。

（3）全球化发展阶段

2009 年，实施"太阳能屋顶"计划和"金太阳示范工程"，为 2011 年制定全国统一的太阳能光伏发电标杆上网电价奠定了基础。2013 年，工业和信息化部制定了绩效标准和产能要求。到 2015 年，中国国内太阳能装机容量已达 43 500 MW。

风能产业也积极部署需求拉动激励措施。2008 年后,中国政府通过减税、免税提高国内企业投资的积极性。2010 年,工业和信息化部颁布规定,重点支持自主研发 2.5 MW 及以上风电整机。与此同时,行业龙头企业进军海外,通过并购不断建立专业领域优势。例如,金风科技于 2009 年收购德国 Vensys,中航惠腾于 2014 年收购荷兰 CTC 公司。表 10-6 对中国可再生能源产业全球化阶段相关政策进行了归纳。

表 10-6 支持中国风能和太阳能产业全球化阶段的政策

技术	时期	政策
太阳能	2008 年至今	"太阳能屋顶"计划(2009 年),"金太阳示范工程"(2009 年),上网电价(2011 年)
风能	2008 年至今	《国家发展改革委关于完善风电上网电价政策的通知》(2009 年),上网电价(2011 年)

资料来源:根据公开信息整理。

2. 中国可再生能源发展政策工具

经历了几十年的探索、学习和创新,中国的可再生能源促进政策逐渐系统化,逐渐成熟和完善,为可再生能源产业的发展提供了坚实的制度保障。在总量目标政策的稳定引领以及财税金融政策、固定电价政策、保障性收购政策的保驾护航下,中国的可再生能源产业取得了长足的进步:风电、太阳能等可再生能源装机容量均为世界第一,成为"可再生能源第一大国";可再生能源技术装备水平显著提升,关键零部件基本实现国产化,相关新增专利数量居于世界前列,构建了具有国际先进水平的完整产业链;中国可再生能源的发展,包括技术水平的提升以及市场规模扩大带来的成本下降,使可再生能源的开发利用门槛大幅降低,为可再生能源在世界范围内的蓬勃发展作出巨大贡献。

（1）总量目标政策

总量目标政策指为可再生能源的资源开发与利用制定具体战略目标和发展规划的政策,涵盖可再生能源行业发电设备生产、基础设施建设、发电计划和并网利用等各个环节,以及未来一定时期内的发展目标、建设布局、重点任务和创新发展方式等,是中国可再生能源发展的纲领性政策。非化石能源和可再生能源发展目标一直是中国能源结构改革及经济发展绿色低碳转型的核心,在不同阶段的政策文件中提出了循序渐进的目标,以支撑逐步实现中国能源供给侧的可持续转型（表 10-7）。

表 10-7　中国主要政策文件中可再生能源发展目标

政策文件	文号/发布时间	发展目标
《可再生能源中长期发展规划》	发改能源〔2007〕2174 号	今后十五年我国可再生能源发展的总目标是：提高可再生能源在能源消费中的比重，解决偏远地区无电人口用电问题和农村生活燃料短缺问题，推行有机废弃物的能源化利用，推进可再生能源技术的产业化发展。具体发展目标为充分利用水电、沼气、太阳能热利用和地热能等技术成熟、经济性好的可再生能源，加快推进风力发电、生物质发电、太阳能发电的产业化发展，逐步提高优质清洁可再生能源在能源结构中的比例，力争到 2010 年使可再生能源消费量达到能源消费总量的 10%，到 2020 年达到 15%。因地制宜利用可再生能源解决偏远地区无电人口的供电问题和农村生活燃料短缺问题，并使生态环境得到有效保护。按循环经济模式推行有机废弃物的能源化利用，基本消除有机废弃物造成的环境污染。积极推进可再生能源新技术的产业化发展，建立可再生能源技术创新体系，形成较完善的可再生能源产业体系。到 2010 年，基本实现以国内制造设备为主的装备能力。到 2020 年，形成以自有知识产权为主的国内可再生能源装备能力
《可再生能源发展"十三五"规划》	发改能源〔2016〕2619 号	2020 年和 2030 年非化石能源分别占一次能源消费比重 15% 和 20%。到 2020 年，全部可再生能源年利用量 7.3 亿 t 标准煤。其中，商品化可再生能源利用量 5.8 亿 t 标准煤。到 2020 年，全部可再生能源发电装机 6.8 亿 kW，发电量 1.9 万亿 kW·h，占全部发电量的 27%。到 2020 年，各类可再生能源供热和民用燃料总计约替代化石能源 1.5 亿 t 标准煤。到 2020 年，风电项目电价可与当地燃煤发电同平台竞争，光伏项目电价可与电网销售电价相当。结合电力市场化改革，到 2020 年，基本解决水电弃水问题，限电地区的风电、太阳能发电年度利用小时数全面达到全额保障性收购的要求
《"十四五"可再生能源发展规划》	发改能源〔2021〕1445 号	按照 2025 年非化石能源消费占比 20% 左右任务要求，大力推动可再生能源发电开发利用，积极扩大可再生能源发电利用规模。2025 年，可再生能源消费总量达到 10 亿 t 标准煤左右。"十四五"期间，可再生能源在一次能源消费增量中占比超过 50%。2025 年，可再生能源年发电量达到 3.3 万亿 kW·h 左右。"十四五"期间，可再生能源发电量增量在全社会用电量增量中的占比超过 50%，风电和太阳能发电量实现翻倍。2025 年，全国可再生能源电力总量消纳责任权重达到 33% 左右，可再生能源电力非水电消纳责任权重达到 18% 左右，可再生能源利用率保持在合理水平。2025 年，地热能供暖、生物质供热、生物质燃料、太阳能热利用等非电利用规模达到 6 000 万 t 标准煤以上
强化应对气候变化行动——中国国家自主贡献	2015 年	到 2030 年的自主行动目标：二氧化碳排放 2030 年左右达到峰值并争取尽早达峰；单位国内生产总值二氧化碳排放比 2005 年下降 60%～65%，非化石能源占一次能源消费比重达到 20% 左右，森林蓄积量比 2005 年增加 45 亿 m³ 左右
中国落实国家自主贡献成效和新目标新举措	2021 年	到 2030 年，中国单位国内生产总值二氧化碳排放将比 2005 年下降 65% 以上，非化石能源占一次能源消费比重将达到 25% 左右，森林蓄积量将比 2005 年增加 60 亿 m³，风电、太阳能发电总装机容量将达到 12 亿 kW 以上

（2）财税金融政策

财税金融政策是指通过财政贴息、税收优惠、资金补贴和贷款支持等方式，从财政和金融等方面支持可再生能源发展的相关政策，通过降低可再生能源产业的生产成本和投融资门槛，缓解可再生能源发展早期在技术和成本等方面的竞争劣势，促进了可再生能源产业尤其是市场上中小微企业的快速成长。

（3）固定电价政策

固定电价政策是为某一段时期内不同可再生能源技术、发电项目的上网电价或上网电价调整制定的规定或方案，还包含可再生电力价格形成机制、电价改革方案和电网输配等方面的政策。

（4）保障性收购政策

保障性收购政策是为可再生电力并网、调度支持、促进消纳等制定的相关措施和办法，旨在提高可再生能源在能源消费总量中的占比，确保目标规划类政策提出的预期任务和承诺的兑现。

此外，还有一系列的规范性文件对可再生能源开发和并网过程或可再生能源产品及其配套基础设施的生产运营过程作出详细的规定，不仅涉及行业的监测预警、规程编制和评价体系等，还覆盖产业基础环节（原材料、发电设备、运营及终端应用）的技术规范与标准，是保障可再生能源相关产业持续健康发展的基础。

3. 积极探索可再生能源的复合开发利用模式

在可再生能源发展的实践中，中国政府积极推动可再生能源的复合开发利用模式与多元化创新应用场景，如"光伏＋综合行动"，支持光伏产业和现代农业、林业、畜牧业、渔业、荒漠化治理、建筑一体化、绿氢制造甚至乡村振兴行动等融合发展，提高土地综合利用效率，帮助当地居民改善生计，助力实现碳达峰碳中和目标。

中国政府发布的《"十四五"现代能源体系规划》提出，因地制宜发展"光伏＋"综合利用模式，推动光伏治沙、林光互补、农光互补、牧光互补、渔光互补，实现太阳能发电与生态修复、农林牧渔业等协同发展。《"十四五"可再生能源发展规划》提出积极推进"光伏＋"综合利用行动，鼓励农（牧）光互补、渔光互补等复合开发模式。国家能源局还提出到 2025 年，农光互补、渔光互补等光伏发电复合开发规模达到 1 000 万 kW 及以上。

共建"一带一路"国家多为发展中国家，在实现绿色转型的同时，需要兼顾转型的公正性与对弱势群体的保护，在转型中推动经济发展、实现农村地区减贫、增加绿色就业与改善居民生计。一些"光伏＋"的开发利用模式打开了可再生能源应用的想象空间，拓宽了可再生能源的盈利模式，并具有一定的可复制性，对共建"一带一路"国家绿色转型有一定借鉴意义。

（1）光伏发电＋农业

中国很多地区都开展了光伏发电与各类农业生产结合的"农光互补"新型应用场景的项目试点与运营，如在稻田、梯田、温室大棚等场景铺设光伏板进行发电。相关项目需要注意兼顾当地光照资源情况和土地资源情况，统筹光伏板清洁与农业用水，根据农作物的情况设计光伏系统，确保农作物产量不受影响。一些"农光互补"项目在光伏板下种植弱光农作物；一些项目与温室大棚结合，种植花卉、蔬菜、经济作物，提升土地产出效益，有效促进了农民增收。这种模式可以提升单位土地资源的经济价值，同时还为农产品二次加工提供能源保障，一定程度上增加农业产业竞争力，相关设备的维护也提高了当地绿色就业水平。图10-3是甘肃省临夏回族自治州东乡族自治县考勒乡坡根村"农光互补"光伏发电项目。

图 10-3　甘肃省临夏回族自治州东乡族自治县考勒乡坡根村"农光互补"光伏发电项目

此外，也有渔业养殖项目探索将光伏大棚与"鱼菜共生"技术结合，将蔬菜种植与渔业养殖结合，养鱼过程中产生的排泄物、残饵等，通过沉淀、过滤和有益微生物作用转化成蔬菜生长所需的养分，从而将水中的废物变废为宝。养鱼的水经过植物根系的吸收净化，再重新注入鱼池，实现了水资源的循环利用。

（2）光伏＋畜牧养殖

光伏发电与畜牧养殖的结合是比较常见的应用方式。一些项目在平整开阔无遮挡、辐照条件好的地区，利用农牧业大棚、畜舍棚顶及大棚与畜舍之间的空间安装光伏组件，饲养牛羊等大型牲畜。还有一些禽类养殖项目，利用鹅等禽类的饲草性，为光伏电站清除杂草。光伏清洁能源的特性也保证了电站运营环保无污染，在为边远牧区提供电力的同时有助于维持牧区生态系统平衡。

（3）光伏治沙

荒漠化地区往往光照资源充足、地势平坦，非常适合光伏发电，但存在风、沙缺水等天然挑战，为光伏设备维护增加了难度。中国在治沙方面取得的成就获得全世界认可，塞罕坝林场因其荒漠化治理事迹曾获得联合国环境领域最高荣誉"地球卫士奖"。中国沙化土地面积连续 20 年持续减少、程度持续减轻，实现了由"沙进人退"到"绿进沙退"的历史性转变。在此基础上，中国正在积极探索在荒漠化地区建立光伏电站，推动光伏与治沙的协同增效。光伏板可以遮光挡风，减少了土壤水分蒸发，有效降低了风速；在板下、板间种植固沙植物、经济作物，加强生物固氮作用，起到了固沙作用，并增加土壤肥力，稳固流沙、抵御风沙。在内蒙古自治区库布齐沙漠建设的一个光伏电站项目利用 19.6 万块光伏板拼接成的"骏马"光伏电站，面积达 130 万 m^2，创造了吉尼斯世界纪录（图 10-4）。

图 10-4　内蒙古自治区库布齐沙漠中的"骏马"光伏电站

4. 中国"多效协同"创新可再生能源发展模式

可再生能源是绿色低碳能源，是中国多轮驱动能源供应体系的重要组成部分，对于保障能源安全、改善能源结构、保护生态环境、应对气候变化、实现经济社会可持续发展同样具有重要意义。

可再生能源惠民利民成果丰硕，为全面建成小康社会贡献绿色力量。过去十多年来，中国扎实推进无电地区电网延伸，提前完成"三区三州"、抵边村寨农网改造升级，有效改善 210 多个国家级贫困县群众生产生活用电条件。积极实施可再生能源独立供电工程，累计让上百万无电群众用上绿色电力，圆满解决无电人口用电问题。2012 年以来，贫困地区累计开工建设大型水电站 31 座，为促进地方经济发展和移民脱贫致富作出贡献。创新实施光伏扶贫工程，惠及 415 万户贫困户，每年产生发电收益 180 亿元，相应设置公益岗位 125 万个，光伏扶贫已成为中国产业扶贫的精品工程和十大精准扶贫工程之一。同时，新能源成为拉动投资、带动就业、促进西部地区经济社会发展的重要力量。2022 年中国新增风电、光伏发电投资超过 5 000 亿元，风电、光伏发电产业领域就业人数达到 260 万人，产业链上下游年缴纳税费达到 1 200 亿元。以青海海南州千万千瓦级新能源基地为例，2021 年实现税收 9 亿元，已成为拉动海南藏族自治州经济社会发展的主引擎。

减污降碳成效显著，为生态文明建设和绿色低碳发展提供支撑。可再生能源既不排放污染物，也不排放温室气体，是天然的绿色低碳能源。2021 年，中国可再生能源开发利用规模达到 5.3 亿 t 标准煤，折合替代原煤 10.5 亿 t，相当于近 3 年中国煤炭年均进口量的 3.5 倍，同时减少二氧化碳、二氧化硫、氮氧化物排放量分别约 20.7 亿 t、40 万 t 和 45 万 t，是中国减污降碳和保障能源安全的坚实力量。同时，中国积极推进城乡有机废弃物等生物质能清洁利用，促进人居环境改善；积极探索沙漠治理、光伏发电、种植养殖结合的光伏治沙模式，推动光伏开发与生态修复相结合，实现可再生能源开发利用与生态文明建设协调发展、相得益彰。

国际合作不断拓展，为携手应对气候变化作出中国贡献。作为全球最大的可再生能源市场和设备制造国，中国持续深化可再生能源领域国际合作。水电业务遍及全球多个国家和地区，光伏产业为全球市场供应了超过 70% 的组件。可再生能源在中国市场的广泛应用，有力促进和加快了可再生能源成本下降，进一步推动了世界各国可再生能源开发利用，加速了全球能源绿色转型进程。与此同时，近年来中国在共建"一带一路"国家和地区可再生能源项目投资额呈现持续增长态势，积极帮助欠发达国家和地区推广应用先进绿色能源技术，为高质量共建绿色"一带一路"贡献了中国智慧和中国力量。

（三）中国可再生能源发展经验对共建"一带一路"国家的启示

1. 中国可再生能源发展经验

尽管面临诸多挑战，中国的绿色低碳转型框架和路径为全球可持续发展转型提供了可供参考的路径。中国愿意以"一带一路"倡议为契机，与沿线国家分享经验、帮助其消除对传统高碳增长模式的依赖，追求更低排放、低污染的创新、高效的发展道路，推动全球低碳发展转型。在"走出去"的进程中，中国凭借全球领先的制造能力和优质产能、相对充裕的资本能力以及庞大的国内市场潜力，通过深化全球供应链布局和专业化分工，加强可再生能源技术研发和商业模式方面的创新，持续降低可再生能源技术应用成本，扩大全球范围内相关技术和产品的市场空间，减少温室气体排放，促进经济繁荣和创造就业机会，实现全球经济的再平衡。

在国内风能和太阳能制造业取得成功后，中国企业扩大了对海外制造业的投资。对外的太阳能制造投资既受到国际关税的驱动，也受到进入全球需求中心的激励。例如，通过在土耳其与当地公司建立合资企业，晶科能源的产品可以供应欧洲、中东和北非市场，并向快速增长的土耳其太阳能市场供应组件。这也使土耳其当地的制造商能够向成熟的中国企业学习，并以较低的成本为当地的太阳能项目投资者提供组件。

相比之下，风能的供应链全球化程度仍然较低。风电机组设备运输成本更高，生产更复杂。共建"一带一路"国家不断增长的需求可能会带来更大的机会，特别是随着组件变得越来越模块化和轻量化。例如，金风科技通过出口供应市场 20 年后，2022 年在巴西开设其首个制造工厂。目前，当地对可再生能源的需求推动了中国开发银行的项目融资，随着需求的增长，这种项目融资可以通过制造设施来补充，以服务当地市场。在能源需求增长的关键领域进行进一步的制造业投资，可能是一个具有成本效益的战略，对中国企业和当地的经济体都有利。

中国可再生能源产业的进步首先得益于相对丰富的资源潜力和相对完善的工业生产体系。此外，战略上高度重视、较为完善的支撑政策体系为可再生能源产业的起步和繁荣提供了坚实的保障。另外，中国巨大的可再生能源技术和产品市场与中国不断增强的制造能力构成的良性循环也起到了积极作用。中国注重研发、资本、市场、产品多要素的整合，不断学习国际先进可再生能源技术及管理经验，提升自主创新水平，在全球价值链中逐步走向高端。

开发性金融在资助共建"一带一路"国家扩大可再生能源的生产和增加相关设备安装数量方面可以发挥重要作用。根据中国的经验，发展融资可以缩小当地企业的生产能力和可再生能源发展目标之间的差距，给新进入市场的企业提供时间来扩大业务。制造业是资本密集型的，发展融资可以帮助当地企业缓解高额的前期资本成本带来的资金压力，一旦设施投入使用，就可以收回成本。借鉴中国国内的经验，发展融资可以促进更高风险和资本成本的新兴可再生能源技术的发展。例如，国家开发银行支持了江山的林光互补发电项目和龙羊峡太阳能水电站，其中，龙羊峡太阳能水电站是中国第一个太阳能水电混合光伏发电项目，为处于示范阶段的技术提供了重要经验。随着中国的太阳能成本达到电网平价，未来中国将更注重发展的太阳能发电创新应用模式，例如，在沙漠戈壁荒漠地区开展大规模新能源发电项目建设。这些新的多用途发展模式可以从发展融资中受益，并有可能被引入中国的绿色"一带一路"海外合作中。

2. 针对共建"一带一路"国家可再生能源发展的共性建议

强化目标引导。及时更新国家能源计划，通过翔实的资源调查为各类可再生能源设定适当的发展目标，并适时调整。

优化补贴政策。完善以平准化度电成本附加溢价的上网电价，以激励市场投资，同时，随着新能源发展逐步进入商业化阶段，扶持和补贴机制应逐步淡出可再生能源政策和管理理念，最终形成政府政策引导与绿色电力市场机制有机结合的政策体系。

简化准入程序。建立清晰透明的可再生能源信息管理系统，优化补贴申请和分配程序，政府可通过该系统及时掌握发电信息和建设情况，并调整行业政策，完善开发权获取制度。同时，提供开放式访问平台以便跟踪和监督申请流程，确保可持续发展，并通过定期审查和调整避免暴利。

改善投资环境。进一步简化投资准入程序，完善相关法律法规，降低投资准入门槛，改善地方一级的资本获取途径，吸引绿色债券和气候基金等多渠道资金，以减轻投资风险。在政策法规方面，制定完善且明确的法律和监管框架，实施标准化、透明且符合国际标准的合同标准及流程，提高项目风险回报率。

多渠道优化消纳。通过创新混合多能互补应用形式，协调电网规划与电源建设，制定电源与输电、分布式发电与配电"双"协调规划，保障电网的安全稳定运行。加强跨国联网，形成统一互联电网，依靠特高压交直流输电系统实现清洁能源的大范围优化配置，利用电网互联优势解决资源与需求错配问题，为可再生能源大规模开发和跨国消纳提供有利条件。

加强国际合作。通过加强可再生能源国际合作，如制定技术规范、建立技术应用示范项目、科技合作基地等，发展氢燃料电池、电动汽车和船舶、生物燃料以及用于高效节能炉灶的生物质颗粒燃料等清洁能源应用技术，通过人才联合培养有效提升区域可再生能源发展技术水平。

3. 针对部分共建"一带一路"国家或地区可再生能源合作的差异化建议

（1）面向中亚地区的国际合作

中亚作为重要的资源地，在世界能源政治格局中的地位不断上升。同时，中亚的安全局势受到国际及区域地缘政治形势的影响，可再生能源项目开发时要密切关注政治形势，做好风险防控。项目投资方要了解国外政治形势，研究当地法律法规和政策条款，做好风险评估。

在与第三方开展广泛的合作中开发中亚可再生能源，实现区域能源的互联互通。例如，与欧亚经济联盟合作、在上海合作组织框架内加强绿色能源合作，实施《上合组织成员国可再生能源利用合作协议》《上合组织区域内贸易发展联合行动计划》《上合组织基础设施发展纲要》等文件，通过多方利益制衡，提高可再生能源项目开发和运行的安全性。

重点开展氢能领域的技术研发与贸易合作，帮助中亚国家将油气转化为氢气，并帮助其缓解水资源与能源矛盾，帮助中亚建立水电站、水库以进行季节性抽水蓄能，发展电解水制氢进行氢储能，实现水资源和能源双重储存，满足能源与水资源多重需求。

（2）面向非洲和拉丁美洲地区的国际合作

协助非洲和拉丁美洲地区开展能力建设，主动参与 IEA、IRENA 等国际机构发起的合作项目，帮助非洲制定可再生能源发展的长期规划和具体配套措施，包括发展目标、财税政策、技术转移支持政策、标准体系等具体内容，以保证政策的连续性和稳定性；借助"应对气候变化南南合作'十百千'倡议""'一带一路'应对气候变化南南合作"等合作平台，培训发展可再生能源需要的专业人才，同时提升当地对可再生能源的认识水平和接受程度。

解决非洲和拉丁美洲地区融资难题。联合非洲发展银行、世界银行以及应对气候变化基金等，利用政策性银行，进行金融创新，搭建投融资平台，建立专项基金，为非洲及拉丁美洲国家发展可再生能源提供融资保障，解决多数国家资金匮乏的问题。

四、"一带一路"助推可持续发展进程创新机制的政策建议

（一）加强"一带一路"可再生能源投融资机制创新，推动建立可再生能源项目支持体系

推动共建"一带一路"国家能源绿色低碳发展，是助推其实现可持续发展的重要手段，其核心是加强对可再生能源的投融资。目前，很多共建"一带一路"国家特别

是其中的发展中国家都面临发展可再生能源的巨大资金和技术缺口,而中国恰恰有这方面的合作需求和产能优势。对此,提出以下政策建议。

一是通过创新性举措,撬动和激活可再生能源市场化合作。为"一带一路"绿色发展类项目设立预可行性支持系统。建立项目预可行性研发基金,为预可行性研究和项目准备阶段提供资金支持,为共建"一带一路"统筹部门提供参考,撬动项目开发进程。中国设立的一些双多边基金审批效率应更高、资金协调流程应更为便捷,可以充分参考有关决策机制,大幅提升"一带一路"绿色项目资金使用效率,填补发展中国家资金缺口。与共建"一带一路"国家携手,建立可供太阳能和风能项目开发商访问的预可行性融资选项数据库,以更好地了解和适配现有资源,将最大限度地提升共建"一带一路"国家有关项目融资能力。积极向库内项目提供可再生能源融资组合,可包括融资+设计、采购、施工(EPC+F)、国际金融机构转贷、主权财富基金、"一带一路"可再生能源债券、国际开发基金、境外产业基金、国际银团贷款等多样化融资支持。

二是依托现有国际合作平台推动可再生能源投资对接。促进可再生能源跨境研究和磋商,制订区域合作战略政策与行动计划。推动形成国际参与及互认的"一带一路"可再生能源合作标准、规范和指南,形成多层次的可再生能源国际标准合作体系。推进数字化风电、数字化 EPC、数字化电站运维、数字化培训等能力建设,加强数字化赋能绿色发展。为"一带一路"沿线新兴可再生能源市场提供技术援助并进行能力建设合作,为其培训更多的中小型可再生能源开发商,提升沿线国家接受投资能力。推动"一带一路"沿线国家行业组织和利益相关方多元对接,建立绿色转型专业合作网络。

(二)加强"一带一路"绿色发展各领域合作机制间的协同增效,推动建立有利于"一带一路"绿色领域合作的政策环境

目前,大多数共建"一带一路"国家还在经济发展与碳排放增长的高速轨道上,在"一带一路"框架下开展充分有效的环境与气候合作是发展中国家增进互信、减少分歧、开展其他合作的基石,也将为全球气候治理作出重要贡献。在共建"一带一路"十年的合作实践中,中国政府建立了共建"一带一路"合作的统筹规划管理机制,同时与共建"一带一路"国家在环境、能源、绿色金融、交通基建等关键领域建立了相对独立的对话机制与合作平台。上述机制均是共建"一带一路"绿色发展的重要推动力量。对此,提出以下政策建议。

一是加强"一带一路"合作既有平台在绿色发展重点领域的纵向统筹与横向协调。目前,与绿色"一带一路"相关的多双边、次区域、产能合作等机制基本相对独立地

开展工作，信息互通有限，不利于全方位促进"一带一路"发展中国家绿色转型。应针对跨部门合作的重点领域，尝试利用国家构建的"一带一路"建设总体协调机制，加强绿色基础设施、绿色能源、绿色交通、绿色产业、绿色金融、绿色科技等重点领域的沟通及交流频次，统筹推动"一带一路"绿色发展各领域合作，继续完善多领域、多层级的沟通与合作机制，定期开展政策研讨，构建信息共享机制。将更多非国家行为主体纳入合作范畴，构建主体丰富的合作网络。

二是改进"一带一路"海外绿色发展领域合作项目开发的政策环境。推进海外投资审批制度改革，形成新的差异化审批制度，促进绿色能源投资便利化；将企业绿色能源投资纳入企业绩效体系，并适当放宽绿色能源海外投资的业绩要求；建立"一带一路"气候投融资与绿色信贷体系，适当降低低碳投资项目融资成本；鼓励金融监管机构破除绿色融资相关桎梏、促进外部性的内部化，以激励绿色金融的发展；搭建并完善绿色能源投资信息化服务体系，形成海外投资风险评估和预警系统。

（三）开展"一带一路"创新性项目示范，支持为共建"一带一路"国家提供量身定制的可持续发展解决方案

找到适合自己的可持续发展道路，实现绿色、低碳、可持续的发展，是人类的唯一选择，也是发展中国家必须回答的课题。此前，绿色"一带一路"专题政策研究报告已提出了绿色"一带一路"与实现联合国可持续发展议程的密切关系。未来，"一带一路"绿色发展领域合作可以也应当为共建国家实现绿色、低碳、可持续的发展带来重要机遇与解决方案。为此，提出以下政策建议。

一是利用现有合作平台统筹各方资源，打造可再生能源等领域的"一带一路"绿色合作示范项目。在此前政策建议的基础上，推动中国政府与共建国家共同打造一批"一带一路"绿色合作示范项目，结合高效的跨部门协调机制与金融机构的绿色投融资渠道，为示范项目的规划、设计、融资、落地提供全过程的支持，形成对沿线国家有影响力和辐射效应的示范项目，为发展中国家提供符合当地实际情况的绿色解决方案，撬动当地绿色配套政策制定与本土化绿色产业的发展。

二是探索开展"光伏+"等创新应用场景的示范合作，探索符合发展中国家特点的光伏项目盈利模式。在上述示范项目基础上，着力加强可再生能源领域项目的示范作用。支持"光伏+"项目的前期可行性研究与建设运营，在共建国家开展光伏＋农业、光伏＋养殖业、光伏＋工业园区等复合型可再生能源项目的示范试点。在这些应用场景下，针对发展中国家电费收取困难等能源项目普遍面临的挑战，积极探索通过光伏配套产业盈利等创新盈利模式，加强可再生能源项目的普及推广。

附录 10-1 主要共建"一带一路"国家和地区最新 NDC 文件中承诺温室气体减排及可再生能源发展目标

国家	国家代码	减排目标	可再生能源发展目标
韩国	KOR	2030 年在 2018 年基础上减排 40%	—
蒙古国	MNG	2030 年比 2010 年 BAU 情景减排 22.7%,有条件的 CCS 和废弃物转化成能源的技术实施,减排 44.7%	能源生产部门减排 8 340.5 GgCO$_2$e(包括可再生能源使用和能源生产效率提升)
菲律宾	PHL	2030 年比 BAU 情景 (3 340.3 MtCO$_2$e)减排 75%(其中 2.71% 无条件,72.29% 有条件)	—
柬埔寨	KHM	2030 年比 BAU 情景 (125.2 MtCO$_2$e)减排 42%,其中能源部门减排 40%	2030 年能源结构中可再生能源比例达到 25%
老挝	LAO	无条件目标:2030 年比基准情景减排 60%(62 000 MtCO$_2$e)	无条件目标:水电装机容量达到 13 GW;有条件目标:太阳能和风能装机容量达到 1 GW,生物质能装机容量达到 300 MW
马来西亚	MYS	相对于 2005 年,GDP 碳强度降低 45%	—
缅甸	MMR	无条件减排目标为 244.52 Mt,加上有条件减排目标总量为 414.75 MtCO$_2$e	可再生能源(太阳能和风能)的比例增加到 53.5%(从 2 000 MW 增加到 3 070 MW)
泰国	THA	555 MtCO$_2$e	—
文莱	BRN	2030 年相对于 2015 年 BAU 情景(29.5 MtCO$_2$e)排放量降低 20%;2035 年前工业部门总体排放量降低	2035 年可再生能源发电达到总装机容量的 30% 以上
新加坡	SGP	2030 年前排放达峰,并且 GHG 排放降低到 60 MtCO$_2$e 左右	2030 年太阳能光伏装机容量达到 2 GW$_P$(2020 年水平为 350 MW$_P$),发电量达到总电力需求的 3%
越南	VNM	无条件减排目标为 15.8%;有条件目标为 43.5%(BAU 情景为 2030 年排放量为 927.9 MtCO$_2$e)	水电装机容量达到 22 022 MW(其中小水电达到 3 674 MW),风电装机容量达到 630 MW,生物质能达到 570 MW,太阳能(包括屋顶太阳能)达到 16 491 MW
印度尼西亚	IDN	无条件减排目标为 31.89%;有条件减排目标为 43.20%(BAU 情景为 2030 年排放量约 2.869 MtCO$_2$e)	新能源和可再生能源在一次能源结构中的比例达到 23%(2025 年)、31%(2030 年)

国家	国家代码	减排目标	可再生能源发展目标
巴基斯坦	PAK	50% 的有条件目标；15% 的无条件目标（BAU 情景为 1 603 $MtCO_2e$）	60% 的可再生能源，30% 的电动汽车
马尔代夫	MDV	BAU 情景为 3 284.92 $GgCO_2e$，有条件的减排目标为 26%	可再生能源占比提高到 15%
尼泊尔	NPL	电力部门 2050 年实现碳中和、2030 年前实现可再生能源占比 70%	清洁能源发电的装机容量达到 15 000 MW，其中微型和小型水电、太阳能、风能和生物质能的比例达到 5% ～ 10%
斯里兰卡	LKA	无条件目标为 4.0%；有条件目标为额外的 10.7%	2030 年可再生能源发电占发电总量的 70%；可再生能源装机容量在 BAU 情景的基础上增加 3 867 MW，无条件目标为 950 MW，有条件目标为 2 917 MW
孟加拉国	BGD	无条件减排目标为 27.56 Mt；有条件减排目标为额外 61.9 Mt（BAU 情景为 2030 年 GHG 排放 409.4 $MtCO_2e$）	无条件目标：实施可再生能源项目 911.8 MW，其中上网太阳能 581 MW，风能 149 MW，生物质能 20 MW，生物气 5 MW，新型水电 100 MW；有条件目标：实施可再生能源项目 2 277 MW，其中上网太阳能 2 277 MW，风能 597 MW，生物质能 50 MW，生物气 5 MW，新型水电 1 000 MW，太阳能微网 56.8 MW，垃圾焚烧发电 128.5 MW
哈萨克斯坦	KAZ	无条件目标：2030 年比基准年（1990 年）减排 15%；有条件目标：比基准年减排 25%，比 BAU 情景减排 34%（无条件目标）	—
吉尔吉斯斯坦	KGZ	无条件目标：2030 年相对于基准年（1990 年，1.378 亿 tCO_2e——不包括 LULUCF 部门，1.172 亿 tCO_2e——包括 LULUCF 部门）减排 35%；有条件目标：2030 年相对于基准年减排 35%	—
塔吉克斯坦	TJK	无条件目标：2030 年不超过 1990 年水平的 60% ～ 70%（人均排放 1.9 ～ 2.2 tCO_2e）；有条件目标：2030 年不超过 1990 年的 50% ～ 60%（人均排放 1.5 ～ 1.9 tCO_2e）	—
土库曼斯坦	TKM	GDP 碳强度（PPP）降低为 2000 年的 47%	—
乌兹别克斯坦	UZB	GDP 碳强度在 2010 年基础上降低 35%	可再生能源发电量占比在 2030 年前达到至少 25%，为实现此目标，建设新的可再生能源设施 10 GW，其中太阳能 5 GW，风能 3 GW，水电 1.9 GW

国家	国家代码	减排目标	可再生能源发展目标
阿富汗	AFG	在 BAU 情景的基础上减排 13.6%	农村人口的 25% 转向替代和可再生能源（目前水平为 15%）
阿曼	OMN	2030 年相对于 BAU 情景减排 7%（BAU 情景为 125.254 MtCO$_2$e），4% 的承诺为无条件目标，3% 的承诺为有条件目标	—
阿塞拜疆	AZE	在基准年 1990 年基础上减排 35%（减排 25.666 GgCO$_2$——不包含 LULUCF，24.374 GgCO$_2$e——包含 LULUCF）	—
巴林	BHR	—	可再生能源装机容量达到 5%，2035 年达到 10%
卡塔尔	QAT	相对于 BAU 情景，2030 年减排 25%（BAU 情景为 2019 年情景）	—
科威特	KWT	相对于 BAU 情景（基准年为 2015 年），2035 年减少 7.4% 的温室气体排放	提高清洁能源比例，努力增加 2030 年来自可再生能源的需求
黎巴嫩	LBN	相对于 BAU 情景，减排 20%（无条件目标）/31%（有条件目标）	电力需求中 18% 来自可再生能源，热力需求中 11% 来自可再生能源（无条件目标）；电力需求中 30% 来自可再生能源，热力需求中 16.5% 来自可再生能源（有条件目标）
沙特阿拉伯	SAU	在基准年（2019 年）基础上减排 278 MtCO$_2$e	2030 年可再生能源占能源结构的 50%
土耳其	TUR	相对于 BAU 情景减排 21%（246 MtCO$_2$e）	2030 年太阳能发电装机容量达到 10 GW，风电装机容量达到 16 GW，充分挖掘水电潜力，建成一座核电站
叙利亚	SYR	—	2030 年可再生能源比例在电力生产中达到 10%（在国际援助条件下）
亚美尼亚	ARM	2030 年相对于 1990 年水平减排 40%	2030 年将可再生能源在能源生产中的份额翻倍，亚美尼亚在现有太阳能装机容量 59.7 MW 基础上，在 2030 年前达到 1 000 MW 目标。绿色能源的份额在发电结构中的比例至少达到 15%
伊拉克	IRQ	2030 年比预期情景实现总排放量 1%～2% 的减排	促进可再生能源技术本地化，特别是太阳能方面
以色列	ISR	无条件目标：2030 年相对于 2015 年减排 27%（相当于减排 81.65 MtCO$_2$e），2050 年相对于 2015 年减排 85%	可再生能源发电比例 2025 年达到 20%，2030 年达到 30%

国家	国家代码	减排目标	可再生能源发展目标
约旦	JOR	相对于 BAU 情景，2030 年减排 31%（BAU 情景排放为 43 989 GgCO$_2$e）	2030 年可再生能源发电比例提高到 35%。AAWDCP 项目 185 MW 太阳能光伏。引进 100 MW 和 300 MW 集中式太阳能发电厂（CSP）
塞浦路斯	CYP	2030 年相对于 1990 年水平至少减排 40%	2030 年可再生能源在终端能源消费中的比例至少达到 32%
埃及	EGY	相对于 BAU 情景（214 740 GgCO$_2$e），2030 年减排 33%	按照 Egypt's Integrated Sustainable Energy Strategy 2035 规划，增加可再生能源装机容量，使其对发电贡献达到 42% 的目标（2035 年）。2030 年前，可再生能源装机容量达到 40%
苏丹	SDN	相对于 BAU 情景，能源部门（不包括生物质能）减排 38%（BAU 为 33 181 563 tCO$_2$e），森林和生物质能部门减排 45%（BAU 情景为 29 450 936 tCO$_2$e），废弃物部门减排 20%（BAU 情景为 6 394 907 tCO$_2$e）	大规模太阳能和风电场上网（代替 5 056 GW·h 化石燃料发电），居民、农业和工业部门独立或微网（代替 1 529 GW·h 网电），水电（代替 37 GW·h 网电）
突尼斯	TUN	相对于 2010 年水平，碳强度下降 45%（国际支持条件下目标为 55%）	—
阿尔及利亚	DZA	相对于 BAU 情景，GHG 排放降低 7%（无条件目标）、22%（有条件目标）	2030 年可再生能源发电比例达到 27%
摩洛哥	MAR	2030 年相对于基准情景（2010 年，基准排放水平为 72 979 kgCO$_2$e）减排 45.5%（包含有条件目标），其中无条件目标为 18.3%	到 2030 年实现 52% 的装机电力来自可再生能源，其中 20% 来自太阳能，20% 来自风能，12% 来自水能
肯尼亚	KEN	相对于 BAU 情景（143 MtCO$_2$e）减排 32%	
南苏丹	SSD	相对于 BAU 情景减排 109.87 MtCO$_2$e，增加碳汇 45.06 MtCO$_2$e	未来 10 年，计划 6 座水电站（2 635.5 MW），太阳能发电 57 MW，风能 11.41 MW，生物质能发电站 5.7 MW，2030 年可再生能源（包括水电）将达到 92%（不包括水电为 3%）
埃塞俄比亚	ETH	无条件目标为绝对排放水平为 347.3 MtCO$_2$e（比 BAU 情景减排 14%）；有条件目标为绝对排放水平降至 125.8 Mt（减排 68.8%）。能源部门减排 15 Mt（无条件目标）/10.5 Mt（有条件目标）	增加使用可再生非并网能源照明居民数量
索马里	SOM	相对于 BAU 情景减排 30%（BAU 情景为 107.39 MtCO$_2$e）	—

国家	国家代码	减排目标	可再生能源发展目标
吉布提	DJI	相对于 BAU 情景减排 40%（相当于 2 MtCO₂e），如果有国际支持（有条件目标），还可以进一步减排 20%	无条件目标：建设埃塞俄比亚的高压输电线路（埃塞俄比亚电力 90% 来自可再生能源），60 MW 的海上风电项目、三家风场（预计共 250 MW）、地热能热泵（储量 1 200 MW）。有条件目标：埃塞俄比亚高压输电项目 250 MW，以及其他与可再生能源无关的目标。进一步目标（研究中）：生物质能 10 MW，潮汐发电厂 5 MW，陆上风电项目 30 MW
坦桑尼亚	TZA	相对于 BAU 情景减排 30%～35%（138～153 MtCO₂e）	地热能（潜力 650 MW），平均日照时长 9 小时，水能潜力 4.7 GW（装机容量仅 562 MW），大部分国土风能满足开发要求（风速 0.9～9.9 m/s）。五年计划（FYDPII）指出 2020—2021 年可再生能源和绿色能源比例达到 50%，2025—2026 年达到 70%（包括液化石油气）
乌干达	UGA	无条件目标为 8.78 MtCO₂e（相当于 BAU 情景的 5.9%）；有条件目标为 27.97 MtCO₂e（相当于 BAU 情景的 18.8%）	2015—2030 年新增装机容量：水电 756.8 MW，蔗渣发电 25 MW，太阳能发电 20 MW，风电 20 MW（电力能源替代减排量 0.000 3 MtCO₂e）
卢旺达	RWA	无条件目标：相对于 BAU 情景减排 16%（大约 1.9 MtCO₂e）；有条件目标：额外减排 22%（2.7 Mt）	无具体目标
布隆迪	BDI	相对于 BAU 情景（2015 年一切照旧），2030 年减排 23%，其中无条件目标 3%（1 958 GgCO₂e），有条件目标 20%（14 897 GgCO₂e）	增加水电装机容量（已安装 45.4 MW，19.25 MW 正在公私合营的框架下开发，300 kW 的微型电站正在私人开发）；提高光伏装机容量（其中 7.5 MW 已安装，50 个公共机构正在开发 200 kW 的离网太阳能光伏）；促进沼气池在学校的使用
塞舌尔	SYC	排放降低到 817 ktCO₂e（相对于 BAU 情景减排 26.4%）	2030 年可再生能源比例达到 15%。37.4 MW 太阳能光伏可满足电动汽车需求
尼日利亚	NGA	相对于 BAU 情景，减排 20%（无条件目标）47%（有条件目标）（BAU 情景为 453 MtCO₂e）	上网可再生能源比例达到 30%（新增装机容量——大水电 12 GW，小水电 3.5 GW，太阳能光伏 6.5 GW，风电 3.2 GW），离网可再生能源 13 GW（微网 5.3 GW，太阳能家庭系统和路灯 2.7 GW，自发电 5 GW）
毛里塔尼亚	MRT	2030 年相对于 BAU 情景（2018 年照常情景）减排 11%，需要比 BAU 情景减排 92% 才能实现经济的碳中和	2030 年可再生能源份额达到 50.34%，引入绿氢和沙漠发电可再生能源比例达到 93%

国家	国家代码	减排目标	可再生能源发展目标
塞内加尔	SEN	与 BAU 情景（2010 年）相比，2025 年和 2030 年分别减排 5% 和 7%	NDC 战略行动：到 2030 年实现太阳能累计装机容量 235 MW、风电 150 MW、水电 314 MW；2030 年可再生能源注入总功率 699 MW；2019 年电网可再生能源发电装机（不包括水电）渗透率达到 13.68%；NDC+ 战略行动：到 2030 年实现 100 MW 的太阳能、100 MW 的风能、50 MW 的生物质能和 50 MW 的 CSP 的额外装机容量；注入总计 300 MW 的额外可再生能源容量，使可再生能源总量（CDN 和 CDN+）达到 999 MW；在双热电厂（油 / 气）和 320 MW 燃煤金达尔电厂与联合循环燃气电厂中以天然气代替石油，这将在 2025 年至 2030 年带来 600 MW 的天然气装机总量；到 2022 年，可再生能源（不包括水电）在电力系统中的普及率达到 18%；2025 年农村太阳能电气化，2 292 个地方通过迷你网络；4 356 个地区太阳能家庭系统（SHS）
冈比亚	GMB	无条件目标：森林和能源部门减排 169 $GgCO_2e$（相当于相对于 BAU 情景减排 2.6%）；有条件目标：所有部门减排 3 121 $GgCO_2e$（相当于相对于 BAU 情景减排 47.2%）	—
圣多美和普林西比	STP	相对于 2012 年的 BAU 情景减排 27%，相当于减排 109 $kTCO_2e$	国家电网中可再生能源比例达到 50%，装机容量达到 49 MW，其中太阳能 32.4 MW，水电 14 MW，生物质能 2.5 MW
布基纳法索	BFA	相对于 BAU 情景，2025 年减排 10.77%（无条件目标）/5.47%（有条件目标），2030 年减排 19.60%（无条件目标）/9.82%（有条件目标），2050 年减排 15.50%（无条件目标）/18.93%（有条件目标）	在 Koudougou（20 MW_P）和 Kaya（10 MW_P）建设容量为 30 MW_P 的太阳能发电厂，包括加固 220 km 网络（Yeleen）；在 Essakane 建设容量为 15 MW_P 的光伏太阳能发电厂；在 Matourkou 建设功率为 14 MW_P、储能为 6 $MW·h$ 的光伏太阳能发电厂（KFW）；扎格头里太阳能光伏电站扩建工程（17 MW_P）；在公共建筑中采购和安装太阳能设备的项目；在 Dori（Yeleen）建设光伏太阳能发电厂，功率为 6.29 MW_P（Yeleen）；在 Diapaga 建设容量为 2.2 MW_P（Yeleen）的光伏太阳能发电厂；在 Gaoua 建设功率为 1.13 MW_P（Yeleen）的光伏太阳能发电厂；离网 CSPS 的太阳能项目；300 个农村地区的社会社区基础设施太阳能系统电气化项目；在瓦加杜古建设光伏太阳能发电厂，功率为 43 MW_P（瓦加西北）（叶林）

国家	国家代码	减排目标	可再生能源发展目标
贝宁	BEN	相对于 BAU 情景（基于对 2010—2017 年观测到的历史趋势的部门活动数据的预测），2021—2030 年减排排放 20.15%	计划中的可再生能源开发（建设水力发电站 Dogo bis（128 MW 和 337 GW·h/a）；沃萨（60.2 MW 和 188.2 GW·h/a）和贝特鲁（18.8 MW 和 57 GW·h/a）安装太阳能光伏电站总容量 112 MWp，15 MW 生物质燃料部门的结构）。无条件贡献：发电站水电（电力和其他基础设施，占投资的 51.5%）+ 太阳能 87 MW（DEFISSOL、MCA II 和其他）+ 4 MW 生物质能部门的结构 + 促进生物质发电 30% 的投资。有条件贡献：水力发电厂（总土木工程占投资的 48.5%）+ 太阳能 25 MW + 生物质 11 MW + 生物质发电推广（70%）
加纳	GHA	无条件减排目标：24.6 MtCO$_2$e；有条件减排目标：额外的 39.4 MtCO$_2$e	可再生能源渗透率 10%
科特迪瓦	CIV	与参考情景（2012 年作为基准年）相比，2030 年减排 30.41%（计入有条件目标为 98.95%）	可再生能源比例提高到 45%
利比里亚	LBR	无条件减排目标：相对于 BAU 减排 11 187 GgCO$_2$e（减排 10%）；有条件减排目标：额外减排 4 537 GgCO$_2$e（54%）	装备 100 MW 的可再生能源电厂，并且负荷率达到 40%（年生产电能 300 GW·h）；发展大型离网小水电和采用电力购买协议的上网小水电，装机容量 20 MW；水电出力达到 50 GW·h/a，负荷率达到 50%；发展大型太阳能光伏（支持建设总计 10 MW 的光伏电厂，2025 年年出力达到 2 GW·h）
塞拉利昂	SLE	2030 年减排 10%（2050 年减排 25%）	有条件目标：离网微电网可获得比例提高 27%，太阳能离网系统可获得比例提高 10%
几内亚	GIN	2030 年与基准年份（2018 年）相比，无条件目标为减排 9.7%，有条件目标为减排 17.0%（不包含 LULUCF 部门）	2025 年可再生能源占比 70%，2030 年占比达到 80%
几内亚比绍	GNB	相对于 BAU 减排 30%（其中 10% 是无条件目标）（BAU 情景为 18.2 MtCO$_2$e）	可再生能源在发电结构中的比例从 5% 提高到 58%，其中 40% 来源于水电，其他来源于太阳能光伏和风电（可再生能源装机容量从目前的 3 MW 提升到 90 MW）
佛得角	CPV	无条件目标：相对于 BAU 情景减排 18%（相当于减排 180 000 tCO$_2$e）；有条件目标：相对于 BAU 减排 24%（相当于减排 242 000 tCO$_2$e）	2025 年风电装机容量达到 51.4 MW，太阳能达到 63.0 MW；2030 年风电装机容量达到 91.2 MW，太阳能达到 160.6 MW
尼日尔	NGA	相对于 BAU 情景减排 20%（无条件目标）；减排 47%（有条件目标）	30% 的上网电量来源于可再生能源（12 GW 的新建大水电、3.5 GW 的小水电、6.5 GW 的太阳能光伏、5 GW 自发电）

国家	国家代码	减排目标	可再生能源发展目标
乍得	TCD	无条件目标：与 BAU 情景（与 2010—2018 年政策情景照常）相比，2030 年减排幅度为 0.5%；有条件目标：与 BAU 情景相比减排 19.3%	确定的优先选择包括促进和支持使用沼气和太阳能等可再生能源的措施。提高可再生能源在能源结构中的份额；增加可再生能源对电网的贡献；推广用于农村电气化的解决方案；推进具有社会性质的可再生能源电气化项目；加强当地的可再生能源技术技能并改进市场控制程序
中非	CAF	无条件目标：2025 年和 2030 年分别比趋势情景（根据 2010 年推算）减排 9.03% 和 11.82%；有条件目标：2025 年和 2030 年分别比趋势情景（根据 2010 年推算）减排 14.64% 和 20.28%	2025 年和 2030 年太阳能照明装备家庭比例达到 5% 和 50%，2025 年太阳能灶装备家庭比例达到 5%
刚果（金）	COD	与 BAU 情景相比减排 21%（其中有条件目标为 19%，无条件目标为 2%）	利用可再生能源实现农村、城郊和城市地区的电气化；增加可再生能源在国家能源结构中的比例
加蓬	GAB	2030 年，森林部门的总排放量控制在 3 040 万 t，总清除量达到 1.525 亿 t，能源和农业部门排放量控制在 380 万 t；2050 年及之后保持碳中和	2030 年水电装机容量达到 260 MW，2050 年达到 630 MW。2030 年增加 115 MW 的并网太阳能光伏发电厂和 33 万个太阳能热水器
莫桑比克	MOZ	在 2020—2025 年减排 40 Mt	新建水电 67.995 MW，风电 240 MW，太阳能光伏 258.913 MW；新建 50 000 个太阳能光伏或风电照明系统
赞比亚	ZMB	有条件目标：2030 年相对于基准年 2010 年减排 25%（相当于 20 000 GgCO$_2$e）——在 2015 年接受国际援助的水平下，在替代的国际支持下减排 47%（相当于 38 000 GgCO$_2$e）	—
安哥拉	AGO	2025 年无条件目标为相对于 2015 年 BAU 情景减排 15%，有条件目标为减排 25%；2030 年无条件目标为减排 21%，有条件目标为减排 36%	无条件目标：生物质能装机 500 MW，小水电 100 MW，大水电 700 MW，大规模光伏 104 MW，小型光伏 100 MW，小型工业光伏 2 MW，风电场 100 MW；有条件目标：生物质能装机 500 MW，小水电 150 MW，大水电 2 050 MW，大规模光伏 104 MW，小型光伏 187 MW，小型工业光伏 2 MW，NAMA 小型光伏 15 MW，风电场 100 MW
津巴布韦	ZWE	相对于 BAU 情景（基于 2011 年、2015 年、2017 年及考虑了 COVID-19 的影响）下 2030 年人均碳排放 2.3 tCO$_2$e 减排 40%	—

国家	国家代码	减排目标	可再生能源发展目标
博茨瓦纳	BWA	以 2010 年为基准年，2030 年减排 15%	—
纳米比亚	NAM	2030 年在 BAU（24.167 MtCO_2e）情景基础上减排 91%（主要依靠 AFOLU），其中无条件目标 77%，有条件目标 14%	太阳能光热路线图：20 000 个太阳能热水器，太阳能屋顶光伏系统 45 MW，REFIT120 MW 太阳能光伏，嵌入式发电 13 MW 太阳能光伏，Muburu 20 MW 光伏、20 MW 太阳能 IPP 电厂，Baynes 水电 600 MW 中 300 MW，Luderitz 风电 40 MW 和 50 MW IPP 风电场，生物质能电厂 40 MW
南非	ZAF	2025 年排放量在 398～510 MtCO_2e，2030 年排放量在 350～420 MtCO_2e	截至 2020 年 3 月，批准了 112 个可再生能源 IPP 项目，4 个大型和 3 个小型共 6 422 MW 装机容量，4 201 MW 的可再生能源装机容量已经并网，吸收投资 209.7×10^6 南非兰特，下一个十年，NDC 需要更大的投资项目，大约 860×10^6～920×10^6 南非兰特
莱索托	LSO	无条件目标：2030 年在 BAU（2000 年情景）基础上减排 10%；有条件目标：2030 年额外在 BAU 基础上减排 25%	提高清洁能源可及性，2015 年达到 35%，2020 年达到 40%，2030 年达到 50%
马达加斯加	MDG	2030 年在 BAU 情景（2000 年）基础上减排 14%（30 MtCO_2e），LULUCF 吸收量增加 61 MtCO_2e	加强可再生能源（水能和太阳能）从现在水平的 35% 提高到 79%
科摩罗	COM	与 BAU 情景相比，2030 年减排 442 ktCO_2e	继续开发光伏电站项目；启动第一个地热阶段（勘探钻井和作业钻井）
马拉维	MWI	无条件目标：2040 年相对于 BAU 情景（2017 年）减排 6%，约等于 2.1 MtCO_2e；有条件目标：2040 年相对于 BAU 情景额外再减排 45%，约减排 15.6 MtCO_2e	列出了水电上网、离网小光伏、大型光伏上网、风电上网等可再生能源的投资需求，但是没有具体的装机容量或出力水平
爱沙尼亚	EST	2030 年相对于 1990 年水平至少减排 40%（欧盟整体目标）	2030 年可再生能源在终端能源消费中的比例至少达到 32%（欧盟整体目标）
拉脱维亚	LVA	2030 年相对于 1990 年水平至少减排 40%（欧盟整体目标）	2030 年可再生能源在终端能源消费中的比例至少达到 32%（欧盟整体目标）
立陶宛	LTU	2030 年相对于 1990 年水平至少减排 40%（欧盟整体目标）	2030 年可再生能源在终端能源消费中的比例至少达到 32%（欧盟整体目标）
摩尔多瓦	MDA	2030 年减排相当于相对于基准年（在 NDC2 中核算为 44.9 Mt）的 100%（实现净零排放）	2020 年终端能源消费的 17% 来自可再生能源
波兰	POL	2030 年相对于 1990 年水平至少减排 40%（欧盟整体目标）	2030 年可再生能源在终端能源消费中的比例至少达到 32%（欧盟整体目标）

国家	国家代码	减排目标	可再生能源发展目标
捷克	CZE	2030 年相对于 1990 年水平至少减排 40%（欧盟整体目标）	2030 年可再生能源在终端能源消费中的比例至少达到 32%（欧盟整体目标）
斯洛伐克	SVK	2030 年相对于 1990 年水平至少减排 40%（欧盟整体目标）	2030 年可再生能源在终端能源消费中的比例至少达到 32%（欧盟整体目标）
匈牙利	HUN	2030 年相对于 1990 年水平至少减排 40%（欧盟整体目标）	2030 年可再生能源在终端能源消费中的比例至少达到 32%（欧盟整体目标）
阿尔巴尼亚	ALB	2030 年较 2016 年的排放量增加 20.9%，相对于 BAU 情景（2016 年）减排 16 828 $ktCO_2e$	假定通过实施 Albanian National Renewable Energy Action Plan 达到了 Energy Community Treaty 的承诺，在 2020 年达到 38% 的可再生能源目标，2030 年的可再生能源目标被制定为 42.5%
保加利亚	BGR	2030 年相对于 1990 年水平至少减排 40%（欧盟整体目标）	2030 年可再生能源在终端能源消费中的比例至少达到 32%（欧盟整体目标）
波斯尼亚和黑塞哥维那	BIH	无条件目标：2030 年相对于 2014 年减排 12.8%（相对于 1990 年减排 33.2%）。有条件目标：2030 年相对于 2014 年减排 17.5%（相对于 1990 年减排 36.8%）。2050 年减排目标为相对于 2014 年减排 50.0%（无条件）和 55.0%（有条件），相对于 1990 年减排 61.7%（无条件）和 65.6%（有条件）	2030 年前，完成 1 050 MW 的替代能源 / 新型煤电厂建设
黑山	MNE	相对于基准年（1990 年），2030 年至少减排 35%	水电（58.5+172）MW，出力（50+213）GW·h，风电场（54.6+100）MW，出力（150+277）GW·h；太阳能电厂（250+50+10）MW，出力（450+90+18）GW·h
克罗地亚	HRV	2030 年相对于 1990 年水平至少减排 40%（欧盟整体目标）	2030 年可再生能源在终端能源消费中的比例至少达到 32%（欧盟整体目标）
罗马尼亚	ROU	2030 年相对于 1990 年水平至少减排 40%（欧盟整体目标）	2030 年可再生能源在终端能源消费中的比例至少达到 32%（欧盟整体目标）
北马其顿	MKD	2030 年相对于 BAU 情景减排 7 603 $GgCO_2e$（欧盟整体目标）	终端能源总消费中可再生能源比例达到 38%，电力总生产中可再生能源比例达到 66%，终端供热和制冷中可再生能源比例达到 45%，交通部门终端能源消费中比例达到 10%
塞尔维亚	SRB	2030 年相对于 2010 年减排 13.2%，相对于 1990 年减排 33.3%	—
斯洛文尼亚	SVN	2030 年相对于 1990 年水平至少减排 40%（欧盟整体目标）	2030 年可再生能源在终端能源消费中的比例至少达到 32%（欧盟整体目标）

国家	国家代码	减排目标	可再生能源发展目标
希腊	GRC	2030 年相对于 1990 年水平至少减排 40%（欧盟整体目标）	2030 年可再生能源在终端能源消费中的比例至少达到 32%（欧盟整体目标）
意大利	ITA	2030 年相对于 1990 年水平至少减排 40%（欧盟整体目标）	2030 年可再生能源在终端能源消费中的比例至少达到 32%（欧盟整体目标）
马耳他	MLT	2030 年相对于 1990 年水平至少减排 40%（欧盟整体目标）	2030 年可再生能源在终端能源消费中的比例至少达到 32%（欧盟整体目标）
巴布亚新几内亚	PNG	相对于 2015 年净排放（1 716.46 GgCO$_2$e）基础上减排 38%	将可再生能源装机容量占发电总装机容量在 2015 年 30% 的基础上提升至 78%
萨摩亚	WSM	2030 年在 2007 年排放水平的基础上减排 26%（减排 91 GgCO$_2$e），其中能源部门在 2007 年的基础上减排 30%（减排 53 GgCO$_2$e）	2025 年达到 100% 的可再生能源发电
汤加	WSM	2030 年在 2007 年排放水平的基础上减排 26%（减排 91 GgCO$_2$e），其中能源部门在 2007 年的基础上减排 30%（减排 53 GgCO$_2$e）	2025 年达到 100% 的可再生能源发电
基里巴斯	KIR	无条件目标：相对于 BAU 预测情景（基于 2000—2014 年历史数据预测），2025 年减排 13.7%，2030 年减排 12.8%；有条件目标：2025 年额外减排 48.8%，2030 年额外减排 49%（2025 年、2030 年分别达到减排 60% 和 61.8%）	当地和目前国际援助的减排选项：南部 Tarawa 1.3 MW 上网光伏，岛外和农村电气化（离网光伏）；需要新的、额外的国际援助的项目：最大化利用可再生能源和能源效率
密克罗尼西亚联邦	FSM	—	截至 2030 年，可再生能源发电比例超过 70%，电力生产产生的二氧化碳排放比 2000 年水平降低至少 65%
斐济	FJI	在基准年（以 2013 年预测基准线情景 2030 年排放达到 2 341 ktCO$_2$e）的基础上，能源部门 2030 年减排 30%，其中 10% 为无条件目标，20% 为有条件目标	2030 年可再生能源电力生产（上网电力）达到 100%
所罗门群岛	SLB	相对于基于 1994—2010 年排放的 BAU 预测情景，2025 年减排 55 347.31 tCO$_2$e，2030 年减排 246 793.73 tCO$_2$e	无条件可再生能源项目：光伏装机容量 7 794 kW，水电 15 000 kW；有条件的可再生能源发展目标：水电 10 650 MW，光伏 4 224 982 kW，地热能 150 MW

国家	国家代码	减排目标	可再生能源发展目标
萨尔瓦多	SLV	2030 年之前将年度温室气体排放量减少到 819 ～ 640 $ktCO_2e$，年度温室气体减排目标为 485 ～ 306 $ktCO_2e$	到 2030 年，可再生能源的装机容量将比 2019 年（基准年）增加 50%，达到 2 222 MW，这意味着可再生能源在国家装机容量矩阵中占 64%。在基准年，可再生能源的装机容量为 1 482 MW（可再生能源在国家能源矩阵中的份额为 66%）；到 2025 年，可再生能源的装机容量将比 2019 年（基准年）增加 14%，达到 1 684 MW，这意味着可再生能源在国家装机容量矩阵中的份额为 58%。在基准年，可再生能源的装机容量为 1 482 MW（可再生能源在国家能源矩阵中占 66%）。到 2030 年，86.1% ～ 85.7% 的电力来自可再生能源，而 2019 年可再生能源的发电量占 70%。到 2025 年，83.7% ～ 82.7% 的电力来自可再生能源
尼加拉瓜	NIC	BAU 情景下预计 2030 年温室气体产生的排放量达到 7 700 万 tCO_2e，减排目标为 8%（排放量控制在 7 100 万 t），增强雄心情景减排目标为 10%（排放量控制在 6 900 万 t）	2030 年可再生能源（如太阳能、风能和生物质能）发电比例提高到 60%（与 2007 年相比，比例增加 35%）
古巴	CUB	无整体减排目标	2030 年可再生能源的发电量占比达到 24%（甘蔗生物质能：14%，风能 + 太阳能光伏 + 水电：10%）
多米尼加	DMA	2030 年相对于 2014 年排放水平减排 45%	2030 年实现 100% 的可再生能源使用（主要是地热能）
牙买加	JAM	2030 年相对于 2005 年的 BAU 预测情景减排 25.4%（无条件目标）至 28.5%（有条件目标）	—
巴巴多斯	BRB	2025 年：相对于 BAU 情景 20% 的减排（无条件目标），35% 的减排（有条件目标）；2030 年：相对于 BAU 情景 35% 的减排（无条件目标），70% 的减排（有条件目标）	有条件目标：电力结构中 95% 的可再生能源
特立尼达和多巴哥	TTO	2030 年相对于 BAU 情景（2013 年）减排 30%（无条件目标），额外减排 15%（有条件目标）	—
格林纳达	GRD	相对于 2010 年排放水平减排 40%	—

国家	国家代码	减排目标	可再生能源发展目标
安提瓜和巴布达	ATG	2040 年实现净零排放	有条件目标：2030 年电力部门本地资源中 86% 来自可再生能源，100 MW 装机容量的可再生能源发电上网、农村可再生能源装机容量达 50 MW 并且可以卖给电力承购商，社会投资者拥有 100 MW 可再生能源装机容量，20 MW 风电装机容量，政府设施用电 100% 来自可再生能源
圭亚那	GUY	有条件目标：2025 年可再生能源比例达到 100%	无条件目标：在圭亚那腹地构建满足国家电网和乡村能源需求的风能、太阳能、生物质能和水电能源结构；有条件目标：2025 年可再生能源比例达到 100%
苏里南	SUR	覆盖了六个排放部门中的四个，分部门目标	无条件目标：2030 年可再生能源电力比例达到 35%
委内瑞拉	VEN	2030 年温室气体排放量比基准情景减少 20%	促进发电矩阵的变化，以利于使用可再生能源。通过纳入新能源来扩大这一能源矩阵
厄瓜多尔	ECU	相对于基准线情景（能源、农业、工业加工和废物处理部门的基准年为 2010 年），2025 年减排目标为 9%（无条件目标）/20.9%（有条件目标）	促进可再生能源的使用（水力发电站、非常规可再生能源——促进风能、太阳能和垃圾填埋沼气的利用）
秘鲁	PER	2030 年温室气体净排放量不超过 208.8 $MtCO_2e$（无条件目标）/ 179.0 $MtCO_2e$（有条件目标）	—
玻利维亚	BOL	在 2030 年前努力将国家发电矩阵转变为以可再生能源为基础的系统；提高能源效率以及进行全面和可持续的森林管理，促进减少温室气体排放	2030 年 79% 的能源消费来自可再生能源电厂（占装机容量的 50%）；2030 年 19% 的能源消费来自基于替代能源的发电厂（占装机容量的 13.25%）
乌拉圭	URY	无条件目标：2030 年 CO_2 减排 9 267 Gg，CH_4 减排 818 Gg，N2O 减排 32 Gg，HFC 减排 10%；有条件目标：2030 年 CO_2 减排 960 Gg，CH_4 减排 61 Gg，N_2O 减排 2 Gg，HFC 减排 5%	2030 年利用可再生电力盈余取代工业、贸易和服务部门的一部分化石燃料，特别是替代燃料油消费量的 20%；水泥行业的 6% 的石油焦消耗由稻壳或其他低排放或零排放燃料替代
阿根廷	ARG	2030 年净二氧化碳当量排放量不超过 3.59 亿 t	—
智利	CHL	2030 年排放不超过 95 $MtCO_2e$，2025 年达峰，2020—2030 年碳排放预算不超过 1 100 $MtCO_2e$，2050 年实现碳中和	碳中和情景中，可再生能源替代淘汰 5 500 MW 火电站

资料来源：根据各国提交的 NDC 文件自行制作（https://unfccc.int/NDCREG），"—"表示未在 NDC 文件中明确提及该方面的具体目标。

附录10-2 部分可为可再生能源项目提供预可行性融资的资金机制

基金	来源	目的	已成功/失败项目	资金规模	拨款（是/否）	备注
项目开发基金	南非财政部	为政府项目预可行性研究提供资金，如聘请政府顾问对PPP项目进行开发	该基金针对旨在提供政府服务的项目；已经申请，聘请政府顾问开发RSA PPPs	待确定	是	大多针对PPP项目
全球环境基金（GEF）	南非开发银行等获得认证的机构	早期开发资金	部分资金指定用于RSA的小规模IPP项目，用于支持中小企业进行可行性研究。拨款批准项支付延迟，款项尚未支付。	待确定	是	环境项目、生物多样性、可持续城市与交通
绿色基金（GF）	南非开发银行	预可行性研究、项目准备、项目实施资金	新基金。项目目前正在进行尽职调查	5亿南非兰特	是	可再生能源、可持续废物管理、可持续水资源管理、能源效率
能源与环境伙伴关系信托基金（EEP Africa）	能源与环境伙伴关系信托基金（EEP Africa）	EEP Africa 为博茨瓦纳、布隆迪、肯尼亚、莱索托、马拉维、莫桑比克、纳米比亚、卢旺达、塞舌尔、南非、坦桑尼亚、乌干达、赞比亚和津巴布韦等国的创新清洁能源项目提供早期开发资金和催化融资	2018—2020年，EEP Africa 批准了67个项目的融资申请，包括14个国家的9个技术领域。承诺赠款与应偿还赠款总计2600万欧元	待确定	是	9个技术领域
InfraCo Africa	InfraCo Africa	向需要获取融资支持降低成本的早期项目进行直接投资	开发了27个项目直至融资关闭。在这些项目中，已经成功退出5个项目，目前正在监督剩余项目的建设和运营。共投资2亿美元，为34个项目提供支持	2亿美元	是	发电、输电配电工程、网外可再生能源发电项目优先

基金	来源	目的	已成功/失败项目	资金规模	拨款（是/否）	备注
IFC 全球基础设施项目开发基金（IFC InfraVentures）	国际金融公司（IFC）	全球基础设施项目开发基金旨在提高中国发展中国家银行可担保项目数量，包括提供担保初期风险资本和成熟的项目开发支持，以解决前沿市场基础设施项目私人投资所面临的阻碍	2013—2015 年与通用电气、Craftskills 公司和基贝托同投资 3.2 亿美元建设装机容量为 100 MW 的肯尼亚基贝托风电项目、肯尼亚 100 MW 风电项目、马里 40 MW 水电项目、马里 33 MW 太阳能光伏发电项目	1.5 亿美元	否	风电、太阳能、天然气、水电
种子资本援助基金（SCAF）	种子资本援助基金（SCAF）	帮助低碳项目开发商和企业从主流能源投资方获取企业发展支持和种子资本融资	在亚洲和非洲成立 7 个投资基金，可再生能源开发项目资本总额达 52 亿美元	7.9 亿美元	是	低碳项目

参考文献

[1] Nadia A, Dessens O, Winning M, et al. Higher cost of finance exacerbates a climate investment trap in developing economies[J]. Nature Communications, 2021, 12(1): 4046.

[2] Bhandary R R, Gallagher K S, Jaffe A M, et al. Demanding development: The political economy of climate finance and overseas investments from China[J]. Energy Research & Social Science, 2022, 93: 102816.

[3] BloombergNEF. Global low-carbon energy technology investment surges past $1 trillion for the first time[EB/OL]. (2023-03-17)[2023-03-25]. https://about.bnef.com/blog/global-low-carbon-energy-technology-investment-surges-past-1-trillion-for-the-first-time/.

[4] Boston University Global Development Policy Center. China's global energy finance database[EB/OL]. [2023-03-01]. http://www.bu.edu/cgef.

[5] Global Development Policy Center. China's global power database[EB/OL]. [2023-03-17]. https://www.bu.edu/cgp/.

[6] Muñoz C M, Ndhlukula K, Musasike T, et al. Expanding renewable energy for access and development: The role of development finance institutions in southern africa[EB/OL]. [2023-03-18]. https://www.bu.edu/gdp/2020/11/16/expanding-renewable-energy-for-access-and-development-the-role-of-development-finance-institutions-in-southern-africa-2/.

[7] Cabré M Muñoz, Gallagher K P, Li Z S. Renewable energy: The trillion dollar opportunity for Chinese overseas investment[J]. China & World Economy, 2018, 26(6): 27-49.

[8] Xu C, Li Z S, Gallagher K P, et al. Financing carbon lock-in in developing countries: Bilateral financing for power generation technologies from China, Japan, and the United States[J]. Applied Energy, 2021, 300(16): 117318.

[9] Egli F. Renewable energy investment risk: An investigation of changes over time and the underlying drivers[J]. Energy Policy, 2020, 140(5): 111428.

[10] Energy Information Administration. International energy outlook 2021[R/OL]. [2023-03-05]. https://www.eia.gov/outlooks/ieo/index.php.

[11] Gu A, Zhou X Y. Emission reduction effects of the green energy investment projects of China in Belt and Road Initiative countries[J]. Ecosystem Health and Sustainability, 2020, 6(1): 1747947.

[12] IPCC. Working Group III Contribution to the IPCC Sixth Assessment Report (AR6) //In Climate Change 2022: Mitigation of Climate Change[R], 2022.

[13] IRENA. World energy transitions outlook[R/OL]. [2023-03-20]. https://www.irena.org/publications/2021/March/World-Energy-Transitions-Outlook.

[14] Ma J, Zadek S. Decarbonizing the Belt and Road Initiative: A green finance roadmap[EB/OL]. https://www.ukchinagreen.org/publication/decarbonizing-the-belt-and-road-initiative-a-green-finance-roadmap/.

[15] Kong B, Gallagher K P. Inadequate demand and reluctant supply: The limits of Chinese official

development finance for foreign renewable power[J]. Energy Research & Social Science, 2021, 71(1): 101838.

[16] Li Z, Gallagher K P, Mauzerall D L. China's global power: Estimating Chinese foreign direct investment in the electric power sector[J]. Energy Policy, 2020, 136(1): 111056.

[17] Liao J C. Talking green, building brown: China-ASEAN environmental and energy cooperation in the BRI era[J]. Asian Perspective, 2022, 46(1): 21-47.

[18] Lin B, Bega F. China's Belt and Road Initiative coal power cooperation: Transitioning toward low-carbon development[J]. Energy Policy, 2021, 156(9): 112438.

[19] Liu H, Wang Y, Jiang J, et al. How green is the "Belt and Road Initiative"? – Evidence from Chinese OFDI in the energy sector[J]. Energy Policy, 2020, 145(10): 111709.

[20] Lu Y, Springer C, Steffen B. Collaborating for sustainable development: The role of cofinancing in shaping outcomes of Chinese lending and overseas development finance projects[EB/OL]. https://www.bu.edu/gdp/2023/04/04/collaborating-for-sustainable-development-the-role-of-cofinancing-in-shaping-outcomes-of-chinese-lending-and-overseas-development-finance-projects/.

[21] Nedopil C. China Belt and Road Initiative (BRI) investment report 2022[EB/OL]. https://greenfdc.org/china-belt-and-road-initiative-bri-investment-report-2022/.

[22] Rebecca R. Small is beautiful: A new era in China's overseas development finance?[EB/OL]. https://www.bu.edu/gdp/2023/01/19/small-is-beautiful-a-new-era-in-chinas-overseas-development-finance/.

[23] Sauer J M T, Díaz Anadón L, Kirchherr J, et al. Chinese and multilateral development finance in the power sector[J]. Global Environmental Change, 2022, 75(7): 102553.

[24] Songwe V, Stern N, Bhattacharya A, et al. Finance for climate action: Scaling up investment for climate and development[R/OL]. https://www.lse.ac.uk/granthaminstitute/publication/finance-for-climate-action-scaling-up-investment-for-climate-and-development/.

[25] Steffen B, Schmidt T S. A quantitative analysis of 10 multilateral development banks' investment in conventional and renewable power-generation technologies from 2006 to 2015[J]. Nature Energy, 2019, 4(1): 75-82.

[26] World Bank. China-renewable energy development project[EB/OL]. https://documents1.worldbank.org/curated/en/141941468769238481/pdf/multi0page.pdf.

[27] Zhao L, Liu J, Li D, et al. China's green energy investment risks in countries along the Belt and Road[J]. Journal of Cleaner Production, 2022, 380(12): 134938. https://doi.org/10.1016/j.jclepro.2022.134938.

[28] Zhou L, Ma Z, Liu S, et al. Overseas finance inventory database[EB/OL]. https://doi.org/10.46830/writn.21.00003.

[29] 庞广廉, 汪爽, 王瑜. 中亚能源转型与可再生能源投资合作 [J]. 国际石油经济, 2022, 30(2): 76-83.

[30] 武芳. 非洲可再生能源的发展与中非可再生能源合作 [J]. 对外经贸实务, 2022, 401(6): 4-8.

[31] 王涛，崔媛媛.非洲风能开发利用的潜能、现状及前景 [J].中国非洲学刊，2020, 1(2): 117-136.

[32] 魏蔚.拉美国家发展可再生能源的政策与最佳实践 [J].拉丁美洲研究，2016, 38(6): 77-94，156-157.

[33] 焦玉平，蔡宇.能源转型背景下中拉清洁能源合作探析 [J].拉丁美洲研究，2022, 44(4): 117-135, 157-158.

[34] 於世为，孙亚方，胡星."双碳"目标下中国可再生能源政策体系完善研究 [J].北京理工大学学报（社会科学版），2022, 24(4): 93-102.

[35] 人民日报海外版.中国引领全球可再生能源发展 [EB/OL]. [2023-04-27]. http://www.nea.gov.cn/2019-08/21/c_138326148.htm.

[36] 国家发改委，等."十四五"可再生能源发展规划 [EB/OL]. [2021-10-21]. https://www.ndrc.gov.cn/xwdt/tzgg/202206/P020220602315650388122.pdf.

[37] 国家能源局.关于政协第十三届全国委员会第五次会议第 00454 号（农业水利类 039 号）提案答复的函 [EB/OL]. [2022-08-04]. http://zfxxgk.nea.gov.cn/2022/08/24/c_1310668797.htm.

[38] 中国政府网.甘肃东乡："农光互补"助力乡村振兴 [EB/OL]. [2021-05-13]. https://www.gov.cn/xinwen/2021-05/13/content_5606266.htm#1.

[39] 中国能源建设集团有限公司.中国能建承建骏马电站通过吉尼斯世界纪录认证 [EB/OL]. [2019-07-17]. http://www.sasac.gov.cn/n2588025/n2588124/c11740820/content.html.

第五篇

中国环境与发展
国际合作委员会
2023 年年会重要文件

第十一章　绿色创新
——2023 年关注问题报告

中国环境与发展国际合作委员会（以下简称国合会）成立于 1992 年，是经中国政府批准成立的国际性高层政策咨询机构。伴随中国经济和社会的快速发展，国合会见证并参与了中国发展理念和发展方式的历史性变迁，在中国可持续发展进程中发挥了独特而重要的作用。国合会打开了一扇大门，把国际可持续发展先进理念带入中国；国合会架设了一座桥梁，促进中国与国际社会在环境与发展领域的交流与互鉴；国合会提供了一个平台，通过中外坦诚对话，促进世界了解中国，推动中国走向世界。

根据国合会政策研究机制，自 2002 年起，国合会首席顾问编写年度《关注问题报告》，聚焦当年中国和世界环境与发展重点问题，为国合会政策建议提供设计框架，为委员讨论形成国合会给中国政府的年度政策建议提供参考。

2023 年关注问题报告是国合会第 22 份关注问题报告，以"绿色创新"为题，关注在全球经济亟待复苏的背景下，如何从市场和协同角度赋能绿色创新，推动高质量发展。本报告由首席顾问魏仲加和刘世锦先生牵头编制，外方首席顾问支持专家组和中方团队[1] 提供支持。

一、背景

全球经济继续面临波动、通货膨胀和地缘经济分裂的挑战，经济增长率、失业率、贸易和外国直接投资均受影响。2023 年 6 月世界银行《全球经济展望》报告警告，未来经济前景堪忧，特别是对许多新兴和发展中国家而言。世界贸易组织（WTO）的贸易统计数据显示，2022 年出口管制的使用在增加，中间商品[2]贸易下降。受到疫情限制、房地产行业不确定性、出口需求疲软等因素的影响，中国的经济复苏速度也低于预期。

---

1 外方首席顾问支持专家组主要成员包括艾弗森先生和龙迪先生。中方团队包括张慧勇、穆泉等。
2 是用于生产最终产品的商品，主要包括农作物、纺织品和金属等，是供应链活动一个重要指标。

与此同时，气候变化相关的极端天气事件造成的损失与日俱增。2023 年，世界平均气温达到有记录以来的最高值。中国多个地区经历了创纪录热浪和严重洪涝灾害。加拿大的野火席卷了北美大片地区，使数百万人长期暴露于空气污染，并造成数十亿美元的经济损失。世界气象组织（WMO）发布的《2022 年全球气候状况》报告预测，未来几年内，由温室气体和厄尔尼诺共同造成的极端天气事件将进一步恶化，影响粮食安全，受灾人群达数百万人。

多边环境承诺：尽管地缘政治碎片化整体加剧，但国际环境合作领域仍有一些重要突破。2022 年 12 月，联合国《生物多样性公约》第十五次缔约方大会成功通过了《昆明 - 蒙特利尔全球生物多样性框架（GBF）》（以下简称《昆蒙框架》），超出了大多数人的预期。各国承诺遏制并扭转生物多样性丧失，实现"3030"的自然保护目标，并调动更多新的财力资源。2023 年 6 月，全球环境基金（GEF）设立新的全球生物多样性框架信托基金，这是落实《昆蒙框架》的重要一步。其他重要进展包括 2023 年 3 月达成的《〈联合国海洋法公约〉下关于养护和可持续利用国家管辖外海域海洋生物多样性的协定》，以及正在进行的全球塑料条约谈判。

碳排放控制制度：2023 年 7 月，习近平总书记明确要从能源消耗总量和强度调控，逐步转向碳排放总量和强度双控制度。实现向碳排放控制制度全面转型的重点要素包括激励机制、碳市场和绿色金融。这些要素与碳排放相关的法规和标准协同发挥作用，同时促进供给端的低碳技术和需求端的使用效率提升。有些国家和地区通过了气候变化相关法案，为相应的监管提供支撑，也有助于提升宣传和执法效果。此外，国家及省级碳预算和实时温室气体排放报告也是碳排放控制体系的支撑制度，用以评估"双碳"目标的落实进程。

从权衡取舍到腾飞：中国可再生能源的装机规模超过了规划目标。据估计，2023 年中国太阳能和风能新增装机容量将超过 150×10^9 W。可再生能源的增长快于预期，进一步表明能源安全或低碳能源与经济发展之间的原有权衡取舍关系已不再适用。

高质量绿色发展的新范式蒸蒸日上，创造了数百万个新就业岗位，扩大了市场规模。国际可再生能源机构（IRENA）的报告显示，2022 年光伏发电、陆上风力发电和海上风力涡轮机的投资达 5 000 亿美元，电动车销量持续增长。世界经济论坛的最新贸易与气候情景分析预估，到 2030 年，全球 15% 的商品贸易将由低碳商品组成[1]。

绿色创新：高质量绿色发展的核心是创新。没有两种完全相同的创新模式，创新

---

1 中国是可再生能源突破的主要推动者。根据中国国家能源局统计，2022 年太阳能发电装机容量同比增长 28.1%，达到 3.9 亿 kW；风电装机容量同比增长 11.2%，达到 3.7 亿 kW。随着 2023 年计划新增 160 GW 装机容量，太阳能和风能的装机容量达到中国水电装机总量（2022 年为 4.1 亿 kW）的两倍以上。彭博社近期估计，按当前趋势，中国的可再生能源新增装机容量将在 2024 年超过 2 亿 kW。

的蓝图也没有标准路径。然而，绿色低碳技术与数字化之间的协同已日渐成为绿色创新的一个重要组成部分。伦敦政治经济学院的尼古拉斯·斯特恩（Nicholas Stern）教授和朱民教授最近对中国的气候政策进行了回顾，强调需要一个全面的创新体系来落实"双碳"目标。国合会中方首席顾问刘世锦最近在"2023中国发展论坛"上指出了低碳技术、数字化和市场化创新之间的动态关系。

数字化和气候存在多层面的关联。作为重要的能源用户，腾讯和微软等领先企业所运营的数据中心正在雄心勃勃地实施零排放和负碳排放目标，包括使用绿色电力（如可行范围的大规模绿色电力采购协议）、投资新的太阳能和风能装机、提高能效以及采用直接空气捕集（DAC）技术 [1]。数据中心和数字基础设施也增强了人类抵御极端天气事件（如洪水）的能力。

需要指出的是，最重要的协同是数字化应用于多领域的最低成本减排路径的识别，包括新兴的智能、低碳和韧性城市，以及难以减排的工业领域。在平台协同方面，C40 的智慧城市项目可以分享低碳路径的案例研究。新兴的数字技术和工业互联网平台相结合，可以为减排困难的钢铁等重工业制造过程提供低碳工程解决方案。数字化、脱碳和可持续发展成果关联的应用案例包括：寻找新的方式向在线消费者提供可持续的时尚选择，基于数字模块优化棕榈油和大豆等软商品价值链的可追溯系统，提供精确、实时的环境与气候监测。

二、以市场释放创新潜能

私营部门是将实验室发明转化为市场新产品的有效推动者。政府则在激励发明和创新方面发挥着至关重要的作用，同时还是采购的先行者。新一轮的绿色产业政策，包括对大规模电池储能系统等绿色技术的规模化补贴，可降低投资公司和消费者群体的脱碳成本。

碳市场是绿色发展创新的组成部分和重要工具。根据世界银行统计，包括中国的全国碳市场在内，全球共有 70 多个国家和地区建立了碳市场。经济合作与发展组织（OECD）的分析显示，由于煤炭对与碳价相关的交叉价格供应弹性的反应最为灵敏，碳市场对电力市场的脱碳化尤为有效。

能源政策和气候政策协调的一个重要工作是在碳市场的预期定价效应与更广泛的电力市场改革之间实现协同。中国正在推动建立全国统一的电力市场，以提高电力公

---

1 直接空气捕集（DAC）技术直接从大气中提取二氧化碳，可用于二氧化碳储存或利用。

司在不同辖区间的相互联通能力，并改善可再生能源的资源整合情况。在国家发展和改革委员会的领导下，第一轮改革将于 2025 年完成。

中国的全国碳排放权交易体系（ETS）有望成为释放市场活力和提高资源配置效率的关键催化剂，从而通过鼓励创新，实现"双碳"目标。然而，在当前电力市场改革的大背景下，还需考虑四个方面的设计调整，以充分释放碳市场潜力。

第一，将碳排放交易体系的覆盖范围从目前的电力行业扩大到钢铁、水泥、铝、化工等其他行业，不同行业的边际减排成本不同，这将促进资源在不同行业间的有效配置。第二，从基于排放强度的体系转向碳排放总量体系，发出明确信号，表明碳信用额供应的稀缺性。第三，基于产出的定价体系或基于绩效的体系是一个特别有效的市场化工具，适用于钢铁、水泥、铝等大型、能源密集、国际贸易竞争激烈的固定排放源行业。该体系将基于行业的排放因子平均值与相应的碳定价挂钩。虽然不同市场的碳价格有所差异，但国际货币基金组织（IMF）建议的 2030 年 75 美元 /t 的碳价可为中国碳定价提供基准参考。第四，要明确碳排放交易体系的角色和责任，包括高质量温室气体数据系统的支持作用，通过培训与教育促进履约和执法。

系统全局性路径：如前所述，中国在可再生能源领域居世界领先地位。仅在 2023 年，中国新增的太阳能和风能装机容量就可能超过欧盟或美国的全部可再生能源产能。据估计，2024 年中国新增可再生能源装机容量将达到 2 亿 kW。与此同时，自 2021 年以来，化石燃料发电的新装机容量也有所增加。虽然许多老旧低效的煤电厂已经退役，但近期新核准煤电项目增加后，中国的燃煤发电量预计将增长 10%，相当于 100 座新电厂的发电总量。

鉴于可再生能源的扩张速度领先于规划速度，加上即将到来的电力市场改革，有必要对最近核准的煤电项目进行再评估。同时，可再生能源的新增量可弥补水电发电量不足。

灵活的电网创新：创建现代化、综合性和绿色的电力系统面临的一个关键的挑战是确保发电系统的所有部分都具有创新功能。国合会 2023 年研究和国际能源署（IEA）中国 2022 年报告的结论均强调综合系统的重要性，后者还推荐采用灵活的电力系统。将可再生能源与更灵活的需求侧模式相结合的创新案例不胜枚举，可再生能源生产端的创新正与能源输送以及定价模式的创新相匹配，如按需付费、即插即用等。

中国的县域屋顶太阳能计划对所有权和租赁安排的要求比较灵活，这扩大了住宅和商业建筑中屋顶太阳能电池板的规模。经分析认为，该计划有两种灵活的执行方式：将太阳能电池板出售给业主，业主再将剩余电量卖给项目开发商；或者开发商保留太阳能电池板的所有权，以折扣价向业主提供电力。迄今为止，该计划已在全国 600 多个县实施。

输电网系统是连接清洁可再生能源生产和消费的关键环节。中国正继续对超高压输电线路（UHV）新增重大投资，据报道，2022 年下半年投资额达 1 500 亿元（220 亿美元）。新的电网模式方兴未艾，智能电网、电池储能银行、分布式发电、嵌入式传感器、数字化和人工智能功能、柔性交流输电系统（FACTS）的应用研究不端深入，新其他功能不断涌现。总体而言，更具创新性的输电系统已被塑造为电网技术"从机电到电子，从刚性物理到可编程电网模型"大规模转型的潮头。

新一代电网模式层出不穷。加利福尼亚州能源委员会计划到 2045 年前安装 49 GW 的电池储能容量，作为实现碳中和目标的重要手段[1]。在德国，面对输电线路老旧问题，他们没有全面替换，而是通过安装传感器、提升数字能力来升级老旧线路，实现连续监测，可在气温较低时将输电效率提高 1/3。

大多数电网运营商实际上都是国家垄断企业：基础设施及其运营成本高，公共规划往往需要复杂的公共审查和批准流程，可靠性需要与所有社区的可及性和可负担性相匹配。尽管如此，中国仍可考虑将电网运营置于更具竞争性的市场环境中。这方面的国际案例包括在加拿大（安大略省和阿尔伯塔省）运营的省级电网实体、英国天然气和电力市场办公室、美国得克萨斯州指定的竞争性可再生能源区（Competitive Renewable Energy Zones）[2]。

中国电网向市场开放的第一步是要为家庭和企业购买绿色电力提供更多选择。例如，美国加利福尼亚州的可再生能源拍卖机制和英国的差价合约计划下的拍卖系统，可促进可再生能源的投资。随着越来越多的公司设立净零目标，由亚马逊、微软、谷歌和沃尔玛牵头的大型绿色购电协议在 2022 年已超过 36 GW。

监管与市场的协同：虽然碳市场是实现"双碳"目标的重要工具，但要在监管和强制性标准的前提下，碳市场才能发挥最大作用。数十年来，针对家用、办公和商用电器的强制性能效标准促进了创新产品市场的蓬勃发展，如空调、照明、制冷和供暖系统。相应的产业雇用了数百万人，惠及数十亿家庭，成为世界贸易体系的重要组成部分，在节约能源的同时还减少了温室气体的排放。国际能源机构估计，在许多国家和地区，按强制性标准每年节约的能源相当于能源使用总量的 15%，而在中国、欧盟

---

1 美国国家可再生能源实验室（NREL）的研究表明，要满足 120 小时的电力持续储存，成本最低的方法是将氢系统与地质储存相结合，以及将天然气与碳捕合相结合。

2 对东盟能源方面的国有企业的分析表明，能源国有企业（SOEs）面临的一个重要挑战是获得足够的私营资本来实现电网和其他业务的现代化。

和美国，每年可减少 7 亿 t 温室气体排放。

碳履约市场和碳封存：如前所述，越来越多的国家和地区拥有碳履约市场，包括中国的碳排放权交易体系、欧盟碳排放交易体系、加拿大的分级联邦碳价，以及次联邦系统——美国区域温室气体倡议（涵盖加利福尼亚州、魁北克和美国东北部各州）。

政府和企业正越来越关注碳抵消市场在降碳路径方面的作用。例如，通过抵消机制，中国允许企业最多抵消 5% 的碳排放量。自愿碳市场继续面临严重的信誉问题，强制碳市场产生的信用额度仍然是首选。随着国内碳市场的扩大，需要做更多的工作来确保不同管辖级别的治理体系到位。比如，只有在以下情况下才能发放信用额度：遵守基于政府间气候变化专门委员会（IPCC）稳健、透明的碳汇方法学；使用适合森林[1]等不同生态系统的模型、清单和实地测试；信用额度审批方面有明确的角色和责任；采用稳健、透明的会计核算标准。

新兴的碳捕集与封存技术（CCUS）正受到特别关注。而事实上，当前约 60 个 CCUS 项目的碳封存总量仅占碳汇总量的 0.5%，而海洋、森林、泥炭地和其他生态系统等基于自然的解决方案的碳汇贡献高达 99.5%。在 IPCC 报告指出 CCUS 的潜在作用后，许多行业正在增加 CCUS 投资，特别是碳密集型行业。

核算特定陆地或海域的碳汇量比监测固定源或其他源的温室气体排放更为复杂。最近发布的强制性气候风险披露和报告标准，如欧盟的《可持续发展相关披露条例》、美国证券交易委员会的《面向投资者的气候相关信息披露的提升和标准化》的最终规则以及国际财务报告准则基金会的 ISSB 气候披露规则，都包含了企业披露碳抵消的框架。对中国来说，在气候相关财务信息披露工作组（TCFD）基础上制定披露规则时，应该与国际社会的披露规则具有可比性和互用性。

三、协同

绿色创新为中国加快实现"双碳"目标提供了巨大机遇。与此同时，创新也带来了政策协同方面的挑战，挑战至少体现在以下四个层面：

发展优先：协同的第一个挑战是发展优先。中国 2023 年全国两会上强调了协调发

---

1 在卫星数据与定制模型相结合的基础上，不同规模的森林资源调查已取得进展。中国森林资源调查监测（CNFRI）每五年开展一次，是国家层面调查的典型实例。将该数据与中国森林生态系统清查系统（CFEIS）等其他数据以及模型算法（线性回归、随机森林和极端梯度提升）相结合，已用于估算中国湖南省亚热带森林的生物量。2015—2016 年，贵州省通过森林资源规划设计调查开展了第四次森林资源调查监测。在调查过程中，共记录了约 300 万个林分，包括土地利用类型、林地类型、植物类型、优势树种、平均树龄、龄级 / 组、每公顷林分蓄积、林分面积、起源、土壤类型、群落结构、灾害等级、健康等级等数据点。其他例子包括《1990—2018 年美国农林业温室气体清单》：以每公顷二氧化碳当量表示的碳密度和碳库估的计值。

展、社会繁荣、经济安全，以及"双碳"目标的重要性。

保障就业和完善劳动力市场、确保家庭和社区层面稳定是很多国家和地区气候减缓政策的重点。加拿大、欧盟、法国和其他国家正在实施工业转型相关项目，要求通过公共政策支持夕阳产业和碳密集型产业的就业岗位增加和地区发展，同时为绿色朝阳产业提供新的就业岗位。由于这些转变与贸易竞争相关的结构性变化具有可比性，贸易政策的经验可为绿色转型提供借鉴。

越来越多的研究表明，绿色转型将带来就业净增长。世界贸易组织和国际能源署估计，中国有超过 200 万个工作岗位与绿色电力有关。牛津大学的研究指出，与高碳和污染行业相比，绿色转型带来了更高的就业率、更好的经济回报和更广泛的社会效益。

有助于发展、具有可持续性、自然向好、气候进步的新兴工具能被强化的国际绿色信贷利用。2023 年 6 月中国国务院总理李强出席新全球融资契约峰会，主要成果之一是成立新的特别工作组，研究使用债务换气候等新债务工具。国际货币基金组织指出，这类工具有可能帮助新兴和发展中经济体实现《巴黎协定》的国家自主贡献目标，并解决不断上升的债务困境。

协同治理：协同的第二个挑战是 2022 年召开的中国共产党第二十次全国代表大会强调的"降碳减污扩绿增长"。国合会 2023 年"减污降碳扩绿增长协同机制"专题政策研究表明，协同治理温室气体和空气污染物能够带来多重效益，包括减少长期暴露于 $PM_{2.5}$、光化学烟雾和其他污染物所带来的巨大公共健康效益。

气候行动协同：协同的第三个挑战是整合越来越多的政策工具，共同实现碳中和目标。几乎所有净零碳排放政策框架都具有相似特点，主要包括以行业为基础的更为广泛的目标，以及在这些目标范围内颁布的碳市场、绿色补贴、研发投资、法规和强制性标准、绿色金融以及绿色采购和政府绿色化运作等措施。和在此基础上制定的碳市场、绿色补贴、研发投资、法规和强制性标准、绿色金融以及绿色采购、政府绿色化运作等措施。为了明确气候行动的范围，英国的气候变化框架制定了 360 多个支持性指标，以跟踪进展情况。欧盟、法国、瑞典、加拿大和新西兰等国家和地区正在实施数十项脱碳措施。

世界资源研究所（WRI）最近总结了国家层面实现碳中和的良好实践，其中包括关键的协同治理机制。英国的气候政策概览分析整理了数百个节点数据信息，向决策者和公众展示温室气体减排的主要进展趋势。法国开始从气候治理角度审查所有的预算安排。

在设计低碳政策时，要重视性别平等，特别需要关注劳动力市场变化时，如何

支持失业工人和社区的社会保障型政策。性别议题是国合会的持续关注重点，基于
2022—2023 年国合会专题政策研究撰写的性别主流化报告即将发布。

创新中的公共和私营伙伴关系：最后一项挑战涉及私营部门与政府之间的有效合
作。美国国家科学、工程和医学科学院牵头的一项研究识别了创新的共同瓶颈，如不
同的风险接受程度，初创制造业、金融、消费市场和全球供应链等创新环节之间的复
杂互动。政府可以通过清除堵点来帮助打通创新之路。例如，提供多年期研发资助、
调整销售税以激励研发、增加资助机构内部和跨资助机构的研发拨款，降低研发风险
以及一些运营成本，如帮助提供设备安装、专利申请、劳动力技能不足和新技术推广
所需资助。

总结：绿色创新是实现"双碳"目标的核心催化剂，同时也是污染治理和生态系
统管理的重点。气候行动涉及整个经济系统的所有重要部门，与绿色创新配套的国家
体制机制和政策之间的协同是关键。

第十二章 保持"双碳"战略定力，探索多目标协同创新路径，加快推进绿色低碳高质量发展

全球新冠疫情的雾霾日渐淡去，经济仍然面临波动风险、通货膨胀和地缘政治的挑战，经济增长、就业、贸易和投资均呈持续疲软态势。2023 年 6 月世界银行发布《世界经济展望》警告，未来经济前景堪忧，许多新兴和发展中国家将承受更大压力。世界经济面临如何重启和保持健康增长的难题。

与此同时，气候变化相关极端天气事件造成的损失与日俱增。全球刚刚经历了174 年以来最热的夏天，干旱和洪灾交替发生，野火频发，公共安全和健康面临严峻且迫在眉睫的挑战。在当今世界的变乱交织中，各国均面临如何加速推进经济复苏、保障能源与粮食安全、应对气候变化之间的协同难题。人类社会现代化进程又一次来到历史的十字路口。

以可再生能源为代表的绿色低碳产业已驶入发展快车道，成为稳增长、促转型的新动能。国际可再生能源机构报告显示，2022 年光伏发电、陆上风力发电和海上风力涡轮机发电的投资达 5 000 亿美元，电动车销量持续增长。世界经济论坛最新的贸易与气候情景分析预估，到 2030 年，全球 15% 的贸易商品将是净零商品。绿色低碳产业发展已成为不可或缺的增长新动能，这触发了各国对发展理念的反思，激励发展内容、组织模式和体制机制的创新。

2023 年，时隔五年，中国再次召开全国生态环境保护大会，中国国家主席习近平发表重要讲话。国合会委员们高度赞赏中国坚定推进生态文明建设不动摇、建设人与自然和谐共生现代化的信心和决心，认为这将给中国和全球可持续发展注入更多确定性和正能量。

基于国合会中外联合政策研究成果，结合 2023 年年会讨论，委员们建议：中国应继续保持战略定力，以绿色低碳为内生动力，统筹推进多目标协同的高质量发展。在

协同推进降碳减污的同时，要统筹考虑能源、供应链和粮食安全，以循序渐进、通盘考虑、稳妥有序的方式实现碳达峰；依托数字技术创新，加快传统产业数字化、绿色化升级改造，以数字化助力产业和城市高质量发展；建立支撑低碳转型的绿色金融体系，以交通领域为重点协同推进降碳减污，加速新型电力体系建设，逐步完善应对气候变化的法治保障；将可持续蓝色经济作为国家战略目标，将气候适应能力评估纳入流域规划，构建从山顶到海洋的绿色、低碳、韧性空间大格局；推动开放合作，改善海外绿色合作项目的政策环境，将绿色、可持续标准纳入全球供应链绿色化；共建绿色"一带一路"，共享低碳转型机遇；发挥主席国作用，"昆蒙框架"助力人与自然和谐共生；将低碳绿色发展与减贫、促就业、青年参与和性别平等结合起来。

具体建议如下。

一、保持战略定力，坚定不移落实"双碳"目标

建立制度转换路线图，推动"能耗双控"转向"碳排放双控"。"十四五"中后期，选取部分省市、重点行业开展碳排放双控试点。"十五五"前期，在全国范围试行碳排放双控制度，将碳强度作为约束性指标，碳总量作为预期性指标。2030年后，完善以碳总量控制为主的碳减排制度体系。

研究制定框架性的应对气候变化法或碳中和促进法。将碳减排措施融入交通、建筑和城市相关领域法律法规。制定省市级落实"1+N"政策体系的行动方案，从目标设定、数据分析技术、公众参与、持续监测评估和动态调整等方面入手，完善管理机制。将气候变化诉讼纳入环境公益诉讼范围，建立预防性环境公益诉讼制度，制定审理气候变化案件的司法指南。特别关注短寿命温室气体。

推进全产业链绿色创新应用，加速新型低碳电力体系建设。建立保障可再生能源可靠供应的能源输送、定价机制和更具竞争力的市场环境。实施全国范围内电力调度，减少可再生能源弃电。部署新的更具雄心的清洁能源和储能发展目标。以市场机制激励储能和需求端管理，促进电力系统平衡。加速电动汽车给电网送电的技术研发和政策储备。优化可再生能源空间布局，避免对生物多样性保护区、高价值农业区和居民生活区的不利影响。

将能源安全、资产搁浅风险和社会公平纳入能源系统转型脱碳的顶层设计。确保可调度的发电机和储能满足高峰负荷需求，特别是在风能、太阳能发电量急剧下降的极端天气时，防止出现大面积停电事故。加快对部分煤电厂的灵活性改造，以提高对

可变风能和太阳能高渗透率的适应能力，并满足调峰要求。部分燃煤电厂可以改造为生物质能发电，并可考虑和碳捕集与封存技术结合，从而降低资产搁浅和社会问题风险。扩大城市地区可再生能源生产规模，支持技能培训，增加能源转型带来的绿色就业。

继续完善新能源重型货车推广的政策组合。包括制定行业标准，实施免征车辆购置税等财政激励和路权优先制度等非财政激励，并明确商业车队新能源车辆采购要求。加快充电站、换电站等新能源重型货车基础设施建设。设定新能源重型卡车长期销售比例目标，2030 年为 45%，2035 年到 75%，2040 年达 100%。建立离网储能系统用于道路充电，出台新能源重卡"双积分"政策。

二、持续优化产业结构，推进降碳减污协同增效

持续调整优化能源、产业、交通、用地等结构，加快推动末端治理转向源头治理，推进多领域降碳减污协同增效。加快工业领域源头减排、过程控制、末端治理、综合利用，促进全流程绿色发展。建立高效的标准化回收系统，对工业废金属进行分类、回收和再利用。加大交通运输结构优化调整力度，推动公转铁、公转水，关注可持续燃料等航空航运业相关脱碳储备技术的发展。加强城乡建设的绿色低碳韧性发展，多措并举提高绿色建筑比例和能效水平。

加强大气、水、土壤、固体废物等污染防治领域协同，继续深入打好污染防治攻坚战。一体推进重点行业大气污染深度治理与节能降碳行动。建立环境质量、污染控制和温室气体减排的协同目标与评价体系，加强细颗粒物和臭氧协同控制。利用数字化技术提高污染治理的执法效率。推进水环境治理协同控制，统筹水资源、水环境、水生态韧性。加强土壤污染治理协同控制，鼓励绿色低碳土壤修复。推进固体废物污染防治协同控制，加强"无废城市"建设。增进自然恢复和人工修复手段的有机结合。

通过土地利用方式转型，综合解决气候变化、生物多样性丧失和粮食危机等挑战。优化农业支持政策，应用自然资本和生态核算支持可持续农林渔业。加大农业数字化智能化推广应用，促进农业生产向绿色、低碳、可再生型与气候智慧型转变，以保障粮食安全和生态服务。粮食安全定义纳入环境与健康维度。优化中国膳食指南，为粮食政策制定与粮食安全评价提供科学指导。通过财政激励调整粮食安全政策，优化营养健康型粮食供给。

三、数字化绿色化协同推动产业与城市高质量发展

推动现有数据中心、工业互联网、5G 等数字基础设施的低碳化发展，建设高能效、气候友好型数字基础设施。对全国重点计算中心和数据中心开展年度能源消耗评估，实施能源效率审计，建立零碳数据中心。构建公共数据中心目录，记录数据中心运行的用电效率、可再生能源系数、冷却效率和用水效率等重点指标，追踪数字设施配套硬件、软件、云服务的碳排放。优化数字经济的产业政策，支持可再生能源应用，推动建立绿色化数字化协同评估体系，建立绿色低碳激励机制。

围绕碳生产率、能效、水和材料消耗量等核心指标，建立绿色低碳生产指标体系。利用数字化加强持续的碳监测，识别碳减排重点。为关键制造业建立碳资产管理系统，逐步推动企业气候相关信息披露。以供应链为体系，激励上下游公司追踪碳排放数据和产品碳足迹。

优化企业生产的能源供给结构，扩大绿色电力交易，加强新能源电力供应。发挥分时电价信号作用，鼓励用电高峰期工业节能。推动企业加速推进减污降碳协同的工艺改造，采用绿色低碳生产技术。通过生态设计、回收利用等方式，延长信息通信产品使用寿命，并逐步淘汰高能耗设备。开展钢铁等行业低碳生产的数字化试点项目。

以数字化推动城市可持续发展衡量评估体系。涵盖空间规划、产业、居住、交通、管理服务等综合维度，持续开展智慧可持续城市评估。

利用数字技术提升气候适应能力。制定气象数字化专项规划，提高多源气象数据采集与传输能力，实现多源数据整合与安全管理的标准化。加大气候建模、模拟和气候风险评估，提升气象预报和灾害监测能力，开发多样化智慧气象服务产品。

保障重点群体数字能力的培训与权利。建立重点针对各级政府公务员的数字能力培训和评价体系，培育具有可迁移性的数字能力。制定关注女性、老年人、残障人等群体的数字化绿色化发展受益机制，切实保障其知情权、参与权、表达权、监督权，促进数字化包容性和普惠性发展。

四、完善支撑低碳转型的绿色金融体系

利用包括税收、价格、补偿、采购在内的综合激励手段，塑造多元化绿色气候投融资机制。加快推动分类目录、转型金融规则与标准制定，重视气候、环境与生物多样性丧失风险的信息披露，规范环境、社会、治理（ESG）投资市场。保持绿色分类

标准与国际标准的一致性，拓展披露范围，参考国际可持续准则理事会有关 ESG 的国际财务报告准则，为即将出台的生物多样性风险披露标准做好准备。

重视以主权财富基金和社保基金为主的主权资产绿色低碳投资潜力。鼓励主权资产所有者开展可持续投融资试点示范，将气候生态环境价值纳入绩效评估体系，为相关投融资活动在投资回报考核、风险分担工具使用等方面提供灵活支持。建立主权资产所有者的可持续投资原则，包括明确的战略目标和组织架构保障。鼓励主权资产所有者与国际伙伴开展可持续投融资交流合作。

积极参与多边金融合作及国际金融体系改革。强化与国际气候、自然及可持续发展相关规则的对接和互认，有效防范资产搁浅风险和"漂绿"风险。提高海外投融资绿色标准，完善金融机构的信息披露与合规问责机制。

五、陆海统筹，打造可持续蓝色经济，构筑韧性流域

将可持续蓝色经济作为国家战略目标，纳入落实"双碳"目标的工作布局。建立健全以可持续为导向的海洋经济核算和统计框架，核算海洋产业的二氧化碳排放量和基于自然的解决方案的减碳贡献，并制定配套监测方法。加强评估预测气候变化对海洋及全球渔业的影响。

建立蓝色金融框架，强化对可持续蓝色经济的金融支持。加强资助和协调与可持续蓝色经济和海洋碳减排有关的国际科研合作。

综合推进发展离岸风能、潮汐能、太阳能、氢能和其他可再生能源发电。减少渔船和海港的碳排放，拟定海事作业的减碳计划，制定水产养殖和渔业管理碳减排方案。科学开展陆海空间规划，识别光电和风电最优布局，推进多功能立体开发和复合利用，提高空间利用效率。

完善从中央到地方的多层次海洋综合管理体系。制定海洋相关建设项目的选址和实施标准，保护海洋和沿海生态系统。严格控制海洋产业的塑料使用，制定减少塑料污染的综合性方案，包括有效的生产责任延伸制度、能力建设和公众教育等。

评估沿海区域（如大湾区）的气候风险。更新沿海沿江城市建筑规范，增加对基础设施、住房和工业等建筑资产的气候适应性投资，应对海平面上升风险。

在《长江保护法》及其他流域保护法的框架下，制定纵向行动方案与横向共同协议。在"国家长江流域协调机制"和"地方协作机制"等政府协作机制的基础上，建立跨部门、跨行政区，政府、企业与社会公众等多元主体参与的协作机制。

加快制定长江流域发展规划和国土空间规划，建立流域综合评估机制，系统评估气候变化的短期冲击和长期压力影响。将气候适应能力评估纳入政策制定和建设项目决策过程。推广基于自然的解决方案，鼓励设立水基金，开展可持续水电基金试点。

识别进一步解决塑料污染问题的关键步骤。在全球塑料条约通过后制订相关行动计划，并考虑启动系列旨在重复使用、减少和回收塑料的试点项目。

六、坚持绿色开放，构建可持续供应链，助力全球低碳转型

构建进出口地区与企业之间的新型合作关系。推动优化全球产业链供应链布局，保障绿色低碳产业对关键矿物、材料和组件的需求。构建"一带一路"绿色创新伙伴关系。围绕产业链供应链韧性可持续发展，建立部际协调机制。

在中国参与的多边贸易合作机制中，开展建设性对话和试点，凝聚绿色共识，探索建立绿色、零毁林和自然向好贸易标准和认证体系。建立透明与可追溯的技术与政策体系，在双边和多边贸易协定中纳入绿色软商品进出口措施，整合价值链不同阶段的认证体系。确保软性商品进口具有合法来源，并通过南南合作推动供应链绿色化。

推进海外投资审批制度改革。建立一个全面、标准一致的"一带一路"项目储备体系。以太阳能和风能为主导，加强绿色技术转移合作，减少化石能源发电。将绿色能源投资纳入企业绩效体系，适当放宽绿色能源海外投资的业绩要求。建立"一带一路"气候投融资与绿色信贷体系，降低低碳项目融资成本。完善绿色能源投资信息服务体系，构建海外投资风险评估和预警机制。

与"一带一路"共建国家合作开展创新性项目示范。建立绿色发展项目可行性研发基金和融资选项数据库，积极向库内项目提供可再生能源融资组合。通过"一带一路"绿色发展国际联盟等多边合作平台，加强对话交流。利用第三届"一带一路"国际合作高峰论坛契机，提出绿色低碳发展国际合作等相关倡议。统筹各方资源，开展"光伏+"等创新应用场景的示范合作，探索符合发展中国家特点的绿色合作项目盈利模式。

七、从协议到协力，落实"昆蒙框架"

依据"昆蒙框架"目标，尽早更新《中国家生物多样性保护战略与行动计划》的政策措施和路线图。作为主席国，继续与缔约方、观察员国以及其他利益相关方保持沟通，推动生物多样性保护相关行动倡议，在实现"3030"等目标方面尽早采取行动，

快速取得早期成果，提振"昆蒙框架"落实信心。

建立生物多样性专家组，支持国家层面和国际层面的参与、协调和落实工作。推动制定全球标准，鼓励企业将生物多样性保护纳入发展战略，使企业活动具有"自然向好"效果。大型企业要关注其活动对自然的影响并加强风险披露。通过中国"工商业生物多样性保护联盟"等平台，鼓励、引导、协助工商业企业参与生物多样性保护及履约工作。对具有挑战性的具体目标，鼓励制定、推广和应用有助于实现目标的方法、工具，以相应激励机制助力目标实现。制订青年自然教育计划，在"昆蒙框架"下启动相应的农林牧渔实践试点。

呼吁并欢迎各缔约方出资支持昆明生物多样性基金，整合协同不同来源的国际融资，支持发展中国家生物多样性保护。调整对生物多样性有害的直接转移支付，充分释放现有资金效能。支持伙伴国家构建混合融资模式，制订国家层面融资计划，调动并协同政府机构、私营部门、慈善机构、多边开发银行、自愿碳市场等利益攸关方筹措资金。

确保绿色金融分类标准对于"昆蒙框架"中生物多样性保护融资目标的适用性。逐步在市场层面实施与国际接轨的强制性的生物多样性披露标准。以农林渔业为试点，构建系统全面的方法评估补贴政策的生态环境影响。

与经济部门联动，倡导系统性可持续土地利用方式，促进生物多样性保护主流化。基于生态系统的服务功能，重新评估和优化土地利用方式，并将基于科学的气候与自然目标纳入决策和运营。以农业为切入点，研究"昆蒙框架"下可持续利用行动目标的实现路径与方法。实施再生农业和保护性耕作试点项目并及时总结经验。

第十三章　中国环境与发展重要政策进展和国合会政策建议影响报告（2022—2023 年）

中国环境与发展国际合作委员会作为中国政府批准成立的高层政策咨询机构，主要任务是就环境与发展领域的重大问题开展研究并提出政策建议。每年一届的国合会年会作为政策咨询的最高形式，以国合会政策研究报告为基础，邀请国合会中外委员、特邀顾问、中外专家就环境与发展重大问题开展政策讨论，既集中反映国内紧迫性和长远性的议题，又呼应国际社会的重大关切，凝聚思想共识，形成国合会年度政策建议，提交给国务院及中央政府有关决策部门。

自 2008 年开始，国合会首席顾问及专家支持组牵头编写"中国环境与发展重要政策进展与国合会政策建议影响报告"。该报告全面梳理了中国过去一年出台的重大环境与发展政策和相关实践进展，以及国合会近几年，特别是上一年度主要政策建议被中国相关立法、政策采纳的情况。但报告本身不是国合会的影响力评估报告。报告将中国的政策实践与国合会的政策建议进行梳理和对照，目的在于显示国合会政策研究主题的选择、建议的内容与政策进展的相关性。本报告是国合会首席顾问专家支持组和中方团队[1] 提供的第 16 份报告。

本期报告，是对 2022 年以来中国环境与发展领域政策进展的梳理，在写作体例上延续原有风格，每部分都将国合会政策建议与相关国内举措作了对应性的总结，并在最后作了政策建议对照表，供读者参考。

过去的一年，是极不平凡和重要的一年。面对错综复杂的国际环境和艰巨繁重的国内改革发展稳定任务，中国政府坚持稳中求进，谋划布局社会主义现代化建设各项事业，积极开创高质量发展的新局面。在"两个一百年"奋斗目标的历史交汇期，中共二十大胜利召开，描绘了以中国式现代化全面推进中华民族伟大复兴的宏伟蓝图。

---

1 中方团队包括张慧勇、唐华清等。

党的二十大报告明确提出了环境与发展的历史方向，将人与自然和谐共生作为中国式现代化的重要特征和本质要求之一，体现了中国政府在推动可持续发展方面的责任担当，以及探索新发展道路的历史勇气。

过去一年中，习近平生态文明思想得到进一步丰富发展，新发展理念在实践中显示出强大生命力，绿色低碳循环发展被有力推进，生态环境现代化治理制度探索创新，生态环境治理体系不断完善，持续深入打好蓝天、碧水、净土保卫战，生态环境质量不断改善。稳步推进节能降碳，推进能源清洁高效利用和技术研发，加快建设新型能源体系，提升可再生能源占比，推动重点领域节能降碳减污。碳达峰碳中和"1+N"政策体系构建完成，"碳达峰十大行动"扎实推进。中国统筹能源安全稳定供应和绿色低碳发展，科学有序推进碳达峰碳中和。

过去一年中，中国不断加强流域综合治理，加强城乡环境基础设施建设，持续实施重要生态系统保护和修复重大工程。完善支持绿色发展的政策和金融工具，发展循环经济，推进资源节约集约利用。加强污染治理和生态建设。坚持精准治污、科学治污、依法治污，深入推进污染防治攻坚。注重多污染物协同治理和区域联防联控，推动共抓长江大保护，深入实施长江流域重点水域十年禁渔。加强生物多样性保护，完善生态保护补偿制度。

过去一年中，中国坚定不移地以高质量对外开放推动高质量国际经贸合作。面对外部环境变化，实行更加积极主动的开放战略。高质量共建"一带一路"取得新进展，国际产能合作和第三方市场合作继续深化。截至目前，我国已与150多个国家、32个国际组织签署200多份合作文件。

在中国可持续发展进程发生重大历史转折的时期，国合会充分发挥了其环境与发展国际合作重大平台作用，集中国内外顶级专家的集体智慧，为落实"双碳"目标和推进生态文明建设提出了诸多政策建议并被中国政府参考或采纳，有力推动了中国可持续发展进程。

一、环境与发展规划

（一）夯实生态文明制度基础，建设人与自然和谐共生的现代化

党的十八大以来，以习近平同志为核心的党中央全面深化生态文明体制机制改革，强调"用最严格制度最严密法治保护生态环境"，加快制度创新，强化制度执行，形成了越来越科学、越来越严密的新时代生态文明制度体系，为我国生态环境明显好转

提供了基本制度保障，也为中国奋力开创新时代生态文明建设新局面奠定了重要制度基础。生态文明写入了党章，写入了宪法，覆盖大气、水、土壤、固体废物、噪声污染防治以及长江、湿地保护等领域的 25 部生态环境相关法律得到制（修）订，中央出台《关于加快推进生态文明建设的意见》《生态文明体制改革总体方案》两个纲领性文件，建立了一系列创新性制度。中央生态环境保护督察、生态保护红线、国家公园、生态环境分区管控、河（湖）长制、林长制、排污许可、环境质量监测事权上收、全面禁止"洋垃圾"入境、碳排放权交易、新污染物治理、入河入海排污口设置管理等，为生态环境保护提供了重要制度保障。

"十四五"时期，中国生态文明建设进入了以降碳为重点战略方向、推动减污降碳协同增效、促进经济社会发展全面绿色转型、实现生态环境质量改善由量变到质变的关键时期。围绕"双碳"目标实现，中国政府建立了"1+N"政策体系，1 是指 1 个顶层设计文件——《关于完整准确全面贯彻新发展理念做好碳达峰碳中和工作的意见》；"N"包括《2030 年前碳达峰行动方案》（以下简称方案），能源、工业、交通运输、城乡建设等分领域分行业碳达峰实施方案，以及科技支撑、能源保障、碳汇能力、财政金融价格政策、标准计量体系、督察考核等保障方案。2022 年 6 月，生态环境部等七部门发布《关于印发〈减污降碳协同增效实施方案〉的通知》。方案提出，到 2025 年，减污降碳协同推进的工作格局基本形成；重点区域、重点领域结构优化调整和绿色低碳发展取得明显成效；形成一批可复制、可推广的典型经验；减污降碳协同度有效提升。到 2030 年，减污降碳协同能力显著提升，助力实现碳达峰目标；大气污染防治重点区域碳达峰与空气质量改善协同推进取得显著成效；水、土壤、固体废物等污染防治领域协同治理水平显著提高。

党的二十大报告提出了"建设人与自然和谐共生的现代化"的宏伟目标，生态文明建设进入全新的发展阶段。要完整、准确、全面贯彻新发展理念，保持战略定力，站在人与自然和谐共生的高度来谋划经济社会发展，坚持节约资源和保护环境的基本国策，坚持节约优先、保护优先、自然恢复为主的方针，形成节约资源和保护环境的空间格局、产业结构、生产方式、生活方式，统筹污染治理、生态保护、应对气候变化，促进生态环境持续改善，努力建设人与自然和谐共生的现代化。这无论是对中国还是世界可持续发展探索，均具有重大意义。未来，着眼于"人与自然和谐共生的现代化"建设的重大生态文明制度将进一步推出和逐步完善。

在生态文明建设纳入"五位一体"总体布局下，各地深入践行"绿水青山就是金山银山"的理念，植绿护绿、垃圾分类、节水节电、"光盘"行动等思想观念深入人心。绿色经济加快发展，能耗物耗不断降低，浓烟重霾有效抑制，城乡环境更加宜居，美丽中国建设迈出坚实步伐，"绿水青山就是金山银山"的理念成为全党全社会的共识和行动。

（二）《中华人民共和国国民经济和社会发展第十四个五年规划和2035远景目标纲要》加快全面绿色转型

绿色发展是当代中国发展最鲜明的特征。《中华人民共和国国民经济第十四个五年规划和2035年远景目标纲要》（以下简称《"十四五"规划》）开宗明义，即要推动绿色发展，促进人与自然和谐共生。到2025年，生态文明建设实现新进步，生态环境持续改善。到2035年，生态环境根本好转，美丽中国建设目标基本实现。"十四五"开局之年，建设美丽中国开启新征程。

"十三五"期间，绿色发展被首次写入国家的五年规划，污染防治力度加大，资源利用效率显著提升，生态环境明显改善。进入新发展阶段，"十四五"规划则将绿色发展置于我国全面现代化建设全局中的战略中心地位，要以"人与自然和谐共生的现代化"为战略目标，推动全面绿色低碳转型发展。

《"十四五"规划》从资源利用效率、利用体系、绿色经济、政策体系四个方面对加快发展方式绿色转型进行了阐述，要实现这些目标，制度创新尤为重要。目前，全国统一的碳排放权交易市场已于2021年7月16日正式上线启动交易，运用市场机制倒逼企业技术创新，降低碳排放强度。此外，污染防治行动将深入开展，要基本消除重污染天气，基本消除劣Ｖ类国控断面和城市黑臭水体。《"十四五"规划》展示了未来五年我国重要生态屏障建设的布局，以提升生态系统质量和稳定性为基准，持续深入推动我国可持续生态文明建设。

（三）绿色城镇化推动区域生态环境治理改善

2021年10月，中共中央办公厅、国务院办公厅印发了《关于推动城乡建设绿色发展的意见》（以下简称《意见》）。按照党中央、国务院决策部署，立足新发展阶段、贯彻新发展理念、构建新发展格局，坚持以人民为中心，坚持生态优先、节约优先、保护优先，坚持系统观念，统筹发展和安全，同步推进物质文明建设与生态文明建设，落实碳达峰碳中和目标任务，推进城市更新行动、乡村建设行动，加快转变城乡建设方式，促进经济社会发展全面绿色转型，为全面建设社会主义现代化国家奠定坚实基础。

根据《意见》，到 2025 年，城乡建设绿色发展体制机制和政策体系基本建立，建设方式绿色转型成效显著，碳减排扎实推进，城市整体性、系统性、生长性增强，"城市病"问题缓解，城乡生态环境质量整体改善，城乡发展质量和资源环境承载力明显提升，综合治理能力显著提高，绿色生活方式普遍推广。到 2035 年，城乡建设全面实现绿色发展，碳减排水平快速提升，城市和乡村品质全面提升，人居环境更加美好，城乡建设领域治理体系和治理能力基本实现现代化，美丽中国建设目标基本实现。

城镇，既是能源资源消耗主要载体，也是碳排放主要排放地区。实现城镇的全面绿色转型发展，可以带动全社会的绿色发展。绿色城镇化建设需坚持人与自然和谐共生，尊重自然、顺应自然、保护自然，推动构建人与自然生命共同体。坚持整体与局部相协调，统筹规划、建设、管理三大环节，统筹城镇和乡村建设。坚持效率与均衡并重，促进城乡资源能源节约集约利用，实现人口、经济发展与生态资源协调。坚持公平与包容相融合，完善城乡基础设施，推进基本公共服务均等化。坚持保护与发展相统一，传承中华优秀传统文化，推动创造性转化、创新性发展。坚持党建引领与群众共建共治共享相结合，完善群众参与机制，共同创造美好环境。

1. 重大流域发展规划推动高质量发展

新时代区域统筹发展的"长江经济带发展""黄河流域生态保护和高质量发展"规划和实施，带动了两大流域相关省区深入贯彻新发展理念，推动流域绿色发展，取得了重大成就。在全面建设社会主义现代化新征程上，两大流域持续发力，在绿色低碳高质量发展方面有了新进展。

（1）长江流域绿色高质量发展局面形成

长江是中华民族的母亲河，也是中华民族发展的重要支撑。2022 年 9 月，生态环境部、国家发展改革委等 17 部门联合印发了《深入打好长江保护修复攻坚战行动方案》，着力解决长江大保护面临的突出生态环境问题，扎实推进长江保护修复攻坚战各项任务。

长江流域绿色高质量发展格局初步形成：一是以《长江经济带发展规划纲要》为纲领性文件的"1+N"发展规划体系建立，出台并实施了《中华人民共和国长江保护法》；构建长江经济带发展负面清单管理体系。二是生态环境明显改善。2023 年 1—5 月，长江经济带水质优良断面（Ⅰ～Ⅲ类）比例为 94%，长江干流国控断面连续 3 年全线达到Ⅱ类水质，两岸绿色生态廊道逐步形成，长江"十年禁渔"全面实施。三是绿色低碳循环发展深入推进。长江经济带电子信息、装备制造等产业规模占全国比例均超过 50%。四是综合立体交通网络加速形成。干支线高等级航道里程达上万千米。五是对外开放水平显著提升。长江经济带与"一带一路"建设融合程度更高，西部陆海新通道加快形成。

长江流域重点水域实行"十年禁渔"，1.1 万艘渔船、23.1 万名渔民退捕上岸，万里长江得以休养生息，长江生物资源状况逐步好转。赤水河鱼类资源量达到禁捕前的 1.95 倍，刀鲚、中华绒螯蟹等洄游性水生生物资源明显趋于恢复。沿江各省市增强系统思维，上中下游协同发展、东中西部互动合作，推进长江经济带成为生态更优美、交通更顺畅、经济更协调、市场更统一、机制更科学的黄金经济带。建立健全流域上下游、左右岸、干支流、省际联防联治机制；先后设立 5 个跨省生态保护补偿机制；探索开展跨省（直辖市）碳排放权、排污权、水权、用能权交易……沿江各省（直辖市）下好一盘棋、共护一江水。葛洲坝、三峡、向家坝、溪洛渡、白鹤滩、乌东德沿江 6 座大型水电站，5 座跻身世界前十二大水电站之列，长江流域已成为世界最大清洁能源走廊。西电东送从这里出发，长江点亮了大半个中国；南水北调从这里启程，长江浸润着中国的大地。贵州"数谷"，依托丰富的水电资源，引入大数据产业；武汉"光谷"，发展成为全国光电子产业基地；沿江各省（直辖市）坚持创新驱动，无锡"慧谷"、合肥"声谷"、株洲"动力谷"等一批有竞争力、影响力的优势产业集群加速成长。

（2）擘画黄河流域高质量发展蓝图

党的十八大以来，以习近平同志为核心的党中央提出保护黄河是事关中华民族伟大复兴的千秋大计，黄河流域生态保护和高质量发展是国家重大战略。当前，我国生态文明建设全面推进，"绿水青山就是金山银山"理念深入人心，沿黄人民群众追求青山、碧水、蓝天、净土的愿望更加强烈。2022 年 10 月 30 日，第十三届全国人民代表大会常务委员会第三十七次会议通过《中华人民共和国黄河保护法》，为黄河流域生态环境保护和高质量发展提供了有力的法律保障。通过该法，明确了流域专项规划和区域规划的法律地位，以及引领、指导和约束性作用。随着《中华人民共和国黄河保护法》于 2023 年 4 月 1 日起施行，黄河流域各地对文物古迹、非物质文化遗产的保护和利用力度也将继续加大，黄河文化旅游带将吸引更多人感受黄河文化和自然之美。

2022 年 6 月，生态环境部等部门印发的《黄河流域生态环境保护规划》是落实《黄河流域生态保护和高质量发展规划纲要》"1+N+X"要求的专项规划，对推动黄河流域生态保护和高质量发展具有重要作用。

2022 年 8 月，生态环境部等 12 部门联合印发了《黄河生态保护治理攻坚战行动方案》，该行动方案以维护黄河生态安全为目标，以改善生态环境质量为核心，明确了到 2025 年黄河流域森林覆盖率、水土保持率、退化天然林修复面积、沙化土地综合治理面积、地表水达到或优于Ⅲ类水体比例、地表水劣Ⅴ类水体比例、黄河干流上中游（花园口以上）水质、县级及以上城市集中式饮用水水源水质达到或优于Ⅲ类比例、县级城市建成区黑臭水体消除比例等目标要求。

护佑黄河安澜，必须依靠制度、依靠法治，用制度和法治力量守护好母亲河。2022 年 10 月《中华人民共和国黄河保护法》通过，对症施治，就水源涵养、水土保持、河口整治、生态流量等作出了全面规定。《中华人民共和国黄河保护法》将以习近平同志为核心的党中央的决策部署以法律形式予贯彻落实，将其转化为黄河保护、治理、高质量发展的国家意志和社会行为准则，有利于黄河流域的有效治理。

在黄河生态保护治理方面，截至 2022 年，黄河流域地表水Ⅰ～Ⅲ类断面比例达到87.5%，流域地级及以上城市优良天数比例达到 80.3%，沿黄各地特色农牧业、清洁能源等生态经济健康发展。

2. 国合会相关政策建议情况

对于生态文明建设，国合会 2022 年建议，中国应坚持不懈保持生态文明建设的战略定力，优先稳定绿色低碳转型的预期，科学有序统筹短期、中期和长期绿色发展蓝图，从短期的经济、能源、粮食等安全保障，走向长期的创新、低碳增长动能释放，开启高质量发展的绿色新篇章。

对于绿色城镇化，国合会在 2019 年建议特别提出，《"十四五"规划》应基于生态文明制定重塑中国城镇化的战略，走内涵增长道路，让绿色城镇化成为中国经济高质量发展的重要驱动力。国合会在 2020 年和 2021 年又持续提出建议指出，要以绿色繁荣、低碳集约、循环利用、公平包容、安全健康为目标，推进城市绿色转型。加大城市绿色低碳基础设施改造力度，健全县域绿色发展战略体系。坚持以绿色发展为主导、多元化发展为支撑的"一极多翼"乡村融合发展模式。

对于重大流域的绿色发展，国合会在 2022 年建议提出，要强化气候适应性综合管理，构建低碳韧性流域。提升重要流域综合管理的气候适应能力，落实《中华人民共和国长江保护法》要求，基于空间规划和减污、降碳、扩绿、增长协同管理需求，建立协作机制。开展长江全流域气候脆弱性评估，重点关注上下游地区、主要支流、重点城乡聚集区、岸线、河口三角洲、蓄洪区、农业和自然生态区。构建流域气候风险预警系统，加强极端天气事件预警预报，特别关注洪水、野火、干旱和热浪风险。

二、治理与法治

（一）司法助力生态环境治理

完善的法律制度需要强大的司法体系来执行，而规范严格的司法行动是生态环境治理中不可或缺的环节，也是助力制度法规有效执行的重要手段。

2022 年 7 月，《国务院 2022 年度立法工作计划》提出要围绕加强生态环境保护、建设美丽中国，提请全国人民代表大会常务委员会审议能源法草案、矿产资源法修订草案。制定生态保护补偿条例、碳排放权交易管理暂行条例，修订放射性同位素与射线装置安全和防护条例。预备提请全国人民代表大会常务委员会审议耕地保护法草案、进出境动植物检疫法修正草案。

2022 年 11 月，生态环境部公布《环境监管重点单位名录管理办法》（以下简称《办法》），用以替代《重点排污单位名录管理规定（试行）》，并于 2023 年 1 月 1 日起施行。《办法》用于指导地方做好重点单位筛选和分类管理工作，更具针对性和可操作性，其分类结果将对相关企业日常环保管理工作带来重大影响。

2023 年 5 月，生态环境部印发新修订的《生态环境行政处罚办法》，在处罚种类、时限、权限、程序、执法方式等方面作出调整，确保生态环境执法队伍严格规范依法开展执法活动，该处罚办法自 2023 年 7 月 1 日起施行。

2022 年以来，地方各级生态环境部门持续贯彻《关于优化生态环境保护执法方式提高执法效能的指导意见》，落实扎实稳住经济"一揽子"政策措施，将优化环境监管方式作为生态环境领域支撑经济平稳运行五项重点举措之一。江苏省印发《关于加快推进生态环境非现场监管的意见》，构建"1+5+N"的非现场监管工作体系，创新非现场检查、非现场执法、非现场管理等工作举措。重庆市逐步扩大正面清单企业纳入范围，融合多种手段加强非现场监管，减少不必要的现场检查。2022 年新增 485 家企业纳入正面清单，其中大部分是环境信用评价结果为优秀或良好的企业。目前，重庆市共有 3 011 家正面清单企业，比 2021 年底增加 12.2%。第一季度对正面清单企业非现场执法检查 4 614 次，有效减少对守法企业的现场检查频次。黑龙江将全省 75 家符合污染防治设施齐备且运行管理规范、1 年内未受到生态环境行政处罚、未发生突发环境事件、依法及时披露环境信息等条件的企业纳入正面清单。

（二）推行控制污染物排放许可证

全面实行排污许可制，是贯彻落实党的二十大精神、提升生态环境治理体系和治理能力现代化水平的一项重要举措。排污许可证作为排污单位自证守法的重要依据、监管部门执法监管的重要抓手，抓好其质量是其发挥实效、建立固定污染源监管制度体系核心地位的重要基石。

《生态环境部排污许可提质增效工作方案（2022—2024 年）》提出要切实提高排污许可证核发质量，强化排污许可证质量核查，压实主体责任，加强联合监管，构建排污许可证质量"源头把控、过程管理、事后监管"的全闭环管理模式，提高证后监管效率，提升核心制度效能，发挥"一站式"管理效果。到 2022 年底，健全排污许可证质量管理机制，完善排污许可动态更新机制，持续优化平台系统。到 2023 年底，完成限期整改"清零"重点工作，全面完成"双百"任务目标，实现排污单位全部持证排污。到 2024 年底，持续开展常态化排污许可证质量核查，全面提升排污许可管理工作质量，支撑排污许可"一证式"管理。

2022 年 3 月 29 日，生态环境部办公厅印发《关于加强排污许可执法监管的指导意见》，要求到 2023 年底，重点行业实施排污许可清单式执法检查，排污许可日常管理、环境监测、执法监管有效联动，以排污许可制为核心的固定污染源执法监管体系基本形成。到 2025 年底，排污许可清单式执法检查全覆盖，排污许可执法监管系统化、科学化、法治化、精细化、信息化水平显著提升，以排污许可制为核心的固定污染源执法监管体系全面建立。

2022 年 4 月 2 日，生态环境部办公厅印发《"十四五"环境影响评价与排污许可工作实施方案》，排污许可核心制度进一步稳固，固定污染源排污许可全要素、全周期管理基本实现，固定污染源排污许可执法监管体系和自行监测监管机制全面建立，排污许可"一证式"管理全面落实，以排污许可制为核心的固定污染源监管制度体系基本形成。

排污许可证质量就是"按证排污""依证监管""社会监督"的生命线。为完善排污许可技术支撑体系，规范全国排污许可证质量核查技术方法，统一排污许可证质量问题判定标准，2023 年 6 月生态环境部发布《排污许可证质量核查技术规范》（HJ 1299—2023），指导生态环境主管部门开展排污许可证质量核查，进一步提升排污许可证质量，推动进一步提升排污许可证的规范性、真实性和可用性，推进排污许可提质增效。

（三）环保法继续完善，气候法提上议程

党的二十大报告明确提出，"积极稳妥推进碳达峰碳中和"。应对气候变化是一

项综合性、全局性工作，在现有法律制度体系和行动路径下，实现"双碳"目标仍面临巨大挑战。加强应对气候变化的法治保障，既要加快推进气候变化专门性立法，也要协同推进生态环境保护立法。

2022 年，一些关于环境的法律正式实施，这些法律为中国环境保护行政与管理工作提供了有力支撑。2022 年 6 月 1 日起，我国首部专门保护湿地的法律《湿地保护法》开始施行。作为我国首部专门保护湿地的法律，湿地保护法共七章六十五条，立足湿地生态系统的整体性保护修复，确立了"保护优先、严格管理、系统治理、科学修复、合理利用"的原则，建立了覆盖全面、体系协调、功能完备的湿地保护法律制度，引领我国湿地保护工作全面进入法治化轨道。2022 年 6 月 5 日起，《中华人民共和国噪声污染防治法》施行。这是该法实施 20 多年来第一次全面修订，紧密结合当前我国噪声污染防治的形势，科学总结了噪声污染防治工作规律和实践经验，具有很强的针对性、可操作性和前瞻性。2022 年 10 月 30 日，正式通过《中华人民共和国黄河保护法》，并于 2023 年 4 月 1 日正式实施。黄河流域生态保护和高质量发展各类活动，适用该法，该法所称黄河流域，是指黄河干流、支流和湖泊的集水区域所涉及的青海省、四川省、甘肃省、宁夏回族自治区、内蒙古自治区、山西省、陕西省、河南省、山东省的相关县级行政区域。

此外，在 2022 年，我国加快推动了应对气候变化相关立法，研究构建应对气候变化法律框架；开展温室气体管控纳入建设项目环评的专题论证，研究《中华人民共和国环境影响评价法》的修法建议；积极推进《碳排放权交易管理暂行条例》立法进程，努力完善全国碳市场的立法保障；引导和推动地方制定相关地方性法规。推动修改《消耗臭氧层物质管理条例》，将氢氟碳化物（HFCs）等有温室效应的消耗臭氧层物质纳入环保管控体系之内。持续完善应对气候变化相关标准体系，加强与现有标准体系的打通融合，已批准 2 项碳排放相关国家计量基准、57 项碳排放相关计量标准并研制了 229 种碳排放相关标准物质，在节能、高标准农田和生态保护修复领域批准发布多项国家标准、行业标准。

地方层面，不少地方政府出台了本地区应对气候变化相关的地方政府规章及规范性文件。例如，围绕"双碳"目标，江苏省人民代表大会（含常务委员会）发布《关于推进碳达峰碳中和的决定》（2022 年）。早期开展碳排放权交易试点的北京、上海、天津、重庆、广东、深圳和湖北七省（直辖市）以及四川、福建等参与碳排放权交易的地区几乎都发布了碳排放权交易相关的地方政府规章或规范性文件。上述行政法规、部门规章及地方性立法，规范和推动了国内应对气候变化工作，也为应对气候变化法的出台奠定了充分的下位法基础。

（四）绿色金融体系深化

"国内统一、国际接轨"的绿色金融标准不断深化。党的二十大报告提出"完善支持绿色发展的财税、金融、投资、价格政策和标准体系"，突出了绿色金融体系建设的重要性。2022 年，金融业坚定不移助力"双碳"目标推进，建立健全绿色金融标准体系。"绿色是高质量发展的鲜明底色"正逐步成为金融业的普遍共识。

基于我国在绿色金融领域迅速发展的经验，统一的政策框架和激励机制将在未来得到进一步的完善。在党的二十大报告"加快发展方式绿色转型"的指引下，针对转型金融的相关体系及绿色目录预计将得到完善，支持高碳企业的低碳转型方案。同时，绿色活动界定标准的制定可以防止"洗绿"现象，并有效引导资金进入真正绿色的产业。

2022 年 2 月，中国人民银行会同国家市场监督管理总局、中国银保监会、中国证监会联合印发《金融标准化"十四五"发展规划》，提出要加快完善绿色金融标准体系，统一绿色债券标准，不断丰富绿色金融产品与服务标准，加快制定上市公司、发债企业环境信息披露标准，建立环境、社会和治理（ESG）评价标准体系等。2022 年，我国 54 家上市银行中，已有 49 家通过社会责任报告、可持续发展报告或者更明确的环境、社会与治理（ESG）报告的形式，进行了环境和气候信息披露。在国际权威指数机构明晟（MSCI）公布的 2022 年 ESG 评级结果中，我国银行业 ESG 评级整体上升。其中，6 家国有大型银行全部获评 A 级，为目前国内上市银行最高级别。

2022 年 4 月，证监会发布《碳金融产品》金融行业标准。在一定的基础上，对碳金融产品进行了划分，并对其进行了详细的规定。在我国的发展过程中，各种具有创新性的碳汇金融工具不断应运而生。《碳金融产品》金融产业规范为金融机构开发和进行碳金融产品的制定、实施、规范提供帮助，有助于各类碳金融产品的健康发展，推动了社会对碳金融的理解，帮助机构识别、运用和管理碳金融产品，引导金融资源进入环保领域，支持绿色低碳发展。

2022 年 5 月，中国银保监会发布《中国保险业标准化"十四五"规划》，要求探索绿色保险统计、保险资金绿色运用、绿色保险评价等标准建设，更好推动完善标准。

生态环境部、国家发展改革委等 9 部门在 2021 年 12 月联合发布《关于开展气候投融资试点工作的通知》，指导试点地方积极参与全国碳市场建设，研究和推动碳金融产品的开发与对接。同时，试点地方金融机构在依法合规、风险可控前提下，稳妥有序地探索开展包括碳基金、碳资产质押贷款、碳保险等碳金融服务。2022 年 8 月，在综合考虑申报地方工作基础、实施意愿和推广示范效果等因素的基础上，确定了北京市密云区、通州区，河北省保定市，山西省太原市等 23 个地方入选气候投融资试点。

2022 年 10 月，国家市场监督管理总局等九部门联合印发《建立健全碳达峰碳中和标准计量体系实施方案》作为全国碳达峰碳中和 "1+N" 的制度保障计划之一，为相关行业、领域、地方和企业提供碳达峰碳中和的计量系统建设提供依据。提出要尽快制定绿色、可持续金融相关术语等基础通用标准，完善绿色金融产品服务、绿色征信、绿色债券信用评级、碳中和债券评级评估、绿色金融信息披露、绿色金融统计等标准。

2023 年 3 月，生态环境部发布《关于公开征集温室气体自愿减排项目方法学建议的函》（环办便函〔2023〕95 号），方法学是指导温室气体自愿减排项目开发、实施、审定和减排量核查的主要依据，对减排项目的基准线识别、额外性论证、减排量核算和监测计划制订等具有重要的规范作用。2023 年 7 月，生态环境部编制了《温室气体自愿减排交易管理办法（试行）》（征求意见稿），从自愿减排项目审定与登记、减排量核查与登记、减排量交易、审定与核查机构管理等环节，规定了温室气体自愿减排交易及其相关活动的基本管理要求，明确了各市场参与主体的权利和责任。

在地方上，建行广东省分行聚焦 "四大支柱" 体系化推进绿色金融：一是界定绿色标准，二是做好信息披露，三是丰富产品货架，四是完善激励机制。截至 2023 年 5 月底，广东省分行绿色金融贷款 3 668 亿元，较年初新增 847 亿元，绿色贷款余额、增量均在全行系统内排名第一，绿色贷款占各项贷款比重、占对公贷款比例均保持当地四行第一，持续保持人民银行绿色信贷目录六大重点领域全覆盖。人民银行济南分行印发《"绿色金融深化发展年"专项行动方案》，将 2023 年确定为 "绿色金融深化发展年"，在 2022 年山东省绿色金融工作全面起势的基础上，该行将进一步夯实绿色金融发展基础，深化绿色金融服务体系建设，助力山东绿色低碳高质量发展。2022 年 8 月，人民银行会同国家发展改革委等共 6 部门共同印发了《重庆市建设绿色金融改革创新试验区总体方案》，正式将重庆纳入国家绿色金融改革试验区范围。此外，2022 年以来，在人民银行等金融管理部门的支持和推动下，绿色保险、绿色基金、绿色信托等多样化绿色金融产品同样在不断丰富。绿色金融在服务京津冀协同发展、粤港澳大湾区建设、长三角一体化发展等重大国家区域发展战略中，发挥着越来越重要的作用。

（五）重点行业碳排放纳入环评制度

2021 年 5 月 31 日，生态环境部印发《关于加强高耗能、高排放建设项目生态环境源头防控的指导意见》（环评〔2021〕45 号）明确提出"将碳排放影响评价纳入环境影响评价体系"，要求各级生态环境部门和行政审批部门应积极推进"两高"项目环评开展试点工作。

2021 年 7 月 27 日，生态环境部印发《关于开展重点行业建设项目碳排放环境影响评价试点的通知》（环办环评函〔2021〕346 号），对电力、钢铁、建材、有色、石化和化工等重点行业，在河北、吉林、浙江、山东、广东、重庆、陕西等地开展建设项目碳排放环境影响评价试点。

2022 年 12 月 2 日，生态环境部印发《关于印发钢铁／焦化、现代煤化工、石化、火电四个行业建设项目环境影响评价文件审批原则的通知》（环办环评函〔2022〕31 号），在四个行业审批原则的第六条均作出明确规定，增加了对温室气体排放的要求，提出"将温室气体排放纳入建设项目环境影响评价，核算建设项目温室气体排放量，推进减污降碳协同增效，推动减碳技术创新示范应用。"

（六）环境信用体系进一步健全

为"健全环保信用评价、信息强制性披露、严惩重罚等制度"，生态环境部会同国家发展改革委不断完善环保信用评价制度建设，积极建立环保信用信息共享平台，指导地方创新开展评价结果应用，取得积极进展。

2022 年 3 月，中共中央办公厅、国务院办公厅印发的《关于推进社会信用体系建设高质量发展促进形成新发展格局的意见》（以下简称《意见》）完善了生态环保信用制度。《意见》提出全面实施环保、水土保持等领域信用评价，强化信用评价结果共享运用。深化环境信息依法披露制度改革，推动相关企事业单位依法披露环境信息。聚焦实现碳达峰碳中和要求，完善全国碳排放权交易市场制度体系，加强登记、交易、结算、核查等环节信用监管。发挥政府监管和行业自律作用，建立健全对排放单位弄虚作假、中介机构出具虚假报告等违法违规行为的有效管理和约束机制。

（七）推动绿色低碳生活方式

习近平总书记在 2022 年 1 月 24 日中共中央政治局第三十六次集体学习时指出"要倡导简约适度、绿色低碳、文明健康的生活方式，引导绿色低碳消费，鼓励绿色出行，开展绿色低碳社会行动示范创建，增强全民节约意识、生态环保意识"。

党的二十大报告中指出，推动经济社会发展绿色化、低碳化是实现高质量发展的关键环节。要加快推动产业结构、能源结构、交通运输结构等调整优化。实施全面节约战略，推进各类资源节约集约利用，加快构建废弃物循环利用体系。完善支持绿色发展的财税、金融、投资、价格政策和标准体系，发展绿色低碳产业，健全资源环境要素市场化配置体系，加快节能降碳先进技术研发和推广应用，倡导绿色消费，推动形成绿色低碳的生产方式和生活方式。

2022年1月，国家发展改革委等部门印发《促进绿色消费实施方案》（以下简称《实施方案》），《实施方案》提出到2025年，绿色消费理念深入人心，奢侈浪费得到有效遏制，绿色低碳产品市场占有率大幅提升，重点领域消费绿色转型取得明显成效，绿色消费方式得到普遍推行，绿色低碳循环发展的消费体系初步形成。到2030年，绿色消费方式成为公众自觉选择，绿色低碳产品成为市场主流，重点领域消费绿色低碳发展模式基本形成，绿色消费制度政策体系和体制机制基本健全。

2022年6月15日是第十个"全国低碳日"。生态环境部、山东省人民政府联合在山东济南举办2022年"全国低碳日"主场活动。活动以"落实'双碳'行动，共建美丽家园"为主题，旨在推动全社会形成绿色、低碳、循环、可持续的生产生活方式，汇聚全社会绿色低碳转型的合力，建设美丽中国，共建清洁美丽世界。

2022年8月30日《国务院关于支持山东深化新旧动能转换推动绿色低碳高质量发展的意见》（国发〔2022〕18号）要求，深入实施绿色低碳全民行动，探索建立个人碳账户等绿色消费激励机制。碳普惠是为给广大群众和小微企业的节能减碳行为赋予价值而建立的激励机制，近年来在国内一些省市已经开始先行先试。

各省份逐步印发的碳达峰实施方案中提出推动绿色低碳生活方式。2022年8月海南省印发《海南省碳达峰实施方案》，提出通过全程精准控碳，推动全民节能降碳，加快推进全岛智慧交通一张网，构建绿色出行体系，研究制定系统科学、开放融合且符合海南生态产品特点的碳普惠机制等。《上海市碳达峰实施方案》中提出，引导市民绿色低碳出行，中心城区绿色出行比例2025年达到75%，2035年达到85%。加强生态文明宣传教育，引导市民全面深入践行绿色消费理念和绿色生活方式，组织实施绿色低碳全民行动。《江苏省碳达峰实施方案》中提出，大力倡导简约适度、绿色低碳、文明健康的生活方式，坚决遏制奢侈浪费和不合理消费。积极推动绿色消费、推广绿色低碳产品，落实绿色标准、认证、标识，进一步提升绿色产品在全社会的消费比例。

（八）国合会相关政策建议情况

在法治与治理方面，国合会2022年年会给中国政府的政策建议指出，健全绿色低碳转型的治理体系，加强机构创新性与灵活性能力建设。优先制定气候变化相关法律，探索预防性公益诉讼。推动金融监管机构与相关政府部门建立持续的工作交流，制定并实施环境、社会和治理（ESG）标准。创建数字化与可持续发展之间的联结，推动绿色技术创新和绿色数字治理。鼓励公众在数字化平台上践行绿色低碳生活方式。

三、能源、环境与气候

（一）降碳减污扩绿增长协同推进

《中共中央　国务院关于全面加强生态环境保护　坚决打好污染防治攻坚战的意见》（2018 年 6 月 16 日），这份文件强调了降碳减污扩绿的重要性，并提出了一系列政策措施和目标，包括完善生态环境监管体系、推动形成绿色发展方式等方面的具体要求。2022 年，中国煤炭占能源消费总量比例由 2005 年的 72.4% 下降到 56.2%，非化石能源消费比例增长到 25.9% 左右。

"十四五"时期以来，中国生态文明建设进入了以降碳为重点战略方向、推动减污降碳协同增效、促进经济社会发展全面绿色转型、实现生态环境质量改善由量变到质变的关键时期。2022 年 6 月，在国家发展改革委、工业和信息化部、生态环境部等部门的指导和支持下，中国环境保护产业协会发布《加快推进生态环保产业高质量发展　深入打好污染防治攻坚战　全力支撑碳达峰碳中和工作行动纲要（2021—2030 年）》，明确到 2030 年，适应环境污染防治、生态保护与修复、资源高效循环利用、碳达峰、促进经济社会发展全面绿色转型需求的现代生态环保产业体系基本建立。

2022 年 7 月，生态环境部等 7 部门联合印发了《减污降碳协同增效实施方案》，作为碳达峰碳中和 "1+N" 政策体系的重要组成部分，《减污降碳协同增效实施方案》对进一步优化生态环境治理、形成减污降碳协同推进工作格局、助力建设美丽中国和实现碳达峰碳中和具有重要意义。"绿色低碳，节能先行"的理念早已经融入中国各地发展的实践中。

地方上，武汉市政府率先出台行动实施方案，2022 年 11 月 16 日，武汉市政府发布《武汉长江经济带降碳减污扩绿增长十大行动实施方案》（以下简称《行动实施方案》）。《行动实施方案》从十个方面对工作进行部署，包括推动降碳减污协同增效、建立健全生态产品价值实现机制、建设绿色制造体系、加强绿色技术创新引领、提升水资源节约集约利用水平、推进综合交通绿色发展、推动长江中游城市群协同发展、深化长江大保护金融创新实践、提升城乡绿色人居环境、加快长江文化旅游建设。

当前，发展绿色产业已成为杭州推进低碳转型的一大重点。不久前，杭州制定出台《关于完整准确全面贯彻新发展理念做好碳达峰碳中和工作的实施意见》，为高质量实现碳达峰碳中和明确了顶层制度设计。上述意见提出，实施绿色产业发展计划，全力抢占绿色产业制高点，打造视觉智能、集成电路等九大标志性产业链，推动纤维新材料、智能网联汽车等千亿级先进制造业集群发展，谋划布局碳捕捉和封存等未来产业。实际上，杭州在上述产业领域已取得一定发展成效，为下一步低碳发展打下良好产业基础。数据显示，2022 年，杭州以新产业、新业态、新模式为主要特征的"三新"经济增加值占 GDP 的 36.2%。其中，人工智能产业、集成电路产业、电子信息产品制造产业增加值分别增长 26.9%、21.9% 和 16.2%。

（二）能源结构持续调整优化

2022 年 5 月，国务院办公厅发布《关于促进新时代新能源高质量发展的实施方案》，要求完善调峰调频电源补偿机制，加大煤电机组灵活性改造、水电扩机、抽水蓄能和太阳能热发电项目建设力度，推动新型储能快速发展。研究储能成本回收机制。鼓励西部等光照条件好的地区使用太阳能热发电作为调峰电源。

而对于新能源产业的高质量发展，电源建设面临新的挑战。为此，国家能源局修订发布了《电力并网运行管理规定》（国能发监管规〔2021〕60 号）、《电力辅助服务管理办法》（国能发监管规〔2021〕61 号），进一步扩大了辅助服务提供主体范围，强调按照"谁提供、谁获利；谁受益、谁承担"的原则，确定补偿方式和分摊机制，提出逐步建立电力用户参与的辅助服务分担共享机制和健全跨省跨区电力辅助服务机制。在煤电机组灵活性改造方面，2021 年 11 月，国家发展改革委、国家能源局深入推动煤电"三改联动"，联合印发《全国煤电机组改造升级实施方案》，提出"十四五"期间实现灵活性改造 2 亿 kW。在抽水蓄能方面，国家能源局于 2021 年 9 月发布的《抽水蓄能中长期发展规划（2021—2035 年）》提出，到 2025 年，抽水蓄能投产总规模达到 6 200 万 kW 以上；到 2030 年，投产总规模 1.2 亿 kW 左右。在新型储能方面，国家发展改革委、国家能源局相继印发了《关于加快推动新型储能发展的指导意见》（发改能源规〔2021〕1051 号）、《"十四五"新型储能发展实施方案》（发改能源〔2022〕209 号）和《关于进一步推动新型储能参与电力市场和调度运用的通知》（发改办运行〔2022〕475 号），加快推动新型储能规模化、市场化进程。

2022 年 1 月，习近平总书记在中央政治局第三十六次集体学习中明确提出，要加大力度规划建设以大型风光电基地为基础、以其周边清洁高效先进节能的煤电为支撑、以稳定安全可靠的特高压输变电线路为载体的新能源供给消纳体系。习近平总书记的重要讲话和指示为新时代新能源发展提出了新的更高要求，提供了根本遵循。2022 年 5 月 14 日，《国务院办公厅转发国家发展改革委　国家能源局发布关于促进新时代新能源高质量发展实施方案的通知》，通知指出，近年来，我国以风电、光伏发电为代表的新能源发展成效显著，装机规模稳居全球首位，发电量占比稳步提升，成本快速下降，已基本进入平价无补贴发展的新阶段。同时，新能源开发利用仍存在电力系统对大规模高比例新能源接网和消纳的适应性不足、土地资源约束明显等制约因素。要实现到 2030 年风电、太阳能发电总装机容量达到 12 亿 kW 以上的目标，加快构建清洁低碳、安全高效的能源体系，必须坚持以习近平新时代中国特色社会主义思想为指导，完整、准确、全面贯彻新发展理念，统筹发展和安全，坚持先立后破、通盘谋划，更好发挥新能源在能源保供增供方面的作用，助力扎实做好碳达峰碳中和工作。

同时，也建议降低可再生能源企业融资成本，在首次公开募股（IPO）提前排队、定向贷款、股权融资和降准等方面，进一步加大对可再生能源发展的支持。区域性可再生能源试点项目应重点探索解决省内消纳和外送不畅、区域电网协同发展不足、价格传递机制滞后等问题；增加电网的灵活性、连通性和储存性，提高可再生能源稳定供给能力。

（三）持续推进节能和提高能效

2022 年 2 月，国家发展改革委等 4 部门联合发布《高耗能行业重点领域节能降碳改造升级实施指南（2022 年版）》（以下简称《实施指南》），围绕炼油、水泥、钢铁、有色金属冶炼等 17 个行业，提出了节能降碳改造升级的工作方向和到 2025 年的具体目标。

围绕改造升级和技术攻关，《实施指南》提出，对于能效在标杆水平特别是基准水平以下的企业，积极推广《实施指南》提出的先进技术装备，加强能量系统优化、余热余压利用、污染物减排、固体废物综合利用和公辅设施改造，提高生产工艺和技术装备绿色化水平。同时，推动节能减污降碳协同增效的绿色共性关键技术、前沿引领技术和相关设施装备攻关。

2022 年 11 月，国家发展改革委等部门联合印发《关于发布〈重点用能产品设备能效先进水平、节能水平和准入水平（2022 年版）〉的通知》，聚焦重点用能产品设备，作出了节能降碳的有关安排。在许多专家看来，这一举措对强化重点用能产品设备能效管理，实现碳达峰碳中和目标，促进制造业提质升级具有重要意义。

为了推动行业节能降碳和绿色低碳转型，持续提高行业能效水平，多地工业和信息化厅公开征求石化化工等行业节能降耗、能效提升行动方案的意见。国家针对石化化工等行业制定的标准更加严格。《国家发展改革委等部门关于严格能效约束推动重点领域节能降碳的若干意见》提出，到 2025 年，通过实施节能降碳行动，水泥、平板玻璃行业能效水平达到标杆水平的产能比例超过 30%，建材行业整体能效水平明显提升，碳排放强度明显下降，绿色低碳发展能力显著增强。例如，2022 年浙江省出台了《浙江省低挥发性有机物含量原辅材料源头替代技术指南　总则（试行）》，鼓励、引导企业生产、使用低挥发性有机物含量的涂料、油墨、胶黏剂、清洗剂等产品和原辅材料替代溶剂型产品和原辅材料，防治挥发性有机物污染，推动浙江制造绿色转型和高质量发展。福建省 2022 年严格执行《产业结构调整指导目录》等规定，禁止新建、扩建限制类工艺装备、产品，推动落后产能尽快淘汰退出。加大闲置产能、僵尸产能处置力度，推进企业兼并重组。开展能效标杆专项行动，发布能效"领跑者"名单，引导企业对标对表。

为保障电力安全稳定供应，提升能源产业核心竞争力，国家能源局 2022 年 3 月发布《2022 年能源工作指导意见》，将"增强供应保障能力"放在了主要目标的首位，提出要坚决完成 2022 年原油产量重回 2 亿 t、天然气产量持续稳步上产的既定目标；保障电力充足供应，电力装机达到 26 亿 kW 左右，新增顶峰发电能力 8 000 万 kW 以上。这对 2022 年的能源保供工作提出了明确目标。又于 2023 年 4 月印发了《关于加快推进能源数字化智能化发展的若干意见》，以"需求牵引、数字赋能、协同高效、融合创新"为基本原则，提出了加快行业转型升级、推进应用试点示范、推动共性技术突破、健全发展支撑体系及加大组织保障力度等方面的多项举措，培育数字技术与能源产业融合发展新优势。

从长远来看，加速低碳转型不仅不会影响经济增速，还能促进经济高质量增长，并加速能源互联网、电动汽车等新技术发展和大规模利用，也有助于生物、信息等产业更快发展。巢清尘提到，数字化发展是实现"双碳"目标的助推器，未来需要凝聚各行业智慧，进一步加快发展数字技术，探索可持续发展的智能化解决方案，优化生产与消费模式。

（四）加强应对和适应气候变化

气候变化引发的极端高温天气在全球多地造成巨大损失：长达数周的持续高温严重危害人体健康，室外活动和工作变得不再适宜；罕见的夏季干旱造成多地水资源短缺，水力发电大幅削减，影响工业、城市、能源等部门的供水和供电……气候变化对社会的影响在逐渐凸显，迫切需要增强应对能力，寻求可持续、有韧性的发展路径。

2022 年 6 月，由生态环境部、国家发展改革委、科学技术部等 17 部门联合印发《国家气候变化适应战略 2035》，提出要强化城市气候风险评估、调整优化城市功能布局、保障城市基础设施安全运行、完善城市生态系统服务功能、加强城市洪涝防御能力建设与供水保障、提升城市气候风险应对能力。该文件也指出，城镇空间要以降低人口、社会经济和基础设施的气候风险为重点，建设气候适应型城市，提升城市气候风险防控能力。农业空间要以增强农业生产适应气候变化能力为重点，保障国家粮食安全和重要农产品供应。生态空间要以保护生态环境、增强生物多样性、提供生态产品供给为重点，维护国家生态安全。文件为国土空间规划与不同类型主体功能区的适应工作明确了目标。

2022 年 9 月，生态环境部印发了《省级适应气候变化行动方案编制指南》，提出尽快启动省级适应气候变化行动方案编制工作，并积极拓展适应气候变化国际合作。力争到 2025 年，适应气候变化政策体系和体制机制基本形成，到 2030 年，适应气候变化技术体系和标准体系基本形成，到 2035 年，基本建成气候适应型社会。

2023 年 4 月，《四川省适应气候变化行动方案》（以下简称《行动方案》）发布，这也是全国首个省级适应气候变化行动方案。《行动方案》明确了十大重点行动，包括气候变化风险监测评估行动、生态系统适应气候变化行动、水资源适应气候变化行动、农业领域适应气候变化行动、基础设施适应气候变化行动、人居环境适应气候变化行动、敏感产业适应气候变化行动、健康领域适应气候变化行动、自然灾害应急和综合治理行动及国土空间气候韧性强化行动。2023 年 1 月浙江省生态环境厅等八部门联合印发《浙江省促进应对气候变化投融资的实施意见》，意见指出，"十四五"期间，围绕减缓气候变化和适应气候变化，进一步完善气候投融资制度建设，提升气候投融资服务质效和数智化水平，积极创新和应用碳金融产品，基本形成有利于绿色低碳循环发展的气候投融资体系，气候投融资试点工作走在全国前列，形成一批具有典型示范意义的标志性成果。

（五）全国碳市场建设稳健运行

自 2021 年 7 月 16 日，全国碳排放权交易市场（以下简称碳市场）正式启动上线交易以来，年度覆盖二氧化碳排放量约 45 亿 t，一跃成为全球覆盖碳排放量最大的碳市场。2021 年 12 月 31 日，全国碳市场第一个履约周期顺利结束，履约完成率为

99.5%。截至 2023 年 5 月 24 日，全国碳市场安全运行 449 个交易日，全国碳市场碳排放配额（CEA）累计成交量 2.35 亿 t，累计成交额 107.86 亿元，累计清算共计 61 350 笔，累计清算金额 215.71 亿元。

全国碳市场第一个履约周期从 2021 年 1 月 1 日至 12 月 31 日。报告显示，全国碳市场第一个履约周期共纳入发电行业重点排放单位 2 162 家，年覆盖温室气体二氧化碳排放量约 45 亿 t，是全球覆盖排放量规模最大的碳市场。第一个履约周期在发电行业重点排放单位间开展碳排放配额现货交易，847 家重点排放单位存在配额缺口，缺口总量为 1.88 亿 t，累计使用国家核证自愿减排量（CCER）约 3 273 万 t 用于配额清缴抵消。

总体看来，市场交易量与重点排放单位配额缺口较为接近，交易主体以完成履约为主要目的，成交量基本能够满足重点排放单位履约需求。2023 年 1 月，生态环境部发布的《全国碳排放权交易市场第一个履约周期报告》显示：全国碳市场第一个履约周期碳排放配额累计成交量 1.79 亿 t，累计成交额 76.61 亿元，市场运行平稳有序，交易价格稳中有升。全国碳市场运行框架基本建立，价格发现机制作用初步显现，企业减排意识和能力水平得到有效提高，实现了预期目标。

为切实提高全国碳市场碳排放数据质量，完善数据质量管理长效机制，强化数据质量日常监管，生态环境部 2022 年 12 月印发《企业温室气体排放核算方法与报告指南　发电设施（征求意见稿）》（以下简称《核算报告指南》）和《企业温室气体排放核查技术指南　发电设施（征求意见稿）》，对发电设施的温室气体排放核算报告技术规范进行修订，并专门编制了针对发电设施的温室气体排放核查技术指南，增强排放报告核查工作的规范性、有效性、透明度，压实企业主体责任，优化工作流程、强化日常监管，全方位、全链条强化数据质量管理，建立健全碳市场数据管理长效机制。

2023 年 6 月，生态环境部对《温室气体自愿减排交易管理暂行办法》（以下简称《暂行办法》）进行了修订，编制形成了《温室气体自愿减排交易管理办法（试行）》（征求意见稿）（以下简称《管理办法》），就《管理办法》面向全社会公开征求意见。其目的就是加快推进自愿减排交易市场启动前各项准备工作，力争 2023 年之内尽早启动全国温室气体自愿减排交易市场。

（六）国合会相关政策建议情况

2022 年国合会在能源、环境与气候方面提出了诸多有价值的政策建议，具体如下。

加快投资发展可再生能源：拓展优化电力市场化机制，提高市场定价效率，吸引私营部门投资绿色电力。扩大现货市场规模、增加跨省交易等试点项目数量。可再生能源部署须优化陆海国土空间规划，实施最佳环境影响评估，严守生态保护红线和空间规划，保护生态系统和生态走廊。降低可再生能源企业融资成本，在首次公开募股（IPO）提前排队、定向贷款、股权融资和降准等方面，进一步加大对可再生能源发展的支持。区域性可再生能源试点项目应重点探索解决省内消纳和外送不畅、区域电网协同发展不足、价格传递机制滞后等问题；增加电网的灵活性、连通性和储存性，提高可再生能源稳定供给能力。

稳住存量，严控增量，引导煤电分步有序退出。力争2025年实现煤炭消费达峰，助力实现2030年前二氧化碳排放达峰。制定与碳排放双控体系相协调的短、中期规划，稳妥推动煤电从基荷能源逐步转向调节型能源；淘汰落后产能，确保高效低排放煤电的合理运行时间；升级改造既有燃煤电厂，进一步降低大气污染物排放；关注甲烷等短寿命气候污染物；重视并引导煤炭等化石能源投资的财务风险披露，调整投资者对资产搁浅风险的相关行动预期。建立开放的竞价上网机制，打破对煤电机组发电小时数和电价的保障；建立有效的电价市场，为电力的灵活性服务提供经济回报。

构建减污、降碳、扩绿、增长多目标协同机制：促进基于自然的解决方案的主流化。建立与2022年联合国环境大会多边定义等国际标准接轨的基于自然的解决方案的中国标准体系。将基于自然的解决方案融入生态红线、绿色债券支持项目目录与绿色金融分类体系等现有政策举措。

健全绿色低碳转型的治理体系，加强机构创新性与灵活性能力建设：优先制定气候变化相关法律，探索预防性公益诉讼。制定气候综合数据体系和标准，增强全国碳市场的整体性。通过能力建设和明确排放主体责任，设定惩罚措施，提高排放数据的质量。

系统评估绿色低碳转型风险，识别重点受冲击行业与地区：持续开展绿色低碳转型的系统性风险评估。关注潜在的碳定价通胀风险和资产搁浅风险，研究高碳行业的价格波动和违约风险。

构建多元化资金投融资机制：基于气候、生物多样性、污染风险披露和转型时间表，以转型金融助力企业绿色转型，避免转型期间化石能源投资的净增长。鼓励通过公私合营伙伴关系和生态系统服务付费，整合气候、环境与生态融资。建立多方合作平台，每年跟踪并披露ESG投资"漂绿"情况。

四、污染防治

（一）大气污染防治持续推进

治理好大气污染是一项复杂的系统工程，需要付出长期艰苦不懈的努力。党中央、国务院高度重视大气污染防治工作。党的十八大以来，通过制订实施《大气污染防治行动计划》《打赢蓝天保卫战三年行动计划》，我国环境空气质量明显改善。

2022 年 11 月，生态环境部会同国家发展改革委、工业和信息化部、交通运输部等 14 个部门联合制定了《深入打好重污染天气消除、臭氧污染防治和柴油货车污染治理攻坚战行动方案》，聚焦重点地区、重点时段、重点领域开展集中攻坚，深入打好蓝天保卫战标志性战役，推动全国空气质量持续改善。2022 年国务院发布的《"十四五"节能减排综合工作方案》提出持续推进大气污染防治重点区域秋冬季攻坚行动，加大重点行业结构调整和污染治理力度。以大气污染防治重点区域及珠三角地区、成渝地区等为重点，推进挥发性有机物和氮氧化物协同减排，加强细颗粒物和臭氧协同控制。

根据生态环境部公布的数据，2022 年全国空气质量三项约束性指标均满足治理进度要求，全国地级及以上城市的 $PM_{2.5}$ 浓度年均值达到 29 $\mu g/m^3$，首次进入 "20+"时代。优良天数比例为 86.5%，重污染天数下降到 0.9%，三项指标均满足 "十四五"的进度要求。

（二）水污染防治进一步巩固

自 2022 年 1 月起，许多有关生活用水的环保新规在各级地方政府施行。例如，由山东省生态环境厅、省住房城乡建设厅、省农业农村厅、省财政厅等联合印发，自2022 年 1 月 1 日起施行《山东省农村生活污水处理设施运行维护暂行管理办法》（以下简称《办法》）。《办法》指出，运行维护单位不得擅自停运农村生活污水处理设施。发生故障停运的，应当在 24 小时内向县（区、市）运行维护主管部门报备。因检修保养、改造升级等停运的，应当提前 10 个工作日向运行维护主管部门及其他有关部门报告，说明停运原因及采取的应急处理措施。

四川省自 2022 年 1 月 1 日起施行《四川省嘉陵江流域生态环境保护条例》。水环境受到严重污染，发生或者可能发生危害人体健康和安全的紧急情况的，事故发生地县级以上地方人民政府应当立即启动应急预案，必要时可以责令有关企事业单位和其他生产经营者采取限制生产、停产等临时性应急措施。浙江省《农村生活污水集中处理设施水污染物排放标准》由浙江省人民政府于 2021 年 9 月 9 日批准发布，自 2022 年 1 月 1 日起实施。针对设计规模 5 t/a 以下的农村生活污水处理设施数量多但水量小等的实际情况，在全国率先探索实施按规模"分标"管理。

除生活用水污染防治的政策外，国家近年来大力支持流域生态保护与修复。2023 年 5 月，中共中央、国务院印发的《国家水网建设规划纲要》，是当前和今后一个时期国家水网建设的重要指导性文件。我国发展目标是，到 2025 年，建设一批国家水网骨干工程，国家骨干网建设加快推进，省市县水网有序实施，着力补齐水资源配置、城乡供水、防洪排涝、水生态保护、水网智能化等短板和薄弱环节，水旱灾害防御能力、水资源节约集约利用能力、水资源优化配置能力、大江大河大湖生态保护治理能力进一步提高，水网工程智能化水平得到提升，国家水安全保障能力明显增强。到 2035 年，基本形成国家水网总体格局，国家水网主骨架和大动脉逐步建成，省市县水网基本完善，构建与基本实现社会主义现代化相适应的国家水安全保障体系。系统管理水电项目，确保项目开发前经过科学、可信和参与式环境影响评价，保障水文完整性和生态用水需求，通过生态调度、建设过鱼通道等措施降低生态影响。

加强流域岸线的水陆统筹治理，推进下游工业港口岸线向生态岸线、生活岸线转型。制定并监督落实岸线保护利用的"三线一单"；将绿色低碳目标纳入流域的法律法规、标准和指南。开展岸线优化利用和腾退置换，倡导岸线备用土地，在符合空间规划要求前提下为未来发展提供灵活性；发掘水的文化与经济价值，推动岸线更新和公共空间建设。

山东省发布《山东省南四湖保护条例》（以下简称《条例》），自 2022 年 1 月 1 日起施行。《条例》指出，对污染、损害南四湖生态环境的违法行为，公民、法人和其他组织有权向南四湖流域县级以上人民政府及其有关部门举报。接到举报的县级以上人民政府及其有关部门应当依法组织处理，并按照有关规定给予奖励。海南省深入推进水污染治理攻坚战，"六水共治"推动全省治水整体性协调性不断增强。建立健全水生态环境问题发现和推动解决会商预警工作机制，推动问题早发现、早响应、早消除。印发《海南省治水攻坚生态环境监测及评价方案》，为治水攻坚提供精准监测数据支撑。实施《海南省城市黑臭水体整治环保行动方案》，开展省级城市黑臭水体整治环保行动，全省县级城市黑臭水体消除比例达 40%。聚焦生活污水治理短板，新建和改造管网 648 km，城市污水集中收集率同比提升 5.3%，建制镇污水处理设施覆盖率同比提升 14.5%。

（三）土壤污染防治初见成效

为深入贯彻党的二十大精神，积极落实《中华人民共和国环境保护法》《中华人民共和国固体废物污染环境防治法》《中华人民共和国土壤污染防治法》相关要求，充分发挥先进技术在固体废物和土壤污染防治工作中的作用，2022 年生态环境部拟编制《国家先进污染防治技术目录（固体废物和土壤污染防治领域）》，对城市、农村生活垃圾处理处置及资源化技术等进行重点推荐。

2023 年 6 月，生态环境部发布了关于公开征求《关于促进土壤污染绿色低碳风险管控和修复的指导意见（征求意见稿）》（以下简称《指导意见》）的通知。《指导意见》指出，强化全过程质量控制与监管，全面提升土壤污染状况调查评估水平，推进多学科、多方法、多手段调查技术的融合，精准刻画污染范围和污染程度。建立动态工作策略，基于现场检测数据，及时优化调查工作计划。借助现场快速筛查技术，提高调查精准度和效率。对大型复杂污染地块，可根据污染物迁移转化规律及有效暴露剂量，科学选用风险评估方法和参数，合理确定修复、管控目标，避免过度修复。

各地方也对土壤污染防治作出一定有效响应。2023 年江苏省为做好 2023 年土壤、地下水和农业农村污染防治工作，制订《江苏省 2023 年土壤、地下水和农业农村污染防治工作计划》，建立健全全过程土壤污染风险防控体系和地下水污染防治管理体系，全省土壤和地下水环境质量总体保持稳定，受污染耕地安全利用率达 93% 以上，重点建设用地安全利用得到有效保障，地下水国控区域点位 V 类水比例达到考核要求，风险点位水质总体保持稳定。深入实施农村人居环境整治提升行动，农村生态环境质量持续改善，农村生活污水治理率达到 47%，纳入国家监管清单的农村黑臭水体整治完成率达 90% 以上，新增完成 400 个农村环境整治任务。

（四）海洋污染防治得到加强

党的二十大报告指出，发展海洋经济，保护海洋生态环境，加快建设海洋强国。2022 年 12 月 27 日，海洋环境保护法修订草案初次提请十三届全国人大常委会第三十八次会议审议，拟通过修订法律持续改善海洋生态环境质量。

2022 年，我国制定一系列针对海洋环境保护的政策。2022 年 1 月，为贯彻落实党中央、国务院关于深入打好污染防治攻坚战的决策部署，生态环境部会同国家发展改革委、自然资源部、住房和城乡建设部、交通运输部、农业农村部和中国海警局等七部门共同制定了《重点海域综合治理攻坚战行动方案》（以下简称《攻坚战行动方案》），按照《攻坚战行动方案》要求，重点海域综合治理攻坚战将围绕渤海、长江口—杭州湾和珠江口邻近海域三大重点海域展开，涉及天津、上海等"2+24"个沿海城市。生态环境部有关负责人说，《攻坚战行动方案》部署了入海排污口排查整治等 8 个专项行动。提出的目标是，到 2025 年，三大重点海域生态环境持续改善；三大重点海域水质优良（一、二类）比例较 2020 年提升 2 个百分点左右。生态环境部这位负责人指出，攻坚行动将深入实施陆海各类污染的系统治理、综合治理和源头治理，通过区域重点攻坚，推动全国近岸海域生态环境质量整体改善。

2022 年 3 月，沿海各省级政府工作报告相继出炉，辽宁、河北、天津、山东、上海、江苏、浙江、福建、广东、广西、海南 11 个省份已作出了 2022 年度涉海工作安排。海洋强省建设、海洋生态修复、发展沿海经济带、陆海统筹等成为多地报告中的关键词。2022 年 1 月 20 日，辽宁省工作报告指出，强力推动以大连为龙头的沿海经济带高质量发展。支持大连建设东北亚海洋强市，强化制度型开放，带动辽宁沿海经济带建成"两先区一高地"。深入打好污染防治攻坚战。推行"湾长制"，巩固深化渤海（辽宁段）综合治理成果，开展黄海（辽宁段）专项治理，实施海洋生态保护修复工程，确保近岸海域水质良好。河北省政府工作报告指出，强化水污染流域治理，实施入海河流和近岸海域水质提升专项行动，打造美丽河湖、美丽海湾。

为落实重点海域综合治理攻坚战行动，广东相继印发《广东省海洋生态环境保护"十四五"规划》《珠江口邻近海域综合治理攻坚战实施方案》，实施挂图作战，推进流域系统治污，有效降低入海污染负荷，实现入海河流和近岸海域水质同步改善。2022 年 36 个国控河流入海断面中有 33 个水质优良，占 91.7%；32 个国控以下河流入海断面全部消除劣Ⅴ类，近岸海域水质优良面积比例连续三年保持在 90% 左右。聚焦削减总氮入海量，狠抓入海河流总氮治理与管控。落实《生态环境部办公厅关于做好重点海域入海河流总氮等污染治理与管控的意见》，组织广州、海珠、中山、江门市分别编制实施"一河一策"治理与管控方案。省生态环境厅组织制定沙河、岐江河流域水污染物排放标准，提出总氮排放限值要求。

在海洋碳汇建设上，生态环境部采取了多项措施，一方面，发布实施《关于统筹和加强应对气候变化与生态环境保护工作的指导意见》，明确积极推进海洋及海岸带生态保护修复与应对气候变化协同增效、推动监测体系统筹融合等一系列重点任务。另一方面，将提高海洋应对和适应气候变化有关工作纳入《"十四五"海洋生态环境保护规划》，系统部署相关重点任务。另外，结合渤海综合治理攻坚战等重大治理行动，生态环境部还督促地方加快实施海洋生态恢复修复，组织实施海洋碳汇监测评估，开展海岸带碳通量监测，加强有关监测评估能力建设。

2023 年，我国各省份陆续出台了各项针对海洋碳汇的政策方案。浙江省 2023 年 3 月印发《浙江省海洋碳汇能力提升指导意见》，将实施海洋碳汇科学研究、海洋生态保护修复、海洋碳汇融合发展、海洋碳汇价值多元转化、海洋碳汇试点五大任务，推动海洋碳汇生态系统固碳增汇能力显著提升。

（五）国合会相关政策建议情况

国合会 2022 年年会给中国政府的政策建议提出：

加强流域生态保护与修复：加强山区和丘陵地区水土流失和石漠化治理；实施"还河流以空间"行动，恢复河湖水系。系统管理水电项目，确保项目开发前经过科学、可信和参与式环境影响评价，保障水文完整性和生态用水需求，通过生态调度、建设过鱼通道等措施降低生态影响。在生态敏感区推进退耕还林，加强生态修复；重视长江源头的冰川消融问题，加强监测预警；健全脆弱人群，尤其是乡村、小城镇、蓄滞洪区等易灾地区女性的安全与保障机制。

加强流域岸线的水陆统筹治理：推进下游工业港口岸线向生态岸线、生活岸线转型。制定并监督落实岸线保护利用的"三线一单"；将绿色低碳目标纳入流域的法律法规、标准和指南。开展岸线优化利用和腾退置换，倡导岸线备用土地，在符合空间规划要求前提下为未来发展提供灵活性；发掘水的文化与经济价值，推动岸线更新和公共空间建设。

加强海洋生态系统的保护与修复：发挥海洋碳汇的价值。严格执行分区管理制度，避免进一步破坏海洋栖息地和沿海湿地；积极修复退化或被破坏的滨海湿地，严格保护关键的海洋栖息地。投资创建韧性优质的海洋保护区网络，涵盖国家公园、自然保护区和海洋生态红线区；统筹实施大型海洋保护区及重要生境的保护与碳储存。参考政府间气候变化专门委员会（IPCC）国家温室气体清单指南，科学评估气候智能型综合管理下的海洋生态系统蓝碳，将其纳入国家自主贡献。在全球塑料污染治理条约正式出台前，鼓励塑料减量化、再利用、回收和替代，加强国际合作，启动试点项目。

五、生态系统和生物多样性保护

（一）生态系统综合管理力度加大

党的二十大报告在部署提升生态系统多样性、稳定性、持续性时，不仅提出加快实施重要生态系统保护和修复重大工程，还提出实施生物多样性保护重大工程。

实施生物多样性保护重大工程，推进生物多样性保护，各地都在积极行动。2022 年 1 月，《河北省生物多样性保护与利用规划（2021—2030 年）》发布，推动生物多样性保护重大工程建设，加强自然保护地体系建设和管理。2022 年 5 月，云南省委、省人民政府印发了《云南省生态文明建设排头兵规划（2021—2025 年）》，提出要实施重点物种和生态系统保护工程、亚洲象保护工程、旗舰野生动物重要栖息地保护与修复重点工程、极小种群野生植物拯救保护工程等，将生物多样性保护理念融入生态文明建设全过程。2022 年 11 月，《陕西省进一步加强生物多样性保护的实施意见》出台，提出实施生物多样性保护重大工程，确保全省重要生态系统、生物物种和生物遗传资源得到全面保护，守护好秦岭生物多样性宝库。福建闽江河口湿地生物多样性保护，通过实施退养还湿，除治互花米草，营造生态鸟岛，恢复生态系统，打造生态景观，湿地生物多样性持续改善，水鸟和候鸟数量大幅增加。2022 年 2 月，江苏省生态环境厅印发《江苏省生物多样性观测能力（一期）建设方案》，提出按照"一横两纵 +"分布特征建设省级生物多样性观测站，其中"一横"沿江观测站 5 个，"两纵"沿大运河观测站 5 个、沿海观测站 4 个，"+"低山丘陵观测站 6 个，逐步形成观测能力强、科研支撑足、监管服务好、宣传水平高的四位一体生物多样性观测网络，成为集成省内生物多样性数据信息的"心脏"，掌握区域生物多样性动态变化趋势的基石。

1. 生态红线制度

为加强生态保护红线生态环境监督，严守生态保护红线，保障国家生态安全，2022 年 12 月 27 日，生态环境部颁布《生态保护红线生态环境监督办法（试行）》，提出坚持生态优先、统筹兼顾、绿色发展、问题导向、分类监督、公众参与的原则，建立严格的监督体系，实现一条红线守住自然生态安全边界，确保生态保护红线生态功能不降低、面积不减少、性质不改变，提升生态系统质量和稳定性。同时，生态环境部门开展全国生态保护红线生态环境监督工作，包括生态保护红线生态环境相关制度制定与落实情况、生态保护红线调整对生态环境的影响、生态保护红线内人为活动对生态环境的影响、生态保护红线生态功能状况及其变化、生态保护红线内生态破坏问题及其处理整改情况、生态保护红线内生态保护修复工程实施生态环境成效、法律法规规定应由生态环境部门实施监督的其他事项。目前，生态保护红线的划定工作已基本完成。陆域生态保护红线面积约占陆地面积的 30%，覆盖了所有全国生物多样性保护生态功能区、生态脆弱区和生物多样性分布关键区，90% 的重要生态系统类型和 74% 的野生动植物得到了保护。

在国家政策指引下，不少地区先行先试，将国家顶层设计与地方生态环境保护紧密结合，制定实施生态保护红线管理相关地方性法规和规范性文件，积极开展生态保护红线监督管理实践，为强化生态保护红线和重要生态空间监管、探索建立生态保护红线监督制度积累了经验。2022年5月底起施行的《海南省生态保护红线管理规定》，明确了海南省生态环境主管部门会同有关部门统筹建设生态保护红线监管平台，对生态保护红线内生态环境实施动态监管；江苏省让生态红线保护从"纸上"落到实处，如靖江市通过建设生态红线区域监管平台，可实现实时定位、生态红线边界查询、距离和面积测定、重点污染源查询等功能，大幅提高了生态红线管控效率；贵州省提出，各级政府是严守生态保护红线的责任主体，负责对本区域内生态保护红线的落地、保护和监督管理，同时加强生态保护红线日常监管，不定期开展生态保护红线执法专项行动，及时发现和严肃查处破坏生态环境的违法违规行为；2023年5月，山东省印发《山东省生态保护红线生态环境监督办法（试行）》探索创新了监督程序，提出了"问题发现—移交查处—督促整改"的监督工作流程和"县级申请—市级销号—省级复查"的整改销号流程，确保生态破坏问题监督可行性和有效性。

2. 生态补偿政策

2022年4月26日，经中央全面深化改革委员会审议通过，生态环境部联合最高人民法院、最高人民检察院和科技部、公安部等共14个相关部门印发了《生态环境损害赔偿管理规定》（环法规〔2022〕31号）（以下简称《规定》）。《规定》结合生态环境损害赔偿制度改革进程中发现的新问题，统一指导全国开展生态环境损害赔偿工作，进一步深化和细化了《生态环境损害赔偿制度改革方案》，是贯彻习近平生态文明思想的具体实践，将为建设更加完善的生态环境保护制度体系发挥积极的作用。

《规定》明确了部门任务分工、地方党委和政府职责，对案件线索筛查、案件管辖、索赔启动、损害调查、鉴定评估、索赔磋商、司法确认、赔偿诉讼、修复效果评估等重点工作环节作出明确细致的规定，完善鉴定评估机构建设、鉴定评估技术方法、资金管理、公众参与和信息公开等保障机制，加强督察考核，指导改革全面深入开展。

2023年1月18日，江苏省生态环境厅等16个部门出台了《关于贯彻落实生态环境损害赔偿管理规定的实施意见》。为抓好国家、省关于生态环境损害赔偿相关工作要求的落实，南通市结合上级要求，及时总结本地生态环境损害赔偿工作经验，研究制定了《关于贯彻落实生态环境损害赔偿管理规定的实施方案》，其设置的参与部门更多，各部门工作职责更加细化和明确，同时对调查、评估、磋商、修复等内容进行了进一步细化，有利于更好地在基层推进生态环境损害赔偿工作的开展。

（二）山水林田湖草沙保护体系加强

党的二十大报告中指出，我们要推进美丽中国建设，坚持绿水青山就是金山银山的理念，坚持山水林田湖草沙一体化保护和系统治理。

2022 年 6 月 7 日，财政部会同自然资源部、生态环境部发布第二批山水林田湖草沙一体化保护和修复工程项目竞争性选拔结果，将 9 个项目确定为第二批山水林田湖草沙一体化保护和修复工程项目。

2022 年 6 月 29 日，财政部、自然资源部、生态环境部召开山水林田湖草沙一体化保护和修复工程推进会，学习贯彻习近平总书记关于山水林田湖草沙系统治理的重要指示精神，落实中共中央、国务院关于实现"双碳"战略目标重要决策部署，进一步压实责任，推进工程项目有序实施，切实提高重点生态地区生态系统质量和碳汇能力。会议强调，山水林田湖草沙一体化保护和修复工程是落实"山水林田湖草是生命共同体"理念的具体实践。

"十三五"期间，启动山水林田湖草生态保护修复工程试点，在重点生态地区分三批遴选了 25 个试点项目，对系统治理路径进行了有益探索，有效减少了生态安全隐患，增加了优质生态产品供给，优化了国土空间格局，推动了区域经济高质量发展，整体提升了重点生态地区的生态系统质量和碳汇能力。"十四五"期间，在总结试点经验的基础上，继续支持开展山水林田湖草沙一体化保护和修复工程，目前已支持 19 个省份开展系统治理，工程项目正积极有序推进。

2022 年 12 月，联合国在加拿大蒙特利尔举办的《生物多样性公约》第十五次缔约方大会（COP15）第二阶段会议期间宣布，践行中国山水林田湖草生命共同体理念的"中国山水工程"入选联合国首批十大"世界生态恢复旗舰项目"。"中国山水工程"是践行"山水林田湖草沙是一个生命共同体"理念的标志性工程。"十三五"时期到会议期间，这一项目已在"三区四带"重要生态屏障区域部署实施 44 个山水工程项目，完成生态保护修复面积超 350 万 hm^2，目标在 2030 年恢复 1 000 万 hm^2 自然生态。这一项目入选"世界生态恢复旗舰项目"表明，中国正在为全球生物多样性保护提供方案和智慧。

（三）生态产品价值实现形式进一步探索

2021 年 4 月，中共中央办公厅、国务院办公厅印发了《关于建立健全生态产品价值实现机制的意见》，到 2025 年，生态产品价值实现的制度框架初步形成，比较科学的生态产品价值核算体系初步建立，生态保护补偿和生态环境损害赔偿政策制度逐步完善，生态产品价值实现的政府考核评估机制初步形成，生态产品"难度量、难抵押、难交易、难变现"等问题得到有效解决，保护生态环境的利益导向机制基本形成，生态优势转化为经济优势的能力明显增强。到 2035 年，完善的生态产品价值实现机制全面建立，具有中国特色的生态文明建设新模式全面形成，绿色生产生活方式广泛形成，为基本实现美丽中国建设目标提供有力支撑。

2022 年 6 月 7 日，国家林业和草原局、国家统计局联合印发通知，决定在内蒙古自治区、福建省、河南省、海南省、青海省五省份开展森林资源价值核算试点工作。启动第四期中国森林草原资源价值核算工作，进一步完善森林资源价值核算方法，同时启动草原资源价值核算研究工作，试点工作于 2022 年 12 月 31 日前完成。

开展生态产品价值核算是推动生态产品价值实现的关键基础。2022 年 10 月，国家发展改革委联合国家统计局已委托人民出版社出版发行《生态产品总值核算规范》单行本，明确了生态产品总值核算的指标体系、具体算法、数据来源和统计口径，是首个给"绿水青山"贴上价值标签的规范性文件，对于破解生态产品"度量难"问题、加快推动建立健全生态产品价值实现机制，具有重要意义。

围绕《关于建立健全生态产品价值实现机制的意见》，各地方陆续开展实践探索。"十四五"期间，贵州省率先推动生态产品价值实现行动，在生态产品"度量难、交易难、变现难、抵押难"四个方面取得新突破。江西省上犹县以上犹江、阳明湖为核心，以生态红线为自律准绳，大力开展生态环境治理和水上秩序整治工作，逐步改善流域水质，"一条鱼"做活了全县产业、绿色生态保障可持续发展，养出的鱼色泽鲜亮、肉质鲜嫩、口感香甜，"上犹生态鱼"的生态价值和品牌效应逐渐凸显。吉林省汪清县围绕农特产品、水质资源、气候条件等生态禀赋招商引资，通过大型企业的落位项目，促进农业结构调整和三产融合，开拓生态产品的价值实现路径，推动了经济高质量发展。

2022 年 11 月，广东省印发《广东省建立健全生态产品价值实现机制的实施方案》，设立主要目标：到 2025 年，初步建立生态产品价值实现的制度框架，初步形成科学可操作的生态产品价值核算体系及核算结果应用机制，逐步完善生态保护补偿和生态环境损害赔偿政策制度，到 2035 年，全面建立系统完善的生态产品价值实现机制。

（四）野生动物保护深入人心

中国是世界上野生动物种类最丰富国家之一，有 7 300 余种脊椎动物。其中，大熊猫、金丝猴等 470 多种陆栖脊椎动物是仅分布于中国的特有物种。保护野生动物，中国一直走在世界前列。目前已建立各级各类自然保护地 1.18 万处，占国土陆域面积的 18%，85% 以上的国家重点保护野生动物种群得到有效保护。

2022 年 12 月 30 日，十三届全国人民代表大会常务委员会第三十八次会议表决通过了修订后的《中华人民共和国野生动物保护法》，于 2023 年 5 月 1 日起施行。新修订的《中华人民共和国野生动物保护法》加强了对野生动物栖息地的保护，明确省级以上人民政府依法将野生动物重要栖息地划入国家公园、自然保护区等自然保护地。将有重要生态、科学、社会价值的陆生野生动物纳入应急救助范围，加强野生动物收容救护能力建设，建立收容救护场所，配备相应的专业技术人员、救护工具、设备和药品。

（五）推进国家公园管理体系建设

2022 年 12 月，国家林草局、财政部、自然资源部、生态环境部联合印发《国家公园空间布局方案》。

一是遴选出 49 个国家公园候选区。在理念和目标上，坚持生态保护第一、国家代表性、全民公益性的国家公园理念，实现自然生态系统的原真性、完整性保护，维护国家生态安全，为建设美丽中国和人与自然和谐共生的现代化筑牢生态根基。到 2025 年，统一规范高效的管理体制基本建立；到 2035 年，基本完成国家公园空间布局建设任务，基本建成全世界最大的国家公园体系。在空间布局上，把我国自然生态系统最重要、自然景观最独特、自然遗产最精华、生物多样性最富集的区域纳入国家公园体系，遴选出 49 个国家公园候选区（含正式设立的 5 个国家公园），其中包括陆域 44 个、陆海统筹 2 个、海域 3 个。充分衔接国家重大战略和重大生态工程。其中，青藏高原布局 13 个候选区，形成青藏高原国家公园群，占国家公园候选区总面积的 70%；黄河流域布局 9 个候选区，长江流域布局 11 个候选区。

二是保护面积总规模将居世界首位。国家公园空间布局方案紧密衔接以"三区四带"为核心的全国重要生态系统保护和修复重大工程总体布局，涵盖了国土生态安全屏障最关键的区域。在青藏高原布局国家公园群，总面积约 77 万 km^2，将系统、整体保护"地球第三极"；在长江流域、黄河流域布局的多个国家公园候选区，将对长江大保护、黄河流域生态保护和高质量发展起到重要的支撑作用。

三是高标准、高起点建设第一批国家公园。建立国家公园体制，是生态文明体制改革的一项重大制度创新。在国家公园立法方面，国家林草局将进一步修改完善国家公园法（草案），同时指导相关省区出台国家公园地方条例，建立国家公园"一园一法"法制体系和全过程闭环管理制度。

（六）国合会相关政策建议情况

2022 年国合会在生态系统和生物多样性保护方面提出了诸多有价值的政策建议，具体如下。

加强流域生态保护与修复。加强山区和丘陵地区水土流失和石漠化治理；实施"还河流以空间"行动，恢复河湖水系。系统管理水电项目，确保项目开发前经过科学、可信和参与式的环境影响评价，保障水文完整性和生态用水需求，通过生态调度、建设过鱼通道等措施降低生态影响。在生态敏感区推进退耕还林，加强生态修复；重视长江源头的冰川消融问题，加强监测预警；健全脆弱人群，尤其是乡村、小城镇、蓄滞洪区等易灾地区女性的安全与保障机制。

加强海洋生态系统的保护与修复。严格执行分区管理制度，避免进一步破坏海洋栖息地和沿海湿地；积极修复退化或被破坏的滨海湿地，严格保护关键的海洋栖息地。投资创建高韧性优质的海洋保护区网络，涵盖国家公园、自然保护区和海洋生态红线区。

六、区域和国际参与

（一）引领全球生物多样性保护进程进入新阶段

2022 年 11 月 15 日，在《联合国气候变化框架公约》第二十七次缔约方大会（COP27）期间，《生物多样性公约》第十五次缔约方大会（COP15）主席国中国和 COP15 第二阶段会议东道国加拿大在埃及沙姆沙伊赫联合举办"生物多样性行动部长活动：迈向 COP15 之路的最后冲刺"。会议强调"2020 年后全球生物多样性框架"对遏制和扭转生物多样性丧失趋势的重要性，为"框架"达成作出努力。活动请各缔约方部长围绕全球生物多样性框架使命和资源调动议题展开讨论，为"框架"关键议题指明方向、凝聚共识，鼓励各方进一步提高政治意愿和积极性，支持并推动 COP15 达成兼具雄心和务实平衡的"框架"。

COP15 主题为"生态文明：共建地球生命共同体"，包含两个阶段会议。第一阶段会议已于 2021 年在中国昆明成功举行，审议"2020 年后全球生物多样性框架"，确定 2030 年全球生物多样性新目标。COP15 将为未来 10 年全球生物多样性保护制定新的愿景、战略规划和目标，并为全球生物多样性保护指明方向。

2022 年 12 月 7 日至 19 日 COP15 第二阶段会议在《生物多样性公约》秘书处所在地蒙特利尔召开，中国作为主席国领导大会实质性和政治性事务。会议顺利通过了"昆蒙框架"，包括到 2030 年实现的 4 个全球长期目标和 23 个具体行动目标，为今后直至 2030 年乃至更长一段时间的全球生物多样性治理擘画新蓝图。大会通过了 60 余项决议，在"昆蒙框架"目标、资源调动、遗传资源数码序列信息等关键议题上达成了一致。确立了"3030"目标，即到 2030 年保护至少 30% 的全球陆地和海洋等关键目标；建立了有力的资金保障，明确为发展中国家提供资金、技术和能力建设等支持措施。"昆蒙框架"将指引国际社会携手遏制并扭转生物多样性丧失，推动生物多样性恢复进程，共同迈向 2050 年人与自然和谐共生愿景。

（二）积极参与国际应对气候变化

作为世界上最大的发展中国家，中国实施一系列应对气候变化战略、措施和行动，参与全球气候治理，应对气候变化取得了积极成效。

2022 年 11 月 20 日，COP27 闭幕。此次会议时值《联合国气候变化框架公约》达成三十周年，聚焦《巴黎协定》务实履行，中方为多边达成相对平衡的"一揽子"成果作出重要贡献，释放了坚持多边主义、合力应对气候变化挑战的积极信号。国际社会普遍称赞应对气候变化的中国主张、中国智慧、中国方案，认为中国在应对气候变化问题上展现出负责任大国担当，发挥了重要引领作用，期待中国继续积极参与应对气候变化全球治理，推动构建公平合理、合作共赢的全球气候治理体系。

中国作为世界第二大经济体和第一大发展中国家，在应对气候变化、参与全球气候治理、深度参与全球环境治理方面，主动承担了大国责任。中国政府持续推动《联合国气候变化框架公约》及其《巴黎协定》全面有效实施；在务实开展多双边环境合作方面，建立中欧环境与气候高层对话机制，积极开展上海合作组织成员国环境部长会、中国—东盟环境合作论坛等交流对话机制，加强南南合作以及同周边国家的合作，在非洲、东南亚及南亚等地区支持生物多样性保护、绿色经济、化学品管理、国际环境公约履约等领域的项目和行动，这些项目和活动现在看来成效良好。截至 2022 年 6 月，中国已经与 38 个发展中国家签署了 43 份气候变化合作文件，通过援助气象卫星、光伏发电系统、新能源汽车等应对气候变化相关物资，帮助有关国家提高应对气候变化能力。

2023 年 3 月 20 日至 21 日，由丹麦，以及 COP27 主席国埃及、COP28 主席国阿联酋联合召集的气候部长级会议在哥本哈根召开。中方表示，愿全力支持阿联酋成功举办 COP28，圆满完成《巴黎协定》首次全球盘点，推动适应、资金、损失与损害、减缓等关键谈判议题取得积极成果。会议期间，中方应邀与 COP28 候任主席苏尔坦、联合国助理秘书长哈特、《联合国气候变化公约》执行秘书斯蒂尔，以及丹麦、德国、法国、英国、加拿大、澳大利亚等国部长级代表举行双边会谈。各方普遍高度评价中方为推动全球气候治理所作贡献，愿进一步加强谈判立场交流，深化政策对话与务实合作。

2023 年 7 月 4 日，中国国务院副总理丁薛祥和欧盟委员会执行副主席弗兰斯·蒂默曼斯在北京举行第四次中欧环境与气候高层对话。中欧双方在对话中重申各自在应对气候变化和保护环境方面的承诺和努力，决心在共同关心的领域开展合作，并在即将举行的中国 - 欧盟领导人会晤上汇报。双方强调要充分利用中欧环境与气候高层对话平台，定期举行高层对话会议，加强双方沟通协调，深化重点领域合作。

2023 年 7 月 13—14 日，由中国、欧盟和加拿大共同举办、欧盟主办的第七届气候行动部长级会议在比利时布鲁塞尔召开。中方表示，气候变化造成的影响日益严峻，加强气候行动的紧迫性不断增强，各方应重塑政治互信，回归合作正轨，坚决维护规则，切实落实承诺，坚持各尽所能，强化国际合作。中国愿与各方一道，按照公开透明、广泛参与、缔约方驱动、协商一致的原则，共同推动 COP28 取得成功，推动构建公平合理、合作共赢的全球气候治理体系。

（三）南南合作稳步推进

2022 年 1 月 12 日，联合国粮食及农业组织（FAO）正式启动了粮农组织—中国南南合作计划第三期工作。到 2022 年底，该计划已支持实施了 17 个国家项目和 10 个全球与区域项目，在南南合作与三方合作中发挥了巨大作用。同年 4 月 15 日，中国—世界粮食计划署（WFP）南南合作数字化研讨会暨南南合作知识分享平台上线仪式在北京成功举办，该平台旨在提供一个分享粮食安全、营养改善、减贫、农村转型需求和解决方案的交流平台。中国坚持南北合作为主渠道、南南合作为补充的国际发展合作格局，推动发达国家加大对发展中国家的发展援助，构建更加平等均衡的新型全球发展伙伴关系，为减贫营造良好外部环境。

2022 年 6 月 24 日，全球发展高层对话会在金砖国家领导人第十四次会晤期间举行，中华人民共和国主席习近平在北京以视频方式主持会议，金砖国家领导人和有关新兴市场国家以及发展中国家领导人共同出席，会议主题为"构建新时代全球发展伙伴关系，携手落实 2030 年可持续发展议程"。会议就全球发展问题达成广泛共识。中国将根据共识落实全球发展倡议，积极搭建国际发展知识经验交流平台，为促进全球共同发展作出积极贡献。

2022 年 8 月 27—28 日第六届南南合作与三方合作德里会议在印度新德里召开。会议围绕"新的发展模式和合作原则""全球治理与 2030 年议程""发展道路与新的衡量方法"三个议题展开，旨在探究全球经历新冠疫情、国际冲突和气候危机后的新发展模式，鼓励各国将全球化作为资源、知识和市场的有效合作工具，以引发人类生活方式向可持续生产与消费转变。

2022 年 11 月，东盟峰会、G20 峰会和亚太经济合作组织（APEC）峰会三个大型地区及国际会议接连在柬埔寨首都金边、印度尼西亚巴厘岛和泰国首都曼谷举行，三个会议使亚洲尤其是东亚地区一时成为全球经济治理的焦点。11 月 10 日下午，时任国务院总理李克强出席了第 25 次中国 - 东盟（10+1）领导人会议，11 月 14—19 日，国家主席习近平先后到访印度尼西亚巴厘岛与泰国曼谷，线下出席了 G20 领导人峰会和亚太经合组织（APEC）领导人非正式会议，并就当今世界发展新形势下，如何凝聚共识、推进合作，为开创人类更加美好的未来贡献力量提出中国倡议。

（四）绿色低碳"一带一路"深入开展

截至 2023 年 1 月，中国已与 151 个国家和联合国亚太经社、联合国开发计划署等 32 个国际组织签署 200 余份共建"一带一路"合作文件。中老铁路、匈塞铁路等重点项目建设运营稳步推进，一批"小而美"的农业、医疗、减贫等民生项目相继落地。由于多数共建国家依然处在经济社会发展的初期阶段，现代化、工业化、城市化发展任务繁重，碳排放强度偏高的态势将维持一段时间，碳排放总量仍将持续上升。在全球碳中和趋势下，推动"一带一路"能源绿色低碳发展，对于共建国家应对气候危机和实现联合国 2030 年可持续发展目标而言具有突出的战略价值和积极的现实意义。

2023 年 5 月 10 日，"一带一路"绿色发展圆桌会议暨"一带一路"绿色发展国际联盟会员大会在京举行。生态环境部部长、"一带一路"绿色发展国际联盟联合主席黄润秋强调，近年来，中国始终秉持绿色发展理念，发起系列绿色行动倡议，启动"一带一路"生态环保大数据服务平台，推动实施绿色丝路使者计划和"一带一路"应对气候变化南南合作计划，取得扎实成效。特别是习近平主席倡议建立的"一带一路"绿色发展国际联盟，通过开展对话交流、联合研究、能力建设和产业合作，不断推动绿色发展国际共识和共同行动，并为中国政府绿色"一带一路"有关政策的制定提供了重要技术支撑。当前，联盟已成为推进"一带一路"绿色发展国际合作的主要平台，在提升共建国家环境治理能力、推动共同实现 2030 年可持续发展目标中的作用日益凸显。中方愿与各方携手，坚定不移支持联盟在新的历史阶段发挥更重要作用，为高质量推进共建"一带一路"，落实全球发展倡议，推动共建国家绿色发展转型作出更大贡献。

（五）国际海洋治理注入新内容

海洋是高质量发展的战略要地。《中华人民共和国国民经济和社会发展十四个五年规划和 2035 年远景目标纲要》提出，积极发展蓝色伙伴关系，深度参与国际海洋治理机制和相关规则制定与实施，推动建设公正合理的国际海洋秩序，推动构建海洋命运共同体。在这一时代背景和政策引领下，我国参与全球海洋治理采取了诸多新举措，呈现出若干新趋势，这些新举措和新趋势正是深度参与全球海洋治理的具体实践与生动体现。

为推动落实联合国《2030 可持续发展议程》，第 72 届联合国大会通过决议，将 2021—2030 年定为"联合国海洋科学促进可持续发展十年"（以下简称"海洋十年"）第 75 届联合国大会审议通过了其实施计划，该实施计划于 2021 年 1 月 1 日正式启动。

2022 年 8 月，经国务院批准，自然资源部牵头并协调相关部委成立"海洋十年"中国委员会，谋划、部署和推动"海洋十年"工作。目前，我国已成功获批 1 个"海洋十年"协作中心、"海洋与气候无缝预报系统"、"全球海洋负排放"等 5 项大科学计划。其中，由自然资源部第一海洋研究所牵头的"海洋十年"海洋与气候协作中心是唯一由我国机构牵头组建的协作中心，并将在青岛设立国际办公室，在全球范围内协调与海洋和气候变化研究、治理相关的活动。"海洋十年"海洋与气候协作中心和大科学计划的成功获批，为我国在联合国框架下参与海洋国际合作奠定了坚实基础，创造了新机遇。

海洋塑料垃圾是广受关注的海洋环境问题。2023 年世界环境日全球主题"塑战速决"运动呼吁全球为抗击塑料污染制定解决方案。我国多措并举，推动海洋塑料垃圾的清理和管控。在区域层面，在中日韩环境部长会议、中日韩领导人会议、东盟与中国领导人会议、G20 峰会、亚太经合组织等机制框架下，中国积极与周边国家合作，通过联合科考、科技研发、技术援助、学术会议等途径，提升区域内应对海洋塑料垃圾的能力。此外，我国与联合国环境规划署等国际机构进行深度合作，打造示范项目、分享治理经验、推广实践经验。2022 年在内罗毕召开的第五届联合国环境大会上，来自 175 个国家的首脑和环境部长批准了一项历史性决议，旨在终结塑料污染，并在 2024 年底前达成一项具有国际法律约束力的协议。2023 年，来自世界各国的政府代表和利益攸关方在巴黎举行政府间谈判委员会的第二次会议（INC-2），中方表示塑料污染防治是当前国际社会共同面临的重大环境挑战。中国政府高度重视塑料污染治理工作，持续实施全链条治理，取得积极成效。

（六）国合会政策建议情况

国合会在 2022 年年会政策建议指出：

加强国际气候与生物多样性对话交流，助力全球环境治理进程，持续推动双多边气候与生物多样性对话。在 COP15 进程中，为《2020 年后全球生物多样性框架》的实施做好准备，包括更新"国家生物多样性保护战略和行动计划"（NBSAP）。依托中欧环境与气候高层对话、气候行动部长级会议等机制，积极开展气候 2 轨和 1.5 轨对话，交流二氧化碳和非二氧化碳温室气体减排。在中欧、G20、联合国环境规划署等平台上，持续识别绿色金融合作发力点，包括推广基于自然的解决方案等。

保持自然和气候的联合行动势头，推动协同增效。建议在 COP15 第二阶段会议中加强对气候变化协同治理的讨论；期待 COP27 就生物多样性和应对气候变化的协同取得更大进展。推动全球气候与生物多样性治理融入全球发展倡议。

在"一带一路"能源绿色低碳发展方面，要深化国际合作，支持"一带一路"能源绿色低碳发展，探寻全球治理体系变革下的绿色低碳合作新路径。依托"一带一路"绿色发展国际联盟等多边合作平台，依据《"一带一路"绿色投资原则》，加强利益相关方对话交流，推动在南南合作框架下建立绿色项目开发平台，深度对接共建国家绿色低碳发展需求。结合"一带一路"应对气候变化南南合作计划、绿色丝路使者计划，帮助共建国家提升应对气候变化、实现包容韧性复苏的能力。强化低碳金融的南北合作平台。

海洋塑料污染方面，在全球塑料污染治理条约正式出台前，鼓励塑料减量化、再利用、回收和替代，加强国际合作，启动试点项目。

七、结语

第七届国合会，更加注重关乎中国长远发展的重大战略性问题，更加注重影响中国与全球可持续发展的重大问题，更加注重发挥中国与国际社会双向交流共享的平台作用。

新一届国合会，中外委员具有更加广泛的代表性，既包括中国中央人民政府的政策制定者、大型企业负责人、著名智库和大学的专家学者；也包括多边金融机构、国际 NGO 组织、主要国际组织和专业性机构代表。国合会既能充分反映国际社会在环境与发展问题上的不同声音，又能促进中国与世界在重大环境与发展问题上充分交流，分享经验。

新一届国合会，站在新的历史起点，以更加成熟的运作机制，充分发挥环境与发展领域高端智库作用。过去一年提出的具有系统性、战略性、前瞻性的政策建议，一定程度上反映了国合会新一届中外委员对国内外形势的高超预判能力以及对国际环境与发展规律的洞悉。

过去一年，国合会在绿色低碳转型、能源安全、污染治理、绿色技术创新、生态系统综合管理等领域提出的前瞻性建议得到中国政府的高度重视，为未来生态文明建设工作提供了重要的参考价值。中国实现高质量发展、建设生态文明离不开国际合作。中国积极推动南南合作，响应联合国可持续发展目标（SDGs），并在全球关注的问题上，如生物多样性保护、应对气候变化、海洋生态环境保护等方面均有新进展。中国将继续以更加开放的姿态与国际社会开展合作，为实现世界绿色繁荣而贡献力量。

展望未来，国合会在政策研究中将更加精准地立足国际高端智库定位，把握国内外环境与发展总体发展大势，聚焦研究成果的"创新性""前瞻性"，针对国内外高度关注的气候治理、低碳发展、能源革命、工业转型等议题提出具有创新性、引领性的政策建议。

附表 13-1　2022 年中国环境与发展政策进展与国合会政策建议对照表

领域	出台时间	2022 年政策进展	国合会政策建议相关内容
环境与发展规划	2022 年 10 月	习近平总书记在党的二十大报告中指出："必须牢固树立和践行绿水青山就是金山银山的理念，站在人与自然和谐共生的高度谋划发展"	国合会 2022 年建议，中国应坚持不懈保持生态文明建设的战略定力，优先稳定绿色低碳转型的预期，科学有序统筹短期、中期和长期绿色发展蓝图，从短期的经济、能源、粮食等安全保障，走向长期动能驱动低碳增长动能释放，开启高质量发展的绿色新篇章
	2021 年 10 月	中共中央办公厅、国务院办公厅印发了《关于推动城乡建设绿色发展的意见》。到 2025 年，城乡建设绿色发展体系基本建立，建设方式绿色转型成效显著，碳减排扎实推进，城市整体性、系统性、生长性增强，"城市病"问题缓解，城乡生态环境质量整体改善，城乡发展质量和资源环境承载能力明显提升，综合治理能力显著提高，绿色生活方式普遍推广	国合会在 2019 年特别提出，《"十四五"规划》应基于生态文明重塑中国城镇化的战略，走内涵增长道路，让绿色城镇化成为中国经济高质量发展的重要驱动力，重新认识城乡关系。国合会在 2020 年和 2021 年又持续提出建议指出，要以绿色繁荣、低碳集约、循环利用、公平包容、安全健康为目标，推进城市绿色转型
	2022 年 6 月	生态环境部等部门印发的《黄河流域生态环境保护规划》是落实《黄河流域生态保护和高质量发展规划纲要》"1+N+X"要求的专项规划，对推动黄河流域生态环境保护和高质量发展具有重要作用	国合会 2022 年建议要强化气候适应性综合管理，构建低碳韧性流域，提升重要流域综合管理的气候适应能力，落实《中华人民共和国长江保护法》要求，基于空间规划和国土管理需求，增长协同治理，建立协作机制。开展关注上下游流域气候脆弱性评估，重点关注下游地区。主要支流、重点城乡聚集区、岸线、河口三角洲、蓄洪区、农业和自然生态区。构建流域气候风险预警系统，加强极端天气事件预警预报，特别关注洪水、野火、干旱和热浪风险
	2022 年 9 月	生态环境部、国家发展改革委等 17 部门联合印发了《深入打好长江保护修复攻坚战行动方案》，突出重点、协同联动，着力解决长江大保护面临的突出生态环境问题，扎实推进长江保护修复攻坚战各项任务	

领域	出台时间	2022 年政策进展	国合会政策建议相关内容
治理和法治	2022 年 4 月	生态环境部办公厅印发《"十四五"环境影响评价与排污许可工作实施方案》，排污许可核心制度进一步稳固，固定污染源排污许可全要素、全周期管理基本实现，固定污染源排污许可执法监管体系和自行监测监管机制全面建立，排污许可"一证式"管理全面落实，以排污许可制为核心的固定污染源监管制度体系基本形成	国合会 2022 年《碳达峰、碳中和政策措施与实施路径》政策建议提出，统筹推进减污降碳、保障降碳与减污任务措施高度一致、重点关注大气污染物排放与二氧化碳排放"双高"的区域协同，实现区域协同治理
	2022 年 6 月	我国首部专门保护湿地的法律《中华人民共和国湿地保护法》开始施行。《中华人民共和国噪声污染防治法》开始施行	
	2022 年 10 月	正式通过《中华人民共和国黄河保护法》，于 2023 年 4 月 1 日正式实施	
	2022 年 10 月	党的二十大报告明确提出，"积极稳妥推进碳达峰碳中和"。应对气候变化是一项综合性、全局性工作，在现有法律制度体系和行动路径下，实现"双碳"目标仍面临巨大挑战。加强应对气候变化生态治法障，要求加快推进气候变化专门立法，还要协同推进生态环境保护立法。党的二十大报告提出"完善支持绿色发展的财税、金融、投资、价格政策和标准体系"，突出了绿色金融体系建设的重要性	国合会 2022 年《碳达峰、碳中和政策措施与实施路径》政策建议中提出，健全应对气候变化立法工作，为碳中和提供法律依据。国合会 2022 年年会中建议，加强碳中和的治理体系，加速推动碳转型的治理能力建设。优先制定气候变化相关立法，探索防控性公益诉讼
	2022 年	地方各级生态环境部门持续贯彻《关于优化生态环境保护执法方式助力稳经济运行五项重点措施》，落实扎实稳住经济支撑领域生态环境领域重点举措。例如，江苏省印发《关于加快推进生态环境非现场监管的意见》，构建"1+5+N"的非现场监管体系，创新非现场执法、非现场监管等工作举措	国合会 2022 年《碳达峰、碳中和政策措施与实施路径》政策建议提出，加速推进气候立法工作，健全绿色低碳转型的治理体系，为碳中和提供法律依据
	2022 年	地方政府出台了本地区应对气候变化相关的地方政府规章及规范性文件。深圳市出台了《深圳经济特区生态环境保护条例》，增设了"应对气候变化"专章，江苏省人民代表大会（含省委员会）发布《关于推进碳达峰碳中和的决定》（2022 年），天津市人民代表大会（含省委员会）发布《天津市碳达峰碳中和促进条例》（2021 年）。早期开展碳排放交易试点的北京、上海、天津、重庆、广东、深圳和湖北七省（直辖市）以及四川、福建等参与碳排放权交易的地区几乎都发布了碳排放权交易相关的地方政府或规范性文件	

领域	出台时间	2022年政策进展	国合会政策建议相关内容
	2022年2月	中国人民银行会同国家市场监督管理总局、中国证监会、中国银保监会发改委联合印发《金融标准化"十四五"发展规划》中，提出要加快完善绿色金融标准体系，统一绿色债券标准，不断丰富绿色金融产品与服务标准，加快制定上市公司、发债企业环境信息披露标准，以及建立环境、社会和治理（ESG）评价标准体系等	国合会2022年《碳达峰、碳中和政策措施与实施路径》政策建议提出，建立碳排放总量控制制度和碳交易市场制度的衔接机制，完善碳定价机制，加快碳市场与用能权市场、绿色电力市场的协调统一。
	2022年4月	证监会发布《碳金融产品》金融行业标准	
	2022年5月	中国银保监会发布《中国保险业标准化"十四五"规划》，要求探索绿色保险统计、保险资金绿色运用、绿色保险评价等标准建设，更好推动完善绿色金融标准体系	国合会2022年建议，推动金融监管机构与相关政府部门门建立持续性的工作交流、制定并实施绿色环境，社会和治理（ESG）标准。
	2022年10月	国家市场监督管理总局等九部门联合印发《建立健全碳达峰碳中和"1+N"的制度保障计划实施方案》作为全国碳达峰碳中和标准计量体系建设提供依据，为相关行业、领域，地方和企业提供碳达峰碳中和的计量体系建设提供依据	允许消费者直接购买绿色电力。建立各级政府、企业及个人的碳账户和绿色责任账户。制定气候综合数据体系和标准，增强全国碳排放市场放的的整体性
治理和法治	2023年3月	生态环境部发布《关于公开征集温室气体自愿减排项目方法学建议的函》（环办便函〔2023〕95号），方法学是指导温室气体自愿减排项目开发、实施，审定和核查的主要依据，对减排项目的基准线识别、额外性论证、减排量核算和监测计划等具有重要的规范作用	
	2023年7月	生态环境部编制了《温室气体自愿减排项目审定与登记、减排量交易》（征求意见稿），从自愿减排项目审定与登记、规定了温室气体自愿减排交易及其相关活动的基本管理要求，明确了各市场参与主体权利和责任	
	2022年	在地方实践上，建行广东省分行聚焦"四大支柱"体系化推进绿色金融：一是界定绿色标准，二是做好信息披露，三是丰富产品货架，四是完善激励机制。人民银行济南分行印发《"绿色金融深化发展年"专项行动方案》，将2023年确定为"绿色金融深化发展年"。在2022年山东绿色金融工作全面起势的基础上，该行将进一步夯实绿色金融发展基础，深化绿色金融服务体系建设，助力山东绿色低碳高质量发展。2022年8月，人民银行会同国家发展改革委等共6部门，共同印发了《重庆市建设绿色金融改革创新试验区总体方案》，正式将重庆纳入国家绿色金融改革试验区范围	

领域	出台时间	2022 年政策进展	国合会政策建议相关内容
治理和法治	2022 年 12 月	生态环境部印发《关于印发钢铁/焦化、现代煤化工、石化、火电四个行业建设项目环境影响评价文件审批原则的通知》（环办环评函〔2022〕31 号），明确四个行业环评审批均增加对温室气体排放的要求	国合会 2022 年《碳达峰、碳中和政策路径》政策建议提出，坚持制度建设的先立后破，强化能耗"双控"制度的先立后破，制定碳中和路线图。根据面向碳中和的总量控制阶段性目标分解，形成面向碳中和的总量控制阶段性目标分解，并建立动态调节机制。
	2022 年 3 月	中共中央办公厅、国务院办公厅印发的《关于推进社会信用体系建设高质量发展促进形成新发展格局的意见》完善了生态环保信用制度	碳排放目标区域分解要考虑区域和行业发展差异，并考虑区域间要素流动和产业链供应链安全，将构建碳排放"双控"制度纳入各地区和行业碳中和行动方案。尽快选取重点地区、重点行业率先开展碳排放"双控"试点，逐步向全国、全行业推广。
	2022 年 1 月	习近平总书记在 2022 年 1 月 24 日中共中央政治局第三十六次集体学习时指出"要倡导简约适度、绿色低碳、文明健康的生活方式，引导增强全民节约意识、环保意识、生态意识" 国家发展改革委等部门印发《促进绿色消费实施方案》提出，到 2025 年，绿色消费理念深入人心、奢侈浪费得到有效遏制、绿色低碳产品市场占有率大幅提升，绿色低碳循环发展的消费体系初步形成。到 2030 年，绿色消费方式成为公众自觉选择，绿色低碳产品成为市场主流，重点领域消费绿色低碳发展模式基本形成，绿色消费制度政策体系和机制体制基本健全	国合会 2022 年建议，建立各级政府、企业及个人的碳账户和绿色责任体系；通过能力建设和明确排放主体责任，设定惩罚措施，提高排放数据的质量
	2022 年 6 月	生态环境部等 7 部门联合印发《减污降碳协同增效实施方案》，明确提出倡导简约适度、绿色低碳、文明健康的生活方式，从源头上减少污染物和碳排放。引导公众优先选择公共交通、自行车和步行等绿色低碳出行方式，探索建立"碳普惠"等公众参与机制	国合会 2022 年中建议，创建数字化与可持续发展之间的联结，推动绿色数字技术创新和绿色数字治理，鼓励公众在数字化平台上践行绿色低碳生活方式
	2022 年	2022 年 8 月 30 日《国务院关于支持山东深化新旧动能转换推动绿色低碳高质量发展的意见》（国发〔2022〕18 号）要求，深入实施绿色低碳全民行动，探索建立个人碳账户等绿色消费激励机制 各省份逐步印发碳达峰实施方案中提出，引导市民践行绿色低碳生活方式。《上海市绿色出行比例 2025 年达到 75%、2035 年达到 85%，加强生态文明宣传教育，引导市民全面深入践行绿色消费理念和绿色生活方式，组织实施绿色低碳、文明健康的生活方式》中提出，大力倡导简约适度、绿色低碳、文明健康消费，坚决遏制奢侈浪费和不合理消费。《江苏省碳达峰实施方案》中提出，大力倡导简约适度、绿色低碳、文明健康消费，坚决遏制奢侈浪费和不合理消费，推广绿色低碳产品，落实绿色产品认证、标识，进一步提升绿色产品在全社会的消费比例	

领域	出台时间	2022年政策进展	国合会政策建议相关内容
	2022年6月	在国家发展改革委、工业和信息化部、生态环境部等部门的指导和支持下，中国环境保护产业协会发布《加快推进生态环保产业高质量发展 深入打好污染防治攻坚战 全力支撑碳达峰碳中和工作行动纲要（2021—2030年）》，明确到2030年，适应环境污染防治、生态保护与修复、资源高效循环利用、碳达峰、碳中和、生态环保产业全面绿色转型需求的现代生态环保产业体系基本建立	国合会2022年建议指出，要坚持绿色低碳转型，保障重点领域安全与稳定。构建"减污、降碳、扩绿、增长多目标协同机制。充分发挥苏计划优先支持绿色低碳投资。经济复苏计划优先支持绿色低碳投资。充分发挥碳定价等市场机制和投资的成本效益优势。注重碳价格平稳性和投资可预测性通过制定行业标准、扩大绿色公共采购、加快绿色技术创新、提高生产率、逐步增加贸易中的低碳、环境友好型产品和服务比例。通过可追溯系统、信息披露和奖惩激励等措施、进一步强化食品等供应链的可持续溯源
	2022年7月	生态环境部等7部门联合印发了《减污降碳协同增效实施方案》，作为碳达峰碳中和"1+N"政策体系的重要组成部分，《减污降碳协同增效实施方案》对进一步优化生态环境治理，形成减污降碳协同推进工作格局，助力建设美丽中国和实现碳达峰碳中和具有重要的实践中。"绿色低碳，节能先行"的理念早已经融入中国各地发展的实践中	国合会2022年建议中指出，加快投资发展可再生能源。拓展优化电力市场化机制，提高市场定价效率，吸引私营部门投资绿色电力。扩大现货市场规模，增加跨省交易等试点项目数量。稳住存量，严控增量，引导煤电分步有序退出。力争2025年实现煤炭消费达峰，助力实现2030年前二氧化碳排放达峰。制定与碳排放双控体系相协调的短、中期规划，稳妥推动煤电从基荷电源逐步转向调节型电源；淘汰落后产能，确保高效低排放煤电的合理运行时间；升级改造既有
能源、环境与气候	2022年11月	武汉市政府发布《武汉长江经济带绿色增长大行动实施方案》（以下简称《行动方案》）。《行动方案》从十个方面对工作进行部署，包括推动绿色增长，建立健全生态产品价值实现机制、建设绿色制造体系、加强绿色技术创新引领等	燃煤电厂，进一步降低大气污染物排放；关注甲烷等短寿命气候污染物，重视并引导煤炭等化石能源投资对资产搁浅风险的相关行动预期，调整投资者对资产搁浅风险的相关财务预期；建立开放电小时数和电价的保障；打破对煤电机组发电小时数和电价的宽松机制；建立有效的电价市场，为电力灵活性提供经济回报
	2022年	新型储能方面，国家发展改革委、国家能源局相继印发了《关于加快推动新型储能发展的指导意见》（发改能源规〔2021〕1051号）、《"十四五"新型储能发展实施方案》（发改能源规〔2022〕209号）和《关于进一步推动新型储能参与电力市场和调度运用的通知》（发改办运行〔2022〕475号），加快推动新型储能规模化、市场化进程	

领域	出台时间	2022年政策进展	国合会政策建议相关内容
能源、环境与气候	2022年2月	国家发展改革委等4部门联合发布《高耗能行业重点领域节能降碳改造升级实施指南（2022年版）》（以下简称《实施指南》），围绕炼油、水泥、钢铁、有色金属冶炼等17个行业，提出了节能降碳改造升级的工作方向和到2025年的具体目标	国合会2022年建议中指出，结合数字化与可持续发展转型，加速推动低碳技术创新，加快发展数字技术，探索可持续发展的智能化解决方案，优化生产与消费规模化。推动低碳、零碳的创新技术大规模化。重视市场导向的可再生能源相关主体作用，最大限度发挥市场导向的技术创新驱动力
	2022年11月	国家发展和改革委员会等部门联合印发《重点用能产品设备能效先进水平、节能水平和准入水平（2022年版）》的通知》，聚焦重点用能产品设备，作出了节能降碳的有关安排	
	2022年	多地工业和信息化厅公开征求石化化工等行业节能降耗、能效提升有机物动方案的意见。例如，2022年浙江省出台了《浙江省低碳发性发展生产机物含量原辅材料总则（试行）》，福建省2022年严格执行《产业结构调整指导目录》等规定，禁止新建、扩建限制类工艺装备、产品，推动落后产能尽快淘汰退出。加大原置产能、僵尸产能处置力度，推进企业兼并重组。发布能效"领跑者"名单，引导企业对标对表	国合会2022年给中国政府的政策建议指出，强化气候适应性综合管理，构建低碳韧性能力建设。完善政府引导与市场驱动相结合的可持续投融资创新机制，同时系统提升重要流域综合管理的气候适应性
	2022年6月	生态环境部、国家发展改革委、科学技术部等17部门联合印发《国家适应气候变化战略2035》（以下简称《适应战略2035》），提出要加强城市气候风险评估，调整优化城市功能布局，保障城市基础设施安全运行、完善城市生态系统服务功能，加强城市洪涝防御综合能力建设与供水保障，提升城市气候风险应对能力	
	2022年9月	生态环境部印发了《省级适应气候变化行动方案编制指南》，提出尽快启动省级适应气候变化行动方案编制工作，并积极拓展适应气候变化国际合作	
	2023年2月	国家能源局、国家发展改革委《关于完善能源绿色低碳转型体制机制和政策措施的意见》（以下简称《意见》），以顶层设计对能源绿色低碳转型体制的改革进行系统性谋划和全局性部署，绿色能源转型需要系统推进政策评估	国合会2022年建议指出，建全绿色低碳转型的治理体系，加强机构创新性与灵活性能力建设。完善政府引导与市场驱动相结合的可持续投融资创新机制，对重点受冲击行业与地区进行识别，以保证全国碳市场建设稳健运行。优先制定气候变化相关法律，探索预防性公益诉讼。推动金融监管机构与相关政府部门持续性工作交流，制定并实施环境、社会和治理（ESG）标准
	2023年6月	生态环境部对《温室气体自愿减排交易管理暂行办法》进行了修订，编制形成了《温室气体自愿减排交易管理办法（试行）》（征求意见稿），加快推进全国自愿减排交易市场启动各项准备工作，力争2023年之内尽早启动全国温室气体自愿减排交易市场	

领域	出台时间	2022年政策进展	国合会政策建议相关内容
	2022年11月	生态环境部会同国家发展改革委、工业和信息化部、交通运输部等14个部门联合制定了《深入打好重污染天气消除、臭氧污染防治和柴油货车污染治理攻坚战行动方案》，聚焦重点地区、重点时段、重点领域开展集中攻坚，深入打好蓝天保卫战标志性战役，推动全国空气质量持续改善	国合会建议指出，加强流域生态水土流失和石漠化治理：实施"还河流以空间"行动，恢复河湖水系。系统管理水电项目开发前经过科学、可信和参与式环境影响评价，保障水文完整性和生态用水需求，建设过鱼通道等措施推进退耕还林，通过生态调度，建设过鱼通道等措施推进退耕还林。在生态敏感区推进长江源头的冰川消融生态影响。加强生态修复；重视长江源头的冰川消融问题，加强监测预警，健全脆弱人群，尤其是乡村、小城镇、蓄滞洪区等易次地区女性的安全与保障机制。加强流域岸线的水陆统筹治理：推进下游工业港口监督落实碳保护利用的"三线一单"，将绿色低碳目标纳入流域保护法律法规、标准和指南。开展岸线备用土地，在符合空间规划要求前提下为未来发展提供灵活性；退置换、倡导岸线生态优化利用和腾退空间规划要求前提下为未来发展提供灵活性；发掘水体的文化与经济价值，推动岸线更新和公共空间，同时，加强流域生态保护与修复。加强山区和丘陵地区水土流失和石漠化治理：实施"还河流以空间"行动，恢复河湖水系
	2021年11月	生态环境部2022年公开发布《生态环境分区管控的指导意见（试行）》，实施生态环境分区管控制度，是新时代贯彻落实习近平生态文明思想，加强生态环境源头防控的重要举措。资源利用上线和生态保护红线、环境质量底线，深入打好污染防治攻坚战	
污染防治	2022年	各省自治区（直辖市）积极推动大气污染治理行业的发展，如2022年2月宁夏回族自治区人民政府发布《宁夏回族自治区推动高质量发展标准体系建设方案（2021—2025年）》，提出推进环境风险防控、大气污染防治、土壤污染防治、固体废物与化学品污染防治、农业面源污染防治、生态保护修复与管理与技术、生态系统服务功能评价、生态安全等标准的实施与完善。2022年2月《北京市人民政府办公厅关于印发〈北京市深入打好污染防治攻坚战2023年行动计划〉的通知》指出，深入贯彻习近平生态文明思想和习近平总书记对北京一系列重要讲话精神，坚持山水林田湖草沙一体化保护和系统治理，统筹产业结构调整、污染治理、生态保护、应对气候变化，协同推进降碳、减污、扩绿、增长，全面推进绿色低碳循环发展	
	2022年1月	2022年1月起，许多有关生活用水的环保新规施行。例如，由山东省生态环境厅、省住房城乡建设厅、省农业农村厅、省农业农村厅、省农业农村厅联合印发，自2022年1月1日起施行《山东省生活污水处理设施运行维护管理办法》。由四川省第十三届人民代表大会常务委员会第三十一次会议于2021年11月25日通过，自2022年1月1日起施行《四川省嘉陵江流域生态环境保护条例》。浙江省《农村生活污水集中处理设施水污染物排放标准》由浙江省人民政府于2021年9月9日批准发布，自2022年1月1日起实施	

领域	出台时间	2022年政策进展	国合会政策建议相关内容
	2023年5月	中共中央、国务院印发了《国家水网建设规划纲要》（以下简称《纲要》）。《纲要》提出，加快构建国家水网，统筹解决水资源、水生态、水环境、水灾害问题，是建设现代化高质量水利基础设施网络，以习近平同志为核心的党中央作出的重大战略部署。规划纲要是当前和今后一个时期国家水网建设的重要指导性文件	国合会建议指出，加强流域生态保护修复：实施山区和丘陵地区水土流失和石漠化治理；实施"还河流以空间"行动，恢复河湖水系。系统管理水电项目，确保项目开发前经过科学、可信和参与式环境影响评价，保障水文完整性和生态用水需求，通过生态调度、建设过鱼通道等措施降低生态影响。在生态敏感区推进退耕还林，加强生态修复；重视长江源头的冰川消融问题，加强监测预警；健全脆弱人群，尤其是乡村、小城镇、蓄滞洪区等易灾地区女性的安全与保障机制。
污染防治	2023年6月	生态环境部发布了关于公开征求《关于促进土壤污染绿色低碳风险管控和修复的指导意见（征求意见稿）》的通知。该意见指出，强化全过程质量控制与监管，全面提升土壤污染调查状况评估水平，推进多学科、多方法、多手段调查技术的融合，精准刻画污染范围和污染程度	加强流域岸线的陆海统筹治理。推进下游工业港口岸线落实岸线保护利用的"三线一单"；将绿色低碳目标纳入流域的法律法规、标准和指南。开展岸线优化利用和腾退置换，倡导岸线备用土地，在符合空间规划要求前提下为未来发展提供灵活性。发掘水的文化与经济价值，推动岸线更新和公共空间的修复。同时，加强流域地区水土流失和石漠化治理；实施"还河流以空间"行动，恢复河湖水系

领域	出台时间	2022年政策进展	国合会政策建议相关内容
污染防治	2022年1月	生态环境部会同国家发展改革委、自然资源部、住房和城乡建设部、交通运输部、农业农村部和中国海警局等七部门共同制定了《重点海域综合治理攻坚战行动方案》，按照该行动方案要求，重点海域综合治理攻坚战将围绕渤海、长江口—杭州湾和珠江口邻近海域三大重点海域展开，涉及天津、上海等"2+24"个沿海城市	国合会2022年政策建议提出：加强海洋生态系统的保护与修复，发挥海洋碳汇的价值。严格执行分区管理制度，避免进一步退化或被破坏环的滨海湿地和沿海湿地，严格保护优质的海洋保护区网络，投资创建韧性的海洋的海洋栖息地。涵盖国家公园、自然保护区和海洋生态红线区；统筹实施大型海洋保护区及重要生境的保护与碳储存
	2023年	我国各省份陆续出台了各项针对海洋碳汇的政策方案。浙江省2023年3月印发《浙江省海洋碳汇能力提升指导意见》，将实施海洋碳汇科学研究、海洋生态保护修复、海洋碳汇价值多元转化、海洋碳汇试点五大任务，推动海洋碳汇增汇能力显著提升	
生态系统和生物多样性保护	2022年10月	党的二十大报告部署提升生态系统多样性、稳定性、持续性时，不仅提出加快实施重要生态系统保护和修复重大工程，还提出实施生物多样性保护重大工程	国合会2022年政策建议提出：加强国际气候与生物多样性对话交流，助力全球环境治理进程。持续推动双多边气候与生物多样性对话。在联合国《生物多样性公约》第十五次缔约方大会（COP15）进程中，为《2020年后全球生物多样性框架》的实施做好准备，包括更新"国家生物多样性保护战略和行动计划"（NBSAP）。依托中欧环境与气候高层对话、气候行动部长级会议等机制，积极开展气候2轨和1.5轨对话、交流二氧化碳和非二氧化碳碳盆空气候减排。在中欧、二十国集团（G20）、联合国环境规划署等平台上，持续识别绿色金融合作发力点，包括推广基于自然的解决方案等
	2022年11月	在《联合国气候变化框架公约》第二十七次缔约方大会（COP27）期间，《生物多样性公约》第十五次缔约方大会（COP15）主席国中国和COP15第二阶段会议东道国加拿大在埃及沙姆沙伊赫联合举办"生物多样性行动部长级活动：迈向COP15之路的最后冲刺"	
	2022年12月	COP15第二阶段会议在《生物多样性公约》秘书处所在地蒙特利尔召开，中国作为主席国领导大会实质性和政治性事务，会议顺利通过了"昆明—蒙特利尔全球生物多样性框架"（以下简称"框架"），包括到2030年实现的4个全球生物多样性目标长期目标和23个具体行动目标，为今后直至2030年乃至更长一段时间的全球生物多样性治理擘画新蓝图	

领域	出台时间	2022年政策进展	国合会政策建议相关内容
生态系统和生物多样性保护	2022年12月	生态环境部颁布《生态保护红线生态环境监督办法（试行）》，提出坚持生态优先、统筹兼顾、绿色发展，问题导向，分类监督，公众参与的原则，建立严格的监督体系，实现严格守住自然生态安全边界，确保生态保护红线生态功能不降低、面积不减少、性质不改变，提升生态系统质量和稳定性	
	2022年4月	生态环境部联合最高人民法院、最高人民检察院和科技部、公安部等共14个相关部门印发了《生态环境损害赔偿管理规定》（以下简称《规定》）。《规定》结合生态环境损害赔偿制度改革进程中发现的新问题，统一指导全国开展生态环境损害赔偿工作，进一步深化和细化了《生态环境损害赔偿制度改革方案》，赔偿实践的具体问题，将为建设更加完善的生态环境保护制度发挥体系发挥积极的作用	国合会2022年政策建议提出：加强流域生态保护与修复。加强山区和丘陵地区水土流失和石漠化治理；实施"还河流以空间"行动，恢复河湖水系。系统管理水系，确保项目开发前经过科学、可信和参与式的环境影响评价，保障水文完整性和生态用水需求。通过生态调度，建设过鱼通道等措施降低生态敏感影响。在生态敏感河段，重视长江源头退耕还林，加强生态修复；重视长江源头的冰川消融问题，加强监测预警；健全脆弱人群，尤其是乡村、小城镇，蓄滞洪区等易灾地区女性的安全与保障机制。加强海洋生态系统的保护与修复。严格执行分区管理制度，避免进一步破坏海洋栖息地和沿海湿地，积极修复退化或被破坏的滨海湿地，严格保护关键的海洋保护区栖息地。投资创建高韧性的海洋保护网络，涵盖海洋国家公园、自然保护区和海洋生态红线区
	2022年	在全国政策指引下，不少地区先行先试，将国家顶层设计与地方性生态环境保护政策相关地方性法规和规范性文件结合，制定实施生态保护红线和补偿相关政策文件。例如，2022年5月底起施行的《海南省生态保护红线管理规定》；2023年1月，江苏省生态环境损害赔偿管理规定的实施意见；2023年6月，山东省印发《山东省生态保护红线生态环境监督办法（试行）》，探索创新了监督程序等	
	2022年6月	6月7日，财政部会同自然资源部、生态环境部发布第二批山水林田湖草沙一体化保护和修复工程项目竞争性选拔结果，将9个项目确定为第二批山水林田湖草沙一体化保护和修复项目 6月29日，财政部、自然资源部、生态环境部召开山水林田湖草沙一体化保护和修复工程推进会，学习贯彻习近平总书记关于山水林田湖草沙系统治理的重要指示精神，落实中共中央、国务院关于实现"双碳"战略目标重要决策部署，进一步压实责任，推进工程项目有序实施，切实提高重点生态地区系统质量和碳汇能力	
	2022年10月	习近平总书记在党的二十大报告中指出，我们要推进美丽中国建设，坚持山水林田湖草沙一体化保护和系统治理，坚持"绿水青山就是金山银山"的理念，坚持山水林田湖草沙一体化保护和系统治理	

领域	出台时间	2022年政策进展	国合会政策建议相关内容
	2022年6月	国家林业和草原局、国家统计局联合发通知，决定在内蒙古自治区、福建省、河南省、海南省、青海省五省份开展森林资源价值核算试点工作。启动第四期中国森林草原资源价值核算方法，同时启动草原资源价值核算研究工作，试点工作于2022年12月31日前完成	国合会2022年政策建议提出：加强流域生态保护与修复。加强山区和丘陵地区水土流失和石漠化治理，实施"还河流以空间"行动，恢复河湖水系。系统管理水系，可信和参与式的环境影响评价，保障水文完整性和生态连通道，建设过鱼通道等措施降低生态影响。在生态敏感区推进退耕还林、加强生态修复；重视长江源头的冰川消融问题，加强监测预警；健全脆弱人群、尤其是乡村、小城镇、蓄滞洪区等易次性地区女性的安全与保障机制。 加强海洋生态系统的保护与修复。严格执行分区管理制度，避免进一步破坏海洋栖息地和沿海湿地；积极修复退化的海洋栖息地，严格保护关键的海洋息地。投资创建高韧性优质的海洋保护网络，涵盖国家公园、自然保护区和海洋生态红线区
	2022年10月	国家发展改革委联合国家统计局已委托人民出版社出版发行《生态产品总值核算规范》单行本，明确了生态总值核算的指标体系，具体核算方法、数据来源和统计口径，对于破解生态产品"度量难"问题、加快推动建立健全生态产品价值实现机制，具有重要意义 是首个给生态产品"贴上价值标签"	
生态系统和生物多样性保护	2022年11月	广东省印发《广东省建立健全生态产品价值实现机制的实施方案》，初步建立生态产品价值实现的制度体系框架。到2025年，初步形成科学可操作的生态产品价值核算及核算结果应用机制，逐步完善生态保护补偿和生态环境损害赔偿政策制度，到2035年，全面建立完善的生态产品价值实现机制 设立主要目标：	
	2022年12月	十三届全国人民代表大会常务委员会第三十八次会议表决通过了修订后的《中华人民共和国野生动物保护法》，将于2023年5月1日起施行。新修订的野生动物保护法加强了对野生动物栖息地的保护，明确省级以上人民政府将野生动物重要栖息地划入国家公园、自然保护区等自然保护地	
	2022年12月	国家林草局、财政部、自然资源部、生态环境部联合印发《国家公园空间布局方案》，提出到2035年基本完成全世界最大的国家公园体系建设	
区域和国际参与	2022年11月	《联合国气候变化框架公约》（以下简称《公约》）第二十七次缔约方大会（COP27）闭幕。此次会议时值《联合国气候变化框架公约》达成三十周年，聚焦《巴黎协定》务实履行，中方为发达成相对平衡的一揽子成果出重要贡献，释放了坚持多边主义、合力应对气候变化挑战的积极信号	在国际应对气候变化方面，国合会在2022年给出的政策建议是深化国际环境合作，维护开放包容，合作共赢的国际环境治理进程。依托中欧环境与气候高层对话、气候行动部长级会议等机制，积极开展气候2轨和1.5轨对话，交流二氧化碳和非二氧化碳温室气体减排
	2023年3月	由丹麦、《公约》第二十七次缔约方大会（COP27）主席埃及及COP28主席国阿联酋联合召集的气候部长级会议本哈根召开。生态环境部部长黄润秋赵英率团出席出席发言，中方表示，愿全力支持阿联酋成功举办COP28，圆满完成减缓、适应、资金、损失与损害等关键谈判议题取得积极成果	

领域	出台时间	2022 年政策进展	国合政策建议相关内容
区域和国际参与	2023 年 7 月	由中国、欧盟和加拿大共同举办、欧盟主办的第七届气候行动部长级会议在比利时布鲁塞尔召开。生态环境部部长黄润秋作为联合主席，与会发表致辞并参加议题讨论	在南南合作方面，国合会建议，加强顶层设计，建立"生态文明南南合作协调机制"，将生态文明推广到中国各项南南合作计划和行动中，形成围绕制定生态文明南南合作战略、政策以及重大合作项目环境影响评估的协调制度。加强生态文明南南合作的协调会商制度。综合考虑国际形势、发展合作保障体系、综合考虑中国的比较优势和能力，分别制定生态文明南南合作中长期发展纲要，优先领域合作规划以及重点地区和国别方案等，加大资金支持力度，提高资金使用成效。完善全过程管理，建立纳入生态环境与经济效益、社会影响综合指标的南南合作评价体系，重视项目规划和立项的科学性，加强对伙伴国需求的了解及相关利益各方的协调，拓宽项目信息来源，使生态环保项目能够更多地进入中国南南合作项目库
	2023 年 7 月	中国国务院副总理丁薛祥和欧盟委员会执行副主席弗兰斯·蒂默曼斯在北京举行第四次中欧环境与气候高层对话	
	2022 年 1 月	联合国粮食及农业组织（FAO）正式启动了粮农组织—中国南南合作计划第三期工作。到 2022 年底，该计划已支持实施了 17 个国家项目和 10 个全球与区域项目，在南南合作与三方合作中发挥了巨大作用	
	2022 年 4 月	中国—世界粮食计划署（WFP）南南合作数字化研讨会暨南南合作知识分享平台上线仪式在北京成功举办，该平台由中国农业农村部与世界粮食计划署农村发展卓越中心共建，中国互联网新闻中心作为网站的技术合作伙伴参与运营，旨在提供一个分享粮食安全、营养改善、减贫、农村转型需求和解决方案的国际交流平台。中国坚持南北合作为主渠道、南南合作为补充的国际发展合作格局，推动发达国家加大对发展中国家的发展援助，构建更加均衡平等均衡的新型全球发展伙伴关系，为减贫营造良好外部环境	
	2022 年 6 月	全球发展高层对话会在金砖国家领导人第十四次会晤期间举行，中华人民共和国主席习近平在北京以视频方式主持会议。金砖国家领导人和有关新兴市场及发展中国家领导人共同出席，会议主题为"构建新时代全球发展伙伴关系、携手落实 2030 年可持续发展议程"	
	2022 年 8 月	第六届南南合作与三方合作论坛在印度新德里召开。会议围绕"新的发展模式和合作原则""全球治理与 2030 年议程""发展道路与'可持续发展议程'"三个议题方法召开，旨在探究在全球经历新冠疫情、国际冲突、气候危机后的新发展模式，鼓励各国将全球化作为资源、知识和市场的有效工具，以引发人类生活方式向可持续生产与消费转变	
	2022 年 11 月	东盟峰会、20 国集团（G20）峰会和亚太经济合作组织（APEC）峰会三个大型地区及国际会议接连在柬埔寨首都金边、印度尼西亚巴厘岛和泰国首都曼谷举行，三个会议使亚洲尤其是东亚地区一时成为全球经济治理的焦点	

领域	出台时间	2022 年政策进展	国合会政策建议相关内容
区域和国际参与	2023 年 5 月	中国秉持绿色发展理念，发起系列绿色行动倡议，启动"一带一路"生态环保大数据服务平台，推动实施绿色丝路使者计划和"一带一路"应对气候变化南南合作计划，取得扎实成效	国合会 2022 年建议，要深化国际合作支持"一带一路"能源绿色低碳发展，探寻全球治理体系变革下的绿色低碳合作新路径。依托"一带一路"绿色发展国际联盟等多边合作平台，依据《"一带一路"绿色投资原则》加强相关方对话交流，推动在南南合作框架下建立绿色低碳项目开发平台，深度对接共建国家绿色低碳发展需求。结合"一带一路"应对气候变化南南合作计划、绿色丝路使者计划，帮助共建国家提升应对气候变化、实现包容韧性复苏的能力。强化低碳金融的南南合作平台

第十四章　2022—2023 年度专题政策研究性别主流化报告

一、引言

自 2018 年以来，国合会一直致力于将性别视角融入研究的方方面面。2022—2023 年，为继续推动将性别考量纳入各专题政策研究（SPS），国合会在研究启动和报告起草中的重点节点均提供性别主流化指导。指导形式包括性别问题专家与每个专题政策研究组举行会议，讨论研究中加入性别因素的可行方法。指导内容包括与公平性相关的考虑因素，以及将性别和多样性观点纳入每个主题时的具体切入点。

此外，国合会 2022 年更新了开展专题政策研究性别平等的工具包，进一步强化在环境和发展领域的政策研究工作中融入性别平等、公平参与等因素。工具包提供了实用工具，确保研究过程中充分考虑性别平等、多样性和包容性，在可持续发展的背景下提高政策的效果和效率，增进可持续性，保障所有人的权利。

2022—2023 年的国合会专题政策研究在开展性别分析的基础上，提出了在可持续发展过程中促进性别平等和女性权利的实用建议。本章概述了各项专题政策研究的最终报告中呈现的性别工作，总结了纳入性别视角的最佳实践，并提出了下一研究阶段中进一步加强性别主流化的建议。

二、性别平等与国际框架

在环境、可持续发展和气候治理议题中，一个重要组成部分是将性别问题与环境政策研究相结合。要想在联合国可持续发展目标（SDGs）上取得进展，国际社会就不能忽视性别平等问题。为此，必须将性别平等意识和行动纳入环境政策、战略和计划的制定中。女性既是利益相关者，也是变革的推动者，发挥着重要作用。

我们知道，性别平等的进步会对社会和环境福祉产生深远的积极影响；努力实现性别平等可以帮助实现更好的环境成果；反之，如果管理不当，环保措施可能会加剧不平等，导致环境进一步恶化。然而，虽然解决性别平等问题能带来很高的回报，但如何做到却仍然是一个重大挑战。

更为紧迫的是要认识到将性别平等与气候变化的目标及政策孤立对待所存在的风险[1]。社会应对气候变化的方式不仅会对环境产生影响，还会对社会和经济产生影响，直接影响人们获得的机会、资源和人们的生活水平。因此，必须考虑气候变化对性别平等和其他形式的社会公平所可能产生的后果。

三、国合会 2022—2023 年专题政策研究中的性别内容：主要观察结果

本部分汇总了各专题政策研究领域中有关性别平等内容的主要观察结果，并针对环境和气候变化政策制定和治理中如何进一步制造推进性别平等的机会提供建议。

（一）流域高质量发展与气候适应

在全球范围内，可持续水资源管理中的性别平等和性别主流化的重要性已得到普遍认可。鉴于气候变化对女性和男性的影响差异，在适应和减缓气候变化的背景下将性别视角纳入流域治理非常重要。在流域治理中实现性别平等，必须确保女性能够与男性平等地参与领导和决策，这既是一项基本权利，也是引入女性观点的一种手段。理想情况下，来自不同背景的女性和男性都能参与和领导流域治理进程，发表对于气候变化等问题的不同观点。特别是在可能的潜在的性别歧视影响下，女性和男性适应和减缓气候变化风险的能力也往往不同，因而女性的观点和参与更为重要。

《流域高质量发展与气候适应》专题政策研究报告用专门的章节讨论了流域治理中的性别平等和社会包容议题，有效地整合了性别考量因素，提出有关性别问题的政策建议。该章节以长江中上游的三个地区为案例，阐释性别平等和社会包容方面的差距，并从性别角度评估流域管理的相关成效，进一步总结了气候变化造成的影响在性别之间的具体差异，提出相应策略。研究指出，气候变化对中国女性产生了直接且不成比例的影响，但女性在流域治理中的参与度较低、发挥的领导作用均。研究发现：①女性在流域治理决策中的参与度仍然不足。②流域治理相关行业存在相对较严重的职场

---

1 IDRC, Women's economic empowerment-the missing piece in low-carbon plans and actions, 2022。加拿大国际发展研究中心（IDRC），《女性的经济赋权——低碳计划和行动中的缺口》，2022 年。

性别偏见。③大多数流域管理政策未能有效纳入性别视角。

　　该章节为解决这些差距提供了以下方案：①通过流域合作推动女性参与流域治理并发挥领导作用；②在有关流域和气候变化的多个统计指标中实施按性别划分的统计；③通过培训和教育提高女性参与流域环境保护和管理的能力。为此，该研究呼吁修订流域管理条例和制度文件，确保在流域治理实践中考虑对女性的影响，并采取减缓措施。该章节还指出，缺乏按性别分列的灾害损失及危害和其他气候变化影响的统计数据，是导致女性相关需求和优先事项被忽视的一个重要因素。报告呼吁政府和教育机构共同努力，倡导对灾害损失与危害进行性别分类统计，为制订促进性别平等的政策、计划和预算提供依据。

　　最后报告提出一条以性别为重点的政策建议，强调在流域治理中密切关注性别和社会公平问题的重要性，包括增加女性和其他边缘化群体的参与，特别是要确保他们的独特观点、需求和能力被考虑和采纳，促进实现可持续发展。

（二）降碳减污扩绿增长协同机制

　　《降碳减污扩绿增长协同机制》专题政策研究报告中有一个性别分析的章节，内容翔实，讨论了在降碳减污、绿色增长的协调管理中涉及的性别相关问题，并提出了重要建议。

　　在绿色经济转型过程中，性别平等问题往往被忽视。因此，在该研究领域中识别和分析性别相关问题非常关键，这样才能更好地确定不平等的根源，并设计和实施更加公平、有效的政策、机制和服务来解决这些问题。进行该研究的专家认识到，气候变化和空气污染的影响在世界范围内的分布并不均匀，女性和儿童等社会群体往往受到更严重的影响。此外，该章节确指出，在经济转型过程中若无视性别差异，则会对女性获得就业、工作环境以及接受教育和培训的机会造成风险。因此，该研究认为，在促进绿色增长的过程中引入性别问题，积极实践性别主流化，是改善性别平等的关键战略，也是促进可持续发展的重要基础。

　　在该章节的性别分析部分中，讨论了电力和交通部门绿色低碳转型过程中的性别平等问题，并为促进这两个部门的性别平等提出了一系列有针对性的建议，其中包括：在电力部门，制定具体政策保护女工的利益，并通过技能培训和教育支持她们向新的就业市场过渡。这需要制定政策，鼓励更多女性参与太阳能和风能等可再生能源产业；还需要从性别角度加强政策研究和制定，提供更多性别视角的数据，以更好地了解低碳转型对男性和女性的不同影响，以及如何制定更加公平的政策。在交通部门，此类政策则包括通过教育和职业培训提升女性的技能和知识，帮助她们在新兴的绿色交通行业找到工作；通过鼓励公众参与和社会对话，提高女性在交通规划和决策中的代表性和影响力；提供领导力培训、发挥职业网络和导师的作用，提高女性在关键决策岗位中的比例，以加强她们在绿色低碳转型中的领导力和影响力。

报告明确指出，在中国推进降碳减污、扩大绿色发展、刺激经济增长的过程中，性别主流化不可或缺。因此，报告提出了三项具体建议，以促进绿色转型中的性别平等：

（1）制订中长期研究计划，跟踪并深入调查中国绿色转型过程中性别主流化的发展情况，为政策制定和完善提供科学依据。

（2）在考虑行业独有挑战的同时，解决有共通性的性别问题。

（3）借鉴国际上融合不同性别观点的做法，促进国际交流。

（三）数字化与绿色技术促进可持续发展

在数字化过程中实现性别平等，发挥数字化为女性赋权的潜力，必须了解数字化的性别维度以及对男女的不同影响，识别并解决基于性别的障碍，确保女性和男性能够公平地从数字化进程中受益。这意味着要确保女性获得信息和通信技术以及科学、技术、工程和数学（STEM）领域的数字工具和就业机会，同时考虑到数字治理和数字生态系统所需的结构性转型，确保这些变革能够促进性别平等、缩小性别数字鸿沟，并确保在数字化进程中考虑到不同女性和男性的观点。

《数字化与绿色技术促进可持续发展》专题政策研究报告在整个研究过程中都有效地纳入了相关的性别考虑因素。例如，关于人工智能和偏见的专栏 7-1 重点讨论了输入信息中的偏见传递至输出结果，导致产生性别偏见的风险，以及现有数据中的性别缺口，这已成为促进性别平等人工智能的开发中的一个主要障碍。另一段加框文本强调了在实现性别包容的智能城市的过程中，"避免—转变—改进"（avoid-shift-improve）框架的性别层面因素，以及在城市设计和决策中考虑性别和包容性的必要性。最后，该章节中有一个侧重性别议题的部分，探讨了数字化过程中的性别视角，研究了中国和全球女性在 STEM 领域的代表性，以及在人工智能和数字基础设施进步所引发的转型的过程中，确保女性公平就业、参与和领导力的因素。报告还纳入了交叉视角，认识到基于不同身份因素（如性别认同、残疾和社会经济地位等）的歧视相互叠加，会加剧女性和其他人口群体的边缘化，使其无法从数字化中获益。研究还认识到，排斥女性参与设计和实施气候变化政策以及数字化进程的干预措施，会产生有害后果；而增加女性在 STEM 领域的代表性具有重要意义，能够充分发挥女性才能，为帮助数字部门的绿色转型找到解决方案提供支持。

建议未来数字化领域的性别研究可以侧重于在中国、亚洲或全球开展相关的案例研究。此类案例研究可以展示如何通过对数字化进程绿色转型的性别分析，来识别和解决数字化过程中基于性别的障碍，同时抓住机遇，在促进可持续发展的同时，实现男女平等。

（四）碳中和实现路径及全球气候治理的中国贡献

联合国可持续发展目标（SDGs）和《联合国气候变化框架公约》（UNFCCC）及其相关的《性别行动计划》（Gender Action Plan）中认识到，性别平等与气候变化之间存在重要的交集。气候变化对不同性别的影响存在差异，而受到女性和男性在社会中以及经济行为中的传统性别角色影响，应对气候变化的工作中未能体现女性的观点、参与和领导力。根深蒂固的性别刻板印象和歧视往往导致女性获得和控制资源的机会较少，难以开展减缓和适应气候变化，对气候行动决策的参与很少，也无法充分行使其权利。

各国际框架均力求在各方面促进女性的参与和领导，包括气候行动的各个领域，以及向绿色经济转型和清洁能源投资的各个方面。

《碳中和实现路径及全球气候治理的中国贡献》专题政策研究报告将性别问题有效地纳入了研究课题，其中专门有一部分是"性别主流化分析"。该部分首先简要探讨了气候变化对女性产生更大影响的原因，包括女性对自然资源的依赖，以及结合性别平等和气候变化行动，最大化实现协同增效的可能性。其次，在中国"双碳"目标背景下，该部分从四个主要领域确定了在中国的气候行动中加强性别主流化的切入点，其中针对目前中国女性在气候行动决策中代表性不足的问题，提出改善女性领导力和参与度的建议。根据 UNFCCC 的指导意见，该章节提出了一个极好的建议，就是中国应任命一个国家级性别与气候变化协调人的角色，以支持将性别观点纳入碳达峰和碳中和的讨论和决策之中。该研究确定的第二个工作领域，是确保女性在公正转型过程中的公平就业机会，因为忽视性别层面的因素往往会导致女性无法从新出现的机会中受益，并可能加剧性别不平等。该章节也提出了一些措施，以确保在新兴的就业机会、国家自主贡献和气候投资领域中纳入性别考量，从而确保女性和男性都能公平地受益于气候目标并为之作出贡献。

该章节还探讨了如何更好地支持女性适应气候变化，因为目前的适应措施往往没有考虑性别因素。文中建议采取措施，将女性的观点和领导力纳入政策制定过程，支持她们从适应措施（如基础设施投资）中公平受益，并为女性提供融资机制，使她们能够适应气候变化。此外，该章节还考虑了中国在海外投资时，如何在加强环境责任的同时加强社会责任，特别是促进性别平等。该章节建议考虑不同女性群体的脆弱性，确保性别不平等不会加剧，并将性别因素纳入各类标准、指南以及信息披露要求（包括性别评估）中，促进男女公平分享利益，同时为女性提供培训和技术支持，使她们能够从当地产业中受益。最后，该章节建议加强国际合作，促进各级利益相关者之间的性别平等知识共享。

未来的研究可重点关注将性别因素纳入低碳发展政策，引用其他国家的案例研究和实践范例来展示有效和公平的良好性别实践，并为中国提出相关建议。

（五）蓝色经济助力碳中和目标的路径与政策

可持续发展目标中已经明确，促进性别平等是有效保护和管理海洋资源的当务之急。女性和男性的角色不同，往往是女性处于不利地位，限制了她们行使自己的权利。因此，女性和男性受到环境问题（如海洋塑料污染和气候变化）的影响存在差异，面临挑战也不同，为解决问题作出贡献的能力也不同。尽管女性高度集中于近岸鱼类捕捞和加工活动，但她们在渔业治理中被边缘化，导致她们的独特观点在决策中得不到考虑。为了实现可持续的海洋生态系统管理和治理，使女性和男性都能公平地从中受益并为之作出贡献（并进一步推进可持续发展目标），必须支持女性参与和领导相关活动及举措。

《蓝色经济助力碳中和目标的路径与政策》专题政策研究报告在一个侧重性别议题的章节中，深入地探讨了女性在小规模渔业中的作用。研究揭示了气候变化对女性不成比例的影响，特别是气候灾害对从事小规模渔业的女性的影响，强调有必要根据不同人口群体的需求实施有针对性的支持措施，并在气候变化研究和治理方面采取性别包容的方法，提高小规模渔民的抗压能力。该部分对男女在小规模渔业中的不同角色进行了性别分析，男性主要从事捕捞活动，女性主要从事捕捞前和捕捞后活动。其中描述了该行业女性的工作情况，包括低收入、低技能和不稳定的工作，以及无报酬的捕鱼劳动，这些导致女性在该行业的贡献被忽视。报告还强调了女性在小规模渔业决策中缺乏发言权的问题，尽管该行业集中了大量女性，但渔业传统上被认为是男性主导的行业，资源分配方式也相应受到影响。为促进女性在小规模渔业中能够拥有更多参与权、发言权和领导力，报告建议增加收集按性别分列的数据，以更好地了解不同性别渔民的贡献，从而制定有针对性的政策；开展针对特定性别的培训，以提高女性渔业工作者的生产技能和知识，以及她们对自然灾害的抵御能力；开展性别包容的渔业治理改革，增加女性在决策中的发言权和参与度，促进资源的公平分配，保护女性的权利（如同工同酬）；有针对性地采取措施提升女性在资源管理中的能动性。

　　未来研究的方向包括探讨将性别视角纳入海洋塑料生命周期研究的重要性。女性和其他边缘化群体更容易受到海洋塑料污染的负面影响，研究应强调让女性和其他弱势群体作为变革的推动者参与实施解决方案的作用，更好地助力解决海洋塑料污染问题，并为蓝色经济作出贡献。

（六）环境与气候可持续投资创新机制

　　全球正逐渐认识到绿色金融与性别平等之间的关联性，有许多研究都明确表示，将性别平等和绿色金融相结合，可以实现互惠互利。创新金融工具中如何将性别因素纳入的经验和模式值得借鉴，可用于绿色金融领域。特别是创新金融工具中的性别视角投资和混合金融工具，能将性别与气候密切关联，要在两个方面设立问责机制。公共、私营和非营利金融机构可在不同类型的金融工具中均采用促进性别平等的绿色金融方法。金融机构采用了一系列策略将性别因素纳入绿色金融决策，其中考虑了绿色金融部门客户需求的性别差异、男女在获取或使用绿色金融时面临的不同限制，并将社会影响评估作为一种问责工具。

　　《环境与气候可持续投资创新机制》专题政策研究报告在整个研究的各关键点上均纳入了性别考量。在可持续投资的讨论中，性别平等反映在机构投资者的侧重点中（属于多样性和包容性部分），是负责任投资的社会层面因素之一。该章节还指出了净零资产所有者联盟（NZAOA）成员对组织转型的社会影响（如性别差异影响）的关切，以及确保公平转型的重要性。研究还提到，对于行使积极所有权的相关方来说，确保女性在可持续投资中的代表性，以及考虑到对女性的差异化影响非常重要。报告中强调了在投资决策中对性别平等的考虑，并援引了加拿大养老金计划投资委员会（CPPIB）的例子，CPPIB打算对没有充分考虑性别多样性的董事会投反对票，也明确承诺要建立性别平衡的高级管理层和多样化的董事会。该章节所提出的建议中特别主张，监管机构应促进包容性社会发展，将性别平等与气候和环境问题一起作为关键组成部分来对待。

　　未来的研究可以探讨，如果能有效纳入性别平等相关的考量因素，将如何有利于扩大绿色金融的规模；反之如果未考虑性别平等，会对绿色金融规模的发展产生何等阻碍。此外，还可以进一步探讨金融中气候或环境与性别平等之间的关系，并可对现有创新金融工具中，已经综合考虑这些重点领域的案例进行效果评估，提供证据支撑。

（七）"一带一路"助推可持续发展进程创新机制

性别平等、可再生能源和可持续发展之间盘根错节的关系已在全球范围内得到广泛认可，并反映在可持续发展目标和 UNFCCC 中。社会中根深蒂固的性别角色，再加上刻板印象和歧视，造成了女性和男性在获取能源方面的差异，以及与能源相关的环境和气候变化影响方面的性别差异。由于女性在能源部门的代表性不足，这种差异常常被忽视，因此在能源政策和融资中女性的独特需求和观点往往没有得到关注，在向绿色和低碳能源转型的过程中相关风险也被忽视，从而进一步加剧性别不平等，并浪费了女性作为环境变化推动者的机会。通过发现能源转型中的性别障碍，促进女性更多地参与绿色和低碳能源决策，并将性别因素纳入可再生能源融资机制，使向绿色低碳"一带一路"转型的过程更加有效、可持续和公平。

虽然《"一带一路"助推可持续发展进程创新机制》专题政策研究报告提到了绿色低碳"一带一路"计划的社会层面因素，其中性别平等可以发挥一定作用，但报告中并没有对性别因素进行具体考量。然而，在未来迭代研究中，有许多机会可以将性别问题融入绿色低碳"一带一路"研究之中，例如：

在向绿色和低碳能源转型的过程中，探索促进男女之间以及其他边缘化群体之间能源平等的切实措施。

研究可再生能源融资如何纳入性别因素，确保性别平等成果与气候变化和环境成果同时得到推广，与《联合国气候变化框架公约》第二十六次缔约方大会产生的气候变化和性别成果保持一致。

在绿色"一带一路"机制和投资的设计与实施阶段，将有关性别的关键建议纳入政策工具包，作为此阶段的性别良好实践。

未来的研究可提供务实的案例研究和实例，表明发展金融机构如何将性别良好实践制度化，通过性别分析、收集和分析按性别分列的数据、包容性利益相关方磋商和促进性别平等的绩效指标等方式，支持向绿色和低碳能源的转型。

（八）贸易与可持续供应链

虽然《贸易与可持续供应链》专题政策研究报告中并未纳入性别视角，然而，鉴于女性和男性消费模式的差异，性别对可持续消费有着巨大的影响。一方面，绿色经济或低碳经济可以为女性带来新的发展机遇，如更多获得能源的途径、更少的时间负担或在当地能源生产中获得新的就业机会。另一方面，在快速转向低碳经济的过程中，其带来的负面影响可能女性感受最深。这是由于在性别歧视下，女性从一开始就处于经济劣势。她们的总体收入水平低于男性，因此无论是面对经济转型还是气候变化，她们适应的灵活性都会相对较低。鉴于中国在全球工业生产和日益增长的消费中的作用，以及女性占全部生产者的比例和女性作为消费者所占的比例差异巨大，将可持续生产和消费的性别维度考量纳入政策制定过程中至关重要。不同的制造部门对环境问题的关注各有侧重，因而男性与女性在此领域扮演的角色也不尽相同。

绿色工业领域的文献同样认为，促进性别平等，将性别平等和女性赋权原则纳入政策制定之中，可促进更高效、更有收益的绿色工业发展。正如 2015 年联合国工业发展组织（UNIDO）的一份报告所指出的，"女性在消费和生产中均发挥着关键作用，利用她们独特的知识和技能，可以极大地帮助实现更高效的资源利用和更清洁的生产"。

迄今已经有多项重要研究强调了贸易和全球供应链中许多性别层面的因素。因此，本研究可以重点关注性别平等和女性赋权问题，推动打破刻板印象和其他障碍，使女性平等地受益于可持续贸易体系提供的机会。同样，也必须确保女性和性别问题专家有更多机会参与政策制定和决策过程之中。反之，开展这些研究并审视供应链中的性别因素，将使我们能够建立一个更能促进性别平等的可持续贸易体系，做到为女性和男性赋权时一视同仁。

四、2022—2023 年度国合会专题政策研究性别内容：良好实践小结

应继续将现有的良好实践纳入未来的专题政策研究的工作之中：

进行性别分析设计以支持研究的进行。如果能在制定详细的研究大纲之前进行初步的性别分析，就可以找到在专题政策研究中融入性别视角的最佳方法，并将其纳入研究计划之中。之后可以进行更详细的性别分析，为研究和起草工作提供参考。例如，《碳中和实现路径与全球气候治理的中国贡献》专题政策研究报告。

将性别问题纳入专题政策研究的不同方面。具体的形式包括创作独立的专栏、专门的章节内容，或是在报告的开篇部分加入。以这些方式展示性别平等与该研究主题之间的联系。然后可将其贯穿整篇报告的各相关节点之中，呼应前述章节中表达的性别观点。同时在报告的政策建议部分，至少要有一项以性别为重点的建议，因为这是

最有可能产生影响政策的章节。在过去采用此方法的少数几次研究，效果都非常好，如《数字化与绿色技术促进可持续发展》专题政策研究报告。

采用纳入性别因素的案例研究。以性别为重点或纳入性别因素的案例研究能非常有效地证实在专题政策研究中确定和纳入性别观点的重要性，特别是那些能明确体现公平结果的举措。鉴于性别问题是部分研究领域新出现的重点，而且《联合国气候变化框架公约》的《性别行动计划》中也有进行案例研究的要求，可见此类案例研究尤其有助于展示性别平等对可持续发展的重要性。例如，《流域高质量发展与气候适应》专题政策研究报告。

五、下一步国合会开展性别研究的建议

国合会将持续在性别主流化的框架之下，不断加强性别观点整合的能力建设。为进一步加强将性别问题纳入以后的国合会专题政策研究，特提出以下建议：

应考虑要求从研究周期一开始就纳入性别问题。确保将基于性别的分析和性别平等目标纳入政策研究的规划和执行中最有效的方法是在规划阶段的早期就考虑到性别视角。应在提案和研究规划阶段就规定纳入性别观点，并和国合会性别专家展开充分讨论。

引入环境退化和气候变化对不同社会群体影响的研究和分析。国际社会的承诺追求"一个都不能少"，但并非所有的声音都能被听到或考虑到，被边缘化和污名化的社群尤其如此。这些社群往往受环境退化的影响尤为严重，在应对气候变化方面面临独特的挑战，而其日常遭受歧视和侵犯人权的经历更是加剧了这些挑战。在国合会的专题政策研究中，可根据性别、种族、原住民身份和残疾状况等相互关联的身份因素，开展研究以了解这些群体的经历、观点和需求，就能够基于全球良好实践来制定更加细致入微的性别平等和社会包容工作方法。

编制一份针对特定性别的注释书目，以支持和指导研究小组的研究和分析。建议在开展国合会的专题政策研究过程中，整理各个专题政策研究领域与性别平等有关的最新研究和切入点。在2019年3月发布的指南基础上，进一步更新完善，更好地指导各个团队开展性别研究工作。

附录　第七届中国环境与发展国际合作委会组成人员名单
（截至 2024 年 1 月 30 日）

第七届国合会委员名单

中方委员

1.	丁薛祥	国务院副总理	主　席
2.	黄润秋	生态环境部部长	执行副主席
3.	解振华	中国气候变化事务特使	副主席
4.	周生贤	原环境保护部部长	副主席
5.	赵英民	生态环境部副部长	秘书长
6.	刘世锦	国务院发展研究中心原副主任	首席顾问

政府机构代表

7.	窦树华	第十三届全国人大环境与资源保护委员会副主任委员（副部级）
8.	马朝旭	外交部副部长、部党委委员（分管外交日常业务工作，正部长级）
9.	赵辰昕	国家发展和改革委员会副主任、党组成员
10.	辛国斌	工业和信息化部副部长、党组成员
11.	廖　岷	财政部副部长、党组成员
12.	朱忠明	财政部副部长、党组成员
13.	王　宏	自然资源部副部长、党组成员、国家海洋局局长
14.	李　扬	交通运输部副部长、党组成员
15.	张兴旺	农业农村部副部长、党组成员
16.	王受文	商务部国际贸易谈判代表（正部长级）兼副部长、党组副书记
17.	肖炎舜	国务院研究室党组成员、副主任
18.	张亚平	中国科学院副院长、党组成员，中国科学院院士
19.	蔡　昉	中国人民银行货币政策委员会委员，中国社会科学院国家高端智库首席、学部委员

20.	张宇燕	中国社会科学院大学国际政治经济学院院长	
21.	张祖强	中国气象局副局长、党组成员	
22.	邓秀新	中国工程院副院长、院士，中国科学技术协会副主席	
23.	仇保兴	国际欧亚科学院院士、住房和城乡建设部原副部长	
24.	罗　晖（女）	中国科协党组成员兼中国科协国际合作部（港澳台办公室）部长（主任）	

知名专家学者

25.	薛　澜	清华大学苏世民书院院长、清华大学全球可持续发展研究院联席院长、清华大学公共管理学院教授	
26.	贺克斌	清华大学碳中和研究院院长、清华大学环境学院教授、中国工程院院士	
27.	张远航	北京大学信息与工程科学部副主任、中国工程院院士	
28.	戴民汉	厦门大学讲席教授、中国科学院院士	
29.	方精云	北京大学城市与环境学院教授、云南大学校长、中国科学院院士	
30.	王金南	生态环境部环境规划院院长、中国工程院院士	
31.	张小曳	西北大学榆林碳中和学院院长、中国工程院院士	
32.	王　毅	全国人民代表大会常务委员会委员、环境与资源保护委员会委员、国家气候变化专家委员会副主任、中国科学院大学公管学院教授	
33.	王天义	香港科技大学（广州）教授	

企业代表

34.	舒印彪	中国工程院院士、中国电机工程学会理事长、国际电工委员会第 36 届主席	
35.	钱智民	第十四届全国政协常委、人口资源环境委员会副主任	
36.	黄海清	中国光大环境（集团）有限公司执行董事兼董事会主席	
37.	杨敏德（女）	溢达集团董事长	
38.	辛保安	国家电网有限公司董事长、党组书记	
39.	雷鸣山	中国长江三峡集团有限公司原董事长、党组书记	

外方委员

1.	吉尔博	加拿大环境与气候变化部部长	执行副主席
2.	施泰纳	联合国开发计划署署长、联合国副秘书长	副主席

3.	安德森（女）	联合国环境规划署执行主任、联合国副秘书长	副主席
4.	哈尔沃森（女）	挪威奥斯陆国际气候与环境研究中心主任，挪威前副首相、财政大臣	副主席
5.	魏仲加	国际可持续发展研究院原院长	首席顾问
6.	亚历山大	亚洲基础设施投资银行副行长	
7.	贝德凯	世界可持续发展工商理事会会长兼首席执行官	
8.	巴布纳	自然资源保护协会总裁兼首席执行官	
9.	布伦德	世界经济论坛总裁	
10.	卡梅拉	国际可再生能源署总干事	
11.	克里斯滕森	丹麦气候大使	
12.	达礼斯	柬埔寨环境部国务秘书	
13.	达斯古普塔	世界资源研究所总裁兼首席执行官	
14.	德吉奥亚	乔治城大学校长	
15.	德尔贝克	欧洲投资银行气候政策和国际碳市场首任主席	
16.	庄鹤扬	荷兰基础设施与水管理部秘书长	
17.	韩佩东（女）	儿童投资基金会（英国）首席执行官	
18.	汉　森	国际可持续发展研究院高级顾问、原院长	
19.	何　豪	能源创新政策与技术中心创始人	
20.	哈里森	美国环保协会全球执行副总裁	
21.	汉　兹	洛克菲勒兄弟基金会总裁兼首席执行官	
22.	石井菜穗子（女）	东京大学理事、未来愿景研究中心教授、全球公共中心主任、全球环境基金原首席执行官兼主席	
23.	莱　西	经济合作和发展组织原拉丁美洲气候行动与环境负责人、联合国气候问题特使	
24.	兰博蒂尼	自然向好倡议召集人，世界自然基金会国际特使、原总干事	
25.	罗家良	新加坡永续发展与环境部常任秘书	
26.	麦克尔罗伊	哈佛大学环境科学教授	
27.	梅森纳	德国联邦环保署署长	
28.	南川秀树	日本环境卫生中心理事长、环境省原事务次官	
29.	莫睿思（女）	大自然保护协会首席执行官	
30.	穆　勒	联合国工发组织总干事	
31.	莫里斯	亚洲开发银行副行长	
32.	奥伯尔	世界资源论坛主席、国际资源委员会主席	
33.	潘　兴	威廉和弗洛拉·休利特基金会的环境项目主任	

34.	瑞斯伯尔曼	全球绿色发展研究院总干事
35.	罗德里格斯	全球环境基金首席执行官、哥斯达黎加前环境和能源部部长
36.	克思婷（女）	世界自然基金会总干事
37.	索尔海姆	世界资源研究所高级顾问
38.	斯蒂尔	贝索斯地球基金总裁兼首席执行官
39.	斯维德林（女）	瑞典环境部前国务秘书
40.	陈江和	新加坡金鹰集团主席
41.	桑　顿	克莱恩斯欧洲环保协会创始人兼主席
42.	托　尼（女）	巴西环境与气候部气候秘书长
43.	沙巴拉拉（女）	南非林业、渔业和环境部秘书长
44.	图比娅娜（女）	欧洲气候基金会首席执行官
45.	廷德尔（女）	经济合作与发展组织环境总司司长
46.	吴思缇（女）	红杉气候基金会总裁
47.	范登贝格	欧盟委员会气候行动总司长（副部级）
48.	伏格乐	世界银行副行长
49.	温　特	挪威极地研究所科研主任
50.	张红军	能源基金会董事会主席、霍兰德奈特律师事务所合伙人

第七届国合会特邀顾问名单

中方特邀顾问

1.	张　勇	中远海运集团副总经理
2.	陈文玲（女）	中国国际经济交流中心总经济师
3.	张燕生	中国国际经济交流中心首席研究员
4.	李海生	中国环境科学研究院院长、党委副书记
5.	郭　敬	"一带一路"绿色发展国际联盟理事长
6.	周　恒	中国气象局国际司原司长、一级巡视员
7.	叶燕斐	国家金融总局政策研究局一级巡视员
8.	胡保林	原国务院三峡工程建设委员会办公室副主任（副部长级）
9.	张承惠（女）	北京腾景大数据应用科技研究院学术委员会委员
10.	翟盘茂	中国气象科学研究院首席科学家、研究员、博士生导师，政府间气候变化专门委员会第一工作组联合主席，国家气候变化专家委员会委员

11. 张永生   中国社会科学院生态文明研究所所长、研究员

12. 马　骏   中国金融学会绿色金融专业委员会主任

13. 李晓江   中国城市规划设计研究院原院长、全国工程勘察设计大师、中央京津冀协同发展专家咨询委员会专家、第四届中国城市规划协会副会长

14. 于　平   中国国际贸易促进会原副会长

15. 翟　齐   中国可持续发展工商理事会副秘书长

16. 唐　杰   哈工大（深圳）教授、发展战略委员会主任、香港中文大学（深圳）理事、深圳市原副市长

17. 徐　林   中美绿色基金董事长、长三角生态绿色一体化发展示范区理事会理事、国家发展改革委原规划司司长

18. 李振国   隆基股份公司创始人、总裁

19. 王玉锁   新奥集团创始人、董事局主席

外方特邀顾问

1. 阿布杜拉维   亚洲开发银行中亚区域经济合作学院副院长

2. 艾弗森   挪威国际气候与环境研究所原所长

3. 拜姆森   澳大利亚国立大学全球治理与监管学院名誉教授、全球水伙伴原主席、原联合国绿色气候基金执行主任

4. 龙　迪   克莱恩斯欧洲环保协会亚洲区主任、北京代表处首席代表

5. 卡斯缔尔加   全球粮食未来联盟高级顾问

6. 科　恩（女）   以色列国家安全研究所气候变化与国家安全项目主任

7. 凯　文   波士顿大学全球发展政策中心主任

8. 郭慎宇（女）   洛克菲勒兄弟基金会中国项目主任、北京代表处首席代表

9. 康提思   F20 基金会平台可持续发展目标特邀顾问

10. 哈　雷   国际可持续发展研究院前欧洲代表兼投资与贸易主管

11. 希尔特（女）   德国联邦环境、自然保护、核安全与消费者保护部国际政策司副司长

12. 哈德尔斯顿（女）   加拿大环境与气候变化部双边事务和贸易司司长

13. 李永怡（女）   英国皇家国际事务研究所国际经济金融研究主任

14. 雷红鹏   儿童投资基金会全球气候项目主任

15. 刘　健   联合国环境规划署预警和评估司司长

16. 卢思骋   红杉气候基金会中国及东南亚项目总监

17. 马克穆多夫   中亚区域环境中心执行主任

18. 莫马斯   荷兰环境评估委员会主席

19. 梁锦慧（女）　　　世界经济论坛执行董事、自然与气候中心全球总负责人

20. 奥　云（女）　　　绿色气候基金对外合作局主任

21. 蒂艾宁　　　　　　芬兰环境部行政及国际事务司司长

22. 邹　骥　　　　　　能源基金会首席执行官兼中国区总裁

致　谢

国合会在 2023 年编写了《碳中和实现路径及全球气候治理的中国贡献》《蓝色经济助力碳中和目标的路径与政策》《减污降碳扩绿增长协同机制》《流域高质量发展与气候适应》《数字化与绿色技术促进可持续发展》《贸易与可持续供应链》《环境与气候可持续投资创新机制》《"一带一路"助推可持续发展进程创新机制》8 个专题政策研究报告和《温室气体排放和碳封存监测创新技术》《综合土地利用　重塑土地利用方式》2 个前期研究报告，以及 2023 年国合会给中国政府的政策建议、关注问题报告、中国环境与发展重要政策进展和国合会政策建议影响报告、年度专题政策研究等，得到了中外相关专家（包括国合会中外委员、特邀顾问）和各合作伙伴的大力支持。本书以 2023 年政策研究成果为基础编辑而成。

在此，特别感谢参与这些研究工作的中外专家以及为研究作出贡献的有关人员，他们是：

第一章 / 解振华、刘世锦、Scott Vaughan、Arthur Hanson、Knut Alfsen、周国梅、李高、李永红、Kate Hampton、邹骥、王毅、雷红鹏、刘强、赵笑、祁悦、辛嘉楠、顾佰和、韩炜、孟琦、王琛、李佳馨、才婧婧、张笑寒、赵文博、彭丽楠、张慧勇、刘侃、唐华清。

第二章 / 戴民汉、Jan-Gunnar Winther、苏纪兰、刘慧、Birgit Njåstad、王菊英、曹玲、Kate Bonzon、杨松颖、李道季、唐议、程丹阳、关大博、黄硕琳、Kristin Kleisner、李姜辉、沈威、张微微、孙芳、李薇、李妍婷、Kristian Teleki、谢茜、刘春宇、姜子禺、金帅辰、孙传旺、陈新颖。

第三章 / Scott Vaughan、Gabrielle Dreyfus、Richard Tad Ferris、Christian Mielke、范丹婷、Dimitri de Boer、Dominic Waughray、Huw Slater、綦玖竑、马军、卓俊玲、Knut H.

Alfsen、刘侃、孙康、李丽平、段茂盛、Michael Zimonyi、Tara Sharma、李伟、赵小鹭、冉泽、唐华清、王美真。

第四章 / 何豪、贺克斌、张永生、Chris Busch、Richard Corey、Michael O'boyle、张红军、雷宇、张秀丽、边少卿、鲁玺、马晓琴、同丹、张强、张少君、Anand Gopal、孟菲、薄宇、冯悦怡、耿冠楠、何东全、孙世达、王云石、严禧哲、禹湘、赵昢、唐华清。

第五章 / 李晓江、胡京京、张永波、肖莹光、刘昆轶、吕晓蓓、李昊、秦奕、杜晓娟、彭力、雷夏、吴凯、余妙、潘劼、梁策、赵之齐、Wu Ke、尹俊、赵祥、吴春飞、周鹏飞、潘晓栋、戚宇瑶、张尊、白晶、李林晴、朱乃轩、蒋国翔、Fernando Miralles-Wilhelm、 Hans Mommaas、 Bob Tansey、Tjitte Nauta、杨波、Kees Bons、Anna Koster、Wilfried ten Brinke、徐欣、穆泉。

第六章 / 张永生、朱春全、马晓琴、胡悦、徐政雪、贾克敬、欧阳志云、孔令桥、许吟隆、赵明月、孟菡、姚霖、亢楠楠、禹湘、张卓群、董亚宁、Tanja Ploetz、Eva Sternfeld、Ursula Becker、Linda Wallbott、Niels Theves、代敏、Jan-Hendrik Eisenbarth、周洲、张立、凌松挺、乔辉、张博文、Jan Bakkes、Karel van Bommel、 Tamas Hajba、刘国良、Gim Huay Neo、Akanksha Khatri、Scott Vaughan、刘世锦、周国梅、张玉军、李永红、张慧勇、刘侃、王冉。

第七章 / 龚克、德克·梅森纳、梁锦慧、安东尼娅·加维尔、刘世锦、Scott Vaughan、裴蕾、李秋苹、Anna Rosenbaum、 刘刚、邵超峰、刘捷、张昕蔚、廖明希、Stephan Ramesohl、 Felix Creutzig、单志广、Anna Zagorski、梁国勇、Eric White、Daniel Hausmann、赵星、罗纯、Mattias Höjer、 Marcel Dorsch、许浩、 Lisa Wee、夏学英、关大博、王道平、王冠一、景然、赵丽智、Jan-Hendrik Eisenbarth、代敏、Niels Thevs、Markus Wypior、Maya Ben Dror、那娜、Helen Burdett、彭婷、Tony Wu、雷哲琼、Mario Canales、Marcel Dickow、Hans Baumgarten、房毓菲、童流川、Kristine St-Pierre、钟睿、张慧勇、刘侃、郝小然。

第八章 /Craig Hanson、余淼杰、Anne Rosenbarger、Caroline Winchester、付晓天、彭丽青、Tina Schneider、Rod Taylor、田巍、陈新禹、陈卓宇、胡歧山、刘世锦、Scott Vaughan、张慧勇、刘侃、穆泉、Brice Li、Samantha Zhang、Isaak Bowers、张宇燕、

于鸿君、潘一山、周浩波、樊胜根、蒋海威、李志远、马湘君、Morgan Gillespy、Moazzam Malik、Tim Searchinger、赵巍、于鑫、许进、Anne-Marie Belley、李博、Sarah Stettner、樊小瑜、张艳萍、万坚、胡海姿、孟佳希、魏然、徐婧寒、季煜、赵柯雨、吴双、周璟宇。

第九章 / 刘世锦、Scott Vaughan、彭文生、Manish Bapna、Jan Erik Saugestad、张洁清、陈济、李雅婷、吴琪、程渝欣、Emine Isciel、陈超、张俊杰、王遥、曹莉、郭沛源、刘纯发、刘均伟、祁星、李永红、张慧勇、刘侃、王冉、Samantha Zhang、Sarah Doughty、Alfonso Pating。

第十章 / 郭敬、凯文、索尔海姆、张玉军、李永红、吴思缇、雷红鹏、邹骥、张建宇、张洁清、龙迪、郭慎宇、李忠、谢飞、Cecilia Han Springer、Niccolò Manych、Ishana Ratan、Tsitsi Musasike、Timothy Afful-Koomson、Kuda Ndhlukula、René Gomez- Garcia、Maria E. Netto、Paulo Esteves、Amar Bhattacharya、Jari Vayrynen、Farid Ahmed Khan、Diah Asri、Christoph Nedophil、Régis Marodon、Stephany Griffith Jones、Chris Humphre、Joe Thwaites、Bernice von Bronkhorst、Jeffrey Sachs、Jennifer Turner、Yunnan Chen、刘爽、Rogèrio Studart、Samantha Attridge、Wei Shen、Daniel Kammen、Joanna I. Lewis、蓝艳、朱琳、张志强、李彦、张孟岩、陶冶、李东雅、庞骁、张敏、于晓龙、葛少童、黎祉君、赵海珊。

第十一章 / Scott Vaughan、刘世锦、李永红、张慧勇、穆泉、郑琦、王美真。

第十二章 / 刘世锦、Scott Vaughan、周国梅、李永红、Dimitri de Boer、Knut Alfsen、张慧勇、刘侃、穆泉、郑琦、王美真。

第十三章 / 李永红、张慧勇、唐华清、秦虎、黄新皓。

第十四章 / Kristine St-Pierre、Jennifer Savidge、穆泉、唐华清、Samantha Zhang。